교과역량·수능사고력을 키우는 종합 전략서

교과서 속 인물로
완성하는

세특 플러스
Plus*

한승배 | 이순남 | 박상근 | 장은경 | 이봄들

2

자연 과학 수학 의학 약학 공학

교과연계
탐구설계

독서연계
심화탐구

NIE시사분석
수능대비

진로엔

교과서 속 인물로 완성하는

세특 플러스 2

초판 1쇄 발행 2026년 01월 12일

저   자 한승배·이순남·박상근·장은경·이봄들

출판기획 진로엔
펴 낸 곳 나이스에듀
디 자 인 나이스에듀
출판등록 제2024-000001호
주   소 인천 부평구 부평대로 283, A동 115호
전   화 1660 - 0848
이 메 일 jinronedu@daum.net
홈페이지 www.jinron.kr

ISBN 979-11-988086-6-0

교과역량·수능사고력을 키우는 종합 전략서

교과서 속 인물로
완성하는
세특 플러스 Plus+

서문 Introduction

● 교과서 인물 탐구로 세특·수능·교과 역량을 동시에 완성하는 통합 전략서

철학 교과서에서나 등장하던 '칸트(Kant)'라는 이름이 2026학년도 대학수학능력시험(수능)의 난이도와 출제 경향을 상징하는 핵심 인물로 등장했습니다. 국어·영어 영역에 이어, 사회탐구 영역에서도 칸트와 연관된 문제가 등장하며, 철학자의 사상과 견해를 완벽히 이해해야 풀 수 있는 지식을 요구했기 때문입니다.

대학이 학생에게 어떠한 방향의 지식을 요구하는지를 명확히 보여준 예시이자, 세특에 필요한 핵심 역량을 제시한 사례였습니다. 이는 **단순한 암기를 넘어, 깊이 있는 탐구 능력을 동반한 지식을 평가하는 시대**가 왔음을 의미합니다. **2022 개정 교육과정과 2028 대입 개편에서 탐구 역량을 강조**하는 이유도 바로 이 때문입니다.

이러한 흐름 속에서 학생, 학부모, 교사는 이런 고민과 마주하게 됩니다.
"수능과 학생부를 동시에 아우를 탐구 역량을 키우려면 어떻게 해야 할까?"
"대학이 요구하는 인물 기반 탐구는 어떤 구조로 이루어질까?"
"교과서 속 인물을 어떻게 탐구해야 세특 기록을 빛나게 할 수 있을까?

<교과서 속 인물로 완성하는 세특 플러스 2>는 바로 이러한 고민에서부터 출발했습니다. **가우디, 갈릴레이, 테슬라 등 교과서에 등장하는 주요 인물의 생애와 수학 및 과학적 업적은 물론, 교과 연계, 탐구 확장, 세특 기재 예시까지, 탐구 활동에 필요한 모든 과정을 학생 스스로 완성할 수 있도록 정교하게 구성**했습니다.

기존 인물 정보집의 틀에서 벗어나, **각 인물을 중심으로 '탐구의 출발 → 사고의 확장 → 세특 기재 가능성 → 수능형 사고력 강화'라는 종합적 구조를 기반으로, 학생 개개인의 사고력을 한층 더 성장시키는 '교과 세특 전략서'로서의 강점을 모두 갖춘 책**입니다.

앞으로 대학은 철학·역사·문학·수학·과학 등의 분야를 대표하는 인물의 사상과 업적을 제대로 이해하는 학생을 선발하고자 할 것입니다. 또한 수능에서도 다양한 인물과 철학사상을 기반으로 한 제시문이 꾸준히 등장할 것입니다.

<교과서 속 인물로 완성하는 세특 플러스>는 **학생에게는 세특·수능·교과 역량을 동시에 강화하는 '완벽한 전략서'**, 학부모에게는 자녀의 독서·탐구 방향을 정확히 잡아주는 '최고의 지침서', 교사에게는 탐구 중심의 수업과 세특 기록 완성을 지원하는 '든든한 교육 안내서'가 될 것입니다.

이 책이 학생들의 '진로 및 학업 성장'을 이끌고, 대학이 요구하는 '깊이 있는 학문적 사고력'을 완성하는 데 필요한 동반자가 되기를 바랍니다.

저자 일동

● 이 책을 소개합니다.

01 교과서 속 40명의 인물로 완성하는 진로 연계 세특 완성 가이드!

02 인물의 수학 및 과학적 업적과 성과를 활용한 융합 탐구 활동서!

03 독서-탐구-기록까지, 인물 기반 세특 작성의 모든 것을 담은 실전서!

04 교과 연계·독서 연계·NIE 활동까지, 수업 시간에 바로 활용 가능한 세특 바이블!

● 이렇게 활용하세요.

✔ 학생은 이렇게!

1. 인물로 시작하는 진로 탐구

자신의 진로 관심사와 연결되는 인물을 찾아 심화 탐구의 출발점으로 삼을 수 있습니다.

2. 교과목과 연계된 심화 탐구 주제 설정

각 인물의 수학 및 과학적 업적과 성과를 분석하여 교과목과 연계한 깊이 있는 탐구 주제를 설정할 수 있습니다.

3. 융합적 사고력 향상

교과 연계·독서 연계·NIE 활동을 통해 한 인물을 다각도로 탐구하며 융합적 사고력을 기를 수 있습니다.

4. 차별화된 세특 완성

제시된 탐구 설계 예시를 참고하여 자신만의 관점을 담은 창의적이고 구체적인 세특을 완성할 수 있습니다.

✔ 교사는 이렇게!

1. 인물 중심 수업 설계

40명의 인물별 탐구 활동을 활용하여 교과 수업을 역사적 맥락과 인문학적 깊이로 설계할 수 있습니다.

2. 융합 수업 아이디어 확보

한 인물을 다양한 교과와 연계한 융합 수업 모델을 구축할 수 있습니다.

3. 맞춤형 탐구 주제 제시

학생의 진로와 흥미에 맞는 인물을 선정하여 개별화된 탐구 주제와 활동을 안내할 수 있습니다.

4. 체계적 세특 지도

탐구 설계 예시와 토론 주제를 바탕으로 학생들의 탐구 과정을 단계적으로 지도하고 세특을 작성할 수 있습니다.

5. 독서·NIE 연계 활동 운영

각 인물별 추천 도서와 신문 기사를 활용하여 독서 토론, NIE 활동, 프로젝트 수업을 효과적으로 운영할 수 있습니다.

✔ 학부모는 이렇게!

1. 자녀의 진로 관심사와 인물 연결

40명의 인물 중 자녀의 진로 관심사와 맞는 인물을 함께 찾아보며 구체적인 진로 대화를 나눌 수 있습니다.

2. 가정 내, 독서·토론 탐구 지원

제시된 독서 목록과 탐구 주제를 참고하여 자녀의 자기주도적 독서 및 토론 탐구를 지원할 수 있습니다.

3. 학생부 기록 방향 이해

인물 기반 탐구 활동과 세특 작성 예시를 통해 대학이 원하는 학생부 기록의 방향을 이해할 수 있습니다.

목차 Contents

저자 소개 Introduction of the author

● 한승배

이름	한승배		
재직학교	청운고등학교	담당	진로전담교사
도서 집필 교과서 및 단행본	◆ 2022 개정 교육과정 중학교, 고등학교 <진로와 직업> 교과서 집필 ◆ 2015 개정 교육과정 중학교, 고등학교 <진로와 직업>, <성공적인 직업생활>, <기술가정>, <정보> 교과서 집필(삼양미디어) ◆ 2009 개정 중학교, 고등학교 <진로와 직업> 교과서 집필(삼양미디어) ◆ 2007 개정 교육과정 중학교 정보 교과서 집필(삼양미디어) ◆ 7차 시기 고등학교 정보사회와 컴퓨터 교과서 집필(삼양미디어) ◆ <10대를 위한 직업백과>, <미리 알려주는 미래 유망직업>, <직업 바이블>, <유 노 직업퀴즈 활동북>, <10대를 위한 홀랜드 유망 직업 사전>, <학습만화 직업을 찾아라>, <교사 어떻게 되었을까>, <의사 어떻게 되었을까>, <기술선생님이 알려주는 궁금한 정보통신 기술의 세계> 집필 ◆ <세특 프리패스>, <토론중심 탐구활동 올인원>, <전공탐구활동 올인원>, <학과 바이블>, <나만의 진로 가이드북(의약계열편, 공학계열편, 자연계열편)>, <학생부 바이블>, <교과세특 주제 탐구활동 마스터(정보교과군)>, <교과세특 주제 탐구활동 마스터(기술가정 교과군)>, <고교학점제 바이블>, <교과세특 탐구주제 바이블>, <교과세특 추천도서 300>, <학과연계 독서탐구 바이블>, <성공적인 대입을 위한 면접 바이블>, <특성화고 학생을 위한 진학 바이블>, <직업계고 학생을 위한 취업 바이블>, <미디어 진로 탐색 바이블>, <교과세특 탐구활동 솔루션 기초편>, <교과세특 탐구활동 솔루션 심화편>, <교과세특 탐구주제 기재예시 바이블>, <통합사회로 세상열기>, <통합과학으로 세상열기> 등 집필			
프로그램 및 교구 개발	◆ <청소년을 위한 학과카드>, <청소년을 위한 직업카드> 개발 ◆ <드림온 스토리텔링 보드게임>, <원하는 진로를 잡아라> 보드게임 개발			
활동 내용	◆ 전> 청소년 사이버범죄예방 교과 연구회 회장, 정보통신윤리교육 교과 연구회 회장, 선플 전국 교사협의회 회장, 경찰청 누리캅스 위원 ◆ 전> 저작권 교육강사, 미디어 교육강사, 정보통신윤리 교육강사, 인터넷중독예방 교육강사 ◆ 교육부 오늘의 으뜸교사 선정(근정포장 수상), 대교 눈높이 교육상, 정보문화대상 대통령상, 청소년 푸른성장 대상, 교육부 장관상, 환경부 장관상, 정보통신부 장관상 등 다수의 장관상 수상 ◆ 네이버 카페 <꿈샘 진로수업 나눔방(https://cafe.naver.com/jinro77) 운영자			

● 이순남

이름	이순남		
재직학교	신목고등학교	담당	진로전담교사
도서 집필 교과서 및 단행본	◆ 2022개정 교육과정 고등학교 <진로와 직업> 교과서 집필 ◆ 2023·2024 성공적인 대입을 위한 <면접바이블> ◆ <두근두근 원리과학> 면역편 집필		
프로그램 및 교구 개발	◆ <세포분열 시뮬레이션> 개발 ◆ <미래자녀 시뮬레이션> 개발		
활동 내용	◆ 서울특별시 대학진학지원단 ◆ 서울특별시 진로학업설계 MAP 지원단 ◆ EBS 진로학업설계지원단 ◆ 리로스쿨 입시칼럼리스트 ◆ 단국대학교 교사 자문위원 ◆ 서울 진로학업설계('이음') 상담교사단 ◆ 전>서울진로진학정보센터 상담교사단 ◆ 전>한국교육과정평가원 진로학업설계지원단 ◆ 전>서울특별시 양천구 지역고교 면접지원단 ◆ 전>광운대 학생부 종합전형 이야기 칼럼 집필진 ◆ 전>환경교과서 검인정 심사		

● 박상근

이름	박상근		
재직학교	화천고등학교	담당	수학 교사
도서 집필 교과서 및 단행본	◆ 2022개정 공통수학1, 공통수학2 교과서 연구위원 ◆ 2015개정 수학, 확률과 통계 교과서 검정위원 ◆ 고등학교 수학 학습 성공을 위한 중 고등학교 전환기 학생 탐구활동 교수 학습 자료 제작(교육부, 한국과학창의재단_2022년)		
프로그램 및 교구 개발	◆ 구글앱스크립트 기반 (모두의) 과목 선택기, 면접 연습기 등 30개 이상 제작 ◆ 강원특별자치도교육청 수학 교재 <THE BUILD UP> 개발 ◆ 강원특별자치도교육청 중고 수학 이음 교재 <사다리 수학> 개발		
활동 내용	◆ 2022년도 서울특별시 10월 학력평가 출제위원(고3) ◆ 강원진학지원센터 입시분석팀 ◆ 한국대학교육협의회(대교협) 대입상담교사단 ◆ 강원특별자치도 수능문항개발연구회 고3 수학 문항 출제위원 ◆ 아주대학교 논술전형(수학) 고교 자문교사(2019년-2025년) ◆ 전> 아주대학교 재외국민전형 수강능력시험 검증위원(2021년) ◆ 전> 아주대학교 논술전형(수학) 검토교사(2020년-2021년)		

저자 소개 Introduction of the author

● 장은경

이름	장은경		
재직학교	풍덕고등학교	담당	화학 교사
도서 집필 교과서 및 단행본	◆ 독서 중심 주제탐구 활동 올인원 ◆ 과학탐구보고서 소논문 쓰기 ◆ EBS 중학 과학 개념 레시피 물리 화학 ◆ EBS 개념 끝장내기 화학 ◆ 개념풀 중학 과학		
프로그램 및 교구 개발	◆ 공유 중심 메이커 교육 프로그램 개발 ◆ 경기도교육청 과학과 서술형평가 문항 자료집 개발 ◆ 경기도교육청 과학과 논술형평가 문항 자료집 개발 ◆ 경기도교육청 논술형 평가 학생 교육용 도움자료 개발		
활동 내용	◆ 교육학 박사 ◆ EBS 과학 강사, EBS 교재 집필진 ◆ 국가수준평가문항 출제, 검토, 채점 위원 ◆ 삼성 주니어 소프트웨어 창작대회 심사 위원 ◆ 한국과학창의재단 청소년과학탐구반 심사 위원 ◆ 경기도교육청-경인교대 공동연구원(수업 속 역량 기반평가 방안 연구) ◆ 교과서연구재단 교과서 모니터링단 ◆ 경기도 논술형평가 핵심 교원 ◆ 통합과학 선도교원 ◆ 찾아가는 학교 컨설팅 연수 설계 코디		

● 이봄들

이름	이봄들		
재직학교	화담중학교	담당	과학 교사
프로그램 및 교구 개발	◆ 2025 경기도교육청미래과학교육원 융합교육프로그램 자료집 개발		
활동 내용	◆ 2024 미과원 공유학교 여름방학 과학탐구 오픈랩 강사 ◆ 2024 미과원 공유학교 겨울방학 프로그램 교육과정 개발위원 및 강사 ◆ 2024학년도 경기이룸학교 공유멘토 ◆ 2025 경기공유학교 학생기획형 프로그램 공모 심사위원 ◆ 2025 경기진로교육지원단		

이제
교과서 속 인물과의 만남이
시작됩니다.

01 갈릴레오 갈릴레이
(Galileo Galilei, 1564~1642)

1. "의심하라, 실험하라, 바라보라" 근대 과학의 문을 연 거인의 발자국

● '왜?'라고 묻던 피사의 소년

1564년 이탈리아 피사에서 태어난 갈릴레이는, 어려서부터 "이건 왜 이럴까?"라는 질문을 멈추지 않는 아이였다. 성당에 흔들리는 샹들리에를 보며 그는 혼잣말을 했다. "왜 길이가 비슷하면 진동하는 시간이 비슷할까?" 어린 갈릴레이는 세상을 '그냥 그렇다'고 받아들이지 않았고, 주변에서 보이는 모든 현상을 스스로 확인하고 싶어했다. 천장의 물체, 바람에 흔들리는 줄, 떨어지는 사과. 그에게는 일상이 곧 '실험실'이었다. 이러한 타고난 호기심과 관찰 태도는 훗날 과학 혁명의 불씨가 된다.

● 학교에서 답을 찾지 못한 학생

의학을 공부하라는 아버지의 권유로 대학에 들어갔지만, 병이나 해부에는 전혀 흥미를 느끼지 못했다. 대신 그는 몰래 수학 강의실을 찾아가 자유낙하, 원운동, 기하학 이야기를 들으며 비로소 배우는 즐거움을 느꼈다. 교수는 "세상은 책에 적힌 대로 움직인다네."라고 말했지만, 갈릴레이는 속으로 "아니, 직접 확인해야"라고 되뇌었다. 그는 경사로를 만들고 구슬을 굴리고 시간을 재는 실험을 끊임없이 반복하며 스스로 법칙을 확인하려 했다. 이 과정에서 기존의 권위보다 관찰과 실험을 더 신뢰하는 태도가 뚜렷하게 자리 잡기 시작했다.

● "무거운 게 더 빨리 떨어진다?"

당시 사람들은 아리스토텔레스의 말을 절대적 진리로 여겼다. "무거운 물체가 더 빨리 떨어진다." 갈릴레이는 고개를 저었다. "정말일까? 직접 실험해보면 되잖아."라고 스스로 질문을 던졌다. 그는 경사면 실험을 통해 낙하 운동이 등가속도 운동임을 발견했다. 무거운 물체든 가벼운 물체든 저항이 없다면 같은 속도로 떨어진다는 결론은 당시의 상식을 뒤집는 혁명이었다. 그 과정에서 갈릴레이가 남긴 한 문장은 지금까지도 과학의 정신을 대표한다.
"질문은 권위를 넘어설 수 있다."

● 망원경을 들고 하늘을 다시 쓰다

갈릴레이는 직접 망원경을 제작해 밤하늘을 향했고, 사람들의 상상을 뛰어넘는 장면들을 마주했다. "와... 달 표면에 구덩이가 있다고? 별은 셀 수 없이 많다고? 목성 주변에 작은 점들이 계속 움직이고 있어..." 그는 금성이 달처럼 모양을 바꾼다는 사실을 관측했고, 이는 '지구 중심설'이 아니라 태양 중심설이 더 맞다는 강력한 증거였다. "우주의 중심은 지구가 아닐 수도 있다."는 그의 통찰은 종교적·사회적 구조를 뒤흔들며 엄청난 파장을 일으켰다. 그럼에도 갈릴레이는 비난과 위험을 감수하며 관측 기록을 묵묵히 이어갔고, 자신의 임무는 단지 자연이 보여주는 그대로를 기록하는 일이라고 믿었다.

"있는 그대로 본 것을 기록할 뿐이다." 그의 망원경은 하늘을 더 크게 보이게 한 도구가 아니라, 인간의 시선을 권위에서 관찰로 이동시킨 혁신의 상징이었다. 갈릴레이는 보았다는 사실보다, 보았음을 증명하고 기록했다는 점에서 기존의 우주관을 무너뜨렸다. 이 순간 이후, 하늘은 더 이상 해석의 대상이 아니라 검증의 대상이 되었다.

● 재판과 침묵, 그러나 꺼지지 않은 생각

교회는 그의 연구가 기존 교리를 흔든다고 보았고, 갈릴레이는 결국 재판장에 섰다. 그에게 망원경을 들고 하늘을 관측하는 일조차 금지되었다.

"그래도 지구는 돈다." 이 전설적인 한마디는 금지 속에서도 꺾이지 않는 과학자의 내면을 보여준다. 노년의 갈릴레이는 시력이 약해졌지만 학생들과의 대화는 멈추지 않았다. "하늘을 직접 보지 못해도, 자연의 법칙은 머릿속에서 계속 움직일 수 있단다." 그의 연구실은 닫혔지만, 생각하는 마음만큼은 결코 닫히지 않았다.

● 오늘날로 이어지는 메시지

오래 믿어온 말과 권위가 항상 진실을 보장하지는 않는 시대이다. 정답처럼 반복되는 설명 앞에서 질문을 던지는 일은 여전히 용기가 필요하다. 갈릴레오는 전통보다 관찰을, 권위보다 실험을 선택했다. 그에게 진리는 책 속에 있는 것이 아니라, 자연이 보여주는 사실 그 자체였다.

오늘날 학생에게 갈릴레오의 삶은 이렇게 말해준다.

배움은 믿는 것에서 시작되는 것이 아니라, 의심하고 확인하는 태도에서 깊어진다는 사실이다.

▶ 나는 무엇을 당연하게 받아들이고 있는가?
▶ 직접 확인해 보고 싶은 질문은 무엇인가?

이는 과학적 탐구 태도·비판적 사고 역량 중심의 세특 탐구주제로 자연스럽게 확장될 수 있다.

● 주요 업적

1) 등가속도 운동

당시 사람들은 무거운 물체가 더 빨리 떨어진다고 믿었지만, 갈릴레이는 이를 검증하기 위해 경사면에서 구슬이 굴러가는 시간을 더욱 정밀하게 측정했다. 그는 낙하 속도는 무게가 아니라 일정한 가속도에 의해 증가한다는 사실을 밝혔고, 공기 저항이 없다면 모든 물체가 같은 속도로 떨어진다는 결론에 도달했다. 이 발견은 아리스토텔레스 이후 이어진 자연관을 뒤집었으며, 현대 역학의 기초인 '등가속도 운동' 개념을 확립한 매우 중요한 전환점이 되었다.

2) 관성의 법칙

갈릴레이는 물체가 외부 힘이 없으면 그 상태를 유지한다는 관념을 처음 명확히 제시했다. 당시에는 물체가 자연히 멈춘다는 믿음이 일반적이었지만, 그는 매끄러운 표면에서의 운동을 관찰하며 다른 결론에 도달했다. 경사면 실험을 통해 저항이 사라지면 물체는 같은 속도로 계속 움직인다는 사고 실험도 제시했다. 이러한 통찰은 '운동의 지속성'을 설명하는 기반이 되었고, 그의 관성 개념은 뉴턴의 제1법칙으로 이어져 현대 물리학의 핵심 토대가 되었다.

3) 망원경 관측 혁명

갈릴레이는 직접 렌즈를 갈아 망원경을 제작했고, 이를 통해 하늘을 관찰하는 새로운 길을 열었다. 그는 달의 산과 계곡, 목성의 네 위성, 금성의 위상 변화를 기록하며 우주가 완전한 구로 이루어진 '천상'이라는 기존 개념을 무너뜨렸다. 특히 금성의 위상 변화는 태양 중심설의 타당성을 보여주는 결정적 증거였고, 이는 지구 중심 우주관을 흔든 관측이었다. 그의 기록은 코페르니쿠스의 지동설을 철학적 주장 수준에서 '관측 기반 과학 이론'으로 끌어올린 혁명적 성취로 평가된다.

4) 실험 중심 과학 방법론

갈릴레이는 자연을 글이나 권위가 아닌 '측정 가능한 수치'로 설명해야 한다는 새로운 과학 원칙을 제시했다. 그는 물방울의 리듬과 경사로 실험을 이용해 정량적 데이터를 모으며 자연 법칙을 기술했다. 이러한 방식은 실험 → 기록 → 수학적 해석이라는 현대 과학의 기본 틀을 마련했고, 물리학을 철학에서 독립된 실험 과학으로 확립하는 데 크게 기여했다. 그의 방법론적 혁신은 이후 케플러·데카르트·뉴턴으로 이어지는 과학 혁명의 출발점이 되었다.

● 과학적 성과와 영향

갈릴레이의 과학적 성과는 자연을 정성적 설명이 아닌 정량적 실험과 수학적 분석으로 이해하려 했다는 점에서 두드러진다. 그는 경사면과 진자, 물방울 시계를 이용해 낙하와 운동을 측정하며 등가속도 운동을 정립했다. 또한 매끄러운 표면에서의 움직임을 관찰해 관성 개념을 명확히 했고, 직접 만든 망원경으로 천체를 관측해 우주가 변화하는 자연임을 보여주는 증거를 제시했다. 이러한 연구를 통해 실험→기록→수학적 해석이라는 근대 과학의 구조가 확립되었다.

갈릴레이의 접근은 자연철학을 넘어 근대 과학의 언어와 절차를 세운 선구적 시도로 평가된다. 그의 실험적 방법론은 뉴턴의 운동 법칙과 중력 이론의 기초가 되었고, 천문 관측은 지동설을 관측 기반의 과학 이론으로 격상시키며 과학 혁명의 흐름을 바꾸었다. 또한 정량적 사유 방식은 이후 과학자들이 자연을 '측정 가능한 법칙'으로 바라보게 만드는 계기가 되었다. 갈릴레이의 탐구 정신은 오늘날 물리학·천문학·과학철학의 핵심 기반으로 남아 있다.

● 과학 이론 연계 탐구 주제

등가속도 운동	▶ 낙하 물체의 속력 변화 분석을 통한 중력 가속도의 일정함 확인 탐구
	▶ 일상 속 포물선 운동에서 수평·수직 운동의 독립성을 검증하는 실험적 분석
	▶ 디지털 센서를 이용한 빗면 실험 설계 및 물체의 등가속도 운동 정량적 분석
관성의 법칙	▶ 관성 개념을 활용하여 편리성과 안전성을 높이는 기구 설계 프로젝트
	▶ 교통수단 및 스포츠 장비의 충격 완화 장치에 적용된 관성 원리 탐색
	▶ 알짜힘 변화에 따른 물체의 운동 상태 변화 사례 조사 및 과학적 분류
망원경 관측 혁명	▶ 금성의 위상 변화 관측 데이터를 활용한 지동설의 과학적 증거 논증
	▶ 관측 기술 발달이 우주관 및 과학적 지식의 잠정성에 미친 영향 고찰
	▶ 천체 관측 프로그램을 이용한 목성 위성계의 운동 규칙성 추리 및 분석
실험 중심 과학 방법론	▶ 갈릴레이의 빗면 실험을 분석하여 과학적 탐구 기능 이해
	▶ 디지털 탐구 도구 기반 데이터 수집 및 그래프 분석으로 결론 도출 탐구
	▶ 과학사적 사례를 통해 과학적 방법의 다양성 및 과학 문제 해결의 개방성 인식

● 탐구 설계 예시

주제	일상 속 포물선 운동에서 수평·수직 운동의 독립성을 검증하는 실험적 분석
탐구 목표	포물선 운동을 수평 방향과 수직 방향의 독립된 운동으로 분석하고, 실제 실험 데이터를 통해 두 운동이 서로 영향을 주지 않는다는 갈릴레이의 원리를 검증한다.
선정 이유	농구공이나 물줄기처럼 일상에서 흔히 볼 수 있는 포물선 운동은 갈릴레이가 제시한 수평·수직 운동의 독립성을 직접 보여주는 대표적 사례이다. 디지털 영상 분석 도구를 통해 실제 포물선 궤적을 기록하고 두 방향의 운동 특성을 확인할 수 있어 본 탐구 주제를 선정했다.
서론	포물선 운동은 일정한 속도의 수평 운동과 가속도 운동인 낙하가 결합해 만들어지는 이차원 운동이다. 갈릴레이는 이 두 운동이 서로 간섭하지 않는 독립적 운동이라고 설명했다. 본 탐구에서는 영상 분석을 통해 실제 포물선 궤적을 기록하고, 수평·수직 운동의 독립성이 실험적으로 확인되는지 분석하고자 한다.
본론	▶ 포물선 운동 이론 조사: 수평 방향 등속 운동과 수직 방향 등가속도 운동 이해 ▶ 실험 설계: 공 던지기·물줄기·모형 발사기 등 적절한 포물선 상황 촬영 ▶ 데이터 분석: Tracker 등 영상 분석 도구로 x-t, y-t 그래프 작성 및 - 수평 방향 속도 $v_x = \Delta x / \Delta t$ 계산 - 수직 방향 속도 $v_y = \Delta y / \Delta t$ 계산 - 수직 방향 가속도 $a_y = \Delta v_y / \Delta t$ 추정 ▶ 독립성 검증: 수평 속력 변화 유무, 수직 가속도 일정성 비교 ▶ 종합 해석: 포물선 운동의 성립 조건과 갈릴레이 원리 설명
결론	영상 분석 결과, 물체의 수평 방향 속력은 거의 일정하게 유지되었으며 수직 방향에서는 중력에 의해 속도가 일정한 비율로 증가하는 것을 확인했다. 이는 수평 운동과 수직 운동이 서로 영향을 주지 않는다는 갈릴레이의 설명과 일치하며, 실제 포물선 운동이 두 독립된 운동의 결합임을 실험적으로 검증할 수 있다.
심화 탐구 주제	▶ 공기 저항을 고려한 실제 포물선 운동과 이론 모델의 차이 분석 ▶ 물체의 질량, 형태, 단면적이 포물선 궤적에 미치는 영향 비교 실험 ▶ 발사 각도, 초기 속력 변화가 궤적과 최대 도달 거리에 미치는 영향 모델링
토론 주제	▶ 포물선 운동 모델이 실제 스포츠 상황을 얼마나 정확히 설명할까? ▶ 수평, 수직 운동은 항상 독립적일까? - 어떤 조건에서 깨질 수 있을까? ▶ 이상화된 물리 모델을 기반으로 한 설명은 실제 현상을 설명하는데 충분할까?
교내 후속 활동	▶ 물리학: 포물선 운동 실험을 다양한 물체와 각도로 확장한 후속 비교 실험 ▶ 공통수학: 이차함수와 포물선 궤적을 활용한 함수 모델링 및 최적화 문제해결 ▶ 동아리활동: 모형 발사기 제작 및 발사 각도별 궤적 최적화 실험

2. 교과 연계 탐구활동 (공통수학 Ⅰ, 과학의 역사와 문화, 창의 공학 설계)

● 공통수학 Ⅰ

성취기준	[10공수1-02-06] 이차함수의 최대, 최소를 탐구하고, 이를 실생활과 연결하여 유용성을 인식할 수 있다.
주요내용	갈릴레이의 포물선 운동 분석은 이차함수의 최대·최소 개념이 자연 현상에 적용되는 대표적 사례이다. 그는 물체의 궤적에서 꼭짓점이 '최대 높이'나 '최대 도달 거리'를 결정한다는 사실을 실험과 수학적 추론으로 확인했다. 이러한 분석은 함수의 극값이 실제 현상의 최적 조건을 결정하는 원리임을 보여주며, 갈릴레이의 연구는 이차함수의 극값을 실생활 문제 해결에 활용하는 수학적 모델링의 기반이 된다.
교과연계 탐구주제	▶ 실제 포물선 궤적을 이차함수로 근하고 최대 높이 계산 ▶ 포물선 운동 데이터를 활용한 '최대 도달 거리' 발사각 탐구 ▶ 스포츠 동작(농구 슛, 배드민턴 하이클리어 등)의 최적 포물선 궤적 분석

● 과학의 역사와 문화

성취기준	[12과사02-02] 현대 과학의 등장 과정에서 나타난 과학자들의 논쟁이나 토론 사례를 조사하고, 과학적 의사소통에서 지켜야 할 규범과 태도를 이해할 수 있다.
주요내용	갈릴레이의 지동설 옹호와 교회와의 충돌은 근대 과학 형성 과정에서 나타난 대표적 논쟁 사례로, 그는 관찰 결과를 토대로 과학적 주장을 펼쳤지만 사회·종교적 권위와 부딪치며 과학적 소통의 한계를 드러냈다. 이 과정은 과학적 주장은 신뢰할 수 있는 근거와 합리적 논증에 기반해야 함을 보여주며, 현대 과학에서 요구되는 개방성, 비판성, 책임성의 중요성을 이해하는 데 중요한 의미를 지닌다.
교과연계 탐구주제	▶ 갈릴레이 재판을 통해 본 과학적 의사소통의 규범과 한계 고찰 ▶ 지동설 논쟁에서 드러난 '과학적 증거'와 '사회적 권위'의 충돌 분석 ▶ 과학사 논쟁 사례 비교: 갈릴레이와 현대 과학 논쟁을 연결해 분석

● 창의 공학 설계

성취기준	[12창공01-04] 공학에서의 창의성 개념을 이해하고, 창의적 사고 기법과 창의 공학 설계 사례를 탐구하여 창의 공학 설계에 대한 흥미와 관심을 가진다.
주요내용	갈릴레이의 망원경 개선과 실험 도구 제작 과정은 공학에서의 창의성이 어떻게 발휘되는지를 잘 보여준다. 그는 기존 도구의 한계를 분석해 새로운 렌즈 조합을 고안하고, 경사면, 진자 실험에서도 직접 장치를 제작하며 설계–검증–개선의 흐름을 실천했다. 이러한 사례는 공학 설계가 문제 해결을 위한 창의적 사고와 반복적 개선을 바탕으로 이루어진다는 점을 이해하는 데 의미가 있다.
교과연계 탐구주제	▶ 사용자의 요구를 반영한 관찰 도구 창의적 설계 사례 탐구 ▶ 갈릴레이 망원경의 구조 개선 과정을 공학 설계 단계로 재구성 ▶ 경사면, 진자 실험 도구를 활용한 '측정 정확도 향상' 공학적 재설계 프로젝트

3. 독서 연계 탐구활동

● 추천 도서 목록

추천 도서 목록
▶ 불멸의 과학책(고야마 게이타(김현정 역), 반니, 2020)   ▶ 궁정인 갈릴레오(마리오 비아졸리(박초월 역), 소요서가, 2025)   ▶ 과학혁명의 구조(토머스 S. 쿤(김명자 역), 까치, 2013)   ▶ 새로운 두 과학(갈릴레오 갈릴레이(이무현 역), 사이언스북스, 2016)   ▶ 대화(갈릴레오 갈릴레이(이무현 역), 사이언스북스, 2016)   ▶ 갈릴레오가 들려주는 별이야기(갈릴레오 갈릴레이(장헌영 역), 승산, 2009)

● 독서 연계 탐구 활동

독서 연계 탐구 활동	
도서명	궁정인 갈릴레오(마리오 비아졸리(박초월 역), 소요서가, 2025)
	이 책은 갈릴레이를 외로운 천재가 아닌 궁정, 후원, 정치, 종교가 얽힌 사회 속의 과학자로 조명한다. 망원경 발명과 지동설 논쟁을 과학적 증거와 권력 구조의 충돌로 설명하며, 과학 지식이 사회적으로 수용되는 과정의 복잡성을 보여준다. 메디치 가문 후원 전략과 교황청과의 갈등을 통해 과학 지식이 사회·문화적 맥락에서 형성된다는 점을 이해하게 하는 책이다.
핵심 키워드	과학혁명, 지동설, 권력 구조, 후원 체계, 과학적 의사소통
탐구 주제	▶ 갈릴레이 재판 문서를 활용한 과학적 의사소통 규범, 윤리 분석 ▶ 망원경 발명과 관측 혁명이 근대 우주관 형성에 미친 영향 연구 ▶ 과학 지식이 사회적으로 수용되는 조건을 갈릴레이 사례로 비교 연구 **▶ 지동설 논쟁에서 드러난 과학적 증거와 사회·종교적 권위의 충돌 분석** ▶ 메디치 가문 후원 체계를 통해 본 과학 연구와 정치 권력의 상호의존성 탐구
토론 쟁점	▶ 과학 혁명은 개인의 발견인가, 사회적 조건이 만든 산물인가? ▶ 과학적 증거가 있어도 사회가 받아들이지 못하는 이유는 무엇인가? ▶ 과학자는 사회, 종교적 권위와 충돌하더라도 진실을 말해야 하는가?
후속 활동	▶ 공통국어: '지동설이 더 타당한 이유'를 논증문으로 작성하는 활동 ▶ 통합과학: 갈릴레이 망원경과 현대 천체망원경의 구조를 비교하는 활동 ▶ 세계사: 과학 지식이 권력 구조와 어떻게 상호작용하는지 정리하는 활동 ▶ 진로활동: 연구윤리를 조사하고 관심 직업의 직업 윤리를 탐구하는 활동

● 독서 연계 탐구활동 예시

탐구 주제	지동설 논쟁에서 드러난 과학적 증거와 사회·종교적 권위의 충돌 분석
탐구 자료	▶ 지동설과 천동설 비교 자료 ▶ 과학적 증거, 권위, 지식 수용 과정 관련 논문 자료 ▶ 갈릴레이 재판 관련 1차 사료(편지, 판결문) 발췌문 자료

	서론	지동설 논쟁은 과학적 증거와 사회·종교적 권위가 충돌한 대표적 사례로, 갈릴레이는 금성의 위상 변화와 목성의 위성 관측을 근거로 지동설을 옹호했으나 교황청 교리와 충돌하며 사회적 갈등으로 이어졌음. 본 탐구에서는 이러한 과학적 증거와 사회·종교적 권위의 대립을 분석하고 과학 지식이 사회적으로 수용되는 조건을 살펴보고자 함.
탐구 개요	본론	▶ 갈릴레이 재판 기록과 편지 자료를 읽고 지동설 논쟁의 쟁점 정리하기 ▶ 관측 증거가 지동설을 어떻게 지지하는지 분석하기 ▶ 종교 권위가 과학적 증거를 어떻게 제한했는지 사회적 조건을 조사하기 ▶ 다른 시대의 과학 혁명과 갈릴레이 사례의 공통 구조를 비교하기 ▶ 과학 지식이 사회적으로 받아들여지기 위한 조건을 정리하기
	결론	지동설 논쟁은 과학적 증거만으로는 사회적 수용이 이루어지지 않으며, 종교, 정치 구조와 복합적으로 얽혀 있음을 확인함. 이 사례는 과학적 진실이 사회에 자리 잡기 위해서는 합리적 소통과 근거 제시, 그리고 개방적 토론 환경이 필수적임을 시사함. 따라서 과학자는 증거 기반 탐구와 함께 사회적 맥락을 이해하고 책임 있는 의사소통 태도를 갖추어야 함을 이해하게 됨.
후속 활동		▶ 공통국어: 갈릴레이 시대 과학 뉴스를 재구성해보는 활동 ▶ 세계사: 사료 기반 '갈릴레이 재판' 모의로 재구성해보는 활동 ▶ 과학의 역사와 문화: 다양한 과학 혁명 사례를 비교하는 활동 ▶ 미술: 천동설과 지동설 모델을 비교한 인포그래픽을 제작해보는 활동 ▶ 진로활동: '과학적 의사소통'이 중요한 직업을 조사하고 발표하는 활동

4. NIE 연계 활동

● 신문 읽기 & 연결 사유 찾기

'과학 순교자'는 없었다...갈릴레오, 권력 좇던 궁정인(파퓰러 사이언스, 2025.11.07.)

이 기사는 갈릴레오를 '과학 순교자'라는 단순한 이미지에서 벗어나, 권력과 후원 체제 속에서 전략적으로 움직인 궁정인으로 재해석한다. 그는 메디치 가문 등 권력층의 후원을 기반으로 학문적 영향력을 확대했지만, 교황을 풍자한 저서로 갈등을 일으키며 정치적 보호를 잃고 결국 몰락했다. 이러한 과정은 과학적 진리가 사회·정치적 맥락 속에서 신뢰를 획득해야 한다는 사실을 잘 보여준다.

나, 갈릴레이를 만든 건 '후원'...한국은 노벨상이 개천에서 나온다 여기는가(경향신문, 2023.10.12.)

이 기사는 갈릴레이가 메디치 가문의 후원을 통해 학문적 지위와 연구 여건을 확보했던 사례를 소개하며, 과학 발전에서 '후원 체제'의 중요성을 강조한다. 갈릴레이가 망원경 관측 성과를 정치적으로 활용해 궁정 철학자로 성장한 과정은 과학과 권력이 긴밀히 얽혀 있었음을 보여준다. 글은 이를 한국의 연구, 개발 정책과 비교하며, 국가의 안정적 과학 지원이 과학 혁신의 핵심이라는 점을 지적한다.

갈릴레오, 하늘을 보다(동아사이언스, 2019.11.14.)

이 기사는 갈릴레오가 의학을 떠나 수학, 과학 연구로 전향해 활동한 과정을 소개한다. 망원경을 직접 제작한 그는 기존 우주관을 흔드는 관측 결과를 발표하며 천문학의 전환점을 마련했다. 이러한 성과는 메디치 가문의 후원을 얻는 계기가 되었고, 과학이 권력 구조와 맞물리는 방식을 보여준다. 기사는 그의 발견이 과학뿐 아니라 예술·종교·정치 전반에도 영향을 미쳤다는 점을 강조한다.

• 시사 이슈

▶ 과학 발전의 핵심은 개인의 천재성인가, 아니면 안정적인 후원 체계인가?

▶ 과학 지식이 사회적으로 받아들여지기 위해 어떤 조건과 소통 방식이 필요한가?

▶ 과학적 발견이 권력과 충돌할 때, 진실을 지키기 위해 과학자는 어떤 태도를 가져야 하는가?

• 관점의 분석과 비교

'과학 순교자'는 없었다...갈릴레오, 권력 좇던 궁정인(파퓰러 사이언스, 2025.11.07.)
- 정치의 과학 개입에 대한 입장 토론 -

찬성	반대
과학 연구는 많은 자원이 필요하기 때문에 정치적 후원은 연구 환경을 안정적으로 마련하는 데 도움이 된다. 후원이 연구 독립성을 침해하지 않도록 투명성을 확보한다면, 후원은 과학 발전을 촉진하는 긍정적 수단이 될 수 있다.	정치적 후원은 과학자를 권력의 이해관계에 종속시켜 연구의 독립성과 객관성을 해칠 위험이 있다. 권력에 따른 압력이 개입되면 과학은 사회적 신뢰를 잃게 되므로, 정치적 영향에서 가능한 한 자유로워야 한다는 입장도 타당하다.

'과학 순교자'는 없었다...갈릴레오, 권력 좇던 궁정인(파퓰러 사이언스, 2025.11.07.)
- 갈릴레오는 '과학 순교자'인가, 아니면 권력을 능숙하게 활용한 정칙적 인물인가? -

≫ 순교자	≫ 정치적 인물
갈릴레오는 금성의 위상 변화, 목성의 위성 관측 등 실증적 근거를 제시하며 지동설을 옹호하다 교회의 교리와 충돌했다. 이러한 과정은 과학의 자유와 탐구 정신을 지키기 위해 희생한 과학자라는 평가로 이어진다.	갈릴레오는 메디치 가문 등 권력층의 후원을 얻기 위해 전략적으로 움직였으나, 교황을 풍자한 저서로 인해 후원체계를 잃고 몰락했다는 점에서 과학자이면서 동시에 권력 관계 속을 능숙히 오간 정치적 행위자로 해석된다.

• 사고의 확장

▶ 후원이 과학 연구를 돕는가, 아니면 편향을 강화하는가?

▶ 정치·경제적 왜곡으로부터 과학을 어떻게 지킬 수 있을까?

▶ 과학자가 권력과 충돌할 때 어떤 선택이 가장 바람직한가?

▶ 과학자의 자율성을 보장하는 지원 방식은 무엇이어야 할까?

▶ 과학 지식의 사회적 수용에 더 큰 힘은 증거인가, 권력인가?

5. 세특 예시

포물선 운동을 영상 분석하여 수평·수직 운동의 독립성을 검증하고 이차함수의 극값 개념을 활용해 실제 궤적을 모델링함. 지동설 논쟁을 통해 과학적 증거와 권위의 충돌 양상을 탐구하고 과학적 의사소통의 규범을 정리해 봄. 갈릴레이 관련 신문 기사와 '궁정인 갈릴레오' 읽기를 바탕으로 과학 지식의 사회·정치적 수용 조건을 논리적으로 분석함. 물리, 수학, 과학사, 공학을 연결한 탐구를 수행하며 근거 기반 사고와 다각적 해석 능력을 확장함.

02 고트프리트 빌헬름 라이프니츠

(Gottfried Wilhelm Leibniz, 1646~1716)

1. 수학·논리·철학을 아우른 범재, 계산과 지식 체계화를 꿈꾸다

● 열 살에 라틴어와 아리스토텔레스 철학을 익히다

라이프니츠는 어린 시절부터 유별난 언어 감각과 철학적 사고력을 보였다. 열 살 무렵 그는 라틴어 원문을 자유롭게 읽으며 아리스토텔레스의 <형이상학>을 탐독했고, 고대 철학자들의 개념을 스스로 해석해 내는 능력을 갖추었다. 그에게 진리는 감각이 아닌, 이성과 논리를 통해 도달할 수 있는 것이었으며, 이는 후에 수학적 사고와 철학 체계를 연결하는 독창적 사유 방식의 출발점이 되었다. 라이프니츠는 인간의 이성이 스스로 완전한 진리를 구성할 수 있다고 믿었고, 이러한 믿음은 훗날 '모든 참 지식은 명제의 분석을 통해 얻어진다.'는 그의 철학 원리로 이어진다.

● 뉴턴과 어깨를 나란히 한 남자, 미적분의 또 다른 이름

라이프니츠는 미적분을 독자적으로 발견한 인물이다. 그가 만든 적분 기호와 미분 표기 는 지금까지도 전 세계에서 쓰인다. 하지만 그에게 미적분은 단순한 계산 기법이 아니었다. '기호는 사고의 언어', 그는 수학을 곧 철학이자 세계를 해석하는 방법이라 여겼다.

"생각을 기호로 표현할 수 있다면, 진리도 계산할 수 있다." 그는 이 놀라운 믿음을 평생 실천했다.

"수학은 생각의 기호다" 이것은 수학을 단순 계산에서 벗어나 사고를 구조화하고, 복잡한 세계를 해석하는 언어로 끌어올린 선언이었다.

● 세계를 계산하고 싶었던 사나이

라이프니츠는 인간의 생각조차 수학으로 계산할 수 있다고 믿었다. 그는 '보편 계산법(Universal Characteristic)'이라는 개념을 제시하며, 언어와 논리를 숫자처럼 다룰 수 있다고 주장했다. 이런 발상은 그가 만든 기계식 계산기 '스텝 레코너(Step Reckoner)'에도 담겼다. 단순한 계산기의 한계를 넘어선 이 발명은, 훗날 컴퓨터와 알고리즘, 인공지능으로 이어지는 현대 기술의 기초가 되었다. 이 발상은 오늘날 디지털 컴퓨터의 논리 회로, 프로그래밍 언어의 사상적 뿌리가 되었다.

"생각은 논리이고, 논리는 곧 계산이다." 라이프니츠는 이 명제를 통해, 수학이 세상을 해석하는 언어라는 사실을 후대에 남겼다.

● 철학자이자 외교가, 그리고 연결의 천재

수학자이자 철학자였던 라이프니츠는 동시에 도서관장, 외교관, 왕실 고문, 학술 단체 설립자로도 활동했다. 그는 수많은 학자들과 편지를 주고받으며 사상과 정보를 교환했고, 서로 다른 학문과 문화를 잇는 유럽 지성 네트워크의 중심에 서 있었다.

라이프니츠에게 지식은 고립된 소유물이 아니라, 연결될수록 확장되는 것이었다. 그는 유럽과 중국 철학의 대화를 시도하고, 기독교 신학과 자연 철학의 접점을 모색하며 서로 다른 체계를 하나의 논리로 엮고자 했다. 세계를 하나의 거대한 퍼즐로 바라본 그의 시선은, 융합과 통합의 사고가 어떻게 새로운 사유를 낳는지를 보여준다.

● 고요한 방에서 맞은 마지막 겨울

라이프니츠의 마지막은 놀랍도록 조용했다. 세상과 수없이 많은 편지를 주고받던 그였지만, 정작 세상을 떠날 때 그의 곁에는 아무도 없었다. 1716년 독일 하노버, 병약해진 그는 침대에서 일어나지 못했고, 지식의 바다를 항해하던 삶은 그렇게 막을 내렸다. 그러나 조용히 사라진 그의 삶과는 달리, 그가 남긴 '생각을 계산으로 표현할 수 있을까?', '인간의 논리를 수학화할 수 있을까?'와 같은 질문은 여전히 인공지능, 프로그래밍 등 첨단 분야에서 끊임없이 논의되고 있다.

"하노버의 조용한 방은 사라졌지만, 그가 남긴 질문은 아직도 세계 곳곳에서 회답을 기다린다." 라이프니츠의 철학이 오늘날에도 유효한 지적 유산임을 암시하는 문장이다.

● 오늘날로 이어지는 메시지

복잡한 세상 앞에서 생각은 종종 정리되지 않은 채 흩어진다. 정보가 많을수록 사고의 구조는 더 중요해진다. 라이프니츠는 세계를 이해하기 위해 사고를 기호와 논리로 정리하려 했다. 그에게 수학은 계산이 아니라, 생각을 명확하게 만드는 사고의 언어였다.

오늘날 학생에게 라이프니츠의 삶은 이렇게 말해준다.

복잡한 문제일수록, 생각을 구조화하는 힘이 해결의 출발점이라는 사실이다.

▶ 나의 생각은 얼마나 논리적으로 정리되어 있는가?

▶ 설명할 수 없는 부분은 어디인가?

이는 수학적 사고력·논리적 설명 능력 중심의 세특 탐구주제로 확장될 수 있다.

● 주요 업적

1) 미적분학의 창시 (Calculus)

라이프니츠는 뉴턴과는 독립적으로 미분과 적분의 기본 개념을 정립했다. 그는 특히 적분 기호 ($\int$)와 미분 기호(dx)를 고안하여, 함수의 변화율과 넓이를 계산하는 과정을 간결하고 논리적으로 표현할 수 있도록 체계화했다. 복잡한 자연 현상을 기호와 연산으로 정리하려는 접근은 수학을 언어처럼 사용하는 새로운 사고의 틀을 제공했다. 이후 수백 년간 수학의 표현 방식을 바꾸었으며, 현대 과학, 공학, 데이터 분석 전반에 걸쳐 여전히 핵심 언어로 사용되고 있다.

2) 이진법 체계의 수학적 정립 (Binary Number System)

라이프니츠는 0과 1 두 숫자만으로 모든 수를 표현하는 이진법을 탐구하고, 이를 수학적으로 정당화했다. 그는 이진법이 계산의 단순화에 기여할 수 있으며, 철학적·논리적 의미도 내포한다고 보았다. 이 체계는 후에 디지털 회로, 컴퓨터, 인공지능의 근간이 되며 정보사회를 뒷받침하는 핵심 원리로 발전하게 된다. 라이프니츠의 이진법은 단순한 숫자 체계를 넘어, 세상을 수학적으로 해석하고 표현하려는 철학적 시도의 일환이기도 했다.

3) 해석기하학의 발전 (Analytic Geometry)

데카르트의 아이디어를 계승한 라이프니츠는 대수학과 기하학을 결합한 해석기하학을 수학적으로 더욱 정교하게 다듬었다. 그는 함수 개념을 통해 도형의 성질을 수식으로 표현하고, 기하를 계산 가능한 형태로 바꾸는 데 기여했다. 이는 운동, 궤도, 광선 경로 등 물리 현상을 수학으로 모델링하는 데 큰 기반이 되었다. 이러한 업적은 과학과 공학 분야에서 수학적 사고의 적용 범위를 획기적으로 확장시키는 데 결정적인 역할을 했다.

4) 수학 기호의 표준화 (Mathematical Notation)

라이프니츠는 $\int$, dx, ∞ 등 현재도 널리 쓰이는 수학 기호들을 고안하고, 수학을 체계적이고 논리적인 언어로 정리하려 했다. 그는 복잡한 개념을 간결하게 표현하는 기호화 작업이 사고의 효율성과 정확성을 높인다고 보았다. 이러한 표준화는 수학적 소통의 장벽을 낮추고, 수학을 전 세계적으로 통용되는 보편적 학문으로 정착시키는 데 중요한 역할을 했다.

● 수학적 성과와 영향

라이프니츠의 수학적 업적은 수학을 '기호의 언어'로 체계화하고, 인간의 사고를 논리적으로 정리할 수 있다는 믿음에서 출발한다. 그는 수학을 단순한 계산이 아니라 철학과 과학의 원리를 아우르는 도구로 여겼다. 특히 미적분의 독자적 발견은 곡선의 길이, 면적, 속도, 가속도 등 변화의 문제를 다루는 매우 강력한 수학적 도구가 되었고, 이러한 개념은 이후 자연현상을 분석하고 모델링하는 데까지 확장되었으며 미분, 적분 기호는 지금까지도 널리 쓰인다.

또한 그는 0과 1만으로 모든 수를 표현하는 이진법 체계를 탐구하며, 논리와 수를 연결하는 새로운 틀을 제시했다. 이 아이디어는 후에 디지털 회로와 컴퓨터 구조, 인공지능 개발의 토대를 마련하며 현대 정보 과학의 핵심 원리로 자리 잡았다. 그의 사유 방식은 논리, 기호, 계산을 하나의 틀로 통합하는 데 집중되었으며, 오늘날 알고리즘, 계산 이론, 수리 논리 등 다양한 분야에서 여전히 라이프니츠의 영향을 확인할 수 있다.

● 수학 이론 연계 탐구 주제

미적분 개념의 정립	▶ 변화율 개념을 중심으로 한 미분의 의미와 실생활 적용 사례 분석 ▶ 뉴턴과 라이프니츠의 미적분 정립 과정 비교 및 기호 체계 차이 분석 ▶ 곡선 아래 넓이를 근사하는 방법으로서 라이프니츠의 적분 아이디어 탐구
기호화와 수학적 언어	▶ 수학 기호의 발달과 수학 교육 현장에서의 이해도 향상 관계 조사 ▶ 수학 기호 표준화의 역사: 수학의 기호가 수학적 표현력에 끼친 영향 탐구 ▶ 복잡한 수학 개념을 기호로 단순화했을 때 사고 효율성에 미치는 영향 분석
수와 체계의 철학적 이해	▶ 라이프니츠의 이진법 탐구가 디지털 수 체계에 끼친 영향 분석 ▶ 이진법의 수학적 원리와 컴퓨터 논리 회로 구조 간의 연계 탐구 ▶ 자연수, 실수, 복소수 등 수 체계의 개념 정립에 기여한 수학자들의 사상 비교
해석기하학과 함수 표현	▶ **함수로 표현된 도형의 성질 변화 분석을 통한 기하학적 이해 심화** ▶ 기하 도형을 수식으로 바꿀 때 해석기하학이 제공하는 수학적 통찰 탐구 ▶ 좌표평면과 함수 그래프를 통해 도형의 변화를 추적하는 시각적 활동 설계

● 탐구 설계 예시

주제	함수로 표현된 도형의 성질 변화 분석을 통한 기하학적 이해 심화
탐구 목표	함수를 이용하여 도형의 운동 및 변형을 수학적으로 표현하고, 좌표평면과 그래프가 제공하는 시각적 통찰을 통해 기하학적 개념에 대한 심층적 이해를 얻는다.
선정 이유	데카르트가 해석기하학을 제시한 이후, 수학은 도형을 정적인 대상이 아닌 수식의 변화에 따라 역동적으로 분석하는 도구를 갖게 되었다. 본 탐구는 함수를 매개로 기하학적 대상을 대수적으로 분석하고 그 결과를 시각화함으로써, 도형의 성질 변화를 이해하고 수학적 사고의 유연성을 향상하는 데 도움이 된다.
서론	기하학적 도형은 점들의 집합적 관계로 정의되며, 이 관계는 수식(함수 또는 방정식)으로 표현 가능하다. 예를 들어, 원, 타원, 포물선 등의 이차 곡선은 특정 함수나 방정식의 해 집합으로 나타낼 수 있다. 해석기하학은 수식의 변수나 계수 변화가 도형의 기하학적 성질 변화로 어떻게 이어지는지를 시각적으로 추적할 수 있도록 한다.
본론	▶ 이론적 배경 조사: 미분을 통한 접선의 기울기 및 곡률의 의미 분석 ▶ 핵심 개념 정리: 변화율, 곡률, 접선 방정식, 꼭짓점, 초점 ▶ 실험 설계 및 수행 　1) 이차함수의 최고차항의 계수 변화와 그래프 관찰 　2) 타원의 방정식의 계수의 변화에 따른 형태 변화 시각화 　3) 함수 또는 도형의 방정식의 접선 방정식을 도출 및 시각화 ▶ 결과 해석: 계수의 변화가 도형의 폭, 방향, 위치 등 시각적 특성에 미치는 영향을 구조적으로 정리
결론	도형을 함수로 표현하고 좌표 변환을 적용하는 활동을 통해, 기하학적 성질들이 단순한 형태가 아니라 변수의 변화에 따른 역동적인 관계임을 이해할 수 있었다. 특히, 함수식의 계수 변화가 도형의 크기 및 형태로 명확히 구분되었으며, 이러한 함수적 해석은 기하학적 이해를 정량적으로 심화시키는 데 효과적임을 확인하였다.
심화 탐구 주제	▶ 거선형 변환을 나타내는 행렬과 도형을 표현하는 함수 간의 연관성 탐구 ▶ 복소평면 상에서 함수를 이용한 기하학적 변환(예: 회전) 분석 ▶ 미분을 활용하여 곡면 도형의 극값 (최대/최소 높이)을 해석하는 방법 연구
토론 주제	▶ 기하학적 증명 과정에서 대수적 방법이 유클리드적 방법보다 효율적인가? ▶ 함수가 3차원 도형을 표현하고 해석하는 데 2차원 도형과 발생하는 차이는? ▶ 해석기하학의 발전이 현대 수학의 대수학 분야에 미친 영향은 무엇인가?
교내 후속 활동	▶ 물리학: 롤러코스터 트랙 등 실제 곡선 궤적을 이차 곡선 함수로 모델링 ▶ 정보: 동적 기하 프로그램을 이용한 매개변수 변화에 따른 도형 변형 시뮬레이션 ▶ 자율·자치활동: 관찰한 도형의 변화 과정과 함수적 해석을 담은 연구 보고서 제출

2. 교과 연계 탐구활동(경제, 수학과 문화, 역학과 에너지)

● 경제

성취기준	[12경제01-03] 인간은 경제적 유인에 반응함을 인식하고, 편익과 비용을 고려하여 합리적으로 선택하는 능력과 한계 분석을 이용한 의사 결정 능력을 계발한다.
주요내용	라이프니츠의 미분 개념은 경제학에서 한계 효용, 한계 비용 등 '한계(Marginal)' 개념 분석에 필수적이다. 이는 생산이나 소비의 순간적 변화가 총이익에 미치는 영향을 측정하여, 경제 주체가 최적의 합리적 선택을 할 수 있도록 돕는다. 미분 기호는 복잡한 경제 함수의 변화율을 간결하게 나타내어 경제학 이론의 정량적 분석을 획기적으로 향상시켰으며 수학적 최적화 원리는 경제학적 균형 상태를 탐색, 예측한다.
교과연계 탐구주제	▶ 라이프니츠의 최소 노력의 원리와 경제학의 효율성 개념 연계 분석 ▶ 경제 함수에서 변화율을 통한 경제 지표 예측의 정확성 및 한계 분석 ▶ 미분을 활용한 한계 비용/한계 수익 분석 및 최대 이윤 결정 과정 탐구

● 수학과 문화

성취기준	[12수문01-02] 미술과 관련된 수학적 내용을 조사하고, 관련 활동을 수행할 수 있다.
주요내용	라이프니츠의 이진법 창안과 무한소 개념은 예술 및 문화 콘텐츠에 적용되는 규칙성, 대칭, 반복 등 수학적 원리를 이해하는 데 핵심이다. 그의 합리주의적 사고는 모든 것을 논리적 규칙으로 설명하려는 시도였으며, 이는 디지털 패턴 아트나 알고리즘 기반 디자인에서 수학적 원리를 미적으로 활용하는 데 영향을 준다. 이진법을 활용한 디지털 예술이나 미적분 기호의 시각적 패턴을 탐구한다.
교과연계 탐구주제	▶ 라이프니츠의 이진법 원리를 활용한 디지털 아트의 규칙성 및 대칭성 디자인 탐구 ▶ 프랙탈 등 수학적 자기 유사성 패턴을 라이프니츠의 무한소 개념과 연계하여 분석 ▶ 미적분 기호를 타이포그래피 또는 상징 디자인 요소로 활용하는 문화 콘텐츠 연구

● 역학과 에너지

성취기준	[12역학01-05] 역학적 에너지 보존을 이용하여 행성에 따라 탈출 속도가 다름을 이해하고, 운동량 보존을 이용하여 우주선이 발사되어 궤도에 오르는 원리를 설명할 수 있다.
주요내용	라이프니츠가 정립한 미분과 적분 개념은 물체의 운동에서 위치, 속도, 가속도의 순간적인 변화율과 시간에 따른 누적된 효과(일, 에너지)를 정량적으로 분석하는 데 결정적으로 필수적인 도구이다. 특히 라이프니츠가 제시한 '활력(mv^2)' 개념은 현대 역학적 에너지 보존 법칙의 초기 형태로, 미적분 기호를 이용해 복잡한 물리적 현상을 정확하게 수학적으로 모델링하여 해석하는 데 도움을 준다.
교과연계 탐구주제	▶ 변화율 개념을 중심으로 한 순간 속도 및 가속도의 물리적 의미 분석 ▶ 라이프니츠의 $\int$ 기호를 이용한 일과 운동 에너지 간의 관계 해석 탐구 ▶ 라이프니츠의 활력(mv^2) 개념과 현대 역학적 에너지 보존 법칙의 연관성 분석

3. 독서 연계 탐구활동

● 추천 도서 목록

추천 도서 목록
▶ 철학은 날씨를 바꾼다(서동욱, 김영사, 2024)   ▶ 그래도 여전히 인문학 인간(남승현, 나무옆의자, 2025)
▶ 파워풀한 수학자들(김승태, 특별한서재, 2020)   ▶ 수학의 언어로 세상을 본다면(오구리 히로시, 바다, 2024)
▶ 수학이 생명의 언어라면(김재경, 동아시아, 2024)   ▶ 다시 쓰는 수학의 역사: 당신이 수학을 사랑하게 만들 책(케이트 기타가와, 서해, 2024)

● 독서 연계 탐구 활동

독서 연계 탐구 활동	
도서명	수학의 언어로 세상을 본다면(오구리 히로시, 바다, 2024)
	이 책은 수학이 단순한 계산 기술이 아니라 자연을 이해하는 언어라는 시각에서 출발한다. 라이프니츠, 뉴턴, 아인슈타인 등의 사유를 통해 수학적 사고와 자연과학의 깊은 관계를 풀어내며, 기호와 수식이 세계를 설명하는 힘을 지닌다고 강조한다. 특히 미적분, 함수, 무한 개념과 같은 수학 이론이 우주와 자연현상, 물리 법칙의 언어로 어떻게 쓰이는지를 흥미롭게 설명한다.
핵심 키워드	미적분, 기호, 수학적 언어, 자연과 수학, 함수
탐구 주제	▶ 라이프니츠의 수학적 철학이 현대 이론물리학에 미친 사상적 영향 ▶ 수학적 모델링을 통한 물리 법칙 표현: F=ma는 언어인가 공식인가 ▶ 자연의 질서를 설명하는 언어로서 수학 기호의 의미와 발전 과정 탐구 ▶ **라이프니츠의 미적분과 무한소 개념이 자연현상 해석에 미친 영향 분석** ▶ 자연법칙과 수학식의 대응 관계 분석을 통한 기호화의 철학적 의미 탐색
토론 쟁점	▶ 수학은 발견인가, 발명인가? ▶ 수학은 사고의 언어일까, 세계를 이해하는 언어일까? ▶ 수식으로 표현되는 법칙은 보편적 진리를 말하는가, 인간이 만든 틀인가?
후속 활동	▶ 독서와 작문: 현대 사회에서 수학 언어가 활용되는 실제 사례 설명문 작성 ▶ 통합과학: 물체의 운동 데이터를 그래프로 표현, 물리적 의미 해석 ▶ 통합사회: 소득 분포, 출생률, 실업률 등을 그래프와 수학적 지표로 시각화 ▶ 진로활동: 수학으로 해석하고 싶은 세계의 현상을 주제로 짧은 에세이 작성

● 독서 연계 탐구활동 예시

탐구 주제	라이프니츠의 미적분과 무한소 개념이 자연현상 해석에 미친 영향 분석
탐구 자료	▶ 라이프니츠의 미적분 원전 및 현대 해석 관련 자료 ▶ 대학 미적분학 개론서 또는 대학 수학 기초 강의 영상 ▶ 자연과학 분야의 수학 모델링 사례 분석(속도·가속도·전염병 확산 등)

탐구 개요	서론	복잡한 자연현상이 단순한 수식으로 설명될 수 있으며, 그 핵심에 미적분이 있다고 강조함. 무한소 개념은 물리적 변화, 궤도, 파동 등에서 연속적인 변화를 수학적으로 해석할 수 있게 하였으며, 이는 오늘날 자연과학의 언어가 됨. 본 탐구는 라이프니츠의 사유방식이 자연을 수학적으로 이해하는 과정에 어떤 전환을 가져왔는지 탐색하고자 함.
	본론	▶ 미적분의 탄생 배경과 무한소 개념의 철학적 의미를 정리함 ▶ 속도·가속도와 같은 연속적 변화 현상을 미분·적분으로 해석 ▶ 자연현상을 수식으로 모델링하는 미적분적 사고 과정을 탐구함 ▶ 뉴턴의 기하적 접근과 라이프니츠의 기호적 접근을 비교함 ▶ 현대 과학에서 미적분이 수행하는 역할을 사례 중심으로 검토함
	결론	미적분은 단순한 수학 기법을 넘어, 연속적인 변화와 복잡한 자연현상을 해석하는 사고의 도구로 자리잡음. 라이프니츠가 정립한 무한소 개념과 기호 체계는 변화의 구조를 논리적으로 파악하고, 이를 수식화할 수 있는 기반을 마련함. 이러한 분석적 접근은 물리, 생명과학, 경제, 데이터과학 등 다양한 영역에서 정량적 모델링을 가능하게 함.
후속 활동		▶ 체육: 달리기 동작을 영상으로 분석하고 속도·가속도의 변화를 함수로 표현 ▶ 과학탐구실험: 속도·가속도 변화 그래프를 통한 전동차 등 운동 해석 실험 ▶ 공통국어: 라이프니츠의 수학 철학과 과학적 글쓰기 특징을 분석한 논설문 작성 ▶ 사회문제 탐구: 인구 증가, GDP 변화율 분석을 통한 사회 현상 해석 보고서 작성 ▶ 동아리활동: 자연 현상 데이터를 미적분 개념으로 모델링, 토론하는 프로젝트 운영

4. NIE 연계 활동

● 신문 읽기 & 연결 사유 찾기

뉴턴의 미적분 아이디어, 라이프니츠가 확산시켰죠 (한국경제, 2025.06.09.)

 이 기사는 미적분 개념의 형성과 확산 과정에서 뉴턴과 라이프니츠의 역할을 비교하며, 기호화와 논리 체계 정립을 통해 미적분을 보다 명확하고 보편적인 수학 도구로 만든 데 기여했음을 강조한다. 라이프니츠가 도입한 dx, $\int$ 등의 기호가 오늘날까지도 전 세계에서 통용되는 표준이 되었으며, 이러한 형식적 표현이 과학과 공학 등 여러 분야에서 미적분의 실용성을 크게 확장시켰다고 평가한다.

미적분, '원조 맛집(?)' 논란의 중심에 서다 (사이언스타임즈, 2020.10.12.)

이 기사는 미적분을 누가 먼저 발견했는지를 둘러싼 뉴턴과 라이프니츠 간의 역사적 논쟁을 다루며, 양측의 수학적 접근 차이를 조명한다. 뉴턴은 기하 중심의 물리적 변화 기술에 집중한 반면, 라이프니츠는 기호화된 연산 체계를 도입하여 수학적 일반성과 응용 가능성을 넓혔다고 설명한다. 이 논쟁이 단순한 '선후' 문제가 아닌, 수학의 철학적 방향성과 사고 틀의 차이에 대한 논의였음을 시사한다.

"한글엔 '우주론적 이진법' 담겨있다" (한국경제, 2023.10.09.)

 이 기사는 한글 창제 원리 속에 세종대왕이 만든 이진법적 체계가 담겨 있다는 독일 학자의 해석을 소개하며, 라이프니츠가 수학적 이진법을 고안한 것과 문화적으로 연관 지어 설명한다. 특히 한글의 초성·중성·종성이 결합되는 방식과 라이프니츠의 '0과 1' 이진법 개념이 디지털 문명으로 이어지는 흐름 속에서 서로 닮아 있다는 점을 강조하며, 한글과 함께 문화적·과학적 교차점으로 언급된다.

• 시사 이슈

▶ 미적분 개념은 오늘날 과학 및 기술 모델링에 어떻게 적용되고 있는가?

▶ 이진법 원리는 디지털 정보 기술과 문자 언어 체계에 어떤 연결점을 갖는가?

▶ '연속' 개념의 철학적 차이는 현대 수학·물리학 이론에 어떤 의미를 지니는가?

• 관점의 분석과 비교

뉴턴의 미적분 아이디어, 라이프니츠가 확산시켰다(한국경제, 2025.06.09)
- 기호화와 논리 체계화는 과학적 설명을 보다 명확하게 만들었는가? -

찬성	반대
기호화 노력과 논리적 틀 정립이 미적분을 보편적인 분석 도구로 정착시켰다. 다양한 자연 현상을 정량적으로 설명할 수 있게 하여, 과학적 모델의 정밀성과 예측 가능성을 높였다는 점에서 과학 발전을 견인한 도구로 평가된다.	일부 철학자나 과학사는 기호화의 확산이 오히려 개념의 본질을 가리는 경우도 있다고 지적한다. 기호 중심 표현은 개념적 직관이나 현상의 복잡성을 축소시킬 수 있으며, 수학적 해석이 현실을 단순화해 오해를 불러올 수 있다.

"한글엔 '우주론적 이진법' 담겨있다"(한국경제, 2023.10.09.)
- 라이프니츠의 이진법과 동양 사상의 연계는 과학사에 어떤 시사점을 주는가? -

≫ 동양 사상 연계 관점	≫ 과학기술 중심 관점
이진법이 대칭과 조화를 중시하는 동양 사상과 닮아 있어, 수학적 표현이 단순한 계산 도구를 넘어 세계를 해석하는 철학적 관점이 될 수 있다. 과학기술이 문화와 사유 방식에 어떤 영향을 주고받는지를 이해하는 데 중요하다.	이진법은 디지털 논리 기반으로 컴퓨터와 정보통신 기술의 핵심이 된 수학적 원리로, 실제 기술 적용에 중점을 두고 있다. 이진법의 효용성과 실용성이 주목되며, 철학적 의미보다는 기술적 확산의 기반으로 더 중요하다.

• 사고의 확장

▶ 수학 개념이 언어, 철학, 문화와도 연결될 때 사고방식은 어떻게 확장되는가?

▶ 뉴턴과 라이프니츠의 미적분 접근 방식 차이는 과학적 설명에 어떤 영향을 미쳤는가?

▶ 미적분의 도입은 연속적인 자연현상을 이해하는 방식에 어떤 인식 전환을 가져왔는가?

▶ 수학적 기호와 모델링은 복잡한 현실 문제를 단순화할 때 어떤 장점과 한계를 가지는가?

▶ 무한소 개념처럼 직접 관찰할 수 없는 수학 개념은 어떻게 과학적 신뢰를 얻을 수 있는가?

5. 세특 예시

뉴턴과의 접근 방식 차이를 비교하고, 연속 변화 현상을 수식화하며 '수학의 언어로 세상을 본다면(오구리 히로시)' 도서를 활용해, 수학 기호가 사고 효율성과 표현 체계에 미친 영향을 탐색하고, ∫와 dx 같은 기호의 현대적 확산 과정을 분석함. '이진법의 문화적 영향'을 다룬 신문 기사를 통해 수학 원리가 언어, 철학, 인공지능 등 다양한 분야로 확장되는 양상을 살피며, 디지털 문명의 기반으로서의 수학적 상상력과 사고 전환의 중요성을 입체적으로 조명함.

03 그레고어 요한 멘델
(Gregor Johann Mendel, 1822~1884)

1. 유전학의 첫 페이지를 연 수도사 과학자

● 작은 시골에서 태어난 조용한 관찰자

그레고어 멘델은 1822년 오스트리아제국의 작은 마을 힙스에서 태어났다. 주변 사람들은 조용한 소년이 풀잎 하나, 꽃잎 하나에도 유난히 오랫동안 시선을 머무르는 모습을 자주 보았다. 가난한 농가에서 태어났지만 그는 배움을 포기하지 않았고, 자연 속에서 설명되지 않는 규칙들을 발견하려는 호기심을 키워 나갔다. 그는 '자연은 복잡하지만, 그 안에는 단순한 질서가 있다.' 라고 생각했다.

● 배움을 향한 길, 수도원으로 이어지다

멘델은 어려운 집안 형편 때문에 정규교육을 이어가기 어려웠다. 그러나 그는 길을 찾았다. 1843년 그는 아우구스티노 수도회에 들어가기로 결심했다. 수도원은 단순한 종교적 공간이 아니라, 그에게 안정된 생활과 학문을 탐구할 수 있는 기회를 제공했다. 그곳에서 그는 철학, 수학, 자연과학을 배우며 연구의 기초를 다졌다.

이 시기 멘델은 실험을 기록하고 자연을 분석하는 습관을 몸에 익혔다. 훗날 수도원장으로서 남긴 보고서에는 그가 추구하던 연구 태도가 잘 드러난 문장이 남아 있다.

"정확한 기록이야말로 진리에 이르는 길이다."

● 교단에서의 실패, 그러나 과학자로서의 방향이 열리다

멘델은 교사가 되기 위해 빈 대학에서 자격시험을 보았지만, 두 번이나 탈락했다. 당시 그는 우울증을 겪을 정도로 힘든 시간을 보냈다. 그러나 실패는 그에게 새로운 길을 열어주었다. 시험 준비 과정에서 배운 수학과 분석 능력이 후에 유전 연구를 정리하는 데 결정적인 역할을 했기 때문이다.

수도원 정원에서 식물들을 기르며 그는 조금씩 확신을 키우기 시작했다. 복잡해 보이는 식물의 형질도 일정한 방식으로 전해질 것이라는 직관이었다. 실험은 그의 삶의 중심이 되었고, 관찰과 기록은 신념이 되었다.

● 완두 실험으로 시작된 조용한 혁명

1856년부터 멘델은 완두 식물을 이용해 본격적인 실험을 시작했다. 8년 동안 2만여 개의 완두를 직접 교배하며, 그는 특정 형질이 규칙적인 비율로 나타난다는 사실을 발견했다.

"특정 형질은 항상 일정한 비율로 분리되어 나타난다.", "두 개의 서로 다른 요소는 혼합되지 않고, 각자 독립적으로 전달된다."

이 두 문장은 이후 '멘델의 유전법칙'을 구성하는 핵심 원리가 된다. 그의 연구는 작은 수도원의 정원에서 이루어졌지만, 생명과학의 패러다임을 완전히 바꾸는 시작점이었다.

인정받지 못한 연구와 고독한 후반기

멘델은 1865년 브륀 자연과학회에서 자신의 연구를 발표했다. 그러나 당시 과학계는 그의 발견에 거의 관심을 두지 않았다. 형질이 섞여 나타난다고 믿는 '혼합 유전설'이 지배하던 시기였기 때문이다. 논문은 발표 직후 큰 반향을 얻지 못했지만, 멘델은 자신이 발견한 법칙의 의미를 누구보다도 확신하고 있었다. 논문에서 그는 담담하게 선언했다.

"나의 실험이 보여주는 일반 법칙은 작지만 확실하다."

그의 말처럼, 비록 작은 규모의 관찰과 실험에서 시작되었지만, 그 안에는 보편적 법칙이 숨겨져 있었다. 이후 그는 수도원장으로 임명되며 연구에서 멀어졌지만, 기록과 실험 노트는 이후 세대에게 과학적 유산으로 남았다.

오늘날로 이어지는 메시지

눈에 띄는 성과가 없을 때, 노력은 쉽게 의미를 잃는다. 조용한 반복은 평가받기 어려운 시대이다. 멘델은 오랜 시간 묵묵히 관찰하고 기록하며 규칙을 찾아냈다. 그의 연구는 즉각적인 인정은 받지 못했지만, 과학의 방향을 바꾼 기초가 되었다.

오늘날 학생에게 멘델의 삶은 이렇게 말해준다. 결과가 보이지 않는 시간도 배움의 중요한 일부라는 사실이다.

▶ 나는 과정을 얼마나 성실히 기록하고 있는가?
▶ 반복은 어떻게 실력으로 이어질까?
이는 탐구 과정 기록·실험 설계 능력 중심의 세특 탐구주제로 자연스럽게 확장될 수 있다.

주요 업적

1) 우열의 법칙 (Law of Dominance)

멘델은 서로 다른 대립형질이 한 개체에서 동시에 존재할 때 한 형질이 다른 형질의 발현을 가리는 현상을 발견하고 이를 '우성(dominant)'과 '열성(recessive)' 개념으로 정리했다. 이 발견은 특정 형질이 세대에 걸쳐 지속적으로 나타나는 이유를 설명하며, 표현형이 어떤 유전 요소에 의해 결정되는지 예측하는 과학적 틀을 마련했다. 우열의 법칙은 이후 유전질환 분석, 품종 개량, 생명공학적 형질 조절 연구 등에서 기본 개념으로 활용되며 유전학의 실용적 확장을 이끌었다.

2) 분리의 법칙 (Law of Segregation)

멘델은 8년에 걸친 완두 교배 실험에서 부모에게서 물려받은 대립형질이 감수분열 과정에서 서로 분리된다는 사실을 최초로 밝혔다. 그는 형질이 섞여 전달된다는 당시의 혼합 유전설과 달리, 유전 요소가 개별 단위로 존재하며 일정한 비율로 후대에 전달됨을 실험으로 증명했다. 후대 과학자들은 이 요소를 '유전자(gene)'라 명명했으며, 분리의 법칙은 현대 유전학 전체를 지탱하는 원리로 자리 잡아 이후 모든 유전 현상의 기본 구조를 설명하는 출발점이 되었다.

3) 독립의 법칙 (Law of Independent Assortment)

멘델은 두 가지 이상의 형질이 동시에 유전될 때, 각 형질이 서로 영향을 주지 않고 독립적으로 분리된다는 사실을 복합 교배 실험을 통해 규명했다. 그는 완두의 색, 모양, 씨의 형태 등 다양한 조합에서 일정 비율(9:3:3:1)이 반복되는 것을 확인하며 유전 현상이 확률적 규칙에 따라 이루어진다는 점을 정량적으로 제시했다. 이 법칙은 유전적 다양성이 생성되는 메커니즘을 설명하고, 유전자 재조합, 변이, 유전체 구조 연구로 이어지는 핵심 이론적 토대가 되었다.

4) 유전 형질의 수학적 규칙성 (Mathematical Regularity of Heredity)

멘델은 생물학 연구에 수학적 분석을 처음으로 체계적으로 도입한 과학자였다. 그는 방대한 완두 실험 데이터를 정량적으로 정리하여 3:1, 9:3:3:1과 같은 분리·조합 비율을 도출하며 생명 현상이 우연이 아니라 수학적 규칙에 의해 설명될 수 있음을 보여주었다. 이 접근은 생명과학을 질적 관찰 중심에서 데이터 기반 과학으로 전환시킨 혁신적 전환점이 되었고, 이후 통계유전학(statistical genetics), 분자유전학, 게놈 분석 등 현대 연구 분야로 이어지는 방법론적 기반을 마련했다.

● 과학적 성과와 영향

멘델은 완두 교배 실험을 통해 분리의 법칙, 독립의 법칙, 우열의 법칙, 그리고 유전 형질의 수학적 규칙성을 정립하며 생명 현상을 정량적으로 설명한 최초의 과학자가 되었다. 그의 연구는 형질이 섞여 전달된다는 기존의 혼합 유전설을 근본적으로 뒤집고, 유전 현상이 일정한 확률과 비율에 의해 예측될 수 있음을 명확하게 제시했다. 특히 3:1, 9:3:3:1과 같은 비율을 도출해 생물학에 연구 설계, 데이터 분석, 통계적 검증이라는 과학적 방법론을 도입했다는 점에서 결정적 전환점을 만들었다.

멘델의 업적은 그가 생존하던 시기에는 인정받지 못했지만, 20세기 초 재발견 이후 '유전학(genetics)'이라는 새로운 학문을 탄생시키는 기반이 되었다. 그의 법칙은 DNA 구조 발견, 염기서열 분석, 유전자 지도 작성, 생명공학 기술 등 현대 생명과학의 모든 연구에 공통적으로 적용되는 핵심 원리로 자리 잡았다. 또한 품종 개량, 질병 유전 연구, 개체선발 등 실제 응용 분야에서도 필수 이론으로 활용되며, 생명체의 다양성과 변화 과정을 이해하는 과학적 틀을 제공했다.

● 과학 이론 연계 탐구 주제

우열의 법칙	▶ 잡종강세(heterosis)와 우열 관계의 연관성 조사 ▶ 열성 유전 질환 모델을 이용한 표현형 예측 연습 ▶ **'우성=더 강한 형질'이라는 오개념 분석: 생물학적 정의와 대중적 인식 비교 연구**
분리의 법칙	▶ 완두콩 형질 분리 비율의 실제 재현 실험 ▶ 분리의 법칙이 농업 품종 개량에 미치는 실질적 영향 분석 ▶ 학교 주변 식물의 자연 개체군에서 나타나는 형질 빈도 분석
독립의 법칙	▶ 강아지, 고양이 품종에서 나타나는 복합 유전 형질 조사 ▶ 독립분리 비율이 실제 관측값과 달라지는 환경요인 탐구 ▶ 유전자 연관(linkage) 사례 조사로 '독립의 법칙'의 한계 확인
유전의 수학적 규칙성	▶ 유전 확률을 이용한 간단한 예측 모델(미니 AI) 만들기 ▶ 실제 교배 데이터를 이용한 멘델 비율 오차 분석 ▶ 현대 생명과학에서 사용하는 통계유전학 기법 비교 조사

● 탐구 설계 예시

주제	'우성=더 강한 형질'이라는 오개념 분석: 생물학적 정의와 대중적 인식 비교 연구
탐구 목표	우성과 열성의 생물학적 정의를 정확히 이해하고, 대중이 갖는 '강함, 우월함'의 인식과 비교하여 오개념의 원인을 규명하는 데 있다.
선정 이유	학교 수업과 일상 대화 속에서 우성과 열성은 종종 "강한 형질과 약한 형질"로 잘못 이해된다. 하지만 과학적으로 우성과 열성은 발현 메커니즘 차이일 뿐 우월성과 무관하다. 이러한 인식 차이를 탐구하면 유전 개념을 깊이 이해하고, 생명과학 학습에서 흔히 발생하는 개념 오류를 바로잡는 데 도움이 된다고 판단해 주제로 선정하였다.
서론	유전학에서 우성과 열성은 멘델 연구로 정립된 핵심 개념이지만, 대중적 인식에서는 두 용어가 '세기가 비교되는 형질'로 오해되곤 한다. 이러한 오해는 표현형 중심 관찰과 용어 번역, 교육 과정 단순화 등에서 비롯된다. 본 탐구는 생물학적 정의와 대중 인식을 비교해 두 개념의 실제 의미를 명확히 하고 이해의 정확성을 높이고자 한다.
본론	▶ 개념 정리: 교과서, 기초 문헌을 활용한 우성·열성 정의 정리 작업 수행 ▶ 설문 제작: 오개념 확인용 문항 구성, 사례 제시형 포함 설문 제작 작업 수행 ▶ 자료 수집: 교내 학생 50명 정도 대상, 온라인 응답 활용 설문 실시 ▶ 문헌 비교: 응답 결과와 실제 유전 사례 대조, 오해 발생 지점 파악 작업 수행 ▶ 통계 분석: 응답 비율·그래프 작성, 인식–정의 차이 분석 작업 수행 ▶ 결론 도출 : 오개념 원인 정리, 개선 방안 및 후속 탐구 방향 제시 작업 수행
결론	탐구를 통해 우성과 열성 개념이 과학적 정의와 일상적 사용에서 서로 다른 의미로 이해되고 있음을 확인하였다. 설문과 사례 비교를 통해 이러한 의미적 괴리가 지속적인 오개념 형성의 원인이 됨을 파악하였으며, 이를 줄이기 위해 용어 설명 방식의 개선과 학습 과정에서의 체계적 보완이 필요함을 도출하였다.
심화 탐구 주제	▶ 과학 용어 오개념 개선을 위한 학생 참여 캠페인 기획 탐구 ▶ 유전 개념 오개념을 유발하는 신문, 도서, 활용 등 원인 분석 ▶ 우성·열성 외 과학 용어 오해 사례 조사와 과학의 본성 연결 탐구
토론 주제	▶ 우성·열성 용어에 대한 학생 오해를 줄이려면 새로운 용어가 필요할까? ▶ 일상 언어와 과학 개념 차이를 학교 교육이 모두 책임져야 할까? ▶ 과학 용어의 번역 오류가 장기적으로 개념 형성에 큰 영향을 줄까?
교내 후속 활동	▶ 생물의 유전: 우성·열성 표현형을 결정하는 단백질 합성 과정 탐구 ▶ 운동과 건강: 건강 관련 오해가 생활 속 잘못된 건강 행동에 미치는 영향 탐구 ▶ 진로활동: 과학 커뮤니케이션 전문가의 용어 설명 방식 탐구 활동

2. 교과 연계 탐구활동 (생물의 유전, 과학의 역사와 문화, 공통국어2)

● 생물의 유전

성취기준	[12유전01-03] 사람의 다유전자유전에 대해 이해하고, 유전 현상의 다양성 사례를 조사하여 과학적 근거를 활용하여 협력적으로 소통할 수 있다.
주요내용	멘델은 완두 교배에서 나타나는 3:1과 9:3:3:1과 같은 수학적 규칙성을 밝혀 다형질이 복합적으로 작용하는 유전 구조의 기반을 제시하였다. 이는 여러 유전자가 함께 표현형을 결정하는 다유전자유전의 이해에 핵심적 근거를 제공한다. 학생들은 멘델의 분석 방식을 활용해 피부색, 키 등 다양한 유전 사례를 조사하고, 데이터 기반으로 해석 결과를 협력적으로 소통할 수 있다.
교과연계 탐구주제	▶ 친척 가족사진을 이용한 다유전자유전 특징 비교 분석 ▶ 멘델 유전과 다유전자유전의 모델 차이 구조적 비교 연구 ▶ 다유전자유전의 정규분포 특성을 활용한 표현형 통계 분석

● 과학의 역사와 문화

성취기준	[12과사01-05] 과학 지식의 형성 과정에서 과학자의 신념이나 세계관이 영향을 준 사례를 조사하여 발표할 수 있다.
주요내용	멘델은 자연 현상을 수량화하여 보편적 규칙을 찾을 수 있다는 신념 아래 수천 회의 교배 실험을 수행하며, 형질 분리와 조합이 확률적 법칙을 따른다는 현대 유전학의 근거를 제시하였다. 그의 세계관은 관찰보다 '정량 분석'을 우선시하는 연구 방식으로 이어졌고, 이는 과학 지식이 개인적 신념과 시대적 관점에 의해 형성될 수 있음을 보여주는 대표 사례가 된다.
교과연계 탐구주제	▶ 멘델 연구를 현대 실험실 문화와 비교하는 인식 탐구 ▶ 멘델 재발견 과정에서 시대적 과학관 변화가 미친 영향 분석 ▶ 19세기 자연철학이 멘델의 실증적 연구 태도에 준 영향 탐구

● 공통국어2

성취기준	[10공국2-02-03] 의미 있는 사회적 독서 활동에 참여함으로써 타인과 교류하고 다양한 지식이나 정보, 삶에 대한 가치관 등을 이해하는 태도를 지닌다.
주요내용	멘델의 연구는 유전 개념의 기초를 마련했지만, 우성·열성 등의 용어는 오늘날에도 종종 오해되어 대중적 인식과 과학적 의미가 어긋나는 경우가 많다. 학생들은 관련 도서, 과학 글을 함께 읽고 토론하며, 과학 용어가 어떻게 이해되고 왜곡되는지 탐색하고 서로의 가치관과 관점을 공유할 수 있다. 이 성취기준은 독서를 통해 과학 개념을 사회적 맥락에서 이해하는 태도 형성에 기여한다.
교과연계 탐구주제	▶ 과학 용어 왜곡 사례를 다룬 기사, 칼럼 협력 독서 활동 탐구 ▶ 유전 개념 오해가 담긴 콘텐츠의 담론 구조 분석 독서 활동 ▶ 학교 친구들과 함께하는 과학 개념 바로알기 독서 릴레이 활동

3. 독서 연계 탐구활동

● 추천 도서 목록

추천 도서 목록
▶ 닮은 듯 다른 우리(김영웅, 선율, 2021)　　　　▶ 우연이 만든 세계(션 B. 캐럴, 코쿤북스, 2022) ▶ 웃음이 닮았다(칼 짐머, 사이언스북스, 2023)　　▶ 유전자를 알면 장수한다(설재웅, 고려의학, 2022) ▶ Y의 비극(구로이와 아사토, 시그마북스, 2024)　▶ 유전자의 내밀한 역사(싯다르타 무케르지, , 까치(까치글방), 2017)

● 독서 연계 탐구 활동

독서 연계 탐구 활동	
도서명	유전자를 알면 장수한다(설재웅, 고려의학, 2022)
	이 책은 저자가 '미디어를 통한 유전과 생명과학' 강좌를 개설하며, '어려운 유전학을 어떻게 쉽게 설명할까?'를 고민한 끝에 영화와 뉴스를 활용한 강의 내용을 정리·보강한 것이다. 영화 속 장면을 통해 유전자, 돌연변이, 다인자 유전, 감수분열 등 멘델의 기본 원리와 현대 유전체학이 연결되는 과정을 쉽고 생생하게 이해할 수 있도로 구성되었다.
핵심 키워드	돌연변이, 단일유전자 질환, 다인자 질환, 표현형, 멘델법칙
탐구 주제	▶ 돌연변이 유형별 기능 변화가 표현형에 미치는 영향 분류 탐구 ▶ 후성유전 변화가 동일 유전자형에서도 표현형 차이를 만드는 탐구 ▶ 멘델 분리 법칙과 인간 염색체 이상 사례의 연결 고리를 찾는 탐구 **▶ 단일유전자 질환과 다인자 질환의 유전 구조와 발병 양상 비교 탐구** ▶ 표현형 다양성이 인류 생존과 적응에 어떤 의미가 있는지 진화 관점 탐구
토론 쟁점	▶ 영화, 책 속 유전 개념 왜곡이 독자의 인식에 영향을 줄까? ▶ 유전 정보를 다룬 책 읽기가 과학적 사고를 실제로 향상시킬까? ▶감수분열 오류가 인류 다양성 형성에도 기여한다고 볼 수 있을까?
후속 활동	▶ 미적분: 다인자 유전의 연속변이를 미적분 개념으로 시각화하는 모델링 활동 ▶ 생물의 유전: 단일·다인자 질환의 유전 양상 차이를 실제 사례로 비교하는 활동 ▶ 매체 의사소통: 영화 속 유전 개념 왜곡 장면 분석하는 과학 커뮤니케이션 활동 ▶ 동아리활동: 유전 질환 사례 분석을 통한 가계도 해석·보고서 작성 활동

● 독서 연계 탐구활동 예시

탐구 주제	단일유전자 질환과 다인자 질환의 유전 구조와 발병 양상 비교 탐구
탐구 자료	▶ 가계도, 유전율, 발병 위험도를 다룬 의학 및 유전학 문헌 자료 ▶ 질환별 환경 요인 기여도를 비교한 공신력 있는 의학 데이터 자료 ▶ 단일인자, 다인자 질환 특성과 유전 양상 정리한 기초 생명과학 자료

탐구 개요	서론	단일유전자 질환은 한 유전자의 변이가 직접적으로 표현형을 결정하는 반면, 다인자 질환은 여러 유전자와 환경 요인이 함께 작용하여 발병 위험이 달라지는 특징을 가짐. 두 질환군의 구조적 차이를 비교하는 과정은 질병의 유전적 기초를 이해하는 데 중요한 의미를 지님. 본 탐구는 대표 질환을 중심으로 유전 양상 차이를 체계적으로 정리하는 데 목적을 둠.
	본론	▶ 단일인자, 다인자 질환의 유전 구조와 개념을 문헌 중심으로 조사함. ▶ 대표 질환의 발병 원인, 가계도, 유전율을 표로 정리함. ▶ 환경 요인 기여도를 사례별로 비교 분석하여 항목화함. ▶ 두 질환군의 공통점과 차이를 구조화해 비교 도식 제작함. ▶ 유전 구조가 질병 예방, 관리 전략에 주는 의미를 종합함
	결론	본 탐구를 통해 단일유전자 질환은 명확한 유전적 원인과 일정한 가계도 양상을 보이는 반면, 다인자 질환은 여러 유전자와 환경 요인이 복합적으로 작용하여 발병 위험과 표현형 변이가 크게 달라짐을 확인할 수 있음. 이러한 비교 분석 과정은 질병 이해와 예방·관리 전략을 세우는 데 중요한 과학적 근거가 됨을 도출할 수 있음.
후속 활동		▶ 수학과제 탐구: 질환 유전율 데이터를 활용한 선형회귀 기반 통계 분석 탐구 ▶ 생물의 유전: 질환별 유전자 기능과 발현 차이가 표현형에 미치는 영향 분석 ▶ 매체 의사소통: 영화에서 단일유전자 질환과 다인자 질환을 표현한 방식 분석 ▶ 영어 독해와 작문: 영문 대중과학 기사 속 유전 질병 설명의 정확성 비교 분석 ▶ 진로활동: 유전체 연구실 가상 투어 후 실험 장비 역할 분석 보고서 작성

4. NIE 연계 활동

● 신문 읽기 & 연결 사유 찾기

생물시간에 배운 그 원칙...멘델 완두콩의 비밀, 160년 만에 밝혀져(매일경제, 2025.04.27.)

이 기사는 최근 연구를 통해 멘델이 완두콩 실험에서 다뤘던 7가지 형질의 유전자가 160년 만에 모두 규명되었다는 내용을 다룬다. 멘델 유전법칙의 중요성과 완두콩이 유전학 연구의 기초가 된 과정을 설명하며, 연구진이 GWAS 기법으로 남은 형질의 유전자를 규명하고 총 72개 형질의 유전자 지도를 완성했음을 전하며 이 성과가 향후 완두콩 육종과 유전자 편집에 활용될 수 있음을 강조한다.

다윈은 왜 유전학의 아버지 '멘델'이 보낸 편지를 읽지 않았을까?(아시아경제, 2017.11.24.)

이 기사는 멘델의 유전학이 다윈의 진화론과 동시대였음에도 주목받지 못한 배경을 다룬다. 멘델은 '종의 기원'을 깊이 읽고 논문을 보냈으나 다윈은 열어보지 않았다. 그의 연구는 신분과 시대 상황 탓에 생전에 무시되었고, 1900년 재발견되기까지 잊혔다. 이후 진화론, 유전학은 제국주의와 우생학 등 정치적 논쟁 속에서 서로 다른 방식으로 이용되었다.

유전자 돌연변이, 엄마에게 받으면 약 되지만 아빠에게 받으면 병 된다(헬스조선, 2025.08.11.)

이 기사는 부모로부터 어떤 유전자를 물려받았는지에 따라 동일한 돌연변이라도 서로 다른 효과가 나타나는 '양극성 효과'가 대규모 분석에서 확인되었다는 연구 결과를 다룬다. 연구팀은 영국, 에스토니아, 노르웨이 등 인구집단 20만 명 이상의 유전자 데이터를 분석해 상반된 영향을 보이는 변이 30개를 발견했으며, 당뇨병 위험과 텔로미어 길이 등에서 부모 유래에 따른 차이가 나타남을 확인했다고 전한다.

● 시사 이슈

▶ 유전자 규명이 식량난 완화에 실질적 효과를 낼 수 있을까?

▶ 부모별 효과 차이를 반영한 유전자 검사를 일반 의료에 도입해도 될까?

▶ 다윈이 멘델의 논문을 수용했다면 생물학 이론의 전개가 근본적으로 달라졌을까?

● 관점의 분석과 비교

생물시간에 배운 그 원칙...멘델 완두콩의 비밀, 160년 만에 밝혀져(매일경제, 2025.04.27.)
- 유전자 규명과 식량난 완화 효과 -

찬성	반대
유전자 규명은 병해 저항성, 내환경성, 고수확 품종 개발을 가능하게 해 기후 변화와 재배 환경 악화 속에서도 안정적 생산을 유지하도록 돕는다. 이는 식량 생산 기반을 강화해 장기적 식량난 완화에 실질적으로 기여할 수 있음.	식량난은 기후 위기, 전쟁, 분배 불평등, 물류·경제 격차 등 구조적 요인이 더 큰 문제이므로 단순한 품종 개량만으로는 해결이 어렵다. 유전자 규명이 유용하더라도 식량 접근성 개선 없이 식량난 완화 효과는 제한적일 수 있음.

다윈은 왜 유전학의 아버지 '멘델'이 보낸 편지를 읽지 않았을까?(아시아경제, 2017.11.24.)
- 다윈이 멘델의 논문을 수용했다면? -

≫ 빠른 진화·유전 통합 가능	≫ 기술·자료의 한계로 큰 변화 없음
다윈이 멘델의 논문을 수용했다면 자연선택론의 '변이 근원' 한계를 유전 원리가 보완해 진화와 유전의 통합이 훨씬 빨라졌을 것임. 이 경우 현대 종합설의 성립도 앞당겨져 생물학 발전 전반이 가속되었을 수 있음.	당시에는 유전자의 실체와 염색체 구조, 통계, 세포유전 기술이 부족해 멘델 법칙을 다윈 이론과 결합하기 어려웠을 것임. 논문을 읽었더라도 당시 과학 수준상 즉각적 통합은 제한적이었고 전개 자체는 크게 달라지지 않았을 것이라 봄.

● 사고의 확장

▶ 기후 위기가 가속되는 상황에서 유전 기반 육종이 충분한 대응책이 될까?

▶ 유전자 규명이 실제로 식량 분배 불평등 문제 해결까지 연결될 수 있을까?

▶ 유전자 기술 발전 속도에 사회 제도가 따라오지 못할 때 어떤 문제가 생길까?

▶ 유전자 개량 작물이 생태계 다양성에 미칠 장기적 영향은 어떻게 평가해야 할까?

▶ 과학 발전이 특정 시점에 '우연히' 지연되거나 가속되는 현상을 어떻게 이해해야 할까?

5. 세특 예시

멘델의 법칙 기반 '우성·열성 오개념 분석' 탐구를 수행하며 설문, 문헌 비교, 통계 분석을 통해 과학적 개념과 대중 인식의 괴리를 정교하게 규명하는 분석 역량이 돋보임. 이어 '유전자를 알면 장수한다'를 읽고 단일·다인자 질환의 유전 구조 차이를 비교한 탐구에서 자료 해석 및 개념 통합 능력의 우수함을 확인함. NIE 활동에서는 유전자 규명이 식량난 해결에 미치는 한계를 구조적 요인 중심으로 비판하며 과학기술과 사회의 상호작용을 성찰하는 탁월한 비판적 사고 역량을 드러냄.

04 니콜라 테슬라
(Nikola Tesla, 1856~1943)

1. "상상은 나의 전류였다" 세상을 바꾼 전기의 마술사

● 번개를 사랑한 소년, 전기의 신비에 눈뜨다

1856년, 폭풍이 몰아치던 어느 격렬한 밤, 세르비아계 크로아티아 가정에서 한 아이가 태어났다. 바로 니콜라 테슬라였다. 어머니는 그가 번개가 하늘을 가르는 순간 태어났다며 "이 아이는 빛의 아들이다."라고 말했다고 한다. 어린 테슬라는 어둠 속에서 번쩍이는 번개의 흔적을 유난히 좋아했다.

그는 시냇물의 흐름, 바람의 회전, 별빛의 반짝임을 바라보며 세상 곳곳에 숨어 있는 '보이지 않는 에너지'의 존재를 느꼈다. 그의 눈에 자연은 이미 스스로 움직이는 하나의 거대한 전기 실험실이었다.

● 머릿속에서 회전하는 발명가의 상상

젊은 테슬라는 유럽에서 공학을 공부하며 전기 기계에 빠져들었다. 그는 설계도를 그리지 않아도 머릿속에서 기계가 돌아가는 모습을 완벽하게 그릴 수 있었다.

"나는 눈을 감으면 모든 부품이 실제처럼 움직인다." 이 놀라운 상상력은 그의 평생의 무기가 되었다. 테슬라는 직류 전류(DC)를 고집하던 시대에 교류 전류(AC)의 가능성을 예견했다. 당시엔 누구도 믿지 않았지만, 그는 교류가 훨씬 멀리, 더 효율적으로 전기를 보낼 수 있다고 확신했다.

● 에디슨과의 대결: 전류 전쟁의 시작

1884년, 테슬라는 더 큰 세상을 향한 꿈을 안고 미국으로 건너왔다. 그는 이미 유명했던 발명가 토머스 에디슨의 회사에 들어가 전기 시스템 설계 실력을 보여주었다. 그러나 곧 두 사람의 철학적 갈등이 드러났다. 에디슨은 직류 전류(DC)를 고집했고, 테슬라는 장거리 송전과 효율이 높은 교류 전류(AC)가 미래라고 확신했다.

갈등은 커졌고 그는 회사를 떠났다. 결정적 순간은 1893년 시카고 박람회였으며, 테슬라의 교류 전류가 도시 전체를 밝히자 그는 '전기의 마법사'로 기억되기 시작했다.

● 무선의 꿈, 미래를 앞서가다

전류 전쟁에서 승리를 거두고 난 뒤에도 테슬라의 호기심과 실험 정신은 결코 멈추지 않았다. 그는 전선을 사용하지 않고 에너지를 전달하는무선 전력 전송 기술가능성에 강한 확신을 가지고 연구에 몰두했다. 그 중심에는 지구 전체를 연결할 거대한 송신기 역할을 맡을 '워든클리프 타워'가 있었다. 테슬라는 이 탑을 통해 전 세계 어디든 전기를 무선으로 보내는 혁신적 미래를 꿈꾸었다.

뿐만 아니라 그는 당시로서는 상상조차 어려웠던 기술들을 연달아 고안했다. 라디오 송신 기술, 리모컨과 무선 조종선, X선 촬영 실험, 그리고 초고주파 진동 장치까지 그의 아이디어는 끝없이 확장됐다. 그러나 연구 자금이 부족했고, 세상은 그의 대담한 발명보다 단기적 상업 이익에 더 관심을 보였다. 결국 그의 많은 구상은 시대보다 너무 앞서 있었기에 충분히 실현되지 못했다.

● 고독한 천재, 세상과 어긋나다

나이가 들수록 테슬라는 세속적인 명예와 부에 관심을 잃었다. 그는 비둘기와 대화하고, 매일 같은 호텔 방에서 실험 노트를 적었다.

"나는 비둘기 한 마리를 사랑했다. 그 새는 나의 존재 이유였다." 이 말은 그의 외로움을 보여주는 상징이었다. 그는 위대한 발명가였지만, 특허와 자금 문제로 인해 점점 잊혀갔다. 1943년, 뉴욕의 한 호텔 방에서 조용히 생을 마감했을 때, 그의 곁에는 아무도 없었다. 하지만 그의 실험 노트는 미래의 과학자들에게 새로운 영감을 남겼다.

● 오늘날로 이어지는 메시지

새로운 생각은 종종 비현실적인 상상으로 치부된다. 앞서간 생각은 이해받기 어렵다. 테슬라는 상상을 현실로 만들기 위해 끝까지 자신의 비전을 놓지 않았다. 그는 기술을 통해 미래의 가능성을 먼저 바라본 인물이었다.

오늘날 학생에게 테슬라의 삶은 이렇게 말해준다.

상상은 도피가 아니라, 미래를 여는 출발점이라는 사실이다.

▶ 나의 상상은 어떤 문제에서 출발했는가?

▶ 그것을 실현할 방법은 무엇일까?

이는 과학기술 창의성·미래 문제 해결 중심의 세특 탐구주제로 확장될 수 있다.

● 주요 업적

1) 교류 전력 시스템(AC Power System)

테슬라는 전기를 멀리까지 효율적으로 보내기 위해 교류 전력 시스템을 개발했다. 직류는 가까운 거리에서만 전력을 보낼 수 있었지만, 교류는 전압을 높였다가 다시 낮출 수 있어 손실이 적다. 테슬라는 발전기, 변압기, 송전 기술 등을 하나의 시스템으로 전기가 도시 전체에 공급될 수 있는 기반을 만들었다. 이 기술 덕분에 오늘날 우리가 사용하는 대부분의 전력망이 교류 방식으로 운영된다. 테슬라의 교류 시스템은 현대 산업 사회의 전기 공급 방식을 완전히 바꾸어 놓은 혁신이었다.

2) 유도 전동기(Induction Motor)

유도 전동기는 테슬라가 개발한 대표적인 회전 기계로, 회전 자기장을 이용해 스스로 축을 돌릴 수 있는 전동기다. 기존 전동기는 복잡한 구조와 유지비가 문제였지만, 테슬라의 전동기는 구조가 단순하고 효율이 높았다. 이 기술 덕분에 공장 기계, 가전제품, 전동 공구 등 다양한 산업 분야에서 전기의 사용이 폭발적으로 증가했다. 유도 전동기는 '전기를 움직임으로 바꾼 기술'로 평가되며, 현대 산업의 자동화와 생산성을 높이는 데 중요한 역할을 했다.

3) 무선 전력 전송(Wireless Power Transmission)

테슬라는 전선을 연결하지 않고도 전기를 전달할 수 있는 방법을 연구했다. 그는 전자파와 공명 원리를 이용하면 먼 거리에서도 에너지를 보낼 수 있다고 보았다. 이를 위해 워든클리프 타워라는 거대한 전송 장치를 세워 실험을 진행했다. 비록 당시 기술과 자금 부족으로 완성되지는 못했지만, 테슬라의 연구는 무선 충전 기술의 원리를 미리 제시한 셈이다. 오늘날 스마트폰 무선 충전, 전기차 무선 충전 연구는 모두 테슬라의 아이디어에서 영감을 얻었다.

4) 고주파 공학(High-Frequency Engineering)

테슬라는 매우 빠르게 진동하는 전류, 즉 고주파 전류가 새로운 기술을 만들 수 있다고 보았다. 그는 고주파 전류를 이용해 밝고 효율적인 조명을 실험하고, 무선 통신과 레이더 기술의 기초가 되는 전자파 발생 장치를 개발했다. 또한 의료 분야에서 조직을 자극하거나 수술 도구를 살균하는 데 활용되는 고주파 기술도 연구했다. 테슬라의 고주파 실험은 당시 사람들이 상상하지 못했던 분야의 문을 열었으며, 현대 전자공학과 통신 기술 발전에 큰 영향을 주었다.

● 과학적 성과와 영향

　니콜라 테슬라의 과학적 성과는 전기 문명을 완전히 바꾼 데 의미가 있다. 그는 교류 전력 시스템을 발전시켜 전기를 먼 거리까지 효율적으로 보내는 기술을 완성했다. 또한 회전 자기장을 기반으로 유도 전동기를 발명해 전기를 다양한 산업 기계에 활용하도록 했다. 이는 단순한 발명이 아니라 전력 공급·산업 기계·전기 사용 구조를 바꾼 혁신이었다. 테슬라는 여기에 더해 고주파 전류, 무선 전력 전송 등 미래 기술까지 탐구하며 전기의 가능성을 넓혔다.

　테슬라의 연구는 이후 전력 산업, 전자공학, 통신 기술에 깊은 영향을 주었다. 오늘날 대부분의 전력망은 그의 교류 기술을 기반으로 운영되며, 공장 자동화와 가전제품 핵심인 전동기 기술 역시 그의 원리를 따른다. 스마트폰 무선 충전이나 전기차 무선 충전 연구도 테슬라의 무선 전력 전송 개념에서 출발했다. 또한 고주파 공학은 통신, 의료기기, 레이더 기술 등 다양한 분야의 기초가 되었다. 테슬라의 성과는 시대를 앞선 통찰로 현대 기술 문명의 토대를 마련한 업적으로 평가된다.

● 과학 이론 연계 탐구 주제

교류 전력 시스템	▶ 교류와 직류의 송전 효율 차이를 비교해 장단점 분석 ▶ 교류 전력 도입이 산업화·도시화에 미친 영향 사례 조사 ▶ 에디슨과 테슬라의 전류 논쟁이 전력 기술 발전에 준 의미 고찰
유도 전동기	▶ 유도 전동기 구조와 브러시 전동기 구조 차이를 비교 분석 ▶ **유도 전동기 기술이 현대 산업 자동화와 로봇 분야에 준 영향** ▶ 전동기 효율 개선이 미래 에너지 절약 기술에 주는 메시지 고찰
무선 전력 전송	▶ 무선 전력 기술이 스마트시티와 사물인터넷에 미친 영향 ▶ 유선 충전과 무선 충전의 안전성·효율성 차이를 비교 분석 ▶ 테슬라의 전력 비전이 현대 무선 기술 발전에 남긴 의미 고찰
고주파 공학	▶ 간단한 라디오 회로로 고주파 신호 전달 원리 탐구 ▶ 고주파 기술이 통신 속도 향상에 미친 기술적 변화 비교 ▶ 테슬라 실험 정신이 현대 전파공학 발전에 준 통합적 의미 탐구

● 탐구 설계 예시

주제	유도 전동기 기술이 현대 산업 자동화와 로봇 분야에 준 영향
탐구 목표	유도 전동기의 작동 원리와 특징을 이해하고, 이 기술이 현대 산업 자동화와 로봇 공학에서 어떻게 활용되고 발전했는지 구체적으로 분석하는 데 목표가 있다.
선정 이유	유도 전동기는 구조가 단순하고 견고하여 산업 현장에서 가장 널리 사용되는 전동기다. 특히 자동화 설비와 로봇 시스템의 핵심 구동 장치로 활용되며 현대 산업 발전에 큰 영향을 미쳤다. 이러한 기술적 가치가 학생들이 과학, 공학, 기술의 연결성을 이해하는 데 도움이 된다고 판단해 본 주제를 선정했다.
서론	현대 산업 현장은 자동화 기술의 발전으로 빠르게 변화하고 있으며, 공장 설비와 로봇 장치는 대부분 전동기를 기반으로 움직인다. 그중 유도 전동기는 효율성과 내구성이 뛰어나 자동화 시스템의 핵심 동력이 된다. 본 탐구에서는 유도 전동기의 원리를 확인하고, 산업 자동화와 로봇 분야에서 어떤 역할을 수행하는지 살펴보고자 한다.
본론	▶ 유도 전동기의 기본 구조와 자기장 작용 원리 조사 ▶ 산업 현장에서 활용되는 유도 전동기 사례 수집 및 정리 ▶ 로봇 팔·자동화 장비에서 전동기 역할 분석 및 기능 비교 ▶ 효율성·안정성 등 유도 전동기 기술적 장점 정리 및 평가 ▶ 자료 종합 후 현대 산업 변화와 미래 기술 적용 방향 제시
결론	탐구 결과, 유도 전동기는 단순한 회전 장치를 넘어 자동화 설비와 로봇 기술의 핵심 기반임을 알 수 있었다. 높은 내구성과 안정성, 효율적인 속도 제어가 가능해 산업 현장의 생산성을 향상시키는 중요한 역할을 한다. 앞으로도 유도 전동기 기술은 자동화의 고도화와 로봇 기술 발전에 지속적으로 기여할 것으로 판단된다.
심화 탐구 주제	▶ 산업용 로봇 팔에서 유도 전동기 제어 방식이 갖는 한계 탐구 ▶ 유도 전동기와 영구자석 전동기의 효율성 차이 비교 탐구 ▶ 유도 전동기 기술이 미래 스마트공장 자동화에 미칠 영향 고찰
토론 주제	▶ 산업 자동화 확대가 노동시장 변화에 어떤 영향을 줄까? ▶ 유도 전동기 대신 다른 전동기가 주류가 될 가능성은 있을까? ▶ 로봇 기술 발전이 인간 노동을 완전히 대체할 수 있을까?
교내 후속 활동	▶ 통합과학: 전자기 유도 원리를 활용한 간단한 모터 실험 진행 ▶ 기술·가정: 자동화 장치 모형 만들기 및 전동기 적용 실습 ▶ 동아리활동: 로봇 제작 동아리에서 유도 전동기 기반 로봇 팔 설계

2. 교과 연계 탐구활동(미적분 II , 물리학, 로봇과 공학세계)

● 미적분 II

성취기준	[12미적II-02-03] 삼각함수의 극한을 구하고, 사인함수와 코사인함수를 미분할 수 있다.
주요내용	교류 전류(AC)의 파형은 사인·코사인 함수로 표현되며, 테슬라는 이 주기 함수의 특성과 위상 차를 활용하여 교류 송전의 효율을 극대화한다. 전압·전류의 변화율을 미분해 분석하는 과정은 전력 손실 최소화와 공진 제어의 핵심이자 안정 운용의 토대이다. 해당 성취기준은 테슬라가 삼각함수와 미적분 개념을 전력 기술 혁신에 어떻게 활용했는지를 이해하는 데 중요한 도움을 준다.
교과연계 탐구주제	▶ 사인·코사인 변화율을 활용한 테슬라 공진 회로 안정성 분석 ▶ 테슬라 교류 전류 파형을 삼각함수 극한·미분으로 분석하는 연구 ▶ 삼각함수 미분으로 해석한 테슬라 유도전동기의 회전자 작동 원리

● 물리학

성취기준	[12물리02-06] 전자기 유도 현상이 센서, 무선통신, 무선충전 등 에너지 전달 기술에 적용되어 현대 문명에 미친 영향을 인식할 수 있다.
주요내용	테슬라는 전자기 유도 원리를 발전기·유도전동기·변압기·테슬라 코일에 적용하며 현대 전력 기술의 기반을 마련한다. 특히 교류 전류의 전자기 유도 특성을 활용해 멀리까지 전력을 효율적으로 전달하는 송전 시스템을 고안했고, 고주파 공명 실험을 통해 무선 송전·무선통신 개념의 기초를 확립했다. 이 성취기준은 테슬라가 전자기 유도를 미래 기술로 확장한 과학적 의의를 이해하도록 돕는다.
교과연계 탐구주제	▶ 테슬라 코일 공진 원리를 활용한 무선 에너지 전달 메커니즘 분석 ▶ 교류 전자기 유도가 테슬라 송전 시스템 효율 향상에 미친 영향 탐구 ▶ 전자기 유도 기반 센서·무선통신 기술의 기원으로서 테슬라 업적 분석

● 로봇과 공학세계

성취기준	[12로봇01-02] 로봇 하드웨어와 소프트웨어의 탐구를 통해 로봇의 작동 원리를 이해하고 간단한 로봇을 제작하여 로봇에 대한 흥미와 자신감 및 도전 의식을 갖는다.
주요내용	테슬라는 회전 자기장을 이용한 유도전동기와 교류 모터 기술을 개발하며, 전기 신호가 기계적 운동으로 변환되는 핵심 원리를 제시한다. 이는 로봇 구동부의 기본 작동 메커니즘과 동일한 기반을 제공하며, 모터의 토크 생성·속도 제어·전력 변환 구조 이해에 기여한다. 이 성취기준은 테슬라의 공학적 발견이 로봇 하드웨어와 작동 원리를 이해하는 데 결정적 역할을 했음을 인식하게 한다.
교과연계 탐구주제	▶ 테슬라 발전 기술을 기반으로 한 로봇 전력 공급 구조 비교 연구 ▶ 테슬라 유도전동기의 회전 자기장이 로봇 구동부에 미친 영향 탐구 ▶ 교류 모터 토크 생성 원리를 활용한 로봇 움직임 제어 메커니즘 분석

3. 독서 연계 탐구활동

● 추천 도서 목록

추천 도서 목록
▶ 니콜라 테슬라(버튼북스(최정희 역), 스푼북, 2021) ▶ 니콜라 테슬라, 전기에 날개를 달다(함지슬, 천개의바람, 2022) ▶ 테슬라 자서전(니콜라 테슬라(진선미 역), 양문, 2019) ▶ 무선전력전송과 에너지 하베스트 기술(남상엽 외, 성한당, 2021) ▶ 전기의 마법사(엘리자베스 러쉬(양진희 역), 함께자람, 2020) ▶ 처음 읽는 2차전지 이야기(사리이시 다쿠(이인호 역), 플루토, 2021)

● 독서 연계 탐구 활동

독서 연계 탐구 활동	
도서명	처음 읽는 2차전지 이야기(사리이시 다쿠(이인호 역), 플루토, 2021)
	이 책은 2차전지의 기본 원리부터 실제 사용까지 쉽게 설명한 책이다. 2차전지가 충·방전을 반복할 수 있는 이유, 리튬이온 이동 방식, 양극·음극·전해질의 역할을 그림과 사례로 알려준다. 또한 스마트폰, 전기차, 에너지 저장 장치 등 일상 속 기술에서 2차전지가 어떤 의미를 갖는지도 설명한다. 미래 에너지 산업에서 왜 2차전지가 중요한지도 이해할 수 있게 한다.
핵심 키워드	리튬이온, 충전·방전, 양극·음극, 에너지저장, 전기차배터리
탐구 주제	▶ 리튬이온의 이동 원리가 2차전지 성능에 미치는 영향 탐구 ▶ **스마트폰과 전기차에 쓰이는 배터리 구조의 공통점과 차이 비교** ▶ 2차전지 소재 변화가 배터리 수명과 안전성에 미치는 요인 고찰 ▶ 2차전지 구성 요소별 기능 차이가 충·방전 효율에 주는 영향 분석 ▶ 미래 에너지 시장에서 2차전지가 재생에너지 활용에 미치는 의미 탐구
토론 쟁점	▶ 전기차 보급 확대가 현재의 배터리 기술로 충분한가? ▶ 2차전지 자원 확보 문제가 미래 경쟁력의 핵심이 되는가? ▶ 배터리 재활용 기술이 환경 오염 문제 해결에 실제 도움이 되는가?
후속 활동	▶ 통합과학: 에너지 저장 방식별 장단점을 분석해 그래프로 정리하는 활동 ▶ 기술·가정: 전기차 배터리 구조와 사용 소재를 조사하여 비교하는 활동 ▶ 정보: 배터리 사용 데이터를 수집해 충전 패턴과 수명 관계를 분석하는 활동 ▶ 동아리활동: 폐배터리 재활용 방법을 탐구하고 학교 캠페인을 기획하는 활동

● 독서 연계 탐구활동 예시

탐구 주제	스마트폰과 전기차에 쓰이는 배터리 구조의 공통점과 차이 비교
탐구 자료	▶ 리튬이온 배터리 작동 원리를 설명한 과학 교과서·영상 자료 ▶ 스마트폰 배터리 용량·성능 정보를 정리한 제조사 공식 자료 ▶ 스마트폰·전기차 배터리 구조 사진 자료로 내부 구성 비교 자료

탐구 개요	서론	스마트폰과 전기차는 모두 리튬이온 배터리를 사용하지만 용량, 구조, 안전장치에서 큰 차이가 있음. 스마트폰 배터리는 작고 가볍게 설계되어 일상적 사용에 적합하고, 전기차 배터리는 수백 개 셀이 모여 높은 출력을 내도록 만들어짐. 본 탐구는 두 기기의 배터리 구조가 어떤 점에서 같고 무엇이 다른지 비교하여 에너지 저장 기술의 원리를 이해하고자 함.
	본론	▶ 스마트폰·전기차 배터리의 기본 구성 요소를 비교하여 정리하기 ▶ 셀·모듈·팩으로 이어지는 전기차 배터리 단계적 구조 분석하기 ▶ 두 배터리의 용량·출력 차이가 사용 목적과 기능에 미치는 영향 파악하기 ▶ 안전장치·열관리 방식 차이를 조사해 위험 요소와 대응법 분석하기 ▶ 비교 내용을 표와 도식으로 정리해 최종 차이점과 공통점 도출하기
	결론	스마트폰과 전기차 배터리는 기본적으로 양극·음극·전해질을 가진 같은 리튬이온 구조임을 확인함. 그러나 전기차는 높은 출력과 장거리 주행을 위해 셀을 모듈·팩 형태로 다층 구조로 만들고, 열관리 시스템과 안전장치를 강화함. 반면 스마트폰은 경량화와 휴대성을 중시해 단일 셀 중심으로 설계됨. 이 비교를 통해 기기 목적에 따라 배터리 구조가 달라짐을 이해하게 됨.
후속 활동		▶ 기술·가정: 전기차 배터리 모듈·팩 설계를 조사해 구조적 특징 분석하는 활동 ▶ 정보: 스마트폰 배터리 사용 데이터를 수집해 소모 패턴을 시각화하는 활동 ▶ 통합과학: 에너지 밀도와 출력 차이를 그래프로 정리해 기능적 특성 해석활동 ▶ 전자기와 양자: 리튬이온 이동 모형을 제작해 두 배터리의 기본 원리 비교활동 ▶ 진로활동: 교내 전자기기 배터리 구조 조사 후 비교 보고서를 작성하는 활동

4. NIE 연계 활동

● 신문 읽기 & 연결 사유 찾기

테슬라가 무선 통신의 발명자?(사이언즈 타임즈, 2019.09.06.)

이 기사는 무선 통신 기술의 발명자를 둘러싼 논쟁을 다루고 있다. 일반적으로 무선통신의 창시는 마르코니로 알려져 있으나, 테슬라가 더 먼저 관련 기술을 개발했음을 보여주는 증거와 특허 기록이 재평가되고 있음을 설명한다. 기사에서는 테슬라의 실험과 공헌이 역사적으로 축소되었다는 지적과 함께 기술 발전에서 '최초성' 논쟁이 왜 중요한지, 그 의미가 무엇인지도 함께 다루고 있다.

에디슨 vs 테슬라 '전류전쟁', 140년 만에 시작된 리턴 매치(한경비즈니스, 2025.08.18.)

이 기사는 19세기 전류전쟁에서 경쟁했던 에디슨의 직류(DC)와 테슬라의 교류(AC)가 140년 만에 다시 주목받고 있음을 다룬다. 전기차·신재생에너지·전력망 기술이 발전하며 직류의 장점이 재조명되고, 기존 교류 중심 전력 시스템과의 경쟁 구도가 새롭게 형성되고 있음을 설명한다. 과거 두 과학자의 대결이 현대 기술 환경 속에서 다시 의미를 갖게 되었다는 점을 강조한 기사다.

제2차 산업혁명이 기술노동 사회 만들어(월드코리안, 2021.09.11.)

이 기사는 제2차 산업혁명이 전기, 철강, 대량생산 기술을 기반으로 산업 구조와 노동 환경을 크게 변화시켰음을 설명한다. 기계화와 공장 시스템의 확대는 생산성을 높였지만 노동자들은 단순 반복 노동과 장시간 근로에 직면했다. 또한 새로운 기술 기반 사회가 형성되면서 교육, 직업 구조, 사회적 계층 이동에도 큰 영향을 미쳤다는 점을 강조하며 현대 산업 발전과의 연계성도 시사한다.

● 시사 이슈

▶ 기술 선택 과정에서 과거의 경쟁 구도가 다시 영향을 미치는 현상은 어떻게 이해할 수 있을까?

▶ 무선 통신 발명의 공로를 재평가하는 일이 기술 역사 서술에 어떤 변화를 줄까?

▶ 기술혁신이 노동자의 삶을 개선하기 위해 기업과 사회는 어떤 책임을 져야 할까?

● 관점의 분석과 비교

테슬라가 무선 통신의 발명자?(사이언즈 타임즈, 2019.09.06.)
- 기술 발전 공로 논쟁에서 '최초성'보다 '영향력'을 더 중시해야 하는가? -

찬성	반대
기술 발전의 가치는 실제 사회에 미친 영향력에서 드러난다. 최초로 발명했더라도 활용되지 못하고 사장되면 공로를 높게 평가하기 어렵다. 반면 널리 확산되어 산업과 일상에 변화를 가져다 주기에 영향력을 중심으로 평가해야 한다.	기술의 '최초성'은 새로운 패러다임을 연 혁신의 출발점이라는 점에서 중요한 의미를 지닌다. 영향력만 중시하면 후발 기술에 가려 원천 기술 개발자의 공로가 축소될 수 있다. 도전적 발명을 장려하려면 최초성의 가치를 존중해야 한다.

에디슨 vs 테슬라 '전류전쟁', 140년 만에 시작된 리턴 매치(한경비즈니스, 2025.08.18.)
- 미래 전력 시스템은 직류와 교류 중 어떤 방식을 중심으로 발전해야 할까? -

≫ 직류	≫ 교류
직류는 송전 손실이 적고 전기차·배터리·태양광 등 주요 미래 기술과 직접적으로 호환된다. 고전압 직류 송전(HVDC)의 발전으로 장거리 송전에서도 경쟁력이 높아졌다. 분산형 에너지 시대에는 직류 기반 구조가 더 효율적이다.	교류는 장거리 송전에 유리하고 변압이 쉬워 현재 전력망 구조와 호환성이 높다. 인프라 대부분이 교류이기 때문에 효율적 확장이 가능하며, 재생에너지 연계에도 안정적이다. 기존 시스템의 연속성 측면에서 교류 중심 발전이 타당하다.

● 사고의 확장

▶ 발명 공로 재평가가 기술 역사 서술 방식에 어떤 변화를 가져올까?

▶ 과거 기술 경쟁이 현대 에너지 정책 결정에도 영향을 줄 수 있을까?

▶ 과거 전류전쟁의 경쟁 구도가 오늘날 기술 선택 과정에 어떤 영향을 미치고 있을까?

▶ 역사적 평가 오류가 반복되지 않으려면 과학기술 업적 검증 방식은 어떻게 달라져야 할까?

▶ 자동화·AI 시대에 기술 혁신이 노동자의 삶을 개선하기 위해 어떤 사회적 장치가 필요할까?

5. 세특 예시

유도 전동기의 작동 원리인 전자기 유도와 회전자 토크 발생 과정을 탐구하며, 구조가 단순하고 견고해 산업 자동화와 로봇 분야에서 핵심 구동 장치로 활용되는 이유를 분석함. 또한 현대 로봇 공학에서 유도 전동기가 로봇 팔·이송 장치·AGV 구동 시스템 등에 폭넓게 사용됨을 조사함. 로봇 동아리 활동과 연계해 유도 전동기 기반 로봇 팔 시제품을 설계하며 회전력 제어 실험을 수행하는 등 탐구 내용을 실제 설계 활동에 적용하는 융합적 사고를 보여줌.

05 니콜라이 로바체프스키
(Nikolai Lobachevsky, 1792~1856)

1. '평행선 공리'를 뒤흔들어 기하학의 새로운 지평을 열다.

● 유클리드 기하의 신념을 의심하다

로바체프스키는 러시아 카잔대학교에서 공부하던 시절부터 수학적 엄밀성과 사고의 독립성을 중시하며, 기존 이론을 그대로 받아들이지 않는 태도를 보였다. 그는 당시 절대적 진리로 여겨지던 유클리드의 '평행선 공리'가 다른 공리처럼 자명하지 않다는 점에 주목하였다. 로바체프스키는 끊임없는 고찰과 계산을 통해 이 공리를 부정해도 모순 없는 기하학이 가능하다는 사실을 확인하였다.

● '미지의 공간'을 수학적으로 설명하다

로바체프스키가 제시한 초과기하학은 공간을 바라보는 관점을 근본적으로 뒤바꾸었다. 그는 삼각형의 내각의 합이 180°보다 항상 작아지는 기하학을 구성하며, 공간이 반드시 평평하지 않을 수 있음을 수학적으로 증명했다. 이러한 시도는 단순한 계산의 성공을 넘어, 공간의 곡률을 이용해 기하학을 새롭게 해석하는 계기를 마련하였다. 그의 이론은 이후 리만이 제안한 곡면기하학, 더 나아가 아인슈타인의 일반 상대성 이론 기초로 이어지며 현대 공간 과학의 핵심 도구로 자리 잡고 있다.

"기하학은 하나일 필요가 없다." 기존에 절대적이라고 여겨지던 유클리드 기하학이 사실 단 하나의 선택지에 불과하다는 점을 보여주었다. 그는 공리 체계가 달라지면 세계를 이해하는 방식 자체가 변할 수 있다는 사실을 제시하며, 수학을 고정된 틀에서 유연한 구조로 확장시켰다는 평가를 받는다.

● 상상 속 공간을 실제 수학 무대 위로 끌어올리다

로바체프스키는 당시 학자들이 "말도 안 된다."고 치부하던 상상의 공간들을 수학적으로 다루기 시작했다. 그는 직선이 휘거나, 삼각형이 평평하지 않게 보이는 세계를 마치 현실처럼 가정하고 꼼꼼하게 계산을 이어갔다. 그 결과, 우리 눈에 익숙한 기하학이 사실 '특수한 경우'일 뿐이며, 수학은 더 많은 공간을 품을 수 있다는 사실을 밝혀냈다.

"공간은 생각보다 훨씬 더 창의적일 수 있다." 기하학이 더 이상 '눈으로 본 세계'를 설명하는 것에 머물러서는 안 된다고 보았다. 그는 인간의 직관이 닿지 않는 세계를 수학적 언어로 구성함으로써, 추상 공간의 가능성을 처음으로 열어젖혔다.

● 기하학 논쟁 속에서도 연구를 멈추지 않은 집념의 학자

자신의 연구가 당장 이해받지 못하더라도 언젠가는 수학의 생각 틀이 달라질 것이라고 확신했다. 그는 오류를 두려워하기보다 가능성을 실험하는 데 집중했고, 그 과정에서 학문적 용기가 얼마나 중요한지 스스로 증명해 보였다. 그의 태도는 오늘날 수학자들이 새로운 공리·새로운 구조·새로운 공간을 탐구할 수 있게 만든 정신적 토대가 되었으며, 기하학 발전에 결정적 역할을 한 학자로 평가받고 있다.

● 말년에도 계산을 멈추지 않은 '고집스러운 기하학자'

생애 후반, 로바체프스키는 과도한 연구와 건강 악화로 시력이 점차 흐려지고 기억력도 예전 같지 않았지만, 그의 집념은 좀처럼 식지 않았다. 대학 총장직을 내려놓은 뒤에도 그는 하루 일과처럼 계산 노트와 씨름했고, 앞이 잘 보이지 않자 아들들에게 도형을 그려보라고 시키며 머릿속에서 공간을 다시 조립하곤 했다. 심지어 평행선의 거동을 암산으로 비교하고, 곡률을 손끝의 감각으로 그려보며 연구를 지속했다는 일화가 전해진다.

"그는 세상을 흐리게 봤지만, 수학은 누구보다 또렷하게 보았다." 로바체프스키의 제자들은 그의 부고 소식을 듣고 이렇게 회상했다고 한다.

● 오늘날로 이어지는 메시지

오랫동안 옳다고 믿어온 전제가 항상 유일한 답은 아니다. 당연함을 의심하는 순간, 새로운 길이 열린다. 로바체프스키는 기하학의 기본 전제 자체를 다시 물었다. 그의 시도는 사고의 틀을 넓히는 용기의 선택이었다.

오늘날 학생에게 그의 삶은 이렇게 말해준다. 다른 관점은 오류가 아니라, 사고를 확장하는 가능성이라는 사실이다.

▶ 기존 가정을 바꾸면 어떤 결과가 나올까?

▶ 수학적 전제는 어떻게 만들어지는가?

이는 수학적 모델링·가정 설정 능력 중심의 세특 탐구주제로 확장될 수 있다.

● 주요 업적

1) 비유클리드 기하학의 창시(Non-Euclidean Geometry)

로바체프스키의 핵심 업적은 유클리드 평행선 공리를 수정해도 모순 없는 공간이 구성된다는 사실을 밝힌 것이다. 그는 내각의 합이 180°보다 작은 삼각형, 여러 개의 평행선이 존재하는 직선 등의 개념을 도입하며 완전히 새로운 기하학을 제시했다. 이러한 비유클리드 기하학은 이후 리만 기하, 곡률 개념, 일반상대성이론 등 현대 공간 이론의 기반이 되었으며, '공간을 정의하는 공리는 절대적이지 않다'는 관점을 확립하는 데 결정적 역할을 했다.

2) 음의 곡률 공간 연구(Hyperbolic Geometry)

로바체프스키는 곡률이 음수인 '쌍곡기하'를 최초로 체계화하였다. 이 공간에서 거리는 단순히 자로 잰 길이가 아니라, 지수 함수적으로 늘어나는 특성을 보이며, 삼각형·원·직선의 성질이 모두 달라진다. 특히 쌍곡공간의 면적 공식, 평행선 간의 거리 변화, 지오데식 곡선의 형태는 오늘날 수학적 모델링과 초고차원 공간 분석의 중요한 도구가 되고 있다. 현대 GPS 보정, 네트워크 분석, 공간 시각화 알고리즘에도 쌍곡기하의 원리가 활용되면서 실질적 응용 범위가 넓어졌다.

3) 새로운 공리 체계의 제안(Axiomatic Reformulation)

공리 하나를 바꾸는 것이 전체 수학을 완전히 다른 구조로 이끈다는 사실을 몸소 보여주었다. 그는 평행선 공리를 폐기하고 새로운 공리를 도입함으로써, 동일한 논리 체계에서 전혀 다른 공간이 만들어질 수 있음을 증명했다. 이 작업은 이후 힐베르트의 공리화 운동, 집합론의 형식화, 추상대수학의 구조화 등 현대 수학 전체를 관통하는 공리적 접근의 출발점이 되었다. 학생들은 이를 바탕으로 "공리가 달라지면 수학은 어떻게 달라지는가?"라는 탐구 주제를 설정할 수 있다.

4) 공간 모델의 다양성 제시(Models of Geometry)

실제로 성립 가능한 모델이 존재한다는 점에서 중요한 의미를 가진다. 푸앵카레 원판 모델, 상반평면 모델, 벨트라미-클라인 모델 등은 로바체프스키 기하학이 단순한 상상의 산물이 아니라, 구체적으로 구현되는 공간이라는 사실을 입증한다. 이러한 기하 모델은 각기 다른 방식으로 거리·직선·각도를 정의하며, 다양한 시각적 표현을 통해 학생들이 기하학의 본질을 비교·탐구할 수 있는 학습 자료로 활용된다. 오늘날 컴퓨터 그래픽스, 군론, 위상수학에서도 핵심 도구로 쓰이고 있다.

● 수학적 성과와 영향

　로바체프스키는 기하학을 눈에 보이는 도형의 성질을 다루는 전통적 학문이 아니라, 자연 현상과 공간 구조를 설명하는 보편적 이론으로 바라보았다. 그는 평행선 공리를 수정해도 모순이 생기지 않는 새로운 공간이 존재함을 밝혀냄으로써, 기존 수학을 지탱하던 절대적 전제가 절대적이지 않다는 사실을 드러냈다. 특히 쌍곡기하에서 나타나는 삼각형의 내각 합, 거리·면적의 변화, 곡률의 계산 원리를 정교하게 정립하며, 공간을 수학적으로 구성하고 분석하는 방식을 한 단계 확장했다.

　이후 리만 기하학, 위상수학, 군론 등 여러 학문 분야에 기초 개념으로 활용되고 있다. 쌍곡공간을 다양한 방식으로 모델링한 그의 방법은 네트워크 구조 분석, 정보 공간의 거리 계산, 컴퓨터 그래픽스의 공간 왜곡 표현 등 실용적 분야에서도 핵심 원리로 확장되었다. 특히 곡률을 이용해 공간을 해석하는 접근은 일반상대성이론의 수학적 표현에도 결정적 기여를 하였으며, 현대 물리학에서 시공간의 구조를 설명하는 기반이 되었고 우주론, 수리과학, 데이터기하학 등으로도 확장되고 있다.

● 수학 이론 연계 탐구 주제

비유클리드 기하학의 창시	▶ 비유클리드 기하학이 우주 구조·시공간 해석에 대한 수학적 토대를 탐구 ▶ **180° 미만 삼각형을 실제 모델링하여 유클리드·비유클리드 공간의 차이 비교** ▶ 유클리드 평행선 공리의 변화가 삼각형 내각의 합과 거리 구조에 미치는 영향
음의 곡률 공간 연구	▶ 음의 곡률 공간이 네트워크 분석의 경로 최적화 문제에 적용되는 사례 탐색 ▶ 지오데식 곡선의 성질을 이용해 하이퍼볼릭 공간의 특이한 직선 개념을 해석 ▶ 쌍곡기하의 거리·면적·곡률이 변화하는 수학적 원리를 푸앵카레 디스크로 시각화
새로운 공리 체계의 제안	▶ 공리 체계 차이에 따른 정의 변화가 기하학 전개 방식에 미치는 영향 탐구 ▶ 힐베르트·로바체프스키 공리 체계를 비교하여 '수학적 엄밀성'의 의미를 재해석 ▶ 평행선 공리 폐기 실험을 통해 공리가 수학적 구조 전체를 결정하는 원리 분석
공간 모델의 다양성 제시	▶ 푸앵카레 원판·상반평면·벨트라미-클라인 모델의 거리 정의 차이를 비교 ▶ 기하 모델링 기법의 컴퓨터 그래픽스·군론·위상수학에서의 활용 방식 분석 ▶ 서로 다른 기하 모델에서 직선의 형태가 어떻게 나타나는지 사례 중심으로 탐구

● 탐구 설계 예시

주제	180° 미만 삼각형을 실제 모델링하여 유클리드·비유클리드 공간의 차이 비교
탐구 목표	기하학에서 나타나는 180° 미만 삼각형의 구조적 특성을 직접 모델링하고, 유클리드 기하와 비교하여 내각합·거리·직선 개념이 어떻게 달라지는지 탐구한다.
선정 이유	180° 미만 삼각형은 로바체프스키 기하학을 상징하는 대표적 개념으로, 유클리드 기하와의 차이를 가장 직관적으로 확인할 수 있다. 또한 GeoGebra, 푸앵카레 디스크 모델 등을 활용하여 직접 작도·모델링·측정 활동을 수행하여 이러한 공간의 차이가 수학적 구조 전반에 어떤 영향을 미치는지 파악한다.
서론	유클리드 기하에서는 삼각형의 내각의 합이 항상 180°라는 사실이 오랫동안 절대적 성질로 여겨져 왔으나 로바체프스키는 평행선 공리를 수정함으로써, 삼각형의 내각합이 180°보다 작아지는 새로운 기하학을 제시하였다. 모델링을 통해 삼각형 내각합 변화를 관찰, 두 공간에서 기하적 성질의 차이를 수학적으로 분석하고자 한다.

본론	▶ 유클리드 삼각형 모델링
	  1) GeoGebra에서 삼각형 구성 및 내각합이 180° 확인
	  2) 평행선 1개 존재, 직선은 일정한 기울기 유지
	▶ 비유클리드(쌍곡기하) 삼각형 모델링
	  1) 푸앵카레 원판 또는 상반평면 모델에서 삼각형 작도, 내각합 확인
	  2) 곡면 위 지오데식(직선)이 원호 형태로 나타나는 이유 분석
	▶ 두 삼각형의 구조 비교 분석 및 응용 사례 탐색
	  1) 내각합 차이가 발생하는 원인(곡률)이 수학적으로 갖는 의미
	  2) 하이퍼볼릭 거리 모델이 네트워크 분석·데이터 구조에 활용되는 사례 탐색

결론	180° 미만 삼각형의 모델링을 통해, 비유클리드 기하학이 유클리드 공간과 전혀 다른 구조적 성질을 가진다는 사실을 확인할 수 있다. 특히 곡률이 공간 구조를 결정하며, 내각합·직선의 형태·평행선 개수 등이 공리 선택에 따라 완전히 달라질 수 있다는 점이 핵심이다. 이러한 관점은 공간을 수학적으로 해석하기 위한 필수적 토대이다.
심화 탐구 주제	▶ 음의 곡률 공간에서 다각형의 내각합 변화 규칙 정리 ▶ 쌍곡공간에서 지오데식의 성질이 직선 정의에 미치는 영향 ▶ 유클리드·비유클리드 공간의 거리 함수 비교 및 모델링 확장
토론 주제	▶ 유클리드 기하를 '현실의 기하'라고 부를 수 있는가? ▶ 하이퍼볼릭 모델링이 실제 기술 분야에서 유용한 이유는 무엇인가? ▶ 공리가 바뀌면 세계가 달라진다는 주장, 어디까지 받아들일 수 있을까?
교내 후속 활동	▶ 음악: 쌍곡기하의 패턴을 활용해 음악적 리듬·프랙탈 패턴 작곡 실험 ▶ 사회문제 탐구: 공리 변화가 사회적 규범 체계 변화와 어떤 유사성을 갖는지 토론 ▶ 동아리활동: 공리 시스템을 바꾼 기하 모델 2~3종 비교 프로젝트 수행

2. 교과 연계 탐구활동 (기하, 역학과 에너지, 정보)

● 기하

성취기준	[12기하02-05] 구를 방정식으로 표현할 수 있다.
주요내용	로바체프스키의 비유클리드 기하학은 기존 유클리드 공간에서 벗어나 삼각형의 내각의 합, 평행선의 개수, 거리의 정의 등이 공리 선택에 따라 달라질 수 있음을 보여준 대표적 이론이다. 쌍곡기하에서는 직선이 원호 형태로 나타나고, 내각합이 180° 미만이 되는 삼각형이 구성되며,거리 함수가 지수적 성장을 보이는 등 독특한 성질을 드러낸다. 직선·삼각형·거리·곡률 개념을 확장적으로 이해하는 데 도움을 준다.
교과연계 탐구주제	▶ 비유클리드 삼각형 모델링을 통한 기하적 성질 탐구 ▶ 평행선 공리 변화가 기하 체계 전체에 미치는 효과 분석 ▶ 다양한 기하 모델(원판·상반평면·벨트라미)의 구조 비교 탐구

● 역학과 에너지

성취기준	[12역학01-06] 등가 원리와 시공간의 휘어짐으로 인해 블랙홀과 중력 시간 지연이 나타남을 이해하고, 일반 상대론에 흥미를 느낄 수 있다.
주요내용	공간의 곡률이라는 개념을 도입하여 직선·거리·면적의 성질을 새롭게 정의하였고, 이는 단순히 기하학적 실험을 넘어 현실 세계의 구조를 설명하는 과학적 언어로 확장되었다. 쌍곡공간과 같은 음의 곡률 공간에서는 직선이 원호 형태로 나타나고, 동일한 삼각형이라도 내각의 합이 180°보다 작아지는 등 유클리드 기하에서는 관찰할 수 없는 독특하고 확장된 성질이 나타난다.
교과연계 탐구주제	▶ 쌍곡기하 기반 거리 모델을 이용한 우주 팽창·빛 경로 분석 ▶ 비유클리드 삼각형 내각합 실험과 중력장 모델의 유사성 탐구 ▶ 하이퍼볼릭 공간 곡률과 일반상대성이론 시공간 곡률의 개념적 비교

● 정보

성취기준	[12정03-03] 데이터를 탐색하는 다양한 알고리즘의 특징과 효율을 비교·분석한다.
주요내용	쌍곡기하의 지수적 확장 구조는 실제로 대규모 네트워크(인터넷, SNS, 추천 알고리즘)의 데이터 구조를 설명하는 데 사용된다. 로바체프스키 기하학의 '거리 개념'은 데이터 간 유사도 측정, 임베딩 구조 분석 등 현대 머신러닝·AI 분야에서 필수적인 도구다. 특히 하이퍼볼릭 공간은 고차원 데이터의 구조적 복잡성을 효율적으로 압축해 표현할 수 있어, 현대 데이터 과학에서 점차 그 활용 범위가 확대되고 있다.
교과연계 탐구주제	▶ 유클리드 vs 쌍곡 공간에서의 데이터 거리 계산 비교 ▶ SNS 네트워크 그래프를 하이퍼볼릭 구조로 시각화해 정보 확산 패턴 분석 ▶ 쌍곡 임베딩(hyperbolic embedding)을 활용한 네트워크 데이터 구조 분석

3. 독서 연계 탐구활동

● 추천 도서 목록

추천 도서 목록
▶ 청소년을 위한 수학의 역사(한상직, 초록서재, 2023)   ▶ 기나긴 수학의 짧은 역사(볼프강 블룸(김재호 역), 에코리브르, 2025) ▶ 핸즈온 LLM(제이 알아마르(박해선 역), 한빛미디어, 2025)   ▶ 미술관에 간 수학자: 캔버스에 숨겨진 수학의 묘수를 풀다(이광연, 어바웃어북, 2025) ▶ 비유클리드 기하의 세계(데라사카 히데다카(임승원 역), 2019)   ▶ 다시 쓰는 수학의 역사: 당신이 수학을 사랑하게 만들 책(케이트 기타가와, 서해문집, 2024)

● 독서 연계 탐구 활동

독서 연계 탐구 활동	
도서명	비유클리드 기하의 세계(데라사카 히데다카(임승원 역), 2019)
	이 책은 유클리드 기하학의 절대적 원리를 뒤흔든 로바체프스키의 비유클리드 기하학을 중심으로, 공리 구조가 바뀌면 공간 전체의 성질이 어떻게 달라지는지 알기 쉽게 설명한다. 특히 '평행선 공리의 수정'을 통해 내각합이 180°보다 작아지는 삼각형, 원호 형태의 직선, 음의 곡률을 갖는 공간 등 기존 기하학에서 상상하기 어려웠던 쌍곡기하의 다양한 모델을 시각적으로 제시한다.
핵심 키워드	비유클리드 기하, 평행선 공리, 쌍곡 기하, 거리함수, 공리 체계 변화
탐구 주제	▶ 음의 곡률을 갖는 쌍곡공간에서의 면적·거리 증가 패턴 실험 ▶ 평행선 공리 변화가 전체 기하 체계에 미치는 구조적 영향 분석 ▶ 비유클리드 삼각형의 내각합 변화 분석 및 유클리드와의 비교 모델링 ▶ **푸앵카레 원판·상반평면 모델에서 직선의 형태와 거리 정의의 차이 탐구** ▶ 비유클리드 이론의 현대 네트워크 최적화 알고리즘에 적용되는 방식 탐구
토론 쟁점	▶ 수학의 공리가 절대적 진리가 될 수 있는가? ▶ 쌍곡공간의 직관적 이해가 어려운 이유는 무엇인가? ▶ 비유클리드 공간이 실제 세계에 더 적합한 모델이 될 가능성은 있는가?
후속 활동	▶ 기하: 쌍곡 삼각형 작도 및 내각합 변화 실험 ▶ 물리학: 빛의 경로 굴절(중력렌즈)을 기하학적 모델로 분석 ▶ 정보: 네트워크 데이터를 수집하여 하이퍼볼릭 임베딩 방식으로 시각화 ▶ 자율활동: 비유클리드 모델을 이용하여 실제문제(예, 교내 이동) 동선 분석

● 독서 연계 탐구활동 예시

탐구 주제	**푸앵카레 원판·상반평면 모델에서 직선의 형태와 거리 정의의 차이 탐구**
탐구 자료	▶ GeoGebra 온라인 하이퍼볼릭 모델 ▶ 푸앵카레 원판·상반평면 모델 시각화 도구 ▶ 비유클리드 기하의 세계 및 비유클리드 기하 관련 수학사 자료

탐구 개요	서론	쌍곡기하에서는 직선이 원판의 원호, 상반평면의 반원·수직선 등 전혀 다른 형태로 나타남. 거리의 정의 역시 유클리드 거리와 다르게 곡률이 음수인 공간에서 고유한 방식으로 계산됨. 두 기하 모델을 실제로 시각화하고 직선과 거리의 성질을 비교하여 기하학의 공리 변화가 공간 구조에 어떤 영향을 미치는지 분석하고자 함.
	본론	▶ 푸앵카레 모델 분석(직선이 원판의 경계를 기준으로 하는 원호 사용) ▶ 점·직선·삼각형을 작도해 내각합 변화 및 거리 정의 확인 ▶ 직선이 반원 또는 x축에 수직인 직선으로 나타나는 원리 파악 ▶ 두 점 사이의 하이퍼볼릭 거리 계산 실습 ▶ 거리 정의 비교 및 기하 모델 간 표현 차이 분석
	결론	푸앵카레 원판과 상반평면 모델에서 직선의 형태는 달라 보이지만, 두 모델은 동일한 쌍곡기하 구조를 표현하는 서로 다른 방식임. 유클리드 거리와 다른 하이퍼볼릭 거리 정의는 음의 곡률을 갖는 공간의 특징을 수학적으로 설명하며, 공리 변화가 기하학 전체의 구조적 성질을 어떻게 바꾸는지 명확히 보여주며 다양한 분야에 응용될 수 있음.
후속 활동		▶ 기하: 비유클리드 평면에서 정(正)다각형 타일링 가능 여부 탐구 ▶ 물리학: 쌍곡 기하 기반 빛의 경로 최적화와 선형 경로와 비교하는 탐구 ▶ 정보: 쌍곡 공간에서 트리 구조 데이터를 임베딩 후, 왜곡률 차이 정량 비교 ▶ 사회문제 탐구: 학교 내 친구 관계 쌍곡 공간에서의 중심성 변화 탐구 ▶ 진로활동: 학교 복도, 운동장, 교실 구조를 쌍곡기하 관점에서 스케치 및 전시

4. NIE 연계 활동

● 신문 읽기 & 연결 사유 찾기

"굽은 공간서 영상정보 재정의"...지스트, AI 기술 개발(정보통신신문, 2023.07.12.)

이 기사는 하이퍼볼릭(쌍곡) 기하학이 최근 영상 처리·패턴 분석·머신러닝 모델링 분야에서 주목받는 이유를 소개하며, 데이터 간의 계층적 관계를 기존 유클리드 공간보다 훨씬 더 정교하고 효율적으로 표현할 수 있다는 점을 강조한다. 특히 음의 곡률을 갖는 비유클리드 공간 모델이 픽셀 간 거리 계산, 특징 벡터의 유사도 측정, 임베딩 구조의 압축 표현을 가능하게 한다는 연구 결과가 언급된다.

韓·中 연구팀. 30여년간 못했던 '오목한 탄소 소재' 합성 성공(동아사이언스, 2023.01.12.)

이 기사는 한국과 중국 공동 연구팀이 30여 년 동안 실험적으로 구현되지 못했던 '오목한 구조의 탄소 소재' 합성에 세계 최초로 성공했다는 내용을 다룬다. 특히 "분자의 구조적 곡률이 물질의 성질을 어떻게 바꾸는지"를 밝힌 점이 미래 소재공학에 중요한 의미를 갖는다고 강조한다. 공간의 형태 변화가 전혀 새로운 물질적·기능적 특성을 만들어낼 수 있다는 점을 보여주는 사례로 해석할 수 있다.

2000년 동안 서양 문명 지배한 '유클리드 기하학'(동아사이언스, 2023.06.17.)

이 기사는 2,000년 동안 서양 문명의 기본 공간 개념을 지배해온 유클리드 기하학을 설명하며, 평행선 공리를 수정한 비유클리드 기하학의 탄생 과정을 소개한다. 유클리드 기하학이 논리적 완결성과 직관적 명확성을 바탕으로 오랫동안 자연·철학·과학의 기반으로 활용되었지만, 로바체프스키가 기존 공리에서 벗어난 새로운 공간 개념을 도입함으로써 기하학의 패러다임이 전환되었다고 설명한다.

● 시사 이슈

▶ 유클리드 기하 중심의 전통적 공간 개념은 어떤 한계로 비유클리드 기하로 전환되었을까?

▶ 곡률이 다른 공간 구조가 신소재의 형태·기능을 바꾸는 데 어떤 메커니즘으로 작용하는가?

▶ 하이퍼볼릭 기하의 데이터 간 거리 계산이 유클리드 방식보다 더 정확한 이유는 무엇일까?

● 관점의 분석과 비교

"굽은 공간서 영상정보 재정의"... 지스트, AI 기술 개발(정보통신신문, 2023.07.12.)
- 비유클리드 기하 기반 영상 모델 적용에 대한 입장 토론 -

찬성	반대
비유클리드 기하 기반 영상 분석 모델은 고차원 데이터를 더 정교하게 구조화할 수 있어, 거리 계산과 패턴 구분이 훨씬 효율적이다. 특히 영상 속 객체 간 관계를 곡률을 가진 공간에서 해석하면 데이터의 군집·계층 구조가 명확해진다.	곡률을 가진 공간을 사용하는 영상 분석은 직관적으로 이해하기 어렵고, 비유클리드 공간의 거리 정의가 실제 물리적 거리와 다르기 때문에, 모델 생성 과정에서 왜곡이 발생할 가능성이 존재하여 분석 오류가 생길 수 있다.

2000년 동안 서양 문명 지배한 '유클리드 기하학'(동아사이언스, 2023.06.17.)
- 유클리드 기하 중심의 전통적 공간 개념은 오늘날에도 유효한지에 대한 논의 -

≫ 유효 관점	≫ 확장 관점
유클리드 기하는 직관적이고 구조가 단순하여 건축·공학 등 여러 분야의 기본 언어로 여전히 사용된다. 직선·각·면적을 명확하게 정의할 수 있어 실생활 문제 해결에 매우 실용적이며, 대부분 현실 세계를 충분히 정확하게 설명한다.	정보 네트워크, 우주 시공간, 초고차원 데이터 등 현대 과학기술의 핵심 영역에서는 유클리드 기하만으로 현상을 설명하기 어렵다. 곡률을 가진 로바체프스키 기하나 리만 기하학이 필요하며, 넓은 해석을 가지고 올 수 있다.

● 사고의 확장

▶ 곡률이 존재하면 직선의 정의는 어떻게 달라질까?

▶ 비유클리드 삼각형은 왜 내각합이 180°보다 작아질까?

▶ 평행선 공리 변화는 실제 물리 현상과 어떤 차이를 보일까?

▶ 서로 다른 기하 모델은 공간을 어떤 관점으로 해석하게 만들까?

▶ 쌍곡 공간의 거리 개념은 사회 네트워크를 어떻게 설명할 수 있을까?

5. 세특 예시

로바체프스키의 비유클리드 기하학을 기반으로 '평행선 공리 변화에 따른 삼각형 내각합과 공간 구조의 차이 분석' 탐구를 수행함. 푸앵카레 원판에서 삼각형을 직접 모델링하여 내각의 합이 180°보다 작아지는 현상을 측정하고, 곡률·거리·직선의 정의가 달라질 때 도형 성질이 어떻게 재해석되는지 기하적 관점에서 정리함. '비유클리드 기하의 세계(데라사카 히데다카)'를 읽고 공리 체계가 세계관 형성에 미치는 영향을 비판적으로 고찰하며 기하가 확장될 수밖에 없었던 과정을 비교·분석함.

06 닐스 보어
(Niels Bohr, 1885~1962)

1. "불확실성은 나의 길잡이다" 양자 세계의 문을 연 사색가

● 축구를 사랑했던 코펜하겐의 소년

1885년 덴마크 코펜하겐의 학구적인 집안에서 태어난 닐스 보어는 겉보기엔 평범하고 운동을 좋아하는 소년이었다. 그는 동생 하랄드 보어(훗날 유명한 수학자이자 올림픽 축구 은메달리스트)와 함께 그라운드를 누비는 열정적인 골키퍼였다. 하지만 그의 머릿속은 늘 철학적인 질문들로 가득 차 있었다. 그는 말보다는 사고가 더 빨랐던 탓에 어눌하게 말하는 버릇이 있었지만, 한 번 파고든 문제는 끝까지 놓지 않는 '불독' 같은 집요함이 있었다.

"진리란 깊은 심연 속에 숨겨져 있다." 어린 보어의 이런 기질은 훗날 원자라는 가장 작은 세계의 들여다보는 원동력이 된다.

● 수소 원자의 비밀을 푸는 데 걸린 힌트 한 조각

코펜하겐 대학을 거쳐 영국으로 넘어간 보어는, 당시 가장 핫한 물리학자 러더퍼드의 실험 결과에 마음을 빼앗겼다. 당시 물리학계는 큰 고민에 빠져 있었다. 러더퍼드 모델은 원자를 태양계처럼 묘사했지만, 그 모습은 설명되지 않는 미스터리로 가득했다. 전자는 핵으로 빨려 들어가 붕괴해야만 했기 때문이다. 하지만 현실의 원자는 너무나 안정적이었다.

보어는 과감한 가설을 세웠다. "미시 세계에서는 우리가 아는 고전 물리학의 법칙이 통하지 않는다." 그는 플랑크와 아인슈타인의 '양자 가설'을 원자에 도입했다. 과학자들은 "말도 안 되는 상상"이라며 고개를 저었지만, 실험 결과들이 딱딱 맞아떨어지자 충격에 빠졌다. 바야흐로 양자 혁명의 서막이었다.

● 양자 도약, 전자가 사라졌다 나타나다

1913년, 보어는 전자가 에너지를 흡수하거나 방출할 때 궤도 사이를 순식간에 이동한다는 '보어의 원자 모형'을 발표했다. 이것은 마치 사람이 1층에서 2층으로 갈 때, 계단을 오르는 것이 아니라 1층에서 사라져 2층에서 짠 하고 나타나는 것과 같았다. 이 기이한 현상을 그는 '양자 도약'이라 불렀다. 그의 이론은 수소 원자가 내뿜는 빛(선 스펙트럼)의 파장을 수학적으로 완벽하게 설명해 냈고, 그 공로로 1922년 노벨 물리학상을 거머쥐었다.

● 아인슈타인과의 끝나지 않는 토론 배틀

보어는 코펜하겐에 이론물리학 연구소를 세우고 하이젠베르크, 파울리 같은 천재들을 길러내며 '코펜하겐 학파'를 이끌었다. 그들은 "전자의 위치는 확률로만 알 수 있다"고 주장했다. 이에 반발한 아인슈타인은 "신은 주사위 놀이를 하지 않는다"며 결정론을 옹호했다. 보어는 물러서지 않고 이렇게 응수했다.

"아인슈타인, 신에게 이래라저래라 명령하지 마십시오."

이 논쟁은 누가 옳았는지를 가리는 싸움이 아니었다. 자연을 확정된 실체로 볼 것인가, 관측 속에서 드러나는 과정으로 볼 것인가를 두고 벌어진 철학적 대결이었다. 두 거장의 치열하고도 품격 있는 토론은 양자역학의 개념을 더욱 정교하게 다듬었고, 그 성과는 오늘날 반도체와 현대 기술의 이론적 토대로 이어졌다.

● 핵 시대의 문 앞에서 고민한 과학자

2차 세계대전이 터지며 보어는 예상치 못한 길에 놓인다. 그는 나치의 위협을 피해 미국으로 탈출해 맨해튼 프로젝트에 참여했지만, 핵무기가 가져올 공포를 누구보다 먼저 깨달았다. 전쟁 후 그는 "지식을 독점하는 국가는 없다. 모든 나라가 핵 기술을 공유하고 감시해야 한다."며 UN에 공개 서한을 보내는 등 세계 평화와 과학의 투명성을 위해 남은 생을 바쳤다. 그의 가문의 문장에는 '반대되는 것은 서로 보완한다.'라는 문구가 새겨져 있다. 파동과 입자, 고전과 양자, 대립과 화합을 껴안았던 그의 삶을 대변하는 말이다.

● 오늘날로 이어지는 메시지

확실한 답을 원할수록 불확실성은 불안하게 느껴진다. 하지만 모든 것은 명확하게 설명되지 않는다. 보어는 불확실성을 회피하지 않고 과학의 일부로 받아들였다. 그는 모순처럼 보이는 개념 속에서도 이해의 가능성을 찾았다.

오늘날 학생에게 보어의 삶은 이렇게 말해준다.

모르는 상태를 견디며 질문을 확장하는 태도가 과학적 사고의 핵심이라는 사실이다.

▶ 나는 모르는 것을 어떻게 받아들이는가?
▶ 질문은 어디에서 더 깊어질 수 있을까?

이는 현대 물리 이해·개념 탐구 중심의 세특 주제로 자연스럽게 확장될 수 있다.

● 주요 업적

1) 보어의 원자 모형과 에너지 양자화(Bohr Model&Energy Quantization)

보어는 러더퍼드 모형에 양자 가설을 도입해, 전자가 특정한 에너지 준위(궤도)에서만 존재한다는 혁신적인 모형을 제시했다. 그는 전자가 궤도를 이동할 때 그 에너지 차이만큼 빛을 방출하거나 흡수하는 '양자 도약(Quantum Leap)'을 한다고 설명했다. 이로써 에너지가 불연속적이라는 '에너지 양자화' 개념을 확립하고, 수소 원자의 선 스펙트럼을 완벽하게 규명해냈다. 이는 고전 물리학의 한계를 넘어 미시 세계의 새로운 질서를 부여했으며, 분광학 및 천체 물리학 발전의 기초가 되었다.

2) 상보성 원리와 코펜하겐 해석(Complementarity & Copenhagen Interpretation)

보어는 미시 세계의 물질 속에 '입자성'과 '파동성'이라는 상반된 두 성질이 동시에 내재되어 있다는 '상보성 원리'를 정립했다. 관측 환경에 따라 어느 한쪽의 특성만 발현되지만, 대상을 온전하게 이해하기 위해서는 두 성질을 상호 보완적으로 받아들여야 한다는 철학이다. 마치 동전의 양면을 한 번에 볼 수 없듯, 위치와 운동량을 동시에 확정할 수 없다는 하이젠베르크의 불확정성 원리와도 이론적 궤를 같이한다. 이는 훗날 양자역학의 표준적 세계관인 '코펜하겐 해석'의 핵심 기둥이 되었다.

3) 원자핵 액적 모형 및 핵분열 이론(Liquid Drop Model)

보어는 원자핵을 표면 장력과 결합력으로 뭉친 물방울에 비유한 '액적 모형'을 제안했다. 이 이론은 우라늄 같은 무거운 원자핵이 중성자를 흡수해 진동하다가 쪼개지는 핵분열 메커니즘을 설명하는 결정적 열쇠가 되었다. 특히 원자핵이 아령 모양으로 변형되다 전기적 척력으로 분리되는 과정을 물리적으로 명쾌하게 해석해 냈다. 또한 그는 우라늄-235와 우라늄-238의 성질 차이를 규명하고 동위원소 분리 이론을 제시하여, 원자력 에너지 개발과 핵물리학 발전에 지대한 공헌을 했다.

4) 양자역학 발전의 중심 - 보어 연구소와 인재 양성

보어는 코펜하겐 이론물리학 연구소를 설립해 세계 최고의 양자 연구 중심지로 만들었다. 하이젠베르크, 파울리, 페르미 등 수많은 젊은 물리학자들이 이곳에서 밤새 토론하며 양자역학의 기틀을 완성해 갔다. 보어는 새로운 세대의 질문을 존중하고 열린 토론을 장려한 지도자로 평가받는다. 특히 권위와 형식을 배제하고 오직 논리와 실험 결과로만 치열하게 승부하던 이곳의 독특한 연구 분위기는 '코펜하겐 정신'이라 불리며 과학계의 새로운 표준이 되었다.

닐스 보어는 러더퍼드의 원자 모형에 양자 개념을 도입하여 전자가 특정 궤도에서만 존재하고 '양자 도약'으로 이동한다는 새로운 원자 모형을 제시했다. 이 이론은 수소 원자의 스펙트럼을 정확히 설명하며 양자역학의 출발점을 마련했다. 또한 그는 상보성 원리를 통해 미시 세계에서 서로 모순되는 성질이 공존할 수 있음을 밝혔으며 핵 구조 연구와 동위원소 분리 원리를 제안해 이후 핵물리학과 다양한 기술적 응용의 기반도 마련했다.

보어의 사유는 하이젠베르크, 파울리 등 후대 과학자들에게 지대한 영향을 주어 코펜하겐 학파를 중심으로 현대 양자역학 체계를 완성하게 했다. 그의 상보성 개념은 물리학을 넘어 철학, 인지과학, 정보이론 등 여러 분야에서 '다층적 관점의 공존'을 설명하는 핵심 개념이 되었다. 또한 핵 시대를 맞아 과학자의 책임과 국제적 협력의 필요성을 강조하며 과학기술 윤리 논의에도 중요한 시사점을 남겼다. 결국 그의 업적은 원자물리학을 넘어 현대 과학의 사유 방식 자체를 바꾼 전환점이 되었다.

● 과학 이론 연계 탐구 주제

보어의 원자 모형과 에너지 양자화	▶ 러더퍼드 모형의 붕괴 원인과 보어의 양자 조건 해결책 분석 ▶ 수소 원자 스펙트럼의 전자 껍질별 에너지 값 계산 및 오차 원인 탐구 ▶ 불꽃 반응의 선 스펙트럼 파장 분석을 통한 전자 에너지 준위의 불연속성 증명
상보성 원리와 코펜하겐 해석	▶ 시뮬레이션을 통해 관측 여부가 입자성·파동성 결정에 미치는 영향 분석 ▶ 불확정성 원리와 상보성 원리 간의 논리적 상호 의존성 및 수학적 관계 고찰 ▶ 확률론적 세계관으로의 전환이 현대 과학 철학에 미친 인식론적 파급력 연구
원자핵 액적 모형 및 핵분열 이론	▶ 표면 장력과 쿨롱 척력의 상호작용을 통한 원자핵의 변형 과정 분석 ▶ 우라늄 동위원소의 중성자 흡수 단면적 차이에 따른 핵분열 확률 비교 분석 ▶ 액적 모형을 기반으로 한 핵분열 전후 질량 결손 계산 및 방출 에너지 예측
보어 연구소와 인재 양성	▶ '코펜하겐 정신'이 창의적 과학 이론 정립에 미친 집단지성 효과 분석 ▶ 닐스 보어의 서한에 나타난 과학 지식 공유의 중요성과 핵무기 통제 사상 연구 ▶ 20세기 초반 보어 연구소 중심의 과학자 네트워크 연결망과 학문적 계보 시각화

주제	불꽃 반응의 선 스펙트럼 파장 분석을 통한 전자 에너지 준위의 불연속성 증명
탐구 목표	금속 원소의 불꽃 반응 색을 분광기로 관찰하여 선 스펙트럼의 파장을 분석하여, 원자 내 전자의 에너지가 연속적이지 않고 불연속적인 준위를 가짐을 실험적으로 검증한다.
선정 이유	고전 물리학의 러더퍼드 모형과 달리 보어는 전자가 특정 궤도에서만 존재하며, 궤도 이동 시에만 특정 에너지를 방출한다고 주장했다. 불꽃 반응은 이를 시각적으로 확인할 수 있는 가장 직관적인 현상이다. 이 탐구를 통해 추상적인 '양자 도약' 개념을 실험으로 직접 확인하고, 보어의 가설이 타당한지 정량적으로 해석해 보고자 한다.
서론	보어는 전자가 에너지를 흡수하여 높은 준위(들뜬상태)로 올라갔다가, 낮은 준위(바닥상태)로 떨어질 때 그 차이만큼의 에너지를 빛으로 방출한다고 가설을 세웠다. 본 탐구에서는 간이 분광기를 이용해 이 빛을 파장별로 분해함으로써 에너지 준위의 차이가 불연속적으로 존재하는지 확인하고자 한다.
본론	▶ 이론적 배경 조사: 보어의 원자 모형, 러더퍼드 모형의 한계, 선 스펙트럼의 원리 ▶ 핵심 개념 정리: 에너지 준위(Energy Level), 양자 도약(Quantum Leap), 플랑크 상수(h), 파장과 진동수 관계($E = hc/\lambda$) ▶ 실험 설계 　1) 시료 준비: 리튬, 나트륨, 구리, 스트론튬 염화물 수용액 및 알코올 램프 준비 　2) 스펙트럼 촬영: 간이 분광기(회절격자)를 통해 불꽃색 관찰 　3) 파장 분석: 이미지 분석 프로그램을 이용해 주요 선의 파장 측정 ▶ 결과 해석: 연속 스펙트럼(백열등)과의 차이점 비교, 선의 위치(파장)가 원소마다 다른 이유 분석, 선의 불연속성이 의미하는 '허용된 궤도'의 존재 도출
결론	실험 결과, 금속의 불꽃 빛은 무지개처럼 이어진 연속 스펙트럼이 아니라, 검은 바탕에 밝은 띠가 분리된 선 스펙트럼으로 나타났다. 이는 전자가 원자 내에서 임의의 에너지를 갖는 것이 아니라, 불연속적인 특정 에너지 준위에만 존재함을 의미한다. 따라서 스펙트럼의 '선'을 통해 보어의 에너지 양자화 가설이 타당함을 확인할 수 있다.
심화 탐구 주제	▶ 분광 분석법을 활용한 천체(별)의 구성 성분 및 표면 온도 분석 원리 연구 ▶ 다전자 원자에서의 스펙트럼의 미세 구조와 현대 오비탈 모형의 필요성 탐구 ▶ 수소 원자 스펙트럼의 리드버그 공식을 이용한 주양자수 별 에너지 값 직접 계산
토론 주제	▶ 과학적 모형은 현실을 얼마나 정확히 설명해야 하는가? ▶ 보어의 모형은 수소 이외의 원자에서는 왜 완벽하게 들어맞지 않는가? ▶ 관측 행위가 전자의 상태를 결정한다는 해석은 실재론적 관점에서 타당한가?
교내 후속 활동	▶ 물리학: 파동의 간섭과 회절 성질을 이용한 간이 분광기 제작 및 회절 격자 탐구 ▶ 화학: 주기율표상 같은 족 원소들의 불꽃 반응색과 최외각 전자 배치 유사성 분석 ▶ 동아리활동: 별 스펙트럼 데이터를 이용해 별의 구성 원소를 역추적하는 천문 분석

닐스 보어(Niels Bohr, 1885~1962)

2. 교과 연계 탐구활동(전자기와 양자, 현대사회와 윤리, 통합과학1)

● 전자기와 양자

성취기준	[12전자03-04] 현대의 원자 모형을 불확정성 원리와 확률을 기반으로 설명하고, 보어의 원자 모형과 비교할 수 있다.
주요내용	보어의 원자 모형은 전자를 일정한 궤도로 가정해 원자의 스펙트럼을 설명했지만, 전자의 위치를 정확히 규정한다는 점에서 한계를 지닌다. 현대 원자 모형은 불확정성 원리를 바탕으로 전자가 특정 영역에 존재할 '확률'로 표현된다는 점을 강조한다. 두 모형을 비교하는 과정은 원자에 대한 과학적 이해가 단순한 궤도 그림에서 확률 기반의 양자적 모델로 발전해 온 흐름을 체계적으로 파악하게 해준다.
교과연계 탐구주제	▶ 불확정성 원리를 적용한 전자 위치, 운동량의 확률 분포 모델링 및 해석 ▶ 보어 모형–현대 오비탈 모형 비교를 통한 수소 스펙트럼 예측 정확도 분석 ▶ 리드버그 식과 에너지 준위 계산으로 분석한 보어 원자 모형의 양자화 구조 연구

● 현대사회와 윤리

성취기준	[12현윤03-01] 과학기술 연구에 대한 다양한 관점을 조사하여 비교·설명할 수 있으며 이를 과학기술의 사회적 책임 문제에 적용하여 비판 또는 정당화할 수 있다.
주요내용	닐스 보어는 양자역학의 기초를 세운 과학자이면서도, 핵분열 연구가 사회에 미칠 영향을 가장 먼저 고민한 인물이기도 하다. 그는 핵무기의 위험성을 인식하고, 과학기술이 특정 국가에 독점될 때 인류 전체가 위협받을 수 있음을 강조하였다. 그의 입장은 과학기술 연구가 사회적 책임을 수반한다는 윤리적 관점을 제시하며, 현대의 핵 정책과 기술윤리 논의에 중요한 근거를 제공한다.
교과연계 탐구주제	▶ 보어–아인슈타인 논쟁을 사례로 본 '과학적 진리'와 연구 윤리의 관계 고찰 ▶ 양자역학 시대의 불확실성이 과학자의 판단과 사회적 책임에 미치는 영향 탐구 ▶ 보어의 '개방성' 제안이 오늘날 핵기술 비확산 정책에서 갖는 윤리적 정당성 분석

● 통합과학1

성취기준	[10통과1-02-01] 천체에서 방출되는 빛의 스펙트럼을 분석하여 우주 초기에 형성된 원소와 천체의 구성 물질을 추론할 수 있다.
주요내용	보어의 원자 모형은 전자가 불연속적인 에너지 준위를 가지며, 준위 간 전이 과정에서 특정 파장의 빛을 방출한다는 원리를 제시하였다. 이 개념은 천체에서 관측되는 선스펙트럼이 원소마다 독특한 '빛의 지문'을 가진 이유를 설명하며, 스펙트럼 분석을 통한 원소 추론의 기초가 된다. 따라서 보어의 양자화 이론은 천체의 구성 물질과 우주 진화 과정을 스펙트럼으로 해석하는 현대 천문학의 필수 이론적 기반이 된다.
교과연계 탐구주제	▶ 수소 발머선 분석을 통한 별의 표면 온도 및 조성 추정 연구 ▶ 별빛 스펙트럼에서 나타나는 양자화 신호를 이용한 우주 초기 원소 생성 추론 ▶ 보어 모형과 현대 오비탈 모형을 기반으로 한 원소별 스펙트럼 패턴 분류 연구

3. 독서 연계 탐구활동

● 추천 도서 목록

추천 도서 목록

▶ 퀀텀(로랑 셰페르(이정은 역), 한빛비즈, 2020)   ▶ 닐스 보어(짐 오타비아니(김소정 역), 푸른지식, 2015

▶ 양자혁명(만지트 쿠마르(이덕환 역), 까치, 2014)   ▶ 세상에서 가장 쉬운 과학 수업: 양자혁명(정완상, 성림원북스, 2023)

▶ 김상욱의 양자 공부(김상욱, 사이언스 북스, 2017)   ▶ 세상에서 가장 쉬운 과학 수업: 원자모형(정완상, 성림원북스, 2023)

● 독서 연계 탐구 활동

독서 연계 탐구 활동

도서명	양자혁명(만지트 쿠마르(이덕환 역), 까치, 2014)
	이 책은 보어와 아인슈타인의 위대한 논쟁을 중심으로 양자역학의 탄생과 발전 과정을 흥미진진하게 풀어낸 과학교양서다. 보어의 원자 모형, 코펜하겐 해석이 어떻게 형성되었는지 과학자들의 치열한 토론 맥락 속에서 설명한다. 특히 결정론을 고수한 아인슈타인과 확률론적 세계관을 방어한 보어의 솔베이 회의 논쟁을 생생하게 다루어, 현대 물리학의 핵심 원리를 이해하도록 돕는다.
핵심 키워드	코펜하겐 해석, 보어-아인슈타인 논쟁, 솔베이 회의, 상보성 원리, 확률론적 세계관
탐구 주제	▶ 보어의 원자 모형에서 현대 오비탈 모형으로의 전환 과정 연구 ▶ 보어–아인슈타인 논쟁을 통해 본 양자역학 해석의 다원성 개념 분석 ▶ 상보성 원리를 기반으로 이중슬릿 실험에서 드러나는 파동성, 입자성 탐구 ▶ 보어 연구소의 '코펜하겐 정신'이 현대 물리학 연구 문화에 미친 영향 탐구 ▶ 양자 도약과 수소 스펙트럼 분석을 통한 에너지 준위 양자화의 정량적 해석
토론 쟁점	▶ 양자역학에서 관측자는 자연을 '변형하는가', 아니면 단지 '기록하는가'? ▶ 상보성 원리는 현대 과학의 복잡한 현상에도 적용 가능한 보편적 사고인가? ▶ 양자 논쟁은 개인의 통찰과 집단 토론 중 어느 쪽이 더 핵심 동력이었는가?
후속 활동	▶ 과학의 역사와 문화: 보어–아인슈타인 논쟁, 상보성 원리를 탐구하는 활동 ▶ 전자기와 양자: 간이 이중슬릿 실험을 통해 간섭 패턴 변화 분석하는 활동 ▶ 공통수학: 리드버그 식을 활용한 수소 스펙트럼 에너지 준위 계산하는 활동 ▶ 진로활동: 양자 기술의 철학적·사회적 영향을 분석하여 발표하는 활동

● 독서 연계 탐구활동 예시

탐구 주제	상보성 원리를 기반으로 이중슬릿 실험에서 드러나는 파동성, 입자성 탐구
탐구 자료	▶ 단일 광자 간섭 패턴 누적 영상 자료 ▶ 양자 파동 간섭 실험 시뮬레이션 프로그램 ▶ 이중슬릿 간섭 패턴 관찰용 레이저, 회절 슬릿, 스크린

탐구 개요	**서론**	보어는 빛과 전자의 성질이 상황에 따라 파동 또는 입자로 나타난다는 '상보성 원리'를 제시했으나, 이는 당대 과학자들에게 직관적으로 받아들여지기 어려운 개념이었음. 본 탐구는 파동성과 입자성이 어떻게 조건에 따라 전환되는지, 그리고 관측이 양자 상태에 미치는 물리적 의미를 분석하여 양자역학적 사고의 핵심 원리를 심층적으로 이해하고자 함.
	본론	▶ 파동과 입자의 이중성의 역사적 배경과 상보성 원리 핵심 정리하기 ▶ 고전적 이중슬릿 간섭 조건과 양자역학적 해석의 차이 분석하기 ▶ 관측 여부가 파동함수에 어떤 영향을 주는지 시뮬레이션으로 확인하기 ▶ 광자 수, 슬릿 정보, 측정 강도에 따른 패턴 변화를 정량적으로 비교하기 ▶ PhET 양자 파동 간섭 시뮬레이션을 활용해 간섭무늬 변화 실험 설계하기
	결론	이중슬릿 실험은 빛과 전자가 고정된 성질을 갖지 않으며, 실험 조건에 따라 파동 또는 입자로 드러남을 확인함. 상보성 원리는 서로 배타적으로 보이는 두 설명이 양자 세계를 이해하는 데 필요한 보완적 관점임을 보여줌. 또한 관측 행위가 물리적 결과를 바꾼다는 사실은 미시 세계에서 '정보'가 곧 물리적 변수임을 시사하며, 양자역학이 가진 철학적 깊이를 드러냄.
후속 활동		▶ 물리학: 레이저, 광센서를 활용한 간단한 이중슬릿 실험을 재현하는 활동 ▶ 공통수학: 파동함수 중첩과 간섭 조건을 삼각함수 기반으로 분석하는 활동 ▶ 정보: 파이썬으로 확률 분포 기반의 가상 이중슬릿 간섭 패턴을 생성하는 활동 ▶ 과학의 역사와 문화: 보어–아인슈타인 논쟁 속 철학적 관점을 비교 분석하는 활동 ▶ 현대사회와 윤리: 불확실성 개념이 오늘날 AI 의사결정에 주는 시사점을 탐구하는 활동

4. NIE 연계 활동

● 신문 읽기 & 연결 사유 찾기

양자역학 100년과 닐스 보어 (부산일보, 2025.05.13.)

이 기사는 양자역학 탄생 100주년을 맞아 보어가 현대 물리학 발전에 남긴 의미를 돌아보고 있다. 양자역학의 기초가 세워지는 과정에서 보어는 궤도 모형과 상보성 원리를 제시하며 핵심적 역할을 했다. 또한 보어 연구소는 자유로운 토론과 개방적 문화로 수많은 이론가를 길러낸 현대 물리학의 산실이었다. 기사에서는 보어가 남긴 학문적 기여와 개방적 리더십이 양자 과학의 정신을 형성한 중요한 유산임을 강조한다.

닐스 보어의 명언과 천재의 조건 (코메디닷컴, 2024.10.07.)

이 기사는 닐스 보어가 상보성의 원리로 빛의 본성을 새롭게 해석하며 현대 양자역학의 세계관을 연 데 주목한다. 보어 연구소의 자유롭고 개방적인 토론 문화는 수많은 과학자를 길러낸 현대 물리학의 중심지가 되었다. 또한 보어의 호기심, 열정, 자유로움이 그의 천재성을 형성했다고 강조한다. 마지막으로 그의 명언을 통해 깊이 있는 진리 탐구와 창의적 사고가 오늘날 교육에도 중요한 메시지를 던진다고 말한다.

아인슈타인의 이중슬릿 논쟁, 98년만에 종지부 (서울경제, 2025.12.06.)

이 기사는 아인슈타인이 보어의 상보성 원리에 반대하며 제시했던 '이중슬릿 사고실험'이 현대 실험에서 틀린 것으로 확인되었다고 전한다. 중국과 MIT 연구팀은 관측 여부가 빛의 파동성과 입자성을 실제로 바꾼다는 코펜하겐 해석을 정밀 실험으로 입증했다. 결과적으로 98년간 이어진 보어–아인슈타인 논쟁이 양자역학의 기본 원리를 지지하는 방향으로 종지부를 찍게 되었다.

▶ 과학 이론은 '완성된 진리'가 아니라 실험과 논쟁을 통해 갱신되는가?

▶ 창의적 연구 환경(자유로운 토론·개방성·실패 허용)이 과학 혁신에 어떤 영향을 미치는가?

▶ 관측이 자연 현상의 상태를 변화시킨다는 양자역학적 세계관은 현대 사회에 어떤 함의를 주는가?

● 관점의 분석과 비교

아인슈타인의 이중슬릿 논쟁, 98년만에 종지부(서울경제, 2025.12.06.)
- 양자역학 논쟁에서 '상보성 원리'가 과학적 진리로 인정되어야 하는가? -

찬성	반대
정밀 실험들은 아인슈타인의 사고실험이 예측한 결과가 실제로 발생하지 않음을 보여주며, 관측이 양자 상태를 바꾼다는 보어의 상보성 원리를 지지한다. 반복 가능한 실험적 증거를 갖춘 해석을 과학적 사실로 인정하는 것이 합리적이다.	상보성 원리는 여러 양자 해석 중 하나일 뿐이며, 다세계 해석이나 파일럿파 이론처럼 다른 관점들도 존재한다. 과학적 진리는 경쟁하는 이론과 지속적 검증을 통해 발전해야 하며, 단정적 결론은 경계해야 한다.

닐스 보어의 명언과 천재의 조건(코메디닷컴, 2024.10.07.)
- 과학자는 진리 탐구를 최우선해야 하는가, 아니면 사회적 책임을 함께 고려해야 하는가? -

≫ 진리 탐구 중심	≫ 사회적 책임 중심
과학자의 주된 역할은 자연의 근본 원리를 밝히는 것이며, 사회적 요구나 기술적 응용보다 지식의 정확성과 깊이가 우선된다. 이론의 완결성, 논리적 일관성을 중시하며, 과학은 외부 가치에 흔들리지 않는 독립된 탐구여야 한다고 본다.	과학자는 연구가 사회에 미칠 영향을 고려해야 하며 기술의 위험과 윤리적 함의를 성찰해야 한다. 현대 과학은 사회와 긴밀히 연결되어 있어, 과학적 지식의 생산은 공동체의 안전과 책임과 함께 평가되어야 한다고 본다.

닐스 보어(Niels Bohr, 1885~1962)

● 사고의 확장

▶ 과학적 논쟁은 이론 발전에 어떤 기능을 하는가?

▶ 연구 환경의 자유도(개방성, 토론, 실패 허용)는 과학자의 창의성과 어떻게 연결되는가?

▶ 관측이 현실을 바꾼다는 양자역학적 세계관은 인간의 인식과 의사결정에도 적용될 수 있는가?

▶ '진리는 하나가 아닐 수 있다'는 상보성의 철학은 현대 사회에서 어떤 해법을 제시할 수 있는가?

▶ 과학 이론이 실험으로 뒤집힐 수 있다면, 현대 사회의 기술 결정은 얼마나 '잠정적'이어야 하는가?

5. 세특 예시

보어의 원자 모형과 현대 오비탈 모형을 비교하며 수소 스펙트럼과 불꽃 반응 실험을 통해 전자 에너지 준위의 불연속성을 해석함. 리드버그 식 계산과 분광 데이터 분석을 수행해 양자화 개념의 의미를 스스로 정리하는 등 개념 이해가 정확함. 이중슬릿 시뮬레이션과 보어-아인슈타인 논쟁을 조사해 관측과 확률에 기반한 현대 원자 모형의 특성을 명확히 설명함. 과학기술 윤리 사례를 통해 양자이론이 사회적 책임과 의사결정에 주는 함의를 탐구하는 태도가 돋보임.

07 드미트리 이바노비치 멘델레예프
(Dmitri Ivanovich Mendeleev, 1834~1907)

1. 꿈속에서 우주의 퍼즐을 맞춘 예언가

● 시베리아의 막내, 어머니의 등불을 따라 걷다

시베리아의 17남매 중 막내로 태어난 멘델레예프는 어린 시절 아버지가 시력을 잃고 가세가 기우는 불행을 겪었다. 하지만 자식의 재능을 알아본 어머니는 유리 공장이 불타버린 절망적인 상황에서도 그를 대학에 보내기 위해 수천 킬로미터를 이동해 모스크바와 상트페테르부르크로 향했다. 어머니의 헌신적인 희생은 훗날 위대한 화학자가 탄생하는 밑거름이 되었다.

"어려움이 없다면, 질서의 가치를 배울 수 없다." 그는 김나지움에서 과학적 호기심을 키우며 가난과 병약함을 이겨냈다.

● 엉터리 교과서가 싫어서 직접 쓰다

상트페테르부르크로 돌아온 멘델레예프는 학생들에게 쓸 만한 교재가 거의 없다는 사실을 깨닫고, 직접 <유기 화학>과 <화학 원론>을 집필했다. 이 교과서는 러시아 화학 교육의 표준으로 자리 잡으며, 상트페테르부르크를 세계적인 화학 연구 중심지로 이끄는 발판이 되었다. 강의 준비를 위해 원소들을 정리하던 그의 교단은, 훗날 인류 과학사에서 가장 유명한 '연구실 겸 아이디어 노트'가 된다.

"가르치기 위해 정리하다 보면, 결국 새로 발견하게 된다." 멘델레예프는 이같이 말하며 교육과 연구의 선순환을 보여 주었다.

● 꿈속에서 우주의 지도를 훔치다

원소들을 배열하느라 며칠 밤을 새우다 깜빡 잠이 든 순간, 그의 꿈속에서 모든 원소가 원자량 순서대로 완벽하게 제자리를 찾아가는 표가 나타났다. 그는 깨어나자마자 종이에 그 표를 휘갈겨 썼고, 이것이 바로 현대 화학의 이정표인 '주기율표'의 탄생이었다. 원자량에 따라 성질이 주기적으로 반복된다는 사실은 화학계의 혁명이었다.

"꿈속에서 보았어! 모든 원소가 마치 약속이나 한 듯이 자신의 자리에 정확히 앉아 있더군. 이건 우연이 아니야, 우주의 법칙이야!"

● 빈칸을 남겨두는 미친 자신감

그는 단순히 알려진 원소만 나열한 것이 아니라, '아직 발견되지 않은 원소'가 있다며, 표에 과감히 빈칸을 남겨 두었다. 그는 그 빈칸에 들어갈 원소(에카-알루미늄 등)의 성질과 질량까지 정확히 예언했고, 사람들의 비웃음 속에서도 자신의 주장을 굽히지 않았다.

"이 빈칸은 실수가 아니라 미래의 과학자들이 찾아내야 할 보물 지도라네. 두고 보게, 내 예언은 틀리지 않아."

멘델레예프의 자신감은 근거 없는 확신이 아니라, 질서에 대한 깊은 신뢰에서 나왔다. 그는 아직 보이지 않는 것 역시 주기율이라는 법칙 안에 반드시 존재하리라 믿었다. 훗날 갈륨과 저마늄 등이 실제로 발견되어 그의 예측과 정확히 일치하자, 빈칸은 무모함의 흔적이 아니라 과학이 미래를 예견할 수 있음을 증명한 자리로 남게 되었다.

● 과학은 실험실 밖에서도 계속된다

멘델레예프는 실험실에만 갇혀 있지 않고 러시아의 산업 발전을 위해 발로 뛰었다.

"석유를 태우는 것은 지폐를 난로에 태우는 것과 같다."

그는 석유가 단순한 연료 이상의 가치가 있음을 간파하고 정유 공장 설립을 도왔다. 또한 도량형 국장이 되어 미터법을 도입하고 보드카의 세금을 위한 표준을 정비하는 등 실용적인 과학 행정가로도 활약했다.

● 오늘날로 이어지는 메시지

복잡한 정보가 넘쳐나는 시대일수록 질서를 발견하는 눈은 더욱 중요해진다. 멘델레예프는 흩어져 있던 원소들의 성질 속에서 반복되는 규칙과 빈자리를 발견했다. 그는 아직 발견되지 않은 원소의 존재까지 예측하며, 과학이 단순한 정리가 아니라 미래를 내다보는 사고의 힘임을 보여주었다. 그에게 과학은 실험실에 머무르지 않고, 사회와 산업을 이해하는 도구이기도 했다.

오늘날 학생에게 멘델레예프의 삶은 이렇게 말해준다.

지식은 많아질수록, 그 관계와 구조를 파악하는 힘이 중요해진다는 사실이다.

▶ 나는 자료 속에서 어떤 규칙을 발견하고 있는가?

▶ 아직 보이지 않는 가능성은 무엇일까?

이는 자료 분석·분류 기준 설정·과학적 구조화 능력 중심의 세특 탐구주제로 확장될 수 있다.

● 주요 업적

1) 주기율표(Periodic Table)

멘델레예프는 1869년, 원소들을 원자량 순서대로 배열하면 화학적 성질이 주기적으로 반복된다는 사실을 발견하고 최초의 체계적인 주기율표를 발표했다. 그는 당시 알려진 63종의 원소를 원자가와 화학적 특성에 따라 분류하여 원소 간의 규칙성을 명확히 시각화했다. 이 표는 원소 간 관계를 한눈에 보여 주는 혁신적 도구로, 화학 연구와 교육의 방향을 완전히 바꾸어 놓았다. 멘델레예프의 주기율표는 오늘날에도 모든 과학자가 사용하는 기본 언어가 되었다.

2) 미발견 원소의 예측(Prediction of Unknown Elements)

그는 주기율표에서 당시까지 발견되지 않은 원소들의 자리를 빈칸으로 두고, 그 위치에 들어갈 원소들의 원자량과 성질을 정확하게 예측했다. 이 예측은 단순 추측이 아니라 밀도, 끓는점, 산화수까지 제시한 과학적 예측 모델링에 가까웠다. 실제로 에카-알루미늄(갈륨), 에카-규소(저마늄), 에카-붕소(스칸듐) 등의 존재와 물리적 특성을 예언했으며, 실제 이 원소들이 발견되면서 그의 주장이 옳았음이 입증되었다. 이러한 예측은 주기율표의 과학적 타당성을 전 세계에 알리는 계기가 되었다.

3) 원자량·원자가 재정립(Reevaluation of Atomic Weights & Valence)

멘델레예프는 텔루륨 및 우라늄 등 여러 원소의 기존 원자량이 주기적 질서와 맞지 않는다는 점을 발견하고 과감히 새로운 값을 제시했다. 이는 당시 측정 정확도가 낮던 상황에서 매우 위험한 도전이었지만, 그는 주기율이라는 큰 틀에 기반해 과학적 일관성을 우선했다. 기존의 실험 데이터를 맹신하지 않고 논리적 법칙을 우선시한 그의 통찰은 화학 측정의 정밀도를 높이는 데 크게 기여했다. 이러한 재정립 작업은 화학에서 '숫자의 의미'를 다시 생각하게 만든 중요한 전환점이었다.

4) 과학 및 산업적 기여(Scientific & Industrial Contributions)

그는 당대 최고의 교과서인 <화학 원론>을 저술하여 화학 교육의 기틀을 마련했고, 기체의 임계 온도 개념을 최초로 정의하는 등 물리화학 분야에도 공헌했다. 또한 러시아의 석유 산업 발전과 도량형 표준화(미터법 도입)에 앞장서며 과학 지식을 실제 산업과 행정에 접목시켰다. 또한 폭발물 및 무연 화약 개발 등 실용화학 분야에서도 큰 성과를 거두었다. 이러한 활동은 그가 단순한 이론가를 넘어 국가 발전에 기여한 실천적 과학자였음을 보여준다.

멘델레예프는 원소들을 원자량 순서로 배열할 때 화학적 성질이 주기적으로 반복된다는 법칙을 발견하고, 이를 체계적인 주기율표로 정리하여 현대 화학의 기틀을 마련했다. 특히 그는 당시 발견되지 않은 원소들을 위해 과감히 빈칸을 남겨두고 미지 원소의 존재와 성질을 정확히 예측했는데, 이것이 훗날 모두 입증되며 과학계에 큰 충격을 주었다. 물질의 본질적 질서를 꿰뚫어 본 그의 통찰력은 단순한 분류를 넘어 화학을 예측 가능한 정밀 과학으로 도약시키는 결정적인 계기가 되었다.

그는 기존의 실험 데이터가 자신의 주기율 법칙과 어긋날 경우, 법칙의 논리성을 신뢰하여 우라늄 등의 잘못된 원자량을 수정하고 원소를 재배치하는 등 과학적 대담함을 보여주었다. 또한 명저 <화학 원론>을 저술해 교육의 표준을 세우고, 러시아의 석유 산업 효율화와 도량형 제정 등 과학 지식을 실제 산업과 행정에 적극적으로 활용했다. 이처럼 이론적 탐구와 실용적 적용을 아우른 그의 업적은 오늘날까지도 과학자가 사회에 기여하는 이상적인 모델로 평가받고 있다.

● 과학 이론 연계 탐구 주제

주기율표	▶ 멘델레예프와 모즐리의 주기율표 배열 기준의 비교 분석 ▶ 원소의 주기적 성질이 현대 화학 반응 해석에 미친 영향 분석 ▶ 원소의 주기적 성질 그래프 분석을 통한 주기율의 규칙성 도출
미발견 원소의 예측	▶ 멘델레예프의 예측 방식과 현대 데이터 기반 과학의 유사점 탐구 ▶ 입자 가속기를 이용한 원소 합성 원리와 멘델레예프 예측 방식의 차이 비교 ▶ 미지 원소의 물성을 예측하기 위해 사용한 데이터 보간법의 논리적 타당성 연구
원자량·원자가 재정립	▶ 우라늄 원자량의 수정 근거와 수정 후 핵분열 연구에 미친 영향 분석 ▶ 원자량 및 원자가 개념 정립이 화학 결합 이론 형성에 미친 영향 비교 분석 ▶ 텔루륨과 아이오딘의 원자량 역전 현상의 원인을 동위원소 관점에서의 심층 분석
과학 및 산업적 기여	▶ 멘델레예프의 도량형 표준화가 산업·기술 발전에 미친 영향 사례 분석 ▶ '임계 온도' 개념이 현대의 가스 액화 기술 및 냉동 공학에 미친 영향 고찰 ▶ 용질과 용매의 상호작용인 '수화 이론'이 현대 용액 화학에 미친 영향 탐구

주제	원소의 주기적 성질이 현대 화학 반응 해석에 미친 영향 분석
탐구 목표	원소의 주기적 성질이 실제 화학 반응의 경향성과 메커니즘 해석에 활용되는 사례를 분석하여 주기율표가 화학적 예측과 논리적 추론의 핵심 원리임을 이해한다.
선정 이유	현재 화학은 주기율표 중심으로 배우지만, 실제 반응 분석에서 주기적 성질의 활용은 충분히 설명되지 않는다. 반응성 등 다양한 성질은 원소의 위치에 따라 달라지므로 중요한 해석 기준이 된다. 따라서 주기적 성질이 반응 이해에 주는 핵심 원리를 탐구할 필요가 있다. 이를 통해 교과 개념을 실제 문제 해결 능력으로 확장할 수 있다.
서론	주기율표는 원소 성질의 규칙성을 보여 주며 반응 예측과 결합 경향 해석의 핵심 근거가 된다. 하지만 주기적 성질을 단순 암기로 접근하는 경우, 실제 반응을 설명하는 데 필요한 과학적 사고로 연결되지 못한다. 따라서 본 탐구에서는 주기적인 성질이 실제적인 반응에 어떠한 영향을 주는지 사례를 중심으로 분석하고자 한다.
본론	▶ 같은 족에서 주기적 반응성 증가 경향이 산화·환원 반응 예측에 주는 의미 분석 ▶ 원자 반지름과 이온화 에너지의 변화가 생성물의 안정성에 기여하는 정도 분석 ▶ 전기음성도 경향이 공유 결합의 극성 및 반응 메커니즘 해석에 미치는 영향 검토 ▶ 금속과 비금속의 주기적 배열이 산화·환원 경향 예측에 활용되는 과정 분석 ▶ 전이 금속의 부분적 주기성이 촉매 반응 및 배위 화학 해석에 미친 사례 검토
결론	탐구 결과, 주기적 성질은 반응의 방향성과 안정성을 설명하는 핵심 기준으로 작용한다. 전기음성도 및 이온화 에너지 등의 경향은 반응성 예측을 가능하게 한다. 주기율표는 새로운 반응 또는 물질의 특성 해석에도 기본 틀을 제공한다. 따라서 주기율표에서 주기적 성질은 암기가 아닌 해석 도구로 활용되어야 한다고 판단된다.
심화 탐구 주제	▶ 주기율 이상 현상이 반응성 예측에 남기는 오차와 보정 방법 탐구 ▶ 주기적 성질 기반 반응 예측 모델과 현대 계산화학 시뮬레이션 비교 탐구 ▶ 같은 족 원자의 반응 메커니즘이 온도 및 압력 변화에 따라 나타나는 차이 분석
토론 주제	▶ 반응 예측에서 주기율표와 실험 데이터 중 무엇을 우선해야 하는가? ▶ 초중원소에서도 멘델레예프의 주기율 규칙은 예외 없이 적용되는가? ▶ 현대적 관점에서 수소의 위치를 1족과 17족 중 어디에 놓는 것이 더 합리적인가?
교내 후속 활동	▶ 화학 반응의 세계: 주기율표를 활용한 자발적 산화·환원 반응 예측 활동 ▶ 확률과 통계: 원소들의 주기적 성질을 통계적으로 분석하고 시각화하는 활동 ▶ 동아리활동: 원소의 반응성을 색깔로 구분한 3D 입체 주기율표 모형 제작 활동

드미트리 이바노비치 멘델레예프
(Dmitri Ivanovich Mendeleev, 1834~1907)

2. 교과 연계 탐구활동 (통합과학1, 인공지능 기초, 과학의 역사와 문화)

● 통합과학1

성취기준	[10통과1-02-03] 세상을 구성하는 원소들의 성질이 주기성을 나타내는 현상을 통해 자연의 규칙성을 도출하고, 지구와 생명체를 구성하는 주요 원소들이 결합을 형성하는 이유를 해석할 수 있다.
주요내용	멘델레예프의 원자량 순서 배열을 통해 발견한 원소들의 주기적 성질이 현대의 전자 배치 이론과 어떻게 연결되는지 분석하여 규칙성을 도출한다. 비활성 기체의 안정한 전자 배치를 만족하기 위해 지구와 생명체를 구성하는 주요 원소들이 화학 결합을 형성하는 필연적인 이유를 옥텟 규칙으로 해석한다. 해당 성취기준은 주기성을 활용해 물질의 구조와 반응성을 예측하는 과학적 사고를 형성하는 데 도움을 준다.
교과연계 탐구주제	▶ 지각 구성 원소의 분포 비율과 주기율표 성질 경향 간 상관관계 탐구 ▶ 주기율표의 위치에 따른 전기음성도 차이를 이용하여 화학 결합의 종류 예측 ▶ 전기음성도 및 원자 반지름 변화가 생명 분자 구조 안정성에 미치는 영향 고찰

● 인공지능 기초

성취기준	[12인기02-06] 딥러닝을 활용하여 실생활 및 다양한 학문 분야의 문제를 해결하고, 성능을 평가한다.
주요내용	멘델레예프가 원소의 규칙성을 발견해 주기율표를 만든 과정이 AI가 데이터 패턴을 학습하는 방식과 유사함을 탐구한다. 그의 미발견 원소 예측을 딥러닝의 예측 모델과 비교하며 과학 데이터 분석의 공통 원리를 이해한다. 주기율표 기반 데이터를 실제 딥러닝 모델에 적용해 예측 성능을 확인한다. 해당 성취기준은 딥러닝을 활용해 과학 데이터를 분석하고 예측하는 능력을 기르는 데 도움을 준다.
교과연계 탐구주제	▶ 원소 주기적 성질과 신경망 특징 추출 과정의 유사성을 비교 분석 ▶ 화학 반응성 데이터에 대한 딥러닝 기반 회귀 모델 성능 평가 연구 ▶ 주기율표의 패턴을 학습한 AI가 생성한 가상 원소 특성의 타당성 검증

● 과학의 역사와 문화

성취기준	[12과사02-06] 산업혁명 이후 나타난 과학기술이 인류 문명에 미친 긍정적 효과와 부정적 효과에 대해 토론할 수 있다.
주요내용	주기율표 완성이 산업혁명기 화학 산업의 비약적 발전을 이끈 긍정적 요인과, 과학 기술이 국가 간 자원 경쟁 및 제국주의 확장의 도구로 활용된 부정적 측면을 비교 분석한다. 그가 주장한 석유 자원의 고부가가치 활용론과 도량형 표준화가 현대 산업 사회의 효율성과 지속 가능성 논의에 미친 역사적 영향을 고찰한다. 해당 성취기준은 과학기술의 양면성을 균형 있게 이해하고 토론하는 데 도움을 준다.
교과연계 탐구주제	▶ 멘델레예프의 무연 화약 개발 사례를 통해 본 과학자의 사회적 책임 논쟁 ▶ 주기율 예측 기술이 신소재 개발과 군사 기술에 가져온 사회적 파급 효과 탐구 ▶ 주기율표가 19~20세기 산업 구조와 자원 활용 방식에 미친 긍정·부정 영향 분석

3. 독서 연계 탐구활동

● 추천 도서 목록

<table>
<tr><td colspan="2" align="center">추천 도서 목록</td></tr>
<tr>
<td>
▶ 알케미아(최정모, 바다출판사, 2025)
▶ 주기율표 아이러니(김명희, 낮은산, 2025)
▶ 주기율표를 읽는 시간(김병민, 동아시아, 2020)
</td>
<td>
▶ 하루 한 권, 주기율의 세계(사이토 가쓰히로(신해인 역), 드루, 2023)
▶ 세상의 모든 원소 118(시어도어 그레이(꿈꾸는 과학 역), 영림카디널, 2023)
▶ 한 번 읽으면 절대 잊을 수 없는 화학 교과서(사마키 다케오(곽범신 역), 시그마북스, 2023)
</td>
</tr>
</table>

● 독서 연계 탐구 활동

<table>
<tr><td colspan="2" align="center">독서 연계 탐구 활동</td></tr>
<tr>
<td>도서명</td>
<td>하루 한 권, 주기율의 세계(사이토 가쓰히로(신해인 역), 드루, 2023)</td>
</tr>
<tr>
<td>PERIODIC-TABLE
하루 한 권, 주기율의 세계</td>
<td>이 책은 우주를 구성하는 원자와 이를 체계적으로 정리한 주기율표의 원리를 이해하기 쉽게 풀어낸다. 원자의 구조와 오비탈 같은 기초 이론부터 시작해 118개 원소가 가진 고유한 물성과 주기적 성질이 로마 시대의 납 중독이나 현대의 수소 연료 전지 등 역사와 산업에 어떻게 연결되는지 폭넓게 다룬다. 이를 통해 화학적 지식을 입체적으로 습득하고 세상을 바라보는 화학적 시야를 넓히도록 돕는다.</td>
</tr>
<tr>
<td>핵심 키워드</td>
<td>주기율표, 오비탈, 전이 원소, 희토류, 동위원소</td>
</tr>
<tr>
<td>탐구 주제</td>
<td>
▶ 전이 원소 촉매가 산업 및 환경 기술에서 담당하는 역할 분석
▶ 원자 반지름 및 이온화 에너지의 주기성으로 물질의 반응성 예측
▶ 악티늄족과 초우라늄 원소의 핵반응 특성과 에너지 활용 가능성 비교
▶ 주기율표 변화가 희유금속 산업 및 자원 확보 문제에 미치는 영향 탐구
▶ 전자껍질 및 오비탈 구조가 원소의 물리·화학적 성질에 미치는 영향 분석
</td>
</tr>
<tr>
<td>토론 쟁점</td>
<td>
▶ 주기율표 기반의 희유금속 사용 증가가 인류 문명에 반드시 이익이 되는가?
▶ 핵반응과 초우라늄 연구는 과학 발전과 위험성 중 무엇의 영향력이 더 큰가?
▶ 희토류의 매장량 문제를 해결하기 위해 심해저 광물 채굴을 허용해야 하는가?
</td>
</tr>
<tr>
<td>후속 활동</td>
<td>
▶ 화학: 2~3주기 원소의 이온화 에너지를 분석하여 오비탈 배치를 추론하는 활동
▶ 세계사: 로마 제국 수도관의 납이 제국 쇠망에 미친 영향을 조사하는 활동
▶ 세계시민과 지리: 세계 희토류와 희유금속의 매장량 분포 지도를 작성하는 활동
▶ 동아리활동: 희유금속 재사용을 위한 '도시 광산 캠페인'을 기획하는 활동
</td>
</tr>
</table>

● 독서 연계 탐구활동 예시

<table>
<tr>
<td>탐구 주제</td>
<td>주기율표 변화가 희유금속 산업 및 자원 확보 문제에 미치는 영향 탐구</td>
</tr>
<tr>
<td>탐구 자료</td>
<td>
▶ 첨단 산업의 필수 소재와 주기율표상 원소 위치의 상관관계 보고서 자료
▶ 전 세계 희유금속 매장량 분포와 국가별 생산량을 시각화한 지질 통계 자료
▶ 멘델레예프의 주기율표와 현대 주기율표상 희토류 분류 기준을 비교한 문헌 자료
</td>
</tr>
</table>

탐구 개요	서론	현대 산업에서는 전이 원소와 희토류 등 주기율표에서 특정 위치의 원소가 갖는 경제적 가치가 급부상함. 특히 첨단 기술에 필수적인 희유금속의 주기적 특성과 매장량 편중이 자원 안보 문제로 직결되는 현상을 파악하고자 함. 이에 본 탐구는 주기율표상 희유금속의 위치와 물리·화학적 특징을 분석하고, 이것이 글로벌 자원 확보 경쟁에 미치는 영향을 규명하려 함.
	본론	▶ 희유금속의 주기적 성질이 산업적 용도에 미치는 영향 정리하기 ▶ 주요 희유금속의 물성 차이를 비교하여 대체 가능성 분석하기 ▶ 매장량·정제 능력·수출량 자료를 통한 국가별 공급망 위험도 평가하기 ▶ 주기적 성질을 기반으로 한 대체 원소 또는 신소재 개발 사례 조사하기 ▶ 자원 고갈 및 환경 부담을 줄이기 위한 재활용 기술 탐색하기
	결론	주기율표의 특정 구역에 위치한 원소들이 독특한 전자 구조로 인해 현대 기술의 핵심 소재가 됨을 확인함. 그러나 이러한 자원의 편재성은 국가 간 갈등을 유발하므로, 주기적 성질을 이용한 대체 물질 개발과 자원 순환 기술이 필수적임을 깨달음. 따라서 주기율표는 단순한 원소 나열이 아니라, 미래 산업의 패권을 좌우하는 자원으로써의 현대적 의미를 가짐을 도출함.
후속 활동		▶ 화학: 희토류와 화학적 거동이 유사한 원소로 대체 촉매 반응성을 비교하는 활동 ▶ 경제: 희유금속 가격 변동과 공급망 리스크 등 경제적 관점에서 분석하는 활동 ▶ 사회문제 탐구: 자원 수출 통제가 공급망에 미치는 사회적 영향을 분석하는 활동 ▶ 기술·가정: 희유금속 기반 부품의 구조와 대체 소재 설계 방안을 탐색하는 활동 ▶ 진로활동: 희유금속 분야 연구자 및 재료공학자의 직무를 탐색하는 활동

4. NIE 연계 활동

● 신문 읽기 & 연결 사유 찾기

주기율표 15족 원소로 산소 활성 반응 메커니즘 규명(동아사이언스, 2025.06.18.)

이 기사는 연구팀이 값비싼 전이 금속 대신 흔하고 저렴한 15족 주족원소를 활용해 산소 활성화 반응을 성공적으로 제어했다는 연구 성과를 다루고 있다. 연구팀은 각 주족원소의 주기적 특성이 반응성에 미치는 영향을 정량적으로 규명함으로써, 주족원소로도 고성능 촉매를 제작할 수 있음을 입증했다. 이는 주기율표상의 원소 성질이 실제 화학 반응 메커니즘을 결정짓는 핵심 요인임을 보여준다.

'주기율표 제국'의 역습... 中 광물 독점 전략, 신의 한수 됐다(조선일보, 2025.05.18.)

이 기사는 희토류를 포함한 주기율표상 주요 원소 30여 종의 생산과 정제를 독점하며 '주기율표 제국'으로 부상한 중국의 전략적 위상을 조명한다. 첨단 산업과 국방의 필수 소재인 희토류 공급망을 장악한 중국이 이를 패권 경쟁의 강력한 무기로 활용하면서 미국이 겪는 안보적 위기와 그에 따른 대응책을 상세히 분석한다. 결론적으로 기술 패권 시대의 승패가 전략 자원을 누가 확보하느냐에 달려 있음을 시사한다.

새로운 주기율표 등장...'고전리 이온' 시대 열린다(디지털투데이, 2025.05.07.)

이 기사는 막스 플랑크 고체 연구소가 기존 주기율표로는 설명하기 어려운 고전리 이온의 특성을 반영하여, 상대론적 궤도 전자 배치를 기준으로 한 새로운 주기율표를 발표했다는 내용을 다루고 있다. 이를 통해 복잡한 전자 상태를 규명하고 시간 측정 정확도를 최대 10만 배 높일 수 있는 700개 이상의 차세대 원자시계 후보를 발견했음을 소개한다. 결론적으로 정밀 과학 분야의 혁신적인 도구가 될 것임을 시사한다.

▶ 자원 무기화가 지속될 때 기술 패권 경쟁은 어떤 방향으로 재편될까?

▶ 값싼 주족원소 기반 촉매의 개발이 전이 금속 의존 산업 구조를 어떻게 바꾸는가?

▶ 고전리 이온 기반 원자시계가 상용화될 경우 국제 표준시 체계는 어떻게 달라질까?

• 관점의 분석과 비교

주기율표 15족 원소로 산소 활성 반응 메커니즘 규명(동아사이언스, 2025.06.18.)
- 독성 우려가 있는 일부 15족 원소를 친환경 촉매 기술의 소재로 활용하는 것은 타당한가? -

찬성	반대
적절한 안전 관리와 공정 기술을 통해 위험을 통제할 수 있으며, 전이 금속 의존도를 줄여 전체 환경 부담을 낮출 가능성이 있다. 또한 높은 반응 효율과 자원 접근성 덕분에 촉매 성능과 지속 가능성을 향상시키는 대안이 될 수 있다.	독성 원소를 친환경 기술에 쓰는 것은 모순이며, 사용 및 폐기 과정에서 예측하기 어려운 위험이 발생할 수 있다. 대체 소재를 개발하는 상황에서 굳이 위험 요소가 있는 원소를 선택하는 것은 안전성과 윤리성을 충분히 보장하지 못한다.

'주기율표 제국'의 역습... 中 광물 독점 전략, 신의 한수 됐다(조선일보, 2025.05.18.)
- 미래 기술 패권 경쟁의 핵심 승부처는 기술인가, 아니면 자원인가? -

≫ 기술	≫ 자원
기술은 자원의 한계를 극복하고 대체 소재와 새로운 산업을 만들어내는 핵심 동력이다. 같은 자원이라도 기술 수준에 따라 부가가치와 경쟁력이 크게 달라진다. 따라서 미래 패권의 중심은 자원을 활용하는 기술 역량에 있다.	핵심 자원이 없으면 첨단 산업도 유지할 수 없고 기술 개발 자체가 제약된다. 특히 희토류와 전략 자원의 독점은 국가 안보와 산업 전반에 직접적 영향을 미친다. 따라서 미래 패권의 기반은 기술보다 먼저 확보되어야 하는 자원에 있다.

드미트리 이바노비치 멘델레예프
(Dmitri Ivanovich Mendeleev, 1834~1907)

• 사고의 확장

▶ 고전리 이온이 시간 측정의 오차를 줄이는 데 유리한 물리적 이유는 무엇일까?

▶ 14족이나 16족 원소들도 전이 금속을 대체하는 촉매 활성을 나타낼 수 있을까?

▶ 주족원소 촉매가 전이 금속 촉매만큼의 화학적 안정성과 내구성을 유지할 수 있을까?

▶ '페라이트 자석'이나 새로운 신소재를 개발한다면 어떤 원소들이 후보군이 될 수 있을까?

▶ 중희토류가 반도체에서 전자의 이동성이나 발광 효율에 기여하는 양자역학적 원리는 무엇일까?

5. 세특 예시

멘델레예프의 주기율표 원리를 현대 화학 반응 해석에 적용하여 전자 배치와 반응성의 관계를 심도 있게 규명함. 나아가 희유 금속이 첨단 산업과 자원 안보에 미치는 파급력을 분석한 독서 활동을 통해, 실물 경제와 국제 정세의 관점으로 확장하여 해석하는 융합적 사고력을 발휘함. 특히 독성 촉매 활용의 딜레마와 기술 패권 경쟁을 다룬 심화 토론에서, 환경 윤리와 실용주의 사이의 균형 잡힌 시각을 견지하며 자원의 무기화 위기를 타개할 논리적 대안을 제시하는 탁월한 통찰력을 발휘함.

08 라이너스 칼 폴링
(Linus Carl Pauling, 1901~1994)

1. 원자의 춤을 규명하고 인류의 평화를 설계한 이중의 영웅

● 호기심 많은 소년, 침실에 실험실을 차리다

약제사였던 아버지를 일찍 여의고 가난한 유년 시절을 보냈지만, 어린 폴링의 세상은 '화학'을 만나며 풍요로워졌다. 친구의 방에서 본 화학 실험에 매료되어 자신의 침실에 고물 실험 기구를 모아놓고 밤새 원소들의 반응을 관찰했다.

"호기심을 충족시키는 것은 인생에서 행복의 가장 위대한 원천 중 하나다."

대학 시절 교과서의 오류를 지적할 만큼 비상했던 그의 탐구심은 훗날 남들이 보지 못한 원자의 세계를 꿰뚫어 보는 직관력의 원천이 되었다.

● 양자 역학으로 화학의 지도를 다시 그리다

또한 그는 당시 물리학의 전유물이었던 '양자 역학'을 과감하게 화학에 도입하여, 원자들이 어떻게 결합해 분자가 되는지에 대한 미스터리를 수학적으로 풀었다. 혼성 오비탈과 전기 음성도 개념을 정립하여 현대 화학의 뼈대를 세웠으며, 그의 저서 <화학 결합의 본성>은 20세기 화학의 성경이 되었다.

"나는 화학에 대해 아무것도 모르는 사람들이 안타깝다. 그들은 행복의 중요한 원천을 놓치고 있기 때문이다."

직관적인 모형과 이론으로 화학을 '설명 가능한 과학'으로 격상시킨 그는 화학계의 구조적 건축가가 되었다.

● 종이접기로 생명의 나선을 발견하다

폴링의 시선은 무기물을 넘어 생명체의 핵심인 단백질의 구조로 향했다. 복잡한 계산 대신 종이에 원자 모형을 그려 접어가며 단백질의 '알파 나선 구조'를 밝혀냈고, 겸상 적혈구 빈혈증이 '분자 질환'임을 최초로 규명했다.

비록 DNA 구조 발견 경쟁에서는 왓슨과 크릭에게 뒤처졌지만, 생명 현상을 분자 단위에서 해석하려 했던 그의 시도는 분자 생물학이라는 거대한 흐름을 만들었다.

"좋은 아이디어를 얻는 가장 좋은 방법은, 많은 아이디어를 갖는 것이다."

● 실험실을 박차고 나온 과학자의 양심

히로시마와 나가사키의 원폭 투하에 충격을 받은 폴링은 '과학 지식은 인류의 고통을 줄이는 데 쓰여야 한다'며 실험실을 나와 거리로 나섰다. 매카시즘의 광풍 속에서 여권을 압수당하고 '빨갱이'라는 비난을 받으면서도, 그는 전 세계 과학자 1만 1천 명의 서명을 모아 유엔에 제출하며 핵실험 중단을 호소했다. 과학자의 이름으로 침묵하는 대신, 그는 과학자의 책임으로 발언하는 길을 택했다.

폴링은 명예와 연구 기회를 잃을 수 있다는 사실을 알면서도 물러서지 않았다. 그는 감정이 아닌 과학적 데이터로 방사능의 위험성을 증명하며, 진실을 말하는 것이 과학자의 마지막 의무라고 믿었다. 이 선택은 과학이 지식에 머무르지 않고, 인류의 생존을 향한 윤리가 될 수 있음을 보여준 순간이었다.

● 역사상 유일한 단독 2관왕의 위업

1954년 화학 결합을 규명한 공로로 노벨 화학상을 수상한 데 이어, 1962년에는 부분적 핵실험 금지 조약 체결을 이끌어 낸 공로로 노벨 평화상을 수상했다. 이는 퀴리 부인과 함께 유일한 노벨상 2회 수상 기록이자, 역사상 유일하게 공동 수상이 아닌 단독으로 두 부문을 석권한 전무후무한 대기록이다.

"내가 평화상을 받은 것은 평화주의자라서가 아니라, 과학자로서 핵무기의 위험성을 있는 그대로 말했기 때문이다."

위대한 지성이 위대한 양심과 만났을 때 어떤 기적이 일어나는지를 증명한 순간이었다.

● 오늘날로 이어지는 메시지

과학은 중립적인 지식처럼 보이지만, 그 영향은 사회 전체로 확장된다. 연구의 결과가 현실과 분리되기 어려운 시대이다. 폴링은 분자 구조 연구로 과학적 성과를 이루는 동시에, 핵무기와 전쟁에 반대하며 과학자의 사회적 책임을 실천했다. 그에게 과학은 발견으로 끝나는 일이 아니라, 그 결과가 인류에게 어떤 의미를 가지는지까지 고민해야 할 윤리적 선택이었다.

오늘날 학생에게 폴링의 삶은 이렇게 말해준다.

과학적 지식은 능력이 될 수도 있지만, 어떤 선택을 하느냐에 따라 책임이 되기도 한다.

▶ 과학자는 사회에 어떤 책임을 져야 할까?

▶ 지식의 사용 방향은 누가 결정해야 할까?

이는 과학 윤리·시민 의식·과학자의 역할 중심의 세특 탐구주제로 확장될 수 있다.

● 주요 업적

1) 화학 결합의 본성 (The Nature of the Chemical Bond)

화학 결합의 본성은 '전기음성도', '공명 이론', '혼성 궤도 이론'을 모두 아우르는 폴링의 최대 업적이다. 그는 양자 역학을 화학에 도입하여 원자가 어떻게 결합해 분자가 되는지를 통합적으로 설명했으며, 이 내용을 담은 동명의 저서는 20세기 화학의 바이블이 되었다. 복잡한 분자의 구조와 성질을 예측하는 현대 화학의 기초 문법을 완성한 공로로 1954년 노벨 화학상을 수상했다. 오늘날 우리가 배우는 화학 교과서의 결합 이론은 대부분 그에게서 비롯되었다.

2) 단백질 2차 구조 (Protein Secondary Structure)

단백질 분자가 무작위로 얽혀 있는 것이 아니라 특정한 규칙성을 가진 나선형 구조(Alpha Helix)와 병풍 구조(Beta Sheet)를 이룬다는 사실을 밝혀냈다. 복잡한 수학적 계산 대신 종이에 원자 모형을 그려 접어보는 기발하고 직관적인 방식으로 수소 결합에 의한 구조적 안정성을 증명해 냈다. 이 연구는 훗날 왓슨과 크릭이 DNA의 이중 나선 구조를 발견하는 데 결정적인 영감을 제공했다. 이는 생명 현상을 분자 구조 차원에서 이해하는 구조 생물학의 문을 활짝 연 획기적인 발견이다.

3) 분자 질환 (Molecular Disease)

겸상 적혈구 빈혈증이 병원균이 아닌, 헤모글로빈 단백질 분자의 미세한 구조적 결함에서 비롯됨을 최초로 규명하여 '분자 질환'이라는 새로운 의학 패러다임을 열었다. 이는 질병의 원인을 장기나 세포 수준이 아닌 분자와 유전자 차원에서 진단하고 해석한 최초의 사례로, 현대 의학이 분자 의학으로 나아가는 시발점이 되었다. 화학적 지식을 의학 난제 해결에 적용한 대표적인 융합 연구 사례로써 유전적 변이가 단백질 기능 이상을 초래하는 메커니즘을 밝혀 유전학 발전에 크게 기여했다.

4) 반핵 운동 (Anti-nuclear Activism)

히로시마 원폭 투하 이후 핵무기의 파괴력과 방사능 낙진의 위험성을 경고하며, 과학자의 사회적 책임을 다하기 위해 전 세계적인 반핵 평화 운동을 주도했다. 대기 중 핵실험이 인류의 유전자에 미칠 악영향을 과학적 데이터로 산출하여 호소했고, 전 세계 과학자 1만 1천여 명의 서명을 모아 유엔에 제출하는 등 끈질긴 노력을 기울였다. 이러한 활동은 1963년 미국, 영국, 소련이 '부분적 핵실험 금지 조약'을 체결하는 데 결정적인 역할을 했으며, 그 공로로 1962년 노벨 평화상을 수상했다.

폴링은 양자 역학을 화학에 도입하여 혼성 오비탈, 공명, 전기음성도 등 현대 화학의 핵심 개념을 정립하고 <화학 결합의 본성>을 저술하여 20세기 화학의 기틀을 완벽하게 다졌다. 그는 무기물에 국한되었던 시각을 생명체로 확장해 단백질의 알파 나선 구조를 규명하고 겸상 적혈구 빈혈증을 분자 차원에서 해석함으로써 분자 생물학이라는 새로운 지평을 열었다. 이러한 융합적 연구는 DNA 구조 발견에 영감을 주었으며, 통합적 과학의 시대를 연 선구적인 업적으로 평가받는다.

과학적 명성을 바탕으로 그는 핵실험 낙진의 위험성을 과학 데이터로 경고하며 반핵 평화 운동을 주도했고, 그 결실로 부분적 핵실험 금지 조약을 이끌어내 역사상 유일한 노벨상 단독 2관왕의 위업을 달성했다. 복잡한 수식 대신 직관적인 모형으로 현상의 본질을 꿰뚫은 그의 탐구 방식은 오늘날 전 세계 화학 교육의 표준이 되었으며, 지식의 상아탑을 넘어 사회적 책임을 온몸으로 실천한 그의 삶은 현대 과학자들에게 진정한 지성인의 표상으로 깊은 울림을 주고 있다.

● 과학 이론 연계 탐구 주제

화학 결합의 본성	▶ 벤젠의 공명 구조가 분자의 열역학적 안정성과 반응성에 미치는 영향 분석 ▶ 전기음성도 차이에 따른 결합의 이온성 백분율 계산 및 화합물의 성질 예측 ▶ **원자가 결합 이론의 한계점과 이를 보완하는 분자 궤도 함수 이론의 차이점 탐구**
단백질 2차 구조	▶ 단백질의 1차와 2차 구조 형성에서 수소 결합의 위치적 특징 비교 ▶ 머리카락의 주성분인 케라틴의 구조 분석을 통한 파마의 산화·환원 원리 규명 ▶ 아미노산 서열 내 프롤린이 나선 구조 형성을 방해하는 입체 화학적 원인 분석
분자 질환	▶ 소수성 상호작용이 겸상 적혈구의 응집과 혈관 폐쇄에 미치는 기작 연구 ▶ 겸상 적혈구 빈혈증에서 아미노산 치환이 단백질 입체 구조에 미치는 영향 ▶ 전기 영동의 원리를 이용한 정상과 변이 헤모글로빈의 전하 차이 분리 원리 탐구
반핵 운동	▶ 핵실험 낙진에 포함된 Sr-90이 인체 뼈에 축적되는 생물학적 메커니즘 탐구 ▶ 방사선 피폭이 세포 분열과 DNA 염기 서열 변이에 미치는 생물학적 영향 분석 ▶ 현대 사회의 이중 용도 기술 연구자가 지녀야 할 '한스 요나스'적 책임 윤리 제언

주제	원자가 결합 이론의 한계점과 이를 보완하는 분자 궤도 함수 이론의 차이점 탐구
탐구 목표	원자가 결합 이론이 산소의 자성 등을 설명하지 못하는 한계점을 분석하고, 이를 보완하는 분자 궤도 함수 이론과의 비교를 통해 과학 이론의 발전 과정을 이해한다.
선정 이유	화학 결합 이론은 물질의 성질을 이해하는 핵심 개념이지만, 원자가 결합 이론이 모든 현상을 설명하지 못한다는 한계가 있다. 특히 산소 분자의 자기적 성질처럼 설명이 어려운 사례들이 있다. 이에 기존 이론을 보완한 분자 궤도 함수 이론을 탐구하며, 두 이론의 차이를 이해하고자 본 주제를 선정하였다.
서론	화학 결합 이론은 분자의 구조와 성질을 설명하는 중요한 도구이다. 원자가 결합 이론(VBT)은 직관적이지만 모든 분자 현상을 설명하지는 못한다. 이에 대한 대안으로 분자 궤도 함수 이론(MOT)이 제시되었다. 본 탐구에서는 VBT의 성공과 실패 사례를 통해 상호 보완적인 MOT의 필요성을 제기하고자 한다.
본론	▶ VBT의 오비탈 중첩과 혼성 궤도 함수를 이용한 결합 형성 원리 정리 ▶ MOT의 원자 오비탈의 선형 결합과 궤도 함수의 에너지 준위 차이 분석 ▶ 산소 분자의 분자 오비탈 에너지 도표에서 홀전자 존재 여부로 상자성 원인 규명 ▶ 벤젠에서 공명 구조(VBT)와 전자 비편재화(MOT)가 안정성 설명 원리 대조 ▶ 분자의 구조 파악(VBT)과 에너지적 성질 규명(MOT)에 각각 특화된 도구임 평가
결론	VBT는 분자의 모양을 예측하는 데 유리하고 MOT는 자성이나 분광학적 성질을 설명하는 데 필수적이라는 결론을 얻었다. 과학 이론은 절대적인 진리가 아니라 현상을 설명하기 위한 유동적인 모델이며, VBT가 가진 직관성이 여전히 유효함과 동시에 MOT를 통해 정밀함을 더해야 함을 인식하는 계기가 되었다.
심화 탐구 주제	▶ 띠 이론을 바탕으로 한 도체, 반도체, 부도체의 에너지 띠 구조 비교 ▶ 전산 화학 프로그램을 활용한 질소와 산소의 전자 구름 밀도 시뮬레이션 ▶ HOMO-LUMO 에너지 갭 차이를 이용한 다이엔 화합물의 자외선 흡수 파장 예측
토론 주제	▶ 직관적인 설명력이 높은 이론이 항상 더 좋은 과학 이론일까? ▶ 원자가 결합 이론을 고등학교 화학 교육의 중심에 두는 것이 타당한가? ▶ 복잡한 수학을 포함한 이론도 학교 교육에서 적극적으로 다루어야 하는가?
교내 후속 활동	▶ 화학: 분자 궤도 모형을 활용한 다양한 분자의 성질 예측 ▶ 미적분II: 파동 함수와 그래프 해석을 통한 함수의 모델링 활동 ▶ 동아리활동: VBT의 혼성 오비탈 모형과 MOT의 전자 구름 모형 제작 및 비교

라이너스 칼 폴링
(Linus Carl Pauling, 1901~1994)

2. 교과 연계 탐구활동 (물질과 에너지, 세계사, 현대사회와 윤리)

● 물질과 에너지

성취기준	[12물에01-04] 고체를 결정과 비결정으로 구분하고, 결정성 고체를 화학 결합의 종류에 따라 분류할 수 있다.
주요내용	양자 역학적 원리를 도입하여 정립한 원자가 결합 이론과 혼성 오비탈 개념을 중심으로 교과서에 제시된 메테인과 암모니아의 결합각 차이를 심층 분석한다. 특히 폴링이 제안한 전기음성도 척도를 활용하여 결합의 이온성 백분율을 직접 계산해 보고, 순수한 공유 결합과 이온 결합 사이의 연속성을 정량적으로 파악한다. 나아가 벤젠의 공명 구조가 분자의 열역학적 안정성에 미치는 영향을 폴링의 이론으로 해석한다.
교과연계 탐구주제	▶ 혼성 오비탈 이론을 적용한 탄소 화합물의 입체 구조 예측 ▶ 수소 결합의 원리를 이용한 DNA 및 단백질 알파 나선 구조의 안정성 규명 ▶ 전기음성도차이에 따른 공유 결합의 극성과 결합 에너지의 상관관계 분석

● 세계사

성취기준	[12세사04-01] 제1·2차 세계 대전을 인권, 과학 기술 문제와 관련지어 파악한다.
주요내용	제2차 세계 대전 당시 맨해튼 프로젝트에 참여 제안을 거절하고, 전후 냉전 체제 하에서 반핵 평화 운동을 주도한 폴링의 행보를 역사적 맥락에서 조명한다. 히로시마 원폭 투하 이후 전개된 미·소 핵비확산 경쟁과 매카시즘 광풍 속에서 폴링이 겪은 정치적 탄압 과정을 조사한다. 그가 주도하여 1963년 체결된 부분적 핵실험 금지 조약이 냉전 시대의 데탕트와 현대의 핵군축 역사에 미친 외교사적 의의를 평가한다.
교과연계 탐구주제	▶ 냉전 시대의 과학자 동원 체제에 저항한 퍼그워시 회의 및 폴링의 활동 비교 ▶ 아인슈타인-러셀 선언과 폴링의 유엔 청원서가 현대 평화 사상에 남긴 유산 평가 ▶ 매카시즘 시대 미국의 지식인 탄압이 과학 연구와 학문적 교류에 미친 영향 분석

● 현대사회와 윤리

성취기준	[12현윤03-01] 과학기술 연구에 대한 다양한 관점을 조사하여 비교·설명할 수 있으며 이를 과학기술의 사회적 책임 문제에 적용하여 비판 또는 정당화할 수 있다.
주요내용	'과학 지식은 인간의 고통을 줄이는 데 사용되어야 한다'는 폴링의 신념을 바탕으로, 과학자의 사회적 책임 범위에 대해 고찰한다. 자신의 연구 분야가 무기 개발에 악용될 수 있는 '이중 용도'의 딜레마 상황에서 과학자는 침묵해야 하는가, 아니면 적극적으로 사회적 발언을 해야 하는가에 대해 토론한다. 특히 낙진 피해를 과학적으로 입증하여 대중을 설득한 폴링의 사례를 한스 요나스의 책임 윤리 관점에서 분석한다.
교과연계 탐구주제	▶ 과학 기술의 '가치 중립성' 논쟁을 통해 본 폴링의 참여적 과학자 모델 평가 ▶ 핵무기 개발에 참여한 오펜하이머와 비교한 폴링의 윤리적 의사결정 과정 평가 ▶ 한스 요나스의 '공포의 발견술' 개념을 적용한 폴링의 낙진 위험 경고 방식 분석

3. 독서 연계 탐구활동

● 추천 도서 목록

추천 도서 목록
▶ 인류의 운명을 바꾼 화학(하상수, 경희대학교출판문화원, 2022) ▶ 루이스는 왜 노벨상을 못 받았을까?(Patrick Coffey(김창민 역), 자유아카데미, 2025) ▶ 경계를 넘나든 통섭의 과학기술자들(송성수, 자유아카데미, 2025) ▶ 과학이 세상을 바꾼 순간(앨런 라이트먼(박미용, 이성렬, 임경순, 김창규 역), 다산초당, 2025) ▶ 천재들의 과학노트 2: 화학(캐서린 쿨렌(최미화 역), 지브레인, 2023) ▶ 당신에게 노벨상을 수여합니다: 노벨 화학상(노벨 재단(우경자, 이연희 역), 바다출판사, 2024)

● 독서 연계 탐구 활동

<table>
<tr><td colspan="2" align="center">독서 연계 탐구 활동</td></tr>
<tr><td>도서명</td><td>경계를 넘나든 통섭의 과학기술자들(송성수, 자유아카데미, 2025)</td></tr>
<tr><td>경계를 넘나든
통섭의 과학기술자들</td><td>이 책은 폴링이 양자 역학을 화학에 도입하고 이를 다시 생명 과학으로 확장해 나간 통섭의 과정을 상세히 다룬다. 그가 실험실에만 머물지 않고 제2차 세계대전과 냉전이라는 시대적 격랑 속에서 반핵 평화 운동가로 변신하여 두 번의 노벨상을 수상하게 된 드라마틱한 서사를 입체적으로 분석한다. 이를 통해 과학적 탐구와 사회적 실천을 병행한 폴링의 치열한 삶을 폭넓게 이해할 수 있다.</td></tr>
<tr><td>핵심 키워드</td><td>양자화학, 화학 결합, 분자 생물학, 반핵 평화 운동, 비타민 C</td></tr>
<tr><td>탐구 주제</td><td>▶ 비타민 C 고용량 복용설을 둘러싼 과학적 논쟁의 의미 분석
▶ 양자역학을 화학 결합 이론에 적용한 폴링의 통섭적 사고 분석
▶ 화학에서 분자 생물학으로 확장된 폴링 연구의 학문적 영향 분석
▶ 노벨 화학상과 노벨 평화상을 연결하는 폴링의 학문적 특징 탐구
▶ 과학적 연구와 정치적 활동을 병행하며 딜레마를 극복한 폴링의 신념 고찰</td></tr>
<tr><td>토론 쟁점</td><td>▶ 과학자의 정치 참여는 과학적 객관성을 훼손하는가?
▶ 폴링의 비타민 C 연구는 과학적 집착으로 볼 수 있는가?
▶ 통섭적 연구는 단일 전공의 연구보다 우수하다고 평가할 수 있는가?</td></tr>
<tr><td>후속 활동</td><td>▶ 화학: 혼성 오비탈 이론을 적용하여 분자의 입체 구조를 예측하는 활동
▶ 세계사: 냉전 시대 매카시즘이 폴링에 가한 정치적 탄압을 조사하는 활동
▶ 현대사회와 윤리: 과학자의 사회적 책임을 폴링 사례로 토의하는 활동
▶ 진로활동: 학문을 융합하여 혁신을 이룬 통섭형 과학자의 사례를 발굴하는 활동</td></tr>
</table>

● 독서 연계 탐구활동 예시

탐구 주제	화학에서 분자 생물학으로 확장된 폴링 연구의 학문적 영향 분석
탐구 자료	▶ 겸상 적혈구 빈혈증을 분자 수준에서 규명한 폴링의 논문 자료 ▶ '화학 결합의 본성' 등 주요 저술을 다룬 과학사 도서 및 평전 자료 ▶ 단백질의 알파 나선 구조, DNA 이중 나선 구조를 다룬 분자 생물학 개론 자료

탐구 개요	서론	폴링은 양자 역학적 화학 원리를 생명체에 적용하여 분자 생물학의 시대를 연 선구자로 평가받음. 그는 단백질의 구조와 유전병의 원인이 분자 간의 화학 결합에서 비롯됨을 규명하여 생명 현상 해석의 새로운 지평을 엶. 본 탐구는 화학적 지식이 어떻게 생물학적 발견으로 확장되었는지 그 통섭적 연구 과정을 분석하여 융합 과학의 중요성을 고찰하고자 함.
	본론	▶ 화학 결합의 원리가 생체 고분자 해석에 적용된 과정 조사하기 ▶ 종이 모형으로 단백질의 구조를 밝혀낸 창의적 연구 방법 분석하기 ▶ 겸상 적혈구 빈혈증 연구를 통한 '분자 질환'의 개념의 영향력 파악하기 ▶ 폴링의 구조 화학적 접근 방식이 DNA 구조 발견에 미친 영감 탐구하기 ▶ 폴링의 시도가 현대 분자 생물학 태동에 기여한 학문 성과 정리하기
	결론	폴링은 무기물에 국한되었던 화학적 결합 이론을 단백질과 같은 생체 물질로 확장하여 생명의 비밀을 분자 구조 수준에서 풀어냈음을 확인함. 그의 연구는 생물학을 단순히 현상 관찰이 아닌 논리적인 분자 과학으로 탈바꿈시키는 결정적 계기가 되었음을 알게 됨. 이를 통해 학문 간의 경계를 허무는 유연하고 통섭적인 사고가 과학적 혁신의 핵심 동력임을 깨닫게 됨.
후속 활동		▶ 물질과 에너지: 수소 결합으로 단백질의 구조 안정성을 화학적으로 설명하는 활동 ▶ 정치: 과학자의 연구가 사회와 정책에 미친 영향을 사례로 분석하는 활동 ▶ 공통국어: 폴링의 연구 논문 번역본을 읽고 논증 구조를 분석하는 활동 ▶ 영어 독해와 작문: 폴링의 저서 '화학 결합의 본성'의 주요 챕터를 번역하는 활동 ▶ 동아리활동: 간단한 도구를 활용해 분자의 입체 구조 특징을 발표하는 활동

4. NIE 연계 활동

● 신문 읽기 & 연결 사유 찾기

현대화학의 시조, 반핵 운동가 라이너스 폴링(동아사이언스, 2022.04.14.)

이 기사는 양자역학이 20세기 화학을 어떻게 변화시켰는지를 라이너스 폴링의 업적을 중심으로 설명한다. 폴링은 X선 회절과 양자역학을 결합해 화학 결합의 본질을 규명하며 현대 화학의 기초를 확립했다. 특히 혼성 오비탈과 공명 개념을 통해 복잡한 분자 구조를 설명하는 이론적 틀을 제시했다. 또한 그는 과학자로서의 사회적 책임을 자각하고 반핵 운동에 참여해 과학과 윤리의 관계를 보여주었다.

비타민 C에 관한 각종 속설에 관하여(ABC뉴스, 2025.12.09.)

이 기사는 비타민 C의 효과를 둘러싼 다양한 속설과 그 과학적 검증 과정을 다룬다. 폴링이 감기 예방과 암 치료에 비타민 C가 효과가 있다고 주장하며 대중적 인식이 확산된 배경을 설명한다. 이후 여러 임상 연구를 통해 비타민 C의 예방·치료 효과가 제한적이거나 없다는 결과가 반복적으로 제시되었음을 밝힌다. 또한 그 럼에도 비타민 C가 계속 소비되는 이유를 광고, 인식 고착, 플라세보 효과의 관점에서 분석한다.

과학자의 사회적 책임과 사회 참여(서울신문, 2024.12.27.)

이 기사는 라이너스 폴링의 생애를 통해 과학자의 사회적 책임과 사회 참여의 의미를 조명한다. 폴링은 현대 화학의 기초를 확립한 과학자이자 핵무기 반대 운동에 적극 참여한 사회운동가였다. 기사에서는 냉전과 매카시즘 속에서 과학자의 정치적 발언이 어떤 위험과 제약을 받았는지를 보여준다. 또한 기후 위기 대응에 나선 현대 과학자들의 사례를 통해 과학자의 사회적 참여에 대한 쟁점을 제시한다.

• 시사 이슈

▶ 검증되지 않은 의학 정보를 상업적으로 이용하는 것을 어떻게 규제해야 하는가?

▶ 현대의 양자 컴퓨터 기술이 신약 개발이나 소재 화학 분야에 어떤 혁신을 가져올 것인가?

▶ 과학적 사실이 정치적 이념에 의해 왜곡되거나 공격받을 때 과학계는 어떻게 대응해야 하는가?

• 관점의 분석과 비교

비타민 C에 관한 각종 속설에 관하여(ABC뉴스, 2025.12.09.)
- 임상 근거가 부족한 비타민 처방은 환자 심리를 위해 정당화될 수 있는가? -

찬성	반대
임상 근거가 충분하지 않더라도 환자의 불안을 완화하고 치료 의지를 높일 수 있다면 의미 있는 의료 행위가 될 수 있다. 부작용 위험이 낮은 비타민 처방은 의사의 전문적 판단 아래 환자 심리 안정을 위해 제한적으로 정당화될 수 있다.	임상 근거가 부족한 처방은 의학의 과학적 신뢰성을 훼손할 위험이 있다. 환자에게 실제 효과가 없는 치료를 제공하는 것은 알 권리와 자율성을 침해할 수 있다. 의학적 결정은 심리적 효과보다 검증된 근거에 기반해야 한다.

에디슨 vs 테슬라 '전류전쟁', 140년 만에 시작된 리턴 매치(한경비즈니스, 2025.08.28.)
- 현대 사회에서 과학자는 '중립적 연구자'여야 하는가, '실천적 시민'이어야 하는가? -

≫ 중립적 연구자	≫ 실천적 시민
과학의 권위는 객관성에서 나오므로, 정치적 개입을 배제하고 사실 규명에만 집중해야 한다. 사회 문제에 참여하면 연구의 중립성이 훼손되어 대중의 신뢰를 잃을 수 있으므로, 과학자는 검증된 데이터를 제공하는 역할에 충실해야 한다.	과학자는 전문 지식을 바탕으로 사회 문제 해결에 적극적으로 참여할 책임이 있다. 기후 위기나 팬데믹과 같은 문제는 과학자의 침묵 자체가 사회적 위험이 될 수 있다. 연구를 사회적 실천으로 연결할 때 과학은 공익에 기여할 수 있다.

• 사고의 확장

▶ 폴링의 반핵운동은 과학자의 사회 참여 성공 사례로 볼 수 있는가?

▶ 폴링의 비타민 C 연구는 과학적 오류인가, 시대적 한계의 산물인가?

▶ 혼성 오비탈 개념은 기존의 원자가 결합 이론의 한계를 어떻게 보완했는가?

▶ 벤젠 구조를 설명할 때, 케쿨레의 '진동 모델'과 폴링의 '공명 모델'의 차이는 무엇인가?

▶ 한스 요나스의 책임 원칙을 적용 시, 과학자가 취해야 할 예견적 책임의 범위는 어디까지인가?

5. 세특 예시

폴링의 연구를 통해 원자가 결합 이론의 한계와 분자 궤도 함수 이론의 상호 보완성을 규명하고, 화학 원리가 생명 현상 해석으로 확장되는 과정을 분석하여 뛰어난 융합적 사고력을 발휘함. 나아가 비타민 위약 처방과 과학자의 사회적 역할에 대한 토론을 주도하며, 과학적 전문성과 과학 윤리 사이의 딜레마를 깊이 있게 고찰함. 이를 통해 전공을 심화한 지식은 물론 사회적 난제를 다각도로 조망하는 통찰력과 책임감을 겸비한 과학 인재로서의 탁월한 자질을 입증함.

09 레온하르트 오일러
(Leonhard Euler, 1707~1783)

1. 수학·논리·철학을 아우른 범재, 계산과 지식 체계화를 꿈꾸다.

● 바젤의 신동, 유럽 학계를 뒤흔들다

오일러는 어린 시절부터 비범한 수학적 재능을 보였으며, 바젤 대학교에서 수학과 철학을 공부했다. 일찍이 베르누이 가문과의 교류를 통해 실력을 인정받았고, 러시아 아카데미와 프로이센 학술원 등 유럽 학계의 중심에서 활동하며 수학뿐 아니라 물리학, 천문학, 공학 등 다양한 분야의 기초를 닦았다.

● 그래프로 세상을 설명하다

오일러는 쾨니히스베르크의 일곱 다리를 한 번씩만 건너는 경로가 가능한지를 묻는 문제를 수학적으로 정식화하며 '오일러 경로'라는 개념을 정의했다. 그는 이 문제를 통해 각 지점의 '꼭짓점', 연결을 '변'으로 표현함으로써 공간의 구조를 수와 도형이 아닌, 연결과 흐름의 개념으로 바라보는 새로운 접근법을 열었다.

이는 이후 그래프 이론이라는 전혀 새로운 수학 분야로 발전했다. 오일러의 그래프 이론은 단순한 수학적 호기심을 넘어, 현대 사회의 복잡한 관계망과 네트워크를 이해하는 핵심 도구로 자리잡았다. 현재 이 이론은 컴퓨터 알고리즘, 도시 교통망 설계, 물류 경로 최적화, 소셜 네트워크 분석, 전기 회로 설계 등 다양한 분야에서 폭넓게 응용되고 있다.

"오일러가 손대지 않은 수학 분야는 없다." 18세기 수학을 오일러 이전과 이후로 나눌 수 있을 만큼, 그의 영향력은 방대했다. 그는 단순한 이론 정립을 넘어 수학을 실제 문제 해결에 적용하고 확장시킴으로써, 현대 수학의 기초를 완성한 인물로 평가된다.

● 정수론을 현대 수학의 중심으로 끌어올리다

오일러는 페르마의 정리, 소수 분포, 합동식 등 정수론 전반에 걸쳐 방대한 업적을 남겼다. 오일러 함수, 오일러 정리 등은 암호 이론과 정보 보안 체계에서도 여전히 핵심 원리로 작용하며, 정수론이 실용적인 분야로 확장되는 계기를 마련했다.

"무한에 대한 명확한 사고는 오일러로부터 시작되었다." 오일러는 '무한'을 수학적으로 다루는 논리적 기반을 마련하며, 개념적 사유를 정량적 표현으로 정착시켰다. 그의 업적은 수학의 엄밀성과 확장성을 동시에 보여주는 대표 사례로 남아 있다.

● 무한급수와 해석학의 토대를 마련하다

오일러는 무한급수를 활용해 삼각함수, 지수함수, 로그함수의 정리를 증명했고, $e^{ix}=\cos x+i\sin x$라는 오일러 공식으로 해석학과 복소수 이론의 연결고리를 마련했다. 이는 수학의 구조적 아름다움을 상징하는 공식으로, 물리학과 공학의 파동 이론, 양자역학 등에도 중요한 수학적 토대를 제공한다.

특히 오일러는 '끝없이 더해지는 것'이 혼란이 아니라 정확한 규칙을 가질 수 있음을 보여주었다. 무한을 다루는 그의 대담한 사고는, 수학이 감각의 한계를 넘어 논리로 세계를 설명할 수 있다는 확신을 남겼다. 이로써 해석학은 추상적 사유를 넘어, 자연을 해석하는 강력한 언어로 자리 잡게 되었다.

● 눈먼 수학자, 사고를 멈추지 않다

　생애 후반, 오일러는 백내장으로 인해 시력을 거의 잃게 되었지만, 그의 수학적 열정은 오히려 더욱 불타올랐다. 시력을 잃은 후에도 그는 마치 눈이 아닌 '머리로 보는' 사람처럼, 암산과 기억만으로 복잡한 수식과 정리를 자유롭게 다루었다. 심지어 그의 연구 속도는 앞을 볼 수 있던 시절보다 빨라졌다는 일화가 전해진다. 하루에 무려 1편씩 논문을 쓰기도 했다는 그의 집필량은 당시의 어떤 학자도 감히 따라잡기 어려웠다.

　"그는 더 이상 계산하지 않는다. 그러나 하늘에서는 계산을 멈출 이유가 없을지도 모른다." 오랜 동료였던 라그랑주는 오일러의 부고를 듣고 이렇게 말했다고 한다.

● 오늘날로 이어지는 메시지

　눈에 보이지 않는 수식은 현실과 멀게 느껴지기 쉽다. 하지만 세상의 질서는 종종 수학으로 설명된다. 오일러는 수학을 통해 자연과 물리 현상을 체계적으로 설명하려 했다. 그가 정립한 기호와 개념은 오늘날 과학과 공학, 데이터 분석의 공통 언어가 되었다. 오일러에게 수학은 계산 기술이 아니라, 세상을 이해하기 위한 보편적인 사고의 틀이었다.

　오늘날 학생에게 오일러의 삶은 이렇게 말해준다.
복잡한 현상을 단순한 구조로 설명하려는 힘이 문제 해결의 핵심이라는 사실이다.
▶ 나는 문제를 어떤 구조로 바라보고 있는가?
▶ 수학은 현실을 어떻게 설명할 수 있을까?
이는 수학적 모델링·논리적 사고·융합 탐구 중심의 세특 탐구주제로 자연스럽게 확장될 수 있다.

● 주요 업적

1) 그래프 이론의 창시(Graph Theory)

　쾨니히스베르크 다리 문제의 핵심은 모든 다리를 한 번씩만 건너며 돌아오는 길을 찾는 것이었다. 오일러는 이를 점과 선으로 단순화해 분석하며, 복잡한 현실 문제를 수학 구조로 바꾸는 방법을 제시했다. '오일러 경로'와 '오일러 회로'라는 개념을 도입해, 정점과 간선의 개수 조건에 따라 길이 존재하는지를 설명하는 그래프 이론이라는 완전히 새로운 수학 분야를 창시했다. 이 이론은 현재 컴퓨터 알고리즘, 전력망 분석, 도시 교통 설계 등 다양한 영역에서 핵심 개념으로 활용되고 있다.

2) 오일러 공식의 발견(Euler's Formula)

　복소수 계산은 실수와 기하가 분리되어 있다는 점에서 비효율이 컸다. 오일러는 지수함수와 삼각함수의 관계를 바탕으로 $e^{i\theta}=\cos\theta+i\sin\theta$ 라는 공식을 도출했다. 특히 $\theta=\pi$일 때 나타나는 $e^{i\pi}+1=0$은 수학의 핵심 기호 다섯 개를 하나의 수식으로 연결한 가장 아름다운 공식으로 평가된다. 이 공식을 통해 복소평면에서의 회전이나 파동 현상, 회로 해석이 가능해졌고, 수학과 물리학, 공학 전반에서 복소함수의 활용이 폭넓게 확장되었다.

3) 무한급수와 해석학의 발전(Infinite Series & Analysis)

　무한한 합의 계산은 18세기 수학자들에게 가장 어려운 주제 중 하나였다. 오일러는 급수 전개와 수렴 조건을 정교하게 다듬으며, 삼각함수·지수함수·로그함수 등을 무한급수로 표현하는 체계를 세웠다. 특히 바젤 문제인 $\sum_{n=1}^{\infty}\frac{1}{n^2}$의 값이 $\frac{\pi^2}{6}$임을 처음으로 증명하여 이는 수학계에 큰 충격을 주었다. 오일러의 공헌은 해석학을 정식 수학 분야로 정립하는 데 결정적 역할을 했으며, 이후 미분방정식, 정수론, 푸리에 해석 등 수많은 수학 이론의 기반이 되었다.

4) 미적분학의 창시(Calculus)

　미적분은 뉴턴과 라이프니츠에 의해 시작되었지만, 오일러에 의해 본격적으로 정리되었다. 그는 미분과 적분의 개념을 함수 중심으로 체계화하고, 수많은 문제에 적용하며 이를 일반화시켰다. 특히 오일러는 함수, 극한, 연속성 등 미적분의 핵심 개념들을 기호와 정리로 다듬었고, 복잡한 물리 문제와 공학 문제를 미적분으로 설명할 수 있도록 정리했다. 오일러의 정리는 오늘날 학생들이 배우는 미적분 교육의 기초가 되었고, 과학·기술 전반에서 널리 사용되고 있다.

오일러는 수학을 복잡한 자연 현상과 현실 문제에 적용 가능한 보편적 도구로 인식했다. 그는 기하, 대수, 해석, 수론, 정수론, 확률 등 거의 모든 수학 분야에 걸쳐 업적을 남겼으며, 특히 쾨니히스베르크 다리 문제를 해결하는 과정에서 그래프 이론을 창시함으로써 새로운 응용 영역을 열었다. 또한 삼각함수의 주기적 성질, 복소수의 연산 원리, 무한급수의 수렴 조건, 로그 함수의 정의를 명확히 정립하고, 간결한 기호로 표현하는 방식까지 체계화하여 현대 수학 표현의 표준을 정립했다.

오일러 공식과 오일러 정리는 함수 해석, 위상수학, 공학 등 여러 학문 분야에 기초 개념으로 활용되고 있다. $e^{i\pi}+1=0$로 표현되는 오일러 공식은 수학의 가장 아름다운 공식으로 불리며, 지수함수, 복소수, 원주율, 허수 단위, 0과 1이라는 핵심 개념을 하나의 등식으로 통합하는 상징적인 결과로 평가받는다. 그의 기호적 표현 방식과 논리적 전개 방식은 오늘날의 현대 수학은 물론, 컴퓨터 알고리즘, 이산 수학, 물리 모델링 등 수많은 실용적 분야에서도 핵심 원리로 기능하고 있다.

● 수학 이론 연계 탐구 주제

그래프 이론의 수학적 구조	▶ 오일러의 접근 방식이 현대 도시계획 및 물류 최적화에 미친 영향 탐색 ▶ 쾨니히스베르크 다리 문제를 통해 오일러 경로 정의 과정 및 사회적 맥락 분석 ▶ 그래프 이론의 기초 개념과 오일러 회로 조건을 실제 사례에 적용하여 구조 해석
수학 기호 체계의 발전	▶ 복소수, 삼각함수 기호 정착 과정에서 오일러의 기여 분석 ▶ 오일러 공식이 다양한 수학 영역 간 연결 구조에 미친 영향 고찰 ▶ 함수, 지수, 로그 등 오일러가 정리한 수학 기호의 의미와 사용 배경 분석
수학과 과학기술 융합	▶ 과학기술 발전에 있어 수학자의 역할을 오일러 중심으로 조망 ▶ 오일러의 공학 문제 해결 방식이 현대 물리·공학 문제에 응용된 사례 탐구 ▶ 오일러의 수학이 위성 궤도 계산, 광통신 등 실제 기술에 적용된 양상 분석
시각화 기반 수학 탐구	▶ 노드-엣지 구성 원리를 이해하고 다양한 실생활 사례에 적용 ▶ 복잡한 도형 문제를 그래프 구조로 변환하여 해석하는 활동 탐색 ▶ 오일러 그래프를 활용한 관계망 시각화 및 정보 구조 표현 활동 설계

주제	오일러의 수학이 위성 궤도 계산, 광통신 등 실제 기술에 적용된 양상 분석
탐구 목표	오일러가 남긴 미분방정식 등의 수학 이론이 현대 과학기술의 실질적 문제 해결에 어떻게 적용되었는지를 탐구하고, 이로부터 수학의 응용적 가치를 이해한다.
선정 이유	오일러는 수학의 여러 분야를 실생활 문제 해결에 연결시킨 대표적인 인물로, 그의 이론들은 오늘날에도 공학, 정보통신, 물리학 등 다양한 기술 분야에서 널리 활용되고 있다. 본 탐구는 수학 개념의 이론적 유산이 실제 사회에 어떤 영향을 미치고 있는지를 파악하고자 한다.
서론	함수 해석, 미분방정식, 삼각함수, 복소수 등의 기초 이론을 정립하며, 수학을 물리·공학과 접목시키는 토대를 마련하였다. 이러한 수학 기법은 인공위성의 궤도 예측, 레이저 광의 주기 계산, 전송 신호 파형 해석 등 현대 기술에 적용되고 있다. 변화율과 주기성을 수학적으로 다루는 능력은 동역학 시스템의 정밀 제어에 결정적이다.
본론	▶ 오일러의 수학 이론 정리: 미분방정식, 푸리에 급수, 복소수, 삼각함수의 정의 및 특징 정리 ▶ 광통신 기술 적용 분석: 삼각함수 및 복소수를 이용한 파동 표현, 주기 해석과 신호 전송 구조의 원리 파악 ▶ 위성 궤도 계산 적용 사례 조사: 뉴턴 역학 기반 궤도 해석에서 오일러 수치 해법(Euler Method) 활용 방식 분석 ▶ 수학-기술 연계 정리: 오일러의 수학이 물리 법칙과 결합되어 실제 문제를 수치화하고 예측 가능한 모델로 만든 방식 정리
결론	추상 이론에 그치지 않고, 현대 기술 사회의 기초 구조로 자리 잡았다. 특히, 수치해석 기법과 주기적 함수 해석 능력은 위성 궤도 계산과 광신호 전송 등 복잡한 기술 문제를 해결하는 데 필수적인 도구로 작용하였다. 오일러의 수학은 지금도 물리현상 분석, 정밀 측정, 자동화 제어 등 다방면에서 실질적 가치를 발휘하고 있다.
심화 탐구 주제	▶ 오일러 수치 해법 등 고차 수치해석 기법의 정확도 및 계산 효율 비교 ▶ 광통신 시스템에서 사용되는 신호 분석과 복소수 표현의 수학적 원리 탐구 ▶ 인공위성 궤도 예측에 적용되는 편미분방정식의 해석 및 수치적 적용 사례 분석
토론 주제	▶ 수학 고전 이론이 오늘날 첨단 기술에도 여전히 유효한 이유는 무엇일까? ▶ 수학의 이론이 실제 기술에 적용될 때, 어떤 조건에서 정확도가 결정될까? ▶ 실제 기술 문제 해결에서 수학이 과학(공학)보다 핵심적인 역할을 할 수 있을까?
교내 후속 활동	▶ 수학과제 탐구: 오일러 수치 해법을 활용하여 인공위성의 궤도 예측을 시뮬레이션 ▶ 국제 관계의 이해: 위성 개발, 운용을 위한 국제 협력 상관관계 분석 보고서 작성 ▶ 진로활동: 항공우주 관련 직무 인터뷰 영상·자료 탐색 후 직무 역량 분석 정리

레온하르트 오일러 (Leonhard Euler, 1707~1783)

2. 교과 연계 탐구활동(과학탐구실험1, 수학과제 탐구, 사회과제 탐구)

● 과학탐구실험1

성취기준	[10과탐1-01-02] 과학사의 다양한 사례들로부터 과학의 본성을 추론할 수 있다.
주요내용	오일러의 수학적 사고와 계산법은 뉴턴의 운동 법칙과 결합되어 위성 궤도 계산, 광통신, 광학 장비 개발 등 현대 과학기술에 실질적으로 응용되었다. 오일러 수치법을 이용한 물리적 현상의 수치 해석 방법을 통해 이론과 실험 간의 오차를 줄이는 정량적 접근의 중요성을 학습할 수 있다. 단순 이론을 넘어서 실제 과학 현장에서 어떻게 쓰이고 있는지를 확인하며, 수학과 과학의 통합적 관계를 깊이 탐구한다.
교과연계 탐구주제	▶ 수학적 모델링을 통한 과학 현상의 정량적 예측 과정 탐구 ▶ 오일러 수치법을 활용한 물리 현상의 해석과 실험 결과 비교 ▶ 오일러의 수학이 궤도 계산 및 광통신 기술에 어떻게 적용되었는지 사례 분석

● 수학과제 탐구

성취기준	[12수과02-03] 수학 실험을 통해 탐구하는 방법과 절차를 이해하고 설명할 수 있다.
주요내용	오일러는 수학 전 분야에 걸쳐 업적을 남긴 학자로, 특히 문제 해결을 위해 수학 이론을 실제 상황에 적용한 사례가 많다. 오일러 경로 문제는 복잡한 연결 구조를 단순화하여 경로를 찾는 알고리즘의 기초를 제공하며, 이는 물류 동선, 네트워크 연결, 정보 처리 등 다양한 영역에서 응용되고 있다. 이러한 점에서 오일러의 탐구는 수학과제탐구 활동의 모범 사례로 제시될 수 있다.
교과연계 탐구주제	▶ 복잡한 지하철 노선도를 그래프로 환승 최적 경로를 찾는 알고리즘 개발 ▶ 쾨니히스베르크 다리 문제를 응용한 학교 내 동선 최적화 실험 및 경로 해석 ▶ 오일러 회로 조건을 적용하여 쓰레기 수거, 배달 동선 등 현실 문제 해결 설계

● 사회과제 탐구

성취기준	[12사탐04-01] 일상생활에서 경험하는 사회문제 중 하나를 선정하여 해당 문제에 대한 다양한 관점을 비교하고, 이를 바탕으로 문제 해결을 위한 탐구 계획을 수립한다.
주요내용	오일러의 수학은 단순한 학문적 성과를 넘어, 사회적 문제 해결에도 실질적으로 활용되어 왔다. 교통, 통신, 물류, 에너지 효율 등의 문제에 오일러의 그래프 이론과 최적화 개념이 적용되고 있으며, 이는 도시 구조 설계, 인프라 개선 등 사회기반시설 구축에도 영향을 준다. 이러한 맥락에서 오일러의 이론은 과학기술과 사회가 어떻게 연결되는지를 보여주는 사례로 분석될 수 있다.
교과연계 탐구주제	▶ 지역 내 물류비용 절감을 위한 경로 최소화 설계 및 비용 대비 효율성 검증 ▶ 도시 내 쓰레기 수거 차량의 최적 경로 설계에 오일러 회로 적용 가능성 분석 ▶ 교통체증 문제 해결을 위한 교통 흐름 그래프화 및 병목 구간 해소 방안 제안

3. 독서 연계 탐구활동

● 추천 도서 목록

추천 도서 목록
▶ 그래프 이론의 기초(김인경, 교우, 2025) ▶ 수학귀신(한스 마그누스 엔첸스베르거(고영아 역), 비룡소, 2019) ▶ 오일러가 사랑한 수e(엘리 마오(허민 역), 경문사, 2020) ▶ 신의 방정식 오일러 공식(데이비드 스팁(김수환 역), 동아엠엔비, 2020) ▶ 그래프 신경망 입문(주위안 리우(정지수 역), 에이콘, 2022) ▶ 중학교 수학 실력이면 보이는 오일러의 공식(스즈키 칸타로(김희성 역), 성안당, 2021)

● 독서 연계 탐구 활동

독서 연계 탐구 활동	
도서명	그래프 신경망 입문(주위안 리우(정지수 역), 에이콘, 2022)
	이 책은 인간이 만든 가장 단순한 추상 구조인 '그래프'를 기반으로 현대 인공지능이 어떻게 패턴을 학습하는지 설명한다. 오일러가 제시한 쾨니히스베르크 다리 문제에서 출발하여 그래프의 정점과 간선 구조가 복잡한 네트워크 이해의 핵심이 됨을 강조한다. SNS 추천 알고리즘, 교통망 분석, 단백질 네트워크, 금융 시스템 등 다양한 분야에서 그래프 신경망(GNN)이 어떻게 활용되는지를 이해하게 한다.
핵심 키워드	그래프 신경망, 네트워크 분석, 패턴 학습, 딥러닝, 추천 알고리즘
탐구 주제	▶ 생명과학 네트워크를 그래프 구조로 모델링해 의미 분석 ▶ 그래프 이론이 현대 인공지능 모델에 제공한 수학적 기반 탐구 ▶ 교통·도로망 데이터를 활용한 최단경로 탐색 알고리즘 비교 분석 ▶ 복잡계 네트워크에서 군집 탐지의 원리와 그래프 신경망의 차이점 ▶ SNS 추천 시스템이 그래프 구조를 어떻게 학습하는지에 대한 관점 탐구
토론 쟁점	▶ AI가 인간의 관계·취향을 예측하는 것이 어디까지 허용될 수 있는가? ▶ 추천 알고리즘이 사회적 편향이나 정보 편식을 강화하는가, 완화하는가? ▶ 그래프 신경망의 판단 과정이 불투명할 때, 설명 가능성은 필수인가 선택인가?
후속 활동	▶ 공통수학: 그래프의 연결성, 오일러 회로 등을 실제 데이터에 적용해 모델 구축 ▶ 통합과학: 뇌 신경망 데이터를 그래프로 시각화하고 기능적 구조 분석 ▶ 통합사회: SNS 네트워크 그래프 기반 알고리즘이 사회에 미치는 영향 탐구 ▶ 동아리활동: 파이썬 또는 지오메트릭을 활용해 간단한 그래프 분류 실습

● 독서 연계 탐구활동 예시

탐구 주제	교통·도로망 데이터를 활용한 최단경로 탐색 알고리즘 비교 분석
탐구 자료	▶ 최단경로 알고리즘 관련 기본 자료 ▶ 간단한 Python(NetworkX) 또는 앱 기반 최단경로 시각화 도구 ▶ 실제 교통·도로망 데이터(네이버 지도·공공데이터포털 등에서 제공하는 지점·거리)

탐구 개요	서론	도로·교통망은 도시 구조를 이해하는 데 필수적인 요소이며, 복잡한 경로를 효율적으로 찾기 위해 그래프 이론이 활용됨. 정점과 간선으로 구성된 그래프 구조는 오일러가 제시한 다리 문제에서 시작되어 현대의 네트워크 분석 기초가 됨. 본 탐구에서는 실제 교통 데이터를 이용하여 다양한 최단경로 알고리즘의 특징을 비교하고, 알고리즘 선택의 영향을 분석하고자 함.
	본론	▶ 오일러의 그래프 개념(간선, 연결성)을 이용해 교통망을 그래프로 모델링 ▶ Dijkstra 알고리즘의 원리와 계산 과정 분석(가중치에 따른 경로 변화)함. ▶ 동일 데이터로 BFS 기반 탐색 결과와의 차이 비교(구조적 차이 확인)함. ▶ 실제 도로망 데이터를 적용, 두 알고리즘이 제시한 경로의 효율성 비교함. ▶ 교차점 수, 도로 혼잡도 요인이 알고리즘 성능에 미치는 영향을 분석함.
	결론	최단경로 문제는 단순한 계산을 넘어, 실제 도시 구조와 이동 효율성 분석에 직접적인 영향을 준다는 점에서 의미가 있음. 오일러의 그래프 이론은 복잡한 도로망을 수학적으로 단순화하여 이해하는 기반을 제공함. Dijkstra 알고리즘은 가중치가 있는 현실적 상황에서 안정적인 결과를 보였으며, BFS는 가중치가 없을 때 단순 경로 탐색에 적합함을 확인할 수 있음.
후속 활동		▶ 공통국어: '길 찾기' '이동' '도시 구조'를 소재로 한 문학·비문학 서술방식 분석 ▶ 수학과제 탐구: 여러 도시 교통망 데이터 활용, 알고리즘별 경로 변화를 시각화 ▶ 융합과학 탐구: 교통 흐름을 물리 기반 모델(속도·밀도 등)로 단순화, 비교 분석 ▶ 통합사회: 교통 정책이 최단경로 선택에 미치는 영향 분석 보고서 작성 ▶ 자율·자치활동: Python을 활용해 최단경로 계산 프로그램 제작,비교

4. NIE 연계 활동

● 신문 읽기 & 연결 사유 찾기

AI 의료 혁명의 그림자...알고리즘에 묻힌 환자 목소리(동아사이언스, 2025.11.11.)

이 기사는 의료 현장에서 AI 알고리즘이 진단 속도와 정확도를 높이며 효율성을 강화하는 긍정적 측면과 함께, 환자의 개별적인 상황과 정서적 요구를 충분히 반영하지 못한다는 우려를 동시에 제기한다. 의료진이 알고리즘에 과도하게 의존할 경우, 환자와의 신뢰 관계가 약화되고 의료의 본질인 공감적 접근이 부족해질 수 있다는 점을 강조하며 기술 발전의 명과 암을 균형 있게 다루고 있다.

빅데이터로 도시정책 예측... 생활밀착형 맞춤 정책 추진(서울특별시 공식 뉴스, 2025.07.17.)

이 기사는 교통·환경·안전·복지 등 다양한 도시 데이터를 실시간으로 분석하여 시민 생활에 밀접한 정책을 설계하는 서울시의 방식을 소개한다. 특히 도로망 데이터를 그래프 구조로 분석해 교통 흐름을 예측하고, 시간대별 혼잡도를 반영한 최적 경로 안내를 제공하는 기술이 집중 조명된다. 빅데이터 분석이 도시 행정의 투명성과 정책의 정밀도를 향상시키는 수단으로 활용되고 있음을 설명한다.

"AI부터 첨단 암치료기기까지... 환자가 신뢰하는 의료 혁신 열것"(동아일보, 2025.10.29.)

이 기사는 최근 의료계에서 AI 기반 진단 기술과 첨단 치료 장비가 도입되며 환자 신뢰도를 높이고 있다는 관점을 다룬다. 암세포 패턴 분석, 환자 데이터 기반 예후 예측, 정밀 방사선 치료 장비 등 다양한 기술의 발전이 소개되며, 이러한 기술이 의료진의 판단을 보조하여 더 정교한 치료 계획을 세울 수 있도록 돕는다는 점을 강조한다. 기술 발전이 환자 중심 의료의 질을 높이는 방향으로 작동하고 있다고 설명한다.

• 시사 이슈

▶ 의료 AI는 환자의 개별적 맥락과 감정 정보를 충분히 반영할 수 있을까?

▶ 빅데이터 기반 도시 분석은 모든 시민에게 공정하게 작동하고 있다고 볼 수 있을까?

▶ AI 알고리즘의 판단이 강화될 때, 인간적 판단의 역할은 어떤 방향으로 변화해야 할까?

• 관점의 분석과 비교

AI 의료 혁명의 그림자... 알고리즘에 묻힌 환자 목소리(동아사이언스, 2025.11.11)
- 의료의 AI 의존 확대에 대한 입장 토론 -

찬성	반대
AI는 대규모 의료 데이터를 정밀하게 분석하여 인간이 놓치기 쉬운 미세한 패턴까지 파악할 수 있게 해준다. 또한 오류율 감소와 빠른 분석 속도는 환자의 불안감을 줄이고 치료 결정에 대한 신뢰를 높이는 데 기여한다.	AI 알고리즘이 환자의 정서·고통·가정환경 등 비정량적 요소를 충분히 반영하지 못해 인간 중심 의료가 약화될 가능성이 있다. 알고리즘의 결과가 절대적 기준처럼 작동하면, 의료진의 경험적 판단과 환자와의 대화의 맥락이 배제된다.

빅데이터로 도시정책 예측... 생활밀착형 맞춤 정책 추진(서울특별시 공식 뉴스, 2025.07.17)
- 빅데이터 기반 도시정책은 해석 관점에 대한 논의 -

≫ 도시 행정·공공성 강화 관점	≫ 데이터 윤리·사회적 형평성 관점
교통 흐름, 환경 변화, 안전 위험 등을 실시간으로 파악해 정책에 반영함으로써 행정의 효율성과 투명성을 높일 수 있다. 도로망을 그래프 구조로 분석해 혼잡을 완화하거나, 특정 지역의 생활 패턴을 기반으로 맞춤형 복지 서비스를 제공한다.	도시 데이터는 주로 디지털 접근성이 높은 집단 혹은 특정 지역에서 집중적으로 수집되기 때문에, 데이터 편향이 발생하면 정책 자체가 왜곡될 수 있다. 또한 실시간 위치 정보, 이동 경로, 소비 기록 등 시민의 프라이버시가 침해된다.

• 사고의 확장

▶ '데이터 편향'은 오일러의 그래프적 사고로 보면 어떤 구조적 문제로 해석될 수 있는가?

▶ 도시 빅데이터 분석이 시민의 생활 패턴을 대표한다고 보기 위한 수학적 기준은 무엇인가?

▶ 빅데이터 정책이 특정 지역만 과도하게 반영되는 문제를 그래프의 가중치로 설명할 수 있는가?

▶ 의료 AI가 환자의 비정량적 정보를 반영하기 위해 데이터 연결 방식을 어떻게 조정해야 하는가?

▶ 환자의 상태를 '관계·맥락의 연결망'으로 해석한다면 알고리즘의 판단은 어떻게 달라질 수 있는가?

5. 세특 예시

　　의료 AI와 도시 빅데이터 기사 두 편을 바탕으로 알고리즘의 구조적 한계를 분석하고, 이를 독서 활동에서 학습한 오일러 그래프 이론과 연계해 탐구함. 의료 자료와 도시 데이터를 그래프 구조로 단순화해 비교하면서, 연결성·가중치·편향 등 수학적 요소가 공공 의사결정에 미치는 영향을 파악함.정보·수학·사회 교과 내용을 활용해 알고리즘의 효율성과 공공성 사이의 균형을 논의하며, 기술 활용의 조건을 비판적으로 제시하는 통찰력 있는 시각과 세밀한 탐구 태도가 돋보임.

10 로버트 보일
(Robert Boyle, 1627~1691)

1. "나는 의심한다. 고로 실험한다" 근대 화학의 설계자

• 아일랜드의 귀족 집안에서 태어난 소년 과학자

보일은 1627년 아일랜드 리즈모어 성에서 부유한 귀족 가문에서 태어나 유복한 환경에서 성장했다. 8살에 어머니를 잃은 뒤, 아버지는 그를 영국의 명문 이튼 칼리지로 보내 학문적 기반을 다지게 했다. 어린 보일은 라틴어, 수학, 고전 문학을 배우며 호기심 많은 학생으로 알려졌다. 주변 사람들은 이미 이때부터 보일이 과학과 철학에 남다른 관심을 보였다고 기록했다. 이 시기의 경험은 이후 그의 과학적 탐구심을 키우는 중요한 밑거름이 되었다.

• 갈릴레이를 만나고, 과학적 세계관이 열리다

이튼에서 3년을 보낸 보일은 안락한 삶에 안주하지 않고 유럽 전역을 여행하는 '그랜드 투어'를 떠나 당대 최고의 지성들을 만났다. 제네바 등 여러 도시에서 자연철학을 접하며 폭넓은 세계관을 형성했다. 특히 이탈리아 피렌체에서 노년의 갈릴레오 갈릴레이의 연구를 접하며 깊은 감명을 받았는데, 이는 그가 평생 권위가 아닌 '실험'과 '수학'을 중시하는 과학적 태도를 갖게 된 결정적인 계기가 되었다.

"진리에 도달하기 위해서라면, 나는 기꺼이 바보가 될 준비가 되어 있다." 그는 귀족의 사치 대신 진리를 탐구하는 고독한 길을 선택했다.

• 보이지 않는 대학교

1644년 과학에 대한 열정으로 가득 차 잉글랜드로 돌아온 보일은 지적 네트워크 활동을 본격적으로 시작했다. 그는 과학 혁신을 꿈꾸던 연구자 모임인 '보이지 않는 대학교(Invisible College)'의 핵심 구성원으로 알려졌다. 이들은 정기적으로 런던과 옥스퍼드에 모여 실험, 토론, 과학적 방법론을 연구했다. 이 모임은 훗날 영국왕립학회(Royal Society)의 전신이 될 만큼 영향력이 컸다.

"권위에 호소하지 말고, 오직 자연에게 직접 물어보라(실험하라)." 보일은 보이지 않는 대학교에서 과학을 '관찰과 실험으로 검증하는 학문'으로 규정하는 시각을 정립했다.

• 공기 펌프 개발과 '보일 기계'의 탄생

보일은 '보이지 않는 대학'에서 과학 모임을 주도하며 본격적인 연구를 시작할 무렵, 오토 폰 게리케의 공기 펌프 연구를 읽고 큰 자극을 받았다. 이때 그는 훗날 '세포'를 발견하게 되는 천재 과학자 로버트 훅을 조수로 고용했는데, 이 둘은 과학사 최고의 콤비였다. 훅의 기계적 재능을 빌려 당시로서는 최첨단 장비인 공기 펌프를 제작했는데, 이 장치는 '보일 기계'로 불렸다. 그는 이 기계를 활용해 공기의 압력, 진공, 소리의 전달 등 다양한 실험을 수행했다. 그리하여 진공 상태에서도 소리는 들리지 않지만 빛은 통과한다는 사실 등을 밝혀냈다.

"실험 없는 이론은 공허하며, 이론 없는 실험은 맹목적이다." 이는 눈에 보이지 않는 공기의 물리적 성질을 증명한 혁신적인 실험이었다.

● '보일 법칙'을 발표하며 근대 화학의 문을 열다

1660년 보일은 '새로운 물리-물질 실험'을 통해 기체의 압력과 부피 관계를 정량적으로 서술했다. 이 연구는 오늘날 '보일의 법칙'으로 불리며 기체 상태 방정식의 기초가 되었다. 보일은 단순한 추론이 아니라 반복된 실험 데이터로 법칙을 제시해 과학의 새로운 기준을 세웠다. 그의 연구 방식은 화학을 경험적·정량적 학문으로 변화시키는 데 핵심적인 역할을 했다. 이 발표를 통해 보일은 당대 최고의 과학자로 자리매김했고, 이후 근대 화학의 출발점으로 평가된다.

"우주라는 거대한 기계 속에서, 우연히 일어나는 일은 아무것도 없다." 보이지 않는 기체 입자들의 행동을 예측하게 한 이 발견은 근대 과학의 정수라는 평가를 받는다.

● 오늘날로 이어지는 메시지

과학이 아직 권위와 전통에 의존하던 시대, 보일은 실험과 증거를 기준으로 진리를 판단하려 했다. 확신보다 검증이 우선되어야 했다. 보일은 기체의 성질을 실험으로 설명하며 자연 현상을 정량적으로 이해하는 길을 열었다. 그는 자신의 이론이 틀릴 가능성도 인정하며, 끝까지 검증하려는 태도를 유지했다. 보일에게 과학은 완성된 답이 아니라, 계속 수정되는 검증의 과정이었다.

오늘날 학생에게 보일의 삶은 이렇게 말해준다. 틀릴 수 있음을 인정하는 용기가 과학적 사고의 출발점이라는 사실이다.

▶ 나는 가설을 어떻게 검증하고 있는가?

▶ 실험은 나의 생각을 어떻게 바꾸는가?

이는 실험 설계·자료 해석·과학적 태도 중심의 세특 탐구주제로 자연스럽게 확장될 수 있다.

● 주요 업적

1) 보일 법칙 (Boyle's Law)

보일은 끝이 막힌 J자 모양의 유리관에 수은을 부어, 기체에 가해지는 압력이 2배가 되면 부피는 1/2로 줄어든다는 사실을 발견했다. 즉, 기체에 작용하는 압력과 기체의 부피가 반비례한다는 사실을 밝혀냈다. 이것이 바로 우리가 배우는 PV=k(기체의 압력과 부피는 반비례한다, 기체의 압력과 부피의 곱은 일정하다), 즉 '보일의 법칙'이다. 이 연구는 기체 상태를 수학적으로 다룰 수 있게 한 첫 시도이자 오늘날 기체 법칙의 기초가 되었고, 과학에서 정량적 분석의 중요성을 보여준다.

2) 진공 실험 (Vacuum Experiments)

그는 '권위에 의존하지 말고, 직접 자연에게 물어보라'고 강조했다. 특히 공기 펌프를 만들어 진공이 실제로 존재함을 실험으로 입증했다. 소리가 전달되지 않거나, 동물 호흡이 어려운 사실 등을 통해 공기가 물리적으로 중요한 매질임을 설명했다. 이는 고대의 '자연은 진공을 싫어한다'는 아리스토텔레스의 관념을 과학적으로 넘어선 사건이었다. 이를 통해 단순히 사색하던 과거의 과학에서 벗어나, 가설을 세우고 도구를 사용해 실험으로 검증하는 현대적인 과학 연구 방법을 확립했다.

3) 회의적인 화학자 (The Sceptical Chymist)

이 책은 1661년에 출판된 책으로, 연금술의 시대를 끝내고 근대 화학의 시작을 알린 기념비적인 저서이다. 그는 이 책에서 "불로 태워보거나 실험을 해보면, 모든 물질이 꼭 물, 불, 흙, 공기로 나뉘는 것은 아니다"라며 아리스토텔레스의 권위에 정면으로 도전했다. 그리고 원소를 추상적인 성질(차가움, 뜨거움 등)이 아니라 물질적인 개념으로 정의했다. 또한 그는 화학이 의학의 시녀나 금을 만드는 마술이 아니라, 물질의 본질을 탐구하는 독립적인 학문이 되어야 한다고 주장했다.

4) 입자 철학 (Corpuscular Theory)

그는 물질이 연속적인 덩어리가 아니라, 더 쪼개질 수 있는 미세한 '입자'로 이루어져 있다고 주장했다. 또한 그는 화학적 변화가 물질의 본성이 바뀌는 마술 같은 일이 아니라, 이 입자들의 배열과 움직임이 바뀌는 물리적 과정이라고 설명했다. 비록 당시에는 입자를 직접 볼 수 없었지만, 그의 입자 철학은 훗날 돌턴의 '원자설'로 이어지는 현대 물질관의 기초가 되었다. 이후 원자론 발전과 현대 분자 및 입자 모델 형성에 결정적 영향을 주었다.

● 과학적 성과와 영향

보일은 기체의 압력과 부피 관계를 정량적으로 밝힌 보일의 법칙으로 근대 물리화학의 기초를 세웠다. 그는 공기 펌프를 개발해 진공 상태에서의 실험을 수행하며 공기의 물리적 성질을 과학적으로 입증했다. 그리고 <회의적인 화학자>를 통해 아리스토텔레스의 4원소설과 연금술적 관념을 비판하며 실험과 증거 중심의 화학을 정립했다. 또한 물질이 작은 입자로 이루어졌다는 개념을 제시하며 입자론적 물질관을 과학적 논의의 장으로 이끌었다. 이는 그가 근대 화학의 선구자임을 보여준다.

그의 연구는 이후 과학자들에게 정량적 실험과 반복 검증의 중요성을 각인시켰다. 기체 실험은 후대 실험 도구 개발과 물리학 연구 방법에 큰 영향을 미쳤으며, 화학에서는 실험적 접근을 기반으로 한 현대 원소 개념과 분자 연구의 토대를 마련했다. 그의 철저한 실험 정신과 과학적 사고 방식은 오늘날 과학 교육과 연구 윤리에도 그대로 이어지고 있다. 결국 그의 업적은 근대 과학이 단순한 지식의 축적이 아니라 관찰과 검증을 통한 체계적 이해로 나아가게 한 결정적 전환점이었다.

● 과학 이론 연계 탐구 주제

보일 법칙	▶ 혼합 기체의 압력과 부피의 상호작용 비교 실험 ▶ 온도에 따른 기체의 압력과 부피의 관계 분석을 통한 보일 법칙 한계 탐구 ▶ 실제 기체에 보일 법칙 적용 시 오차의 원인 분석 및 실제 기체의 성질 탐구
진공 실험	▶ 진공 환경이 식물의 생리적 변화에 미치는 영향 탐구 ▶ 기압 감소가 액체의 끓는점과 음식 조리에 미치는 영향 분석 ▶ 간이 진공 펌프의 압력 감소 속도에 따른 공기 분자 수 변화 분석 실험
회의적 화학자	▶ <회의적인 화학자> 속 '대화법'을 통한 과학적 토론 문화 분석 ▶ 유사 과학 판별을 위한 '21세기 회의적 화학자' 가이드라인 제작 탐구 ▶ 보일의 '원소' 정의가 연금술에서 화학으로의 패러다임 전환에 미친 영향 분석
입자 철학	▶ 기체의 종류 및 질량에 따른 확산 속도 모델링 연구 ▶ 입자 모형을 이용한 물질의 세 가지 상태와 상평형 그림 분석 ▶ 그레이엄의 확산 속도 법칙 실험을 통한 입자 운동의 시각적 증명 탐구

주제	온도에 따른 기체의 압력과 부피의 관계 분석을 통한 보일 법칙 한계 탐구
탐구 목표	온도 변화에 따라 기체의 압력과 부피 데이터를 측정하여 보일 법칙이 성립하는지 검증하고, 보일 법칙을 실제 기체에 적용할 때의 한계를 규명한다.
선정 이유	보일 법칙은 이상 기체를 가정하지만, 실제 우리가 다루는 기체는 분자 간 인력과 부피가 존재한다. 특히 온도가 낮아지면 기체 분자의 운동 에너지가 줄어들어 이러한 상호작용이 커질 것이라 예상된다. 따라서 온도가 변할 때 보일 법칙의 오차를 측정하여, '법칙'이 통용되는 범위와 한계를 탐구하고자 본 탐구 주제를 선정했다.
서론	실제 기체는 분자 자체의 부피와 분자 간 인력이 존재한다. 반데르발스 상태 방정식에 따르면, 고압이나 저온 조건에서는 이상 기체 상태 방정식과 실제 기체 사이에 편차가 발생한다. 본 탐구에서는 온도에 따른 기체의 압력과 부피의 관계 데이터를 수집하고, 이론값과의 괴리를 분석함으로써 실제 기체의 특성을 파악하고자 한다.
본론	▶ 실린더와 피스톤, 압력 센서, 온도 조절 장치를 활용한 실험 장치 구성 ▶ 서로 다른 온도에서 기체 압력과 부피 측정 및 기록 ▶ 측정 데이터를 그래프로 표현하여 압력-부피 관계의 변화 패턴 확인 ▶ 온도 변화에 따른 이상 기체와 실제 기체 사이의 데이터 편차 분석 ▶ 기체 분자 간 상호작용 및 운동 에너지 증가 등의 오차의 원인 분석
결론	상온에서는 보일 법칙이 성립하였으나, 저온 조건에서는 압력이 높아질수록 압력과 부피의 곱이 일정하지 않고 편차가 커지는 현상이 확인되었다. 온도가 낮아져 분자 운동이 둔해지면서 분자 간 인력이 무시할 수 없을 만큼 작용했기 때문이다. 따라서 보일 법칙은 고온·저압에서는 유효하지만, 저온·고압에서는 한계가 있음을 확인했다.
심화 탐구 주제	▶ 기체 분자의 극성 유무에 따른 보일 법칙의 편차 비교 분석 ▶ 기체의 액화 현상과 연계한 줄-톰슨 효과와 냉각 원리 탐구 ▶ 반데르발스 상태 방정식을 이용한 실제 기체의 압축 인자 변화와 임계점 분석
토론 주제	▶ 보일 법칙의 한계를 실생활에서 극복하려는 시도는 필요한가? ▶ 실제 기체 설명을 위해 이상 기체 모델을 먼저 배우는 것은 교육적으로 타당한가? ▶ 과학 법칙은 언제나 절대적인 진리인가, 아니면 특정 조건에서만 유효한 근사인가?
교내 후속 활동	▶ 물질과 에너지: 이상 기체 상태 방정식으로부터 반데르발스 방정식 유도 활동 ▶ 역학과 에너지: 기체가 하는 일과 내부 에너지의 변화 관계 탐구 활동 ▶ 자율·자치활동: 기체 폭발 사고 예방 안전 수칙 포스터 제작 활동

로버트 보일(Robert Boyle, 1627~1691)

2. 교과 연계 탐구활동(물질과 에너지, 미적분Ⅰ, 기술·가정)

● 물질과 에너지

성취기준	[12물에01-01] 기체의 온도, 압력, 부피, 몰수 사이의 관계를 통합적으로 이해하고, 이상 기체 방정식을 근사적으로 활용하는 사례를 조사하여 화학의 유용함을 인식할 수 있다.
주요내용	보일 법칙은 기체의 압력과 부피가 반비례한다는 관계를 제시하며, 온도 및 몰수와 함께 기체 상태를 통합적으로 이해하는 기초가 된다. 이 법칙은 이상 기체 방정식의 부분적 형태로, 기체가 실제 환경에서 얼마나 '이상적'으로 움직이는지 판단하는 척도로 활용된다. 학생들은 보일 법칙을 다양한 온도와 몰수 조건에 적용해 보면서 실제 기체와 이상 기체의 차이를 체계적으로 비교할 수 있다.
교과연계 탐구주제	▶ 온도 변화에 따라 실제 기체가 이상 기체에서 벗어나는 정도 분석 ▶ 실험 데이터를 이용한 이상 기체 방정식의 재구성 및 오차 원인 분석 ▶ 실제 공기 중에서 증기 압력이 보일 법칙의 적용에 미치는 영향 분석

● 미적분Ⅰ

성취기준	[12미적I-02-08] 함수의 그래프의 개형을 그릴 수 있다.
주요내용	보일 법칙은 압력과 부피가 반비례하기 때문에, $PV=k$ 형태의 반비례 함수를 이해하는 것은 미적분의 그래프 해석과 연결된다. 미분을 이용하여 그래프가 급격히 감소하거나 완만해지는지 변화율을 정량적으로 파악할 수 있다. 특히 이상 기체 방정식에서 일정 온도 조건에서 보일 법칙의 그래프가 하나의 반비례 곡선으로 나타남을 확인할 수 있다. 이는 미적분의 실용성과 과학적 모델링의 중요성을 이해하는 데 도움된다.
교과연계 탐구주제	▶ 기체의 부피가 극한일 때의 보일 그래프의 이론적 탐구 ▶ 실험 데이터 기반 PV 그래프의 개형 도출 및 이론과 실제의 차이 분석 ▶ 보일 법칙 그래프의 변화율 분석을 통한 압력 감소 속도의 기하학적 의미 탐구

● 기술·가정

성취기준	[12기가04-02] 공학의 개념을 정의하고 공학의 설계 과정을 이해하며, 공학의 혁신 사례를 조사하여 공학의 가치를 인식한다.
주요내용	보일 법칙은 기체의 압력과 부피가 반비례한다는 과학 원리를 제시하며, 이를 실험 장치 설계에 적용할 수 있다. 학생들은 진공 펌프, 실린더, 피스톤 등 간이 장치를 설계하고 제작하면서 공학적 설계 과정을 경험한다. 제작 과정에서 발생하는 문제를 해결하고 장치 성능을 개선하면서 공학적 사고와 혁신적 접근을 배운다. 이에 공학 설계가 과학적 원리 이해와 실생활 문제 해결에 활용되는 가치를 인식하게 된다.
교과연계 탐구주제	▶ 보일 법칙을 이용한 자가 팽창 구명조끼의 설계 탐구 ▶ 기체의 압력에 따른 부피 변화를 이용한 간이 기계 제작 탐구 ▶ 보일 법칙을 시각화할 수 있는 디지털 진공 펌프 제작 및 효율성 검증

3. 독서 연계 탐구활동

● 추천 도서 목록

추천 도서 목록
▶ 알케미아(최정모, 바다출판사, 2025) ▶ 세계사를 바꾼 화학 이야기(오미야 오사무(김정환 역), 사람과나무사이, 2022)   ▶ 화학의 역사(윌리엄 H. 브록(김병민 역), 교유서가, 2023) ▶ 혼자 몰래 보는 화학 노트(라파엘라 크레셴치, 로베르토 빈첸치(황지영 역), 북스힐, 2022)   ▶ 꼭 알아야 할 인물로 보는 화학이야기(이길상, 전파과학사, 2025) ▶ 화학의 기본 6가지 법칙: 기초, 실험, 응용(다케우치 요시토(박택규 역), 전파과학사, 2024)

● 독서 연계 탐구 활동

로버트 보일(Robert Boyle, 1627~1691)

독서 연계 탐구 활동	
도서명	꼭 알아야 할 인물로 보는 화학이야기(이길상, 전파과학사, 2025)
	이 책은 화학사를 대표하는 인물들의 생애와 업적을 쉽고 흥미롭게 소개한다. 특히 로버트 보일 편에서는 그의 과학적 실험과 사상을 통해 근대 화학이 어떻게 형성되었는지를 보여준다. 보일의 법칙, 입자 가설, 회의적인 화학자 등 핵심 연구를 중심으로 과학적 사고 과정과 실험 방법을 체험할 수 있다. 독자는 이를 통해 과학적 원리와 방법론, 그리고 화학의 실용적 가치를 이해할 수 있다.
핵심 키워드	보일 법칙, 입자 가설, 회의적인 화학자, 진공 펌프, 근대 화학
탐구 주제	▶ 보일의 입자설과 현대 분자동역학의 연결 고리 탐구 ▶ 보일-후크 공기 펌프 재현 실험을 통한 진공 생성 원리 및 한계 분석 ▶ <회의적인 화학자> 속 원소 개념을 현대 주기율표 관점에서의 재해석 ▶ 보일의 귀납-연역적 탐구 방식이 현대 과학 방법론에 미친 영향 비교 연구 ▶ 보일의 지시약, 염화 은, 인 연구를 통해 본 근대 분석화학의 출현 과정 연구
토론 쟁점	▶ 보일의 입자설은 당시 기준에서 과학적이라고 볼 수 있는가? ▶ 보일 법칙은 오늘날에도 '기체의 기본 법칙'으로써 충분히 타당한가? ▶ <회의적인 화학자>는 연금술을 과학으로 전환시키는 데 핵심적 역할을 했는가?
후속 활동	▶ 기술·가정: 진공 펌프 원리를 모사한 간단한 실험 장치 제작 활동 ▶ 물리: 압력·부피 관계를 그래프로 분석하여 이상 기체 모델 비교 활동 ▶ 과학의 역사와 문화: 보일의 활동 시기인 근대 과학의 형성 과정 분석 활동 ▶ 진로활동: 분석화학 기술이 활용되는 직업군 조사 및 진로 로드맵을 설계 활동

● 독서 연계 탐구활동 예시

탐구 주제	보일의 입자설과 현대 분자동역학의 연결 고리 탐구
탐구 자료	▶ 기체 분자 운동론 및 분자 동역학 이론의 해설 자료 ▶ 로버트 보일의 저서인 <회의적인 화학자> 관련 참고 자료 ▶ 분자 충돌, 압력 변화 등 시각화할 수 있는 기초 시뮬레이션도구 또는 공개 데이터

탐구 개요	서론	보일은 물질을 미세한 입자들의 운동으로 설명하는 입자설을 발전시킴. 이 입자적 관점은 이후 기체 분자 운동론과 통계역학의 토대를 제공하였고, 현대 분자동역학 시뮬레이션으로 확장됨. 본 탐구는 보일의 역사적 입자설이 현대 계산과학에서 어떻게 계승 및 발전되었는지 과학사적·이론적 관점에서 확인함. 또한 고전 실험과 현대 시뮬레이션 결과를 비교하고자 함.
	본론	▶ 보일의 입자설을 분석하여 보일 법칙과의 관련성 정리하기 ▶ 현대 기체 분자 운동론을 정리하여 보일의 입자설과의 연속성 탐구하기 ▶ 분자동역학 기본 원리를 바탕으로, 입자의 실제 운동 추적 기술 조사하기 ▶ 가상 실험을 통해 압력에 따른 기체의 부피 변화 실험 수행하기 ▶ 과거의 보일 진공 펌프 실험과 현재의 시뮬레이션 모델 비교 분석하기
	결론	본 탐구를 통해 보일이 제시한 입자적 사고는 현대 분자동역학의 핵심적 사상과 연결됨을 확인함. 특히 보일 법칙에서 출발한 기체 거동 설명이 분자동역학에서 정량적 계산 모델로 발전한 과정은 과학 개념의 누적적 성장성을 보여줌. 가상 시뮬레이션 실험은 보일의 고전 실험과 정합적인 결과를 나타내며, 입자적 모델의 현대적 타당성을 뒷받침함.
후속 활동		▶ 물질과 에너지: 기체 분자 운동론을 심화한 학습 활동 ▶ 역학과 에너지: 뉴턴 역학 기반의 분자동역학 모형을 분석하는 활동 ▶ 정보: 간단한 분자 동역학 알고리즘으로 시뮬레이션을 구현하는 활동 ▶ 대수: 로그함수와 이상 기체 관계식을 활용하여 수학적으로 모델링하는 활동 ▶ 동아리활동: 간단한 기체 압력 측정 장치 제작 및 효율성을 검증하는 활동

4. NIE 연계 활동

● 신문 읽기 & 연결 사유 찾기

압력 작아지면 기체 부피 커지는 '보일의 법칙' 작동(한국경제, 2023.04.10.)

이 기사는 팝콘이 터지는 과정을 통해 기체의 압력이 줄어들면 부피가 커진다는 보일의 법칙을 쉽게 설명한다. 옥수수 알 내부 수증기 압력 변화가 보일의 J자관 실험 결과와 동일한 원리임을 보여주며, 비행기 기내 압력 변화나 과자 봉지 팽창 등 일상 속 사례와도 연결된다. 이를 통해 보일의 법칙이 단순한 기체 이론을 넘어 생활 전반에서 작동하는 핵심적인 과학 원리임을 강조한다.

기체화학과 플로기스톤(동아사이언스, 2020.03.19.)

이 기사는 연금술에서 근대 화학으로 나아가는 과정에서 로버트 보일의 역할을 조명한다. 보일은 '회의적인 화학자'를 통해 연금술과 결별하고 원소 개념을 정립했으며, 기체 부피와 압력의 관계를 설명하는 보일의 법칙을 발견했다. 그는 공기 펌프를 제작하고 실험을 수행하며 정량적 화학 연구의 기초를 마련했다. 또한 플로지스톤 이론이 지배하던 시대에 기체 연구와 화학 실험 기술의 발전을 촉진하는 계기가 되었다.

스타 과학자의 장례식과 과학의 진보(동아사이언스, 2021.04.08.)

이 기사는 과학 이론과 연구가 어떻게 진보하는지, 그리고 과학자 사회의 구조적 영향력을 분석한다. 특히 로버트 보일이 설립한 '보이지 않는 대학'을 중심으로 과학자 네트워크와 과학 진보의 관계를 분석한다. 현대 연구에서는 스타 과학자의 소멸이 공동 연구자와 신진 과학자들의 성과와 연구비 수주에 미치는 영향을 분석하며, 엘리트 과학자 네트워크가 과학 발전에 양날의 검이 됨을 보여준다.

• 시사 이슈

▶ 엘리트 과학자의 존재는 대부분의 경우 과학의 진보를 방해하는가?

▶ 보일의 과학적 업적은 개인적 노력보다 시대적 환경에 더 크게 의존했는가?

▶ 보일의 '보이지 않는 대학' 네트워크는 과학자 사회의 민주적 연구를 촉진했는가?

• 관점의 분석과 비교

스타 과학자의 장례식과 과학의 진보(동아사이언스, 2021.04.08.)
- 엘리트 과학자 양성에 대한 입장 토론 -

찬성	반대
소수의 뛰어난 과학자는 초기 연구 분야를 개척하고 학문 발전의 방향을 제시하는 핵심 동력이 된다. 특히 보일의 '보이지 않는 대학'처럼 우수한 인재 중심 네트워크는 새로운 과학적 규범을 확립하고 혁신을 빠르게 이끌 수 있다.	엘리트 과학자 중심 구조는 연구비와 기회를 일부에게 집중시키고, 신진 연구자의 독립적 성장을 저해하여 과학의 다양성과 진보를 방해한다. 스타 과학자가 사라진 뒤 연구 생산성이 급감하는 것은 엘리트 의존 구조의 취약성을 보여준다.

기체화학과 플로기스톤(동아사이언스, 2020.03.19.)
- 과학적 업적에 미치는 개인적 요인과 환경적 요인의 영향력 비교 논의 -

≫ 개인적 요인	≫ 환경적 요인
보일이 연금술적 사고에서 벗어나 원소 개념을 재정의하고 기체 연구의 기초를 세운 것은 뛰어난 관찰력과 독창적 사고 같은 개인적 역량의 결과이다. 누구도 하지 못한 공기펌프 실험 등은 개인 능력이 과학 발전을 주도함을 보여준다.	산업혁명에 의해 열원 통제 기술 및 기체 포집법 개발, 정밀한 실험 도구 확산 등 시대적 기반이 마련되었기 때문에 보일의 연구가 가능했다. 기체 화학 도약이 보일 법칙 발표한 지 백 년 후인 점도 환경 조건에 크게 좌우됨을 시사한다.

• 사고의 확장

▶ 보일의 실험과 법칙이 오늘날 기체 화학과 산업 기술에 어떤 영향을 미쳤는가?

▶ 보일이 연금술과 결별하고 화학의 원소 개념을 도입한 결정적 이유는 무엇인가?

▶ 보일의 '보이지 않는 대학'처럼 과학자 네트워크가 과학 발전에 미치는 영향은 무엇인가?

▶ 스타 과학자가 나타날 때의 경쟁과 정치적 요소는 과학 진보를 촉진하는가, 혹은 방해하는가?

▶ 보일의 연구 성과에 영향을 준 개인적 재능과 시대적 환경 요인은 어떠한 상호작용을 했는가?

5. 세특 예시

　온도 변수에 따른 기체 거동을 분석하여 보일 법칙의 한계를 논리적으로 지적하고, 보일의 입자설을 현대 분자 동역학의 관점에서 재해석하며 학문적 연계 능력을 보여줌. 나아가 엘리트 과학자 양성과 과학적 성취에 영향을 미치는 개인적·환경적 요인을 주제로 한 토론에서 근거 기반의 균형 잡힌 주장을 제시하며 과학사적 사고력과 비판적 토론 역량을 보여줌. 이를 통해 기초 과학 원리에 대한 깊이 있는 이해를 바탕으로 과학의 사회적 가치까지 확장하여 사고하는 융합적 인재의 면모를 보임.

11 루이 파스퇴르
(Louis Pasteur, 1822~1895)

1. 보이지 않는 세계의 질서를 밝힌 실험 과학의 선구자

● 시골에서 자라난 관찰자, '보이지 않는 세계'와 만나다

1822년 프랑스 아르보아에서 태어난 루이 파스퇴르는 말수가 적고 성실한 성격의 소년이었다. 미술을 좋아했지만, 세상의 형태보다 그 안의 원리를 찾는 일에 더 끌렸다. 그는 뒤늦게 과학을 시작했지만 누구보다 꾸준했다. 파스퇴르는 훗날 자신의 과학적 태도를 이렇게 표현했다.

"관찰의 들판에서, 우연은 준비된 마음에만 미소 짓는다." 이 말은 그의 일생을 정의하는 문장이 되었고, 연구를 대하는 태도를 가장 명확히 보여준다.

● 결정의 비대칭에서 과학적 직관을 발견하다

파리 고등사범학교에서 화학을 공부하던 젊은 파스퇴르는 조용하지만 집요한 연구자로 알려져 있었다. 주석산염 결정을 들여다보던 그는 어느 날, 두 결정이 서로 거울처럼 대칭을 이루는 형태라는 사실을 발견한다. 이 작은 깨달음은 곧 '분자 비대칭성'이라는 큰 개념으로 자라났고, 생명 현상의 복잡성을 이해하는 첫 단서를 제공했다.

"자연은 가장 미세한 차이에 생명의 방향을 숨겨두고 있다." 동료들에게는 그저 조용한 학자였을지 모르지만, 파스퇴르의 직관은 이미 새로운 생물학의 문을 두드리고 있었다.

● 자연 발생설의 종말: 백조목 플라스크가 드러낸 진실

19세기 유럽은 여전히 '미생물은 저절로 생겨난다'는 자연 발생설을 믿고 있었다. 파스퇴르는 이 오래된 믿음을 실험으로 무너뜨리기로 한다. 그는 공기는 통하지만 먼지는 걸러지는 백조목 플라스크를 고안해 끓인 육수를 보관했다. 결과는 명확했다. 미생물은 나타나지 않았다. 생명은 공기 속에서 '저절로' 생겨나는 것이 아니었다.

논쟁이 가득하던 학계는 결국 그의 손을 들어주었고, 파스퇴르는 이렇게 선언했다.

"증거 앞에서 오래된 믿음은 스스로 자취를 감춘다." 이 실험은 현대 미생물학의 시작을 알린 상징적인 장면이 되었다.

● 산업을 구한 과학: 발효·부패의 비밀을 밝히다

프랑스의 포도주와 맥주 산업이 부패 문제로 흔들리자, 파스퇴르는 실험실을 떠나 현장으로 향했다. 현미경을 통해 그는 발효와 부패가 우연한 화학 반응이 아니라, 특정 미생물의 활동에서 비롯된다는 사실을 밝혀냈다. 이어 저온으로 미생물을 제거하는 '저온살균법(파스퇴르법)'을 제안하며, 과학이 산업을 구할 수 있음을 증명했다.

파스퇴르는 연구 결과가 논문에 머물러서는 안 된다고 믿었다. 과학은 현실의 문제를 해결할 때 비로소 사회적 의미를 갖는다고 보았기 때문이다. 그의 선택은 과학이 이론을 넘어 산업과 일상의 안전을 지키는 실천의 힘이 될 수 있음을 분명히 보여주었다.

● 백신과의 대결: 질병과 싸운 실험가의 용기

파스퇴르는 발효 연구를 통해 얻은 미생물에 대한 통찰을 질병의 원인 규명으로 확장했다. 그는 탄저병, 닭 콜레라 등 전염병의 원인이 특정 미생물임을 규명했고, 병원체를 약화시켜 면역을 유도하는 백신의 원리를 확립했다. 1885년에는 광견병 백신을 개발해 바이러스에 감염된 소년 조제프 마이스터의 목숨을 구했다.

그는 고된 연구 속에서도 인류를 위한 과학의 가치를 믿었다. "나는 과학이 인류 전체의 조국이라는 생각을 멈출 수 없었다." 이 신념은 그를 끊임없이 실험실로 이끌었고, 수많은 생명을 구하는 길을 열었다.

● 오늘날로 이어지는 메시지

지금 우리는 빠른 성과와 즉각적인 결과를 요구받는 학습 환경 속에 놓여 있다. 하지만 진짜 변화는 눈에 보이지 않는 원인을 끝까지 파고드는 태도에서 시작된다. 파스퇴르는 미생물이라는 보이지 않는 존재에 주목하며, 수많은 실험과 검증을 통해 질병과 부패의 원리를 밝혀냈다. 그는 우연한 발견조차 준비된 관찰과 끈질긴 검증에서 나온다는 과학자의 태도를 평생 실천했다.

오늘날 학생에게 파스퇴르의 삶은 이렇게 말해준다.

문제를 피하는 대신 원인을 끝까지 탐구하는 태도가 세상을 바꾸는 힘이 된다는 사실이다.

▶ 나는 지금 겉으로 드러난 결과보다 근본 원인을 탐구하고 있는가?

▶ 나의 탐구가 다른 사람의 삶을 더 안전하게 만드는 데 기여할 수 있을까?

이 질문은 생명과학·의학·환경 분야를 넘어 과학 탐구 중심의 세특 탐구주제로 확장될 수 있다.

● 주요 업적

1) 분자 비대칭성 발견(Molecular Asymmetry)

파스퇴르는 주석산염 결정의 거울상 구조 차이를 분석하며 분자 비대칭성(molecular asymmetry)의 존재를 최초로 규명했다. 이는 생체 분자가 특정 방향성, 즉 키랄성(chirality)을 지니며 그 구조적 차이가 기능을 결정한다는 사실을 밝히는 결정적 단서가 되었다. 그의 발견은 이후 생화학, 유기화학, 약학에서 분자 구조와 생명 현상의 관계를 설명하는 핵심 이론으로 확장되며 현대 생명과학의 분자적 관점을 여는 중요한 출발점이 되었다.

2) 자연발생설 반박과 생물 속생설 확립(Biogenesis)

백조목 플라스크 실험을 통해 파스퇴르는 미생물이 스스로 생겨난다는 자연발생설(spontaneous generation)을 실험적으로 부정하고, 생명은 기존 생명체로부터만 비롯된다는 생물 속생설(biogenesis)을 확립했다. 공기는 흐르지만 먼지는 차단되는 구조를 이용한 실험은 오염의 원인이 외부 미생물임을 명백히 보여주었다. 이 연구는 미생물학이 경험적·실험적 학문으로 자리 잡는 결정적 전환점이 되었고, 이후 감염병 원인 규명과 위생 개념의 정립에 지대한 영향을 미쳤다.

3) 발효·부패의 미생물 기원 규명(Germ Theory of Fermentation)

파스퇴르는 발효 과정이 단순한 화학 반응이 아니라 특정 미생물의 대사 활동에 의해 일어난다는 발효의 세균설(germ theory of fermentation)을 제시했다. 현장 조사와 현미경 분석을 바탕으로 문제의 원인을 규명하고, 일정 온도로 가열해 미생물을 제거하는 저온살균법(pasteurization)을 고안했다. 이는 식품 부패를 획기적으로 줄이고 산업 발효 기술의 품질·안정성을 높였다. 해당 발견은 식품 위생, 공중보건, 미생물 산업 전반의 기준을 새롭게 정립한 혁신적 성과였다.

4) 백신 개념 확립 및 광견병 백신 개발(Vaccination & Attenuation)

파스퇴르는 병원체를 약화시켜 면역을 유도하는 약독화(atténuation) 원리를 정립하고 탄저병, 닭 콜레라, 광견병 백신(vaccination)을 성공적으로 개발했다. 특히 1885년 광견병 백신은 인간에게 적용된 최초의 실험적 2차 예방 백신으로, 감염된 소년을 구하며 전 세계적 관심을 받았다. 그의 연구는 면역 반응의 원리와 예방접종 체계를 과학적으로 확립하고, 현대 백신학, 감염병 관리, 공중보건 정책의 기초를 이루는 결정적 토대가 되었다.

● 과학적 성과와 영향

파스퇴르는 분자 비대칭성(molecular asymmetry)을 밝혀내며 생체 분자의 구조적 차이가 기능을 결정한다는 분자생물학적 관점을 열었다. 또한 백조목 플라스크 실험을 통해 자연발생설(spontaneous generation)을 실험적으로 부정하고 생물 속생설(biogenesis)을 확립함으로써, 생명 연구가 철학적 논쟁을 넘어 실험 기반 학문으로 자리 잡는 전환점을 마련했다. 이러한 성과는 미생물학이 독립된 학문으로 성장하는 데 핵심적 토대를 제공했다.

발효·부패의 원인을 미생물의 대사 작용으로 규명한 파스퇴르는 이를 바탕으로 저온살균법(pasteurization)을 개발해 식품 위생과 산업 발효 기술의 표준을 세웠다. 더불어 병원체를 약화시켜 면역을 유도하는 약독화(atténuation) 개념을 정립하고 탄저병, 닭 콜레라, 광견병 백신을 개발해 현대 면역학의 기초를 확립했다. 그의 연구는 감염병 예방 체계와 공중보건 정책이 과학적 원리 위에서 운영되는 시대를 여는 데 결정적 역할을 했다.

● 과학 이론 연계 탐구 주제

분자대칭성	▶ L-아미노산 중심의 생명 기원 가설 검토(문헌 기반) ▶ 거울상 분자를 가진 약물의 효과 차이에 대한 사례 비교 연구 ▶ 거울상 약물 부작용 사례(탈리도마이드 등)의 과학적 원인 분석
생물속생설	▶ 손 씻기, 소독 방식에 따른 오염 감소 효과 측정 실험 ▶ 학교 환경 내 미생물 밀도 지도 제작(교실·복도·도서관 등) ▶ 멸균(sterilization) 방식(압력, 가열, 알코올)에 따른 미생물 생장 차이 실험
발효, 부패, 저온살균	▶ 발효 과정 중 pH 변화와 미생물 성장 상관 분석 ▶ 전통 발효 식품의 세균학적 장점 연구(한국·세계 비교) ▶ 저온살균법 도입 전후 식품 안전성 변화에 대한 사례 분석
약독화 백신	▶ 백신 허위정보(anti-vaccine)의 과학적 검증 탐구 ▶ 학교 내 감염병 예방 수칙 실태 조사 및 개선안 제안 ▶ 면역 기억의 형성 과정에 대한 교육용 애니메이션 제작

● 탐구 설계 예시

주제	발효 과정 중 pH 변화와 미생물 성장 상관 분석
탐구 목표	발효 과정에서 pH 변화가 미생물 성장 속도와 대사 활동에 어떠한 상관성을 가지는지 실험 및 자료 분석을 통해 규명한다.
선정 이유	파스퇴르가 발효가 미생물의 활동임을 입증한 것처럼, pH 변화는 미생물의 생장 상태를 반영하는 핵심 지표이다. pH는 간단한 장비로 측정 가능해 발효 조건을 조절하며 데이터를 수집하기에 적합하다. 또한 식품 보존과 발효 식품 제조 원리 등 실생활과도 연관성이 높아 탐구 가치가 충분하다.
서론	발효는 미생물이 유기물을 분해하며 에너지를 얻는 과정으로, 생성되는 산, 알코올 등으로 인해 pH 변화가 나타난다. 미생물의 생장은 산도에 민감해 pH는 성장 속도와 대사를 파악하는 중요한 지표가 된다. 발효 과정에서 두 변수의 상관성을 분석하면 발효 조건의 최적화와 미생물 제어 원리를 이해하는 데 기초가 된다.
본론	▶ 이론적 배경 조사: 발효 미생물, pH 변화, 유기산 생성, 미생물 성장곡선 ▶ 탐구과정 1) 발효에 사용될 기질(예: 포도당 용액) 선정 후 초기 pH와 미생물 밀도 측정 2) 일정 온도에서 발효 진행 후 시간 간격별 pH 변화 기록 및 시료 채취 수행 3) 희석 도말법을 이용한 미생물 집락 수 측정으로 성장 정도 확인 4) pH 변화와 미생물 성장 데이터를 비교하여 상관성 분석 수행 5) 발효 조건(온도·기질 농도)의 차이가 두 변수에 미치는 영향 해석
결론	발효가 진행될수록 pH가 감소하고 미생물의 집락 수가 증가하는 경향이 관찰되었다. 이는 산 생성이 활발할수록 미생물의 대사 활동도 함께 강화된다는 점을 보여준다. 따라서 pH 변화를 측정하는 것은 발효 단계와 미생물의 활성을 간단하고 효과적으로 파악할 수 있는 지표임을 확인하였다.
심화 탐구 주제	▶ 직접 제조한 요구르트의 점도 변화와 젖산균 수의 상관 분석 ▶ 발효 식품 보관 장소(냉장·상온)에 따른 품질 변화 비교 연구 ▶ 발효 식품에 첨가한 허브, 향신료가 미생물 활동에 주는 영향 탐구
토론 주제	▶ 집에서 만드는 발효식품이 시판 제품보다 건강할까? ▶ pH 변화만으로 미생물 성장 단계를 구분하는 것이 타당할까? ▶ 저온살균법이 모든 식품 안전 문제를 해결한다고 볼 수 있을까?
교내 후속 활동	▶ 실용 통계: 학교 급식 발효식품 선호도 조사 후 실용 통계 처리 활동 ▶ 세포와 물질대사: 젖산균의 대사 경로와 ATP 생성 방식 비교 활동 ▶ 동아리활동: 지역 전통 발효 식품 조사 및 미생물 분석 프로젝트

루이 파스퇴르(Louis Pasteur, 1822~1895)

2. 교과 연계 탐구활동(확률과 통계, 화학, 생명과학)

● 확률과 통계

성취기준	[12확통03-06] 표본평균과 모평균, 표본비율과 모비율의 관계를 이해하고 설명할 수 있다.
주요내용	파스퇴르는 미생물 집락 수를 반복 측정해 성장 경향을 해석했는데, 이는 표본평균으로 전체 분포(모평균)를 추정하는 과정과 같다. 저온살균 효과 검증도 처리군·대조군의 생존 비율을 비교하는 표본비율 분석에 기반하며, 통계적 대표성과 신뢰성이 실험 결론의 핵심이 된다. 이 성취기준은 파스퇴르 연구가 통계적 추론이 실제 연구에서 어떻게 활용되는지 이해하도록 돕는다.
교과연계 탐구주제	▶ 손 씻기 전후 세균 수 변화의 표본평균 차이 분석 활동 ▶ 매점 식품 개봉 후 미생물 증가량의 표본평균 변화 탐색 ▶ 요구르트 발효 시간대별 산도 차이의 표본평균 비교 분석

● 화학

성취기준	[12화학02-04] 물질의 물리적, 화학적 성질을 분자의 구조와 연관 짓고, 이에 대한 호기심을 가질 수 있다.
주요내용	파스퇴르는 거울상 구조를 가진 주석산염 결정의 광학적 차이를 분석하며 분자 비대칭성(molecular asymmetry)을 규명했다. 이는 분자의 입체 구조가 물리·화학적 성질을 결정한다는 사실을 보여주는 대표적 사례로, 생체 분자의 키랄성·반응성·결합 특성을 이해하는 출발점이 된다. 이 성취기준은 파스퇴르의 발견이 분자 구조와 물성의 연계를 탐구하는 화학적 사고를 확장시키는 계기가 됨을 인식하게 한다.
교과연계 탐구주제	▶ 거울상 향료 분자의 구조 차이가 냄새 인지에 미치는 영향 탐구 ▶ 발효 과정에서 생성되는 유기산의 화학적 성질 비교 분석 ▶ 저온살균 과정의 분자적 변화와 단백질 변성 특성 분석 연구

● 생명과학

성취기준	[12생과02-05] 병원체의 종류와 특징을 이해하고 우리 몸의 방어 작용을 선천적 면역과 후천적 면역으로 구분하여 설명할 수 있다.
주요내용	파스퇴르는 세균병원설을 확립하며 특정 미생물이 감염병의 원인임을 실험으로 검증했다. 또한 병원체를 약화시킨 약독화(atténuation)를 기반으로 탄저병·닭 콜레라·광견병 백신을 개발해 후천적 면역의 형성 원리를 과학적으로 제시했다. 이는 병원체의 특성과 면역 반응을 체계적으로 이해하는 데 중요한 토대를 제공하며, 선천적 방어와 후천적 면역의 작동 차이를 탐구하는 데 핵심적 관점을 마련해 준다.
교과연계 탐구주제	▶ 프로바이오틱스 섭취가 장내 미생물 균형에 주는 영향 분석 ▶ 선천 면역과 후천 면역의 병원체 제거 속도 비교 모형 구축 ▶ 효모 종류 변화가 알콜 제조 과정에서 향미 물질 형성에 미치는 영향 탐구

3. 독서 연계 탐구활동

● 추천 도서 목록

추천 도서 목록

▶ 음식의 영혼, 발효의 모든 것(샌더 엘릭스 카츠, 글항아리, 2021)

▶ 머릿속에 쏙쏙! 미생물 노트(사마키 다케오, 시그마북스, 2020)

▶ 몸과 마음을 치유하는 미생물 이야기(최철한, 라의눈, 2025)

▶ 안티바이오틱스에서 프로바이오틱스로(김혜성, 오랄바이옴, 2023)

▶ 온통, 미생물 세상입니다(김응빈, 연세대학교 대학출판문화원, 2021)

▶ 100개의 미생물, 우주와 만나다(플로리안 프라이슈테터, 헬무트 융비르트, 갈매나무, 2022)

● 독서 연계 탐구 활동

독서 연계 탐구 활동

도서명	온통, 미생물 세상입니다(김응빈, 연세대학교 대학출판문화원, 2021)
	이 책은 미생물을 두려움의 대상이 아닌 지구 생태계의 주역으로 바라보게 한다. 단세포 생명체의 생존 방식과 인간과의 공생 관계를 흥미롭게 보여주며, 감염병을 일으키는 존재뿐 아니라 산소 생성, 발효, 환경 정화 등 인간과 지구에 기여해온 긍정적 역할을 조명한다. 김응빈 교수가 30여 년 연구를 바탕으로 미생물 세계를 안내하며, 우리가 겸손과 공존의 태도를 고민하게 만드는 통찰을 제시한다.
핵심 키워드	발효, 미생물, 프로바이오틱스, 유익균, 병원균
탐구 주제	▶ 발효 식품에 존재하는 유익균 종류와 기능적 차이 비교 ▶ 코로나 이후 미생물 인식 변화가 사회에 미친 영향 탐구 ▶ 프로바이오틱스 제품별 함유 균주 종류 및 특성, 효능 비교 ▶ **손 씻기 방식 차이가 병원균 감소 효과에 미치는 영향 분석** ▶ 생활 공간 환기 여부가 공기 중 미생물 농도에 미치는 영향 탐구
토론 쟁점	▶ 위생 강화가 우리 몸 공생 미생물까지 해칠 수 있을까? ▶ 미생물이 인간보다 '지구 적합성'이 높다고 볼 수 있을까? ▶ 미생물을 생명체로서 존중해야 할 윤리적 이유가 있을까?
후속 활동	▶ 여행지리: 세계 각 지역 미생물 활용 식문화 형성 탐구 활동 ▶ 세포와 물질대사: 미생물의 물질대사 경로와 생존 전략 비교 분석 활동 ▶ 생물의 유전: 항생제 내성 형성 과정에서 일어나는 돌연변이 탐구 활동 ▶ 자율·자치활동: 학교 위생 행동 개선을 위한 미생물 기반 캠페인 기획 활동

● 독서 연계 탐구활동 예시

탐구 주제	손 씻기 방식 차이가 병원균 감소 효과에 미치는 영향 분석
탐구 자료	▶ 손 씻기 전후 손 표면에서 채취한 세균 집락 수 데이터 ▶ 손 씻기 방식별 세정 시간과 동작 차이를 기록한 관찰 자료 ▶ 세정제 종류, 물 온도 등 실험 조건을 정리한 통제 변수 자료

탐구 개요	서론	병원균 전파의 주요 경로가 손 접촉이라는 점에서 손 위생이 감염 예방의 핵심 요소로 강조되고 있음. 그러나 손 씻기 시간, 세정제 사용, 문지르는 범위 등 방식 차이로 실제 병원균 감소 효과가 동일하다고 보기 어렵다는 문제가 제기됨. 따라서 서로 다른 손 씻기 방식을 적용하고 손 표면 미생물 변화를 측정해 방식 차이가 병원균 감소에 미치는 영향을 확인하고자 함.
	본론	▶ 손 씻기 방식 유형과 실험 조건을 정의하고 통제 변인을 설정함. ▶ 손 씻기 전 손 표면을 채취하여 세균 집락 수를 측정함. ▶ 정의한 방식대로 손 씻기를 실시하고 과정 시간을 기록함. ▶ 손 씻기 후 동일 부위에서 세균을 채취하여 배양·계수함. ▶ 방식별 감소율을 계산하고 효과 차이를 비교·해석함.
	결론	서로 다른 손 씻기 방식에 따른 세균 감소율을 비교한 결과 방식별로 병원균 제거 효과가 분명한 차이를 보인다는 사실을 확인할 수 있음. 특히 문질러 씻기, 충분한 시간 확보, 세정제 사용 등이 세균 감소율을 높이는 핵심 요인임을 파악할 수 있음. 이를 통해 손 씻기 방식의 세부 요소가 병원균 확산 예방에 실제적 영향을 미친다는 결론을 도출할 수 있음.
후속 활동		▶ 영어 독해와 작문: 손 씻기 캠페인을 위한 영어 설득 글쓰기 수행 활동 ▶ 데이터과학: 손 씻기 실천률과 감염 발생률의 상관 데이터 분석 활동 ▶ 화학반응의 세계: 세정제 성분 차이가 병원균 제거에 미치는 효과 탐구 활동 ▶ 동아리활동: DIY 손 소독제 제작과 병원균 감소 효과 검증 실험 활동 ▶ 자율·자치활동: 학생 대상 손 위생 실천 캠페인 기획 및 참여도 분석 활동

4. NIE 연계 활동

● 신문 읽기 & 연결 사유 찾기

인간은 왜 음식을 땅에 묻었는가?(울산제일일보, 2025.11.10.)

이 기사는 인류가 오래전부터 활용해온 '땅속 매장 발효'의 전통을 조명하며, 김치, 홍어, 서스트뢰밍, 타로 음식 등 다양한 문화권의 사례를 통해 흙이 일정한 온도와 미생물 환경을 제공하는 자연 발효의 최적 공간임을 설명한다. 또한 이러한 방식은 단순한 저장이 아니라 자연의 시간에 음식을 맡겨 깊은 맛을 완성하는 기다림의 문화이자 발효 철학이라고 강조한다.

발효와 부패, 그 미묘한 경계(라이프인, 2025.04.08.)

이 기사는 곰팡이가 낀 치즈나 김치처럼 겉보기엔 상한 듯 보여도 미생물 작용을 통해 이로움을 주는 발효
식품의 원리를 설명한다. 발효와 부패는 유기물 분해라는 동일한 과정이지만, 인체에 유익하면 발효로 본다는 점과 연구가 밝힌 발효의 장점을 소개한다. 또한 감각적 구분법과 문화권에 따른 인식 차이를 제시하며 발효 식품에 대한 이해의 필요성을 강조한다.

'스팸'은 안 익히고 먹어도 괜찮다던데, 베이컨은?(헬스조선, 2025.11.27.)

이 기사는 스팸 같은 통조림 햄은 제조 과정에서 120도 이상 고온에서 멸균되기 때문에 익히지 않고 먹어도 안전하다고 설명한다. 소시지류도 훈연, 살균 공정을 거쳐 생으로 섭취 가능하지만, 베이컨은 저온 훈연만 하므로 반드시 가열해야 한다고 지적한다. 또한 모든 햄류는 아질산나트륨 등 식품첨가물 섭취를 줄이기 위해 데쳐 먹는 것이 좋다.

▶ 살균 방식은 과학 기준으로 정해야 할까, 제조사 판단이 더 합리적일까?

▶ 소비자가 발효와 부패를 감각적으로 판단할 때 어떤 한계와 위험이 존재할까?

▶ 전통적 땅속 발효가 현대 기술 기반 발효보다 여전히 더 가치 있고 효용성이 높다고 볼 수 있을까?

• 관점의 분석과 비교

인간은 왜 음식을 땅에 묻었는가?(울산제일일보, 2025.11.10.)
- 땅속 발효 효용성에 대한 입장 토론 -

찬성	반대
전통적 땅속 발효는 자연의 온도, 습도, 미생물 생태가 만들어내는 독특한 풍미와 문화적 전통을 담고 있어 대체가 어렵다. 이러한 자연 발효의 조화는 인공 설비로 완전히 재현하기 힘들다는 점에서 여전히 높은 가치를 지닌다.	현대 발효 기술은 철저한 위생, 온도 관리로 안전성과 품질의 일관성이 뛰어나며, 대량 생산 및 유통에도 효율적이다. 전통 방식은 환경 변수로 품질 편차가 커 실용성과 안전성 면에서 현대 기술이 더 우수하다는 평가가 가능하다.

발효와 부패, 그 미묘한 경계(라이프인, 2025.04.08.)
- 살균 방식 기준 결정 주체에 대한 논의 -

≫ 과학 기준 필요	≫ 제조사 판단 가능
살균 방식은 식품별 미생물 위험도를 과학적으로 평가해 정해야 안전성이 보장된다. 제조사마다 기준이 다르면 품질 편차와 안전 사각지대가 생기므로, 통일된 과학 기준이 소비자 보호와 식품 안전 관리에 더 적합하다.	식품의 재료, 수분가공 방식은 매우 다양해 획일적 기준은 과처리나 비용 증가를 초래할 수 있다. 제조사는 공정과 위험 요소를 가장 잘 아는 만큼 유연한 선택이 가능하며, 이는 품질 관리와 생산 효율 측면에서 더 합리적이다.

• 사고의 확장

▶ 저온살균, 고온살균 선택이 미생물 내열성과 어떤 관계있을까?

▶ 특정 미생물이 발효균이 되고 다른 미생물이 부패균이 되는 기준은 무엇인가?

▶ 자연에 맡기는 땅속 발효는 미생물 생태의 불확실성 속에서 어떻게 안전성을 확보할까?

▶ 파스퇴르식 완전 제거가 저항성 문제를 키울 수 있다는 비판은 식품 산업에도 적용될까?

▶ 현대 기술이 발효의 전통적 맛과 기능을 얼마나 재현할 수 있으며, 이 한계는 어디에 있을까?

5. 세특 예시

발효 과정의 pH 변화와 미생물 성장의 상관성을 확인하기 위한 실험을 직접 설계, 검증함. 이 과정에서 자료의 신뢰도 확보를 위한 반복 측정과 변인 통제의 중요성을 스스로 발견함. '온통, 미생물 세상입니다'를 읽고 미생물 공생의 의미를 확장해 발효, 부패 구분의 과학적 기준을 재정립하는 탐구로 이어감. 더불어 살균 방식의 기준 설정을 다룬 NIE 토론에서 과학적 위험도 평가가 우선돼야 한다는 입장을 논리적으로 제시해 과학적 사고와 근거 기반 판단 역량을 보여줌.

루이 파스퇴르(Louis Pasteur, 1822~1895)

12 르네 데카르트
(René Descartes, 1596~1650)

1. 의심과 이성으로 세계를 재구성한 철학자

● 이불 속 철학자, 수학을 다시 설계하다

데카르트는 어린 시절부터 체력이 약해 병약했지만, 오히려 그 덕분에 침대에 누워 깊은 사색에 잠기곤 했다. 그는 "이불 속이 가장 좋은 철학실"이라고 농담처럼 말하곤 했는데, 실제로 많은 아이디어가 그곳에서 나왔다. 젊은 시절 유럽 곳곳을 여행하며 군 생활도 경험했지만, 결국 그가 탐구한 것은 전쟁보다 더 복잡한 '진리'였다. "모든 것을 의심하라"는 생각에서 출발한 그의 사유는 단순한 철학을 넘어 수학과 과학의 틀까지 뒤흔들게 된다.

● 좌표와 수식으로 공간을 표현하다

17세기 이전 수학자들은 도형을 그림으로 그리고 눈으로 관찰하며 이해하는 방식에 의존했다. 숫자와 도형은 별개의 영역으로 여겨졌고, 기하학은 대수학과 연결되지 않았다. 데카르트는 도형을 좌표평면 위의 점으로 보고, 각 점을 순서쌍 (x, y)로 나타내는 체계를 고안했다. 이 방법은 도형의 성질을 수식으로 표현할 수 있게 만들었고, 기하학과 대수학을 통합하는 전환점을 마련했다.

"모든 도형은 방정식으로 설명할 수 있다" 이 발상은 수천 년간 직관에 의존해 온 기하학을 논리와 계산의 언어로 끌어들인 혁신이었다. 데카르트는 해석기하학이라는 새로운 분야를 열며, 수학이 철학적 사유에서 벗어나 현상을 설명하고 예측하는 도구가 될 수 있음을 보여주었다.

● 복잡한 문제를 단순하게 푸는 법

데카르트는 문제를 한꺼번에 해결하려 하지 않고, 작고 단순한 부분으로 나눠 하나씩 해결해 나가는 방식을 제안했다. 그는 『방법서설』에서 "가장 단순한 것부터 출발해 점점 복잡한 것을 이해하라"고 강조하며, 복잡한 세계를 이성적으로 해석할 수 있는 길을 제시했다. 이 접근법은 오늘날 수학 문제 해결에도 그대로 적용된다. 도형 문제를 분할하거나 좌표를 설정해 시각적으로 분석하는 방식은 데카르트의 분석 철학이 고스란히 반영된 결과다.

그의 사고방식은 수학을 계산의 기술이 아니라, 논리적 추론의 도구로 격상시켰다.

"문제를 나눠라, 그래야 풀 수 있다" 문제를 단순화해 해결하는 방식은 다양한 분야에서 이성적 사고의 모범이 되고 있다.

● 철학자에서 수학자로, 그리고 과학의 설계자로

수직선 위에 점을 찍어 위치를 표현하고, 그 점들 사이의 관계를 식으로 나타내는 방식은 데카르트가 고안한 좌표 개념에서 출발한다. 그는 좌표를 통해 공간을 수치화하고, 기하학적 대상을 대수적으로 해석할 수 있는 기반을 마련했다. 이 접근은 후에 뉴턴이 운동을 수식으로 표현, 라이프니츠가 미적분 개념을 정립하는 데 결정적인 토대가 되었다. 현재 물리적 궤적을 계산하거나 인공지능이 이미지를 분석할 때, 그 바탕에는 데카르트가 창안한 좌표와 수식의 언어가 활용되고 있다.

• 이국에서 맞이한 조용한 죽음

데카르트는 만년에 스웨덴의 여왕 크리스티나의 요청을 받아 왕실 교육을 맡기 위해 북유럽으로 향했다. 하지만 혹독한 추위와 이른 새벽 강의 일정은 병약했던 그의 몸에 무리를 주었다. 결국 그는 스웨덴 도착 이듬해인 1650년, 폐렴으로 세상을 떠났다. 그가 머물던 스톡홀름의 외딴 집에서 조용히 생을 마감했고, 그의 죽음은 당시 철학계와 과학계에 적지 않은 충격을 안겼다. 훗날 그의 유해는 프랑스로 옮겨져 팡테옹에 안장되었지만, 생전의 철학적 고독은 끝내 그를 따라다녔다.

"이성의 나라 프랑스가 이성을 대표하던 자를 이국땅에서 잃었다." 데카르트의 죽음을 두고 한 철학자는 이렇게 말하며 그의 부재를 안타까워했다.

• 오늘날로 이어지는 메시지

학교 수업은 정답을 빠르게 찾는 능력을 강조하지만, 정작 왜 그런 답이 나오는지는 묻지 않는 경우가 많다. 이런 환경 속에서 '의심하는 힘'은 점점 사라지고 있다. 데카르트는 기존의 지식을 그대로 받아들이지 않고, 모든 것을 의심하며 생각의 출발점을 다시 세웠다. 그는 복잡한 문제를 단순한 요소로 나누어 사고하는 태도를 통해 철학과 수학의 새로운 길을 열었다.

오늘날 학생에게 데카르트의 삶은 이렇게 말해준다. 정답보다 중요한 것은, 스스로 질문하고 사고하는 힘이다.

▶ 나는 문제를 풀 때 정답만 찾고 있는가, 원리를 이해하려 하고 있는가?

▶ 나만의 질문으로 교과 내용을 다시 바라본 적이 있는가?

이 질문은 수학·철학·융합 사고 중심의 세특 탐구주제로 확장될 수 있다.

• 주요 업적

1) 해석기하학의 창시 (Analytic Geometry)

기하학을 좌표와 수식으로 다루는 방법을 고안해, 도형과 수식을 연결하는 새로운 수학 분야인 해석기하학을 만들었다. 이는 기하학의 시각적 직관에 대수적 논리를 더한 것으로, 원, 직선, 곡선 등을 식으로 표현할 수 있게 했다. 이러한 사고 전환은 오늘날 함수 그래프, 물리 궤적, 공학적 설계에도 폭넓게 적용되며, 복잡한 현상을 체계적으로 모델링하는 핵심 원리가 되었다. 수학이 그림에서 수식으로 전환되는 결정적 전환점이었고, 미적분학과 물리학의 발전에도 중요한 기반이 되었다.

2) 분석적 문제 해결 방법 (Method of Analytical Thinking)

방법서설에서 데카르트는 복잡한 문제를 단순한 단계로 나누어 해결하는 방법을 제시했다. 그는 "가장 쉬운 것부터 출발해 차례대로 복잡한 것을 해결하라"고 강조했다. 이러한 사고방식은 수학 문제 풀이뿐 아니라 과학 실험 설계, 알고리즘 구성, 그리고 일상의 합리적 판단 과정에서도 널리 활용된다. 고등 수학에서 자주 사용하는 단계적 분석법이 이 사고에서 비롯되었으며, 데카르트는 수학을 체계적인 추론 도구로 만들기 위한 명확한 기준을 제시하였다.

3) 기계론적 자연관 (Mechanical Philosophy)

데카르트는 자연을 하나의 기계처럼 보고, 모든 현상을 수학적으로 설명할 수 있다고 믿었다. 그는 자연의 원리를 기하학과 수식으로 분석하려 했으며, 질량, 운동, 충돌 같은 물리 개념도 수학적 모델로 접근했다. 이 관점은 뉴턴 역학의 기반이 되었고, 물리학이 정량적 법칙으로 발전하는 데 큰 영향을 주어 현대 과학의 사고 틀을 형성했다. 자연은 더 이상 신비가 아니라 계산 가능한 대상이 되었다. 과학의 수학화가 본격적으로 시작된 계기였다.

4) 정신과 물질의 이원론 (Mind-Body Dualism)

데카르트는 인간을 '생각하는 정신'과 '형체를 가진 물질'로 나누는 이원론을 제시했다. 이 철학은 이후 뇌과학, 생명과학, 인공지능 등 다양한 분야에서 인간 존재를 탐구하는 데 지속적인 영향을 주었다. 그는 수학적 사고는 물질 영역에서, 인식과 판단은 정신 영역에서 작동한다고 보았으며, 이러한 구분은 과학과 철학을 분리해 독립적으로 탐구할 수 있는 중요한 계기를 마련했다. 데카르트는 인식하는 존재로서 인간의 위치와 의미를 더욱 선명하게 강조하였다.

● 수학적 성과와 영향

르네 데카르트의 수학적 성과는 도형을 수식으로 표현할 수 있는 해석기하학의 창시에서 가장 두드러진다. 그는 좌표축을 이용해 점의 위치를 숫자로 나타내고, 도형을 방정식으로 설명하는 체계를 만들었다. 이를 통해 고대 기하학과 대수학은 처음으로 통합되었으며, 수학이 시각적 직관에서 논리적 분석으로 확장되었다. 오늘날 우리가 사용하는 함수 그래프, 좌표평면, 방정식의 기초가 바로 이 성과에 기반하며 이후 미적분학과 과학적 모델링의 토대를 제공했다.

데카르트의 사고방식은 문제를 작게 나누고 단계적으로 해결하는 분석적 접근을 강조했다. 이 방법은 수학 문제 풀이 과정은 물론, 알고리즘 설계나 수리 논증에도 폭넓게 응용되고 있다. 수학을 단순 계산의 기술이 아니라, 이성과 논리를 통해 세계를 이해하는 수단으로 보았다. 그의 사상은 이후 수학 교육에서 추론과 분석 중심의 수업 방식으로 이어졌다. 오늘날 수학이 과학, 공학, 인공지능 등 다양한 분야와 연결되는 데 데카르트의 영향이 깃들어 있다.

● 수학 이론 연계 탐구 주제

해석기하학의 창시	▶ 해석기하학에서 도형의 방정식이 가지는 표현력과 의미 고찰 ▶ 좌표로 표현한 곡선의 변화가 함수 그래프 해석에 주는 영향 비교 ▶ 좌표평면 위 원과 직선의 교점을 구하고 그 관계를 시각적으로 분석
분석적 문제 해결 방법	▶ 데카르트식 분석 사고와 수학 증명 과정의 유사점 정리 ▶ 단계적 문제 해결 과정이 함수 문제 풀이 정확도에 미치는 영향 탐구 ▶ 복잡한 도형 문제를 부분 도형으로 나눴을 때의 해결 전략 효과 분석
기계론적 자연관	▶ 기계론적 자연관을 바탕으로 한 함수 그래프 활용 사례 조사 ▶ 등속운동을 좌표평면과 함수로 표현했을 때의 시각적 효과 분석 ▶ **자연 현상의 수학적 모델링이 수학 개념 이해에 주는 영향 비교**
정신과 물질의 이원론	▶ 인공지능 사고 구조와 수학의 논리 체계 비교 분석 ▶ 수학의 명제 구조를 사고 흐름 분석에 적용했을 때의 활용성 탐구 ▶ 논리적 사고 훈련에서 조건문과 참거짓 판별이 갖는 교육적 효과 분석

주제	자연 현상의 수학적 모델링이 수학 개념 이해에 주는 영향 비교
탐구 목표	실제 자연 현상(운동, 감염 확산, 열전달 등)을 수학 함수로 모델링하고, 이를 통해 함수 해석, 증가·감소, 기울기 개념 이해에 미치는 영향을 분석한다.
선정 이유	데카르트는 자연을 수학적으로 설명할 수 있다고 보았고, 이를 해석기하학과 기계론적 자연관으로 제시했다. 본 탐구는 자연 현상을 함수로 모델링하여 수학 개념이 실제 상황을 해석하는 데 어떻게 활용되는지를 살펴본다. 이러한 과정은 수학이 계산을 넘어 사고 도구가 됨을 이해하는 데 도움이 된다.
서론	물체의 운동은 위치, 속도, 시간의 관계로 설명되며 이를 함수로 구조화할 수 있다. 등속운동은 거리-시간 관계가 일차함수로, 등가속운동은 이차함수로 나타난다. 이러한 두 운동을 그래프로 비교하면 함수의 형태와 기울기 변화가 어떤 의미를 가지는지 시각적으로 더욱 명확하게 이해할 수 있다.
본론	▶ 등속운동과 등가속운동의 정의 및 수학적 표현식(일차함수, 이차함수)의 특징 조사 ▶ 일차함수와 이차함수 그래프의 기울기 변화와 형태 차이를 자료와 도형으로 검증 ▶ 등속운동과 등가속운동의 거리-시간 그래프를 실제 데이터로 비교 분석 ▶ 위치, 속도, 가속도 함수 간의 관계를 그래프 해석을 통해 연결한 사례 분석 ▶ 물리 수업과 수학 수업에서 함수 개념이 운동 해석에 어떻게 적용되는지 확인
결론	등속운동과 등가속운동은 각각 일차함수와 이차함수로 모델링되며, 그래프의 형태와 기울기 변화를 통해 운동의 특성을 명확히 구분할 수 있었다. 등가속운동의 곡선형 그래프는 시간에 따른 속도 변화가 반영된 함수적 특징을 갖는다. 이러한 수학적 모델은 물리적 개념을 수학적으로 설명하는 데 효과적임을 확인할 수 있었다.
심화 탐구 주제	▶ 등가속운동에서 평균 변화율과 순간 변화율의 차이 분석 ▶ 위치-속도-가속도 그래프를 함수로 연결한 3단계 함수 모델 구축 ▶ 거리-시간 그래프의 기울기 변화로 속도 변화를 정량적으로 해석하기
토론 주제	▶ 곡선 그래프를 관찰만으로 등가속운동이라 확신할 수 있는가? ▶ 속도 함수와 위치 함수는 서로 도함수 관계로 이해될 수 있는가? ▶ 데카르트의 해석기하학은 오늘날 물리 모델링에도 여전히 유효한가?
교내 후속 활동	▶ 물리학: 운동 단원 수업에서 거리-시간 그래프를 이용한 운동 분석 실험 활동 ▶ 정보: 시간-위치 데이터를 수집하여 엑셀이나 코딩으로 함수형 그래프 시각화 ▶ 자율·자치활동: 영상 분석 앱을 활용해 실제 운동 영상에서 함수 모델 추정, 분석

르네 데카르트(René Descartes, 1596~1650)

2. 교과 연계 탐구활동(정보, 물리학, 미술)

● 정보

성취기준	[12정03-01] 복잡한 문제를 해결 가능한 작은 문제로 분해하고 모델링한다.
주요내용	데카르트의 분석적 사고는 복잡한 문제를 단순한 단계로 나누어 해결하는 데 중점을 두며, 이는 정보과에서 강조하는 문제 분해와 알고리즘 설계 과정과 직접 연계된다. 좌표를 통해 도형을 수식으로 표현한 그의 방식은 데이터를 시각적으로 구조화하고, 정보로 가공하는 과정과 유사하다. 이와 같은 사고는 실생활 현상을 수학적으로 모델링하고, 프로그래밍을 통해 구현 가능하다.
교과연계 탐구주제	▶ 좌표기반 데이터 시각화 방식의 정보 구조화 효과 분석 ▶ 데카르트의 분석적 사고를 활용한 문제 분해 전략과 알고리즘 탐구 ▶ 실생활 현상의 수학적 모델링과 정보과 프로그래밍 적용 사례 비교

● 물리학

성취기준	[12물리01-02] 뉴턴 운동 법칙으로 등가속도 운동을 설명하고, 교통안전 사고 예방에 적용할 수 있다.
주요내용	데카르트는 자연 현상을 수학적으로 해석할 수 있다는 사고를 바탕으로, 움직이는 물체의 위치 변화를 함수로 설명하는 기초를 마련했다. 변화율과 기울기를 통해 시간에 따른 운동 상태를 정량적으로 분석할 수 있으며 함수 기반의 그래프 해석은 뉴턴의 운동 법칙과 결합되어, 교통안전이나 제동 거리 계산 등 실생활 문제를 물리와 수학의 융합 관점에서 탐구하는 데 활용된다.
교과연계 탐구주제	▶ 뉴턴 운동 법칙 기반 제동 거리 계산과 함수 적용 ▶ 이차함수 모델을 활용한 등가속도 운동의 수학적 해석 ▶ 실생활 교통 사고 사례에 적용한 등가속도 그래프 분석

● 미술

성취기준	[12미02-02] 주제에 적합한 표현 매체와 방법을 실험하고 융합하는 과정에 집중할 수 있다.
주요내용	데카르트는 수학적으로 질서 있는 구성 원리를 탐구했으며, 이는 조형의 비례·구조를 분석하는 데 활용될 수 있다. 특히 좌표를 이용한 공간 구성 방식은 디자인에서의 균형, 리듬, 반복, 대칭, 비례 등 핵심 조형 원리를 수학적으로 설명할 수 있게 해준다. 이러한 연결은 미술 작품의 구조를 체계적으로 해석하는 데 도움을 주며, 창의적 설계 과정 또한 수학적 질서와 논리성을 바탕으로 구조화될 수 있음을 보여준다.
교과연계 탐구주제	▶ 좌표평면을 활용한 공간 구도 설계 활동 ▶ 도형 반복과 대칭을 활용한 수학-미술 융합 작품 제작 ▶ 데카르트 좌표 시스템을 활용한 규칙 기반 디자인 분석

3. 독서 연계 탐구활동

● 추천 도서 목록

추천 도서 목록

▶ 방법서설(르네 데카르트(이현복 역), 2022) ▶ 청소년을 위한 교양 수학: 해석기하(에디팅 팀, 루미너리북스, 2025)

▶ 수학은 알고 있다(김종성, 더 퀘스트, 2024) ▶ 일단 의심하라, 그 끝에 답이 있다」 (르네 데카르트(이근오 역), 모티브북, 2025)

▶ 데카르트가 들려주는 좌표 이야기(김승태, 바다, 2025) ▶ 다시 쓰는 수학의 역사: 당신이 수학을 사랑하게 만들 책(오영섭 외, 휴먼하우스, 2024)

● 독서 연계 탐구 활동

독서 연계 탐구 활동

도서명	데카르트가 들려주는 좌표 이야기 (김승태 지음, 바다출판사, 2025)
	이 책은 근대 수학의 기초를 놓은 데카르트가 좌표 개념과 해석기하학을 어떻게 창안했는지를 이야기 형식으로 풀어낸다. 함수, 직선과 곡선 등 수학 개념이 그의 철학적 사고와 어떻게 연결되는지를 설명하며, 수학이 계산을 넘어서 사고의 틀이 되었음을 강조한다. 현대 수학·과학·정보 기술에 끼친 영향을 소개하며, 좌표 개념이 자연을 해석하는 도구임을 이해할 수 있게 한다.
핵심 키워드	좌표, 해석기하, 함수, 좌표평면, 사고의 방법
탐구 주제	▶ **해석기하학을 활용한 함수 기반 사고의 물리학 적용 사례 탐구** ▶ 직선과 곡선의 함수 표현을 통한 좌표 평면의 시각적 효과 탐구 ▶ 좌표 개념 도입이 수학 문제 해결 방식에 가져온 구조적 변화 분석 ▶ 수학적 표현 체계의 발전이 현대 자연과학 모델링에 미친 영향 분석 ▶ 데카르트의 좌표 체계가 정보과 프로그래밍 논리 구조에 미친 영향 분석
토론 쟁점	▶ 좌표 개념은 사고의 방식을 근본적으로 바꿨는가? ▶ 좌표는 수학뿐 아니라 인간의 세계 인식에도 영향을 미치는가? ▶ 수학의 시각화가 사고의 논리성 향상에 실질적 도움이 될 수 있는가?
후속 활동	▶ 기하: 좌표평면 상에서 함수와 기하 도형을 활용한 그래프 표현 실습 ▶ 정보: 실생활 데이터를 기반으로 좌표 시스템을 구현하는 프로그래밍 프로젝트 ▶ 미술: 좌표 개념을 활용한 공간 구성 및 데카르트식 패턴 디자인 제작 ▶ 동아리활동: 과학·예술 분야에서 좌표 개념이 적용된 사례 조사 및 발표 활동

● 독서 연계 탐구활동 예시

탐구 주제	해석기하학을 활용한 함수 기반 사고의 물리학 적용 사례 탐구
탐구 자료	▶ 해석기하학 관련 자료: 데카르트의 <방법서설> 중 해석기하학 사상 ▶ 고전 역학 관련 도서: 뉴턴 역학에서의 곡선 운동과 속도·가속도 개념 ▶ 함수 기반 모델링 자료: 물리 현상을 함수·그래프로 해석한 과학 수학 자료

탐구 개요	**서론**	해석기하학은 기하적 대상을 좌표와 식으로 표현하며 함수 기반 사고의 기초를 마련함. 이러한 전환은 물리학에서 운동과 변화의 법칙을 정량적으로 해석하는 데 중요한 역할을 함. 본 탐구에서는 해석기하학이 포물선 운동과 진동 운동을 함수로 설명하는 과정에 어떻게 적용되었는지, 그리고 이 사고방식이 물리학적 이해에 미친 영향을 분석하고자 함.
	본론	▶ 해석기하학의 주요 등장 배경과 기본 학문적 의미를 탐구함 ▶ 데카르트와 뉴턴의 함수적 운동 해석 사례와 아이디어를 살펴봄 ▶ 속도와 변화율을 설명하는 핵심 수학 개념과 원리를 정리함 ▶ 도형 중심 사고와 함수 중심 사고의 구조적 차이를 비교함 ▶ 현대 물리 모델링과 정량적 분석에 미친 영향을 고찰함
	결론	해석기하학의 도입은 기하적 직관에 의존하던 사고에서 수학적 표현과 함수적 분석으로의 전환을 의미함. 이는 오늘날 물리학의 핵심인 정량적 해석, 변화의 구조 파악, 논리적 모델링의 출발점이 됨. 따라서 해석기하학의 성립은 단순한 수학적 진보를 넘어, 자연 현상을 이해하고 과학적 진리를 탐구하는 현대적 사고의 기초를 마련한 전환점이라 할 수 있음.
후속 활동		▶ 기하: 포물선·삼각함수 그래프 분석 및 운동 함수 모델 구성 활동 ▶ 물리학: 포물선 운동 실험 측정과 속도·가속도 변화 해석 활동 ▶ 정보: 좌표 기반 시뮬레이션 제작 및 그래프 시각화 프로그램 활용 활동 ▶ 기술·가정: 물리적 구조 설계에 필요한 함수적 변화 분석 활동 ▶ 진로활동: 곡선·형태의 수학적 구조를 활용한 시각 디자인 탐구 활동

4. NIE 연계 활동

● 신문 읽기 & 연결 사유 찾기

대수와 기하는 어떤 관계일까? (동아사이언스, 2023.07.22.)

이 기사는 대수와 기하가 어떻게 연결되고 발전해 왔는지를 설명하며, 데카르트의 좌표 개념이 두 영역을 통합하는 데 결정적 역할을 했다는 점을 강조한다. 기사는 좌표평면이 도입되면서 기하적 문제를 대수식으로 표현할 수 있게 되었고, 복잡한 곡선이나 운동을 함수로 분석할 수 있는 길이 열렸다고 소개하며 이러한 전환이 이후 과학·공학 분야의 계산 방식과 분석 도구 전반에 영향을 주었음을 강조한 기사다.

회의와 혁명이 중첩된 데카르트의 성찰, 근대철학의 문을 열다 (대학지성, 2021.05.16.)

이 기사는 데카르트가 전통적 지식 체계를 의심하고 스스로 사고하는 태도를 강조하며 근대철학의 출발점이 되었음을 다룬다. '의심의 방법'과 합리적 탐구는 기존의 관습·권위가 아닌 이성적 검증을 중심으로 지식을 구성하는 새로운 패러다임을 열었다. 기사는 이러한 철학적 전환이 과학에서의 논리적 분석, 정량적 사고, 실험적 검증 태도에 큰 영향을 미쳤다고 설명한다.

자신을 끊임없이 의심하라 (의학신문, 2022.05.30.)

이 기사는 데카르트의 '의심하고 검증하는 사고 방식'을 소개하며, 모든 판단을 재확인하는 태도가 학문과 연구에 어떤 의미를 갖는지 설명한다. 기사는 데카르트의 회의적 접근이 단순 철학을 넘어, 과학적 탐구에서 가설 점검·자료 검증·논리적 분석의 핵심 태도로 이어졌다고 말한다. 또한 이러한 사고 방식이 연구 과정에서 불확실성을 줄이고 지식 체계를 더욱 정교하게 다듬는 데 중요한 역할을 한다는 점도 강조한다.

• 시사 이슈

▶ '의심하고 검증하는 태도'는 오늘날 과학 연구·실험 과정에서 어떻게 실천되고 있는가?

▶ 데카르트의 사고 전환은 21세기 과학기술과 데이터 분석 환경에서 어떤 의미를 지니는가?

▶ 좌표 개념이 대수·기하 연결을 통해 과학·수학의 문제 해결 방식에 어떤 변화를 가져왔는가?

• 관점의 분석과 비교

회의와 혁명이 중첩된 데카르트의 성찰, 근대철학의 문을 열다(대학지성, 2021.05.16.)
- 데카르트의 합리주의는 현대 과학 탐구를 실제로 강화한다고 볼 수 있는가? -

찬성	반대
과학 연구는 막대한 사회적 자원을 사용하므로 그 결과는 공공의 이익과 윤리에 부합해야 한다. 정치는 사회 전체에 큰 영향을 미치는 연구에 개입하여 사회적 합의에 기반한 명확한 방향과 윤리적 가이드 라인을 제시해야 한다.	과학의 목적은 이념이나 정권의 입맛이 아닌, 오직 객관적 사실과 증거에 기반한 진리 탐구에 있다. 정치가 과학의 자율성을 억압할 때 학문의 발전은 지체되고 진실은 왜곡된다. 과학 연구는 장기적이고 안정적인 안목으로 보호받아야 한다.

대수와 기하는 어떤 관계일까?(동아사이언스, 2023.07.22.)
- 함수 중심 분석 vs 직관 중심 이해 중 무엇이 더 과학 발전에 중요한가? -

≫ 함수 중심 관점	≫ 직관 중심 관점
함수와 좌표 개념은 기하 문제를 식으로 다루게 했지만, 처음에는 활용 폭이 제한적이었다. 해석기하학은 곡선과 운동을 하나의 함수로 정리하며 변화의 원리를 분명하게 보여주었으며 자연현상을 정밀하게 설명한 주된 전환점이 되었다.	함수와 방정식만으로 자연을 설명하려는 시도는 복잡한 맥락을 충분히 담지 못했다. 직관적 관찰과 경험은 예외적 현상을 이해하는 데 중요한 단서를 제공해 왔다. 과학 발전의 핵심이 반드시 함수 중심 분석이라고 단정하기는 어렵다.

• 사고의 확장

▶ 좌표와 함수 도입이 수학·과학에서 기존 문제 해결 방식을 어떻게 재편했는가?

▶ 데카르트의 회의적 사고는 과학적 검증 과정에서 어떤 한계를 드러낼 수 있는가?

▶ 새로운 분석 체계가 기존 학문 관점을 대체하는 과정에서 어떤 갈등이 발생하는가?

▶ 합리주의적 분석과 경험적 관찰이 충돌할 때 과학자는 어떤 판단을 우선해야 하는가?

▶ 기하적 직관과 대수적 표현이 충돌할 때, 어떤 기준으로 해석 방향을 결정해야 하는가?

5. 세특 예시

데카르트의 좌표 개념에 착안하여, '기하 곡선의 움직임을 대수식과 함수로 재해석하는 해석기하학 모델 비교'라는 심화 탐구를 설계함. 이동 데이터의 기울기·변화율을 계산하며 함수 기반 모델로 자연현상을 구조적으로 분석하고, 대수·기하 통합이 문제 해결 방식에 가져온 전환의 수학사적 의미를 비판적으로 검토함. '과학적 회의주의의 역할'에 대한 토론에서는 데카르트의 의심과 검증의 태도를 현대 연구 윤리와 연결 지어 탐구자의 책임성과 학문적 태도에 대한 깊이 있는 통찰을 보여줌.

13 린 마굴리스
(Lynn Margulis, 1938~2011)

1. 공생이론으로 진화를 다시 쓴 생명의 철학자

● 자연을 관찰하며 자란 어린 탐구자

1938년 3월 5일 미국 시카고에서 태어난 린 마굴리스는 질문을 자유롭게 던지는 분위기 속에서 성장했다. 그녀는 어릴 적부터 공원에서 곤충이나 작은 생물들을 직접 채집해 관찰했고, 생물의 움직임과 환경 사이의 관계를 스스로 기록하며 자연을 이해하려 했다. 이러한 경험은 생명체를 단순한 '개별 존재'가 아닌, 서로 영향을 주고받는 연결망으로 보는 시각을 일찍부터 형성하게 했다.

마굴리스는 훗날 자신의 생애를 돌아보며 이렇게 말했다. "나는 과학자가 되기 훨씬 전에 이미 자연을 탐구하는 사람이었다."

● 학문의 경계를 넘나들며 형성된 독창적 사고

마굴리스는 고등학교를 조기 졸업하고 15세의 나이에 시카고 대학교에 입학했다. 대학에서 생물학뿐 아니라 유전학, 지질학, 철학 등 다양한 분야를 넘나들며 학문을 탐구했고, '스스로 질문하고 직접 실험하라'는 학교의 지적 풍토 속에서 기존 이론을 비판적으로 바라보는 능력을 키웠다. 이러한 경험은 생명 현상을 단일한 기준으로 설명하기 어렵다는 사실을 깨닫게 했고, 이후 그녀가 진화의 본질을 새롭게 바라보는 바탕이 되었다.

● 미생물 세계에서 찾은 진화의 새로운 단서

대학원 진학 후 마굴리스는 미생물과 원생생물이 보이는 놀라운 상호작용에 주목했다. 현미경 아래에서 미생물들이 물질을 교환하거나 서로 융합하는 장면을 발견했다. 이는 기존의 다윈주의가 설명하는 단순한 돌연변이 축적만으로는 설명되지 않는 변화의 증거였다.

"진화는 단순한 경쟁의 산물일까?" 미토콘드리아와 엽록체가 각각 예전에는 독립적인 생명체였을 가능성에 대한 의문도 이 시기부터 구체화되었다. 이러한 통찰은 그녀의 첫 번째 주요 업적인 세포 내 공생이론을 탄생시켰고, 오늘날 진화생물학의 중요한 전환점을 제시했다.

● 정설을 뒤흔든 첫 논문, 그리고 15번의 거절, 관찰과 증거로 벽을 넘다.

1967년, 마굴리스는 진핵세포의 기원을 다룬 논문 「On the Origin of Mitosing Cells」을 여러 학술지에 투고했다. 그러나 이 논문은 무려 15번이나 거절되었다. 당시 학계는 돌연변이와 자연선택만으로 진화를 설명하는 신다윈주의 관점에 강하게 의존하고 있었기 때문이다.

하지만 마굴리스는 실험과 문헌 분석을 반복하며 자신의 가설을 증명하기 위해 노력했다. 미생물의 생태, 세포 구조, 유전적 흔적을 모두 연결해 공생이 실제로 일어났음을 보여주는 증거들을 차근히 쌓아갔다. 그녀의 연구는 단순한 이론이 아니라 관찰에서 출발한 과학이라는 점에서 점점 설득력을 얻기 시작했다. 마굴리스는 이 과정에서 '관찰은 이론보다 앞선다'는 과학자의 태도를 보여주었다.

● 지구 전체 생명체, 지구체계 관점으로 확장하다

마굴리스는 진화 연구를 생물 개체 수준에만 머물게 하지 않고, 생명체와 지구 환경이 서로 영향을 주고받는 더 큰 차원으로 확장했다.

"생명은 지구를 단순히 살아가는 것이 아니라, 지구와 함께 조절하는 존재이다." 이러한 시각은 생명과 지구를 별개로 보던 기존 틀을 넘어, 지구 전체를 하나의 거대한 생태적 조절 장치로 이해하도록 이끌었다.

● 오늘날로 이어지는 메시지

경쟁과 비교가 일상화된 환경 속에서 혼자 앞서가는 것을 성공으로 여기기 쉽다. 하지만 생명의 진화는 전혀 다른 방식으로 이루어져 왔다. 마굴리스는 생명 진화의 핵심이 경쟁이 아니라 공생과 협력이라는 사실을 끈질긴 관찰로 밝혀냈다. 정설에 맞서 수차례 거절을 겪으면서도, 증거와 관찰을 바탕으로 자신의 주장을 끝까지 밀고 나갔다.

오늘날 학생에게 마굴리스의 삶은 이렇게 말해준다. 함께 연결되고 협력할 때 더 큰 변화가 일어난다는 사실이다.

▶ 나는 학습과 탐구에서 경쟁보다 협력을 어떻게 활용하고 있는가?
▶ 나의 역할이 공동의 성과에 어떤 의미를 더할 수 있을까?

이 질문은 생명과학·환경·협력형 프로젝트 중심의 세특 탐구주제로 이어질 수 있다.

● 주요 업적

1) 세포 내 공생이론(Endosymbiotic Theory & Serial Endosymbiosis)

그녀는 진핵세포가 서로 다른 원핵생물의 공생과 융합을 통해 탄생했다는 세포 내 공생이론을 제시했다. 미토콘드리아와 엽록체가 과거 독립적 박테리아였다는 생화학, 유전학적 증거를 다각도로 제시했다. 이후에는 공생이 단 한 번이 아니라 여러 차례 반복되었다는 '연속적 공생' 모델로 이론을 확장했다. 그녀의 공생 모델은 돌연변이·경쟁 중심 진화론이 설명하지 못한 복잡성 증가를 설명하는 틀이 되었다. 오늘날 이 이론은 세포생물학, 미생물학, 진화생물학의 표준 이론으로 자리 잡고 있다.

2) 미생물 기반 지구 시스템 이론(Gaia Theory & Microbial Earth System)

그녀는 지구를 생명체와 환경이 상호작용하며 유지되는 하나의 조절체계로 보는 가이아 이론을 보완했다. 특히 미생물의 대사 작용이 대기, 해양, 토양의 성질을 근본적으로 변화시켜 왔음을 강조했다. 이를 통해 생명은 지구의 산물이자 조절자라는 새로운 생명-지구관을 확립하는 데 기여했다. 지구 환경을 단순한 '무대'가 아닌 생명과 연결된 역동적 시스템으로 해석하는 과학적 사고를 가능하게 했다. 이 관점은 오늘날 기후변화, 지구시스템 과학, 생태계모델링 연구의 기본 개념이 되었다.

3) 미생물 중심 진화 패러다임 확립(Microbial & Protist Evolution Paradigm)

그녀는 기존 진화론이 동물 중심으로 편향되어 있다고 지적하며 미생물'이 진화의 핵심 동력임을 강조했다. 미생물의 유전자 교환, 공생, 융합, 대사 협력 등이 지구 생명사 초기의 진화를 이끌었다는 점을 체계적으로 설명했다. 이를 통해 초기 생명 진화 연구의 방향을 바꾸었고, 생명체 계통수 분석에서 미생물의 역할을 재정립하는 기반을 마련했다. 결국 보이지 않는 미생물이 생명의 역사에서 '주연'임을 과학적으로 확립한 업적이다.

4) 홀로바이온트 개체 개념 확립(Holobiont Concept of the Organism)

생명체는 단일한 개체가 아니라 숙주와 그 내부 및 표면의 미생물군이 함께 이루는 통합적 시스템이라는 개념을 제시했다. 장내 미생물, 공생 미생물들이 숙주의 소화, 면역, 생리 기능을 결정한다는 관찰들이 이 이론의 근거가 되었다. 이 관점은 '개체란 무엇인가'를 재정의하며 생물학의 기본 단위를 개체가 아닌 공생 공동체로 확장시켰고, 현대 마이크로바이옴 연구의 기초가 되었다. 오늘날 생태학, 의학, 진화생물학에서 널리 활용되는 공생 중심 생명관의 핵심 이론으로 평가된다.

린 마굴리스는 세포 내 공생이론과 연속적 공생 모델을 통해 진핵세포가 공생의 축적으로 진화했다는 새로운 관점을 제시하였다. 또한 미생물의 대사 활동이 지구 환경을 조절해 왔다는 사실을 통해 생명과 지구를 하나의 통합된 시스템으로 이해하는 가이아 관점을 뒷받침했다. 그녀는 미생물과 원생생물이 초기 진화의 핵심 동력임을 밝혀 생명사 연구의 방향을 바꾸었고, 생명체를 숙주와 공생 미생물의 결합체로 보는 홀로바이온트 개념을 제시하여 개체의 의미를 확장했다.

이러한 성과들은 진화생물학의 이론적 틀을 경쟁 중심에서 공생, 상호작용 중심으로 재편하는 데 결정적 기여를 하였고, 지구 시스템 과학, 미생물생태학 ,마이크로바이옴 연구의 발전을 이끄는 기반이 되었다. 그녀의 연구는 생명 현상이 개별 생물의 변화가 아니라 관계망의 재조직화 과정임을 보여주며, 현대 과학에서 생태계, 기후, 건강 연구를 통합적으로 이해하는데 필수적인 개념적 토대를 제공하였다. 그래서 마굴리스는 오늘날에도 "생명과 지구를 다시 보게 한 과학자"로 평가된다.

● 과학 이론 연계 탐구 주제

세포내 공생이론	▶ 공생이론과 다윈 경쟁 모델의 비교 ▶ 원핵생물의 공생 사례와 세포 내 공생이론의 비교 연구 ▶ 미토콘드리아 DNA 분석을 통한 세균 기원 가설의 타당성 검증
미생물 기반 지구시스템 이론	▶ 토양 미생물 다양성에 따른 식물 생장률 비교 ▶ 해양 미생물 변화와 대기 CO_2농도의 상관관계 통계 모델링 ▶ 지구온난화가 미생물 기반 물질 순환에 미칠 미래 변화 예측
미생물 중심 진화	▶ 미생물 군집 변화가 생태계 천이 과정에 미치는 영향 ▶ 원생생물 생식 방식이 생명 다양성 증가에 미친 영향 분석 ▶ 미생물 생태적 지위 확장이 종 다양성 증가를 이끈 사례 분석
홀로바이온트	▶ 마이크로바이옴 다양성과 질병 감수성의 상관관계 분석 ▶ 인간 장내 미생물이 소화·면역 기능에 미치는 영향 분석 ▶ 항생제 사용이 숙주-미생물 공동체(holobiont)에 미치는 영향

● 탐구 설계 예시

주제	항생제 사용이 숙주-미생물 공동체(holobiont)에 미치는 영향
탐구 목표	항생제가 숙주와 공생 미생물군에 일으키는 변화를 관찰해, 미생물군집 변화가 숙주 생리에 미치는 영향을 이해하고 홀로바이온트 개념의 과학적 의미를 파악한다.
선정 이유	항생제는 감염 치료에 필수적이지만, 공생 미생물까지 사멸시켜 숙주의 생리 기능을 변화시킨다는 점에서 생명과학적, 사회적 의미가 매우 크다. 이러한 특징은 린 마굴리스가 제시한 "개체는 숙주+미생물의 공동체"라는 홀로바이온트 개념을 실험을 통해 직접 확인할 수 있는 중요한 사례가 된다.
서론	현대 생물학은 개체를 독립된 존재가 아니라 미생물과의 상호작용 속에서 이해한다. 장내 미생물은 소화·대사·면역에 관여하며, 항생제는 이 군집을 변화시켜 숙주 기능 저하를 일으키기도 한다. 따라서 항생제가 숙주-미생물 공동체에 미치는 영향을 실험적으로 분석하면 홀로바이온트 개념을 생물학적 근거와 함께 탐구할 수 있다.
본론	▶ 이론적 배경 조사: 장내 미생물군의 기능(소화·대사·면역), 항생제의 작용 기전 ▶ 핵심 개념 정리: 마이크로바이옴, 항생제, 홀로바이온트 ▶ 실험 설계 1) 배추흰나미 애벌레를 대조군과 실험군으로 분류한 후 집단별로 먹이에 다양한 농도의 항생제를 섞어 5~7일간 사육하면서 매일 체중, 행동, 섭취량을 기록 2) 실험 전후 배설물, 체표를 면봉으로 채취해 영양배지에 도말하여 미생물 군란 수 변화를 비교 ▶ 결과 해석: 집단별 변화량을 분석해 항생제가 미생물 공동체와 숙주에 미친 영향을 정량 평가한다.
결론	실험 결과를 바탕으로 항생제 처리 수준에 따른 미생물군 감소와 숙주 생리 변화의 상관관계를 분석한다. 이를 통해 생명체가 미생물과의 공생 속에서 기능한다는 홀로바이온트 개념의 타당성을 확인한다. 나아가 인간에서도 항생제 오남용이 장내 미생물 다양성 감소 및 면역력 저하로 이어질 수 있음을 생물학적으로 이해한다.
심화 탐구 주제	▶ 마이크로바이옴 다양성과 감염 취약성의 상관관계 연구 ▶ 항생제 내성균 증가가 마이크로바이옴 안정성에 미치는 영향 ▶ 식이 변화(섬유질·프로바이오틱스)가 미생물군 회복에 미치는 효과 분석
토론 주제	▶ 항생제 사용은 어디까지 허용될 수 있는가? ▶ 분변 미생물 이식(FMT)은 안전한 치료법이 될 수 있는가? ▶ 식습관 개선만으로 마이크로바이옴을 조절하는 것이 가능한가? (유전 vs 환경)
교내 후속 활동	▶ 생명과학: 마이크로바이옴 변화가 면역 반응에 미치는 영향 모델링 ▶ 통합과학: 항생제 내성 진화 사례를 바탕으로 선택압과 적응 개념 분석 ▶ 동아리활동: 보건교사와 협력한 항생제 오남용 예방 캠페인 기획

린 마굴리스(Lynn Margulis, 1938~2011)

2. 교과 연계 탐구활동 (미적분 I, 기후 변화와 환경생태, 생명과학)

● 미적분 I

성취기준	[12미적I-02-09] 방정식과 부등식에 대한 문제를 해결할 수 있다. [12미적I-02-10] 미분을 속도와 가속도에 대한 문제에 활용하고, 그 유용성을 인식할 수 있다.
주요내용	세포내 공생설은 미토콘드리아와 엽록체가 독립 생명체에서 유래해 숙주 세포와 공생하며 에너지 효율을 높였다는 이론이다. 이 과정에서 ATP 생산량 증가, 세포 크기 변화 등 양적 차이를 함수로 나타내고 변화율을 미분해 비교하면 공생의 이점을 정량적으로 분석할 수 있다. 또한 세포 생존 조건을 부등식으로 설정해 공생이 안정적으로 유지되는 영역을 수학적으로 해석할 수 있다.
교과연계 탐구주제	▶ 미분을 활용한 공생 이후 ATP 생산량 변화율 분석 ▶ 엽록체 공생 가설의 광합성 효율 증가를 함수·미분으로 분석 ▶ 공생체 크기 변화와 안정성 영역을 부등식으로 설정한 생물학적 조건 분석

● 기후 변화와 환경생태

성취기준	[12기환02-04] 기후변화 시나리오에 따른 미래 생태계 변화 예측 보고서를 찾아보고, 미래의 기후와 생태계의 변화 양상을 추론할 수 있다.
주요내용	미생물 기반 지구시스템 이론은 미생물의 대사 활동이 대기·해양·토양의 화학 조성을 조절해 지구 환경 변화를 이끈다는 관점을 제시한다. 이는 생태계 변화가 기후 변화에 의해 영향을 받는 것뿐 아니라, 미생물 활동 자체가 지구 기후를 형성하는 주요 요인임을 보여준다. 기후변화 시나리오 분석은 이러한 상호작용을 토대로 미래 생태계 변화를 예측하는 데 핵심적 근거를 제공한다.
교과연계 탐구주제	▶ 기온 상승과 토양 미생물 분해율, 탄소 배출량을 변화에 대한 모델링 ▶ 플랑크톤 군집 변화 시나리오를 활용한 미래 해양 산성화 진전 속도 비교 ▶ 기후 시나리오별 해양 미생물 감소가 대기 CO_2 농도 변화에 미치는 영향 예측

● 생명과학

성취기준	[12생과03-03] 생물 진화의 원리를 이해하고, 생물 진화 연구의 다양한 사례를 조사하여 협력적으로 소통할 수 있다.
주요내용	세포내 공생설은 서로 다른 미생물이 공생하며 진핵세포가 탄생했다는 진화적 전환점을 설명하는 이론으로, 생명 복잡성의 비약적 증가를 이해하는 핵심 근거를 제공한다. 미토콘드리아와 엽록체의 독립적 기원, 공생이 가져온 대사 효율 향상, 유전적 증거 등은 진화가 단순한 경쟁이 아니라 협력과 상호작용을 통해 이루어졌음을 보여주는 사례이다. 이를 통해 진화 원리를 다각도로 해석할 수 있다.
교과연계 탐구주제	▶ 세포 내 공생설과 다윈식 자연선택 이론 비교 고찰 ▶ 미토콘드리아 DNA 분석을 통한 공생 진화 흔적 탐구 ▶ 진핵생물 출현 시점과 공생 사건의 지질학적 증거 조사

3. 독서 연계 탐구활동

● 추천 도서 목록

추천 도서 목록
▶ 가이아(제임스 러브록, 갈라파고스, 2023) ▶ 생명이란 무엇인가(린 마굴리스, 도리언 세이건, 리수. 2016) ▶ 10퍼센트 인간 인간(앨러나 콜렌 저, 시공사, 2016) ▶ 마이크로 코스모스(린 마굴리스, 도리언 세이건, 김영사, 2011) ▶ 마이크로바이옴 생활 의학(김혜성, 닥스메디, 2024년) ▶ 마이크로바이옴(B. 브렛 핀레이, 제시카 핀레이, 파라북스, 2022년)

● 독서 연계 탐구 활동

독서 연계 탐구 활동	
도서명	10퍼센트 인간 인간(앨러나 콜렌 저, 시공사, 2016)
10% HUMAN 10퍼센트 인간	이 책은 인간을 수많은 미생물과 함께 이루는 공동체로 바라보며, 장내 미생물이 신진대사, 면역, 정신 건강에 미치는 영향을 핵심 연구와 함께 설명한다. 현대 질환 증가와 미생물 불균형의 연결을 짚고, 항생제 사용, 출산 방식 등 환경 요인이 마이크로바이옴을 어떻게 변화시키는지도 다루며 인간 건강을 '미생물과의 공존'이라는 관점에서 이해하도록 이끈다.
핵심 키워드	마이크로바이옴, 비만, 자폐증, 항생제, 모유
탐구 주제	▶ 비만, 대사질환과 장내 미생물 조성의 상관성 메타분석 ▶ 항균 제품 사용량 증가가 피부 미생물 다양성에 미치는 영향 조사 ▶ 장내 미생물 다양성과 특정 식습관(가공식품·섬유질)의 상관관계 분석 ▶ 장내 미생물이 정신 건강(불안·우울)에 영향을 줄 수 있는 생물학적 기전 탐구 ▶ **출산 방식(제왕절개, 자연분만)이 초기 마이크로바이옴 형성에 미치는 차이 조사**
토론 쟁점	▶ 항균 제품 과사용은 오히려 인간에게 해로운가? ▶ 제왕절개 분만 증가가 인류 건강에 장기적으로 어떤 영향을 미칠까? ▶ 마이크로바이옴 분석데이터를 의료 정보로 활용하는 것이 윤리적으로 정당한가?
후속 활동	▶ 확률과 통계: 대변 미생물 이식(FMT)의 성공률을 확률 모델로 예측하는 활동 ▶ 통합사회: 장내 미생물 다양성을 높일 수 있는 지역 사회 환경 조성 제안 활동 ▶ 통합과학: 대변 미생물 이식의 과학적 원리와 임상 적용 가능성 분석하는 활동 ▶ 진로활동: 학교 급식 식단을 마이크로바이옴 관점에서 영양 평가하기 활동

● 독서 연계 탐구활동 예시

탐구 주제	출산 방식(제왕절개, 자연분만)이 초기 마이크로바이옴 형성에 미치는 차이 조사
탐구 자료	▶ 신생아 장내 미생물군 형성 관련 논문 및 보고서 자료 ▶ 장내 미생물의 역할(면역·대사·장 발달 등)에 대한 자료 ▶ 자연분만·제왕절개 시 신생아가 처음 접촉하는 미생물 비교 자료

린 마굴리스(Lynn Margulis, 1938~2011)

탐구 개요	서론	자연분만은 산모의 질 내, 장 내 미생물에 노출되는 반면, 제왕절개는 피부, 병원 환경 미생물에 노출될 수 있음. 이처럼 출산 방식에 따라 아기가 최초로 접촉하는 미생물의 종류와 양이 달라질 수 있고, 이에 따른 초기 마이크로바이옴이 어떻게 형성되는지에 따라 신생아의 생애 초기 건강에 미치는 영향을 확인하고자 함.
	본론	▶ 출생 방식별 초기 미생물 노출 경로 분석함. ▶ 초기 마이크로바이옴 형성 과정 조사함. ▶ 출산 방식별 마이크로바이옴 차이를 수치화하는 과정 정리함. ▶ 출산 방식에 따른 건강 관련 지표를 조사하고 분석함. ▶ 출산 방식의 독립적 영향과 복합적 요인(출산 방식 외 영향 요인)의 구분
	결론	출산 방식(자연분만, 제왕절개)은 신생아가 최초로 획득하는 미생물의 종류와 비율에 직접적 차이를 만들어 초기 마이크로바이옴 구성에 뚜렷한 영향을 주는 것으로 확인됨. 이러한 차이는 면역 발달, 대사 안정성 등 생애 초기 건강 지표와 연관성을 가질 가능성이 제기됨. 출산 방식 외 환경 요인을 함께 고려할 때 마이크로바이옴 형성은 다요인적 과정임을 인식함.
후속 활동		▶ 통합과학: 수유, 항생제 노출 등에 따른 마이크로바이옴 변화 탐구 활동 ▶ 영어: 'microbiome', 'birth mode' 등 영문 TED 강연 청취 후 분석 활동 ▶ 역사로 탐구하는 현대 세계: 출산 방식의 변화와 위생·의학 발전사 조사 활동 ▶ 주제 탐구 독서: 미생물, 출산을 주제로 한 정보문 요약 및 비판적 읽기 활동 ▶ 진로활동: 출산 방식 경향성과 과학적 의견 등 산부인과 전문의 인터뷰 활동

4. NIE 연계 활동

● 신문 읽기 & 연결 사유 찾기

살아남으려는 '먹힌 놈'과 소화불량 '포식자'의 사투...(경향신문, 2022.10.27.)

이 기사는 '세포 내 공생설'을 중심으로, 진화 과정에서 경쟁만이 아니라 공생이 중요한 역할을 했음을 강조한다. 당시 큰 원핵생물이 작은 원핵생물을 삼켰지만 소화하지 못하고 결국 '먹은 자'와 '먹힌 자'가 상호작용하며 공생 관계로 전환되었다는 가설을 소개한다. 이러한 공생 관계는 단순히 협동이 아닌 경쟁과 상호작용을 포함하는 복합적 과정이며, 생물 다양성과 진화 전반을 이해하는 데 핵심적 관점을 제공한다.

500여종 미생물과 '바른 공생'...건강을 부탁해(한국경제, 2021.11.29.)

인간 성인의 몸속에는 약 500종 이상의 다양한 미생물이 존재하며, 그 수는 인체 세포 수보다 많다는 연구 결과가 소개된다. 해당 미생물군이 각각 다르게 구성될 경우 비만, 당뇨, 알레르기, 자폐 등 다양한 질환과 연관될 수 있다는 점이 강조된다. 일상생활에서 음식, 환경, 생활습관이 미생물 구성에 영향을 주며, 나아가 건강과 질병을 좌우하는 요소가 될 수 있다는 인식이 필요하다는 메시지를 담고 있다.

공존, 공생, 공영의 길을 찾다(새전북신문, 2024.06.20.)

이 기사는 Lynn Margulis(린 마굴리스)의 생물학적 시각이 고대 동양 사상과 만나 '공존·공생'의 철학으로 확장된다는 내용을 다룬다. 고대 히말라야의 수행자부터 현대 생물학자에 이르기까지, 생명계를 서로 연결된 존재로 인식하는 흐름을 통해 인간-자연 관계 재정립의 메시지를 전달한다. 현대사회에서 인간중심주의를 넘어, 모든 생명과의 상호작용을 깊이 성찰할 필요성이 강조되고 있다.

▶ 현대 환경 위기 극복에 인간 중심적 사고는 도움이 될까?

▶ 진화는 본질적으로 경쟁보다 공생이 더 중요한 역할을 했을까?

▶ 비만 치료에서 칼로리 제한보다 마이크로바이옴 조절이 더 효과적일까?

● 관점의 분석과 비교

살아남으려는 '먹힌 놈'과 소화불량 '포식자'의 사투...(경향신문, 2022.10.27.)
- 진화의 본질에 대한 입장 토론 -

찬성	반대
진화 초기에는 미생물 간 유전자 교환, 공생, 융합이 생명 복잡성을 높이는 핵심 동력이었다고 본다. 경쟁만으로는 설명할 수 없는 급격한 구조 변화와 새로운 기능의 등장에 공생이 더 직접적이고 결정적인 기여를 했다고 본다.	자연선택과 경쟁은 생존, 번식 성공도를 결정하는 기본 원리로, 생태계 구조와 종 분화를 장기적으로 주도해왔다고 본다. 공생은 일부 사례일 뿐, 진화의 전반적 방향을 설명하기엔 경쟁의 영향력이 더 크다.

500여종 미생물과 '바른 공생'...건강을 부탁해(한국경제, 2021.11.29.)
- 비만 치료 방법에 대한 토론 -

≫ 칼로리 제한	≫ 마이크로바이옴 조절
비만은 식습관, 운동량, 유전 등 다양한 요인의 복합 결과이므로 칼로리 섭취 조절이 여전히 핵심 전략이다. 마이크로바이옴 조절은 보조적 수단일 뿐, 단독으로는 체중 감소 효과가 제한적이며 개인 간 반응 차이도 크다.	마이크로바이옴은 에너지 흡수율, 지방 축적, 식욕 조절에 직접 관여해 비만의 근본 원인을 바꿀 수 있다. 칼로리 제한은 단기적 효과가 크지만, 장내 미생물 조성 조절은 장기적 체중 관리와 대사 건강 개선에 더 지속적인 영향을 줄 수 있다.

● 사고의 확장

▶ 공생이론이 환경 문제 해결 전략에 어떤 새로운 관점을 줄 수 있을까?

▶ 공생적 사고방식이 미래 도시 설계나 기술 개발에 어떤 영감을 줄 수 있을까?

▶ 공생 중심 진화관이 대중에게 더 널리 받아들여지려면 어떤 설명 방식이 필요할까?

▶ 미생물의 중요성을 강조하는 연구가 미래 생명공학 기술에 어떤 기여를 할 수 있을까?

▶ 세포내공생설처럼 기존 학설에 도전하는 새로운 이론은 과학에서 어떻게 다뤄져야 할까?

5. 세특 예시

제왕절개, 자연분만의 차이가 신생아 초기 마이크로바이옴 구성에 미치는 영향을 조사하며, 공생 개념이 실제 건강지표와 어떻게 연결되는지 검증함. 또한 '10% 인간'을 읽고 인간을 하나의 생태공동체로 바라보는 관점을 도입해 현대 질환 증가 요인을 비판적으로 고찰함. NIE 활동에서는 분변 미생물 이식 관련 기사를 분석해 공생 기반 치료의 윤리, 사회적 함의를 탐색함. 이러한 활동들을 통해 공생 개념이 현대 의학, ·생태학, 사회적 의사결정에 미치는 영향까지 확장해 이해함.

린 마굴리스(Lynn Margulis, 1938~2011)

14 마이클 패러데이
(Michael Faraday, 1791~1867)

1. "호기심은 위대한 힘을 만든다" 전자기 혁명을 연 과학의 장인

● 가난한 제책공의 아들로 태어나다

1791년 영국 런던의 가난한 집에서 태어난 마이클 패러데이는 제책공의 아들이었다. 그는 정규 교육을 거의 받지 못했지만, 책을 사랑했다. 어린 패러데이는 책을 제본하는 일을 도우며 고객이 맡긴 책을 몰래 읽곤 했다. 특히 과학 서적을 읽을 때면 세상이 완전히 다른 빛으로 보였다.

"나는 책이 내 인생을 바꾸는 문이라고 믿었다." 그에게 책은 학교이자, 세상으로 나아가는 유일한 다리였다.

● 우연에서 시작된 과학자의 꿈

한 고객이 패러데이에게 왕립학회 강연회 초대권을 선물했다. 그곳에서 그는 당대 최고의 과학자 험프리 데이비의 전기 실험을 직접 보게 되었다. 번쩍이는 불꽃, 자석이 움직이며 생기는 신비한 힘, 그 모든 광경이 어린 제본공의 가슴을 흔들었다. 그는 강연 내용을 정성껏 필기해 책으로 묶어 데이비에게 보냈다. 이 책이 계기가 되어, 그는 데이비의 실험실 조수로 들어갈 수 있었다. 패러데이의 인생은 그렇게 제책소에서 실험실로 옮겨갔다.

● 실험실 청소부에서 과학자로

초기에 그는 실험 도구를 닦고, 유리병을 씻는 단순한 일을 맡았다. 하지만 패러데이는 작은 일에서도 배움을 놓치지 않았다. 그는 도구의 모양, 전선의 연결, 자석의 방향 하나하나를 눈에 담았다. 그러다 자신만의 실험을 시작했고, 전류와 자석 사이의 놀라운 관계를 발견했다. 1831년, 그는 '전자기 유도 현상'을 발견하며 전기 발전의 원리를 세웠다.

"나는 단지 실험 속에 숨어 있던 법칙을 찾아냈을 뿐이다." 이 한 줄의 기록은 인류가 전기를 만드는 시대의 문을 연 선언이었다.

● 전기를 움직이는 힘, 발전기의 탄생

패러데이의 전자기 유도 실험은 오늘날의 발전기와 전동기 기술의 핵심 기초가 되었으며, 전기 문명의 출발점이라 할 수 있다. 그는 자석을 움직이면 전류가 발생하고, 전류가 흐르면 다시 자석이 움직일 수 있다는 상호 관계를 실험을 통해 명확히 증명했다. 이 단순하지만 혁신적인 원리는 이후 전력 생산 기술뿐 아니라 공장 기계, 전철, 가전제품 등 다양한 산업 분야에 직접 적용되며 현대 문명의 근본 구조를 완성했다.

패러데이는 이 발견을 통해 자연의 힘을 인간이 만들어 낼 수 있는 에너지로 전환하는 길을 열었다. 전기는 더 이상 우연히 발생하는 현상이 아니라, 반복과 설계로 생산할 수 있는 자원이 되었다. 그의 실험은 보이지 않던 힘을 움직이는 기술로 바꾸며, 과학이 문명을 어떻게 움직이는지를 가장 분명하게 보여주었다.

● 명예보다 진리를 택한 과학자

시간이 흘러 그는 영국 왕립학회의 가장 존경받는 과학자가 되었지만, 명예나 부에는 관심이 없었다. 그는 "과학은 권력의 도구가 되어선 안 된다."라며 권력자의 제안을 거절했다.

말년에는 정신이 약해져 연구를 중단해야 했지만, 그는 여전히 젊은 과학자들에게 이렇게 말했다. "실험은 실패해도 진실은 실패하지 않는다." 패러데이는 평생을 겸손하게 살며, 진리의 길을 걸은 과학자의 표본이었다.

● 오늘날로 이어지는 메시지

지금 우리는 배경과 출발선이 성취를 결정한다고 믿기 쉬운 사회에 살고 있다. 그러나 배움의 출발은 환경이 아니라 태도에서 시작된다. 패러데이는 정규 교육을 거의 받지 못했지만, 책과 실험에 대한 순수한 호기심으로 전기의 원리를 발견했다. 그는 화려한 이론보다 반복된 실험과 관찰을 통해 과학의 기초를 다졌다.

오늘날 학생에게 패러데이의 삶은 이렇게 전해진다.

호기심과 성실함은 어떤 조건보다 강력한 성장의 출발점이라는 메시지다.

▶ 나는 지금 성적보다 배움 그 자체에 얼마나 몰입하고 있는가?

▶ 나의 작은 호기심을 꾸준한 탐구로 발전시키고 있는가?

이 질문은 물리·공학·실험 탐구 중심의 세특 탐구주제로 확장될 수 있다.

● 주요 업적

1) 전자기 유도(Electromagnetic Induction)

패러데이는 자석을 움직이거나 전선 코일을 움직이면 전류가 생긴다는 사실을 발견했다. 이 원리를 '전자기 유도'라고 한다. 그는 자석 주변의 보이지 않는 자력선이 끊기거나 연결될 때 전기가 만들어진다는 점을 실험으로 증명했다. 이 발견은 발전기와 전동기의 기초가 되었으며, 현대 전력 생산의 출발점이 되었다. 패러데이의 전자기 유도는 오늘날 발전소에서 전기를 만드는 모든 기술의 핵심 원리로, 과학과 산업을 혁명적으로 변화시킨 업적으로 평가된다.

2) 전기분해 법칙(Electrolysis Laws)

패러데이는 전류가 물질을 분해시키는 과정을 여러 실험으로 조사해 전기분해의 규칙을 찾아냈다. 그는 전류의 양과 분해되는 물질의 양이 일정한 비율을 따른다는 사실을 밝혀 '전기분해 제1·2법칙'을 제시했다. 이 법칙 덕분에 화학 반응을 정량적으로 설명할 수 있게 되었고, 전기화학이라는 새로운 분야가 정립되었다. 이 연구는 금속 정제, 배터리 작동 원리 등 실생활과 산업 기술 발전에도 큰 영향을 주었다. 패러데이는 전기와 화학의 연결고리를 과학적으로 풀어낸 선구자였다.

3) 전기·자기의 통합 개념(Field Theory)

패러데이는 전기와 자기가 서로 다른 힘이 아니라 하나의 연속된 '장(Field)'에서 나타나는 현상이라고 보았다. 그는 자석 주변의 보이지 않는 힘의 흐름을 '힘의 선'으로 표현하며 전기와 자기의 작용을 눈으로 그려볼 수 있도록 설명했다. 이 개념은 당시 과학자들에게 매우 새로운 사고방식이었다. 패러데이의 장 개념은 후에 맥스웰이 전자기 방정식을 만들 때 중요한 기반이 되었으며, 현대 물리학에서 전자기파 이론과 전자기장의 이해로 이어졌다.

4) 패러데이 효과(Faraday Effect)

패러데이는 강한 자기장이 빛의 진행 방향에 영향을 줄 수 있다는 사실을 실험으로 증명했다. 이를 '패러데이 효과'라고 한다. 그는 유리나 액체처럼 투명한 물질에 자기장을 걸면 편광된 빛의 방향이 회전한다는 것을 발견했다. 이 실험은 빛과 전자기 현상이 서로 연결되어 있다는 첫 증거가 되었으며, 이후 전자기파 이론 발전에 큰 역할을 했다. 패러데이 효과는 오늘날 광통신, 자성 센서, 광학 장비 등 다양한 기술에 활용되고 있다.

● 과학적 성과와 영향

마이클 패러데이는 전기와 자기의 관계를 실험으로 밝히며 현대 전자기학의 기초를 세운 과학자이다. 자석이나 코일의 움직임에 따라 전류가 생긴다는 전자기 유도 현상을 발견해 발전기와 전동기의 원리를 확립했다. 또한 전류가 물질을 분해하는 과정을 체계적으로 연구해 전기분해 법칙을 정립했고, 전류의 양과 분해되는 물질의 양이 일정한 비율을 가진다는 사실을 증명했다. 패러데이는 보이지 않는 힘의 흐름을 '장(Field)' 개념으로 설명하며 전기와 자기의 통합적 이해를 제시했다.

패러데이의 연구는 오늘날 과학 기술 발전 전반에 매우 큰 영향을 미쳤다. 발전소에서 전기를 생산하는 기본 원리는 그의 전자기 유도 현상에서 비롯되었으며, 다양한 전기화학 산업 분야 또한 그의 법칙에 기반을 두고 체계적으로 발전하였다. 또한 패러데이 효과는 빛과 전자기 현상의 연결 가능성을 보여주어 이후 전자기파 이론과 광학 연구의 중요한 출발점이 되었다. 패러데이의 성과는 자연의 원리를 스스로 증명해낸 과학적 태도의 모범으로 높이 평가된다.

● 과학 이론 연계 탐구 주제

전자기 유도	▶ **발전기 원리와 전자기 유도 현상의 연관성 비교 분석** ▶ 패러데이 실험 방법이 과학 탐구 과정에 준 의미 고찰 ▶ 전자기 유도가 현대 전력 생산 기술에 미친 영향 탐구
전기분해 법칙	▶ 간단한 전기분해 실험으로 물질 변화의 기본 원리 분석 ▶ 패러데이 법칙이 현대 전기화학 기술 발전에 준 의미 고찰 ▶ 패러데이 전기분해 법칙과 현대 전기화학 기술의 적용 비교
전기·자기의 통합 개념	▶ 패러데이 연구와 맥스웰 방정식의 연결성을 비교 조사 ▶ 전기자기 이론 확립이 현대 과학기술 기반 형성에 준 의미 ▶ 전기·자기 통합 개념이 통신·에너지 기술에 미친 영향 분석
패러데이 효과	▶ 광학 소자에서 패러데이 효과 활용 사례 탐구 ▶ 빛-자기 상호작용 개념이 현대 물리학에 준 의미 고찰 ▶ 패러데이 효과가 현대 레이저·통신 기술 발전에 준 영향 탐구

주제	발전기 원리와 전자기 유도 현상의 연관성 비교 분석
탐구 목표	발전기가 전류를 만들어내는 원리를 전자기 유도 개념과 연결하여 이해하고, 두 현상이 실제 전력 생산 과정에서 어떻게 적용되는지 분석하는 것을 목표로 한다.
선정 이유	전기를 사용하는 대부분의 장치는 발전기를 통해 만들어진 전력을 사용한다. 발전기의 핵심 원리는 패러데이가 발견한 전자기 유도에 기반한다. 이 두 개념의 연관성을 이해하면 전기의 생성 과정뿐 아니라 전력 기술의 발전 흐름도 함께 파악할 수 있다. 과학 수업과 실생활의 연결을 자연스럽게 체감할 수 있어 본 탐구 주제를 선정했다.
서론	오늘날 전력 생산의 중심에는 발전기가 있으며, 그 기본 작동 방식은 전자기 유도 현상에서 출발한다. 코일과 자석의 상대 운동으로 전류가 생기는 이 원리는 패러데이가 실험을 통해 밝혀낸 중요한 발견이다. 본 탐구에서는 발전기 구조와 전자기 유도를 비교하며, 두 원리가 실제 전력 생산 과정에서 어떻게 연결되는지 살펴보고자 한다.
본론	▶ 전자기 유도 원리 조사: 자속 변화와 유도 전류 발생 이해 ▶ 발전기 기본 구조 조사: 코일·회전자·자석 역할 분석 ▶ 두 원리가 연결되는 과정 비교: 자속 변화 방식 중심 분석 ▶ 손전등 발전기·모형 발전기 실험을 통한 직접 확인 ▶ 자료 종합 후 발전기와 전자기 유도 연관성 정리 및 해석
결론	탐구 결과, 발전기는 코일 내부의 자속 변화를 통해 전류가 흐른다는 전자기 유도 원리를 그대로 활용하고 있음을 확인했다. 회전 운동이 자속 변화를 만들어내고, 이를 통해 전기 에너지가 생산된다. 이처럼 발전기와 전자기 유도는 분리된 개념이 아니라 실제 전력 생산에서 긴밀히 연결된 원리임을 이해할 수 있었다.
심화 탐구 주제	▶ 수력·풍력 등 발전 방식별 자속 변화 구조 차이 비교 탐구 ▶ 발전기 효율 향상을 위한 자석 강도·코일 수 변화 실험 분석 ▶ 전자기 유도 원리가 전기 자동차 회생 제동에 적용된 방식 고찰
토론 주제	▶ 발전 효율 개선이 에너지 문제 해결의 핵심이 될까? ▶ 친환경 발전 확대가 전력 생산 구조를 바꿀 수 있을까? ▶ 전자기 유도 기술이 향후 다른 분야로 확장될 수 있을까?
교내 후속 활동	▶ 통합과학: 코일·자석 실험으로 유도 전류 생성 실험 수행 ▶ 기술·가정: 간단한 발전기 구조 설계 및 작동 원리 분석 ▶ 동아리활동: 과학·메이커 동아리에서 모형 발전기 제작 프로젝트 진행

마이클 패러데이
(Michael Faraday, 1791~1867)

2. 교과 연계 탐구활동 (수학과제 탐구, 물리학, 소프트웨어와 생활)

● 수학과제 탐구

성취기준	[12수과03-01] 여러 가지 현상에서 수학 탐구 주제를 선정하고 탐구 계획을 수립할 수 있다.
주요내용	패러데이의 과학적 업적(전자기 유도, 전기분해)이 미적분, 기하, 대수 등 다양한 수학 분야와 융합되는 지점을 심층적으로 탐색한다. 그의 실험 과정과 결과를 수학적 모델링으로 재해석하고, 수학적 도구(함수, 통계, 기하)를 활용하여 자연 현상을 분석·확인하는 탐구 계획을 주도적으로 수립하며, 이를 통해 수학이 실생활과 타 교과에 폭넓게 적용되는 유용성과 확장 가능성을 인식하게 한다.
교과연계 탐구주제	▶ 패러데이 힘의 선 구조를 함수와 기하 표현으로 재구성하는 연구 ▶ 자기장 세기 변화율을 그래프·수식으로 표현해 유도 전류 패턴 해석 ▶ 패러데이 전자기 유도 실험에서 자속 변화와 기전력 관계 수학 모델링

● 물리학

성취기준	[12물리02-06] 전자기 유도 현상이 센서, 무선통신, 무선충전 등 에너지 전달 기술에 적용되어 현대 문명에 미친 영향을 인식할 수 있다.
주요내용	패러데이는 자속 변화가 전류를 만들어낸다는 전자기 유도 법칙을 발견하며, 현대 발전기·변압기·전동기 기술의 과학적 기초를 마련하였다. 그의 체계적 실험은 에너지가 전기적 신호로 전달되고 다시 기계적·전자적 장치로 변환될 수 있음을 명확히 보여주었다. 오늘날 센서·무선충전·무선통신에 활용되는 전자기 신호 생성의 핵심 원리는 모두 패러데이의 선구적 발견에서 출발한다.
교과연계 탐구주제	▶ 패러데이 유도 법칙이 무선충전 기술 형성에 기여한 과정 탐구 ▶ 전자기 유도 기반 센서 작동 원리를 패러데이 실험으로 비교 분석 ▶ 변압기·발전기 구조를 패러데이 유도 실험으로 모델링해 해석 연구

● 소프트웨어와 생활

성취기준	[12소생02-02] 소프트웨어를 통해 아이디어를 표현하는 데 필요한 센서와 액추에이터를 선택하여 피지컬 컴퓨팅 시스템을 구성한다.
주요내용	패러데이는 전류가 자기장을 만들고, 자기장 변화가 전기 신호를 만든다는 전자기 유도 원리를 발견하여 전기적 입력을 기계적 출력으로 변환하는 기술의 기반을 마련한다. 이는 센서가 물리량을 전기 신호로 변환하고, 액추에이터가 전기 신호를 운동·빛·소리로 변환하는 피지컬 컴퓨팅의 원리와 직접 연결된다. 이 성취기준은 패러데이의 실험이 오늘날 센서·모터·전자 신호 변환 기술의 기초가 되었음을 이해하도록 한다.
교과연계 탐구주제	▶ 패러데이 유도 원리를 활용한 센서 입력 신호 변환 과정 분석 ▶ 전자기 유도가 액추에이터 구동 신호 형성에 미치는 영향 탐구 ▶ 패러데이 코일 실험을 기반으로 한 피지컬 컴퓨팅 회로 모델링

3. 독서 연계 탐구활동

● 추천 도서 목록

추천 도서 목록
▶ 전기의 요정(이태연, 동아시아, 2025) ▶ 기초전자기학(David J. Griffith(김진승 역), 북스힐, 2025)
▶ 촛불의 과학(마이클 패러데이, 드루주니어, 2023) ▶ 촛불 하나의 과학(마이클 패러데이(이은경 역), 인간희극, 2019)
▶ 패러데이와 맥스웰(낸시 포브스 외(박찬 역), 반니, 2015) ▶ 청소년을 위한 교양 물리학: 전자기 유도(무미너리북스 교육출판 에디팅, 루미너리북스, 2025)

● 독서 연계 탐구 활동

독서 연계 탐구 활동

도서명	전기의 요정(이태연, 동아시아, 2025)
	이 책은 전기의 발견부터 현대 전기 기술까지의 흐름을 흥미롭게 소개한 책이다. 고대의 정전기 실험, 전류와 전압 개념의 탄생, 패러데이와 맥스웰의 연구, 전기가 산업과 일상생활을 어떻게 바꾸었는지 등을 쉽게 설명한다. 또한 전기가 어떻게 만들어지고 안전하게 사용되는지, 전기 에너지가 앞으로 어떤 미래 기술과 연결되는지까지 알려주고, 전기가 인간 문명을 변화시킨 핵심 기술임을 이해하게 된다.
핵심 키워드	정전기, 전류·전압, 패러데이, 전기혁명, 전기에너지
탐구 주제	▶ 정전기 원리가 일상생활 전기 현상에 미치는 영향 탐구 ▶ **전류·전압 개념이 전기 기기 작동 방식에 나타나는 특징 비교** ▶ 패러데이 전자기 유도 실험이 전기 발전 기술에 준 의미 분석 ▶ 전기 사용 확대가 산업 구조 변화와 사회 발전에 미친 영향 고찰 ▶ 전기 생산·전송 기술 발전이 미래 에너지 시스템에 주는 시사점 탐구
토론 쟁점	▶ 전기는 현대 사회에서 물보다 더 중요한 자원인가? ▶ 전기 생산 방식 변화가 환경 보호에 실제 도움이 되는가? ▶ 전기 기술 발전이 미래 산업과 인간 삶을 더 나은 방향으로 이끄는가?
후속 활동	▶ 통합과학: 전자기 유도 실험 장치를 제작해 전기 생성 원리를 확인하는 활동 ▶ 기술·가정: 전기 기기의 전력 사용량을 조사해 효율적 사용법을 찾는 활동 ▶ 통합과학: 다양한 전기 생산 방식의 장단점을 비교해 자료로 정리하는 활동 ▶ 동아리활동: 학교 주변 전력 사용 구조를 조사해 절전 캠페인을 기획하는 활동

● 독서 연계 탐구활동 예시

탐구 주제	전류·전압 개념이 전기 기기 작동 방식에 나타나는 특징 비교
탐구 자료	▶ 전류·전압 개념을 설명한 중·고등 과학 교과서 핵심 정리 자료 ▶ 건전지·케이블·LED 등 간단한 실험 키트로 전류 흐름 관찰 자료 ▶ 전기 기기 사용 설명서로 전압·전류 요구치 비교 가능한 자료

마이클 패러데이
(Michael Faraday, 1791~1867)

탐구 개요	서론	전류와 전압은 전기 기기가 작동하는 데 꼭 필요한 기본 개념임. 전압은 전기를 밀어주는 힘이고 전류는 실제로 흐르는 전자의 양으로, 두 값의 조합에 따라 기기의 밝기, 속도, 출력이 달라짐. 스마트폰 충전기, LED, 모터 등 다양한 전기 기기가 전류·전압에 어떻게 반응하는지 비교하면 전기 작동 원리를 더 쉽게 이해할 수 있음.
	본론	▶ 전류·전압의 기본 개념과 단위, 역할을 교과 자료로 정리하기 ▶ LED·모터·배터리 등 간단한 기기의 전류·전압 요구치를 조사하기 ▶ 전압 변화에 따른 기기 반응(밝기, 속도)을 실험으로 관찰하기 ▶ 전류 변화가 기기 안정성과 성능에 미치는 영향 분석하기 ▶ 기기별 전류·전압 특성을 비교해 표와 그래프로 정리하기
	결론	탐구 결과, 전압은 기기를 작동시키는 '밀어주는 힘'으로 작용해 전압이 높을수록 밝기나 속도가 커지는 경향을 보임. 반면 전류는 기기 내부에서 흐르는 전자 양을 의미하며, 전류가 부족하면 기기가 제대로 작동하지 않고 과하면 과열의 위험이 증가함. LED, 모터 등 기기마다 필요로 하는 전압·전류 범위가 서로 다르다는 점도 확인함.
후속 활동		▶ 통합과학: 여러 전기 기기의 전류·전압을 측정해 성능 차이를 비교하는 활동 ▶ 기술·가정: 가정 내 전기 제품의 전력 소비량을 조사해 효율성을 분석하는 활동 ▶ 정보: 스마트폰 충전 데이터 변화를 기록해 전류·전압 패턴을 시각화하는 활동 ▶ 물리학: 전압·전류 변화가 에너지 전달 효율에 미치는 영향 정리하는 활동 ▶ 동아리활동: 생활 속 전기 안전 수칙을 조사해 학교 캠페인을 제작하는 활동

4. NIE 연계 활동

● 신문 읽기 & 연결 사유 찾기

전자기학의 완성(동아사이언스, 2020.07.09.)

이 기사는 맥스웰이 전기와 자기의 법칙을 하나의 통합된 이론으로 정리하며 현대 전자기학의 기초 체계를 확립했음을 설명한다. 그는 패러데이의 실험적 발견을 수식화하여 전자기파의 존재를 이론적으로 예측했고, 이는 이후 무선통신·레이더·전력기술·위성기술 등 다양한 분야의 핵심 토대가 되었다. 기사는 또한 맥스웰 방정식이 과학·공학 전 영역에서 혁신을 촉발한 역사적 의미와 지적 가치까지 강조한 내용이다.

1852년 패러데이가 힘의 선이 실재한다고 선언했을 때(HORIZON, 2020.10.20.)

이 기사는 패러데이가 자력선·전기력선 등 '힘의 선' 개념을 제시하며 보이지 않는 힘을 시각적 모델로 설명한 혁신성을 다룬다. 당시 과학계는 눈에 보이지 않는 현상을 부정했지만, 패러데이는 실험을 통해 필드 개념의 실재성을 주장했고 이는 후에 맥스웰의 전자기장 이론으로 확장되었다. 기사는 패러데이가 현대 물리학의 장 개념을 여는 중요한 전환점을 만든 인물임을 강조한다.

전기 문명을 이끈 신문 배달부(톱클래스, 2019.12.13.)

이 기사는 어린 시절 신문 배달을 하던 평범한 소년이었던 에디슨이 끊임없는 실험과 도전을 통해 세계적인 발명가로 성장한 과정을 조명한다. 에디슨은 전구, 축음기, 전력 시스템 등 실용 기술을 만들어 전기 문명의 확산과 산업 발전에 중요한 역할을 했다. 그의 집념, 실패를 두려워하지 않는 태도, 창의적 사고, 그리고 산업화 시대에 발명가가 수행한 핵심 역할을 중심으로 현대 기술사회와 연결하여 설명하고 있다.

• 시사 이슈

▶ 맥스웰 방정식이 없었다면 현대 통신기술 발전 속도는 어떻게 달라졌을까?

▶ 현대 발명가에게 필요한 자질은 과거 에디슨의 방식과 어떻게 달라져야 할까?

▶ 보이지 않는 현상을 이해하기 위한 과학적 모델링은 어떤 기준으로 검증돼야 할까?

• 관점의 분석과 비교

전기 문명을 이끈 신문 배달부(톱클래스, 2019.12.13.)
- 에디슨처럼 실패를 반복하는 실용 중심 발명 방식이 현대 기술 개발에서도 여전히 효과적인가? -

찬성	반대
실패를 반복하며 해결책을 찾는 실용 중심 발명 방식은 예측하기 어려운 기술 문제를 실제 실험을 통해 빠르게 파악할 수 있다. 시행착오 과정은 창의적 해결을 촉진하고 새로운 기술적 돌파구를 만들기 때문에 여전히 효과적이다.	현대 기술 개발은 복잡한 데이터 분석, 시뮬레이션, 협업 연구에 기반해 효율성을 중시한다. 반복 실험은 시간과 비용 부담이 크며, 체계적 검증 없이 시행착오에 의존하면 혁신 속도가 늦어질 수 있어 전통적 방식은 한계가 있다.

1852년 패러데이가 힘의 선이 실재한다고 선언했을 때(HORIZON, 2020.10.20.)
- 직관과 창의적 상상력이 과학적 증거보다 연구의 출발점으로 더 우선될 수 있는가? -

≫ 직관과 창의적 상상력	≫ 과학적 증거
직관과 상상력은 새로운 개념을 떠올리고 기존 이론의 한계를 넘어서는 발상을 가능하게 한다. 과학의 혁신은 종종 증거보다 아이디어가 먼저 등장하면서 시작되므로, 연구의 출발점에서 직관적 사고는 중요한 원동력이 될 수 있다.	과학적 증거는 검증 가능한 사실에 기반해 오류를 줄이고 연구의 신뢰성을 확보한다. 직관만으로 출발하면 잘못된 가설에 자원을 낭비할 위험이 크다. 객관적 자료를 토대로 출발해야 과학은 체계적으로 발전할 수 있다.

• 사고의 확장

▶ 직관적 발견이 이론적 검증보다 먼저 등장하는 경우 이를 어떻게 평가해야 할까?

▶ 개인의 도전 정신이 과거와 달리 현대 기술 개발 환경에서 어떻게 달라져야 할까?

▶ 전문적 수식 기반 과학이 일반 시민에게 이해되기 위해 어떤 과학 소통이 필요할까?

▶ 기초과학 연구가 산업기술 혁신과 균형을 이루기 위해 사회는 어떤 지원을 해야 할까?

▶ 눈에 보이지 않는 필드 개념을 받아들이는 태도가 과학 발전에 어떤 변화를 가져왔을까?

5. 세특 예시

'직관과 창의적 상상력이 과학적 증거보다 연구의 출발점으로 더 우선될 수 있는가?'라는 주제로 관점 토론을 수행함. 직관은 새로운 관찰을 이끌 수 있으나 과학 연구의 출발점은 검증 가능한 사실에 기반해야 오류를 줄이고 연구의 신뢰성을 확보할 수 있다고 주장함. 직관만으로 연구를 시작하면 잘못된 가설에 자원 낭비 위험이 큼으로 객관적 자료에 기반해야 과학이 체계적으로 발전한다고 논증함. 토론 과정에서 과학적 증거의 역할을 깊이 있게 이해하는 모습을 보임.

15 막스 플랑크
(Max Planck, 1858~1947)

1. "질서 속의 불연속을 발견하다" 양자의 문을 연 사색가

● 음악적 소년, 보이지 않는 조화를 좇다

1858년, 북독일의 작은 항구 도시 킬. 겨울 저녁마다 집안을 채우던 피아노 선율 속에서 소년 막스 플랑크는 건반 사이의 규칙을 찾아 헤맸다. 그는 자연 역시 숨겨진 악보처럼 보이지 않는 조화로 움직인다고 믿었다.

"자연은 하나의 거대한 악곡이다."

그에게 세계는 연속된 음표처럼 완벽한 질서를 이루고 있었고, 이 음악적 감수성은 곧 물리학이라는 또 다른 '조화의 언어'로 이어졌다.

● 과학계의 난제 앞에서 무너진 확신

19세기 말, 물리학은 '흑체복사 문제'로 벽에 막혀 있었다. 이론상 뜨거운 물체는 무한한 에너지를 뿜어내야 했지만, 실제로는 그렇지 않았다. 누구도 답을 찾지 못했다. 플랑크는 스스로 "나는 혁명가가 아니다."라고 말할 만큼 보수적인 물리학자였지만, 문제를 해결하기 위해 그는 믿기조차 어려운 가설을 세웠다.

"에너지는 연속적이지 않다. 작은 덩어리, 양자로 존재한다." 그는 이 가설이 그저 '수학적 편법'일 뿐이라고 여겼지만, 그 조용한 가설 한 줄이 물리학의 패러다임을 뒤집어 놓았다.

● 1900년 12월 14일, 양자혁명이 시작되다

추운 겨울 베를린 물리학회. 플랑크는 종이 한 장을 들고 단상에 서서 새로운 공식을 발표했다. 그는 누구보다 침착한 사람으로 알려져 있었지만, 그날만큼은 손이 미세하게 떨렸다. 발표가 끝난 순간, 강당은 조용했다. 그러나 그 고요에는 무엇인가 거대한 것이 움직이기 시작하는 무언의 소리가 숨어 있었다.

곧 아인슈타인이 나타나 "빛도 양자다."라고 선언했고, 젊은 보어는 원자 속 전자의 궤도를 설명하는 데 플랑크의 개념을 도입했다. 플랑크 본인은 단지 문제를 해결하려 한 것뿐이었지만, 그의 이름을 딴 '플랑크 상수'는 양자역학의 문을 여는 열쇠가 되었다. 그리고 오늘날 레이저, 반도체, MRI, 양자컴퓨터 같은 기술들은 모두 그 열쇠에서 비롯되었다.

● 전쟁과 분열, 그리고 플랑크의 고독

플랑크의 개인사는 영광과는 멀었다. 1차, 2차 세계대전이 독일을 뒤흔들면서 학문의 자유도 함께 무너졌다. 플랑크는 독일 학계를 지키기 위해 고군분투했지만, 가장 큰 비극은 아들 에르빈이 히틀러 암살 혐의로 처형된 일이었다. 그 충격은 평생 음악을 사랑했던 이 지적 거장이 감당하기에는 너무나 큰 불협화음이었다.

그럼에도 그는 분노하거나 체념하지 않았다. 플랑크는 침묵 속에서 연구와 교육의 가치를 지켜냈고, 과학만큼은 권력의 도구가 되어서는 안 된다고 믿었다. 혼란의 시대 속에서도 그는 이성·절제·품위를 잃지 않으며, 독일 과학계의 마지막 등불처럼 조용히 자리를 지켰다.

● 자연의 비밀을 듣는 사람

말년의 플랑크는 자신이 세상에 던진 '양자'가 얼마나 거대한 파문을 만들어냈는지 뒤늦게 실감했다. 처음에는 단지 편의를 위해 도입한 가설이었지만, 그것이 우주의 가장 깊은 틈을 비추는 빛이 되리라고는 상상하지 못했다.

"진리는 논쟁에서 승리해 등장하는 것이 아니다. 반대하던 사람들의 세대가 지나가야 비로소 자리 잡는다." 그의 말처럼, 양자 혁명은 단순한 계산 문제가 아니라 사고의 전환이었고, 플랑크는 그 첫 문을 연 사람이었다.

● 오늘날로 이어지는 메시지

우리는 세상이 이미 완성된 공식과 정답으로 설명될 수 있다고 믿기 쉽다. 하지만 과학의 발전은 그 '당연함'을 의심하는 순간 시작된다. 플랑크는 연속적이라 믿겨졌던 에너지 개념에 의문을 품고, 불연속적인 양자 개념을 제시했다. 스스로 보수적이라 여겼지만, 문제 앞에서는 기존의 믿음을 내려놓는 용기를 선택했다.

오늘날 학생에게 플랑크의 삶은 이렇게 말해준다. 확실해 보이는 답이라도 다시 질문할 용기가 새로운 길을 연다는 사실이다.

▶ 나는 교과서의 개념을 그대로 받아들이기만 하고 있지는 않은가?
▶ 기존 설명의 한계를 스스로 질문해 본 적이 있는가?
이 질문은 물리·과학사·개념 탐구 중심의 세특 탐구주제로 이어질 수 있다.

● 주요 업적

1) 흑체복사 법칙 (Planck's Radiation Law)

플랑크는 뜨거운 물체가 방출하는 빛의 스펙트럼을 설명하지 못해 물리학이 큰 혼란에 빠져 있던 시기에, 흑체복사 법칙을 도출하며 이 난제를 해결했다. 기존 이론대로라면 파장이 짧아질수록 에너지가 무한대로 발산해야 했지만(자외선 파국), 플랑크의 공식은 실험값과 정확히 일치했다. 그는 이를 위해 에너지가 연속적이지 않고 작은 덩어리로 나누어 흡수, 방출된다는 가설을 도입했다. 이 법칙은 고전물리학으로 설명할 수 없던 영역을 수학적으로 정리하며 새로운 물리학의 문을 열었다.

2) 양자 가설 (Quantum Hypothesis)

플랑크는 흑체복사 문제를 해결하기 위해 "에너지는 연속이 아닌 일정한 크기의 묶음으로 변한다"는 파격적인 가설을 제시했다. 당시 그는 이것이 단지 수학적 편의라고 생각했지만, 이 아이디어는 물질과 에너지의 근본 구조를 규정하는 양자 개념의 핵심이 되었다. 아인슈타인은 이 가설을 확장해 광전효과를 설명했고, 보어는 원자의 전자 궤도를 이해하는 데 활용했다. 플랑크의 양자 가설은 현대 양자역학의 출발점이며, 이후 모든 미시 세계 연구의 기초가 되었다.

3) 플랑크 상수(h)의 도입

플랑크는 에너지가 양자 단위로 변할 때 그 최소 크기를 결정하는 새로운 상수 'h'를 공식에 도입했다. 이 값은 자연의 가장 미세한 스케일을 정의하는 물리학의 기본 상수가 되었으며, 양자역학의 모든 이론과 식에 등장하는 필수 요소가 되었다. 플랑크 상수는 파동, 입자의 이중성, 에너지 준위, 불확정성 원리 등 양자 개념 전체를 연결하는 핵심적 물리량이다. 오늘날 레이저, 반도체, MRI, 양자컴퓨터 등 첨단 기술 역시 모두 이 상수를 기반으로 작동한다.

4) 양자역학 발전의 중심 – 보어 연구소와 인재 양성

플랑크는 두 차례의 세계대전과 나치 정권의 억압 속에서도 학문의 독립성과 윤리를 지키기 위해 헌신했다. 그는 젊은 물리학자들을 보호하고 탄압받는 동료들을 지지하며, 혼란 속에서도 독일 과학계가 무너지지 않도록 버팀목 역할을 했다. 특히 아들 에르빈이 히틀러 암살 혐의로 처형되는 비극을 겪고도 그는 학문의 양심을 지키며 과학 공동체의 도덕적 중심에 섰다. 이런 행적은 플랑크를 단지 양자 이론의 창시자가 아니라, 학문 공동체를 지탱한 정신적 기둥으로 평가하게 한다.

● 과학적 성과와 영향

플랑크는 흑체복사 문제를 해결하기 위해 에너지가 연속이 아니라 작은 덩어리인 '양자'로 흡수, 방출된다는 혁명적 가설을 제시했다. 그는 이를 위해 플랑크 상수를 도입하며 미시 세계가 고전적 직관과 다른 규칙을 따른다는 사실을 수학적으로 드러냈다. 이 한 줄의 가설은 아인슈타인의 광전효과, 보어의 원자 모형, 하이젠베르크와 슈뢰딩거의 이론으로 이어지며 양자역학의 기초가 되었다. 결과적으로 플랑크는 의도치 않았음에도 현대 물리학의 새로운 시대를 여는 첫 불씨가 되었다.

플랑크의 양자 개념은 20세기 과학 전체의 사고방식을 바꿔 놓으며 자연을 확률과 불확정성의 관점에서 이해하는 새로운 패러다임을 만들었다. 그의 연구는 반도체, MRI, 양자컴퓨터 등 현대 기술의 핵심 원리로 확장되었고, 실험과 이론의 경계를 다시 정의하게 했다. 또한 그는 전쟁과 정치적 혼란 속에서도 학문의 자유를 지키며 과학 공동체의 정신적 기둥 역할을 수행했다. 플랑크의 성취는 단순한 이론의 탄생을 넘어, 과학이 세계를 해석하는 방식을 근본적으로 전환한 지적 혁명이었다.

● 과학 이론 연계 탐구 주제

흑체복사 법칙	▶ 엔트로피와 통계역학적 해석의 도입 ▶ 고전 물리학의 한계와 빈의 변위 법칙 분석 ▶ 별빛 색과 온도의 관계를 이용한 흑체 모델 기반 표면 온도 추정 원리 분석
양자 가설	▶ 에너지의 연속성과 불연속성 패러다임 전환 탐구 ▶ 플랑크의 양자 가설이 보어의 원자 모형 정립에 미친 영향 분석 ▶ 아인슈타인의 광전효과 이론이 플랑크 가설을 확장, 지지한 과정 연구
플랑크 상수 도입	▶ 국제단위계(SI) 재정의에서 플랑크 상수가 기준 상수로 채택된 이유 탐구 ▶ 플랑크 상수가 미시 세계의 작동 한계(Planck scale)를 규정하는 의미 분석 ▶ **LED 또는 광원 실험으로 플랑크 상수 값을 측정하는 실험 설계 및 오차 분석**
보어 연구소와 인재 양성	▶ 정치적 억압(나치 치하) 속에서 과학자의 사회적 책임과 학문 윤리 탐구 ▶ 솔베이 회의를 중심으로 본 집단지성 네트워크와 이론 물리 발전 구조 분석 ▶ 아인슈타인 등 신진 과학자를 지지하며 형성된 학문적 계보와 지식 확산 연구

주제	LED 또는 광원 실험으로 플랑크 상수 값을 측정하는 실험 설계 및 오차 분석
탐구 목표	금속 원소의 불꽃 반응에서 나타나는 선 스펙트럼의 파장을 분석하여, 원자 내 전자 에너지 준위가 연속적이지 않고 불연속적(양자화)임을 실험적으로 검증한다.
선정 이유	플랑크 상수는 양자역학을 여는 핵심 개념이지만, 교과서에서는 주로 상징적 의미만 다루어진다. LED 실험은 간단한 장비만으로 플랑크 상수를 직접 구할 수 있어 '추상적 상수'가 물리적 실재임을 체감하게 한다. 또한 전자전이, 광자에너지, 파장 등 양자 개념을 통합적으로 이해하는 데 효과적이기 때문에 본 탐구 주제로 선정했다.
서론	막스 플랑크는 흑체복사 문제를 해결하기 위해 에너지가 불연속적으로 흡수, 방출된다는 양자 가설을 제시했고, 이때 등장한 플랑크 상수(h)는 현대 물리학의 기초가 되었다. 본 탐구는 LED에서 전자가 띠 간 전이를 할 때 방출되는 광자의 에너지가 $E=h\nu$ 관계를 따르는지 분석하여, 플랑크 상수를 실험적으로 산출하고자 한다.
본론	▶ 이론 정리: LED의 밴드갭 에너지, 전자전이, 광자의 파장과 에너지 관계 $E=hc/\lambda$ 정리하기 ▶ 실험 설계 1) 다양한 파장의 LED(적색, 황색, 녹색, 청색 등) 준비 2) LED의 순방향 전압(V_f)을 정밀하게 측정하고, 스펙트럼 데이터로 파장을 확인한 뒤, $eV_f=hc/\lambda$ 관계식으로 플랑크 상수 계산 ▶ 결과 정리 1) 파장별 측정값 비교, 선형 회귀를 통한 기울기 분석, 플랑크 상수 도출 2) 접촉저항, LED 열화, 파장 오차 등 체계적 오차 요인 분석
결론	LED의 파장과 순방향 전압을 이용해 플랑크 상수를 측정한 결과, 문헌값과 유사한 값을 얻어 양자 에너지식의 타당성을 확인하였다. 오차는 LED 파장 편차, 온도 변화, 전압 측정 한계 등이 원인으로 파악되었다. 이번 탐구를 통해 플랑크 상수가 추상적 개념이 아니라 전자소자의 동작을 설명하는 실제 물리 상수임을 이해하게 되었다.
심화 탐구 주제	▶ LED 스펙트럼의 선폭(FWHM)이 에너지 밴드구조에 미치는 영향 분석 ▶ 플랑크 상수 측정법(광전효과, LED법, 광검출기법)의 정확도 비교 연구 ▶ 플랑크 단위계(Planck units)가 제시하는 미시 세계의 근본적 한계 탐구
토론 주제	▶ 단일 실험으로 물리 상수를 정의할 수 있을까? ▶ 단순한 전자소자 실험만으로도 양자이론의 타당성을 검증했다고 볼 수 있을까? ▶ 양자화가 자연의 본질인지, 인간이 만든 모델링에 불과한지 논의할 수 있을까?
교내 후속 활동	▶ 독서와 작문: 플랑크, 아인슈타인 서신 속 과학적 세계관 읽기 ▶ 공통수학: 선형 회귀 분석과 오차 전파 계산을 통한 실험 불확실성 정량화 ▶ 동아리활동: 아두이노, 광센서를 이용한 LED I-V 특성곡선 자동 측정 장치 제작

막스 플랑크(Max Planck, 1858~1947)

2. 교과 연계 탐구활동 (물리학, 현대사회와 윤리, 대수)

● 물리학

성취기준	[12물리03-04] 원자 내의 전자는 양자화된 에너지 준위를 가지고 있음을 스펙트럼 관찰 증거를 바탕으로 논증할 수 있다.
주요내용	막스 플랑크는 에너지가 연속이 아니라 '양자' 단위로 방출된다는 가설을 제시하며 스펙트럼의 불연속성을 설명할 수 있는 이론적 기반을 마련했다. 실제로 원소의 방출 스펙트럼은 특정 파장의 선 형태로 나타나며, 이는 전자의 에너지 변화량이 불연속적임을 보여주는 실증적 증거이다. 따라서 스펙트럼 분석을 통해 전자의 에너지 준위 구조를 논증하는 과정은 양자 개념의 출발점을 깊이 이해하게 한다.
교과연계 탐구주제	▶ 수소 발머선 파장 측정을 통한 전이 에너지 계산 및 플랑크 상수 적용 ▶ 플랑크의 양자 가설을 기반으로 한 방출 스펙트럼의 불연속성 분석 연구 ▶ 적색–청색 LED 또는 광원 스펙트럼 비교를 통한 전자 에너지 밴드 구조 해석

● 현대사회와 윤리

성취기준	[12현윤03-01] 과학기술 연구에 대한 다양한 관점을 조사하여 비교·설명할 수 있으며 이를 과학기술의 사회적 책임 문제에 적용하여 비판 또는 정당화할 수 있다.
주요내용	플랑크는 단지 양자의 창시자가 아니라, 세계대전과 나치의 탄압 속에서 학문의 자유를 지키기 위해 노력한 과학자였다. 그의 리더십은 젊은 학자 보호, 솔베이 회의 운영, 과학 공동체 유지에서 돋보였으며, 과학자의 사회적 책임을 사상적, 실천적으로 제시했다. 그는 어려운 시대에도 과학의 품위와 윤리를 지키고자 했으며, 그의 삶은 과학이 정치, 사회 환경과 어떻게 얽히는지 이해하는 중요한 사례가 되었다.
교과연계 탐구주제	▶ 전쟁, 정치, 윤리가 과학자의 의사결정에 미치는 영향 탐구 ▶ 과학자의 사회적 책임: 플랑크의 학문 공동체 재건 사례 분석 ▶ 과학 이론과 시대적 맥락: 양자혁명이 독일, 유럽 과학계에 미친 영향

● 대수

성취기준	[12대수01-08] 지수함수, 로그함수를 활용하여 문제를 해결할 수 있다.
주요내용	막스 플랑크의 흑체복사 법칙은 지수함수를 기반으로 한 에너지 분포식을 통해 고전 물리학의 한계를 해결한 대표적 사례이다. 그는 실험 데이터를 지수·로그 변환하여 선형적으로 분석함으로써 자연 현상 속의 규칙성을 수학적으로 드러냈다. 이러한 과정은 지수함수와 로그함수가 과학 문제 해결에 어떻게 활용되는지를 보여주며 그의 연구는 수학적 모델링이 새로운 과학 이론의 탄생을 이끌 수 있음을 이해하게 한다.
교과연계 탐구주제	▶ LED 스펙트럼을 로그 스케일로 표현해 플랑크 상수 도출의 선형성 확인 ▶ 흑체복사 스펙트럼을 지수·로그 변환해 플랑크식과 레일리–진스식의 차이 비교 ▶ 빈의 변위 법칙 도출 과정에서 지수함수 극값 조건을 이용한 수학적 구조 탐구

3. 독서 연계 탐구활동

● 추천 도서 목록

추천 도서 목록

▶ 양자역학 쫌 아는 10대(고재현, 풀빛, 2023)
▶ 양자역학의 결정적 순간들(박인규, 21세기북스, 2025)
▶ 양자역학 이야기(팀 제임스(김주희 역), 한빛비즈, 2022)
▶ 플랑크가 들려주는 양자 이야기(육근철, 자음과 모음, 2010)
▶ 막스 플랑크 평전(에른스트 패터 피셔(이미선 역), 김영사, 2010)
▶ 친절한 양자론(다케우치 가오루(김재호, 이문숙 역), 전나무숲, 2021)

● 독서 연계 탐구 활동

독서 연계 탐구 활동

도서명	양자역학 이야기(팀 제임스(김주희 역), 한빛비즈, 2022)
	이 책은 플랑크의 양자 가설에서 시작해 아인슈타인의 광전효과, 보어의 원자 모형, 슈뢰딩거 방정식, 양자얽힘, 벨 부등식까지 양자역학의 핵심 전개 과정을 설명한다. 특히 실험적 발견이 어떻게 기존 세계관을 뒤흔들었는지, 과학자들의 논쟁과 시도 속에서 양자 개념이 완성되는 과정을 흥미롭게 재구성했다. 이를 통해 현대 물리학의 기초가 되는 '확률적 세계관'이 어떻게 정립되었는지 이해할 수 있다.
핵심 키워드	양자 가설, 광전효과, 보어 모형, 파동함수, 불확정성 원리
탐구 주제	▶ 보어 모형의 스펙트럼 예측 정확도와 한계 실험적 검증 ▶ **플랑크, 아인슈타인, 보어로 이어지는 양자 개념의 계보 분석** ▶ 양자 얽힘과 비국소성 개념을 벨 부등식 실험과 연결해 이해하기 ▶ 슈뢰딩거 파동함수의 확률 해석이 물리 현상을 설명하는 방식 탐구 ▶ 광전효과 실험을 기반으로 플랑크 상수(h) 직접 측정 및 오차 분석
토론 쟁점	▶ 관측은 자연을 '바꾸는가', 아니면 단지 '기록'하는가? ▶ 미시 세계의 '확률적 법칙'이 거시 세계에도 적용될 수 있는가? ▶ 양자역학의 해석(코펜하겐, 다세계 등)은 과학적 사실인가, 철학적 선택인가?
후속 활동	▶ 공통수학: 파동함수의 삼각함수, 지수함수 형태 분석 및 확률밀도 계산 ▶ 현대사회와 윤리: 양자기술(암호, 컴퓨팅)이 미래 사회에 미칠 영향 분석 ▶ 과학의 역사와 문화: 플랑크, 아인슈타인, 보어, 슈뢰딩거 논쟁의 흐름 정리 ▶ 동아리활동: 파이썬으로 단일 슬릿, 이중 슬릿 간섭 패턴 시뮬레이션 구현

● 독서 연계 탐구활동 예시

탐구 주제	플랑크, 아인슈타인, 보어로 이어지는 양자 개념의 계보 분석
탐구 자료	▶ 보어 수소 원자 모형 논문 요약과 리드버그 식 비교 자료 ▶ 막스 플랑크 흑체복사 논문 요약 및 플랑크 복사 법칙 그래프 자료 ▶ 아인슈타인 광전효과 논문 내용 정리 및 정지전압-진동수 그래프 자료

탐구 개요	서론	막스 플랑크의 양자 가설은 흑체복사 문제를 해결하기 위한 수학적 조정에서 출발했지만, 이후 보어의 원자 모형과 아인슈타인의 광전효과 해석으로 확장되며 현대 물리학의 기반이 됨. 본 탐구에서는 플랑크, 아인슈타인, 보어로 이어지는 양자 개념의 흐름을 비교하여, 양자화가 어떻게 원자 구조 이해를 변화시켰는지 분석하고자 함.
	본론	▶ 플랑크의 양자 가설이 흑체복사 문제를 해결한 핵심 원리 정리하기 ▶ 아인슈타인이 광전효과에서 양자 개념을 확장한 방식 비교하기 ▶ 보어 모형에서 에너지 준위 양자화가 스펙트럼을 설명하는지 조사하기 ▶ 세 개념(양자–광자–에너지 준위)의 연결 구조를 표나 도식으로 정리하기 ▶ 양자화 개념이 원자 구조 이해에 미친 변화를 핵심 위주로 분석하기
	결론	플랑크의 양자 가설이 아인슈타인의 광전효과 해석과 보어의 원자 모형으로 이어지며, 에너지가 불연속적이라는 공통 원리를 중심으로 양자 개념이 발전했음을 확인함. 세 이론은 서로 다른 현상을 다루지만 모두 원자 구조와 스펙트럼의 이해를 바꾸는 데 핵심적 역할을 했음. 이를 통해 양자화 개념이 현대 물리학으로 이어지는 연속적 사유의 흐름임을 파악하게 됨.
후속 활동		▶ 공통수학: 플랑크 스펙트럼 곡선의 수학적 구조를 분석하는 활동 ▶ 독서와 작문: 확률론과 결정론 양자 논쟁에 대한 비판적 글쓰기 활동 ▶ 통합과학: 플랑크의 서신으로 과학자의 사회적 책임과 기술 윤리 논의 활동 ▶ 전자기와 양자: 광전효과 실험을 통해 양자화 개념을 정량적으로 검증하는 활동 ▶ 과학의 역사와 문화: 솔베이 회의의 토론 문화와 과학혁명 양상 비교 연구 활동

4. NIE 연계 활동

● 신문 읽기 & 연결 사유 찾기

빛나는 흑체, 20세기를 열다(동아사이언스, 2021.09.30.)

이 기사는 19세기 물리학이 설명하지 못한 '자외선 파국' 문제를 소개하며, 흑체복사 곡선이 고전 이론과 충돌했던 이유를 설명한다. 플랑크는 이를 해결하기 위해 에너지가 연속이 아니라 '진동수에 비례하는 최소 단위(양자)'로 존재한다는 혁명적 가설을 제시했다. 이 가설로 도출된 플랑크 곡선은 실험과 정확히 일치해 고전물리학의 한계를 넘어서게 되었다. 이러한 발견은 현대 양자역학의 출발점이 되었다.

양자역학의 시작이 된 흑체 복사(중도일보, 2025.11.21.)

이 기사는 흑체가 왜 교과서에서 중요한 개념인지, 그리고 그 연구가 어떻게 양자역학의 출발점이 되었는지를 다룬다. 19세기 물리학이 흑체 스펙트럼을 설명하지 못하던 난제를 플랑크의 '양자가설'이 해결하면서 현대 물리학이 열렸다고 강조한다. 플랑크의 복사 법칙은 별, 용광로, 체온 등 다양한 온도 측정 기술의 기반이며 국가 표준광원 기술의 핵심으로 활용되고 있음을 소개한다.

10월 4일–독일의 물리학자 막스 플랑크(Sideview, 2022.10.04.)

이 기사는 19세기 말 흑체복사 연구가 혼란스러웠던 시기에 막스 플랑크가 등장해 새로운 돌파구를 열었다는 내용을 다룬다. 고전물리학으로는 실험 결과를 설명할 수 없던 상황에서, 플랑크는 플랑크 상수와 양자 개념을 제시해 문제를 해결했다. 이 발견은 현대 양자역학의 출발점이 되었다. 기사에서는 그의 성장 배경부터 이론 형성 과정, 흑체 복사 법칙의 의미까지를 흥미롭게 소개한다.

• 시사 이슈

▶ 작은 수학적 가정이 거대한 과학 혁명으로 이어질 수 있을까?

▶ 과학 이론이 산업 기술 표준으로 확장되는 과정은 앞으로도 지속될까?

▶ 실험과 이론이 충돌할 때, 과학자는 얼마나 과감히 새 가설을 제시해야 할까?

• 관점의 분석과 비교

빛나는 흑체, 20세기를 열다(동아사이언스, 2021.09.30.)
- 검증되지 않은 수학적 가설(플랑크의 양자가설)을 과학적 이론으로 인정해야 하는가? -

찬성	반대
플랑크의 가설은 기존 이론이 설명하지 못한 '자외선 파국'을 해결하며 실험값과 일치했다. 과학에서 가장 중요한 것은 자연 현상을 정확히 기술하는 것이므로, 비록 물리적 의미가 불완전해도 예측력을 가진 가설은 이론으로 인정될 수 있다.	현상을 설명하는 원리 없이 결과만 맞는 가설을 성급히 이론으로 채택하면 오히려 과학적 이해를 저해할 수 있다. 플랑크 조차 자신의 가설을 '수학적 편의'라 여겼듯, 물리적 실체가 확인되지 않은 모델은 임시적 설명에 머물러야 한다.

양자역학의 시작이 된 흑체 복사(중도일보, 2025.11.21.)
- 국가 과학 예산은 기초과학(흑체, 양자 연구)보다 응용 기술 개발에 우선해야 할까? -

≫ 응용 우선	≫ 기초 우선
기후 위기, 에너지 고갈, 의료 기술 격차 등 시급한 사회 문제 해결에는 단기간에 적용 가능한 기술이 요구된다. 응용 연구는 경제적 파급 효과가 크고 산업 경쟁력을 강화하며, 국민 생활에 직접적으로 기여해 예산 효율성이 높다.	흑체복사 연구처럼 순수 기초과학이 결국 양자역학, 반도체, 비접촉 온도계 등 핵심 기술을 낳았다. 기초 연구 투자가 없으면 장기적 혁신의 토대가 사라진다. 미래 산업의 씨앗은 기초과학에서 나오므로 안정적 장기 투자가 필요하다.

• 사고의 확장

▶ 실험과 맞지 않는 기존 이론은 언제 과감히 버려야 할까?

▶ 플랑크의 신중함은 과학적 태도인가, 변화에 대한 보수성일까?

▶ 국가 과학 정책은 장기 혁신과 단기 문제 해결 중 어떤 목표를 우선해야 할까?

▶ 과학 이론은 예측력, 실체성, 설명력 중 무엇을 더 우선 기준으로 삼아야 할까?

▶ 자연이 연속적이라는 관점과 불연속적이라는 관점 중 어느 쪽을 과학은 따라야 할까?

5. 세특 예시

막스 플랑크의 양자 가설과 흑체복사 관련 기사·칼럼을 분석하여 고전 물리학의 한계와 양자 개념의 탄생 과정을 정리함. LED 실험으로 에너지 준위의 불연속성을 탐구하고, 지수·로그 기반 데이터 분석을 수행함. 또한 '양자역학 이야기'를 읽고 플랑크-아인슈타인-보어로 이어지는 양자 개념의 계보를 도식화해 현대 물리학의 구조적 흐름을 정리함. 기초과학 투자, 과학적 가설의 수용 기준 등을 주제로 토론하며 과학 이론의 사회·철학적 함의를 비판적으로 성찰함.

16 베르너 하이젠베르크
(Werner Heisenberg, 1901~1976)

1. 불확정성으로 세계를 다시 쓴 물리학자

● 음악과 수학 사이, 숨은 규칙을 찾던 소년

1901년, 독일 뮌헨. 어린 하이젠베르크는 책보다 악보를 더 오래 들여다보는 아이였다. 피아노 건반의 음들이 보이지 않는 규칙으로 이어지는 것에 매료되었다.

"음악처럼 자연에도 숨겨진 규칙이 있을까?" 암기식 수업은 싫어했지만, 수학 문제와 물리 퍼즐 앞에서는 누구보다 몰입했다. 그는 눈에 보이지 않는 것들을 '관계와 숫자'로 이해하려 했고, 이 성향은 훗날 양자역학의 기초를 만든 사고방식으로 성장해 갔다.

"우리는 관측 가능한 것들로만 자연을 말해야 한다." 그의 철학은 이미 이 시절부터 싹을 틔우고 있었다.

● 실험이 아닌 '사유'로 원자를 다시 그리다

청년 하이젠베르크는 원자의 전자가 실제로 궤도를 돈다고 가정하는 기존 이론에 의문을 가졌다. 그 궤도를 본 사람은 아무도 없었기 때문이다. 헬고란트 섬에서 천식으로 밤새 뒤척이던 어느 여름, 그는 결심했다.

"관측할 수 없는 가정은 이론에서 지워야 한다."

그는 전자 궤도를 완전히 버리고, 오직 스펙트럼 변화만을 근거로 전자의 운동을 수학적으로 표현했다. 이렇게 탄생한 '행렬역학'은 보이지 않는 세계를 사유와 수학으로 설명한 새로운 물리학의 출발점이었다.

● '정확히 측정할 수 없다'는 충격적 선언

1927년, 그는 과학계에 낯설고도 도발적인 문장을 내놓았다. "입자의 위치와 운동량은 동시에 정확히 알 수 없다." 불확정성 원리는 실험의 한계가 아니라 자연의 본질적 특성이라는 선언이었다. 이 한 문장은 기존의 직관을 완전히 흔들어 놓았고, 자연이 근본적으로 '흔들리는 세계'임을 보여주었다. 이후 양자역학을 떠받치는 핵심 기둥이 되었다.

● 전쟁 속에서 과학자의 양심을 선택하다

2차 세계대전 중 그는 독일의 핵 연구를 맡았지만, 무기 개발에 직접적으로 관여하는 것을 경계했다. 전후에는 과학자의 책임과 윤리를 강조하며, 과학이 파괴가 아닌 평화를 향해야 한다는 신념을 이야기했다. 그가 핵무기를 못 만든 것인지, 만들지 않은 것인지에 대한 논쟁은 계속되지만, 한 가지는 분명했다. 그는 과학이 인간을 해치는 방향으로 흐르는 것을 경계한 인물이었다.

하이젠베르크에게 과학은 국가의 명령보다 우선하는 사유와 책임의 영역이었다. 그는 전쟁의 소용돌이 속에서도 과학자가 어디까지 나아가야 하고, 어디서 멈춰야 하는지를 스스로에게 끊임없이 물었다. 그 선택의 흔적은 오늘날까지도 과학과 윤리의 경계를 묻는 질문으로 남아 있다.

● 보어와의 끝없는 논쟁, 과학이 아닌 '세계관'의 싸움

하이젠베르크의 이론은 곧 스승이자 동료인 닐스 보어와의 깊은 논쟁을 불러왔다.

"자연은 확률로 존재한다." — 하이젠베르크

"측정은 그 확률을 실재로 만든다." — 보어

그들의 대화는 단순한 수식의 문제가 아니라, '실재란 무엇인가'라는 철학적 충돌이었다. 관점은 달랐지만, 그 대화 속에서 양자역학의 해석은 더욱 단단해졌고 현대 물리학의 사유 구조가 완성되었다.

● 오늘날로 이어지는 메시지

정확함과 명확함을 요구하는 사회에서, 불확실성은 종종 약점처럼 여겨진다. 하지만 자연의 본질은 언제나 그렇게 단순하지 않다. 하이젠베르크는 자연이 본질적으로 불확정적이라는 사실을 받아들이며 새로운 물리학을 세웠다. 그는 측정의 한계를 인정하고, 과학자의 책임과 윤리에 대해서도 끝까지 고민했다.

오늘날 학생에게 하이젠베르크의 삶은 이렇게 말해준다.

모든 것을 완벽히 통제하려 하기보다, 불확실성 속에서도 사고하는 힘이 중요하다.

▶ 나는 결과가 불확실한 탐구를 끝까지 밀고 나가 본 적이 있는가?

▶ 지식의 힘을 어떤 방향으로 사용해야 할지 고민해 본 적이 있는가?

이 질문은 물리·윤리·과학철학 융합 세특 탐구주제로 확장될 수 있다.

● 주요 업적

1) 행렬역학(Matrix Mechanics)의 창시

하이젠베르크는 원자의 전자 궤도처럼 관측할 수 없는 요소를 과감히 배제하고, 오직 실험에서 얻은 스펙트럼 자료만을 바탕으로 전자의 운동을 재구성했다. 그는 물리량들을 '행렬'이라는 새로운 수학 구조로 표현하며 최초의 완전한 양자역학 이론을 만들어냈다. 이 이론은 기존 고전역학과 전혀 다른 방식으로 자연을 설명했다. 행렬역학은 양자역학의 출발점이자, 미시 세계가 특정한 규칙성 속에서 확률적으로 움직인다는 사실을 드러낸 혁신적 업적이다.

2) 불확정성 원리(Uncertainty Principle) 제시

하이젠베르크는 입자의 위치와 운동량을 동시에 정확하게 알 수 없다는 불확정성 원리를 제시하며 자연의 근본적 한계를 설명했다. 이는 단순히 실험 장비의 한계가 아니라, 미시 세계가 본질적으로 '흔들림'과 '확률' 속에서 존재한다는 의미였다. 이 원리는 전자의 궤도를 고전적 의미로 정의할 수 없음을 보여주었고, 측정 행위 자체가 자연의 상태를 바꿀 수 있음을 강조했다. 불확정성 원리는 현대 과학철학과 측정 이론의 핵심을 이루는 근본 규칙으로 자리 잡았다.

3) 중간자 이론 및 양자장론 발전(Quantum Field & Meson Theory)

하이젠베르크는 원자핵을 구성하는 입자들이 어떤 힘으로 결합하는지를 설명하기 위해 중간자 개념을 도입했다. 그는 양자장론을 활용해 핵력이 전자기력과는 다른 방식으로 작용함을 분석하고, 핵자 사이에서 힘을 전달하는 매개입자를 가정했다. 이 아이디어는 이후 유카와 히데키가 이론적으로 발전시켜 노벨상을 수상하게 한 기반을 제공했다. 하이젠베르크의 연구는 강한 상호작용을 이해하는 데 중요한 초석이 되었고, 현대 입자물리학과 핵물리학의 발전을 촉진하였다.

4) 양자역학 해석, 과학철학, 학문 공동체 재건 기여

하이젠베르크는 보어와 함께 코펜하겐 해석을 형성하며, "측정이 현실을 결정한다"는 양자역학 해석의 핵심 원리를 정립하는 데 큰 역할을 했다. 또한 2차 세계대전 이후 독일 과학계 재건에 참여하며, 막스플랑크 연구소와 괴팅겐 학파를 중심으로 새로운 세대의 물리학자를 양성했다. 그는 과학자의 사회적 책임과 연구 윤리를 강조하며 전후 학문의 방향성을 제시했고, 양자이론의 철학적 의미를 체계적으로 설명해 현대 과학철학에도 깊은 영향을 남겼다.

● 과학적 성과와 영향

하이젠베르크는 행렬역학을 창시하여 관측 가능한 물리량만으로 전자의 행동을 기술하는 새로운 양자이론을 세웠고, 이를 통해 고전역학으로 설명할 수 없던 미시 세계의 규칙성을 수학적으로 구조화했다. 그는 또한 위치와 운동량을 동시에 정확히 알 수 없다는 불확정성 원리를 제시했다. 이어 핵력을 설명하기 위한 중간자 개념과 초기 양자장론을 발전시켜 강한 상호작용 연구의 기반을 마련했고, 보어와 함께 코펜하겐 해석을 정립하며 양자 이론의 철학적, 해석적 틀을 구축했다.

하이젠베르크의 업적은 현대 물리학의 구조와 기술 발전 전반에 깊은 영향을 남겼다. 행렬역학과 불확정성 원리는 반도체, 레이저, MRI, 양자컴퓨터 등 양자 기반 기술의 핵심 원리가 되었으며, 측정과 실재의 관계를 재정의하며 과학철학 전반에 새로운 논의를 촉발했다. 중간자 이론은 유카와 이론과 표준모형으로 이어지며 입자물리학과 핵물리학 발전의 초석이 되었고, 그의 해석학적 기여는 오늘날까지도 양자역학의 기본 관점을 형성하고 있다.

● 과학 이론 연계 탐구 주제

행렬역학	▶ 보어 모형과 행렬역학의 예측 차이를 비교해 초기 양자이론 발전 경로 고찰 ▶ 비가환 연산($AB \neq BA$)의 의미를 사례로 탐구하여 고전역학과의 차이 구조 비교 ▶ 스펙트럼선 변화를 통해 행렬역학이 전자 상태 변화를 어떻게 기술하는지 분석
불확정성 원리	▶ **이중슬릿, 전자 회절 실험을 통해 위치–운동량 불확정성의 실험적 근거 정리** ▶ 측정 과정이 양자 상태를 변화시키는 이유를 다양한 실험 사례 중심으로 탐구 ▶ 불확정성이 전자 궤도 개념을 왜 불가능하게 만드는지 물리적, 철학적 의미 분석
중간자 이론 및 양자장론	▶ 유카와 이론과 하이젠베르크 초기 중간자 모델을 비교 분석 ▶ 양자장론에서 '장(Field)' 개념이 상호작용을 어떻게 재정의하는지 구조 탐구 ▶ 핵력의 범위와 세기를 그래프, 식 기반으로 분석하여 중간자 개념의 역할 고찰
양자역학 해석, 과학철학 재건 기여	▶ 코펜하겐 해석을 다른 해석(파일럿파, 다세계 등)과 비교 분석 ▶ 양자역학의 확률적 세계관과 고전적 결정론과 철학적 논점 차이 탐구 ▶ 전후 독일 과학계 재건 사례를 바탕으로 과학자의 사회적 책임, 학문 윤리 분석

주제	이중슬릿, 전자 회절 실험을 통해 위치-운동량 불확정성의 실험적 근거 정리
탐구 목표	이중슬릿 간섭무늬와 전자 회절 패턴을 분석하여, 전자의 위치 불확정성이 커질수록 운동량 분포가 넓어지는 현상을 정량·정성적으로 이해하는 것을 목표로 한다.
선정 이유	불확정성 원리는 양자역학의 핵심 개념이지만 교과서에서는 추상적으로 제시되는 경우가 많다. 이중슬릿 실험과 전자 회절은 원리가 이미 잘 실험으로, 데이터 분석만으로도 위치–운동량의 관계를 확인할 수 있다. 따라서 '측정이 상태를 바꾼다'는 하이젠베르크의 관점을 실제 현상 기반으로 이해할 수 있어 탐구 가치가 높다고 판단했다.
서론	양자역학은 불확정성 원리를 핵심 명제로 삼는다. 이중슬릿과 전자 회절 실험에서는 전자의 위치를 좁게 제한하면 간섭무늬가 넓어지고, 반대로 위치 불확정성을 크게 하면 운동량 분포가 좁아지는 현상이 나타난다. 본 탐구에서는 이러한 패턴을 분석하여 불확정성 원리의 실험적 근거를 정리하고자 한다.
본론	▶ 이중슬릿 실험 구조와 간섭 패턴 형성 원리 조사 ▶ 슬릿 간격 변화에 따른 회절, 간섭 무늬 변화 자료 수집 및 분석 ▶ 전자 회절 실험에서 결정 격자 간격과 회절각의 관계(브래그 조건) 조사 ▶ 위치 불확정성(슬릿 폭 감소)과 운동량 불확정성(회절각 증가) 상관 분석 ▶ 수집한 데이터를 기반으로 $\Delta x \cdot \Delta p$ 관계를 도표, 그래프로 정리하여 해석
결론	탐구 결과, 슬릿 폭을 좁혀 전자의 위치 불확정성을 작게 만들수록 회절, 간섭 무늬가 넓어져 운동량 불확정성이 커진다는 사실을 확인하였다. 이는 불확정성 원리가 단순한 장비의 한계가 아니라 자연의 구조적 특성임을 보여준다. 본 탐구에서 불확정성 원리가 실험적 패턴에서 어떻게 드러나는지 구체적으로 이해하게 되었다.
심화 탐구 주제	▶ 불확정성 원리가 원자 궤도, 터널링 현상에 미치는 영향 분석 ▶ 단일 슬릿, 이중슬릿, 전자 회절 실험의 패턴을 수학적으로 비교 분석 ▶ 측정 행위가 양자 상태를 변형시키는 원리를 양자 측정 이론 관점에서 고찰
토론 주제	▶ 양자 실험에서 '관측'이란 어떤 의미를 갖는가? ▶ 불확정성은 자연의 본질인가, 인간 측정 능력의 한계인가? ▶ 확률로 기술된 세계관은 과학적 사실인가, 해석상의 선택인가?
교내 후속 활동	▶ 물리학: 다양한 슬릿 폭에서 회절각 예측값 계산 및 실험값 비교 ▶ 공통수학: $\Delta x \cdot \Delta p$ 관계를 함수, 그래프 형태로 표현하는 기초 모델링 활동 ▶ 동아리활동: 레이저, 슬릿 장치를 활용한 광 회절 실험과 전자 회절 영상 분석

베르너 하이젠베르크 (Werner Heisenberg, 1901~1976)

2. 교과 연계 탐구활동 (전자기와 양자, 실용 통계, 독서와 작문)

● 전자기와 양자

성취기준	[12전자03-04] 현대의 원자모형을 불확정성 원리와 확률을 기반으로 설명하고, 보어의 원자모형과 비교할 수 있다.
주요내용	하이젠베르크의 불확정성 원리는 위치와 운동량을 동시에 정확히 알 수 없음을 제시하며 이러한 궤도 개념의 한계를 드러낸다. 현대 원자모형은 전자의 존재를 확률밀도 분포(오비탈)로 설명하며, 이는 행렬역학이 제시한 비가환적 물리량 구조와 양자적 측정 개념을 기반으로 한다. 해당 성취기준은 보어 모형과 현대 양자모형의 차이를 물리적, 철학적으로 이해하는 데 핵심적 역할을 한다.
교과연계 탐구주제	▶ 전자 확률밀도($\|\psi\|^2$)와 스펙트럼 변화를 이용해 현대 원자모형의 타당성 검증 ▶ 불확정성 원리가 전자 궤도 개념을 배제하게 만든 물리적, 철학적 이유 고찰 ▶ 보어 모형과 현대 오비탈 모형의 구조적 차이를 불확정성 원리 관점에서 비교

● 실용 통계

성취기준	[12실통03-01] 정규분포와 t분포를 공학 도구를 이용하여 탐구할 수 있다.
주요내용	하이젠베르크의 불확정성 원리는 확률 분포로 기술된다는 사실을 보여주며, 이는 정규분포 기반 통계 모델과 깊이 연결된다. 전자 위치, 운동량의 확률폭을 정규분포, t분포로 근사해 비교하면 양자적 '흔들림'을 통계적으로 해석할 수 있다. 공학 도구를 통해 분포의 평균, 분산 변화가 불확정성과 어떤 유사 구조를 갖는지 탐구할 수 있다. 이러한 과정은 통계 분포가 자연 현상을 이해하는 핵심 도구임을 확인하게 한다.
교과연계 탐구주제	▶ 파이썬으로 시뮬레이션을 수행해 분산 증가와 불확정성 관계 탐구 ▶ 정규분포로 위치, 운동량 확률폭(Δx, Δp)을 근사하고 불확정성과의 유사성 분석 ▶ 정규분포와 t분포의 꼬리 두께 차이가 측정 불확실성 해석에 주는 의미 비교 분석

● 독서와 작문

성취기준	[12독작01-12] 정서 표현과 자기 성찰의 글을 읽고 자신의 정서를 진솔하게 표현하거나 자신의 삶을 성찰하는 글을 쓴다.
주요내용	하이젠베르크는 눈에 보이지 않는 세계를 이해하기 위해 '불확정성의 수용'을 강조했으며, 이는 인간의 삶에서도 통제할 수 없는 영역을 인정하는 성찰적 태도와 연결된다. 그가 전쟁 속에서 과학자의 책임과 윤리를 고민했던 과정은 자기 신념과 현실의 충돌을 성찰하는 글쓰기 주제로 확장될 수 있다. 해당 성취기준을 통해 자신의 불안, 선택의 어려움, 책임감 등을 진솔하게 표현하는 글쓰기 경험을 설계할 수 있다.
교과연계 탐구주제	▶ 전쟁기 하이젠베르크의 윤리적 고민을 바탕으로 자기 성찰 글 작성 ▶ '예측할 수 없음 속에서 어떻게 선택하고 살아갈 것인가'에 대한 성찰 글쓰기 ▶ '내가 세계를 바라보는 방식(확률적 세계관·결정론적 세계관)'을 탐구하는 글쓰기

3. 독서 연계 탐구활동

● 추천 도서 목록

추천 도서 목록
▶ 파인먼이 들려주는 불확정성 원리 이야기(정완상, 자음과 모음, 2010) ▶ 물리와 철학(베르너 하이젠베르크(조호근 역), 서커스(서커스출판상회), 2018) ▶ 세상에서 가장 쉬운 과학 수업: 불확정성 원리(정완상, 성림원북스, 2023) ▶ 최소한의 양자역학(프랑크 베르스트라테, 셀린 브리카에르트(최진영 역), 동아엠앤비, 2025) ▶ 부분과 전체(베르너 하이젠베르크(유영미 역), 서커스(서커스출판상회), 2023) ▶ 물리의 정석: 양자 역학 편(레너드 서스킨드, 아트 프리드먼(이종필 역), 사이언스북스, 2020)

● 독서 연계 탐구 활동

독서 연계 탐구 활동	
도서명	부분과 전체(베르너 하이젠베르크(유영미 역), 서커스(서커스출판상회), 2023)
	이 책은 하이젠베르크가 직접 기록한 회고록으로, 양자역학이 탄생하는 과정과 당시 과학자들의 고민을 생생하게 전달한다. 불확정성 원리와 행렬역학이 어떻게 사유와 논쟁 속에서 만들어졌는지 보여준다. 또한 전쟁, 과학자의 책임 등 과학을 둘러싼 사회적 맥락도 함께 다루며 그의 사고방식을 깊이 이해하도록 돕는다. 물리학 개념뿐 아니라 과학의 철학적 의미까지 함께 성찰할 수 있게 해주는 책이다.
핵심 키워드	불확정성 원리, 코펜하겐 해석, 과학자 공동체와 대화, 과학과 윤리, 양자혁명
탐구 주제	▶ 아인슈타인과의 논쟁을 통해 본 '실재란 무엇인가?' 문제 고찰 ▶ 하이젠베르크-보어 대화를 통해 본 양자역학 해석의 차이 분석 ▶ 불확정성 원리가 현대 기술(반도체, 레이저, MRI)에 미친 영향 분석 ▶ 과학자의 사회적 책임: 전쟁기 하이젠베르크 사례로 본 윤리적 딜레마 탐구 ▶ 초기 양자 물리학자들의 토론 방식이 어떻게 새로운 이론을 형성했는지 분석
토론 쟁점	▶ 관측하지 않은 대상도 실재한다고 볼 수 있는가? ▶ 과학자는 정치, 전쟁 상황에서 어디까지 책임을 져야 하는가? ▶ 새 이론은 기존 이론과 충돌할 때 어떻게 받아들여져야 하는가?
후속 활동	▶ 전자기와 양자: 불확정성 원리가 실험적으로 분석하는 활동 ▶ 공통국어: '실재의 조건'을 주제로 한 관점 비교 글쓰기를 하는 활동 ▶ 과학의 역사와 문화: 솔베이 회의(1927)의 토론 구조를 정리하는 활동 ▶ 동아리활동: 시뮬레이션을 구현하고, 위치-운동량 분포 변화를 관찰하는 활동

● 독서 연계 탐구활동 예시

탐구 주제	하이젠베르크-보어 대화를 통해 본 양자역학 해석의 차이 분석
탐구 자료	▶ 파동함수 붕괴, 측정 문제 시뮬레이션 영상 자료 ▶ 솔베이 회의(1927) 관련 사료 및 논문 요약 자료 ▶ 코펜하겐 해석, 통계 해석, 파일럿파 등 양자역학 해석 비교 표

탐구 개요	서론	하이젠베르크와 보어는 동일한 양자이론을 연구했지만, '현실이 무엇인가'를 설명하는 방식에서 중요한 차이를 보임. 하이젠베르크는 관측 가능한 양만을 과학의 대상으로 보는 입장을 견지했고, 보어는 관측 맥락 자체가 물리량을 규정한다고 주장함. 본 탐구는 두 사람의 대화를 통해 '측정이 실재를 결정한다'는 주장의 의미를 물리적, 철학적으로 분석하고자 함.
	본론	▶ 불확정성 원리와 상보성의 핵심 개념을 간단히 비교 정리하기 ▶ 시뮬레이션을 활용해 측정이 파동함수에 미치는 영향을 확인하기 ▶ 코펜하겐 해석의 장점, 한계를 두 학자의 주장과 연결해 정리하기 ▶ 아인슈타인과 보어의 '양자역학의 완전성'에 대한 양측 입장 재구성하기 ▶ 하이젠베르크와 보어의 관측, 실재, 측정에 대한 철학적 관점 대비하기
	결론	탐구 결과, 하이젠베르크는 관측된 값만이 물리적 의미를 갖는다고 보았고, 보어는 실험 맥락이 물리량을 규정한다는 상보성 원리를 강조함을 확인함. 두 관점의 차이는 양자 세계를 바라보는 '실재론 vs 반실재론'의 차이로 이어지며, 측정이 물리적 결과를 구성한다는 해석의 철학적 깊이를 드러냄. 이 논쟁은 양자역학의 확률적 성격을 이해하는 데 필수적임을 알 수 있었음.
후속 활동		▶ 독서와 작문: 하이젠베르크–보어 대화 재구성 에세이 작성 ▶ 공통국어: '관측이란 무엇인가?'를 주제로 관점 비교 글쓰기 ▶ 과학의 역사와 문화: '논쟁이 과학을 어떻게 발전시키는가' 발표 ▶ 전자기와 양자: 파동함수 붕괴, 확률 분포 변화를 시뮬레이션으로 분석하는 활동 ▶ 정보: 파이썬으로 간단한 확률적 파동함수 모델 구현해 측정 효과 시뮬레이션하기

4. NIE 연계 활동

● 신문 읽기 & 연결 사유 찾기

불확정성 원리를 둘러싼 논란(동아사이언스, 2022.01.20.)

이 기사는 하이젠베르크의 불확정성 원리가 '하이젠베르크 현미경' 사고실험에서 출발했음을 설명하며, 위치와 운동량을 동시에 정확히 측정할 수 없는 이유를 소개한다. 보어의 상보성 원리와의 관점 차이, 두 사람이 관측과 실재를 두고 벌인 철학적 논쟁도 함께 다룬다. 전체적으로 불확정성 원리를 둘러싼 논쟁이 양자역학 해석을 정립하는 데 어떤 의미를 가졌는지 조명한다.

양자역학 100주년, 한국의 양자 미래를 준비할 때(동아일보, 2025.02.18.)

이 기사는 한국의 양자기술 경쟁력이 아직 초기 단계에 머물러 있음을 지적한다. 기초과학과 응용을 잇는 연구 역량 부족, 인재 양성 미비, 산업계 참여 제한 등이 양자 생태계 발전의 주요 장애 요인으로 제시된다. 미  국, 유럽, 중국 등과 비교해 국가 투자 규모가 적다는 점도 문제로 지적된다. 이 기사는 한국이 양자 도약을 이루기 위해 기초 연구 강화, 인재 양성, 산학 협력, 전략적 투자 확대가 필수적임을 강조한다.

1941년 하이젠베르크는 왜 보어를 방문했을까(동아사이언스, 2016.07.19.)

이 기사는 두 물리학자의 우정이 전쟁과 핵개발 문제로 어떻게 뒤얽혔는지 탐구한다. 연극 '코펜하겐'을 계기로 그 방문의 의미가 다시 조명되며, 하이젠베르크의 의도가 '핵개발의 회피'였는지, 혹은 단순한 능력 부족이었는지를 둘러싼 논쟁이 이어진다. 이후 공개된 보어의 편지는 두 사람이 당시 상황을 전혀 다르게 기억했다는 사실을 보여주며 논란을 키웠다. 기사는 과학자의 윤리, 전쟁 속 선택을 중심 주제로 제시한다.

• 시사 이슈

▶ 양자 시대에 기초과학과 응용 연구의 균형은 어떻게 설정해야 할까?

▶ 불확정성, 상보성 등 양자 해석 논쟁은 앞으로 과학의 방향에 어떤 영향을 미칠까?

▶ 양자 기술 경쟁이 본격화되는 지금, 우리는 어떤 전략으로 기술 격차를 줄일 수 있을까?

• 관점의 분석과 비교

양자역학 100주년, 한국의 양자 미래를 준비할 때(동아일보, 25.02.18.)
- 양자 기술 투자, 지금 대폭 확대해야 하는가? -

찬성	반대
미국, EU, 중국 대비 투자 규모가 작아 국제 경쟁에서 뒤처질 위험이 크다. 기초 연구와 인력 양성이 부족해 지금 투자를 늦추면 기술 격차가 벌어진다. 양자컴퓨팅, 양자센서 등은 미래 산업의 핵심 기반이므로 전략적 투자가 필수이다.	과열된 시장 기대 대비 실질적 성과는 아직 제한적이므로 무조건적 투자는 비효율적이다. 국가 재정 여건을 고려하면 기술 성숙도가 높은 분야부터 단계적으로 투자해야 한다. R&D 역량이 충분히 확보되기 전까지는 투자 리스크가 크다.

1941년 하이젠베르크는 왜 보어를 방문했을까(동아사이언스, 2016.07.19.)
- 전쟁기 하이젠베르크는 핵개발을 회피하려 했는가? -

≫ 윤리적 회피	≫ 능력 부족
우라늄 농축이 비현실적이라 판단해 연구를 원자로로 돌리려 했다는 증언이 있다. 플루토늄 폭탄 가능성을 알고도 나치에 알리지 않았다는 분석도 제기된다. 또한 그는 과학자의 윤리에 대해 조언을 구하려 코펜하겐을 찾았다는 해석도 있다.	보어의 편지는 하이젠베르크가 당시 핵무기 개발에 적극적이었다는 기억을 전한다. 독일의 실패가 윤리적 선택이 아니라 기술력 부족 때문이라는 분석도 있다. 전후 하이젠베르크의 진술이 스스로를 정당화한 재해석일 가능성도 제기된다.

• 사고의 확장

▶ 양자 기술 경쟁 속에서 무엇을 우선 투자해야 할까?

▶ 불확정성은 자연의 한계일까, 인간 인식의 한계일까?

▶ 관측은 실재를 드러내는가, 아니면 실재를 바꾸는가?

▶ 전쟁 상황에서 과학자의 윤리적 선택 기준은 무엇이어야 할까?

▶ 새로운 과학 이론은 어떤 과정을 거쳐 사회적 합의를 얻을 수 있을까?

5. 세특 예시

　　이중슬릿과 전자 회절 데이터를 분석해 위치-운동량 불확정성 관계를 정량적으로 해석함. 행렬역학의 비가환 구조가 현대 원자모형으로 어떻게 이어지는지 탐구했고, 스펙트럼선 변화와 오비탈 분포를 비교하며 보어 모형의 한계를 논리적으로 설명함. 또한 솔베이 회의 논쟁을 참고해 하이젠베르크-보어의 해석 차이를 정리하며 과학 이론 형성의 철학적 기반을 성찰함. 더 나아가 통계 분포 모델링과 NIE 자료 분석을 연계하여 과학적 사고를 확장하는 모습을 보임.

17 베른하르트 리만
(Bernhard Riemann, 1826~1866)

1. 조용한 사유 속에서 세계의 모양을 새롭게 질문하다

● 어린 시절의 고독한 독학, 숫자와 공간을 향한 감각을 깨우다

리만은 북독일의 작은 마을에서 태어나 조용하고 내성적인 아이였다. 그러나 수줍음 속에서도 그는 특별한 집중력과 직관을 보여주었다. 집안에 있던 아버지의 신학·수학 서적을 스스로 펼쳐 읽으며, 그는 숫자와 공간의 구조를 이해하려는 독특한 사유 습관을 키웠다. 어린 리만은 단순히 문제를 푸는 데 그치지 않고, "이 계산이 성립하는 더 깊은 이유는 무엇일까?"를 스스로 묻곤 했다. 그가 느꼈던 세계는 평범한 일상의 모습이 아니라, 눈에 보이지 않는 질서가 겹겹이 숨어 있는 거대한 구조물에 가까웠다. 이 조용한 독학의 시간이 훗날 공간 개념을 바꾸어 놓는 리만의 기하학적 통찰로 이어졌다.

● 평면의 한계를 넘어서려 한 사색가, 기하학의 또 다른 이름

그는 기존 기하학의 틀을 답습하는 데 만족하지 않았다. 평면과 직선, 삼각형의 내각합 같은 익숙한 개념들이 실제 세계를 설명하기엔 지나치게 협소하다는 점을 일찍이 깨달았다. 그래서 공간 자체에 '길이'와 '곡률'을 부여하는 새로운 방식을 고안했고, 이는 결국 리만 기하학으로 이어졌다.

"공간은 고정된 무대가 아니다." 리만은 이 한 문장을 통해, 세계를 바라보는 관점을 뒤바꾸는 기하학적 전환을 이끌었다.

● 소수를 해독하고 싶었던 탐구자, 수의 세계에 숨은 질서를 찾다

리만은 숫자 속에서도 또 다른 우주를 보았다. 특히 소수의 배치는 무작위처럼 보이지만, 그 아래에는 아직 밝혀지지 않은 깊은 질서가 숨어 있다고 굳게 믿었다. 그는 복소수 영역까지 확장되는 리만 함수를 도입하여 수의 분포를 분석하는 새로운 이론적 틀을 제시했다. 그 과정에서 등장한 '리만 가설'은 수학의 대표적 난제로 남아 있으며, 이 가설을 둘러싼 논의는 오늘날 암호학, 난수 생성, 고급 정수론 연구의 핵심 기반을 이루고 있다.

단순한 계산을 넘어서, 리만은 '수의 세계도 구조를 갖춘 하나의 기하학적 공간"이라는 통찰을 후대에 또렷하게 명확히 남겼다. "수 또한 공간처럼 숨은 패턴을 품고 있다' 그는 이 명제를 통해, 숫자를 이해하는 방식조차 새롭게 전환시켰다.

● 고독 속에서 세계를 연결한 사유의 탐색자

수학자이자 사색가였던 리만은 생애 내내 조용하지만 깊이 있는 연구를 이어갔다. 그는 화려한 직책이나 사회적 활동과는 거리가 멀었으나, 그 대신 자신의 사유를 편지와 강연 원고를 통해 여러 학자들과 나누며 사고의 지평을 넓혀 갔다. 공간, 해석학, 정수론에 걸친 그의 질문들은 서로 다른 분야를 넘나들며 하나의 사유 구조로 연결되었다.

리만에게 학문은 경쟁의 장이 아니라, 생각들이 만나는 조용한 교차로였다. 그는 고독 속에서 사유를 다듬었지만, 그 질문들은 끝내 혼자만의 것이 되지 않고 학문 전체를 잇는 다리가 되었다. 이처럼 조용한 연결의 축적은, 리만을 현대 수학의 가장 깊은 토대 위에 세운 힘이었다.

● 알프스 기슭에서 맞은 조용한 마지막 계절

폐질환으로 건강이 악화되자 그는 보다 온화한 공기를 찾아 이탈리아 북부의 작은 마을, 셀라스카로 옮겨갔다. 주변의 소란스러움과는 멀리 떨어진 곳에서, 그는 한 장 한 장의 노트에 곡률, 공간, 함수에 관한 생각을 조심스럽게 기록했다. 1866년 이른 나이에 생을 마감했지만, 그가 침묵 속에서 남긴 메모와 질문들은 사라지지 않았고, 이후 수학과 물리학이 나아갈 길을 비춰주는 등불처럼 남았다.

"몸은 점점 약해졌지만, 세계를 묻는 그의 질문은 끝내 사라지지 않았다." 그가 떠난 알프스의 공기만큼 고요한 시간이 지나고 나서야, 우리는 그가 남긴 사유의 깊이가 오늘날까지 이어지는 거대한 유산임을 깨닫게 된다.

● 오늘날로 이어지는 메시지

학교에서 배우는 수학은 종종 이미 정해진 규칙을 따르는 학문처럼 느껴진다. 하지만 수학 역시 '왜 그런 구조인가'를 묻는 질문에서 발전해 왔다. 리만은 기존 기하학의 틀을 넘어, 공간 자체의 성질을 새롭게 정의했다. 조용한 사유와 깊은 질문을 통해 보이지 않는 구조를 끝까지 탐색했다.

오늘날 학생에게 리만의 삶은 이렇게 말해준다. 조용한 질문 하나가 세상을 바라보는 방식을 바꿀 수 있다는 사실이다.

▶ 나는 문제를 풀며 구조와 원리를 생각하고 있는가?
▶ 익숙한 개념을 다른 관점에서 바라본 경험이 있는가?
이 질문은 수학·이론 탐구·융합 사고 중심의 세특 탐구주제로 이어질 수 있다.

● 주요 업적

1) 리만 기하학의 창시(Riemannian Geometry)

리만은 기존의 유클리드 기하학을 넘어, 공간 자체의 구조를 수학적으로 정의할 수 있는 리만 기하학을 창시했다. 그는 공간의 길이, 각도, 곡률을 '좌표와 함수'로 기술하는 새로운 방식을 제시하여, 평평한 공간만을 다루던 기하학을 곡선·곡면 공간 전체로 확장시켰다. 이러한 접근은 세계가 고정된 무대가 아니라, 측정 방법과 구조에 따라 다른 성질을 드러내는 유동적 공간이라는 관점을 제시했다. 이 혁신적 이론은 훗날 아인슈타인의 일반상대성이론의 핵심 수학적 기반이 되었다.

2) 리만 적분의 정립(Riemann Integral)

함수의 넓이를 구하는 기존의 불완전한 방법을 넘어, 분할·상한합·하한합 개념을 도입해 적분을 엄밀하게 정의했다. 이 방식은 함수가 연속하지 않아도 적분값이 존재할 수 있음을 보이며, 해석학의 기초를 근본적으로 정비했다. 그는 "함수의 값을 분할해 극한으로 보내면 넓이가 정의된다"는 직관을 체계화하여, 여러 자연 현상을 수학적으로 다루는 도구를 제공했다. 리만 적분은 이후 르베그 적분 등 현대적 통합 이론의 출발점이 되었고, 미적분학의 엄밀성 확립에 결정적 역할을 했다.

3) 리만 ζ(제타)함수와 리만 가설(Riemann Zeta Function & Hypothesis)

소수의 분포를 분석하기 위해 복소수 영역까지 확장되는 $\zeta(s)$ 함수를 도입하고, 이를 통해 소수의 구조적 패턴을 해석하려는 시도를 했다. 그는 ζ함수의 영점이 특정한 선(실수부 1/2)에 놓인다는 '리만 가설'을 제안하여, 정수론 전체를 뒤흔드는 새로운 관점을 열었다. 이 가설은 풀리지 않은 대표적 난제로 남아 있으며, 현대 암호학, 난수 생성, 수이론 전반의 이론적 근거로 널리 활용되고 있다. 소수가 무작위가 아니라, 기하학적·해석학적 구조를 지닌 대상이라는 새로운 시각을 열었다.

4) 푸리에 해석과 해석적 확장의 발전(Fourier Analysis & Analytic Continuation)

그는 푸리에 급수의 수렴 조건을 연구하며, 함수의 특성을 해석적으로 분석하는 방법을 크게 발전시켰다. 특히 복소해석학을 이용해 함수의 값을 영역 밖으로 확장하는 '해석적 연속(analytic continuation)' 개념을 정교하게 다듬었다. 이러한 접근은 물리학의 파동 해석, 신호 처리, 컴퓨터 그래픽스 등에서 핵심 도구가 되었고, 그의 연구는 해석학의 영역을 넓히고, 수학 전 분야에서 함수 연구의 체계를 강화하는 데 중요한 기여를 했다.

● 수학적 성과와 영향

리만의 수학적 업적은 공간과 수의 세계를 새로운 언어로 재구성하고, 복잡한 자연을 분석하는 방식 자체를 바꾸었다는 점에서 출발한다. 그는 공간의 구조를 함수로 기술하는 리만 기하학을 통해 곡률, 거리, 형태를 논리적으로 설명할 수 있는 체계를 마련했으며, 이는 이후 물리학에서 중력과 시공간을 해석하는 매우 강력한 도구가 되었다. 이러한 기하학적 확장은 기존의 평면 중심 사고를 넘어선 획기적 전환이었고, 현대 이론물리와 기초기하학 전반의 핵심 언어로 자리 잡았다.

그는 적분을 엄밀하게 정립하여 함수의 변화와 넓이를 다루는 해석학의 기반을 확고히 했고, 복소해석학을 활용해 ζ함수를 정의하면서 소수의 구조를 밝히려는 새로운 연구 방향을 제시했다. 이러한 아이디어는 훗날 정수론의 중심 문제로 이어졌고, 암호학·계산 이론·데이터 분석 등 다양한 분야에서 필수적 도구로 활용되고 있다. 그의 사유 방식은 수학을 고립된 분야가 아니라, 공간·수·함수가 서로 연결되는 통합적 체계로 이해하는 데 집중되었으며, 다수의 영역에서 영향력을 확인할 수 있다.

● 수학 이론 연계 탐구 주제

리만 기하학의 창시	▶ 지구본과 종이를 이용한 곡률 개념의 기초 이해 탐구
	▶ '직선'의 의미 변화: 공간에 따른 최단거리 개념 비교 분석
	▶ **평면·구면·곡면에서의 삼각형 내각합 비교를 통한 공간 성질 탐구**
리만 적분의 정립	▶ 분할 수 증가에 따른 리만 근사값 변화 관찰 연구
	▶ 직사각형 근사 방법을 이용한 곡선 아래 넓이 계산 비교 탐구
	▶ 불연속함수와 연속함수의 적분 가능성 비교를 통한 함수 성질 고찰
리만 ζ(제타)함수와 리만 가설	▶ 소수 색칠표를 활용한 규칙성·불규칙성 시각화 탐구
	▶ 1~1,000 소수 분포 조사와 소수 간격 패턴 비교 분석
	▶ 기초 ζ함수 자료를 활용한 '소수와 함수의 관계' 이해를 위한 기초 탐구
푸리에 해석과 해석적 확장의 발전	▶ 주기함수와 음악 파형 비교를 통한 공통 패턴 탐색 연구
	▶ 여러 삼각함수를 겹쳐본 그래프 분석을 통한 파형 변화 탐구
	▶ 함수 그래프 확대·축소를 통한 주기성과 패턴 분석 기초 탐구

주제	평면·구면·곡면에서의 삼각형 내각합 비교를 통한 공간 성질 탐구
탐구 목표	평면, 구면, 곡면에서 직접 삼각형을 구성하고 내각을 측정하여 공간의 형태(곡률)에 따라 삼각형의 내각합이 어떻게 달라지는지 비교한다.
선정 이유	삼각형의 내각합 실험은 손쉽게 공간의 차이를 체감할 수 있는 탐구 활동이다. 평면에서는 내각합이 180°이지만, 구면이나 곡면에서는 내각합이 변한다는 사실을 직접 확인함으로써 공간 구조가 기하 성질에 미치는 영향을 쉽게 이해할 수 있다. 또한 지구본·종이·공 등 간단한 실험 도구만으로 수행할 수 있어 실험 접근성도 높다.
서론	평면이라는 조건에서만 성립하는 성질은 지구처럼 휘어진 공간이나 종이를 말았을 때와 같은 곡면에서는 삼각형을 구성하는 방식과 그에 따른 내각합이 달라질 수 있다. 본 탐구에서는 다양한 공간 위에서 삼각형을 구성하고 그 내각합을 비교함으로써, 공간의 곡률이 기하적 성질에 어떤 영향을 주는지를 확인한다.
본론	▶ 이론적 배경 조사: 평면기하 내각합 성질, 곡률의 기초 개념 ▶ 핵심 개념 정리: 곡률, 내각, 지오데식 ▶ 설계 및 수행 　1) A4 종이에 삼각형 3종류(정삼각형·둔각삼각형·직각삼각형) 제작, 평균값 계산 　2) 지구본 위에서 경로를 따라 점 3개 지정 후 실로 경로 표시 후 각도 측정 　3) 원통형 종이의 표면을 따라 가능한 직선 경로 3개 연결 및 내각합 정리 ▶ 결과 해석: 구면의 내각합은 180°보다 크고 곡면은 형태에 따라 내각합의 변화가 되는 모습을 통해 곡률의 크기·부호에 따라 기하학적 성질이 달라짐을 정리
결론	실험을 통해 평면처럼 삼각형의 내각합이 항상 180°로 고정된 값이 아니라, 구면에서는 180°보다 큰 값을 보였고, 곡면에서는 형태에 따라 다양한 결과가 나타났다. 공간의 성질이 기하 구조를 결정짓는 핵심 요소이며, 리만 기하학에서 곡률을 통해 공간을 이해하는 방식이 왜 중요한지 체험적으로 알 수 있었다.
심화 탐구 주제	▶ 구면 삼각형의 크기를 달리했을 때 내각합의 변화 탐구하기 ▶ 지도 투영에서 나타나는 '거리·각도 왜곡'이 곡률과 어떤 관련이 있는지 탐구하기 ▶ 원통·볼록·오목 곡면에서 만든 삼각형의 내각합을 비교해 곡률의 차이를 분석하기
토론 주제	▶ 평면기하만으로 설명할 수 없는 실제 현상에는 어떤 것들이 있을까? ▶ 우리 일상에서 '곡면 위 거리'가 중요한 경우는 어떤 상황이 있을까? ▶ 지구본 위에서 최단거리 경로가 직선처럼 보이지 않는 이유는 무엇인가?
교내 후속 활동	▶ 통합과학: 지구 곡률을 활용한 간단한 삼각측량 활동 ▶ 체육: 운동장 곡면 지형을 활용하여 실제 경로·거리 측정 활동(곡면 위 최단거리) ▶ 동아리활동: 다양한 표면에서 최단거리(지오데식) 실험 후 탐구보고서 작성

2. 교과 연계 탐구활동(미적분Ⅰ, 역학과 에너지, 미술과 매체)

● 미적분Ⅰ

성취기준	[12미적I-03-05] 곡선으로 둘러싸인 도형의 넓이에 대한 문제를 해결할 수 있다.
주요내용	리만적분은 넓이를 구간 분할 후, 합의 극한으로 계산하는 방식으로, 연속함수뿐 아니라 불연속함수의 면적을 해석하는 데에도 활용된다. 곡선 아래 넓이를 근사하는 과정에서 분할 수 증가에 따른 수렴 구조를 이해하며, 함수의 성질이 적분 가능 여부에 미치는 영향을 분석한다. 실제 데이터 곡선의 면적·평균값을 추정하는 데 적용되며, 수학적 모델링과 연계해 실생활 문제를 정량적으로 분석·예측할 수 있다.
교과연계 탐구주제	▶ 불연속 함수의 적분 가능 여부를 판단하는 상·하한합 실험 ▶ 실제 데이터 곡선(온도·속도 등)을 이용한 넓이 근사 및 평균값 추정 ▶ 구간 분할 개수를 달리했을 때 리만합의 변화와 수렴 양상 비교 탐구

● 역학과 에너지

성취기준	[12역학03-04] 음향 장치 또는 실내외 공간에서의 소음 제어에 음파의 간섭이 활용됨을 이해하고, 실생활에 사용되는 사례를 조사할 수 있다.
주요내용	푸리에 해석은 복잡한 파형을 여러 주기함수의 합으로 분해함으로써 음파·전기신호·진동 데이터의 구조를 파악하게 해준다. 파동의 주파수 성분을 명확히 분석할 수 있게 하여, 악기의 음색, 간섭, 잡음 제거 등 다양한 물리 현상을 해석하는 데 활용된다. 시간–진폭 그래프를 주파수 영역으로 변환하는 과정에서 파동의 에너지 분포와 진동 특성을 정량적으로 이해하며 실험 데이터를 기반으로 분석한다.
교과연계 탐구주제	▶ 단순한 두 파동을 합성했을 때 파형 변화와 간섭 실험 ▶ 악기·음성 파형을 측정하여 주기·진폭·주파수 성분 분석 ▶ 소리 신호 그래프를 이용한 진동 에너지 및 주파수 분포 해석

● 미술과 매체

성취기준	[12미매01-04] 매체의 특성과 표현 원리를 실험하고 작품에 반영할 수 있다.
주요내용	푸리에 해석에서 얻어지는 파형·주기·반복 구조는 시각예술의 리듬·패턴·대칭성과 직접 연결된다. 주기함수 그래프는 규칙적 반복을 가진 기하학적 형태를 만들 수 있어 패턴 디자인·모듈 아트 제작의 기초가 된다. 또한 소리 신호나 데이터 파형을 시각화하는 방식은 디지털미디어아트의 표현 영역을 넓히며, 수학적 규칙성을 통해 시각적 구상이라는 창작 활동을 통하여 예술·수학·기술을 융합한다.
교과연계 탐구주제	▶ 데이터 파형을 활용한 규칙·변형 패턴 아트 프로젝트 ▶ 음파 파형을 시각 이미지로 변환하는 미디어 아트 실험 ▶ 삼각함수 그래프를 활용한 반복 패턴·리듬 기반 기하학 디자인 제작

3. 독서 연계 탐구활동

● 추천 도서 목록

추천 도서 목록

▶ 미적분의 쓸모(한화택, 더퀘스트, 2021) 　　▶ 개념 있는 수학자: 대수·미적분·확률과 통계 편(이광연, 어바웃어북, 2024)

▶ 푸리에 해석과 응용(이명재 외, 한양대학교출판부, 2025) 　　▶ 수학이 필요한 순간: 인간은 얼마나 깊게 생각할 수 있는가(김민형, 인플루엔셜, 2020)

▶ 만화로 쉽게 배우는 푸리에 해석(시부야 미치오(홍희정 역, 성안당, 2024) 　　▶ 수학으로 배우는 파동의 법칙(Transnational College of LEX(이경민 역), 지브레인, 2021)

● 독서 연계 탐구 활동

독서 연계 탐구 활동

도서명	미적분의 쓸모(한화택, 더퀘스트, 2021)
	이 책은 미적분이 단순한 계산 기술이 아니라 '세상을 설명하는 언어'라는 관점에서 출발한다. 속도·면적·누적량·최적화처럼 변화하는 현실 세계의 문제를 수학적으로 해석하는 다양한 사례를 제시하며, 리만적분·미분·최적화 개념이 어떻게 실제 데이터 분석, 경제 모델링, 과학 현상 연구에 활용되는지 설명한다. 특히 '구간 분할과 근사', '미분–적분의 연결', '누적 변화 해석' 등을 실례 중심으로 설명한다.
핵심 키워드	리만적분, 변화율, 근사, 모델링, 누적량
탐구 주제	▶ 곡률(curvature) 개념을 활용한 곡선의 형태 비교 탐구 ▶ 도함수 기울기 변화로 예측하는 '최대 증가 구간' 탐구: 실제 데이터 적용 ▶ 미분, 적분을 활용한 현실 문제 모델링: 거리–속도·누적량–변화율 관계 탐구 ▶ 리만합(상한합·하한합)의 분할 수 증가에 따른 수렴 변화 분석 및 오차 비교 ▶ 실제 데이터를 이용한 '면적(누적량)' 추정: 일일 기온·속도·소비량 등 사례 분석
토론 쟁점	▶ 근사값이 정확값을 대신할 수 있는 상황과 그렇지 않은 상황은 무엇인가? ▶ 미적분은 인간이 만든 도구인가, 아니면 자연의 법칙을 드러내는 언어인가? ▶ 실제 세계의 복잡한 현상을 '함수'로 표현하는 것은 어느 정도까지 타당한가?
후속 활동	▶ 미적분: 생활 데이터(운동 거리·소비량)의 누적량을 리만합으로 직접 계산·시각화 ▶ 통합과학: 속도–거리 그래프를 활용한 실험 데이터 모델링, 오차 분석 활동 ▶ 공통영어: 리만적분 개념이 등장하는 수학·과학 관련 영어 지문 분석 및 요약 ▶ 자율·자치활동: 미적분으로 해석 가능한 생활 현상 선정 후 미니 포스터 작성

● 독서 연계 탐구활동 예시

탐구 주제	리만합(상한합·하한합)의 분할 수 증가에 따른 수렴 변화 분석 및 오차 비교
탐구 자료	▶ 대학 미적분 기초 강의 중 리만합·정적분 설명 영상 ▶ 그래프 도구(GeoGebra, Desmos) 및 스프레드시트 프로그램 ▶ 공공데이터(일일 속도–시간, 온도–시간, 전력 사용량 등 연속 변화 자료)

베른하르트 리만
(Bernhard Riemann, 1826~1866)

탐구 개요	**서론**	구간을 나누어 합을 구하면 실제 값에 접근할 수 있다는 점이 리만합의 출발점임. 분할 수를 증가시켰을 때 상한합·하한합·중점합이 실제 적분값에 어떻게 수렴하는지를 실제 데이터를 활용하여 비교함으로써, 정적분의 의미를 직관적으로 이해하고자 함. 분할 방법에 따른 오차 차이를 분석하며, 현실 데이터의 누적량 계산이 왜 '적분' 개념과 연결되는지도 함께 탐구함.
	본론	▶ 리만합의 정의와 상한합·하한합의 개념을 정리함. ▶ 분할 수 증가에 따른 면적 추정값 변화를 사례 데이터로 계산함. ▶ 상한합·하한합의 오차 차이를 시각화하여 분석함. ▶ 함수 형태(증가·감소·변동성)에 따른 리만합 오차 특성을 비교함. ▶ 정적분과의 연결성을 통해 누적량 계산의 의미를 종합함.
	결론	리만합은 '잘게 나누면 실제 값에 가까워진다'는 직관을 수학적으로 표현한 도구임을 확인할 수 있었음. 분할 수가 증가할수록 상한합과 하한합의 차이가 줄어들고, 중점합은 상대적으로 빠르게 실제 적분값에 접근함. 현실 데이터의 누적량을 계산할 때 단순한 면적 개념보다, 정확한 분할과 적절한 합산 방식이 필요함을 보여주며 탐구를 통해 정적분의 의미를 명확히 이해함.
후속 활동		▶ 세계사: '측정·누적·데이터 기록'의 세계의 역사적 사례 중심 분석 보고서 작성 ▶ 윤리와 사상: 데이터 누적과 해석이 갖는 윤리적 문제를 주제로 한 토론 활동 ▶ 물리학: 물체의 운동 영상에서 프레임별 위치 데이터를 추출, 누적값 분석 실험 ▶ 통합사회: 도시별 대중교통 혼잡도 조사, 사회 구조 변화와의 연관성 보고서 작성 ▶ 진로활동: 상한합·하한합·중점합을 자동 계산하는 간단한 파이썬 프로그램 구현

4. NIE 연계 활동

● 신문 읽기 & 연결 사유 찾기

"수학이 산업과 의료 기술의 근간...가치 적극 알려야"(한국경제, 2023.12.20.)

이 기사는 인공지능·반도체·의료 영상·바이오 기술 등 첨단 산업 전반에서 수학이 핵심 기반으로 작동하고 있다는 점을 강조한다. 특히 연속적인 변화 데이터를 해석하거나 패턴을 탐지하는 과정에서 '함수·미분·적분·최적화'가 필수 요소로 등장한다. 이는 리만이 제시한 연속적 변화를 쪼개어 누적하는 사고(리만적분)와 직접적으로 이어지며, 리만합·누적량 계산·함수 모델링이 실제 기술 분야와 어떻게 연결되는지 보여준다.

수학계가 시끌...이탕 장이 '리만 가설'을 풀었다고?(동아사이언스, 2023.01.07.)

이 기사는 세계 수학계에서 큰 주목을 받은 '이탕 장의 리만가설 해결 주장'을 다루며, 소수의 분포를 설명하는 리만 제타함수의 중요성을 다시 조명한다. 리만가설은 숫자의 무작위처럼 보이는 배치 속에 숨겨진 규칙성과 구조가 존재한다는 통찰을 제시하며, 오늘날 암호·데이터 처리·신호 분석 등 수많은 분야의 이론적 기반이 된다. 리만이 남긴 문제 하나가 전 분야의 핵심 과제로 남아 있는지 확인할 수 있다.

악마의 문제 '리만가설' 해결에 다가간 필즈상 수상자(동아사이언스, 2024.07.30.)

기사에서는 최근 필즈상 수상자가 리만가설 연구에 의미 있는 진전을 이루었다는 내용을 조명하며, 리만가설이 여전히 현대 수학의 '최고 난제'로 남아 있음을 보여준다. 소수의 규칙성과 복소함수 해석이라는 난해한 주제는 실제로 푸리에 해석·파동 분석·적분 가능성·함수의 성질과 깊게 연결되며, 리만의 아이디어가 단순한 이론이 아니라 현대 연구·기술 발전에 영향을 미치는 살아있는 문제임을 확인할 수 있다.

• 시사 이슈

▶ 리만적분과 수치해석 기법은 사회 문제 해결에 어떻게 활용될 수 있는가?

▶ 소수의 규칙성 탐구가 현대 AI·양자컴퓨팅 연구에서 어떤 의미와 역할을 갖는가?

▶ 리만 가설 논쟁은 오늘날 암호기술과 데이터 보안 체계에 어떤 영향을 미치고 있는가?

• 관점의 분석과 비교

"수학이 산업과 의료 기술의 근간...가치 적극 알려야"(한국경제, 2023.12.20)
- 리만적분·리만 가설과 같은 수학 개념의 산업적 활용, 적극적으로 알려야 하는가? -

찬성	반대
리만의 적분 개념과 연속 변화 분석은 의료 영상 처리, 빅데이터·AI 알고리즘, 반도체 공정 등에서 핵심적으로 쓰이고 있다. 산업 전반에서 리만의 사고가 실질적 도구가 되고 있으므로, 수학의 사회적 가치와 실제 활용성을 적극적으로 알려야 한다.	기술 발전에 쓰이는 수학 개념을 지나치게 산업 중심으로만 홍보하면, 수학 본연의 탐구 정신과 이론적 가치를 왜곡할 우려가 있다. 학문의 다양성과 자율성을 위해, 수학 개념의 산업적 효용만을 과도하게 부각하는 방식은 경계해야 한다.

"수학계가 시끌...이탕 장이 '리만 가설'을 풀었다고?"(동아사이언스, 2023.01.07)
- 리만 가설 해결 주장 논란은 수학 연구의 어떤 본질을 드러내는가? -

≫ 보수적 검증 관점	≫ 창의적 도전 관점
리만 가설은 160년 넘게 해결되지 않은 난제로, 연구 결과는 엄격한 검증 절차가 필요하다. 이탕 장의 주장이 즉각 인정되지 않은 이유는 수학 연구가 단순한 '발견'이 아니라, 공동체의 합의와 엄밀한 논증 과정이 필요하기 때문이다.	새로운 시도와 기존 접근의 파괴적 도전은 수학 발전을 이끄는 중요한 원동력이다. 완전한 증명이 아니더라도, 이탕 장의 난제 해결의 과정처럼 다양한 가능성을 열어두는 태도는 수학 탐구의 깊이를 넓히는 데 의미가 있다.

• 사고의 확장

▶ 소수 분포의 숨은 규칙을 찾으려는 리만가설은 왜 오늘날에도 중요한 질문이 되는가?

▶ 리만의 아이디어가 기술·사회 문제 해결에 활용될 때 사고 방식은 어떻게 확장되는가?

▶ 복잡한 데이터를 단순한 함수로 표현할 때 어떤 정보가 드러나고 어떤 한계가 생기는가?

▶ 리만적분의 '잘게 나누어 더하기' 방식은 실제 문제를 바라보는 사고에 어떤 변화를 주는가?

▶ 눈에 보이지 않는 복소수 세계를 연구하는 리만의 방식은 과학적 이해 범위를 어떻게 넓히는가?

5. 세특 예시

리만적분의 원리를 토대로 속도−시간 자료를 분할하여 누적 이동거리를 계산하는 과정에서 분할 수 증가가 오차와 수렴에 미치는 영향을 탐구하였고, 실제 생활 데이터(온도·전력 등)를 적용하여 리만합·정적분 개념이 현실 문제 모델링에 적용하며 분석함. 추가 탐구로 '미적분의 쓸모(한화택)'를 읽고 소수의 규칙성, 연속 변화의 구조, 적분 개념의 현대적 의미를 비판적으로 해석하며 리만의 관점을 바탕으로 과학적 구조를 스스로 재구성하는 안목을 키우는 모습이 돋보임.

베른하르트 리만 (Bernhard Riemann, 1826~1866)

18 아르키메데스
(Archimedes, BC 287~BC 212)

1. 일상의 현상 속에서 자연의 법칙을 끌어올리다.

● 어린 시절의 관찰과 실험이 기하·물리 감각을 단단하게 다지다

아르키메데스는 시라쿠사의 해안과 시장을 오가며 물체가 움직이고 작용하는 모습을 유심히 살피는 호기심 많은 아이였다. 그는 물이 넘치는 항아리, 기울어진 판 위를 구르는 돌, 햇빛이 반사되는 금속판처럼 흔한 장면에서도 규칙을 읽어내려 했다. 집에 있던 기하학 판과 간단한 기계 장치를 스스로 만지며 원리를 추적했고, "왜 같은 모양이라도 물에 띄워지는 모습이 다를까?", "곡선이 만드는 넓이는 어떻게 정확히 셀 수 있을까?"와 같은 질문을 멈추지 않았다. 그에게 세계는 단순한 풍경이 아니라 숨은 법칙을 찾아내야 하는 구조물에 가까웠고, 훗날 부력의 원리와 같이 독창적 발견으로 이어졌다.

● 평면의 한계를 넘어서려 한 사색가, 기하학의 또 다른 이름

그는 이미 알려진 기하학적 정의를 단순히 되풀이하는 데 만족하지 않았다. 원과 구, 직선과 곡선처럼 익숙한 도형이 실제 세계에서 어떻게 작동하는지를 끊임없이 실험하며, 계산을 넘어선 '원리' 그 자체를 이해하고자 했다. 그는 물체의 무게와 부력의 관계를 다루며 "물속에서의 움직임 또한 기하학으로 설명될 수 있다"는 사실을 깨달았고, 곡선의 면적을 찾아내는 새로운 방법을 고안해 기존의 넓이 개념을 확장했다. 이러한 접근은 "자연의 현상 속에 숨겨진 법칙은 무엇인가"라는 더 근원적인 질문을 던지게 했고, 그의 실험적 시도는 훗날 과학적 계산의 기초를 이루는 힘이 되었다.

● 현실의 문제를 풀어낸 발명가, 수학을 움직이는 기술로 확장하다

아르키메데스는 이론적 기하학에 머무르지 않고, 실제 문제를 해결하기 위한 장치들을 고안하는 데에서도 두각을 나타냈다. 그는 물을 끌어올리는 '아르키메데스 나사'를 비롯해, 무거운 물체를 손쉽게 이동시키는'지렛대 장치'를 설계하며 수학적 원리가 기술과 생활 속에서 어떻게 적응되는지를 직접 증명했다.

시라쿠사 전쟁 당시에는 투석기와 쇠갈고리 장치 등 다양한 공학적 도구를 만들어 도시를 방어하는 데 큰 역할을 했고, 이는 단순한 발명이 아니라 힘과 거리, 회전 운동에 대한 깊은 이해를 바탕으로 한 결과였다.

"수의 원리는 손으로 만드는 기술에서도 살아 움직인다."

● 생각을 기록으로 남긴 사람, 수학을 방법으로 만든 사유가

아르키메데스는 화려한 명성보다, 오래 붙잡고 씨름한 생각을 끝까지 정리하는 데 더 큰 가치를 두었다. 그는 구와 원의 관계, 포물선의 넓이, 무게중심 계산과 같은 까다로운 문제들을 풀고 나면, 그 결과가 어떻게 나왔는지를 글과 도해로 차분히 남겼다. 많은 저술이 편지 형식을 띠고 있는 것도, 자신의 사고 과정을 누군가와 함께 따라가듯 공유하고자 했기 때문이었다.

그의 기록은 단순한 풀이 설명이 아니었다. 문제를 어떻게 쪼개고, 어떤 순서로 다시 연결해 나가는지가 고스란히 드러나 있었다. 이 방식은 수학을 '감으로 푸는 기술'에서, 누구나 검증하고 다시 사용할 수 있는 사고의 방법으로 바꾸어 놓았다. 아르키메데스가 남긴 것은 공식을 넘어서, 생각하는 법 그 자체였다.

● 전쟁의 소용돌이 속에서도 지식을 놓지 않았던 마지막 순간

로마군의 공세가 거세지자, 아르키메데스는 시라쿠사의 한적한 집에서 조용히 계산을 이어갔다. 주변의 혼란 속에서도 그는 곡선과 무게중심에 관한 생각을 조심스럽게 기록하고, 정리가 끝나지 않은 증명을 손에서 놓지 않았다. 병사들의 발걸음이 점점 다가왔지만, 그는 계산을 멈추지 않았고, 자신이 그리던 원을 보호하려는 태도는 마지막 순간까지 변함없었다. 기원전 212년, 노년의 아르키메데스는 전쟁의 혼란 속에서 생을 마감했지만, 그가 남긴 증명과 사유의 흔적은 등불처럼 남았다.

"몸은 전쟁 앞에서 멈추었지만, 문제를 향한 그의 시선은 끝내 흐트러지지 않았다."

그의 통찰은 수학과 과학이 질문을 던지는 방식 자체에 흔들림 없는 기준이 되었다.

● 오늘날로 이어지는 메시지

지금 우리는 실용성과 즉각적인 활용을 중시하는 시대를 살고 있다. 그러나 깊은 사유에서 나온 원리는 오랜 시간 동안 가치를 지닌다. 아르키메데스는 일상의 관찰에서 물리 법칙을 발견하고, 수학과 과학의 기초를 다졌다. 그는 실용과 이론을 분리하지 않고, 사고의 깊이를 끝까지 밀어붙였다.

오늘날 학생에게 아르키메데스의 삶은 이렇게 말해준다. 사소한 관찰도 깊이 탐구하면 위대한 원리가 될 수 있다는 사실이다.

▶ 나는 일상의 현상을 탐구 주제로 발전시켜 본 적이 있는가?

▶ 단순한 호기심을 이론으로 연결하려 노력하고 있는가?

이 질문은 물리·수학·융합 탐구 중심의 세특 탐구주제로 확장될 수 있다.

● 주요 업적

1) 구와 원의 관계 정립(Measurement of the Circle & Sphere Geometry)

그는 구와 원에 관한 계산을 통해 고대 기하학의 가장 정교한 결과를 만들어냈다. 그는 다각형 내접·외접 방법을 이용하여 원주율을 근사하는 체계적 절차를 제시했고, 이를 바탕으로 구의 부피가 "같은 반지름의 원기둥 부피의 2/3"임을 증명하였다. 이 결과는 단순한 계산을 넘어, 곡면과 입체를 수학적으로 정량화할 수 있음을 처음으로 보여준 사례였다. 그의 접근은 이후 입체기하학 전체를 설명하는 기준이 되었으며, 기하적 사유를 추상 개념에서 구조적 원리로 확장시키는 출발점이 되었다.

2) 포물선의 넓이 계산(The Quadrature of the Parabola)

아르키메데스는 포물선 내부 넓이를 구하기 위한 문제를 해결하며 현대적 적분 개념의 기초가 되는 "무한 분할–극한적 합산" 방식을 고안했다. 그는 포물선에 접하는 일련의 삼각형 넓이가 등비수열처럼 줄어든다는 점을 이용하여, 포물선 넓이가 특정 삼각형의 4/3이라는 정밀한 결과를 도출하였다. 이 방법은 넓이를 단순한 도형 변환이 아니라, 무한히 작은 조각들의 합으로 이해하는 새로운 관점을 열어주었고, 훗날 미적분학 탄생의 사상적 원형이 되었다.

3) 무게중심 이론의 확립(Theory of the Center of Gravity)

그는 도형과 입체의 무게중심을 찾는 문제를 최초로 학문적으로 체계화했다. 그는 균형 잡힌 막대, 평판, 곡선 형태의 도형이 어느 지점에서 평형을 이루는지를 수학적으로 분석하였고, 이를 통해 역학과 기하학 사이의 연결 고리를 명확히 제시하였다. 단순히 물체의 중심을 찾는 것이 아니라, 힘의 분포와 균형의 원리를 논리적으로 설명하는 첫 시도였으며 향후 물리학의 토대가 되는 정역학의 핵심 원리가 되었고, 수학이 자연 현상의 '구조'를 파악하는 데 쓰일 수 있음을 강하게 보여주었다.

4) 기계적 방법의 제시(The Method of Mechanical Theorems)

아르키메데스는 도형을 여러 조각으로 분해하고, 이를 저울과 평형 개념으로 비교하는 독창적 방식을 제안했다. 그는 복잡한 기하 문제를 해결할 때, 우선 물리적 직관(평형·무게)을 활용해 '답의 구조'를 추론한 뒤, 다시 엄밀한 기하학적 증명으로 완성하는 체계를 사용했다. 이 접근은 오늘날의 모델링 사고와 유사하며, 기하학, 물리 직관, 논리적 증명을 연결하는 고대 수학의 가장 혁신적인 방법으로 평가되고 있으며 수학적 탐구 과정 전체를 설계하는 새로운 시각을 제시했다.

아르키메데스는 구, 원, 곡선의 성질을 정밀하게 분석하며 고대 수학이 다루던 계산의 범위를 크게 확장했다. 그는 원주율 근사, 구의 부피, 포물선 넓이 등 곡면과 입체를 대상으로 한 더욱 정교하고 체계적인 계산법을 제시해, 기하학이 단순한 모양의 학문이 아니라 '연속적인 양'을 다룰 수 있는 폭넓은 체계임을 보여주었다. 이러한 접근은 미적분학의 사상적 기초를 형성하며, 후대 수학이 무한, 극한의 개념을 자연스럽게 받아들이는 데 중요한 전환점이 되었다.

그는 무게중심 이론과 기계적 방법을 통해 기하학과 역학을 연결하는 독창적 탐구 방식을 남겼다. 물체의 균형과 힘의 분포를 계산하는 그의 방법은 정역학과 공학의 토대가 되었고, '직관→구조 분석→증명'으로 이어지는 연구 방식은 현대 과학적 모델링의 초기 형태로 평가된다. 아르키메데스의 이러한 시도는 수학이 실제 세계의 원리를 설명하는 가장 강력한 언어임을 보여주며, 오늘날 다양한 과학·공학 분야에서 여전히 영향력을 발휘하고 있다.

● 수학 이론 연계 탐구 주제

구와 원의 관계 정립	▶ 여러 다각형 내접·외접을 비교하여 원주율 근사 변화 탐구 ▶ 다양한 반지름의 구·원기둥을 제작해 '2/3 부피 관계' 실험적 검증 ▶ 원·구의 넓이·부피 공식을 극한 과정과 비교하며 기하적 의미 분석
포물선의 넓이 계산	▶ 포물선 넓이의 근사값 비교를 통한 극한 개념 탐구 ▶ 포물선의 여러 형태(세로·가로 개방형)에 대한 넓이 계산 구조 탐구 ▶ 등비수열 성질을 활용하여 아르키메데스 방식과 현대 적분 결과 비교
무게중심 이론의 확립	▶ 종이 도형의 무게중심 찾기를 통한 평형 위치 변화 탐구 ▶ 곡선·입체(원판, 반원, 삼각형 판)의 무게중심 계산 비교 분석 ▶ 무게·길이 비율에 따른 평형 지점 변화를 함수적 관점에서 탐구
기계적 방법의 제시	▶ 단순 지렛대 모델을 제작하여 힘·거리 관계의 기본 패턴 탐구 ▶ 복잡한 도형을 단순 조각으로 분해하여 넓이·부피 추정 모델 만들기 ▶ 물체 분할 방식에 따라 '기계적 추론 → 기하적 증명' 연결 구조 탐색

주제	포물선 넓이의 근사값 비교를 통한 극한 개념 탐구
탐구 목표	포물선 내부의 넓이를 다양한 방식(삼각형 분할, 사다리꼴 분할, 그래프 근사 등)으로 계산하여, 분할 수 증가에 따른 근사값 변화를 비교하여 극한의 개념을 이해한다.
선정 이유	아르키메데스의 포물선 넓이 계산은 고대 수학에서 매우 독창적인 시도로, 미적분학 이전에 극한 개념을 직관적으로 활용한 대표적 사례이다. 그래프·종이 모델·디지털 도구를 활용해 쉽게 재현할 수 있으며, 분할 수에 따라 넓이가 어떻게 변화하는지 관찰, 확인함으로써 극한에 대한 개념을 적용시킬 수 있다.
서론	포물선은 다양한 자연 현상과 물리적 움직임에서 자주 등장하는 대표적 곡선이다. 그러나 직선으로 이루어진 도형과 달리, 포물선 내부 넓이를 정확히 구하는 과정은 단순하지 않다. 포물선 내부 넓이를 여러 방식으로 계산하고 근사 결과의 차이를 비교하여, 곡선 아래 넓이를 구하는 과정에 숨어 있는 극한의 개념을 확인할 수 있다.

본론	▶ 이론적 배경: 포물선의 성질, 면적 계산 기초, 아르키메데스의 삼각형 분할법
	▶ 핵심 개념 정리: 근사값, 분할 개수, 등비수열 성질, 극한적 접근
	▶ 수행
	  1) 포물선 $y=x^2$ 또는 $y=-x^2+4$을 선택하여 구간 설정
	  2) 삼각형 분할/사다리꼴 분할/그래프 근사 3가지 방식으로 넓이를 계산
	  3) 분할 수(4개, 8개, 16개, 32개)를 바꾸어 넓이의 변화 추적
	  4) 계산값을 표·그래프로 정리하여 분할 수 증가에 따른 근사값 수렴 경향 분석
	  5) 아르키메데스 방식과 현대 적분 결과 비교하여 차이 정리
	▶ 결과 해석: 분할 수가 증가할수록 넓이 값이 특정 수에 점점 가까워진다.

결론	이번 탐구를 통해 포물선의 넓이는 단순한 기하적 계산으로는 정확하게 구하기 어렵지만, 분할 수를 충분히 늘리면 근사값이 특정 값에 수렴한다는 사실을 확인했다. 아르키메데스의 직관적 방법이 현대 미적분학의 핵심 개념과 연결된다는 것을 보여주며 무한히 세분화된 조각의 합은 극한의 개념과 관련이 있다.
심화 탐구 주제	▶ 아르키메데스 방법과 리만합의 계산 구조 비교 분석 ▶ 삼각형 분할 간격을 다르게 할 때 근사값 변화 비교하기 ▶ 다양한 곡선(원호, 지수함수)의 넓이를 같은 방식으로 근사해보기
토론 주제	▶ 분할 수를 무한히 늘린다는 것은 실제로 가능한 개념인가? ▶ 곡선의 넓이를 직선 조각의 합으로 설명할 수 있다는 것은 어떤 의미인가? ▶ 아르키메데스 방식은 현대 적분법과 비교할 때 어떤 강점과 한계를 지니는가?
교내 후속 활동	▶ 미적분: 다양한 함수의 넓이를 리만합, 사다리꼴 공식, 적분을 이용해 비교 분석 ▶ 정보: 엑셀을 사용하여 포물선 아래 넓이를 수치적으로 근사하는 프로그램 제작 ▶ 자율·자치활동: 실제 데이터 기반 한 곡선 아래 넓이 추정 프로젝트 수행 활동

아르키메데스 (Archimedes, BC 287~BC 212)

2. 교과 연계 탐구활동 (물리학, 경제, 기술·가정)

● 물리학

성취기준	[12물리01-01] 물체에 작용하는 알짜힘과 돌림힘이 0일 때 평형을 이룸을 알고, 다양한 구조물의 안정성을 분석할 수 있다.
주요내용	아르키메데스의 무게중심 이론은 물체의 균형·힘의 분포를 설명하는 정역학의 출발점이다. 물리학에서는 포물선 운동, 힘·토크, 평형 조건을 분석하는 데 무게중심 개념이 핵심이며, 실험을 통해 그래프·함수적 관계로 모델링할 수 있다. 다양한 모양의 물체에서 무게중심을 찾고, 평형을 유지하는 조건을 계량적으로 확인하며 수학적 모델과 실제 운동을 연결하여 융합적으로 탐구한다.
교과연계 탐구주제	▶ 포물선 운동 궤적 측정 후 곡선 모델링·오차 분석 ▶ 물체 분포(질량 분포) 변화에 따른 회전 평형 실험 ▶ 모양에 따른 무게중심 변화 실험 및 평형 조건 분석

● 경제

성취기준	[12경제02-01] 수요와 공급에 의한 시장 균형의 결정과 변동 원리를 파악하고, 이를 다양한 시장에 적용한다.
주요내용	아르키메데스의 기계적 방법과 균형 개념은 경제에서 자주 활용되는 '균형점', '최적화' 모형과 구조적으로 유사하다. 수요·공급 곡선, 효용곡선 등은 기하학적 면적과 균형 관계를 통해 소비자·생산자의 선택을 분석한다. 아르키메데스식 분해·평형 사고를 경제 모델에 적용해 보고, 변화한 변수에 따라 새로운 균형점이 어떻게 형성되는지 탐구하며 수학적 균형 개념의 실질적 활용 가치를 깊게 이해한다.
교과연계 탐구주제	▶ 효용극선 아래 면적과 소비자잉여 비교 탐구 ▶ 경제 그래프 변동을 기계적 모델링 방식으로 재해석 ▶ 수요·공급 곡선의 평형 변화 분석(아르키메데스 평형 사고 적용)

● 기술·가정

성취기준	[12기가04-02] 공학의 개념을 정의하고 공학의 설계 과정을 이해하며, 공학의 혁신 사례를 조사하여 공학의 가치를 인식한다.
주요내용	아르키데데스는 지렛대·나사·부력 장치 등 다양한 공학 도구를 설계하며 수학·물리 법칙을 실제 구조물로 구현했던 대표적 고대 공학자였다. 지렛대 원리를 활용한 작은 구조물을 제작해 힘의 분포와 토크 특성을 직접 측정해 보고, 아르키메데스의 기계적 원리가 현대 공학 설계 과정에서 어떻게 계승되고 확장되었는지 비교·해석해 보고 동일한 구조를 다양한 재료나 길이·각도 조건으로 변형해 보면 분석해 본다.
교과연계 탐구주제	▶ 지렛대 길이·힘 변화에 따른 토크 비교 실험 ▶ 아르키메데스 나사의 구조 분석 및 물 이동 효율 측정 ▶ 공학적 설계 요소를 아르키메데스 원리에 기반하여 모델링하기

3. 독서 연계 탐구활동

● 추천 도서 목록

추천 도서 목록
▶ 아르키메데스의 원리(이정원, 휴페리온, 2025)　　　▶ 아르키메데스 코덱스(레비엘 넷츠 외(류희찬 역), 승산, 2020)   ▶ 파이의 역사(페트르 베크만(박영훈 역), 경문사, 2021)　　▶ 세상의 모든 수학(에르베 레닝(이정은 역), 다산사이언스, 2020)   ▶ 수학이 풀리는 수학사 1: 고대(김리나, 휴머니스트, 2021)　▶ 기나긴 수학의 짧은 역사(볼프강 블룸(김재호 역), 에코리브르, 2025)

● 독서 연계 탐구 활동

독서 연계 탐구 활동	
도서명	파이의 역사(페트르 베크만(박영훈 역), 경문사, 2021)
	이 책은 단순한 원주율 이야기에서 출발하지만, 실제로는 원·구·다각형이라는 기하학적 구조가 인류의 지적 탐구를 어떻게 이끌어왔는지를 역사적 흐름 속에서 보여준다. 특히 아르키메데스가 고안한 다면체 내접·외접을 통한 파이 근사 기법, 원·구·원기둥의 부피·넓이 관계, 곡선과 직선 사이의 간극을 메우려는 시도를 중심으로, 수학이 어떻게 증명·측정·모델링의 언어로 발전했는지를 이해하게 한다.
핵심 키워드	원주율, 다각형 근사, 내접·외접, 곡선과 직선, 부피·넓이 관계
탐구 주제	▶ 원·구의 부피·겉넓이 관계를 직접 계산, 기하 구조 변화에 따른 결과 탐구 ▶ 내접·외접 정다각형 방법을 활용한 생활 속 물체(컵·바퀴 등) 원주율 측정 ▶ 다각형 근사법을 몬테카를로 적분과 비교하여 정확도 및 계산 효율성 분석 ▶ 분할 도형을 이용한 원 넓이 추정값을 테일러 전개 기반 근사와 비교 분석 ▶ 다각형 변 개수 증가에 따른 원주율 근사값 변화 분석 및 수렴 추세 그래프화
토론 쟁점	▶ 기하적 모델과 확률·통계적 모델로 설명할 때 어떤 차이가 발생하는가? ▶ 기하적 근사법은 현대 수치해석 기법을 어느 범위까지 대체할 수 있을까? ▶ 자연 현상의 법칙은 수학적 재해석인가, 본래 존재하는 구조를 발견한 것인가?
후속 활동	▶ 미술: 다양한 입체 스케치, 아르키메데스 계산법으로 부피, 면적 추정 활동 ▶ 지구과학: 지구 곡률, 대기 곡선 데이터를 활용한 근사·면적 추정 적용 활동 ▶ 독서 토론과 글쓰기: '기하적 사고가 현대 사회 문제 해결에 주는 의미' 글쓰기 ▶ 동아리활동: 곡선 프로젝트(물체 측정, 곡선 모델링, 원주율·면적 근사 비교)

● 독서 연계 탐구활동 예시

탐구 주제	내접·외접 정다각형 방법을 활용한 생활 속 물체(컵·바퀴 등) 원주율 측정
탐구 자료	▶ 아르키메데스의 내접·외접 정다각형 근사법 설명 자료 ▶ 생활 속 원형 물체의 정밀 실측 데이터(지름·둘레·반경 변화) ▶ 그래프·수치 도구(GeoGebra, Desmos, 스프레드시트 프로그램)

탐구 개요	서론	생활 속 원형 물체를 직접 측정하고, 정다각형의 변 개수를 단계적으로 늘려가며 근사값이 실측값과 어떻게 달라지는지 관찰함. 특히 변 개수 증가에 따른 오차 감소 속도와 근사값의 상·하한 변화를 정량적으로 비교하여 고대 방식의 계산 원리를 수치적으로 분석하고 이러한 근사 과정이 현대 수치해석의 개념과 어떻게 연결되는지도 함께 확인하고자 함.
	본론	▶ 정다각형 둘레 계산과 상·하한 설정 구조 정리함. ▶ 컵·원반 등 다양한 원형 물체의 지름·둘레 실측 후 실측 원주율 산출함. ▶ 6·12·24·48·96·192각형 등 정다각형 둘레 계산함. ▶ 내접·외접 근사값의 간격 감소와 오차 감소율 그래프로 시각화함. ▶ 실측값·근사값·이론값의 차이를 정리하고 오차의 원인을 분석함.
	결론	정다각형의 변 개수가 증가할수록 내접·외접 근사값이 파이에 가까워지는 수렴 경향을 확인할 수 있었으며, 실제 물체의 측정값과 비교했을 때도 근사값의 간격이 점차 줄어드는 모습을 통해 고대 방식의 기하적 의미를 정량적으로 이해할 수 있었음. 오차 감소 속도를 비교함으로써 정다각형 기반 근사법의 장점과 한계를 명확히 파악할 수 있는 기회가 됨.
후속 활동		▶ 미적분: 정다각형 근사법의 오차 감소율을 극한 개념으로 해석하고 수식 정리 ▶ 통합과학: 회전 운동 실험을 통해 각속도·반지름·둘레 관계 분석, 근사값 연계 ▶ 정보: 정다각형 자동 생성 알고리즘을 구현하고 데이터 시각화하여 비교 ▶ 경제: 원형 구조물·자원 배치 등에서 나타나는 최적화 문제 사례 조사 및 분석 ▶ 진로활동: 원형 부품을 포함한 소형 기계 제작 시 필요한 설계도 구현 실습

4. NIE 연계 활동

● 신문 읽기 & 연결 사유 찾기

원주율은 왜 3.14일까? (모바일한경, 2024.11.15.)

이 기사는 원주율 π가 어떻게 계산되어 왔는지를 소개하며, 내접·외접 정다각형을 이용해 원의 둘레를 근사한 아르키메데스의 방법을 현대 시각에서 설명한다. 변 개수가 증가할수록 원주율 값이 실제 값에 가까워지는 수렴 과정이 강조되며, 고대 기하학적 사고가 오늘날 수치 근사·데이터 계산의 기초 원리와 연결됨을 보여준다. 기하적 모델링과 연속적 변화 분석을 통한 결과임을 확인할 수 있다.

수많은 입체도형의 부피 계산하는 강력한 무기 (한국경제, 2025.11.24.)

이 기사는 다양한 입체도형의 부피를 계산하는 과정에서 활용되는 수학적 원리를 소개하며, 그 기초가 되는 아르키메데스의 구·원기둥 두피 관계(같은 반지름일 때 구의 부피는 원기둥의 2/3)를 설명한다. 고대 방식의 계산이 오늘날 기하·미적분 영역의 핵심 개념으로 확장되었음을 보여주며, 아르키메데스가 강조하는 기하학적 사유가 실제 문제 해결로 어떻게 이어지는지 확인할 수 있다.

미래를 상상하는 인간의 기억 (한경, 2025.08.29.)

이 기사는 창의적 발상의 순간을 다루며, 아르키메데스가 목욕 중 부력을 깨달은 '유레카' 일화를 상징적 사례로 소개한다. 물체가 받는 부력·평형·무게중심을 수학적으로 이해하려는 아르키메데스의 사고방식이 현대 과학의 실험 설계, 측정 기술, 엔지니어링 문제 해결과 어떻게 연결되는지를 설명한다. 과학적 직관과 수학적 분석이 결합된 발견 과정의 의미를 탐구할 수 있다.

▶ 구·원기둥 부피 관계가 현대 공학 모델링에서 어떤 역할을 할 수 있는가?

▶ 무게중심 개념이 로봇·드론 등 최신 기술의 안정성에 어떻게 적용되는가?

▶ 원주율 근사 기술이 오늘날 정밀 측정과 계산 정확도 향상에 어떤 의미를 갖는가?

● 관점의 분석과 비교

원주율은 왜 3.14일까?(모바일한경, 2024.11.15.)
- 아르키메데스식 근사법을 현대 기술 교육에서 강조해야 하는가? -

찬성	반대
아르키메데스의 내접·외접 정다각형 방식은 단순 계산이 아니라, 경험적으로 이해할 수 있게 원주율을 실제로 측정하고, 변 개수 증가에 따른 수렴 속도를 직접 확인하는 과정을 통해 사람들의 수학적 추론력과 모델링 경험을 크게 높인다.	공학·산업 현장에서 활용되는 원주율 알고리즘과는 거리가 있어, 디지털 도구가 보편화된 상황에서 정다각형 기반 근사법을 강조하는 것은 학습 부담만 높이고, 수학의 본질적 구조보다는 도구적 절차에 치중하는 결과를 초래한다.

수많은 입체도형의 부피 계산하는 강력한 무기(한국경제, 2025.11.24.)
- 구의 부피 2/3 원기둥 공식은 현대 과학기술에서 어떤 의미를 갖는가? -

≫ 활용 강조 관점	≫ 제한적 적용 관점
'구의 부피 = 같은 반지름 원기둥의 2/3' 법칙은 구·구체 형태는 자연·우주·입자 등 수많은 모델의 기본 단위이기 때문에, 그의 기하학적 통찰은 여전히 컴퓨터 그래픽스, 공학 설계 등 기술의 수학적 기반을 제공하고 있다.	실제 첨단 공학에서는 미적분 기반의 연속 모델, 수치해석 기법, 고차원 형태 모델이 핵심이므로 아르키메데스 시대의 부피 공식은 직접적 영향이 제한적이다. 기술·연구 현장의 복잡한 문제를 설명하기에는 어려움이 있다.

● 사고의 확장

▶ 무게중심 개념은 사회·기술 시스템의 '균형'을 이해하는 데 어떤 통찰을 주는가?

▶ 고대 근사 계산법을 생활 데이터 분석에 적용할 때 어떤 사고 확장이 필요한가?

▶ 기계적 방법(물리 직관→기하 증명)은 현대 모델링 절차와 어떤 공통점을 갖는가?

▶ 내접·외접 다각형 근사법은 실제 계산에서 어떤 상황에서 가장 효과적으로 활용되는가?

▶ 무한 분할-극한 합산 계산 방식은 학교 미적분의 적분 개념과 어떤 사고 차이가 있는가?

5. 세특 예시

아르키메데스의 내접·외접 다각형을 활용해 생활 속 원형 데이터를 분할하며 원주율 근사값을 계산하고, 변 개수 증가가 오차와 수렴에 미치는 영향을 탐구함. 실제 지름·둘레·반경 자료를 적용해 고대 근사법이 현대 수학 모델링에서 어떻게 기능하는지 분석함. 추가 탐구로 '아르키메데스의 원리(이정원)'와 관련 기사들을 읽고 원·구 관계, 무게중심·평형, 근사 계산의 현대적 의미를 비판적으로 해석하며 기하적 구조를 스스로 재구성하는 안목을 키움.

19 아메데오 아보가드로
(Amedeo Avogadro, 1776~1856)

1. 법복을 벗고 분자의 세계를 변호한 고독한 천재

● 변호사, 과학의 매력에 빠지다

이탈리아 토리노의 명망 높은 법률가 집안에서 태어난 아보가드로는 가문의 뜻에 따라 스무 살에 법학 박사가 되었다. 하지만 그의 가슴을 뛰게 한 것은 딱딱한 법전이 아니라 수학 공식과 자연의 이치였다. 그는 낮에는 유능한 변호사로 일하고 밤에는 홀로 물리학과 수학을 독학하며, 결국 안정된 법조인의 길을 뒤로하고 자연 철학 교수가 되어 과학의 길로 들어선다.

"법은 인간이 만들지만, 자연의 법칙은 신이 만든 것이라네. 나는 인간의 언어보다 우주의 언어를 더 깊이 이해하고 싶어."

● 과학계의 딜레마: 돌턴과 게이뤼삭의 충돌

19세기 초, 화학계는 거대한 딜레마에 빠졌다. 실험가인 게이뤼삭은 '수소 2부피와 산소 1부피가 반응하면 수증기 2부피가 생성된다'는 기체 반응의 법칙을 실험으로 증명했다. 하지만 당시 과학계의 제왕이었던 돌턴은 이를 강력히 부정했다. 그의 원자설에 따르면 원자는 더 이상 쪼개질 수 없는 가장 작은 입자인데, 게이뤼삭의 부피비를 맞추려면 산소 원자가 반으로 쪼개져야 하는 모순이 발생하기 때문이다. 결국 게이뤼삭의 실험 데이터와 돌턴의 이론이 정면충돌하며 과학계는 길을 잃는다.

● 위대한 상상력: '원자'가 아니라 '분자'라면?

이 난제를 해결하기 위해 아보가드로는 법률가 특유의 유연한 사고를 발휘한다. 그는 다음과 같은 혁명적인 가설을 세운다.

"기체를 이루는 기본 입자가 원자 하나가 아니라, 원자 몇 개가 결합한 '분자'라면 어떨까?"

1811년, 그는 '같은 온도와 압력에서 모든 기체는 같은 부피 속에 같은 수의 분자를 포함한다'는 아보가드로의 법칙을 발표한다. 그의 가설에 따르면 산소 기치는 산소 원자 하나(O)가 아니라 산소 분자(O_2)로 존재하며, 반응 시 이 분자가 두 개의 원자로 나뉘어 수소와 결합하므로 돌턴의 원자 불변 법칙을 깨지 않고도 부피비를 완벽하게 설명할 수 있었다.

이 한 번의 상상은 실험 결과와 이론 사이에 가로놓였던 모순을 단숨에 풀어냈다. 아보가드로는 새로운 데이터를 제시하기보다, 입자를 바라보는 관점 자체를 바꾸는 것만으로 화학의 혼란을 정리했다. 이는 과학에서 결정적인 진보가 종종 '더 많은 사실'이 아니라, '더 나은 해석'에서 비롯된다는 사실을 보여준 순간이었다.

● 잃어버린 50년과 고독한 선구자의 침묵

아보가드로의 가설은 화학의 역사를 100년 앞당길 수 있는 획기적인 발견이었지만, 당대 과학계의 반응은 냉담했다. 당시 학계를 지배하던 베르셀리우스의 전기화학적 이원론 때문에, 똑같은 산소 원자끼리 결합해 분자가 된다는 주장은 터무니없는 소리로 치부되었다. 게다가 아보가드로는 이탈리아의 변방에서 연구하며 다른 과학자들과 적극적으로 교류하지 않았고, 자신의 주장을 난해한 수식으로 표현하는 등 소통에도 서툴렀다. 결국 그의 위대한 논문은 주류 과학계의 무관심 속에 묻혀버렸고, 화학자들은 정답을 눈앞에 두고도 50년 등안이나 원자량 계산의 혼돈 속에서 헤매야 했다.

• 죽음 뒤에 찾아온 부활, 카니차로의 외침

아보가드로가 1856년 눈을 감을 때까지 그의 법칙은 교과서에 실리지 못했다. 그러나 4년 뒤인 1860년, 독일 카를스루에에서 열린 최초의 국제 화학 회의에서 반전이 일어났다. 원자량 기준이 통일되지 않아 혼란스러운 회의장에 아보가드로의 제자였던 스타니슬라오 카니차로가 연단에 올랐다. 그는 스승의 잊혀진 논문을 배포하며 "아보가드로의 분자설을 받아들이면 원자량의 모순이 모두 해결된다."고 역설했다. 그제야 멘델레예프와 마이어 같은 당대 최고의 과학자들은 무릎을 쳤다. 50년 전 버려졌던 가설이 사실은 화학의 유일한 구원자였음을 깨달은 것이다.

• 오늘날로 이어지는 메시지

화학은 공식과 계산의 학문으로만 오해되기 쉽다. 하지만 그 이면에는 보이지 않는 입자를 상상하는 사고가 있다. 아보가드로는 눈에 보이지 않는 분자의 세계를 수로 설명하려는 가설을 제시했다. 당대에는 인정받지 못했지만, 그의 사고는 이후 화학의 기본 언어가 되었다.

오늘날 학생에게 아보가드로의 삶은 이렇게 말해준다.

당장 인정받지 못해도, 논리와 근거는 결국 가치를 증명한다는 메시지다.

▶ 나는 결과보다 사고 과정과 논리를 얼마나 중시하고 있는가?

▶ 나의 가설을 끝까지 설명해 본 경험이 있는가?

이 질문은 화학·모형화·이론 탐구 중심의 세특 탐구주제로 이어질 수 있다.

• 주요 업적

1) 아보가드로 법칙(Avogadro's Law)

아보가드로는 1811년, '같은 온도와 압력 하에서 같은 부피의 모든 기체는 같은 수의 입자(분자)를 포함한다'는 혁명적인 가설을 발표했다. 이는 게이뤼삭의 기체 반응 법칙을 설명하면서도 돌턴의 원자설이 가진 모순을 완벽히 해결한 이론이었다. 비록 당대에는 인정받지 못했지만, 이 법칙은 훗날 기체 분자의 행동을 이해하고 화학 반응의 양적 관계를 정립하는 데 가장 핵심적인 토대가 되었다. 아보가드로 법칙은 오늘날 이상기체 방정식과 몰 개념의 출발점으로 자리 잡았다.

2) 분자 개념(Molecule Concept)

아보가드로의 가장 큰 업적은 입자의 개수라는 개념을 화학 연구에 본격적으로 도입한 것이다. 당시 과학계는 물질의 기본 입자를 오직 '원자'로만 생각하여, 기체 반응 시 원자가 반으로 쪼개지는 논리적 오류에 빠져 있었다. 아보가드로는 이를 해결하기 위해 원자가 결합하여 이루어진 '분자'라는 새로운 단위 개념을 최초로 제안했다. 그는 수소나 산소 같은 기체가 단일 원자가 아닌 이원자 분자 형태로 존재함을 주장하며, 원자와 분자를 명확히 구분하여 미시 세계의 물질 구조를 재정립했다.

3) 분자식(Molecular Formulas)

아보가드로는 기체 부피비를 통해 분자식을 유추하는 방법을 제시하여 화학 결합의 정량적 이해를 도왔다. 그의 가설로 화학 반응에서의 기체 부피비를 통해 물질의 정확한 분자식을 유도할 수 있다. 그는 당시 돌턴이 HO라고 주장했던 물의 분자식을 H_2O로, NH로 여겨지던 암모니아를 NH_3로 올바르게 수정하여 제시했다. 이는 반응 전후의 입자 수와 원자 보존을 정확히 설명하며, 화학식이 단순히 성분 비율을 넘어 실제 분자의 구성 원자 수를 나타내는 지표가 되도록 만들었다.

4) 원자량(Atomic Weights)

아보가드로의 이론은 서로 다른 기체의 밀도를 비교하여 상대적인 분자량과 원자량을 정밀하게 측정할 수 있는 길을 열었다. 같은 부피 속 입자 수가 같다면, 기체의 질량비가 곧 분자량의 비가 되기 때문이다. 비록 사후인 1860년에 이르러서야 제자 카니차로에 의해 재조명되었지만, 그의 업적은 혼란스러웠던 원자량 기준을 통일하고 훗날 멘델레예프의 주기율표 탄생을 가능하게 한 결정적인 열쇠가 되었다. 그의 연구는 현대 화학식 표기법과 화학 반응식 해석의 토대가 되었다.

● 과학적 성과와 영향

아보가드로는 기체의 부피와 입자 수의 관계를 통해 물질의 본질을 해명하고자 하였으며, 1811년 발표한 가설을 통해 기체의 부피가 입자 수와 직접적으로 비례한다는 혁신적인 법칙을 제시했다. 그는 기체가 이원자 분자로 존재함을 주장하며 기존 원자론의 모순을 해결했고, 이를 바탕으로 여러 화합물의 분자식을 제안함으로써 화학 결합과 분자 구조 연구의 기초를 마련했다. 또한 금속 원자량 계산 등 정량 연구를 지속하며 현대 화학에서 사용하는 원자량 체계 구축에도 크게 기여했다.

비록 생전에 적극적인 교류 부족과 보수적 학계 분위기로 인해 그의 연구가 널리 인정받지 못했으나, 사후 카니차로의 재조명으로 그의 법칙은 분자론 확립의 핵심 근거로 자리 잡았다. 아보가드로의 관점은 몰 개념, 아보가드로 수, 이상기체 방정식 등 현대 화학의 정량적 체계로 이어졌으며, 물질을 '입자의 개수'로 이해하는 모든 학문 분야에 결정적 전환점을 제공했다. 오늘날 그의 업적은 기체 연구뿐 아니라 화학 전반의 기반을 형성하며 과학적 사고의 구조를 바꾼 성과로 평가된다.

● 과학 이론 연계 탐구 주제

아보가드로 법칙	▶ 아보가드로 법칙을 이용한 대기 오염 물질의 부피 환산 방법 탐구 ▶ 같은 온도·압력 조건에서 기체 부피와 입자 수 관계를 검증하기 위한 실험 고안 ▶ 아보가드로 법칙이 이상기체 방정식에 미치는 영향과 실제 기체에서의 한계 분석
분자 개념	▶ 분자와 원자의 구분이 화학 결합 모델 정립에 미친 과학사적 전환점 분석 ▶ 원자 모델과 분자 모델의 차이점을 시각적으로 비교하는 교육용 키트 제작 ▶ 분자간 인력이 물질의 끓는점에 미치는 영향을 통한 분자의 존재 의미 연구
분자식	▶ 정확한 분자식 확립이 루이스 전자점식과 VSEPR 이론 발전에 미친 영향 조사 ▶ 돌턴이 주장한 화학식과 아보가드로가 수정한 화학식에 따른 원자량 비교 분석 ▶ 분자식을 확정 이후 훗날 하버-보슈법 등 비료 산업에 미친 기초적 기여도 고찰
원자량	▶ 아보가드로 시대의 기체 밀도 비교법과 현대의 질량 분석 원리 비교 ▶ 원자량 개념이 현대 소재 과학 및 신약 개발에서 수행하는 역할 고찰 ▶ 멘델레예프의 주기율표의 미발견 원소 예측에 아보가드로가 기여한 요인 분석

주제	같은 온도·압력 조건에서 기체 부피와 입자 수 관계를 검증하기 위한 실험 고안
탐구 목표	일정한 온도와 압력 조건에서 생성되는 기체의 몰 수를 조절하며 부피 변화를 측정함으로써, 기체의 부피가 입자 수에 비례한다는 아보가드로 법칙을 실험적으로 검증한다.
선정 이유	아보가드로 법칙을 단순히 암기하기보다, 실제 화학 반응을 통해 눈에 보이지 않는 입자 수의 증가가 거시적인 부피 변화로 어떻게 나타나는지 확인하고자 한다. 특히 반응물의 양을 통제하여 생성되는 기체의 양을 정밀하게 조절하는 실험 설계를 통해, 화학 양론의 기초가 되는 정량적 관계를 직접 검증하고자 본 주제를 선정했다.
서론	아보가드로 법칙에 따르면 모든 기체는 같은 온도와 압력에서 같은 부피 속에 같은 수의 분자를 포함한다. 이는 기체의 종류와 관계없이 입자 수가 부피를 결정함을 시사한다. 본 탐구에서는 마그네슘과 염산의 반응에서 한계 반응물을 단계적으로 늘려가며 생성된 기체의 부피가 선형적으로 증가하는지 분석하고자 한다.
본론	▶ 온도와 기압이 일정하게 유지되는 환경 조성 및 수상 치환 장치 설치 ▶ 질량이 다른 마그네슘 리본 시료 준비 ▶ 묽은 염산과 마그네슘의 반응으로 발생한 수소 기체의 포집 ▶ 반응 완결 후 대기압과 내부 압력이 같은 상태에서의 기체 부피 측정 ▶ 마그네슘의 몰수에 따른 수소 기체의 부피 관계 그래프의 경향성 분석
결론	실험 결과, 마그네슘의 질량이 증가할수록 발생한 수소 기체의 부피도 일정한 비율로 증가하여 그래프가 원점을 지나는 직선에 가까운 형태를 보였다. 이는 기체의 부피와 입자 수가 정비례한다는 아보가드로 법칙이 성립함을 실험적으로 입증한 것이다. 일부 오차는 수증기압이나 기체의 물에 대한 용해로 인해 발생한 것으로 해석된다.
심화 탐구 주제	▶ 실험 값과 이론 값 비교를 통한 반데르발스 방정식의 필요성 고찰 ▶ 확산 속도 실험을 통한 분자량 및 분자 수와 기체 거동의 상관성 탐구 ▶ 수상 치환 시 수증기압과 기체의 용해도가 부피 측정에 미치는 영향 분석
토론 주제	▶ 실험적 검증이 제한된 이론이 과학 발전에 기여할 수 있는가? ▶ 과학자는 실험 데이터와 기존 이론 중 무엇을 더 신뢰해야 하는가? ▶ 기체 법칙은 미시적 입자를 관찰할 수 없는데도 과학적으로 신뢰할 수 있는가?
교내 후속 활동	▶ 화학: 다양한 기체 법칙을 통합한 이상기체 방정식 유도 활동 ▶ 확률과 통계: 입자 수와 부피 데이터 기반의 상관관계 분석 활동 ▶ 동아리활동: 아보가드로 수의 거대함과 관련한 인포그래픽 포스터 제작 활동

아메데오 아보가드로 (Amedeo Avogadro, 1776~1856)

2. 교과 연계 탐구활동 (화학, 데이터 과학, 논리와 사고)

● 화학

성취기준	[12화학01-02] 다양한 단위를 몰로 환산할 수 있음을 이해하고, 물질의 양을 몰 단위로 표현할 수 있다.
주요내용	아보가드로의 법칙은 기체의 부피와 입자 수의 비례 관계를 규명함으로써, 눈에 보이지 않는 미시 세계의 입자 수를 거시적인 물리량으로 측정 가능하게 만들었다. 이를 바탕으로 정립된 '몰'과 '아보가드로 수'는 원자량 및 분자량과 결합하여 질량, 기체의 부피 등 다양한 단위를 물질의 양으로 환산하는 핵심 기준이 된다. 이 성취기준은 학생들이 화학 반응의 양적 관계를 정확히 해석하는 데 도움을 준다.
교과연계 탐구주제	▶ 실내 미세먼지 농도를 몰 농도나 입자 수로 환산하는 식 유도 ▶ 스테아르산 단분자막 실험을 통한 아보가드로 수 측정 방법 탐구 ▶ 연소 시 발생하는 이산화 탄소의 질량 계산으로 환경에 미치는 영향 정량 분석

● 데이터 과학

성취기준	[12데과03-02] 동일한 데이터를 통계적 회귀모델과 기계학습을 통한 회귀모델로 분석하여 결과 해석 내용을 비교한다.
주요내용	아보가드로 법칙과 관련된 기체의 온도·압력·부피 실험 데이터를 수집하여, 이를 전통적인 통계적 선형 회귀와 기계학습 기반 회귀로 각각 분석한다. 통계적 모델을 통해서는 변수 간의 선형적 인과관계와 유의성을 해석하고, 기계학습 모델을 통해서는 비선형적인 실제 기체 거동에 대한 예측 정확도를 평가한다. 이 성취기준은 동일한 데이터를 활용해 분석 결과를 비교하는 능력을 기르는 데 중점을 둔다.
교과연계 탐구주제	▶ 기체의 분자량과 밀도의 상관관계 모델링을 통한 아보가드로 법칙 검증 ▶ 스테아르산 단분자막 실험 데이터 노이즈 처리를 통한 아보가드로 수 도출 연구 ▶ 화학 반응 속도와 기체 발생량을 통계적 추세선과 순환 신경망을 통한 예측 연구

● 논리와 사고

성취기준	[12논리04-03] 증거를 중시하는 관점에서 과학적 추론에 사용되는 확률과 통계의 역할을 이해한다.
주요내용	아보가드로의 법칙은 직접 보이지 않는 입자 세계를 다루기 때문에, 실험적 증거와 통계적 해석이 과학적 추론의 핵심 요소가 된다. 기체의 부피·압력·온도 데이터를 통해 입자 수 관계를 추론하는 과정은 통계적 경향성, 오차 분석, 확률적 예측이 필수적으로 사용된다. 이 성취기준은 과학적 설명이 절대적 진리가 아닌, 경험적 데이터와 추론 규칙에 의해 정당화되는 논리적 구조임을 인식하게 한다.
교과연계 탐구주제	▶ 아보가드로 실험 데이터 기반 확률적 오차 모델 탐구 ▶ 확률적 추론 모델을 통한 분자 개념 도입 과정의 논리 분석 ▶ 아보가드로 가설의 신뢰도를 높인 카니차로의 데이터 기반 의사결정 과정 재조명

3. 독서 연계 탐구활동

● 추천 도서 목록

추천 도서 목록
▶ 지적 대화를 위한 일반화학(차민호, 열린과학, 2025)   ▶ 혼자 몰래 보는 화학 노트(라파엘라 크레센치, 로베르토 빈첸치(황지영 역), 북스힐, 2022)
▶ 장하석의 과학, 철학을 만나다(장하석, 지식플러스, 2025)   ▶ 한 번 읽으면 절대 잊을 수 없는 화학 교과서(사마키 다케오(곽범신 역), 시그마북스, 2023)
▶ 기체론 강의1(루트비히 볼츠만(이성열 역), 아카넷, 2017)   ▶ 개념, 용어, 이론을 쉽게 정리한 기초 화학 사전(다케다 준이치로(조민정 역), 그린북, 2025)

● 독서 연계 탐구 활동

독서 연계 탐구 활동

도서명	한 번 읽으면 절대 잊을 수 없는 화학 교과서(사마키 다케오(곽범신 역), 시그마북스, 2023)
한 번 읽으면 절대 잊을 수 없는 화학 교과서	이 책은 눈에 보이지 않는 미시 세계의 원자와 분자를 '몰(mol)'이라는 단위를 통해 거시 세계와 연결하며 화학의 기초를 다져주는 안내서이다. 밀도, 농도와 같은 기본 개념부터 아보가드로 법칙, 이상 기체와 실제 기체의 차이까지 핵심 이론을 체계적으로 설명한다. 특히 기체 법칙이 도출되는 과정과 수식의 의미를 직관적으로 풀이하여, 화학 반응의 양적 관계를 깊이 있게 이해하는 데 도움을 준다.
핵심 키워드	몰, 몰농도, 아보가드로 법칙, 이상 기체, 보일·샤를의 법칙
탐구 주제	▶ 다양한 농도 표현 방식에 따른 장단점 비교 탐구 ▶ 기체 분자 운동론을 토대로 한 아보가드로 법칙의 이론적 유도 과정 탐구 ▶ 기체 1mol의 부피가 일정하게 나타나는 이유에 대한 분자 운동 기반 해석 ▶ 생활 속 탄소 화합물의 연소 반응을 통한 이산화 탄소 발생량의 몰 단위 계산 ▶ 수용액의 퍼센트 농도와 몰농도 환산 원리 및 실험 과정에서의 오차 원인 분석
토론 쟁점	▶ 실제 기체의 편차는 자연 현상을 이해하는 데 필연적인 요소인가? ▶ 몰 개념처럼 직접 관찰할 수 없는 단위를 사용하는 것은 타당한가? ▶ 미시 세계를 설명하기 위해 도입된 '몰(mol)' 개념은 화학의 진입장벽인가?
후속 활동	▶ 통합과학: 물의 전기분해 실험을 통한 아보가드로 법칙의 정량적 검증 활동 ▶ 정보: 몰 수 증가에 따른 몬테카를로 시뮬레이션을 통한 브라운 운동 구현 ▶ 세계사: 1860년 카를스루에 국제 화학 회의 재연 및 모의토론 활동 ▶ 동아리활동: 실내 이산화 탄소 몰농도 계산 및 환기의 중요성 포스터 제작 활동

● 독서 연계 탐구활동 예시

탐구 주제	생활 속 탄소 화합물의 연소 반응을 통한 이산화 탄소 발생량의 몰 단위 계산
탐구 자료	▶ 생활 속 주요 탄소 화합물의 분자식 및 연소 화학 반응식 문헌 자료 ▶ 연소 전후 질량 변화 측정 및 기체 포집을 위한 실험 기구 사용법 안내 자료 ▶ 연료별 밀도, 분자량, 탄소 함유율 정보가 포함된 MSDS 및 물성 데이터 자료

아메데오 아보가드로 (Amedeo Avogadro, 1776~1856)

탐구 개요	서론	생활 속 탄소 화합물 연료는 연소 시 이산화 탄소를 배출하며, 이는 환경 문제와 직접적으로 연결됨. 이산화 탄소 배출량은 직관으로 판단하기 어려워 화학 반응식과 몰 개념을 활용한 정량적 계산이 필요함. 따라서 본 탐구는 다양한 탄소 화합물의 연소 반응을 분석하여 이산화 탄소 생성량을 몰 단위로 계산하여 화학량론적 사고력을 기르고자 함.
	본론	▶ 연료별 연소 반응식에서 반응물과 생성물의 몰비를 정리하기 ▶ 연료의 질량 또는 부피를 몰로 환산하여 연소 가능한 물질량 계산하기 ▶ 연소 반응식의 계수를 이용하여 이산화 탄소 생성 몰수를 계산하기 ▶ 실제 연소 실험 데이터와 이론 계산값을 비교하여 오차 원인 분석하기 ▶ 연료 종류별 동일 질량 대비 이산화 탄소 배출량 차이를 표로 정리하기
	결론	탄소 화합물의 연소 반응은 반응식의 계수에 따라 일정한 몰비로 이산화 탄소를 생성함을 확인함. 연료의 구조와 탄소 수가 이산화 탄소 배출량에 직접적인 영향을 미침을 파악함. 실제 실험값과 이론값의 차이는 불완전 연소나 측정 오차 등 다양한 요인에서 기인함을 분석함. 화학량론적 계산은 환경 문제를 정량적으로 이해하는 데 중요한 도구임을 확인함.
후속 활동		▶ 화학: 이상기체 상태방정식을 이용하여 이산화 탄소의 부피 변화를 예측하는 활동 ▶ 기후변화와 환경생태: 동일 에너지를 방출하는 친환경 연료를 탐색하는 활동 ▶ 확률과 통계: 도시가스 사용량으로 연간 이산화 탄소 총배출량을 추정하는 활동 ▶ 경제: 탄소 배출 데이터를 근거로 효율적 세금 부과 방안을 토의하는 활동 ▶ 진로활동: 우리 학교의 탄소 발자국 지우기 캠페인을 기획하고 실행하는 활동

4. NIE 연계 활동

● 신문 읽기 & 연결 사유 찾기

원자와 분자(동아사이언스, 2020.05.28.)

이 기사는 19세기 근대 화학의 정립 과정을 서구의 역사와 한국의 시대적 상황을 대비하며 설명하고 있다. 돌턴의 원자론과 게이뤼삭의 기체 반응 법칙 사이에서 발생한 모순을 아보가드로가 분자 개념으로 해결한 과학사적 흐름을 다룬다. 또한 2019년 새롭게 정의된 몰의 개념과 자연 상수로 고정된 아보가드로 수의 의미를 설명하며, 해운대 모래알 개수와의 비교를 통해 그 숫자의 거대함을 알기 쉽게 풀이하고 있다.

아보가드로 프로젝트와 실리콘-28 동위원소(중도일보, 2024.12.19.)

이 기사는 측정 기술의 발전에 따라 아보가드로 수를 확정하기 위해 실리콘-28 동위원소 단결정 구체를 활용한 '아보가드로 프로젝트'의 과정과 그 의미를 다룬다. 탄소 대신 실리콘을 선택한 이유와 이를 통해 도출된 정확한 아보가드로 수가 플랑크 상수 고정 및 킬로그램 재정의에 결정적인 역할을 했음을 설명한다. 또한 고순도 실리콘-28 기술이 핵스핀 잡음을 제거하여 양자컴퓨터 개발에 기여한다고 전망하고 있다.

컵으로 헤아린 바닷물보다 컵 속 분자의 수는 수십배 더 많다(경향신문, 2020.08.27.)

이 기사는 제2차 산업혁명이 전기, 철강, 대량생산 기술을 기반으로 산업 구조와 노동 환경을 크게 변화시켰음을 설명한다. 기계화와 공장 시스템의 확대는 생산성을 높였지만 노동자들은 단순 반복 노동과 장시간 근로에 직면했다. 또한 새로운 기술 기반 사회가 형성되면서 교육, 직업 구조, 사회적 계층 이동에도 큰 영향을 미쳤다는 점을 강조하며 현대 산업 발전과의 연계성도 시사한다.

▶ 기초 과학의 순수한 탐구 정신과 국가 경쟁력 사이의 균형을 어떻게 맞춰야 하는가?

▶ 차세대 양자 기술 선점을 위한 국가 간 소재 기술 확보 경쟁은 어떻게 전개될 것인가?

▶ 환경 및 에너지 문제 해결을 위해 원자·분자 단위의 정밀한 이해가 앞으로 얼마나 중요해지는가?

● 관점의 분석과 비교

아보가드로 프로젝트와 실리콘-28 동위원소(중도일보, 2024.12.19.)
- 몰의 정의를 실리콘 기준으로 바꿔야 하는가? -

찬성	반대
탄소는 동소체 문제로 고순도 시료 확보가 어렵지만, 실리콘은 고순도 단결정 제작이 가능해 아보가드로 수를 가장 정밀하게 측정할 수 있는 안정적 기준이 된다. 몰을 실리콘 기반으로 정의하면 국제 단위계의 정밀성과 일관성이 향상된다.	몰을 특정 물질에 의존하여 정의하면 단위의 보편성과 중립성이 약해질 수 있다. 현재 몰은 특정 물질의 질량이 아닌 고정된 수인 자연 상수로 정의되므로 측정 도구가 실리콘이라고 해서 상징적 기준까지 바꿀 필요는 없다.

원자와 분자(동아사이언스, 2020.05.28.)
- 단위를 특정 물질로 정의할지, 자연 상수로 정의할지 어느 방식이 더 합리적인가? -

≫ 특정 물질	≫ 자연 상수
인간의 감각으로 직접 인지할 수 있는 실물 표준은 추상적이고 복잡한 자연 상수보다 훨씬 직관적이다. 고도의 전문 장비 없이도 누구나 개념을 쉽게 공유할 수 있어, 일상생활과 상거래의 기준으로서 훨씬 실용적이고 합리적이다.	시공간에 구애받지 않는 물리 법칙을 따르므로 실물의 변형이나 파손 위험 없이 우주 어디서든 영구적이고 완벽한 정확성을 보장한다. 측정 기술이 발전할수록 더 정밀한 구현이 가능해져 초정밀 과학 기술의 신뢰도를 근본적으로 높인다.

● 사고의 확장

▶ 자연 상수를 기반으로 한 단위 정의의 철학적 의미는 무엇인가?

▶ 아보가드로 프로젝트에서 실리콘 단결정을 구 형태로 가공한 까닭은 무엇인가?

▶ 미시 세계의 제어 기술이 미래의 소재 산업이나 의학 분야에서 어떤 혁신을 가져오는가?

▶ 국제단위계에서 몰의 재정의가 현대 정밀 산업과 기초 과학 연구에 어떤 영향을 미치는가?

▶ 실리콘-29에 존재하는 핵스핀이 양자컴퓨터의 큐비트 작동에 잡음을 유발하는 까닭은 무엇인가?

5. 세특 예시

아보가드로의 생애와 업적을 탐구하며 기체 법칙에 대한 이해를 바탕으로, 동일 온도·압력 하에서 기체 부피와 입자 수의 비례 관계를 규명하는 실험을 정교하게 설계하여 법칙의 타당성을 입증함. 관련 도서를 읽고 탄소 화합물의 연소 시 발생하는 이산화탄소량을 몰 단위로 계산하며 화학 양론을 환경 문제와 연결하는 응용력을 발휘함. 나아가 자연 상수를 활용한 몰 단위의 재정의에 관한 토론에서, 불변성과 정밀성을 근거로 논리적인 주장을 펼치며 과학적 사고력과 비판적 안목을 보여줌.

아메데오 아보가드로
(Amedeo Avogadro, 1776~1856)

20 아이작 뉴턴
(Isaac Newton, 1642~1726)

1. 사과에서 만유인력까지, 세상을 공식으로 바꾼 천재

● 외로운 소년, 호기심 속에서 자라다

1642년, 영국 링컨셔의 작은 시골 마을에서 태어난 아이작 뉴턴은 일찍 아버지를 잃고 태어났다. 어머니가 재혼하자 그는 할머니 밑에서 외롭게 성장했다. 그러나 그는 외로움을 책과 실험으로 채웠다. 기계 장난감, 시계, 풍차를 직접 만들며 '세상은 어떻게 움직이는가?'를 스스로 탐구했다. 학교에서도 말이 적고 친구가 적었지만, 관찰과 생각에서는 누구보다 깊었다.

"나는 다른 사람보다 더 멀리 본 것이 아니라, 더 오래 바라보았을 뿐이다." 그의 천재성은 이미 어린 시절부터 차근차근 자라나고 있었다.

● 케임브리지에서 피어난 과학의 씨앗

뉴턴은 1661년 케임브리지 대학교 트리니티 칼리지에 입학했다. 그는 수학, 물리학, 천문학을 배우며 당시의 지식들을 흡수했다. 그러나 그는 기존 학문에 만족하지 않았다.

"세상은 단순한 법칙으로 움직일 것이다." 그는 갈릴레이의 운동 법칙과 데카르트의 철학을 바탕으로, 모든 운동의 원리를 스스로 다시 계산하며 연구를 시작했다. 그의 수학적 사고력은 주변을 놀라게 했고, 스승들도 "이 학생은 언젠가 세상을 바꿀 것이다."라고 평가했다.

● 전염병이 만든 천재의 시간

1665년, 런던에 흑사병이 퍼지면서 케임브리지가 문을 닫았다. 뉴턴은 고향으로 돌아가 2년 동안 혼자 공부하며, 역사에 남을 발견들을 해냈다. 그는 사과가 떨어지는 것을 보고 만유인력의 법칙을 떠올렸고, 프리즘 실험을 통해 빛의 분산 원리를 찾아냈으며, 새로운 계산 방법인 미적분학의 기초를 세웠다.

그의 방은 실험 도구와 노트로 가득했고, 낮과 밤의 구분이 없었다. "사과가 떨어질 때, 달은 왜 떨어지지 않을까?" 그 질문 하나가 인류의 우주관을 바꿔놓았다.

● 만유인력의 법칙으로 세상을 통합하다

대학으로 돌아온 뉴턴은 그동안 축적해 온 연구를 체계적으로 정리해 발표했다. 그 결실이 바로 인류 과학사에 길이 남은 저서 <프린키피아(Principia)>였다. 그는 이 책에서 운동의 3법칙과 만유인력의 법칙을 수학적으로 증명하며, 자연 현상을 하나의 논리로 묶어냈다.

"모든 물체는 서로를 끌어당긴다. 그 힘은 거리의 제곱에 반비례한다."

이 단순한 문장은 하늘과 땅을 구분하던 경계를 허물었다. 사과가 떨어지는 현상과 행성이 움직이는 원리가 동일하다는 사실은, 우주 전체가 예외 없이 하나의 질서 아래 놓여 있음을 의미했다. 이후 천문학, 역학, 공학, 항해에 이르기까지 수많은 분야가 그의 공식을 토대로 재정립되었고, 세상은 마침내 자연을 수학으로 설명하는 세계로 전환되었다.

● 명예와 논쟁 속의 과학자

뉴턴은 왕립학회의 회원이 되었고, 훗날 회장까지 맡으며 영국 과학계를 이끌었다. 그는 광학 연구를 통해 반사망원경을 발명했으며, 화학과 연금술에도 흥미를 느껴 새로운 실험을 시도했다. 하지만 동시에 자신이 이룬 업적을 지키기 위해 라이프니츠와 미적분 발명 논쟁을 벌이는 등 예민하고 완벽주의적인 면모를 보이기도 했다.

그는 권위와 고독 속에서 살았지만, 평생 과학의 질서를 믿었다. "진리는 논쟁 속에서도 변하지 않는다."는 그의 신념은 흔들리지 않았다.

● 오늘날로 이어지는 메시지

우리는 이미 완성된 과학 법칙 속에서 살아가고 있다. 하지만 그 법칙 역시 한 사람의 끈질긴 질문에서 시작되었다. 뉴턴은 자연현상을 수학적으로 설명하며, 세상을 하나의 질서로 통합했다. 그는 기존 지식을 바탕으로 하되, 스스로의 사고를 통해 새로운 체계를 완성했다.

오늘날 학생에게 뉴턴의 삶은 이렇게 말해준다. 배움은 모방에서 끝나지 않고, 자기 사고로 확장될 때 완성된다는 사실이다.

▶ 나는 배운 개념을 나만의 언어로 재구성해 본 적이 있는가?

▶ 기존 지식을 바탕으로 새로운 질문을 만들어 본 경험이 있는가?

이 질문은 물리·수학·통합 사고 중심의 세특 탐구주제로 자연스럽게 확장될 수 있다.

● 주요 업적

1) 고전역학의 법칙(Three Laws of Motion)

뉴턴은 물체가 어떻게 움직이고 멈추는지를 설명하는 세 가지 운동 법칙을 제시했다. 그는 외력이 없으면 물체는 계속 같은 상태를 유지한다는 '관성의 법칙', 힘이 작용하면 그 크기만큼 가속된다는 '가속도의 법칙', 힘은 반대 방향의 같은 힘을 만들어낸다는 '작용·반작용의 법칙'을 정리했다. 이 법칙들은 우리가 일상에서 보는 모든 운동을 이해하는 기본 원리가 되었고, 이후 과학자들이 기계, 건축, 우주 탐사 기술을 개발하는 데 핵심 토대로 활용되었다.

2) 만유인력의 법칙(Universal Gravitation)

뉴턴은 사과가 떨어지는 현상부터 행성이 태양 주위를 도는 움직임까지 모두 같은 힘, 즉 '중력'으로 설명할 수 있다고 보았다. 그는 두 물체는 서로 끌어당기며, 그 힘은 질량이 클수록 크고 거리의 제곱에 반비례한다는 공식을 제시했다. 이 법칙은 천체의 움직임을 예측하는 데 중요한 역할을 했고, 우주의 질서가 일정한 원리로 움직인다는 사실을 과학적으로 증명했다. 뉴턴의 만유인력 법칙은 우주를 이해하는 방식에 큰 변화를 일으킨 혁신적인 발견이었다.

3) 광학 연구(Optics Research)

뉴턴은 빛의 성질에도 깊은 관심을 가졌다. 그는 프리즘 실험을 통해 빛이 여러 색으로 이루어져 있다는 사실을 밝혔고, 흰빛은 빨강·파랑 등 다양한 색의 혼합이라는 결론을 내렸다. 또한 색 번짐을 줄이기 위해 굴절식이 아닌 반사식을 이용한 '반사망원경'을 제작했다. 이 망원경은 기존보다 더 선명한 관측을 가능하게 해 천문학 발전에도 크게 기여했다. 뉴턴의 광학 연구는 빛과 색의 성질을 이해하는 기초가 되었으며, 현대 광학 기술의 출발점이 되었다.

4) 미적분학 창시(Calculus Development)

뉴턴은 변화하는 양을 계산하는 새로운 수학적 방법, 즉 '미적분학'을 만들었다. 그는 물체가 떨어지는 속도나 행성이 움직이는 궤도처럼 시간이 지날수록 변하는 양을 정확하게 계산하기 위해 미분과 적분을 도입했다. 이 수학적 도구는 자연의 복잡한 변화를 수식으로 설명할 수 있게 만들며 과학 발전에 혁명적인 도구가 되었다. 미적분학은 물리학, 공학, 경제학 등 다양한 분야에서 핵심 도구로 사용되며 뉴턴의 뛰어난 수학적 통찰을 보여주는 업적이다.

　　뉴턴은 자연의 다양한 현상을 하나의 체계적인 법칙으로 설명하려고 노력한 과학자로, 고전역학과 만유인력 법칙을 통해 물체의 운동을 정확하게 이해할 수 있는 기초를 마련했다. 그의 법칙은 지상에서 떨어지는 물체의 운동뿐 아니라 태양계 행성의 궤도까지 설명할 수 있었다. 또한 그는 빛의 분해 실험을 통해 흰빛이 여러 색의 조합임을 밝혀 광학 연구에 중요한 전환점을 만들었다. 미적분학을 창시함으로써 자연 현상을 수학적으로 분석할 수 있는 강력한 도구를 제공했다.

　　뉴턴의 연구는 현대 과학과 기술의 핵심 토대를 이루고 있다. 고전역학은 기계 설계, 건축 구조 분석, 우주선 발사 등 다양한 공학 분야의 기본 원리가 되었으며, 만유인력 법칙은 천문학과 우주 탐사 기술 발전에 결정적인 역할을 했다. 광학 연구는 카메라, 레이저 등 현대 광기술의 기반이 되었고, 미적분학은 물리학뿐 아니라 공학, 경제학, 데이터 분석 등 다양한 분야에서 필수 도구가 되었다. 뉴턴의 성과는 자연을 수학적 법칙으로 설명하는 시대를 여는 데 결정적 영향을 주었다.

● 과학 이론 연계 탐구 주제

고전역학의 법칙	▶ 운동 법칙이 공학 설계 안전성 향상에 준 의미 고찰 ▶ 뉴턴 운동 법칙이 일상 속 물체 움직임에 미친 영향 조사 ▶ 뉴턴 법칙 적용 전후 기술 변화 과정을 사례 중심으로 분석
만유인력의 법칙	▶ **만유인력과 케플러 법칙의 관계를 비교 분석** ▶ 중력 개념이 우주 탐사 기술 발전에 준 영향 고찰 ▶ 일상 속 중력 작용이 다양한 현상에 미치는 효과 분석
광학 연구	▶ 프리즘 실험을 통해 빛의 분해와 뉴턴 광학 연구를 조사 ▶ 뉴턴식 반사망원경과 굴절망원경의 구조 차이 비교 분석 ▶ 색 이론과 프리즘 분광이 시각 정보 처리에 준 의미 분석
미적분학 창시	▶ 미적분 개념과 고전역학 법칙의 연결성을 비교 분석 ▶ 미적분학이 현대 과학·공학 기술 발전에 준 의미 고찰 ▶ 실생활 속 변화율 문제에 미적분 적용 사례를 직접 조사

주제	만유인력과 케플러 법칙의 관계를 비교 분석
탐구 목표	만유인력과 케플러의 행성 운동 법칙이 서로 어떤 방식으로 연결되는지를 비교 분석하여 태양계 운동의 과학적 원리를 체계적으로 이해하는 것을 목표로 한다.
선정 이유	케플러는 행성의 실제 관측 자료를 바탕으로 운동 법칙을 정리했고, 뉴턴은 만유인력 개념을 도입해 이 법칙들을 물리적으로 설명했다. 두 법칙의 연결을 이해하면 '관측에서 이론으로' 이어지는 과학 발전 과정을 명확히 파악할 수 있다. 또한 태양계의 운동을 설명하는 핵심 원리를 배울 수 있어 탐구 가치가 높다고 판단했다.
서론	행성은 일정한 규칙을 따라 태양 주위를 공전하며, 케플러는 이 움직임을 세 가지 법칙으로 정리했다. 이후 뉴턴은 만유인력 법칙을 통해 이러한 현상이 왜 일어나는지를 물리적으로 설명했다. 두 법칙은 서로 다른 시대에 등장했지만 태양계 운동을 이해하는 데 긴밀하게 연결되어 있으며, 과학 발전의 흐름을 잘 보여준다.
본론	▶ 케플러 제1·2·3법칙의 의미와 관측 기반 정리 조사 ▶ 만유인력 법칙의 기본 공식과 행성 운동 설명 방식 분석 ▶ 케플러 법칙이 만유인력에서 어떻게 도출되는지 비교 ▶ 공전 궤도 모형 제작 또는 시뮬레이션 활용해 운동 확인 ▶ 자료를 종합해 두 법칙의 관계와 과학적 의의 정리
결론	탐구를 통해 케플러 법칙은 행성의 실제 관측을 토대로 한 기술적 법칙이며, 뉴턴의 만유인력은 그 법칙을 설명하는 근본 원리임을 확인했다. 두 법칙은 경쟁 관계가 아니라 서로를 보완하며 태양계의 운동을 완성하는 과학적 틀을 제공한다. 관측과 이론이 결합해 과학이 발전한다는 중요한 통찰을 얻을 수 있었다.
심화 탐구 주제	▶ 쌍성계에서 만유인력과 운동 법칙이 적용되는 방식 비교 탐구 ▶ 행성 질량 변화가 케플러 주기 법칙에 미치는 물리적 영향 분석 ▶ 케플러 법칙의 한계가 현대 천체역학 이론 발전에 준 의미 고찰
토론 주제	▶ 케플러 법칙이 없었다면 뉴턴 이론이 가능했을까? ▶ 관측 기반 법칙과 이론 기반 법칙 중 과학 발전에 더 중요한가? ▶ 만유인력 법칙이 현대 우주 탐사 기술의 핵심이라고 볼 수 있을까?
교내 후속 활동	▶ 통합과학: 태양계 모형 제작 후 행성 궤도 속도 변화 분석 활동 ▶ 공통수학: 케플러 제3법칙의 비례식 활용해 궤도 주기 계산 실습 ▶ 동아리활동: 천문 동아리에서 실제 관측 자료로 행성 운동 기록

2. 교과 연계 탐구활동(물리학, 지구시스템과학, 미적분 I)

● 물리학

성취기준	[12물티01-02] 뉴턴 운동 법칙으로 등가속도 운동을 설명하고, 교통안전 사고 예방을 적용할 수 있다.
주요내용	등가속도 운동을 설명하는 핵심 원리로, 외력이 일정하게 작용할 때 물체의 속도 변화가 일정하다는 사실을 수학적으로 제시한다. 이는 제동거리, 충돌 시 충격량, 안전벨트의 작용처럼 교통 안전에서 나타나는 다양한 운동 현상을 이해하는 기초가 된다. 가속도, 힘, 질량의 관계를 통해 자동차의 충격 완화 장치의 설계 원리를 분석할 수 있으며, 교통 사고 예방 기술이 물리 법칙에 근거해 설계됨을 확인하게 한다.
교과연계 탐구주제	▶ 차량 제동거리에서 속도, 마찰력, 가속도의 관계 분석 ▶ 충돌 시 충격량과 작용·반작용 법칙을 이용한 안전장치 설계 탐구 ▶ 등가속도 운동 데이터를 활용한 교통사고 위험 요인 예측 모델 만들기

● 지구시스템과학

성취기준	[12지시02-04] 조석의 발생 과정을 이해하고 자료 해석을 통해 각 지역에서의 조석 양상을 설명할 수 있다.
주요내용	뉴턴의 만유인력 법칙은 지구와 달, 태양 사이에서 작용하는 중력 차이가 조석력을 만들어낸다는 과학적 근거를 제공한다. 달이 지구의 한쪽을 더 강하게 끌어당기는 중력 차이는 조석 융기를 만들고, 지역별 만조, 간조의 시간차를 결정한다. 또한 천체 배치와 거리 변화는 조석의 크기와 주기를 변화시키며, 이러한 변화를 뉴턴 역학의 관점에서 분석하면 조석 자료의 패턴을 더 깊이 이해할 수 있다.
교과연계 탐구주제	▶ 달, 태양의 위치 변화가 조석 크기와 주기에 미치는 영향 분석 ▶ 만유인력 식을 이용해 조석력 변화를 계산하고 지역별 만조, 간조 자료 비교 ▶ 슈퍼문, 근일점 등 거리 변화 시기의 조석 증폭 현상을 천체 자료와 연계해 해석

● 미적분 I

성취기준	[12미적I-02-10] 미분을 속도와 가속도에 대한 문제에 활용하고, 그 유용성을 인식할 수 있다.
주요내용	뉴턴은 속도와 가속도를 연속적으로 변하는 양의 순간 변화율로 해석하며, 운동을 수학적으로 기술하는 방법을 정립하였다. 위치 함수의 미분을 통해 속도와 가속도를 얻는 개념은 뉴턴의 운동 법칙을 이해하는 핵심으로, 시간에 따른 운동의 변화를 그래프와 함수로 정량적으로 분석할 수 있다. 또한 미분을 활용하면 힘과 운동의 관계를 수학적으로 표현할 수 있어 물체의 운동을 예측하는 데 중요한 도구가 된다.
교과연계 탐구주제	▶ 속도−시간 그래프의 기울기를 활용해 교통 상황 속 가속도 변화 해석하기 ▶ 낙하, 수평투사 운동 데이터를 함수화하여 미분으로 속도, 가속도 도출하기 ▶ 뉴턴의 운동 법칙을 이용해 F=ma를 미분 관점으로 해석하고 실제 사례 분석하기

3. 독서 연계 탐구활동

● 추천 도서 목록

추천 도서 목록

▶ 수학자들의 전쟁(이광연, 프로네시스, 2007)

▶ 다이얼로그 물리학 1: 고전역학(이공주복, 이화여자대학교출판문화원, 2022)

▶ 프린키피아(아이작 뉴턴(박병철 역), 휴머니스트, 2023)

▶ 물리의 정석: 고전 역학 편(레너드 서스킨드(이종필 역), 사이언스북스, 2017)

▶ 위대한 물리학자1(윌리엄 크로퍼(김희봉 역), 사이언스북스, 2007)

▶ 뉴턴-어떻게 만유인력을 알아냈을까(게일 E. 크리스천슨(정소영 역), 바다출판사, 2025)

● 독서 연계 탐구 활동

독서 연계 탐구 활동

도서명	프린키피아(아이작 뉴턴(박병철 역), 휴머니스트, 2023)
	이 책은 뉴턴이 운동의 3법칙과 만유인력 법칙을 수학적 구조로 정립해 자연 현상을 통합적으로 설명한 대표적인 과학 고전이다. 단순한 관찰을 넘어 자연을 수학으로 해석하려는 그의 시도는 근대 물리학의 기초를 놓았으며, 역학, 천문학, 수학을 하나의 체계로 연결하는 과학적 사고방식을 보여 준다. 이러한 내용을 통해 과학 혁명 속에서 수학적 자연관이 어떻게 정립되었는지 이해하게 한다.
핵심 키워드	뉴턴 운동 법칙, 만유인력, 등가속도 운동, 역제곱 법칙, 미적분
탐구 주제	▶ 힘-시간 그래프 적분을 통한 충격량 해석과 교통 안전 설계 연구 ▶ 뉴턴의 기계적 자연관이 현대 과학·공학 모델링에 미친 영향 탐구 ▶ 등가속도 운동 데이터를 이용한 뉴턴 제2법칙의 수학적 구조 분석 ▶ 만유인력 법칙을 기반으로 한 행성 궤도 주기의 유도와 케플러 법칙 비교 ▶ 역제곱 법칙이 적용되는 다양한 자연 현상(전기력·빛의 세기 등)의 비교 분석
토론 쟁점	▶ 과학의 발전은 수학적 정식화가 우선인가, 경험적 관찰이 우선인가? ▶ 과학적 혁신은 개인의 통찰에서 비롯되는가, 시대적 환경의 산물인가? ▶ 뉴턴의 운동 법칙은 자연 현상을 그대로 설명하는가, 혹은 이상화된 모델인가?
후속 활동	▶ 통합과학: 영상 분석 도구로 등가속도 실험 데이터를 분석하는 활동 ▶ 과학의 역사와 문화: 미적분 논쟁을 통한 과학 혁명의 구조를 탐구하는 활동 ▶ 공통수학: 운동 그래프를 미분, 적분하여 속도, 가속도 관계를 도출하는 활동 ▶ 진로활동: 뉴턴의 법칙을 기반으로 우주, 기계공학 직업군을 조사하는 활동

● 독서 연계 탐구활동 예시

탐구 주제	힘-시간 그래프 적분을 통한 충격량 해석과 교통 안전 설계 연구
탐구 자료	▶ 교통 사고 분석 보고서 및 안전장치 설계 관련 기술 문헌 자료 ▶ 뉴턴 운동 법칙 및 충격량-운동량 이론을 설명한 과학 교과서·영상 자료 ▶ 온라인 가상 실험 자료(가상 충돌 실험, 힘-시간 데이터 분석 자료)

탐구 개요	**서론**	충돌 시 짧은 시간에 작용하는 큰 힘은 힘-시간 그래프의 적분인 충격량으로 해석할 수 있음. 뉴턴의 운동 법칙은 이 충격량이 운동량 변화와 연결됨을 보여주며, 교통 안전장치 설계의 핵심 원리로 작용함. 본 탐구에서는 힘-시간 그래프를 이용해 충격량을 분석하고, 이를 기반으로 교통 안전 설계의 물리적 의미를 탐구하고자 함.
	본론	▶ 충격량과 운동량 변화의 관계를 뉴턴의 운동 법칙으로 정리하기 ▶ 충돌 상황에서 나타나는 힘-시간 그래프를 수집해 충격량을 산출하기 ▶ 힘의 지속 시간과 최대 힘 변화가 안전성에 미치는 영향을 분석하기 ▶ 에어백과 같은 안전장치가 충격량을 조절하는 물리적 원리를 비교하기 ▶ 충격량 분석 결과를 교통 안전 사고 예방에 적용할 시사점을 도출하기
	결론	충격량 개념은 짧은 순간에 작용하는 큰 힘을 정량적으로 해석할 수 있는 중요한 도구로, 교통 안전장치 설계의 핵심 원리와 직결됨. 힘-시간 그래프의 적분을 통해 충격량을 계산하면, 충격량을 그대로 유지하면서도 힘의 최대값을 감소시켜 피해를 줄이는 설계가 가능함을 확인할 수 있음. 이는 뉴턴의 운동 법칙이 실생활 안전 기술의 기반이 되고 있음을 보여줌.
후속 활동		▶ 공통수학: 힘-시간 그래프 변형이 충격량에 미치는 영향 분석하는 활동 ▶ 통합사회: 교통 사고 사례와 안전 기준을 비교하여 안전 대책을 탐구하는 활동 ▶ 공통국어: 교통 안전 설계에서 과학적 사고의 역할을 논설문으로 작성하는 활동 ▶ 기술·가정: 자동차 안전장치의 구조를 조사하고 안전 설계 보고서 작성하는 활동 ▶ 통합과학: 다양한 충돌 상황에서 힘-시간 그래프를 시뮬레이션으로 재현하는 활동

4. NIE 연계 활동

● 신문 읽기 & 연결 사유 찾기

뉴턴은 사과를 보고 만유인력의 법칙을 떠올렸다?(동아사이언스, 2024.03.30.)

이 기사는 뉴턴의 '사과나무 일화'가 실제 역사적 사실이라기보다 상징적 이야기임을 설명한다. 사과 한 알의 영감보다 축적된 연구와 여러 과학자의 기여가 만유인력 법칙의 배경이었음을 강조한다. 또한 뉴턴이 과학, 종교, 연금술을 폭넓게 탐구한 다면적 인물임을 소개한다. 이를 통해 과학을 하나의 우상화된 천재 이야기가 아니라 체계적이고 지속적인 탐구의 과정으로 바라보도록 시사한다.

뉴턴의 '역학 이야기'(경향신문, 2007.03.27.)

이 기사는 뉴턴이 미적분, 만유인력, 운동 법칙을 확립하며 근대 과학의 핵심적 기초를 만든 과정을 소개한다. 일상에서 관찰되는 힘과 운동의 원리가 모두 뉴턴 역학에서 비롯되었음을 설명하며, 그의 연구가 계몽사상과 현대 과학기술 발전에 미친 영향을 강조한다. 또한 열역학 등 이후 과학자들의 연구가 뉴턴의 역학적, 수학적 자연관을 기반으로 확장되었음을 보여준다.

'수학의 꽃'미적분을 뉴턴이 발명했다고?...(뉴스 스페이스, 2025.03.06.)

이 기사는 미적분이 뉴턴 혼자 만든 발명이 아니라, 뉴턴과 라이프니츠가 서로 다른 방식으로 발전시킨 수학적 도구임을 설명한다. 뉴턴은 자연 현상을 수학적으로 표현하기 위해 변화율과 면적 개념을 사용했고, 라이프니츠는 이를 기호와 체계로 정리해 현대적 미적분의 기초를 마련했다. 두 사람의 연구가 오늘날 과학·공학의 핵심 언어가 되었음을 강조하며, 미적분의 의미와 가치를 되짚는다.

▶ 과학 발전은 천재의 영감보다 공동 연구의 결과일까?

▶ 미적분의 탄생을 한 사람의 업적으로만 볼 수 있을까?

▶ 우리는 일상 속 자연 현상을 뉴턴 역학으로 충분히 이해하고 있을까?

● 관점의 분석과 비교

뉴턴의 '역학 이야기'(경향신문, 2007.03.27.)
- 뉴턴 역학은 지금도 자연을 설명하는 데 충분한가? -

찬성	반대
뉴턴의 운동 법칙과 중력 개념은 일상에서 일어나는 대부분의 물체 운동을 정확하게 설명한다. 공학·건축·교통·스포츠 등 현대 기술의 기초가 여전히 뉴턴 역학에 기반하고 있기 때문에, 기본 자연 현상 이해에는 여전히 가장 강력한 틀이다.	뉴턴 역학은 거대한 속도, 극미한 세계, 강한 중력장 등에서는 한계가 드러나며 상대성 이론과 양자역학으로 대체되었다. 뉴턴 역학만으로는 자연의 모든 영역을 설명할 수 없기 때문에, '근사적 모델'로 보는 것이 더 타당하다.

'수학의 꽃'미적분을 뉴턴이 발명했다고?...(뉴스 스페이스, 2025.03.06.)
- 미적분의 발명 공로는 누구에게 더 큰가? -

≫ 뉴턴	≫ 라이프니츠
뉴턴은 변화율과 운동의 수학적 표현을 위해 미적분 개념을 실제 물리 문제에 처음 적용했다. 만유인력과 운동 법칙을 수학적으로 설명하기 위해 미적분을 만들었기 때문에, '발명'의 실질적 출발점은 뉴턴에게 있다고 볼 수 있다.	라이프니츠는 미분·적분 기호를 만들고 체계화하여 현대 수학이 사용하는 형식의 기초를 제공했다. 미적분을 누구나 활용 가능한 독립된 수학 체계로 만든 것은 라이프니츠이므로, 현대적 의미의 '미적분 창시자'로는 그가 더 적합하다.

● 사고의 확장

▶ 한 과학자의 업적을 '발명'이나 '발견'으로 규정하는 기준은 무엇일까?

▶ 과학의 발전은 개인적 영감보다 어떤 집단적 지식 축적에 의존하는가?

▶ 뉴턴이 활동하던 시대적 조건이 달랐다면 그의 업적은 어떻게 달라졌을까?

▶ 뉴턴의 법칙이 설명하지 못하는 자연 현상은 무엇이며, 그 이유는 무엇일까?

▶ 과학적 발견의 배경에 있는 사회·문화적 요소는 연구 결과에 어떤 영향을 미칠까?

5. 세특 예시

    뉴턴의 운동 법칙과 충격량 개념을 바탕으로 '힘–시간 그래프 적분을 통한 교통 안전장치 설계 분석' 탐구를 수행함. '프린키피아' 해설서와 관련 신문 기사를 바탕으로 사과나무 일화의 과학사적 의미를 비판적으로 해석하고, '천재 서사와 과학 발전'의 관계를 토론함. 뉴턴 역학이 설명하지 못하는 영역을 상대성 이론과 비교하여 고전역학의 적용 한계를 재정리함. 미적분I 학습과 연계해 변화율과 적분을 실제 운동 데이터에 적용하여 뉴턴 제2법칙의 수학적 구조를 스스로 도출함.

안토니 가우디
(Antoni Gaudí, 1852~1926)

1. "자연은 나의 스승이다" 돌과 빛으로 신을 노래한 건축의 시인

● 자연 속에서 건축의 눈을 뜨다

1852년, 스페인 카탈루냐 지방의 작은 마을 레우스에서 태어난 안토니 가우디는 어려서부터 몸이 약했다. 밖에서 마음껏 뛰어 놀 수 없었던 그는 대신 자연 속 세상을 유심히 관찰하며 시간을 보냈다. 꽃잎의 곡선, 꿀벌집의 육각형, 조개껍데기의 나선형... 그는 자연이 만들어낸 구조 속에서 완벽한 조화를 느꼈다. 그에게 세상은 이미 완성된 하나의 건축물처럼 보였다.

"자연은 결코 직선을 만들지 않는다."

이 깨달음은 훗날 그의 모든 건축물 속에 살아 숨 쉬는 근본 원리가 되었다.

● 평범한 학생, 그러나 특별한 시선

젊은 시절의 가우디는 바르셀로나 건축학교에 입학했지만, 처음부터 뛰어난 학생은 아니었다. 그는 계산이나 설계 규칙에는 관심이 적었고, 늘 자신만의 독특한 아이디어를 스케치하며 시간을 보냈다. 교수들은 그를 엉뚱하다고 여겼고, 친구들조차 그의 그림을 이해하지 못했다. 그러나 그의 머릿속에는 다른 누구도 보지 못한 세계가 있었다. 그는 건축을 '기하학'이 아닌 '생명체의 성장'으로 바라봤다. 졸업식 날 교장은 그에게 이렇게 말했다.

"이 젊은이는 천재일 수도 있고, 미친 사람일 수도 있다."

시간은 결국 그 예언이 '천재' 쪽이었음을 증명했다.

● 예술과 신앙이 만난 건축: '사그라다 파밀리아'의 시작

가우디의 이름을 세상에 널리 알린 것은 바로 사그라다 파밀리아 성당이었다. 이 프로젝트는 처음엔 단순한 고딕 양식의 성당으로 계획되었지만, 가우디는 완전히 다른 방향으로 설계를 바꾸었다. 그는 직선 대신 자연의 곡선을, 단조로운 벽 대신 빛과 그림자가 살아 있는 구조를 만들었다. 기둥은 마치 숲속의 나무처럼 하늘로 뻗어 올라가고, 천장은 가지 사이로 햇빛이 스며드는 숲속처럼 반짝였다.

"나의 고객은 서두르지 않는다." 가우디는 신의 뜻이 완성될 때까지 기다릴 수 있다며, 성당이 완공되기까지 100년이 걸려도 상관없다고 말했다. 그에게 건축은 단순한 인간의 기술이 아니라 신과 자연의 언어로 쓰인 예배였다.

● 바르셀로나를 예술 도시로 바꾸다

사그라다 파밀리아 외에도 가우디는 바르셀로나 곳곳에 놀라운 건축물을 남겼다. 구엘 공원, 카사 바트요, 카사 밀라(라 페드레라)등은 모두 그만의 창의적 상상력으로 만들어진 도시의 보석이다. 그는 돌과 철, 유리, 도자기 타일 같은 평범한 재료를 자유롭게 섞어 마치 생명체처럼 살아 있는 건축을 완성했다. 특히 깨진 타일을 이어 붙여 색다른 문양을 만드는 '트렌카디스(trencadís)' 기법은 그만의 독창적 상징이 되었다. 그의 건축은 예술, 과학, 신앙이 한데 어우러진 종합 예술이었다. 바르셀로나는 그 이후 '가우디의 도시'라 불리며, 그의 상상력이 도시 전체의 풍경을 바꿔 놓았다.

● 가난 속의 마지막 길

노년의 가우디는 모든 것을 내려놓고 오직 사그라다 파밀리아에 몰두했다. 그는 집도, 명예도, 부도 중요하지 않았다. 단 하나, 신이 자신에게 맡긴 작품을 완성하는 것이 그의 전부였다. 낡은 옷을 입고 거리에서 빵을 사 먹으며 지내던 그는 도시 사람들에게는 평범한 노인처럼 보였다. 1926년 어느 날, 성당으로 향하던 그는 전차에 치이는 사고를 당했다. 병원으로 옮겨졌지만 신분이 밝혀지지 않아 며칠 동안 방치되었다. 뒤늦게 그가 바로 스페인의 가장 위대한 건축가 가우디임이 알려졌을 때는 이미 늦은 뒤였다. 그는 자신이 평생을 바친 사그라다 파밀리아 성당 지하 묘소에 안장되었다.

● 오늘날로 이어지는 메시지

지금 우리는 빠른 결과와 정해진 답을 요구받는 환경 속에서 살아가고 있다. 하지만 진정한 창의성은 남들과 다른 속도로, 다른 방향을 바라보는 데서 시작된다. 가우디는 자연을 최고의 교과서 삼아 직선과 규칙 대신 곡선과 생명력을 선택했다. 당대에는 이해받지 못했지만, 그는 끝까지 자신의 시선을 믿었다.

오늘날 학생에게 가우디의 삶은 이렇게 말해준다. 창의성은 특별한 재능이 아니라, 세상을 바라보는 태도에서 비롯된다.

▶ 나는 교과서 밖에서 무엇을 관찰하고 있는가?
▶ 나만의 시선은 어떤 분야에서 드러날 수 있을까?

이는 과학·예술 융합, 창의적 문제 해결 중심의 세특 탐구주제로 확장될 수 있다.

● 주요 업적

1) 유기적 건축(Organic Architecture)

가우디의 유기적 건축은 자연의 형태와 움직임을 건축에 그대로 담으려는 방식이다. 나무의 줄기, 파도, 동물의 뼈 등 자연에서 볼 수 있는 곡선을 건물의 기둥, 벽, 지붕에 적용했다. 이런 설계 덕분에 건물은 딱딱한 구조물이 아니라 살아 있는 생명체처럼 보인다. 가우디는 자연을 '가장 완벽한 스승'이라 여겼고, 자연이 가진 리듬과 패턴을 건축에 반영하여 독창적인 미적 감각을 완성했다. 유기적 건축은 그의 대표 건축물인 카사 밀라와 구엘 공원에서 뚜렷하게 드러난다.

2) 구조 혁신(Structural Innovation)

가우디는 기존 건축 규칙을 따르기보다 새로운 구조 방식을 직접 연구한 건축가다. 그는 중력을 가장 안정적으로 지탱하는 '역압선(catenary curve)'에 주목해 아치와 기둥을 설계했다. 또한 기둥을 수직이 아니라 자연스럽게 기울여 더 넓은 공간을 만들고 무게를 효율적으로 분산시켰다. 이런 구조적 연구는 당시 건축 기술로는 매우 파격적이었으나, 사그라다 파밀리아처럼 복잡한 건축물을 설계하는 데 큰 역할을 했다. 가우디의 구조 혁신은 현대 건축의 과학적 설계 방법에도 영향을 주었다.

3) 모자이크 트렌카디스(Trencadís Mosaic)

트렌카디스는 깨진 도자기, 타일, 유리 조각을 이어 붙여 색과 무늬를 만드는 장식 기법이다. 가우디는 버려진 재료에서도 새로운 아름다움을 찾아낼 수 있다고 생각해 이 방식을 적극 활용했다. 불규칙한 조각들이 모여 자연의 무늬처럼 생동감 있는 표면을 만들고, 햇빛을 받을 때마다 색이 반짝이며 달라져 시각적 즐거움을 준다. 이 기법은 구엘 공원의 긴 벤치나 건물 외벽 장식에서 두드러지며, 바르셀로나를 상징하는 독특한 색채를 만들어냈다.

4) 가톨릭적 상징주의(Catholic Symbolism)

가우디는 깊은 신앙심을 가진 건축가로, 건물 곳곳에 가톨릭 상징을 담아 메시지를 전달하려 했다. 사그라다 파밀리아에서는 예수 탄생, 수난, 영광을 세 가지 파사드로 표현하며 성경 이야기를 건축으로 시각화했다. 또한 숫자, 식물의 형태, 빛의 방향 등에도 종교적 의미를 숨겨 관람자가 건축물을 통해 신앙적 경험을 느끼도록 구성했다. 가우디에게 건축은 단순한 예술이 아니라 신을 찬미하는 행위였고, 그의 상징주의적 건축은 오늘날까지 영적 감동을 주는 작품으로 평가받고 있다.

● 과학적 성과와 영향

안토니 가우디의 과학적 성과는 자연에서 발견되는 구조 원리를 건축에 체계적으로 적용했다는 점에서 두드러진다. 그는 식물의 줄기나 동물의 뼈처럼 자연이 스스로 만들어낸 형태가 가장 효율적인 구조라고 보았다. 이를 바탕으로 역압선(catenary curve), 경사 기둥, 하이퍼볼릭 곡면 같은 과학적 구조를 실험하고 계산해 실제 건축에 반영했다. 또한 모래주머니 모형을 이용해 하중과 균형을 분석하는 등, 당시로서는 드물었던 공학적 모델링을 통해 안정성과 미적 조화를 동시에 확보했다.

가우디의 접근은 단순한 예술 감각을 넘어 자연과학과 수학을 건축에 통합한 선구적 시도로 평가된다. 그의 혁신은 이후 건축가들이 구조를 '보이는 아름다움'뿐 아니라 '보이지 않는 힘의 흐름'까지 고려하게 만드는 계기가 되었다. 특히 사그라다 파밀리아의 복잡한 형태는 현대 공학 기술과 결합해 완성되고 있으며, 이는 그의 과학적 사고가 시대를 넘어 지속적 영향을 미친다는 것을 보여준다. 가우디의 건축은 오늘날 생체모방공학과 친환경 설계 분야에도 큰 영감을 주고 있다.

● 과학 이론 연계 탐구 주제

유기적 건축	▶ 자연 형태를 닮은 건축 요소를 찾아보고 특징 정리 ▶ **가우디 건축의 곡선 구조가 주는 안정감과 미적 효과 분석** ▶ 유기적 건축이 현대 친환경 건축 디자인에 미친 영향 비교 탐구
건축 혁신	▶ 가우디의 구조 실험정신이 현대 공학 기술에 남긴 의미 고찰 ▶ 가우디가 사용한 역모형 기법이 구조 안정성에 주는 효과 분석 ▶ 전통 건축 방식과 가우디의 구조 혁신 사례를 실제 건물로 비교
모자이크 트렌카디스	▶ 가우디 장식기법과 타 건축가의 모자이크 표현 방식 비교 탐구 ▶ 재활용 중심 트렌카디스가 현대 친환경 예술에 준 메시지 고찰 ▶ 트렌카디스 색채 구성 방식이 시각적 집중 효과에 미친 영향 분석
가톨릭적 상징주의	▶ 신앙적 건축관이 현대 예술철학에 남긴 영향과 의미 고찰 ▶ 동시대 가톨릭 건축과 가우디의 상징 표현 방식 차이 비교 ▶ 가우디 건축에서 자연·성경 모티프가 어떻게 표현되는지 분석

• 탐구 설계 예시

주제	가우디 건축의 곡선 구조가 주는 안정감과 미적 효과 분석
탐구 목표	가우디 건축에 나타난 곡선 구조의 특징을 분석하고, 곡선이 건축물의 안정성과 미적 효과에 어떻게 기여하는지 과학적·예술적으로 이해하는 데 목적이 있다.
선정 이유	가우디는 자연에서 착안한 곡선을 건축 전반에 적용하며 독창적인 형태를 완성했다. 특히 직선 중심의 전통 건축과 달리 곡선을 이용해 구조적 안정감을 확보하고 동시에 시각적 아름다움을 강화했다는 점이 흥미로 웠다. 학생의 눈높이에서 곡선의 기능과 조형미를 함께 살펴볼 수 있어 탐구 주제로 적합하다고 판단했다.
서론	건축에서 곡선은 구조적 기능과 심미적 효과를 동시에 지닌 중요한 형태이다. 가우디는 자연의 곡선을 관찰하며 이를 건축 속으로 끌어와 새로운 미적 세계를 만들었다. 본 탐구에서는 가우디의 대표 건축물 속 곡선 구조를 분석하여 왜 안정감이 생기고 어떤 미적 인식이 발생하는지 살펴보고자 한다.
본론	▶ 가우디 대표 건축물(카사 밀라·구엘 공원 등)의 곡선 구조 특징 조사 ▶ 곡선 형태가 구조적 안정감을 형성하는 원리를 자료와 모형으로 검증 ▶ 직선 중심 건축과 곡선 중심 건축의 안정성 및 조형미 비교 분석 ▶ 가우디가 자연 곡선을 관찰해 건축에 적용한 사례 세부 분석 ▶ 현대 건축에서 곡선 구조가 활용되는 방식과 가우디 영향 확인
결론	가우디의 곡선 구조는 단순한 미적 장식이 아니라 구조 안정성과 자연 친화적 조형미를 동시에 구현한 요소임을 파악할 수 있었다. 곡선은 하중을 분산시키고 시각적으로 부드러움을 주어 공간의 분위기를 변화시킨다. 또한 가우디의 곡선 디자인은 현대 친환경·유기적 건축의 중요한 방향성을 제시했음을 확인할 수 있다.
심화 탐구 주제	▶ 곡선 대비 직선 구조가 사용자 공간 경험에 주는 차이 고찰 ▶ 가우디 곡선 형태가 현대 공공건축 조형미에 미친 영향 분석 ▶ 곡선 구조가 친환경 건축 디자인에서 활용되는 실질 효과 탐구
토론 주제	▶ 미래 도시 건축에 곡선 디자인을 확대해야 할까? ▶ 곡선 중심 건축이 직선 중심 건축보다 더 안정적일까? ▶ 가우디의 곡선 구조는 기능보다 미적 목적이 더 강했을까?
교내 후속 활동	▶ 기술·가정: 건축 구조 탐구 수업에서 곡선 구조 모형 제작 활동 ▶ 미술: 가우디 곡선을 응용한 건축 파사드 디자인 실습 진행 ▶ 동아리활동: 건축·디자인 동아리에서 지역 건물 곡선 요소 분석 프로젝트

2. 교과 연계 탐구활동 (기하, 역학과 에너지, 기술·가정)

● 기하

성취기준	[12기하01-04] 이차곡선의 접선의 방정식을 구할 수 있다.
주요내용	가우디는 건축 구조를 설계할 때 포물선 아치와 타원형 곡면 등 자연에서 발견되는 이차곡선을 활용하며, 각 곡선의 접선 방향과 기울기를 고려해 하중이 안정적으로 분산되도록 설계한다. 이러한 방식은 건축물 표면의 힘의 흐름을 계산하고 구조적 효율을 높이는 데 필수적이며, 곡선의 접선을 이해하는 수학적 사고가 그의 혁신적 건축 설계의 과학적 기반이 되었음을 보여준다.
교과연계 탐구주제	▶ 가우디 건축의 포물선 아치에서 접선이 구조 안정성에 미치는 영향 분석 ▶ 가우디 자연주의 건축에서 곡선 접선 활용한 하중 분산 방식 수학적 고찰 ▶ 타원형 창과 돔 구조의 접선 방향이 미적 조형성 형성에 기여한 원리 탐구

● 역학과 에너지

성취기준	[12역학02-01] 건축을 포함한 다양한 열에너지 관련 기술에 단열, 열팽창 등이 활용된 예를 조사함으로써 과학의 유용성에 대한 가치를 인식할 수 있다.
주요내용	가우디는 건축물의 내구성과 에너지 효율을 높이기 위해 단열 구조와 재료의 열팽창 특성을 정밀하게 고려한 설계를 활용한다. 돌과 세라믹의 팽창률 차이를 최소화하도록 곡면 구조와 유기적 패턴을 적용하고, 자연 통풍과 일조 조절을 통해 열손실을 줄이는 방식을 구현한다. 이러한 설계 방식은 열전달·단열·열팽창의 과학 원리가 실제 건축 구조에서 어떻게 활용되는지 탐구하는 데 중요한 사례가 된다.
교과연계 탐구주제	▶ 가우디 건축에서 재료 열팽창 차이를 최소화한 곡면 구조 설계 분석 ▶ 사그라다 파밀리아 내부의 자연 단열·통풍 설계를 열전달 관점에서 탐구 ▶ 가우디 세라믹 트렌카디스의 열 안정성이 건축 내구성에 미친 영향 고찰

● 기술·가정

성취기준	[12기가04-03] 기술, 수학, 과학, 예술 등과 융합하여 공학이 발전된 사례를 분석하여 공학의 융합적 특성과 중요성을 이해한다.
주요내용	가우디는 건축 설계에서 수학·과학·기술·예술을 융합하여 새로운 공학적 해법을 창출한다. 곡선 구조를 위한 사슬모형 실험, 자연 곡선 분석을 위한 기하학 활용, 환기·채광을 고려한 과학적 구조 설계, 세라믹·철재·석재를 혼합한 재료공학적 접근은 공학이 여러 학문과 결합해 발전한다는 사실을 잘 보여준다. 이 성취기준을 통해 학생들은 가우디의 설계가 융합공학의 대표적 사례임을 이해하게 된다.
교과연계 탐구주제	▶ 자연 모방 기반 가우디 구조 설계의 과학·기술 융합 원리 탐구 ▶ 가우디 곡선 건축이 보여주는 수학·과학·예술 융합 공학 설계 분석 ▶ 가우디 재료 선택과 조형기법에 나타난 공학·예술의 상호작용 고찰

3. 독서 연계 탐구활동

● 추천 도서 목록

추천 도서 목록
▶ 스페인은 가우디다(김희곤, 오브제, 2019) ▶ 인간 가우디를 만나다(권혁상, 제이앤제이제이, 2023) ▶ 안토니 가우디(손세관, 살림출판사, 2015) ▶ 더 인간적인 건축(토마스 헤더윅, 알에이치코리아, 2024) ▶ 세계로 떠나는 수학 도형 여행(김리나, 다락원, 2023) ▶ 수학이 보이는 가우디 건축 여행(문태선, 궁리출판, 2022)

● 독서 연계 탐구 활동

독서 연계 탐구 활동	
도서명	수학이 보이는 가우디 건축 여행(문태선, 궁리출판, 2022)
	이 책은 가우디의 건축 속에 숨어 있는 수학과 과학 원리를 쉽게 풀어 설명한 책이다. 사그라다 파밀리아의 곡선 구조, 카사 바트요의 기하학, 구엘 공원의 모자이크 패턴 등을 통해 건축이 단순한 예술이 아니라 수학·물리와 연결된 과학 활동임을 보여준다. 독자는 건축물에서 대칭, 나선, 포물선, 프랙털 같은 수학 개념을 발견하며 자연의 원리를 이해하게 된다.
핵심 키워드	곡선 구조, 기하학 패턴, 자연 모방, 프랙털 원리, 수학적 건축
탐구 주제	▶ **가우디 건축물 곡선 형태에 담긴 수학적 의미 탐구** ▶ 자연 모방 구조가 건축 안정성에 미치는 영향 분석 ▶ 트렌카디스 모자이크 패턴과 기하학적 규칙성 비교 ▶ 사그라다 파밀리아 구조 원리와 포물선 곡선의 연결 고찰 ▶ 가우디 건축의 프랙털 특징이 현대 수학적 디자인에 주는 시사점 탐구
토론 쟁점	▶ 곡선 중심 건축은 직선 중심 건축보다 더 안전한 구조인가? ▶ 가우디의 자연 모방 설계는 과학보다 예술성이 더 중요한가? ▶ 프랙털과 기하학을 활용한 건축이 환경 친화 설계의 기준이 될 수 있는가?
후속 활동	▶ 공통수학: 가우디 건축의 곡선 형태를 함수 그래프로 재구성하는 활동 ▶ 통합과학: 자연 구조와 생체모방 설계를 비교해 안정성 원리를 실험하는 활동 ▶ 기술·가정: 친환경 건축 요소를 조사해 가우디 설계와 공통점 찾기 활동 ▶ 동아리활동: 교내 건축물의 수학·과학 요소를 직접 탐방하고 기록하는 활동

● 독서 연계 탐구활동 예시

탐구 주제	가우디 건축물 곡선 형태에 담긴 수학적 의미 탐구
탐구 자료	▶ 가우디 주요 건축물 사진과 구조 설명이 담긴 건축 도감 자료 ▶ 사그라다 파밀리아 모형·3D 이미지로 구조의 곡선 원리를 관찰하는 자료 ▶ 건축·수학 융합 다큐 영상으로 자연 곡선이 건축에 적용된 사례를 이해하는 자료

탐구 개요	서론	가우디의 건축물은 화려한 외관뿐 아니라 자연에서 착안한 곡선 구조가 특징적임. 이러한 곡선에는 포물선, 카테나리 곡선 등 수학적 원리가 숨어 있으며, 구조의 안정성과 미적 조화를 함께 만들어 냄. 본 탐구에서는 가우디 건축물 속 곡선 형태가 어떠한 수학적 의미를 지니는지 살펴보고, 실제 건축 구조에서 곡선이 왜 중요한 역할을 하는지 분석하고자 함.
	본론	▶ 가우디 주요 건축물의 곡선 형태를 사진·도면을 통해 분류하기 ▶ 포물선·카테나리·나선 등 곡선 종류와 수학적 특징 조사하기 ▶ 조사한 곡선을 실제 건축 구조와 연결하여 기능적 의미 분석하기 ▶ 곡선 구조가 직선 구조보다 안정성에서 유리한 이유 비교하기 ▶ 가우디 곡선을 활용한 간단한 모형 제작 후 구조적 효과 확인하기
	결론	가우디 건축물의 곡선 구조는 단순한 장식이 아니라 구조적 안정성을 높이는 수학적 원리에 기반함. 특히 포물선과 카테나리 곡선은 하중을 효율적으로 분산시켜 건축물의 무게를 자연스럽게 지탱함. 또한 자연에서 발견되는 곡선을 건축에 적용함으로써 기능성과 아름다움을 동시에 실현함. 이를 통해 건축은 수학과 예술이 결합된 융합 분야임을 확인함.
후속 활동		▶ 공통수학: 포물선·카테나리 곡선을 다양한 함수식으로 표현해보는 활동 ▶ 기술·가정: 자연 모방 건축 사례를 조사해 가우디 구조와 연결해보는 활동 ▶ 통합과학: 곡선 구조의 하중 분산 효과를 간단한 실험 도구로 비교하는 활동 ▶ 자율·자치활동: 학교 주변 건축물에서 곡선 요소를 찾아 기록·분석해보는 활동 ▶ 동아리활동: 모형 제작을 통해 직선·곡선 구조의 차이를 체험적으로 탐구하는 활동

4. NIE 연계 활동

● 신문 읽기 & 연결 사유 찾기

직선은 인간의 것이고 곡선은 신의 것이다(비욘드포스트, 2025.05.12.)

이 기사는 가우디 건축의 핵심인 '곡선'의 가치를 조명하며, 자연의 형태를 모방한 곡선 구조가 인간의 감성을 자극하고 공간의 편안함을 높인다는 점을 강조한다. 직선 중심의 효율적 건축이 도시 곳곳을 채우는 현대와 달리, 가우디는 자연의 곡률을 통해 신성함과 생명력을 건축에 담았다. 기사는 그의 독창적 곡선 건축이 기술 발달 시대에도 여전히 중요한 영감을 제공한다고 말한다.

화려한 가우디와 표준화된 르코르뷔지에(조선일보, 2025.03.07.)

이 기사는 가우디와 르코르뷔지에의 건축 철학을 대비하며, 두 거장의 차이를 통해 현대 도시의 방향성을 질문한다. 가우디는 자연에서 영감을 받아 생동감 있는 곡선미와 개성을 추구했지만, 르코르뷔지에는 산업화 시대에 적합한 표준화·기능성을 강조했다. 기사는 두 방식이 모두 시대적 요구를 반영했으나, 현재 도시는 개성과 규격화 사이에서 균형을 찾는 과제에 직면해 있다고 분석한다.

조진만 건축가, "도시는 건물보다 인간 중심으로 건설돼야"(노컷뉴스, 2016.10.20.)

이 기사는 조진만 건축가가 주장하는 '인간 중심 도시 설계'의 필요성을 강조하고 있다. 그는 도시가 건물 위주의 개발에서 벗어나 보행 환경, 공공 공간, 지역 공동체의 삶까지 충분히 고려한 구조로 바뀌어야 한다고 말한다. 또한 지나친 고층 개발과 자동차 중심 구조가 시민의 안전과 삶의 질을 떨어뜨린다고 지적하며, 도시의 본질은 인간의 생활과 관계라는 핵심적 관점을 제시한다.

● 시사 이슈

▶ 곡선미를 건축에 적용하면 도시의 정체성과 인간 경험이 어떻게 달라질까?
▶ 예술성과 효율성의 균형을 맞추기 위해 현대 도시계획은 어떤 기준을 마련해야 할까?
▶ 보행자 중심 도시 설계가 교통·환경 문제 해결에 어떤 구체적 변화를 가져올 수 있을까?

● 관점의 분석과 비교

직선은 인간의 것이고 곡선은 신의 것이다(비욘드포스트, 2025.05.12.)
- 곡선 건축은 실용적 직선 건축보다 우월한 가치를 지니는가? -

찬성	반대
곡선 건축은 자연의 형태를 반영해 인간에게 시각적 안정감과 공간적 편안함을 제공한다. 직선 위주의 건축이 효율에 집중한 다면, 곡선 건축은 감성·미학·창의성을 높여 도시의 정체성과 문화적 가치를 풍부하게 만든다는 장점이 있다.	곡선 건축은 제작 비용, 구조 계산, 등에서 직선 건축보다 비효율적일 가능성이 크다. 도시 전체가 효율적 운영을 요구받는 상황에서 곡선 건축이 우월하다고 보기는 어렵다. 실용성과 접근성 측면에서 직선 건축의 가치가 더 크다.

화려한 가우디와 표준화된 르코르뷔지에(조선일보, 2025.03.07.)
- 표준화 건축과 창의적 건축 중 미래 도시가 우선해야 할 가치 -

≫ 표준화 건축	≫ 창의적 건축
표준화 건축은 공사 기간 단축, 비용 절감, 대량 공급이 가능해 도시의 주거 안정성과 접근성을 높인다. 또한 유지 관리가 효율적이고 안전 기준을 통일할 수 있어 빠르게 변화하는 도시 환경에서 지속 가능한 기반을 마련할 수 있다.	창의적 건축은 도시의 개성과 문화적 정체성을 강화하며, 사람들에게 새로운 공간 경험과 심미적 만족을 제공한다. 획일화된 도시에서 벗어나 지역 고유성·창의성·혁신을 촉진해 장기적으로 더 매력적인 도시 경쟁력을 만들 수 있다.

● 사고의 확장

▶ 효율 중심 르코르뷔지에 방식이 창의성 요구 시대에도 여전히 유효할 수 있을까?
▶ 기술 발전 시대에도 직선보다 곡선 건축이 가진 감성적 가치가 유지될 수 있을까?
▶ 표준화 건축과 창의적 건축이 공존하려면 도시 설계는 어떤 기준을 갖추어야 할까?
▶ 건물 중심 개발 대신 시민 삶 중심 계획이 경제성과 어떻게 조화를 이룰 수 있을까?
▶ 보행자 중심 도시 설계가 안전·환경 문제를 해결하는 데 어떤 근본적 변화를 만들까?

5. 세특 예시

'수학이 보이는 가우디 건축 여행(문태선)'을 읽고, 가우디 건축물의 곡선 구조는 단순한 장식이 아니라 '수학적 안정성'을 가진 구조임을 강조함. 특히 사그라다 파밀리아의 아치와 첨탑에는 포물선과 카테나리 곡선이 적용되어 하중을 효율적으로 분산시키는 원리를 활용함을 제시함. 건축 도감 자료, 구조 분석 영상 등을 활용 분석한 결과, 곡선형 구조가 압력을 곡선을 따라 흘려보내 안정성을 높이고, 가우디 건축은 예술적 감성과 수학·물리 원리가 융합된 대표적 사례임을 확인함.

22 알렉산더 그레이엄 벨
(Alexander Graham Bell, 1847~1922)

1. "소리를 보게 하다" 인류의 목소리를 연결한 발명가

● 청각 장애와 함께한 어린 시절

1847년, 스코틀랜드 에든버러에서 태어난 알렉산더 그레이엄 벨은 어릴 적부터 소리와 언어에 강한 호기심을 보였다. 그의 어머니는 청각 장애를 가지고 있었고, 아버지는 발음 교정과 음성학을 연구하던 학자였다. 벨은 어머니와 대화하기 위해 손동작과 입모양, 얼굴 근육의 움직임을 관찰하며 소리를 '눈으로 듣는 법'을 배웠다.

이 경험은 어린 그에게 깊은 인상을 남겼고, "소리를 눈으로 본다"는 특별한 감각은 훗날 발명가로서의 직관을 길러주었다.

그는 어린 나이에 이미 '소리를 전달하는 방법'을 고민하던 소년이었다.

● 소리를 과학으로 이해하다

벨은 아버지의 연구를 도우며 발성 실험에 참여했고, 소리의 구조를 과학적으로 탐구하기 시작했다. 그는 피아노의 현이 울릴 때 공기 중에 파동이 생기고, 그 진동이 귀를 자극해 소리가 들린다는 사실을 이해했다. 그는 악기와 음성을 분석하며 소리의 본질이 단순한 감각이 아니라 '진동의 과학'임을 깨달았다. 10대 시절에는 친구와 함께 자동 발음 기계를 만들어 주변 사람들을 놀라게 했다.

"소리는 단지 공기의 떨림이 아니라 마음이 전해지는 언어다."

벨에게 과학은 머리로 계산하는 학문이 아니라, 사람의 마음을 잇는 통로였다.

● 비극 속에서 미국으로

20대 초반, 벨의 가족은 잇따른 비극을 겪었다. 형들이 모두 폐결핵으로 세상을 떠난 것이다. 그는 병약한 가족을 돌보며, 새로운 환경을 찾아 캐나다로 이주했다가 곧 미국 보스턴으로 옮겼다. 그곳에서 청각장애인 학교의 교사로 일하며 수화와 발음 교정을 가르쳤다. 벨은 제자들이 세상과 대화하지 못해 좌절하는 모습을 보며, 진심으로 안타까워했다.

"사람의 목소리를 그대로 전달할 수 있는 기계가 있다면 얼마나 좋을까?"

그는 이 소망을 품고, '보이지 않는 소리를 전하는 기술'을 연구하기 시작했다.

● 전기를 통해 소리를 전하다: 전화의 탄생

1876년 3월 10일, 실험실의 정적을 깨는 목소리가 울렸다.

"왓슨, 이리 와서 나를 좀 도와줘!"

그 목소리가 전화선을 타고 옆방의 왓슨에게 들렸다. 세계 최초의 전화 통화가 이루어진 순간이었다. 벨은 전기 신호를 이용해 사람의 목소리를 그대로 전달할 수 있음을 증명하며 인류의 소통 방식을 완전히 바꿔놓았다. 그의 발명은 단순한 기술을 넘어, 사람과 사람을 실시간으로 연결하는 새로운 시대의 문을 연 것이었다. 이후 1877년, 그는 전화회사를 설립해 세상 곳곳에 전화를 보급했다. 인류의 거리 개념은 그날 이후 완전히 달라졌다.

● 명예보다 연구를 택하다

젊은 나이에 전 세계의 주목을 받은 벨은 명성과 부를 손에 쥐었지만, 그는 거기서 멈추지 않았다. 그는 전화기 이후에도 다양한 발명에 도전했다. 비행기, 금속 탐지기, 인공 호흡기, 수중통신기, 보청기 등 인간의 생명과 편의를 위한 발명에 몰두했다.

그의 연구 중 일부는 당시에는 상용화되지 못했지만, 오늘날의 항공기 기술과 의료기기, 구조 장비의 기초가 되었다.

벨은 "진정한 과학은 인간을 이롭게 하는 과학이다."라는 신념을 평생 지켰다. 그에게 연구란 명예를 쌓기 위한 일이 아니라, 인류를 위한 봉사였다.

● 오늘날로 이어지는 메시지

우리는 언제든 연결될 수 있는 시대에 살고 있지만, 정작 사람의 마음을 이해하는 소통은 점점 어려워지고 있다. 벨의 출발점은 발명이 아니라 '소통의 어려움'이었다. 그는 청각장애를 가진 가족과 학생들을 이해하려는 마음에서 소리의 본질을 탐구했고, 그 고민은 결국 사람과 사람을 연결하는 기술로 이어졌다.

오늘날 학생에게 벨의 삶은 이렇게 말해준다. 기술과 지식은 성취의 도구가 아니라, 사람을 잇는 다리가 되어야 한다.

▶ 내가 배우는 기술은 누구를 위해 쓰일 수 있을까?
▶ 나의 관심 분야는 사회의 어떤 불편을 줄일 수 있을까?

이는 정보통신·AI 윤리·공학 기반 사회 문제 탐구로 확장될 수 있다.

● 주요 업적

1) 전화기 발명(Telephone Invention)

벨은 소리가 공기에서만 전달되는 것이 아니라, 전기 신호로 바뀌어 멀리까지 갈 수 있다는 사실에 주목했다. 그는 사람의 목소리를 진동으로 받아 전기 신호로 변환하고, 다시 소리로 되돌리는 장치를 개발했다. 이것이 최초의 전화기이다. 이 발명은 먼 거리의 사람들끼리 실시간으로 대화할 수 있게 하여 의사소통 방식을 완전히 바꾸었다. 전화기의 탄생은 방송, 인터넷, 스마트폰으로 이어지는 현대 통신 기술 발전의 출발점이 되었다.

2) 음성·청각 연구(Speech & Hearing Science)

벨은 부모가 청각 장애인을 교육하는 일을 했던 영향으로 청각·언어 연구에 깊은 관심을 가졌다. 그는 음성이 어떻게 만들어지고 전달되는지를 과학적으로 분석하며, 청각 장애 학생들에게 발음 훈련과 말하기 교육을 체계적으로 도왔다. 또한 음성의 파형과 진동을 연구하면서 소리를 전기 신호로 바꾸는 기술 개발에도 중요한 기반을 마련했다. 벨의 연구는 단순한 발명뿐 아니라 사람들의 소통 능력을 돕는 인문·과학적 노력이라는 점에서 의미가 크다.

3) 광통신 기초 연구(Photophone & Optical Transmission)

벨은 전기뿐 아니라 빛을 이용해 소리를 보낼 수 있다고 생각했다. 그는 햇빛을 거울에 반사시켜 진동을 만들고, 이 진동을 빛의 변화로 바꾸어 먼 곳에 전달하는 '포토폰'을 개발했다. 수신기는 이 변화한 빛을 다시 소리로 바꾸어 사람이 들을 수 있게 했다. 비록 당시 기술적 한계 때문에 널리 쓰이지는 못했지만, 벨의 포토폰은 오늘날 광섬유 통신의 원리를 가장 먼저 보여준 실험으로 평가된다. 현대 인터넷의 핵심인 광통신 기술은 사실 벨의 아이디어에서 출발했다고 볼 수 있다.

4) 항공·공학 실험(Aeronautical & Engineering Experiments)

벨은 전화 발명 이후에도 다양한 과학 분야에 도전했다. 그는 비행기 날개의 구조를 연구하며 더 안정적인 비행체를 만들기 위해 여러 형태의 글라이더를 시험했다. 특히 '테트라헤드론(사면체)' 구조를 이용해 가볍고 튼튼한 연을 설계했고, 이는 항공기 연구에 중요한 영감을 주었다. 또한 수력 장치, 속도 측정 장치 등 공학 실험에도 적극적이었다. 벨의 공학 연구는 발명가가 단순히 하나의 기술에 머무르지 않고 계속해서 새로운 문제를 탐구하는 자세가 얼마나 중요한지를 보여주었다.

알렉산더 그레이엄 벨은 소리와 전기의 관계를 과학적으로 탐구하며 현대 통신 기술의 기초를 만든 인물이다. 그는 음성이 진동을 통해 전달된다는 점에 주목해 이를 전기 신호로 바꾸는 방법을 연구했고, 결국 세계 최초의 실용적 전화기를 발명했다. 또한 청각 장애인의 언어 교육을 연구하며 음성 생성 원리와 청각 구조를 과학적으로 분석했다. 빛을 이용해 소리를 전달하는 포토폰 실험은 광통신 기술의 가능성을 처음으로 보여준 시도였다.

벨의 연구는 이후 통신과 공학 발전에 결정적인 영향을 주었다. 전화기의 원리는 유선 전화, 무선 통신, 스마트폰 등 현대 통신 기술의 기반이 되었다. 그의 음성 연구는 언어치료학과 청각학의 발전에 기여했고, 포토폰은 오늘날 광섬유 통신의 개념적 출발점으로 평가된다. 또한 벨이 실험한 비행체 연구는 항공공학 발전에 자극이 되었으며, 다양한 공학 실험은 새로운 기술 개발의 가능성을 넓혔다. 벨의 과학적 성과는 인간의 의사소통 방식을 혁신한 중요한 업적으로 인정받는다.

● 과학 이론 연계 탐구 주제

전화기 발명	▶ 유선 전화와 스마트폰 음성 전달 기술의 차이 비교 ▶ 전화기 발명이 사회·문화적 소통 방식에 준 영향 조사 ▶ 통신 장치 발전이 인간의 생활 방식 변화에 준 의미 고찰
음성·청각 연구	▶ 청각 장애 보조기기 발달 과정과 벨 연구의 영향 조사 ▶ 음성 파형 분석을 통해 소리의 높낮이·세기 차이 비교 ▶ 벨의 음성 실험이 오늘날 언어·청각 과학에 남긴 의미 고찰
광통신 기초 연구	▶ 광통신 원리와 현대 광섬유 통신 기술의 구조 비교 ▶ 포토폰 연구가 현대 통신 기술 혁신에 준 의미 고찰 ▶ 포토폰 작동 원리를 이해하고 빛으로 소리를 전달하는 과정 분석
항공·공학 실험	▶ 벨이 시도한 비행 실험과 현대 드론 구조 비교 ▶ **벨의 육각연 날개 구조가 안정성에 미친 효과 분석** ▶ 초기 비행 장치 연구가 항공공학 발전에 준 영향 조사

● 탐구 설계 예시

주제	벨의 육각연 날개 구조가 안정성에 미친 효과 분석
탐구 목표	벨이 고안한 육각연 날개 구조의 특징을 이해하고, 이 구조가 비행체의 안정성과 양력 형성에 어떤 영향을 주는지 분석하는 것을 탐구의 목표로 한다.
선정 이유	벨은 단순한 발명가를 넘어 초기 항공 실험에 도전한 과학자였다. 특히 육각연 형태의 날개 구조는 바람의 영향을 줄이고 안정적인 비행을 가능하게 한 독특한 시도였다. 이 구조를 분석하면 비행 원리와 공학적 설계를 함께 이해할 수 있고, 또한 드론·글라이더 등 현대 항공 장치와 비교해보는 데도 적합해 본 주제를 선정했다.
서론	비행 기술이 막 발전하던 시기, 벨은 가볍고 안정적인 비행체를 만들기 위해 독창적 육각연 날개 구조를 고안했다. 육각형 반복 배열은 바람을 분산시키고 비행 중 흔들림을 줄이는 데 도움이 되었다. 본 탐구에서는 육각연 구조가 어떤 과학적 원리로 안정성을 확보했는지, 현대 비행 기술과 어떤 연관을 가지는지 살펴보고자 한다.
본론	▶ 육각연 날개 구조의 기본형태 조사 및 형태적 장점 이해 ▶ 육각형 배열이 바람 분산과 양력에 미치는 영향 분석 ▶ 육각연 구조와 사각형·삼각형 구조 비교 실험 또는 모형 제작 ▶ 비행 안정성을 높이는 설계 요소(면적, 배열, 무게) 정리 ▶ 모든 분석 내용을 종합해 육각연 구조의 안정성 효과 결론 도출
결론	벨의 육각연 구조는 여러 개의 작은 헥사곤이 바람을 분산시키고 흔들림을 줄여 안정적인 비행을 돕는다는 점을 확인했다. 동일한 면적에서도 삼각형·사각형 구조보다 힘 분배가 고르게 이루어져 안정성이 높다는 장점도 나타났다. 이러한 설계 방식은 현대 드론이나 글라이더의 구조 설계에도 응용될 수 있는 원리임을 알 수 있었다.
심화 탐구 주제	▶ 초기 비행체 구조와 현대 UAV 설계의 공통 설계 요소 비교 ▶ 벨의 비행 실험 정신이 현대 항공공학 발전에 남긴 의미 고찰 ▶ 육각형 날개 배열이 드론 추진 안정성에 준 실제 영향 분석 탐구
토론 주제	▶ 복잡한 날개 구조가 단순 구조보다 항상 더 효율적일까? ▶ 육각 구조가 다른 형태보다 비행 안정성 면에서 우수한가? ▶ 초기 실험적 비행 연구가 현대 항공 기술 발전에 필수적일까?
교내 후속 활동	▶ 통합과학: 다양한 날개 형태의 공기 흐름 실험 및 양력 측정 ▶ 기술·가정: 육각연 기반 비행체 모형 제작 및 안정성 분석 ▶ 동아리활동: 항공·드론 동아리에서 육각 날개 구조 응용 프로젝트 수행

2. 교과 연계 탐구활동(물리학, 역학과 에너지, 전자기와 양자)

● 물리학

성취기준	[12물리02-05] 전류의 자기 작용을 이용하여 에너지를 전환하는 장치의 원리를 알고, 스피커와 전동기 등을 설계할 수 있다.
주요내용	벨은 스피커·송수화기 설계의 핵심이 되는 전류에 의한 자기 작용을 활용하여, 음성을 전기 신호로 변환하고 다시 기계적 진동으로 재생하는 기술을 확립한다. 그의 전화기 송화기는 전류 변화가 코일의 자기장을 변조하고, 이 자기력이 진동판을 움직여 소리를 만들어내는 원리를 기반으로 한다. 이 성취기준은 벨의 연구가 스피커·전동기 등 자기 작용 기반 에너지 전환 장치 설계로 이어졌음을 이해하게 한다.
교과연계 탐구주제	▶ 벨 송수화기 전기→기계 에너지 전환 과정을 자기력 관점에서 고찰 ▶ 벨 전화기 송화기의 코일·자기장 작용을 활용한 음성 변환 원리 분석 ▶ 초기 전화기와 현대 스피커의 자기 작용 기반 에너지 전환 비교 연구

● 역학과 에너지

성취기준	[12역학01-01] 물체에 작용하는 여러 가지 힘의 합력을 구하여 물체의 운동을 정량적으로 예측할 수 있다.
주요내용	벨은 전화기와 음성 연구뿐 아니라 항공 실험(벨 AEA, 실버 다트 등)을 통해 비행체의 운동을 과학적으로 탐구하였다. 그는 양력·중력·항력·추력 등 서로 다른 힘의 크기와 방향을 분석하여 비행체의 안정성과 운동을 예측하려 했으며, 실제 시험비행으로 이론을 검증했다. 이 성취기준은 벨의 항공 연구가 '여러 힘의 합력 분석을 통한 운동 예측'이라는 역학 원리를 실험적으로 구현한 사례임을 이해하도록 한다.
교과연계 탐구주제	▶ 초기 비행체 구조가 합력·가속도에 미친 영향 역학적 탐구 ▶ 날개 형상 변화가 합력 분포와 비행 경로에 주는 영향 분석 ▶ 벨 실버 다트 비행 실험에서 양력·항력·추력의 합력 변화 분석

● 전자기와 양자

성취기준	[12전자02-03] 편광의 원리를 이해하고, 이를 활용한 디지털 정보 기술의 사례를 조사할 수 있다.
주요내용	벨은 광통신 장치 포토폰을 개발하며 빛을 매개로 정보를 전달하는 방식을 탐구하였다. 포토폰은 음성을 빛의 세기 변화로 변조하여 전송하는 원리로 작동했으며, 이는 빛의 방향·세기·편광 상태와 같은 광학적 특성을 활용한 통신 기술의 초기 형태이다. 이 성취기준은 빛의 편광이 정보 신호 변조·전달에 어떻게 쓰일 수 있는지 이해하게 하며, 오늘날 광통신과 디지털 광정보 기술의 기초가 되었음을 보여준다.
교과연계 탐구주제	▶ 편광 필터를 활용해 광통신 품질을 향상시키는 원리 분석 ▶ 초기 포토폰 기술을 현대 편광 기반 광통신 방식과 비교 분석 ▶ 빛의 세기·편광 변화가 음성 신호 전달 안정성에 미치는 영향 연구

3. 독서 연계 탐구활동

● 추천 도서 목록

추천 도서 목록
▶ 항공역학의 원리(진원진, 성안당, 2024)   ▶ 4차 산업혁명 시대의 정보통신기술(하기종 외, 현우사, 2019) ▶ 모스에서 잡스까지(신동흔, 뜨인돌출판사, 2018)   ▶ Who? 인물 사이언스: 알렉산더 그레이엄 벨(다인, 다산어린이, 2021) ▶ 디지털이 꿈꾸는 미래(ETRI 성과홍보실, 콘텐츠하디, 2018)   ▶ 상호작용으로 배우는 전자기학(Ruth W. Chabay(김중복 역), 홍릉과학출판사, 2017)

● 독서 연계 탐구 활동

독서 연계 탐구 활동

도서명	모스에서 잡스까지(신동흔, 뜨인돌출판사, 2018)
	이 책은모스, 벨, 에디슨, 테슬라, 잡스 등 인류의 소통·기술 혁신을 이끈 인물들의 발명 과정을 흥미롭게 소개한 책이다. 전보 기술에서 시작해 전화의 탄생, 전기의 활용, 정보통신 기술의 발전까지 '연결'을 중심으로 기술이 어떻게 발달했는지를 쉽게 설명한다. 특히 알렉산더 그레이엄 벨의 전화 발명 과정과 실험 장면을 생생하게 보여주며, 그의 발명이 현대 커뮤니케이션 기술의 출발점이 되었음을 알려준다. 이 책을 통해 발명이 사회를 변화시키는 힘을 이해하게 된다.
핵심 키워드	연결기술, 발명과정, 전화탄생, 소통혁신, 기술발전
탐구 주제	▶ **벨의 청각 연구가 장애 소통 기술 발전에 미친 영향** ▶ 전화 발명 과정에 담긴 벨의 실험 정신과 문제 해결 방식 탐구 ▶ 벨의 음성 전달 원리가 현대 통신 기술 구조와 연결되는 점 분석 ▶ 초기 전화기와 스마트폰의 소리 전달 원리를 중심으로 한 기능 비교 ▶ 전보·전화·스마트 기기로 이어진 소통 기술 변화가 사회에 준 의미 탐구
토론 쟁점	▶ 전화는 인간 소통 방식을 근본적으로 바꾼 가장 중요한 발명인가? ▶ 음성 기반 통신이 미래 사회에서 문자 기반 소통보다 더 중요한가? ▶ 벨의 청각 연구가 현대 보조공학 발전에서 여전히 핵심 역할을 하는가?
후속 활동	▶ 통합과학: 소리의 진동을 시각화해 음성 전달 원리 체험하는 활동 ▶ 정보: 전화 신호가 디지털 신호로 변환되는 과정을 쉽게 모델링하는 활동 ▶ 기술·가정: 초기 전화기 구조를 조사해 현대 기기와 기능을 비교하는 활동 ▶ 진로활동: 벨의 기술과 현대 소통 기술을 연결해 발표 자료를 제작하는 활동

● 독서 연계 탐구활동 예시

탐구 주제	벨의 청각 연구가 장애 소통 기술 발전에 미친 영향
탐구 자료	▶ 초기 음성 전달 실험을 다룬 벨 관련 전기·도서 요약본 자료 ▶ 벨의 청각 연구와 음성 교육 사례를 소개한 다큐멘터리 영상 자료 ▶ 청각 장애 보조기기(보청기·인공와우) 구조를 설명한 과학 기사 자료

탐구 개요	서론	알렉산더 그레이엄 벨은 단순히 전화기를 발명한 인물이 아니라 청각장애인의 소통 방식을 연구한 교육자였음. 그는 청각을 잃은 사람들을 위해 발음 훈련과 입 모양 관찰법을 개발하고, 소리 전달 원리를 실험하며 소통 기술의 기초를 만들었음. 본 탐구는 벨의 청각 연구가 오늘날 보청기, 인공와우 등 장애 소통 기술 발전에 어떤 영향을 주었는지 살펴보고자 함.
	본론	▶ 벨의 청각 연구와 발음 교육법을 도서·자료로 정리하며 핵심 내용 이해 ▶ 청각 장애 보조기기의 원리와 구조를 조사해 벨의 연구와의 연관성 찾기 ▶ 소리 전달 실험을 통해 벨이 활용한 음성·진동 개념을 체험적으로 파악 ▶ 현대 음성 인식·소리 증폭 기술에 남아 있는 벨 연구 요소 분석 ▶ 과거와 현재의 장애 소통 기술을 비교해 발전 과정의 의미 도출
	결론	벨의 청각 연구는 단순한 교육법을 넘어 현대 장애 소통 기술의 기반이 되었음을 확인함. 소리의 진동과 입 모양 분석법은 보청기·인공와우의 원리와 연결되며, 음성 신호를 다시 들을 수 있게 하는 핵심 개념으로 이어짐. 또한 그의 음성 전달 연구는 음성 인식, 자동 자막, AI 의사소통 도구 발전에도 영향을 주고, 기술·교육 두 분야에 중요한 토대가 되었음을 이해하게 됨.
후속 활동		▶ 통합과학: 보청기·인공와우의 소리 증폭 구조를 모형으로 이해하는 활동 ▶ 기술·가정: 장애 보조기기 기술 변화 과정을 조사해 기능을 비교하는 활동 ▶ 정보: 음성 인식 시스템의 원리를 분석해 간단한 실습을 진행하는 활동 ▶ 통합사회: 장애 소통 기술이 인권·접근성 향상에 준 영향을 탐구하는 활동 ▶ 동아리활동: 청각 장애 소통 기술 개선 아이디어를 제안하는 프로젝트 활동

4. NIE 연계 활동

● 신문 읽기 & 연결 사유 찾기

청각장애인 돕던 열정, 손쉬운 소통 길 열다 (중앙선데이, 2017.02.05.)

 이 기사는 청각장애인 지원을 위해 노력하던 발명가의 연구가 현대 소통 기술 발전의 기반이 되었음을 다루고 있다. 그는 청각장애인의 의사소통 문제를 해결하려는 과정에서 음성 전달 기술에 관심을 깊게 갖게 되었고, 이는 새로운 장치 개발로 이어졌다. 이러한 시도는 장애인의 삶을 개선했을 뿐만 아니라 이후 통신 기술 전반의 가능성을 넓히며 사회적 소통 방식의 변화에 기여했다고 강조한다.

전화기 최초 발명자는 누구?...벨 vs. 그레이 vs. 무치 (뉴스1, 2025.02.14.)

이 기사는 전화기 최초 발명자를 둘러싼 벨, 그레이, 무치의 논쟁을 소개하며 발명 공로 판단의 어려움을 설명한다. 벨은 특허를 먼저 등록해 공식적으로 발명가로 인정받았지만, 다른 발명가들도 거의 동시에 유사한 기술을 개발했다는 자료가 존재한다. 기사는 기술 발전이 경쟁적 특허 제도 속에서 왜곡되거나 일부 인물 중심으로 기록되는 문제를 짚으며 '최초성'의 의미를 재검토해야 함을 강조한다.

벨의 전화기 발명: 통신 혁명의 시작 (1876) (재능넷, 2024.12.14.)

 이 기사는 1876년 벨의 전화기 발명이 인류 소통 방식에 가져온 혁명적 변화를 설명한다. 벨은 음성을 전기 신호로 변환해 전달하는 기술을 구현했고, 이는 통신을 시간과 공간의 제약에서 해방시켰다. 전화기의 등장은 사회·경제 활동의 속도를 높였고 이후 유선·무선 통신, 인터넷까지 이어지는 기술 발전의 출발점이 되었다. 기사는 벨의 발명이 현대 정보사회 형성의 핵심 기여였음을 강조한다.

• 시사 이슈

▶ 벨의 전화기 발명이 현대 개인 간 소통 방식에 남긴 가장 큰 변화는 무엇일까?

▶ 장애인의 소통권 보장을 위해 기술 개발 과정에서 어떤 기준이 우선되어야 할까?

▶ 기술 공로 논쟁이 과학·산업 발전 과정에서 어떤 기준으로 정리될 수 있어야 할까?

• 관점의 분석과 비교

청각장애인 돕던 열정, 손쉬운 소통 길 열다(중앙선데이, 2017.02.05.)
- 장애인을 위한 보조기술 개발이 일반 대중을 위한 기술 개발보다 우선되어야 하는가? -

찬성	반대
보조기술은 사회적 약자의 접근권을 보장하고 삶의 질을 높이는 핵심 기술이다. 장애인을 위한 기술 개발은 모두가 편리하게 사용할 수 있는 보편적 기술로 확장되는 경우가 많아 사회 전체의 혁신을 촉진하는 측면에서 우선될 필요가 있다.	기술 개발은 사회 전체의 수요와 효율성을 고려해야 하며, 특정 집단만을 우선 대상으로 삼는 것은 자원의 불균형을 초래할 수 있다. 보조기술은 중요하지만 대중 기술 발전과 균형 있게 추진해야 사회 전체의 발전을 도모할 수 있다.

전화기 최초 발명자는 누구?...벨 vs. 그레이 vs. 무치(뉴스1, 2025.02.14.)
- 발명의 '최초성' 판단에서 특허 등록 시점과 실제 기술 구현 중 무엇을 더 중시해야 할까? -

≫ 특허 등록 시점	≫ 실제 기술 구현
특허 등록 시점은 발명의 법적 보호와 공정한 경쟁 질서 보장의 기준이다. 명확한 시점을 통해 권리 분쟁을 줄이고 개발 환경을 안정적으로 만들 수 있다. 실제 구현 보다 공식적 증빙인 특허가 최초성 판단의 객관적 기준이 될 수 있다.	실제 기술을 먼저 구현한 사람이야말로 진정한 발명자이며, 특허는 행정적 절차일 뿐 기술적 기여도를 온전히 반영하지 못한다. 특허보다 구현이 앞섰다면 최초성의 가치를 인정해 연구자의 창의성과 노력을 공정하게 평가해야 한다.

• 사고의 확장

▶ 특허 경쟁이 기술 발전을 촉진하는가, 아니면 공정한 연구 환경을 저해하는가?

▶ 발명의 '최초성' 논쟁이 과학자의 공로 평가 방식에 어떤 변화와 논란을 가져올까?

▶ 취약계층 중심 기술 개발이 전체 기술 혁신의 촉진자로 작동할 가능성은 무엇일까?

▶ 장애인을 위한 보조기술이 보편적 소통 기술로 확장되기 위해 어떤 정책이 필요할까?

▶ 전화기의 등장이 소통의 발전뿐 아니라 개인 정보 보호 문제에 어떤 영향을 남겼을까?

5. 세특 예시

'벨의 육각연 날개 구조가 안정성에 미친 효과 분석'을 주제로 탐구함. 육각연의 기본 형태를 조사하며 육각형 배열이 바람을 고르게 분산시키고 양력을 안정적으로 만든다는 구조적 장점을 이해함. 동일 면적의 삼각형·사각형보다 힘 분배가 균일해 비행 시 흔들림을 줄인다는 점을 비교 분석함. 이 원리가 드론이나 글라이더 설계에도 응용될 수 있음을 확인하며 전통 구조와 현대 공학의 연결성을 파악함. 탐구 과정에서 구조 형태가 비행 안정성에 영향을 준다는 원리를 분석하는 태도를 보임.

23 알렉산더 플레밍
(Alexander Fleming, 1881~1955)

1. "우연을 준비된 눈으로 바꾸다" 작은 흔적에서 인류의 생명을 구한 과학자

● 스코틀랜드 산골의 호기심 많은 소년

1881년 스코틀랜드 애어셔의 작은 마을에서 태어난 알렉산더 플레밍은, 남들이 스쳐 지나가는 것들 속에서 의미를 찾는 아이였다. 들판에서 흔들리는 풀잎 하나, 개울물 위에서 떠다니는 작은 거품 하나에도 오래 시선을 주었다. 가난한 농가에서 자랐지만 배움을 향한 의지는 단단했다. 그는 훗날 어린 시절을 떠올리며 이렇게 말했다.

"우연은 놀라울 만큼 많은 것을 가져온다. 중요한 건 그것을 지나치지 않는 눈이다."

그의 호기심은 이미 자연 속 작은 신호들을 읽어내는 연구자의 감각을 품고 있었다.

● 평범한 회사원에서 의학도로 방향을 틀다

10대 후반, 플레밍은 생계를 위해 런던의 해운회사에서 일했다. 하지만 그의 마음은 장부나 서류가 아니라 의학 서적에 있었다. 도서관에서 혼자 의학 책을 읽으며 그는 자신의 길이 따로 있다는 것을 깨달았다. 형의 조언을 계기로 그는 의대 진학을 결심했고, 밤늦도록 장학금 시험을 준비하며 스스로의 가능성을 확장했다. 그는 한 강연에서 이렇게 말했다.

"큰 발견은 보통 한 사람의 통찰에서 시작된다. 자세한 조정은 팀이 하겠지만, 첫 생각은 개인에게서 나온다."세상의 기대가 아닌, 자신의 판단이 그를 연구의 길로 이끌었다.

● 묵묵한 학생, 그러나 누구보다 예리한 실험가

의대에 들어간 플레밍은 화려한 언변을 가진 학생은 아니었다. 발표보다는 실험대 앞에서 시간을 보내는 편이었고, 사소한 변화에도 주목하는 섬세한 감각을 지녔다. 제1차 세계대전 동안 군의관으로 복무하며 그는 전장에서 감염으로 죽어가는 병사들을 수없이 보았다. 총알을 버티고도 감염을 이기지 못해 쓰러지는 모습은 그에게 큰 충격이었다. 그는 동료들에게 이렇게 말하곤 했다.

"총알보다 무서운 것은 눈에 보이지 않는 감염이었다." 이 경험은 그가 세균학 연구를 깊이 파고들도록 만드는 결정적 전환점이 되었다.

● '실패한 배양 접시'에서 열린 새로운 문, 페니실린의 탄생질

1928년 어느 날, 휴가를 마치고 돌아온 플레밍은 실험대 위의 포도상구균 배양 접시를 정리하다 이상한 흔적을 발견한다. 곰팡이가 피어 있었고, 그 주변으로는 세균이 자라지 않은 둥근 빈 공간이 형성되어 있었다. 대부분의 연구자였다면 즉시 버렸을 접시였다. 하지만 플레밍은 발걸음을 멈추고, 접시를 기울여 보며 조용히 중얼거렸다.

"때때로 우리는 찾고 있지 않은 것을 발견하게 된다."

그는 곧바로 실험을 이어갔고, 곰팡이가 세균을 죽이는 물질을 분비한다는 사실을 확인했다. 이 물질은 '페니실린'이라 이름 붙여졌고, 인류 최초의 항생제가 되는 씨앗이 되었다.

● 발견 이후의 고난, 그리고 끈질긴 집념

페니실린의 가능성은 컸지만, 이를 실제 약으로 만드는 과정은 녹록지 않았다. 곰팡이는 충분히 자라지 않았고, 정제 기술도 거의 없었으며, 연구비는 턱없이 부족했다. 그러나 플레밍은 이 작은 물질이 언젠가 수많은 생명을 구할 것임을 알고 있었다. 그는 노벨상을 수상한 자리에서 이렇게 말했다.

"이것은 기적이 아니다. 그저 관찰에서 비롯된 결과일 뿐이다." 이후 여러 연구자들이 그의 발견을 이어 받아 대량 생산에 성공했고, 제2차 세계대전에서 페니실린은 수많은 병사의 목숨을 지켜냈다. 그의 집념은 우연을 인류의 희망으로 바꾸는 힘이 되었다.

● 오늘날로 이어지는 메시지

실패나 우연은 종종 실력 부족이나 실수로 치부되며, 충분히 들여다볼 기회를 얻지 못한다. 플레밍은 실험 중 생긴 '우연한 오염'을 대수롭지 않게 넘기지 않았다. 대부분의 연구자가 버렸을 상황에서 그는 왜 세균이 자라지 않았는지를 끝까지 관찰했고, 그 사소한 질문은 인류의 생명을 바꾼 페니실린의 발견으로 이어졌다.

오늘날 학생에게 플레밍의 삶은 이렇게 말해준다.

실패처럼 보이는 순간에도 배움의 단서는 있고, 성과는 질문을 멈추지 않는 태도에서 시작된다.

▶ 나는 실수와 실패를 어떻게 받아들이고 있는가?
▶ 작은 변화 속에서 질문을 발견한 경험은 있는가?
이는 실험 설계·과학 탐구 과정 분석 중심의 세특 활동으로 연결될 수 있다.

● 주요 업적

1) 리소자임(lysozyme) 발견, 인체 자연 방어기제 규명

플레밍은 1922년 코감기 중 콧물이 세균을 빠르게 용해하는 모습을 우연히 관찰하며 항균효소 리소자임(lysozyme)을 발견했다. 이후 그는 눈물·타액 등 다양한 체액에서도 동일한 항균 작용이 나타난다는 사실을 확인하며, 인체가 외부 병원체에 대응하기 위한 선천적 방어기제를 이미 갖추고 있다는 점을 과학적으로 제시했다. 이 발견은 일상적인 생리 작용 속에 숨겨진 면역 기능의 의미를 밝혀내며, 후대의 선천면역 연구와 항균 단백질 분석의 중요한 이론적 토대를 제공했다.

2) 페니실린(penicillin) 발견, 최초의 항생제 시대 개막

1928년 플레밍은 포도상구균 배양 접시에 피어난 곰팡이가 주변 세균을 녹이며 성장 억제대를 만드는 현상을 관찰하고, 이 물질을 페니실린(penicillin)이라 명명했다. 페니실린은 세균의 세포벽 합성을 억제해 병원균만을 선택적으로 사멸시키는 최초의 항생제로, 기존 치료법이 효과 없던 감염 질환을 극적으로 개선했다. 그의 발견은 우연을 넘어 감염 치료 패러다임을 완전히 전환한 의학적 혁신으로 평가되며, 이후 생존율 향상과 현대 감염의학의 발전에 결정적 기반을 마련했다.

3) 항생제 선택성 개념 제시(selective toxicity)

플레밍은 페니실린 연구를 통해 항생제가 인간 세포에는 거의 해를 주지 않으면서 세균에만 치명적으로 작용한다는 '선택적 독성(selective toxicity)' 개념을 발전시켰다. 이 원리는 약물 독성 평가, 안전 용량 설정, 병원균 표적 분석 등 이후 모든 항생제 개발의 이론적 기반이 되었다. 이 개념 덕분에 항생제는 단순한 항균 물질이 아니라 '세밀하게 조절 가능한 치료 도구'로 인식되며, 현대 약리학 전반에 중요한 방향성을 제시했다.

4) 항생제 내성 문제 경고(antibiotic resistance)

페니실린의 성공 이후 플레밍은 세균이 낮은 농도의 항생제에 반복 노출되면 돌연변이를 통해 내성을 획득할 수 있다고 경고했다. 그는 이를 '항생제 내성(antibiotic resistance)'이라 명명하며, 부적절한 처방과 오용이 심각한 문제로 이어질 수 있음을 강조했다. 그의 경고는 당시에는 충분히 주목받지 못했지만, 오늘날 다제내성균과 신종 감염병 확산 문제를 설명하는 핵심 배경이 되었고, 항생제 신중 사용 원칙의 과학적 토대로 자리 잡았다.

● 과학적 성과와 영향

플레밍의 연구는 인체가 선천적으로 지닌 항균 능력(lysozyme)을 과학적으로 입증하며 면역학의 기초를 확장했고, 페니실린(penicillin) 발견을 통해 세균의 선택적 사멸 원리를 규명함으로써 항생제 개발의 이론적 틀을 마련했다. 또한 '선택적 독성(selective toxicity)' 개념을 정립해 약물 작용의 표적성과 안전성을 분명히 했으며, 항생제 내성(antibiotic resistance)의 위험을 일찍이 예측함으로써 현대 감염 연구가 다루어야 할 핵심 과제를 제시했다.

페니실린의 도입은 인류의 감염 치료 방식을 근본적으로 바꾸어 전쟁, 수술, 일상 감염에서의 사망률을 획기적으로 낮추었고, 이후 다양한 계열의 항생제가 개발되는 토대를 제공했다. 그의 선택적 독성 개념은 약물 설계와 독성 평가의 기본 원리로 자리 잡았으며, 내성 경고는 오늘날 다제내성균과 항생제 오남용 문제를 이해하는 핵심 이론으로 이어졌다. 플레밍의 성과는 현대 감염의학, 공중보건, 제약 과학 전반을 관통하는 과학적 기준이 되었다.

● 과학 이론 연계 탐구 주제

리소자임 발견	▶ 천연 식품 속 항균 단백질의 작용 비교 연구 ▶ 인체 선천면역과 후천면역의 기능 차이 비교 탐구 ▶ 리소자임 기반 친환경 항균 소재 개발 아이디어 설계
페니실린 발견	▶ **천연 항생제 후보 물질 찾기 프로젝트** ▶ 항생제의 세포벽 합성 저해 메커니즘 구조 모델링 탐구 ▶ 곰팡이가 만드는 항균물질의 종류와 작용 기전 비교 연구
선택적 독성	▶ 항생제 최적 복용량 최적화 수학 모델링 ▶ 세포벽 합성 억제제 vs 단백질 합성 억제제 비교 탐구 ▶ '사람에게는 안전, 세균에만 독성'을 결정하는 구조 분석 모델링
항생제 내성	▶ 국내외 다제내성균(MDR) 증가 추세 비교 분석 ▶ 항생제 오남용 실태 조사 및 개선 제안 프로젝트 ▶ 축산, 농업에서의 항생제 사용이 내성에 미치는 영향 조사

● 탐구 설계 예시

주제	천연 항생제 후보 물질 찾기 프로젝트
탐구 목표	일상 식재료에서 항균 효과가 있는 천연 물질을 탐색하고, 세균 성장 억제 능력을 비교하여 새로운 항생제 후보의 가능성을 평가한다.
선정 이유	플레밍의 페니실린 발견은 자연 물질에서 새로운 항균 성분을 찾을 수 있음을 보여준다. 오늘날 항생제 내성 증가로 기존 약물의 효과가 약화되며, 부작용이 적고 내성 위험이 낮은 천연 항균 물질 탐색의 필요성이 커지고 있다. 일상생활에서 접할 수 있는 식재료 기반 항균 탐색이 의미 있다고 판단해 본 주제를 선정했다.
서론	항생제는 감염 치료에 필수적이지만 내성균 증가로 효율성이 낮아지고 있다. 이에 천연 물질에서 항균 성분을 찾는 연구가 주목받고 있다. 마늘, 생강, 꿀 등은 전통적으로 항균 효과로 사용돼 왔다. 본 탐구는 이러한 식재료가 실제로 세균 성장 억제 능력을 지니는지 확인해 자연 유래 항균 물질의 가능성을 검증하고자 한다.
본론	▶ 탐구 대상 식재료 선정: 마늘, 생강, 꿀 등 항균성이 알려진 식재료 선정 작업 ▶ 세균 배양 준비: 실험실 안전 기준 내에서 사용 가능한 환경 세균 배양 준비 ▶ 항균 실험 조건 설정: 농도, 처리량, 배양 시간 등 통제 변인 설정 작업 ▶ 샘플 추출 및 처리: 식재료의 즙, 추출액을 확보하고 세균 배양 접시에 처리 ▶ 성장 억제대 관찰: 억제대 직경 측정 및 반복 실험을 통한 신뢰도 확보 작업 ▶ 대조군 비교 분석: 처리군과 무처리군의 성장 차이를 수치화한 비교 분석 ▶ 자료 정리 및 시각화: 그래프, 표를 통한 억제 효과 정리 및 통계적 경향 파악 ▶ 항균 후보 가능성 평가: 효과 강도, 일관성, 실용성 기준에 따른 천연 항균 후보 평가 작업
결론	이번 탐구를 통해 일상적 식재료에도 세균의 성장을 억제할 수 있는 항균 성분이 존재함을 확인하였다. 항생제 내성 증가가 문제로 떠오르는 상황에서, 자연 유래 물질의 항균 가능성은 대안 탐색의 출발점이 될 수 있다. 실험 결과는 제한적이지만, 천연 항균 소재에 대한 과학적 접근의 의미를 보여주었다.
심화 탐구 주제	▶ 천연 비누·수제 세정제의 항균 작용 비교 및 효능 평가 ▶ 자외선(UV)이 일상 세균 감소에 미치는 영향 관찰 탐구 ▶ 항균 필터, 항균 직물 소재 성능을 모의 실험으로 평가하기
토론 주제	▶ 일상 식품의 항균성 활용이 안전성 면에서 문제가 없을까? ▶ 천연 항균 물질 연구가 새로운 항생제 개발의 대안이 될까? ▶ 자연 유래 항균성은 내성 문제를 근본적으로 줄일 수 있을까?
교내 후속 활동	▶ 생물의 유전: 내성균의 돌연변이 발생 과정 유전적 분석 활동 ▶ 세포와 물질대사: 리소자임 작용과 세포벽 분해 기전 분석 활동 ▶ 진로활동: 미생물학·제약학·바이오의약 분야 직업 탐색 활동

2. 교과 연계 탐구활동(세계사, 세포와 물질대사, 공통국어)

● 세계사

성취기준	[12세사04-03] 현대 세계의 과제를 해결하기 위해 인류가 기울여온 노력을 탐구한다.
주요내용	플레밍의 페니실린 발견은 전쟁, 빈곤, 감염병 확산 등 현대 세계의 핵심 문제 해결에 결정적 전환점을 마련했다. 항생제의 도입은 세계적 사망률을 크게 감소시키며 국제 보건 체계와 인도주의 의료 활동의 발전을 이끌었다. 이 성취기준은 플레밍의 과학적 성과가 인류 공동의 과제를 해결하기 위해 어떤 글로벌 협력과 노력이 이어졌는지를 탐구하게 한다.
교과연계 탐구주제	▶ 전쟁 부상 치료에 페니실린이 미친 영향 비교 연구 ▶ WHO 설립과 국제 보건 협력 확대의 역사적 배경 탐구 ▶ 과학 혁신이 현대 세계 인도주의 체계에 미친 영향 분석

● 세포와 물질대사

성취기준	[12세포01-04] 원핵세포와 진핵세포의 공통점과 차이점을 설명할 수 있다.
주요내용	플레밍의 페니실린은 세균의 세포벽 합성 저해를 통해 원핵세포만을 선택적으로 공격한다. 이는 세포벽 구조를 지니는 원핵세포와 세포벽이 없는 진핵세포의 차이에서 비롯된 작용으로, 선택적 독성 개념의 기초가 된다. 이 성취기준은 플레밍의 발견을 통해 원핵·진핵세포 구조 차이가 약물 반응과 생명 활동에 어떤 영향을 주는지 이해하도록 한다.
교과연계 탐구주제	▶ 진핵세포와 원핵세포 리보솜 구조 차이의 기능적 의미 탐구 ▶ 세포막·세포벽 구성 차이가 항생제 감수성에 미치는 영향 분석 ▶ 항균 식재료가 세균에는 효과 있고 인체에는 안전한 이유 탐구

● 공통국어

성취기준	[10공국1-06-02] 소통 맥락과 매체 특성을 고려하여 다양한 목적의 매체 자료를 제작한다.
주요내용	플레밍의 페니실린 발견은 감염병 대응 방식과 보건 의식을 크게 변화시켰고, 이를 효과적으로 전달하기 위한 매체 제작의 중요성을 강조한다. 항생제 내성 문제와 천연 항균 소재 연구처럼 공중보건 이슈는 목적·대상·매체 특성에 따라 정보 전달 방식이 달라진다. 이 성취기준은 플레밍의 업적을 바탕으로 과학 정보를 명확하고 설득력 있게 표현하는 매체 자료 제작 능력을 기르는 데 도움을 준다.
교과연계 탐구주제	▶ 학교 보건실용 '항생제 사용 가이드' 리플릿 제작하기 ▶ 항생제 내성 심각성을 설명하는 인포그래픽 제작하기 ▶ 플레밍에게 보내는 감사 편지와 현대 의학 보고서 작성하기

3. 독서 연계 탐구활동

● 추천 도서 목록

추천 도서 목록
▶ 마이코스피어(박현숙, 계단, 2022)   ▶ 세상을 바꾼 항생제를 만든 사람들(고관수, 계단, 2023) ▶ 세균에서 생명을 보다(고관수. 계단, 2024)   ▶ 곰팡이, 가장 작고 은밀한 파괴자들(에밀리 모노선, 반니, 2024) ▶ 곽재식의 세균 박람회(곽재식, 김영사, 2020)   ▶ 머릿속에 쏙쏙! 감염병 노트(사마키 다케오, 마스모토 데루키, 시그마북스, 2023)

● 독서 연계 탐구 활동

독서 연계 탐구 활동	
도서명	세상을 바꾼 항생제를 만든 사람들(고관수, 계단, 2023)
	이 책은 항생제가 세상을 어떻게 바꾸었는지 인류의 역사와 삶의 변화 속에서 깊이 탐색한다. 플레밍의 발견을 시작으로 전쟁 부상 치료, 감염병 대응, 제약 산업의 성장, 연구 과정의 갈등과 불평등, 이름 없는 연구자들의 노력까지 비춘다. 나아가 항생제 내성이라는 현재의 위기와 앞으로 인류가 맞닥뜨릴 과제를 생각하게 하며, 과학의 성과가 인간의 건강과 존엄을 어떻게 지켜왔는지 성찰하도록 이끈다.
핵심 키워드	항생제, 마이크로바이옴, 과학자, 관찰, 불평등
탐구 주제	▶ 항생제가 인체 마이크로바이옴에 미치는 변화 탐구 ▶ **우리나라에서 가장 많이 처방되는 항생제 계열과 사용 양상 분석** ▶ 항생제 개발 역사 속 여성 과학자들의 숨은 기여와 평가의 불균형성 분석 ▶ 항생제 발견 사례를 통해 우연과 관찰 능력이 과학적 성과에 미친 역할 고찰 ▶ 제3세계 생물 자원이 항생제 개발에 활용될 때 발생하는 보상 불평등 문제 탐구
토론 쟁점	▶ 항생제 개발 과정에서 속도와 안전성 중 어느 쪽을 더 중시해야 할까? ▶ 제약회사가 이윤을 이유로 항생제 개발을 중단한 현실을 정당화할 수 있을까? ▶ 항생제 연구의 주도권을 국가가 아닌 민간 기업이 계속 맡는 것이 바람직할까?
후속 활동	▶ 기하: 세균 억제대의 반경과 면적을 기하 공식으로 비교 분석하는 활동 ▶ 독서토론과 글쓰기: 항생제 개발 사례를 바탕으로 이야기 형태로 재구성 ▶ 독서와 작문: 항생제 내성 확산 이후 인류의 미래 치료 전략 시나리오 설계 ▶ 진로활동: 미생물 연구자의 실제 업무 사례를 인터뷰하고 기록하는 활동

● 독서 연계 탐구활동 예시

탐구 주제	우리나라에서 가장 많이 처방되는 항생제 계열과 사용 양상 분석
탐구 자료	▶ 건강보험심사평가원 공개자료 기반 항생제 계열별 연도별 사용 통계자료 ▶ 질병관리청 감염병 발생률과 항생제 처방량을 연계 분석한 국가 보고자료 ▶ 지역, 연령, 진료과별 항생제 처방 차이를 비교한 의료기관별 통계자료

탐구 개요	서론	항생제 처방 계열은 감염병 양상과 진료 관행, 지역 보건 환경과 연결된다는 점에 주목함. 내성 위험 증가 가능성을 고려할 때 현재 사용 양상을 정확히 파악할 필요성이 제기됨. 국가 통계자료를 활용해 계열별 처방 흐름과 변화 추이를 분석하고 이를 생명과학적 관점에서 해석하는 과정을 통해 올바른 항생제 사용 인식 형성에 기초 자료가 될 수 있음.
	본론	▶ 항생제 계열 분류 기준과 특성을 정리하고 분석 범위를 설정함. ▶ 연도별 처방 통계자료를 수집하여 사용량 변화 추이를 비교함. ▶ 감염병 발생률과 처방량 변화를 연계해 상관성을 검토함. ▶ 지역, 연령, 진료과별 처방 패턴 차이를 분류해 특징을 도출함 ▶ 사용 양상 변화의 의미를 내성 위험과 보건 관점에서 해석함
	결론	분석 결과 특정 항생제 계열이 감염 유형과 진료과에 따라 집중적으로 사용되는 경향을 확인할 수 있음. 처방량 변화가 감염병 발생 흐름과 일정 부분 연계됨을 통해 사용 양상이 의료 관행과 보건 환경의 영향을 함께 받는다는 결론을 도출할 수 있음. 이를 통해 처방 양상 분석이 내성 위험 관리와 올바른 사용 인식 향상에 의미 있는 자료가 될 수 있음을 확인할 수 있음.
후속 활동		▶ 법과 사회: 항생제 오남용 규제 정책의 필요성을 사례로 검토하는 활동 ▶ 생물의 유전: 처방 증가가 내성 유전자 확산에 미치는 영향 과정 탐구 활동 ▶ 세포와 물질대사: 세포 대사 변화가 감염 치료 결과에 미치는 영향 탐구 활동 ▶ 독서 토론과 글쓰기: 항생제 사용 증가가 사회 인식에 미친 영향 분석 글쓰기 활동 ▶ 동아리활동: 항균 대안 소재 아이디어를 팀 연구로 기획·발표하는 활동

4. NIE 연계 활동

● 신문 읽기 & 연결 사유 찾기

"꼭 필요한가요?"...불필요한 처방을 막기 위한 선택의 순간(데일리안, 2025.11.27.)

이 기사는 항생제 처방이 단순한 의학 기준이 아니라 검사 접근성, 진료시간 부족, 환자 요구 등 복합적 요인에 의해 결정되며 불필요한 처방이 내성 위험을 높일 수 있음을 다루고 있다. 의료진 상당수가 내성을 심각한 문제로 인식하지만 현장 제약으로 과잉 처방이 발생할 수 있고, 이를 줄이기 위해 검사 접근성 개선, 진료정보 공유, 환자의 기대 변화와 충분한 설명 환경 조성이 필요하다는 점을 강조한다.

감기에 걸렸을때... 항생제 쓰면 '득보다 실'(문화일보, 2025.11.27.)

이 기사는 WHO가 항생제 내성을 대표적 보건 위협으로 지목한 이유와 국내 항생제 오남용 실태를 다루며, 감기, 급성 비염에 항생제가 효과가 없다는 임상 근거를 상세히 설명한 기사다. 항생제 복용 시 부작용이 증가하고 임의 중단, 재사용이 내성 위험을 크게 높인다는 전문가 경고를 전하며, 정확한 처방 기준 준수와 올바른 사용 문화 확립의 필요성을 강조했다.

흙에서 슈퍼박테리아 잡을 무기 찾았다(조선비즈, 2025.11.04.)

이 기사는 항생제 내성 문제 해결의 새로운 가능성이 토양 박테리아에서 발견됐다는 연구 결과를 소개한 기사다. 영국 연구진은 스트렙토마이세스가 만드는 기존 항생제의 '중간 단계 물질'이 최종 생성물보다 100배 강한 항균력을 가진 사실을 밝혀냈으며, 내성균에도 내성을 유발하지 않는 특징을 확인했다. WHO가 경고한 내성 위기 속에서 이번 발견이 차세대 항생제 개발의 중요한 단서가 될 수 있음을 강조했다.

● 시사 이슈

▶ 환자 요구와 의료진 판단이 충돌할 때 무엇을 우선해야 할까?

▶ 감기 바이러스 특성만으로 항생제 사용을 무효라고 단정해도 될까?

▶ 중간 대사물질이 더 강력하다는 연구 결과를 현재 그대로 믿어도 될까?

● 관점의 분석과 비교

감기에 걸렸을때... 항생제 쓰면 '득보다 실'(문화일보, 2025.11.27.)
- 감기에 항생제 무용론에 대한 입장 토론 -

찬성	반대
감기 바이러스는 세균과 달리 세포 구조와 대사 체계가 없어 항생제의 작용 표적이 존재하지 않는다. 임상 연구에서도 감기 증상 개선 효과가 확인되지 않았고, 오히려 부작용과 내성 위험만 증가해 항생제 무효를 단정하는 것이 타당하다.	대부분 감기는 바이러스성이지만 일부 환자는 경과 중 세균성 2차 감염이 생길 수 있다. 진료 현장에서는 이를 즉시 구분하기 어려워 예외 상황을 고려해야 하며, 특정 조건에서는 항생제가 필요할 가능성을 완전히 배제하기 어렵다.

"꼭 필요한가요?"...불필요한 처방을 막기 위한 선택의 순간(데일리안, 2025.11.27.)
- 항생제 처방 판단 주체에 대한 논의 -

≫ 환자-자기결정권	≫ 의료진-전문성 우선
환자는 치료의 직접적 당사자로서 자신의 몸과 위험 선택권을 가진다. 충분한 설명을 들은 뒤 스스로 결정하는 과정은 의료 윤리의 핵심이며, 환자 참여는 치료 만족도와 순응도를 높여 더 나은 건강 결과로 이어질 수 있다.	의료진은 과학적 근거와 임상 경험을 바탕으로 최적의 치료를 판단할 전문성이 있다. 환자 요구를 그대로 따를 경우 과잉 처방, 부작용 위험이 커지므로 전문 판단이 우선해야 한다. 항생제처럼 공중보건에 영향이 큰 치료는 더욱 그렇다.

● 사고의 확장

▶ 세균 감염으로의 2차 감염은 어떤 생리적 조건에서 더 쉽게 발생할까?

▶ 의료진의 설명 의무와 환자의 책임 의식은 어떤 균형점을 가져야 할까?

▶ 진단 기술이 더 정밀해지면 항생제 오남용 문제는 자연히 해결될 수 있을까?

▶ AI 기반 처방 시스템이 도입된다면 항생제 처방의 정확도는 실제로 높아질까?

▶ 새로운 항생제가 발견되어도 내성이 반복된다면 우리는 어떤 '비약물 치료 전략'을 마련해야 할까?

5. 세특 예시

　천연 항생제 후보 물질 탐색 탐구를 스스로 설계하며 항균 작용의 생명과학적 기초를 체계적으로 분석함. '세상을 바꾼 항생제를 만든 사람들'을 읽고 항생제가 인체 미생물군과 감염 양상에 미치는 영향을 탐구해 이해 폭을 넓힘. NIE 토론에서는 감기 바이러스 특성만으로 항생제 무효를 단정하기 어렵다는 반대 관점을 제시하며 2차 감염 가능성 등 임상 변인을 고려한 사고 역량을 보여줌. 탐구, 독서, 토론을 연계해 항생제 사용 문제를 다각도로 해석하는 융합적 사고력을 발휘함.

24 알레산드로 볼타
(Alessandro Volta, 1745~1827)

1. 인류에게 '지속 가능한 전기'의 불꽃을 선물한 선구자

● 침묵을 깨고 깨어난 천재성

이탈리아 코모의 귀족 가문에서 태어난 볼타는 4살이 될 때까지 말을 하지 못해 가족들의 걱정을 샀으나, 곧 놀라운 지적 능력을 보이기 시작했다. 법률가가 되길 원했던 부모의 뜻과 달리 그는 10대 시절부터 전기 현상에 매료되어 당대의 학자들과 서신을 교환할 정도로 열정적이었다. 정규 과학교육을 받지 않았음에도 스스로 실험하고 탐구하며, 자신만의 과학적 세계관을 확립해 나갔다.

"나의 유일하고 진정한 스승은 오직 '자연'과 그 속에 숨겨진 '현상'뿐이었다."

● 늪지대의 가스를 포착하다

젊은 시절 볼타는 마조레 호수의 늪지대를 탐사하던 중 바닥에서 올라오는 기체에 관심을 갖고, 이를 포집하여 가연성 기체인 '메테인'을 최초로 발견했다. 그는 이 기체를 이용해 전기 권총을 만드는 등 기체의 성질과 전기의 상호작용을 연구하며 실험 물리학자로서의 명성을 쌓기 시작했다. 또한 정전기를 모으는 장치인 '전기쟁반'을 개량하여, 전기를 저장하고 제어하는 기술의 기초를 닦았다.

"자연은 끈기 있게 관찰하고 끊임없이 질문하는 자에게만 그 비밀의 문을 아주 조금 열어준다."

● 개구리 뒷다리 논쟁과 비판적 사고

동시대 과학자 루이지 갈바니가 '동물 전기' 이론을 주장하자, 볼타는 처음에는 동의했으나 곧 '전기는 동물이 아닌 서로 다른 금속의 접촉에서 발생한다'는 의구심을 품었다. 그는 권위에 순응하지 않고 자신의 혀에 금속을 대어 맛을 느끼는 등 직접적인 실험을 통해 '접촉 전기설'을 주장하며 갈바니와 세기의 논쟁을 벌였다.

"의심하라, 그리고 검증하라. 진실은 권위 있는 이론이 아닌, 실험 결과 그 자체에 존재한다." 치열한 비판과 검증의 과정은 과학사에서 가장 위대한 발명 중 하나를 잉태하는 계기가 되었다.

● 인류 최초의 배터리, 볼타 전지의 탄생

1800년, 볼타는 자신의 이론을 증명하기 위해 구리와 아연판 사이에 소금물을 적신 헝겊을 끼워 겹겹이 쌓아 올린 '볼타 전지'를 발명했다. 이는 한 번 방전되면 끝나는 정전기와 달리, 인류 역사상 최초로 지속적이고 안정적인 전류를 만들어낸 혁명적인 장치였다.

"이 기둥(전지)은 멈추지 않는 에너지를 품고 있으며, 이것이 인류의 밤을 영원히 밝혀줄 것이다."

이 발명은 전기가 우연히 발생하는 현상이 아니라, 인간이 설계하고 통제할 수 있는 에너지임을 처음으로 증명했다. 실험실의 발견은 곧 기술과 문명의 변화로 이어졌고, 전기는 연구 대상에서 인류의 삶을 바꾸는 힘으로 자리 잡기 시작했다.

● 나폴레옹의 찬사와 영원한 단위 '볼트'

볼타의 발명은 프랑스의 나폴레옹 황제마저 매료시켰고, 그는 파리로 초청되어 전지 실험을 시연한 뒤 백작 작위와 훈장을 수여받았다. 최고의 명예를 얻었음에도 그는 고향 코모로 돌아가 후학을 양성하며 검소하고 조용한 말년을 보냈다. 후대 과학자들은 그의 업적을 기리기 위해 전압의 단위를 그의 이름에서 딴 '볼트(V)'로 정했고, 그의 이름은 오늘날 전 세계 모든 전자기기 속에서 살아 숨 쉬고 있다.

"명예는 잠시 스쳐 지나가는 바람과 같지만, 우리가 밝혀낸 과학적 진실은 영원히 남는 유산이다."

● 오늘날로 이어지는 메시지

이미 널리 받아들여진 이론 앞에서 질문을 던지는 일은 쉽지 않다. 그러나 과학은 언제나 '의심'에서부터 다시 시작된다. 볼타는 권위 있는 이론 앞에서도 직접 실험하며 검증하는 태도를 선택했고, 그 집요함은 인류 최초의 지속 가능한 전기로 이어졌다.

오늘날 학생에게 볼타의 삶은 이렇게 전한다. 과학적 사고란 믿는 것이 아니라, 끝까지 확인하는 용기라는 점이다.

▶ 나는 교과서의 내용을 그대로 받아들이고 있는가?
▶ 직접 검증해 보고 싶은 개념은 무엇인가?
이는 실험 비교·이론 검증 중심의 과학 세특 탐구주제로 확장될 수 있다.

● 주요 업적

1) 볼타 전지 (Voltaic Pile)

구리와 아연판 사이에 소금물에 적신 헝겊을 끼워 겹겹이 쌓아 올린 장치로 인류 최초의 화학 전지를 발명했다. 이는 기존의 정전기 실험 장치와 달리 안정적인 전원 공급을 가능하게 하여 전기 분해나 전자기학 연구가 비약적으로 발전하는 토대가 되었다. 정전기의 시대에서 전류의 시대로 과학의 패러다임을 바꾼 혁명적인 사건이었다. 이 발명은 나폴레옹 황제 앞에서의 시연을 통해 전 유럽에 알려졌으며, 오늘날 우리가 사용하는 모든 배터리 기술의 시발점이 되었다.

2) 메테인의 발견 (Discovery of Methane)

마조레 호수 근처 늪지대에서 발생하는 기포에 흥미를 느끼고 기체를 포집하여 분석한 끝에, 이 기체가 파란 불꽃을 내며 타는 메테인을 최초로 발견했다. 그는 이 기체를 이용해 전기 스파크로 점화하는 '전기 권총'을 제작하고 폭발력을 실험하며, 훗날 내연 기관에 응용될 수 있는 기초 아이디어를 제공하기도 했다. 화학적 기체 분석까지 영역을 넓힌 그의 융합적 사고를 보여주는 대표적인 사례. 오늘날 천연가스 산업과 유기 화학 분야의 기초를 다지는 중요한 발견으로 평가받는다.

3) 접촉 전기설 (Theory of Contact Electricity)

동시대의 갈바니가 주장한 '동물 전기(생체 내 전기)'설에 의문을 품고, 전기가 생명체가 아닌 서로 다른 두 금속의 접촉과 전해질의 화학 반응에서 발생한다는 '접촉 전기설'을 확립했다. 금속들을 이온화 경향에 따라 나열하여 전위차의 크기를 정리한 '볼타 계열'을 정립함으로써, 화학적 성질에 따라 전압이 달라진다는 사실을 과학적으로 증명해 냈다. 이러한 갈바니와의 치열한 학문적 논쟁과 비판적 검증 과정은 결국 볼타 전지라는 실용적인 발명품을 탄생시키는 결정적인 배경이 되었다.

4) 정전기 연구 및 축전기 개량 (Electrostatics and Capacitor Improvement)

정전기 유도 현상을 심도 있게 연구하여 전하를 효율적으로 모으는 '전기쟁반'과 미세한 전기를 축적하여 감지하는 초기 형태의 축전기를 획기적으로 개량했다. 실험을 통해 도체에 저장되는 전하량과 전위차가 비례함을 규명하고, 이를 바탕으로 전기 용량의 개념을 확립하여 정전기학의 체계를 잡았다. 이러한 연구는 전하를 저장하고 제어하는 현대식 축전기 기술의 이론적 토대가 되었으며, 전자기학 발전에 기여한 그의 공로를 기려 전압의 단위가 '볼트(V)'로 제정되는 계기가 되었다.

● 과학적 성과와 영향

볼타는 볼타 전지를 발명하여 인류가 처음으로 지속적인 전류를 인위적으로 생성할 수 있게 한 과학자이다. 그는 전기가 생명체 고유의 힘이라는 기존의 관점을 비판하고, 금속 간 전위차에 의해 발생하는 물리·화학적 현상임을 실험으로 입증하였다. 이로써 전기 현상은 우연적 관찰의 대상에서 정밀한 실험과 측정이 가능한 과학 영역으로 전환되었다. 볼타의 연구는 전기 개념을 정량화하는 방향으로 전기학의 기초를 확립했다. 그의 성과는 과학 이론에서 실험과 검증의 중요성을 밝힌다.

볼타의 업적은 이후 전기화학과 전자공학, 에너지 저장 기술의 발전으로 직접 이어졌다. 볼타 전지는 현대 배터리와 전기 회로 기술의 출발점이 되었으며, 그의 이름은 전압의 국제 단위 '볼트'로 남아 있다. 또한 갈바니와의 논쟁 과정은 과학이 비판과 반증을 통해 발전한다는 점을 잘 보여주는 사례로 평가된다. 이러한 영향은 오늘날 과학 교육에서 탐구 중심 학습의 근거가 된다. 볼타는 과학적 성과뿐 아니라 과학의 방법 자체에 깊은 영향을 남긴 인물이다.

● 과학 이론 연계 탐구 주제

볼타 전지	▶ 금속 조합 변화에 따른 전위차 비교를 통한 볼타 전지 출력 최적화 탐구 ▶ 전해질 농도와 pH가 볼타 전지의 내부 저항과 방전 시간에 미치는 영향 탐구 ▶ **볼타의 직렬 적층 구조가 현대의 수소 연료 전지 스택 설계에 미친 시사점 연구**
메테인의 발견	▶ 습지에서 발생하는 메테인의 생성 조건과 환경 요인 분석 ▶ 볼타의 메테인 발견이 이후 화학 기체 연구에 미친 과학사적 의미 탐구 ▶ 메테인이 이산화 탄소보다 지구 온난화 지수가 높은 분광학적 원인 분석
접촉 전기설	▶ 금속의 일함수 차이가 접촉 전위차 발생에 미치는 광전 효과적 원리 탐구 ▶ 갈바니와 볼타의 논쟁을 현대 신경 생리학과 전기 화학 관점에서의 재해석 ▶ 금속 간 온도 차이로 전압이 발생하는 제베크 효과와 접촉 전위의 상관관계
정전기 연구 및 축전기 개량	▶ 축전기 극판의 면적과 간격 변화가 전기장 형성에 미치는 영향 분석 ▶ 물리적 에너지 저장 장치인 슈퍼커패시터와 배터리의 효율 비교 분석 ▶ 유전체의 종류에 따른 유전율 차이가 축전기의 전기 용량에 미치는 영향

● 탐구 설계 예시

주제	볼타의 직렬 적층 구조가 현대의 수소 연료 전지 스택 설계에 미친 시사점 연구
탐구 목표	볼타 전지의 직렬 연결 원리를 분석하고, 이를 수소 연료 전지의 고출력 확보를 위한 스택(Stack) 구조의 공학적 필연성과 연결하여 효율성을 규명하는 데 목표가 있다.
선정 이유	볼타 전지는 인류 최초로 직렬 적층을 통해 전기 출력을 확장한 사례이다. 현대 수소 연료 전지는 다수의 단위 전지를 스택 구조로 결합해 실용적 전력을 생산한다. 두 기술은 시대를 달리하지만 구조적 발상이 유사하다는 점에서 비교 가치가 크다. 과학사와 현대 에너지 기술을 연결하는 융합적 탐구 주제로 적합하다.
서론	18세기 볼타 전지는 지속적인 전류 생산이라는 전환점을 마련하였다. 특히 직렬 적층 구조는 전압을 인위적으로 확장하는 혁신적 설계였다. 한편 현대 수소 연료 전지는 친환경 에너지 기술의 핵심으로 주목받고 있다. 본 탐구는 두 기술의 구조적 공통점을 통해 과학 원리의 계승을 살펴보고자 한다.
본론	▶ 볼타 전지의 직렬 적층 구조와 전압 증가 원리 분석 ▶ 단위 전지 반복 구조가 전기 출력에 미치는 영향 고찰 ▶ 수소 연료 전지의 기본 작동 원리와 스택 구조 개념 정리 ▶ 볼타 전지와 연료 전지 스택의 구조적 유사점과 차이점 비교 ▶ 직렬 구조 설계가 에너지 시스템 확장성에 주는 의미 분석
결론	탐구 결과, 볼타의 직렬 적층 구조는 전압 확장의 개념을 최초로 제시한 설계였다. 이 원리는 현대 수소 연료 전지 스택 구조에서도 핵심적으로 활용되고 있다. 과학 기술은 단절이 아닌 누적과 변형을 통해 발전함을 확인할 수 있었다. 본 탐구는 과거 과학 이론이 미래 기술로 이어지는 과정을 이해하는 계기가 되었다.
심화 탐구 주제	▶ 수소 연료 전지 스택 내의 물 배출 문제가 전압 효율에 미치는 영향 분석 ▶ 연료 전지 스택의 운전 온도와 압력이 기전력에 미치는 열역학적 영향 계산 ▶ 직렬 연결된 스택의 셀 고장 시, 전체 시스템에 미치는 전압 강하 현상 원리 탐구
토론 주제	▶ 친환경 에너지 기술 발전에서 효율과 안전성 중 무엇이 더 중요한가? ▶ 리튬이온 배터리 패권이 수소 연료 전지 스택 기술로 완전히 대체될 것인가? ▶ 전압을 높이기 위한 스택 구조가 배터리의 부피와 안정성 측면에서 최선인가?
교내 후속 활동	▶ 화학 반응의 세계: 수소 연료 전지의 이론적인 기전력을 계산하는 활동 ▶ 사회와 문화: 에너지 전환이 사회 구조와 산업에 미치는 영향을 탐구하는 활동 ▶ 진로활동: 수소 연료 전지 스택의 효율을 상승시킬 수 있는 방안을 토론하는 활동

2. 교과 연계 탐구활동 (화학 반응의 세계, 경제, 세계사)

● 화학 반응의 세계

성취기준	[12반응02-03] 화학 전지의 원리를 산화·환원 반응으로 설명하고, 표준 환원 전위를 이용하여 전위차를 구할 수 있다.
주요내용	볼타 전지는 인류 최초의 화학 전지로, 산화·환원 반응을 통해 화학 에너지를 전기 에너지로 변환하는 장치의 시초이다. 아연이 산화되고 수소 이온이 환원되는 과정에서 발생하는 전위차의 원리를 전기화학적으로 분석하며, 볼타 계열이 현대의 표준 환원 전위 개념으로 정립되는 과정을 탐구한다. 이 성취기준은 전지의 원리와 기술적 한계 극복 과정을 산화·환원 반응 관점에서 심층적으로 이해하는 데 도움을 준다.
교과연계 탐구주제	▶ 볼타 전지의 산화·환원 반응 메커니즘 분석 및 이론적 기전력 계산 ▶ 전해질의 종류와 농도가 볼타 전지의 전압 유지 시간에 미치는 영향 분석 ▶ 이온화 경향의 차이가 전압의 크기에 미치는 영향을 표준 환원 전위로 비교 분석

● 경제

성취기준	[12경제01-03] 인간은 경제적 유인에 반응함을 인식하고, 편익과 비용을 고려하여 합리적으로 선택하는 능력과 한계 분석을 이용한 의사 결정 능력을 계발한다.
주요내용	볼타의 전지와 메테인 발견이 현대 에너지 시장의 가격 결정에 미치는 영향을 수요와 공급의 법칙으로 분석하고, 기술 혁신에 따른 신시장 창출 과정을 슘페터의 '혁신 이론' 관점으로 해석한다. 이 성취기준은 기술 발전이 시장의 수요와 공급 및 가격 변동에 미치는 원리를 실물 경제 사례를 통해 파악하고, 혁신이 경제 성장과 산업 구조 변화에 미치는 중요성을 이해하는 데 도움을 준다.
교과연계 탐구주제	▶ 배터리 기술 혁신이 관련 산업의 생산성 향상에 미친 경제적 파급 효과 ▶ 천연가스와 배터리 원자재의 수급 불균형이 자원 가격 변동에 미치는 영향 분석 ▶ 미래 배터리 기술 개발이 국가 경쟁력과 무역 수지에 미칠 잠재적 경제 가치 평가

● 세계사

성취기준	[12세사03-03] 제1·2차 산업 혁명이 가져온 사회, 경제, 생태환경의 변화를 분석한다.
주요내용	볼타의 전지 발명은 1차 산업혁명의 증기기관 시대를 넘어 2차 산업혁명의 전기 시대를 여는 결정적인 기술적 토대가 되었다. 특히 전신, 조명 등 신산업을 탄생시켰으며, 나폴레옹의 후원 사례는 과학과 국가 권력의 결합을 보여주는 역사적 계기가 되었다. 이 성취기준은 기술 혁신이 가져온 산업 구조의 변화와 근대 사회 형성 과정에서 과학 기술이 미친 사회 및 정치적 영향을 파악하는 데 도움을 준다.
교과연계 탐구주제	▶ 나폴레옹의 볼타 후원을 통해 본 근대 국가의 과학 진흥 정책 분석 ▶ 볼타 전지 발명에 의한 모스 전신기 발명 및 통신망 구축에 미친 영향 ▶ 증기 에너지 시대에서 전기 에너지 시대로의 전환에 있어 볼타 전지의 역할 평가

3. 독서 연계 탐구활동

● 추천 도서 목록

추천 도서 목록
▶ 전기화학(오승모, 자유아카데미, 2025)　　　　　　　　▶ 그림으로 배우는 배터리(나카무라 노부코(김성훈 역), 영진닷컴, 2025) ▶ 우리 몸은 전기다(샐리 에이디(고현석 역), 세종서적, 2023)　　▶ 세계사를 바꾼 화학 이야기(오미야 오사무(김정환 역), 사람과나무사이, 2022) ▶ 처음 읽는 2차전지 이야기(시라이시 다쿠(이인호 역), 플루토, 2021)　▶ 세상을 뒤집은 과학기술의 역사(시라토리 케이(정한뉘 역), 시그마북스, 2025)

● 독서 연계 탐구 활동

독서 연계 탐구 활동	
도서명	그림으로 배우는 배터리(나카무라 노부코(김성훈 역), 영진닷컴, 2025)
	이 책은 전지의 가장 기초적인 원리부터 역사적 발전 과정까지 풍부한 그림과 도해를 활용하여 알기 쉽게 설명한 과학 기술 입문서이다. 볼타 전지의 화학적 반응 구조와 한계점, 그리고 이를 극복하며 액체 전해질이 젤 형태의 건전지로 진화해 온 과정을 상세히 다룬다. 이를 통해 현대 사회를 지탱하는 다양한 전지의 특징을 이해하고, 에너지 전환의 핵심 메커니즘을 직관적으로 파악할 수 있다.
핵심 키워드	볼타전지, 화학전지, 1차 전지, 건전지, 산화·환원 반응
탐구 주제	▶ 전지의 형태가 에너지 밀도와 적용 기기에 미치는 영향 분석 ▶ 망간 건전지의 산화·환원 반응식 분석을 통해 누액 현상의 원인 분석 ▶ 액체 전해질을 사용하는 초기 전지와 건전지의 내부 구조적 차이 비교 ▶ 세계 최초의 화학 전지가 실용화되지 못한 기술적 한계와 극복한 과정 탐구 ▶ **1차 전지와 2차 전지의 화학적 가역성 차이에 따른 재사용 불가능 이유 규명**
토론 쟁점	▶ 갈바니의 동물 실험은 과학 발전을 위해 윤리적으로 정당화될 수 있는가? ▶ 환경 오염을 줄이기 위해 편리한 일회용 건전지의 생산을 제한해야 하는가? ▶ 전지의 성능 향상과 안전성 확보 중 우선순위를 두어야 할 가치는 무엇인가?
후속 활동	▶ 화학 반응의 세계: 볼타 전지와 다니엘 전지의 기전력을 비교하는 활동 ▶ 기술·가정: 생활 속 전지 종류와 구조를 조사하고 비교하는 활동 ▶ 세계사: 전지 발명이 산업 사회 형성에 미친 영향을 탐구하는 활동 ▶ 동아리활동: 과일이나 동전 등 주변 재료를 활용해 직접 전지를 제작하는 활동

● 독서 연계 탐구활동 예시

탐구 주제	1차 전지와 2차 전지의 화학적 가역성 차이에 따른 재사용 불가능 이유 규명
탐구 자료	▶ 1차 전지와 2차 전지의 산화·환원 반응을 설명한 화학 교과서 자료 ▶ 전지 방전·충전 과정의 화학 반응식을 비교한 과학 해설 도서 자료 ▶ 생활 속 전지 종류와 재사용 가능 여부를 정리한 에너지 환경 보고서 자료

탐구 개요	서론	현대 사회에서 전지는 스마트기기와 이동 수단 등 다양한 전자기기의 핵심 에너지 공급 장치로 활용됨. 전지는 재사용 가능 여부에 따라 1차 전지와 2차 전지로 구분됨. 두 전지의 가장 큰 차이는 내부 화학 반응의 가역성 여부에 있음. 본 탐구는 화학적 가역성 관점에서 1차 전지가 재사용이 불가능한 근본적인 이유를 과학적으로 규명하고자 함.
	본론	▶ 1차 전지와 2차 전지의 기본 구조와 작동 원리 비교하기 ▶ 방전 과정에서 일어나는 산화·환원 반응의 가역성 여부 분석하기 ▶ 전극 물질의 구조 변화가 충전 가능성에 미치는 영향 설명하기 ▶ 2차 전지에서 외부 전원을 통한 반응 역전 과정 이해하기 ▶ 화학적 가역성이 전지 수명과 재사용성에 미치는 영향 정리하기
	결론	1차 전지는 방전 과정에서 전극 물질의 화학적 구조가 비가역적으로 변화함을 확인함. 이로 인해 외부 전원을 인가해도 원래의 화학 반응으로 되돌릴 수 없음. 반면 2차 전지는 산화·환원 반응이 가역적으로 진행되어 충전과 방전을 반복할 수 있음. 본 탐구를 통해 전지의 분류 기준을 '화학적 가역성'이라는 핵심 개념으로 명확히 이해하게 됨.
후속 활동		▶ 화학 반응의 세계: 전지의 산화·환원을 비교하여 가역성 차이를 분석하는 활동 ▶ 사회와 문화: 전지 재사용 여부가 소비 문화에 미치는 영향 분석 활동 ▶ 경제: 1차 전지와 2차 전지의 비용 구조 및 시장 규모 비교 활동 ▶ 기술·가정: 생활 속 전지 선택 기준과 사용 및 폐기 방법을 조사하는 활동 ▶ 진로활동: 전고체 전지에 안전성과 효율성을 높인 신기술 현황을 조사하는 활동

4. NIE 연계 활동

● 신문 읽기 & 연결 사유 찾기

금속과 전해질을 이용한 배터리의 기원, 볼타의 전지(한스경제, 2023.07.05.)

이 기사는 루이지 갈바니의 '동물 전기' 실험에 의문을 품은 알렉산드로 볼타가 금속과 전해질의 반응을 이용해 최초의 화학 전지인 '볼타 전지'를 발명하는 과정을 역사적으로 조명하고 있다. 아연과 구리, 소금물을 이용한 초기의 전지 형태가 현대 배터리 기술의 원형이 되었음을 강조한다. 결론적으로 오늘날의 전기차와 모바일 기기를 있게 한 배터리 역사의 시발점을 흥미롭게 풀어내고 있다.

반도체보다 더 커질 이차전지 시장...K배터리의 향방은?(한국일보, 2023.05.02.)

이 기사는 전기차 시장의 폭발적인 성장과 함께 메모리 반도체 시장 규모를 넘어설 것으로 전망되는 이차전지 산업의 현황과 K-배터리 3사의 경쟁력을 심층 분석하고 있다. 미·중 갈등 등 글로벌 통상 환경에 대응하기 위한 기술 초격차 및 공급망 다변화 전략을 강조한다. 결론적으로 배터리 산업이 한국의 미래 경제를 책임질 핵심 동력임을 역설하며, 정부의 적극적인 지원과 인재 양성 대책을 촉구하고 있다.

세계 최초 배터리, '바그다드 전지'는 어떻게 등장했을까?(디지털데일리, 2023.03.05.)

이 기사는 볼타의 전지보다 약 2천 년이나 앞선 기원전 250년경 파르티아 제국 시절 제작된 것으로 추정되는 '바그다드 전지'의 발견과 미스터리를 다루고 있다. 항아리 속에 구리 실린더와 철 막대를 넣고 포도 주스 등 산성 액체를 채워 전기를 발생시켰을 것으로 보이는 이 유물에 대한 학계의 팽팽한 논쟁을 소개한다. 고대 인류의 잊혀진 기술적 지혜와 과학사의 정설을 뒤흔드는 오파츠의 가치를 조명하고 있다.

• 시사 이슈

▶ 고대 유물의 과학적 해석이 현대 기술의 기원 이해에 어떤 영향을 미치는가?

▶ K-배터리가 글로벌 공급망에서 중국 및 기타 경쟁국과의 경쟁을 어떻게 극복할 수 있는가?

▶ 초기 전지 기술의 한계와 해결 과정은 오늘날 전기차 배터리 문제 해결에 어떤 시사점을 주는가?

• 관점의 분석과 비교

금속과 전해질을 이용한 배터리의 기원, 볼타의 전지(한스경제, 2023.07.05.)
- 전지의 발명에서 처음 현상을 관찰한 갈바니보다 이를 검증한 볼타가 더 과학사적 기여가 큰가? -

찬성	반대
볼타는 갈바니의 관찰을 반복 실험과 검증을 통해 보편적인 과학 이론으로 확장하였다. 볼타는 전류를 지속적으로 생성하는 볼타 전지를 발명함으로써 전기 현상을 실험 가능한 과학 영역으로 정착시킨 점에서 과학사적 기여가 크다.	갈바니는 생체 실험을 통해 전기 현상을 최초로 포착하며 연구의 출발점을 마련했다. 새로운 현상을 발견하고 문제를 제기한 선구적 관찰이 없었다면 볼타의 검증과 이론화도 가능하지 않았다는 점에서 갈바니의 기여 역시 결정적이다.

세계 최초 배터리, '바그다드 전지'는 어떻게 등장했을까?(디지털데일리, 2023.03.05.)
- 과학적 이론과 고고학적 증거가 충돌할 때 어느 관점을 우선해야 할까? -

≫ 과학적 이론	≫ 고고학적 증거
과학적 이론은 재현 가능한 실험과 검증을 통해 현상의 가능성과 한계를 판단할 수 있다. 바그다드 전지 역시 합리적 회의주의 관점에서 전기 발생이 실제로 가능한지 과학적으로 검증하는 것이 해석의 우선 기준이 되어야 한다.	고고학적 증거는 유물의 제작 방식과 사용 맥락을 통해 당시 인간의 기술 수준을 보여준다. 과학적 가능성만으로 과거를 재단하기보다, 발견된 유물과 문화적 맥락을 존중하여 기능성과 실존성을 있는 그대로 인정하는 열린 태도가 필요하다.

• 사고의 확장

▶ 2차 전지 공급망에서 원자재 확보의 중요성과 위험 요인은 무엇인가?

▶ 갈바니의 '동물전기' 이론은 왜 당시 과학계에서 큰 관심을 받았는가?

▶ 바그다드 전지가 실제 전기 생성 장치였다면 어떤 용도로 사용되었을까?

▶ 현재 2차 전지 기술 발전이 미래 에너지 산업 구조를 어떻게 재편하는가?

▶ 전지 기술이 에너지 저장 시스템으로 발전하면서 생긴 사회 및 경제적 변화는 무엇인가?

5. 세특 예시

볼타 전지의 직렬 적층 원리가 현대 수소 연료 전지 스택 설계의 핵심 공학 기술로 계승됨을 규명하고, 1차와 2차 전지의 차이를 산화·환원 반응의 화학적 가역성 관점에서 분석하여 깊이 있는 탐구 역량을 보여줌. 나아가 갈바니와 볼타의 공헌도 및 오파츠 관련 토론을 주도하며, 과학적 발견에서 검증의 중요성과 실증적 증거의 가치를 논리적으로 설파함. 과거의 이론을 현대 기술과 연결하고 과학 철학적 쟁점까지 아우르는 뛰어난 통찰력과 융합적 사고를 드러냄.

알베르트 아인슈타인
(Albert Einstein, 1879~1955)

1. 상상력으로 우주의 법칙을 새로 쓴 천재 물리학자

● 느린 아이, 그러나 깊이 생각한 소년

1879년, 독일 울름에서 태어난 알베르트 아인슈타인은 어릴 적부터 조용하고 말이 느린 아이였다. 사람들은 그를 '둔한 아이'라고 했지만, 그의 머릿속은 언제나 생각으로 가득했다. 자석 바늘이 방향을 바꾸는 모습을 보고 그는 물었다.

"보이지 않는 힘이 왜 자석을 움직이게 할까?"

그의 호기심은 단순한 장난이 아니라, 자연의 비밀을 향한 탐구심이었다. 학교에서는 암기 과목을 싫어했지만, 수학과 물리학 시간만큼은 눈이 반짝였다.

"나는 특별한 재능이 있는 게 아니라, 단지 끊임없이 궁금할 뿐이다." 그의 천재성은 느림 속에서 자라나고 있었다.

● 빛을 쫓은 젊은 시절

아인슈타인은 청소년 시절 스위스로 이주해 취리히 공과대학에 진학했다. 그는 다른 학생들과 달리 실험보다 생각하는 것을 즐겼다. '만약 내가 빛의 속도로 달린다면, 세상은 어떻게 보일까?' 상상은 훗날 상대성이론의 씨앗이 되었다. 하지만 졸업 후 그는 연구직을 얻지 못해 스위스 특허청 직원으로 일해야 했다. 낮에는 특허 서류를 검토하고, 밤에는 수학 노트에 복잡한 방정식을 적었다. 그의 머릿속에서는 빛, 시간, 공간의 개념이 하나로 엮이기 시작했다.

● '기적의 해', 세상을 뒤흔들다

1905년, 그는 무명의 특허청 직원에서 세계적인 과학자로 도약했다. 그해 그는 4편의 혁명적 논문을 발표했다. 광전 효과, 브라운 운동, 특수상대성이론, 질량-에너지 관계식($E=mc^2$). 그 중 "$E=mc^2$"은 질량이 에너지로 바뀔 수 있다는 뜻으로, 핵에너지와 우주 물리학의 핵심 원리가 되었다. 그의 이론은 당시 상식과 정면으로 부딪혔지만, 곧 실험으로 증명되며 세상의 패러다임을 바꿨다.

"상상력은 지식보다 중요하다. 지식은 한계를 가지지만 상상력은 세상을 품는다."

그의 말처럼, 새로운 물리학은 상상에서 시작되었다.

● 우주의 비밀을 향한 도전

아인슈타인은 이후 일반상대성이론을 완성하며, 중력이 단순한 '힘'이 아니라 시공간의 휘어짐이라는 사실을 밝혀냈다. 1919년 일식 관측을 통해 그의 이론이 입증되자, 그는 단숨에 세계적인 과학자로 떠올랐다. 그러나 급격히 높아진 명성에도 불구하고, 아인슈타인은 명예보다 진리를 더 중요하게 여겼다.

그는 "진리는 언제나 단순하고 아름답다"라고 말하며, 복잡한 현상 속에서도 본질을 꿰뚫는 사고를 추구했다. 방은 늘 어수선했지만, 그의 머릿속은 우주의 질서로 가득 차 있었다. 그는 별과 행성, 빛의 궤적을 통해 보이지 않는 법칙을 읽어내고자 했으며, 인간의 이성이 우주의 언어를 이해할 수 있다고 믿었다.

● 평화와 인류를 위한 목소리

나치 독일이 유대인을 탄압하자, 아인슈타인은 미국으로 망명했다. 그곳에서 그는 프린스턴 대학에서 연구를 이어가며, 과학자의 양심으로 평화와 인권을 위한 목소리를 냈다. 핵에너지가 무기로 사용되는 것을 걱정하며, "과학은 인류의 행복을 위해 쓰여야 한다."라고 호소했다.

그는 말년에 '통일장 이론'을 통해 모든 힘을 하나의 공식으로 묶으려 했지만, 끝내 완성하지 못했다.그러나 그의 시도는 이후 현대 물리학의 새로운 길을 열었다.

● 오늘날로 이어지는 메시지

학교에서의 성취가 곧 능력의 전부처럼 평가되는 환경 속에서, 아인슈타인의 어린 시절은 결코 빛나 보이지 않았다. 그러나 그는 빠르게 답을 찾기보다 오래 질문하는 학생이었다. 빛과 시간에 대한 끝없는 상상은 정해진 교과의 틀을 넘어, 세계를 바라보는 새로운 관점을 만들어 냈다.

오늘날 학생에게 아인슈타인의 삶은 이렇게 말해준다. 정답을 빨리 맞히는 것보다, 질문을 오래 붙잡는 힘이 더 중요하다.

▶ 나는 어떤 질문을 오래 고민해 본 적이 있는가?
▶ 나만의 '만약에'는 무엇이었을까?

이는 물리 개념 탐구·과학사 기반 사고 확장형 세특으로 이어질 수 있다.

● 주요 업적

1) 특수상대성이론 (Special Relativity)

아인슈타인은 빛의 속도가 모든 관찰자에게 일정하다는 사실을 바탕으로 시간과 공간이 절대적이지 않다고 주장했다. 그는 움직이는 물체의 속도가 빨라질수록 시간이 느리게 흐르고 길이가 줄어든다는 개념을 제시해 기존 사고방식에 큰 도전을 던졌다. 또한 질량이 에너지로 바뀔 수 있다는 유명한 식 $E=mc^2$을 도출하여 핵에너지 연구와 현대 물리학 발전의 중요한 기반을 마련했다. 특수상대성이론은 뉴턴 역학으로 설명할 수 없던 고속 운동 현상을 정확하게 설명한 혁신적 이론이다.

2) 일반상대성이론 (General Relativity)

아인슈타인은 중력이 단순히 물체를 끌어당기는 힘이 아니라, 질량이 주변 공간을 구부려서 나타나는 자연의 근본적 현상이라고 설명했다. 이 이론은 공간과 시간이 하나로 연결된 '시공간' 개념을 제시하며 중력의 본질을 완전히 새롭게 이해하도록 만들었다. 일반상대성이론은 태양빛이 휘는 현상, 중력렌즈, 블랙홀의 존재, 중력파 등 우주에서 관찰되는 여러 현상을 놀라울 만큼 정확하게 예측했다. 이는 현대 우주론과 천체물리학의 핵심 토대가 된 혁명적 업적이다.

3) 광전효과 설명 (Explanation of Photoelectric Effect)

아인슈타인은 빛이 파동뿐만 아니라 작은 입자(광자)로도 행동한다는 사실을 바탕으로 광전효과를 설명했다. 금속 표면에 빛이 닿으면 전자가 튀어나오는 현상을 기존 이론으로는 이해할 수 없었지만, 그는 빛의 에너지가 연속이 아닌 '덩어리'로 전달된다고 과감하게 설명했다. 이 연구는 양자역학 발전에 결정적 역할을 했고, 아인슈타인은 이 업적으로 노벨 물리학상을 수상했다. 광전효과는 태양광 발전, 광센서 등 다양한 현대 기술의 이론적 기초가 되었다.

4) 브라운 운동 분석 (Brownian Motion Analysis)

브라운 운동은 물속의 작은 입자가 무작위로 흔들리는 현상인데, 아인슈타인은 이를 분자와 원자의 실제 존재를 증명하는 강력한 근거로 활용했다. 그는 이 운동이 주변 분자들의 지속적 충돌 때문에 발생한다는 수학적 해석을 제시했고, 이를 통해 원자와 분자가 실제로 존재한다는 결론을 과학적으로 더욱 확고히 확립했다. 이 연구는 통계물리학의 발전을 촉진했을 뿐 아니라, 현대 과학에서 미시 세계의 구조와 거동을 설명하는 중요한 이론적 기반이 되었다.

● 과학적 성과와 영향

아인슈타인은 특수상대성이론을 통해 시간과 공간이 절대적이라는 기존 관념을 뒤엎고, 속도에 따라 시간과 길이가 실제로 변할 수 있다는 혁신적 사실을 제시했다. 이어 발표한 일반상대성이론에서는 중력을 시공간의 휘어짐으로 설명하며 우주의 구조를 완전히 새로운 방식으로 해석했다. 또한 그는 광전효과 연구를 통해 빛의 입자적 성질을 명확히 밝혀 양자역학의 본격적 발전을 이끌었으며, 브라운 운동 해석을 통해 원자의 존재를 과학적으로 더욱 확고히 증명했다.

아인슈타인의 업적은 현대 과학 전반에 깊은 영향을 남겼다. 상대성이론은 GPS 위성의 시간 보정, 블랙홀 연구, 우주 팽창 관측 등 다양한 과학 기술에 직접 활용되고 있다. 광전효과는 태양광 기술과 광센서 개발의 핵심 이론이 되었고, 그의 양자 개념은 현대 전자공학과 반도체 기술 발전의 기초가 되었다. 또한 원자의 존재를 입증한 연구는 현대 화학·재료과학·통계물리학의 기반을 강화했다. 아인슈타인은 자연 법칙을 새롭게 바라보는 패러다임을 제시한 과학 혁신가였다.

● 과학 이론 연계 탐구 주제

특수상대성 이론	▸ 빛의 속도 일정성이 운동 관측에 미친 영향 조사 ▸ 뉴턴 역학과 특수상대성 속도 합성 방식의 차이 비교 ▸ **상대성 원리가 GPS 위치 측정 정확도에 준 의미 고찰**
일반상대성 이론	▸ 블랙홀 연구에 일반상대성이론이 준 이론적 기여 조사 ▸ 뉴턴 중력 이론과 시공간 곡률 개념의 차이를 비교 고찰 ▸ 중력이 공간 휘어짐이라는 개념이 천체 운동에 준 영향 분석
광전효과 설명	▸ 광전효과 해석이 현대 광센서 기술에 준 영향 조사 ▸ 파동설과 입자설의 차이를 광전효과 사례로 비교 고찰 ▸ 아인슈타인 광양자 가설이 양자역학 발전에 준 의미 분석
브라운 운동 분석	▸ 브라운 모델이 현대 통계물리 방법에 준 의미 고찰 ▸ 브라운 운동 분석이 분자 존재 증명에 준 영향 분석 ▸ 꽃가루 움직임 관찰로 브라운 운동의 기본 특성 조사

● 탐구 설계 예시

주제	상대성 원리가 GPS 위치 측정 정확도에 준 의미 고찰
탐구 목표	GPS 위성에서 발생하는 상대성 효과를 이해하고, 특수·일반상대성이 GPS 위치 측정 정확도 향상에 어떻게 기여하는지 분석하는 것을 목표로 한다.
선정 이유	GPS는 일상생활에서 널리 사용되지만 그 작동 원리는 상대성이론과 깊이 연결되어 있다. 위성의 빠른 속도와 약한 중력환경은 시간 흐름을 지구와 다르게 만들어 상대성 보정이 필수적이다. 이 과정을 이해하면 현대 기술이 과학 이론을 실제로 활용하는 방식도 함께 배울 수 있어 탐구 가치가 높다고 판단했다.
서론	GPS는 위성에서 보내는 시간 신호를 기반으로 위치를 계산한다. 그러나 위성은 빠르게 움직이고 지구보다 중력이 약한 공간에 있어 시간의 흐름이 달라진다. 이는 아인슈타인의 상대성이론에서 예측된 현상이며, GPS는 이를 보정해야 정확한 위치를 제공할 수 있다. 상대성이 GPS 정확도에 어떤 의미를 갖는지 분석하고자 한다.
본론	▶ GPS 작동 원리 조사: 시간 신호 기반 위치 계산 방식 이해 ▶ 특수·일반상대성이 시간 흐름에 미치는 영향 정리 ▶ 위성 시간과 지상 시간의 차이를 계산한 자료 조사 ▶ 상대성 보정을 하지 않을 경우 GPS 오차 증가 사례 분석 ▶ 모든 내용을 종합해 상대성 보정의 기술적 의미를 해석
결론	탐구 결과, 위성의 속도와 중력 환경 차이로 인해 상대성이론에서 예측한 시간 변화가 실제로 발생하며, 이를 보정하지 않으면 GPS 오차가 크게 증가함을 확인했다. 상대성 보정은 단순한 이론 적용이 아니라 GPS 정확도를 유지하는 필수 요소였다. 이를 통해 현대 기술이 과학 이론과 밀접히 연결되어 있음을 이해할 수 있었다.
심화 탐구 주제	▶ 양자 시계 발전이 향후 GPS 오차 감소에 가져올 변화 조사 ▶ 일반상대성 시간 팽창이 위성 궤도 설계에 미치는 영향 분석 ▶ 상대성 보정 오류가 GPS 기반 자율주행 기술에 주는 영향 고찰
토론 주제	▶ 상대성 이론이 없다면 현대 내비게이션 기술이 가능할까? ▶ 과학 이론을 기술에 적용하는 과정에서 가장 중요한 요소는? ▶ GPS 오차가 사회 기반 시설에 미치는 영향이 과대평가된 걸까?
교내 후속 활동	▶ 공통수학: 상대성 보정식의 비례 관계를 그래프로 표현 실습 ▶ 물리학: 위성 속도와 중력에 따른 시간 변화 계산 연습 활동 ▶ 동아리활동: 과학 동아리에서 GPS 오차 측정 및 위치 비교 실험

2. 교과 연계 탐구활동 (역학과 에너지, 미적분 II, 현대사회와 윤리)

● 역학과 에너지

성취기준	[12역학01-06] 등가 원리와 시공간의 휘어짐으로 인해 블랙홀과 중력 시간 지연이 나타남을 이해하고, 일반 상대론에 흥미를 느낄 수 있다.
주요내용	아인슈타인은 '자유 낙하' 사고실험을 통해 중력과 가속도가 본질적으로 같다는 등가 원리를 발견하며 물리학의 패러다임을 전환했다. 이 성취기준은 거대 질량이 유발하는 시공간 왜곡과 중력 시간 지연 현상을 아인슈타인의 논리적 흐름에 따라 깊이 있게 탐구한다. 이를 통해 블랙홀과 같은 우주의 극한 환경을 이해하고, 일반 상대성 이론의 기하학적 원리에 대한 과학적 통찰력을 기른다.
교과연계 탐구주제	▶ 엘리베이터 사고실험을 통한 등가 원리의 논리적 추론 과정 재구성 ▶ 중력에 의한 빛의 휘어짐과 아인슈타인 링(Einstein Ring) 현상의 원리 탐구 ▶ 영화 '인터스텔라' 속 '밀러 행성'의 시간 지연 현상에 대한 일반 상대론적 분석

● 미적분 II

성취기준	[미적II-02-05] 합성함수를 미분할 수 있다.
주요내용	특수 상대성 이론의 핵심인 로렌츠 인자를 포함한 물체의 운동 변화를 해석하기 위해서는 합성함수의 미분법 적용이 필수적이다. 이 성취기준은 질량-에너지 등가원리 유도 과정에서 운동량을 미분하며 연쇄 법칙이 물리학적 증명에 어떻게 쓰이는지 체험하게 한다. 이를 통해 뉴턴의 $F=ma$가 상대론적 상황에서 수정되어야 함을 수학적으로 이해하고, 미적분이 물리 법칙을 완성하는 강력한 도구임을 깨닫는다.
교과연계 탐구주제	▶ 합성함수 미분법을 이용한 로렌츠 인자의 도함수 유도와 그래프 개형 분석 ▶ 합성함수 미분으로 구한 상대로적 힘의 식과 뉴턴의 제2법칙 식의 비교 분석 ▶ 운동량 보존 법칙과 함수 미분을 결합한 $E=mc^2$ 공식의 수학적 유도 과정 탐구

● 현대사회와 윤리

성취기준	[12현윤03-01] 과학기술 연구에 대한 다양한 관점을 조사하여 비교·설명할 수 있으며 이를 과학기술의 사회적 책임 문제에 적용하여 비판 또는 정당화할 수 있다.
주요내용	아인슈타인은 순수 과학이 대량 살상 무기로 변질되는 과정을 지켜보며, 과학 연구가 결코 사회적 가치와 분리될 수 없음을 증명한 상징적 인물이다. 해당 성취기준은 그의 생애 후반기 반핵 평화 활동을 통해 '과학의 가치 중립성' 논쟁을 비판적으로 검토하게 한다. 이를 통해 학생은 단순한 기술 개발자를 넘어, 연구의 파급력을 예견하고 인류에 기여하는 윤리적 과학자로서의 태도를 함양한다.
교과연계 탐구주제	▶ '가치 중립성' 논쟁: 과학자는 연구 결과의 악용에 대한 모의 토론 ▶ 맨해튼 프로젝트를 바라보는 두 과학자의 시선과 윤리적 결단 비교 ▶ 아인슈타인의 편지(1939년)와 러셀-아인슈타인 선언(1955년) 비교 분석

3. 독서 연계 탐구활동

● 추천 도서 목록

추천 도서 목록
▶ 아인슈타인(이강영, 아르테, 2025) ▶ 아인슈타인: 삶과 우주(월터 아이작슨(이덕환 역), 까치, 2014) ▶ E=mc²(데이비드 보더니스(김희봉 역), 웅진지식하우스, 2014)   ▶ 상대성 이론(알베르트 아인슈타인(장헌영 역), 지식을만드는지식, 2012) ▶ 세상에서 가장 쉬운 과학 수업: 특수상대성이론(정완상, 성림원북스, 2023) ▶ 나는 세상을 어떻게 보는가(알베르트 아인슈타인(강승희 역), 호메로스, 2024)

● 독서 연계 탐구 활동

독서 연계 탐구 활동

도서명	아인슈타인: 삶과 우주(월터 아이작슨(이덕환 역), 까치, 2014)
	이 책은 아인슈타인의 반항적 기질과 호기심이 어떻게 20세기의 과학 혁명을 이끌어냈는지 생생하게 그려낸 평전이다. 실험실 없이 오직 머릿속 '사고실험'만으로 특수 및 일반 상대성 이론을 완성해 가는 치열한 탐구 과정을 엿볼 수 있다. 단순한 지식 너머, 끈질긴 과제 집착력과 자유로운 상상력이 과학과 세상을 바꾸는 가장 강력한 무기임을 깨닫게 해준다.
핵심 키워드	사고실험, 특수상대성이론, 일반상대성이론, 과학적 반항심, 과학자의 사회적 책임
탐구 주제	▶ 사고실험이 추상적 물리학 이론 정립에 기여한 방법론적 타당성 분석 ▶ 양자역학의 확률론 vs 아인슈타인의 결정론: 과학적 논쟁의 철학적 의미 고찰 ▶ 뉴턴의 절대 시공간과 아인슈타인의 상대성: 과학 혁명의 패러다임 전환 분석 ▶ 중력을 시공간의 기하학적 휘어짐으로 해석하는 등가 원리의 논리적 구조 탐구 ▶ **과학 기술의 파급력과 연구자의 윤리: 아인슈타인의 반핵 평화 운동을 중심으로**
토론 쟁점	▶ AI 시대에도 아인슈타인식 '직관과 사고실험'은 여전히 유효한가? ▶ 과학적 발견이 무기로 악용될 경우, 연구자에게 윤리적 책임을 물을 수 있는가? ▶ 효율성을 중시하는 현대의 교육 시스템은 제2의 아인슈타인 탄생을 저해하는가?
후속 활동	▶ 공통수학: 상대론적 질량 변화를 그래프로 분석하는 활동 ▶ 역학과 에너지: '엘리베이터 사고실험'을 인포그래픽으로 제작해보는 활동 ▶ 공통국어: 아인슈타인의 서신을 사례로 과학 기술의 속성에 대해 토론하는 활동 ▶ 진로활동: '사고실험'을 자신의 관심 분야 문제 해결에 적용해보는 활동

● 독서 연계 탐구활동 예시

탐구 주제	과학 기술의 파급력과 연구자의 윤리: 아인슈타인의 반핵 평화 운동을 중심으로
탐구 자료	▶ 아인슈타인의 사회적 책임 인식이 드러난 서신, 평전 도서 자료 ▶ 핵무기 개발(맨해튼 프로젝트)과 평화운동 사진, 연설 기록, 타임라인 자료 ▶ 과학기술 성과가 정치·사회 구조에 미친 영향을 다룬 과학사·STS 독서 자료

탐구 개요	서론	아인슈타인은 물리 이론을 확립한 과학자이자, 핵기술의 군사적 확장 가능성과 인류에 미칠 파급력을 경계한 평화운동가였음. 그의 서신과 행보는 과학기술 파급력의 비선형성, 사회 구조 재편 가능성, 연구자 윤리와 책임의 중요성을 보여줌. 본 탐구는 이를 독서를 근거로 분석하여 기술 영향과 과학자 책임의 연결 프레임을 이해하고자 함.
	본론	▶ 핵분열 연구의 맨해튼 프로젝트 전환 구조를 비교하기 ▶ '과학적 발견–기술적 확장–사회적 파급'의 연결 고리 도식화하기 ▶ 핵개발과 반핵 운동의 관점 대립 속 윤리적 경계를 분석하기 ▶ 과학 기술 영향에 따른 과학자 책임 범위 확대 논리를 요약하기 ▶ 기술 파급력의 양면성과 윤리적 의사결정 틀을 정리하기
	결론	아인슈타인 사례에서 발견은 가치중립일 수 있으나, 기술의 확장은 목적과 파급력에 따라 구조가 달라짐을 확인함. 핵개발은 국가·집단 단위 확장으로 위험 관리가 정책 영역으로 이동함을 정리함. 반핵 운동은 서신과 담론으로 영향 해석과 국제 공감 확장 전략을 사용함을 분석함. 이를 통해 기술 파급력의 양면성과 과학자 책임의 확장 프레임을 이해하게 됨.
후속 활동		▶ 기술·가정: 핵기술 통제와 안전장치 설계 철학을 조사하여 구조화하는 활동 ▶ 물리학: 핵분열 연구의 기술적 확장과 과학자의 책임 범주를 정리하는 활동 ▶ 통합과학: 핵기술과 사회 파급력의 관계를 STS 관점 분석표로 정리하는 활동 ▶ 정보: 과학자 평화운동 연설 데이터를 정리해 빈도 기반 키워드 맵 시각화 활동 ▶ 공통국어: 아인슈타인 서신을 인용해 주장–근거–가치 평가 토론문을 작성하는 활동

4. NIE 연계 활동

● 신문 읽기 & 연결 사유 찾기

아인슈타인 '일반상대성이론'의 탄생(동아사이언스, 2015.11.23.)

 이 기사는 아인슈타인의 일반상대성이론 탄생 과정을 다루고 있다. 발견 자체는 특수상대론에서 출발했으나, 중력장 방정식의 좌표변환 공변성 문제로 여러 차례 수정·폐기되었음을 설명한다. 기사에서는 힐베르트의 자극, 세계대전 속 연구 몰두 등과 함께 과학이론 정립에서 방법론적 난관과 해석 경쟁의 의미를 다룬다. 이를 통해 과학기술 발전에서 논쟁과 재평가가 필수적 속성임을 보여준다.

"독일보다 먼저 핵무기 개발을"... 아인슈타인이 후회한 편지(조선일보, 2023.08.02.)

이 기사는 아인슈타인이 나치 위협에 맞서 루스벨트 대통령에게 핵무기 개발을 촉구했던 편지 원문과 배경을 다룬다. 평화주의자였던 그가 전쟁 억지를 위해 핵 개발을 건의할 수밖에 없었던 당시의 딜레마를 조명하지만 원폭 투하 후 자신의 선택을 "인생 최대의 실수"라며 통렬히 후회했던 모습을 비중 있게 싣고 있다. 과 학적 성취가 초래한 비극을 통해, 현대 과학자가 지녀야 할 무거운 윤리적 책임 의식을 시사한다.

아인슈타인의 일반 상대성이론...태양계 넘어 먼 우주서도 통했다.(동아일보, 2024.11.25.)

 이 기사는 110억 년 전 우주와 600만 개 은하를 분석해, 일반 상대성 이론이 태양계를 넘어 거대 우주에서도 오차 없이 적용됨을 입증한 DESI 프로젝트의 성과를 다룬다. 연구진은 별도의 보정값인 '수정 중력' 없이도 중력이 이론과 정확히 일치함을 확인하여 아인슈타인 이론의 완벽성을 재증명했다. 또한 미지 입자인 중성미자의 질량 상한선까지 구체화하여 현대 우주론의 정밀도를 한 단계 높였음을 시사한다.

• 시사 이슈

▶ 치열한 오류 수정과 논쟁 끝에 완성된 이론은 '실패'의 가치를 어떻게 재정의하는가?

▶ 현대 관측 기술로 재입증된 100년 전 이론은 '과학적 진리'의 어떤 속성을 시사하는가?

▶ 과학적 발견이 인류를 위협하는 무기로 악용될 때, 연구자는 사회에 대해 어떤 책임을 져야 할까?

• 관점의 분석과 비교

"독일보다 먼저 핵무기 개발을"... 아인슈타인이 후회한 편지(조선일보, 2023.08.02.)
- 과학자의 사회적 책임 논쟁 -

찬성	반대
아인슈타인이 핵 개발을 건의한 후 평생을 후회했듯, 자신의 연구가 인류에게 위협이 된다면 개발을 멈추거나 통제할 윤리적 의무가 있다. 따라서 위험성이 큰 기술은 연구 단계부터 엄격한 사회적 합의와 규제가 선행되어야 한다.	$E=mc^2$이라는 진리를 밝혀낸 것과 그것을 폭탄으로 만든 것은 별개의 문제다. 악용을 우려해 연구 자체를 제한하는 것은 과학자의 탐구 자유를 억압하여 인류의 지적 진보와 문명 발전을 저해하는 결과를 낳을 것이다.

아인슈타인의 일반 상대성이론...태양계 넘어 먼 우주서도 통했다.(동아일보, 2024.11.25.)
- 과학 혁명은 위대한 직관에서 오는가, 정밀한 관측에서 오는가? -

≫ 직관 중심	≫ 관측 중심
100년 전의 일본 상대성이론이 지금도 맞는 것처럼, 위대한 과학적 혁명은 기존 데이터의 단순한 귀납적 축적이 아니라, 아인슈타인의 '사고실험'처럼 현상 너머의 본질을 꿰뚫는 연역적 통찰과 논리적 직관에서 비롯된다.	아무리 수학적이고 아름답고 논리적인 이론이라도, 실제 자연 현상과 일치하지 않으면 가설에 불과하다. 100년 후 DESI 프로젝트의 방대한 데이터가 증명했듯, 과학적 진리를 확정 짓는 최종 권위는 객관적인 관측과 검증에 있다.

• 사고의 확장

▶ 현대 데이터로 입증된 100년 전의 직관은 과학적 통찰의 본질에 대해 무엇을 시사하는가?

▶ 과학자의 선한 의도가 비극적 결과를 낳았다면, 그는 윤리적 책임에서 자유로울 수 있는가?

▶ 인류를 위협할 수 있는 기술은 효용이 예상되더라도 개발 단계부터 엄격히 통제해야 하는가?

▶ 끊임없는 수정과 폐기를 거쳐 완성되는 과학 이론을 우리는 '절대적 진리'라고 부를 수 있는가?

▶ 고독한 연구와 거대 협력 프로젝트 중, 미지의 영역을 탐구하는 데 더 효율적인 방식은 무엇인가?

5. 세특 예시

등가 원리를 시각화한 인포그래픽을 제작해 기하학적 세계관으로의 패러다임 전환을 설명하고, DESI 프로젝트 기사를 분석하며 이론적 직관이 현대 데이터로 입증되는 과학적 진리의 검증 과정을 비판적으로 고찰함. '아인슈타인: 삶과 우주'를 읽고 평화주의자의 핵 개발 건의라는 딜레마를 과학의 가치 중립성 논쟁과 연결해 심도 있게 토론함. 이를 통해 과학적 발견은 사회적 맥락 속에서 해석되어야 하며 연구자의 윤리적 책임이 필수적임을 통찰함.

26 앙투안 로랑 드 라부아지에

(Antoine-Laurent de Lavoisier, 1743~1794)

1. 연금술 시대에 마침표를 찍고, 근대 화학을 열다.

● 법학자 집안에서 싹 튼 열정의 씨앗

파리의 유복한 법률가 집안에서 태어난 라부아지에는 어머니와 여동생이 일찍 세상을 떠나면서 가족의 큰 기대 속에서 성장했다. 그는 콜레주 마자랭에서 수준 높은 교육을 받았으며, 가문의 전통에 따라 법학을 공부해 법학 학위를 취득했다. 그러나 법학을 공부하는 중에도 그는 라카유(수학, 천문학), 루엘(화학), 게타르(지질학) 등 당대 최고의 스승들에게 다양한 과학 분야를 배웠다. 특히 루엘의 실험 중심 화학 수업은 그에게 큰 영향을 주었고, 게타르와 함께 광물 지질 조사를 떠나는 등 일찍부터 과학자로서의 기반을 다졌다.

● 플로지스톤설의 타파

18세기 초 독일 화학자 슈탈은 연소를 설명하기 위해 플로지스톤설을 제안했다. 물질에 '플로지스톤'이 포함되어 연소 시 빠져나간다고 보았다. 이 가설은 나무 연소 시 질량 감소는 설명했지만, 금속 연소 시 질량 증가 현상은 설명하지 못했다. 라부아지에는 실험을 통해 연소가 공기 중 산소와 결합하는 과정임을 증명하며, 낡은 플로지스톤설을 무너뜨리고 새로운 연소 이론을 확립했다.

"연소는 물질이 공기 중의 산소와 결합하는 현상이다."

이것은 '불'을 신비주의와 연금술의 영역에서 끌어내려, '산소와의 화학 반응'이라는 과학적 현상으로 규명한 첫걸음이었다.

● 아리스토텔레스의 4원소설 붕괴

아리스토텔레스의 4원소설은 만물이 '물', '불', '공기', '흙' 네 가지 원소로 이루어졌으며, '뜨거움', '차가움', '습함', '건조함'의 성질 조합으로 서로 변할 수 있다고 보았다. 이는 2천 년간 서양 과학을 지배한 물질관이었다. 그러나 18세기 후반 라부아지에는 산소 이론을 통해 이를 반박했다. 당시 과학자들은 수소와 산소를 발견하고도 플로지스톤설에 머물러 있었다. 라부아지에는 이를 끝내기 위해 30여 명의 과학자를 초청해 공개 실험을 진행했고, 물이 수소와 산소로 구성된 화합물임을 입증했다. 이로써 4원소설은 폐기되고 근대 화학의 토대가 확립되었다.

"물은 원소가 아니다." 물을 수소와 산소로 분해한 실험은 오랫동안 '물이 원소'라는 패러다임을 무너뜨린 결정타였다.

● 질량 보존 법칙의 발견

라부아지에는 밀폐된 유리 용기에 담긴 물을 오랫동안 끓인 뒤 질량을 측정했다. 그 결과, 유리 용기 안에 새로 생긴 고체의 질량만큼 유리 용기의 질량이 줄어들었을 뿐, 전체 질량에는 변화가 없다는 사실을 확인했다. 또한 밀폐된 유리 플라스크 속에서 금속을 가열해 연소시킨 뒤 질량을 측정했을 때도, 반응 전과 후의 전체 질량은 동일하게 유지되었다.

그는 물을 분해하거나 다시 합성하는 과정에서도 반응 전후 물질의 질량이 항상 일정하다는 점을 반복 실험을 통해 입증했다. 이를 통해 라부아지에는 자연 현상에서 물질의 형태와 상태는 변할 수 있지만, 전체 질량은 결코 사라지거나 새로 생겨나지 않는다는 원리를 밝혀냈다.

• 단두대에서 비극적인 최후를 맞다

프랑스 혁명이 격화되자 라부아지에는 세금 징수원 경력 때문에 위험에 처했다. 화약국장에서 물러나고 과학 아카데미마저 폐쇄되면서 입지가 좁아졌다. 결국 그는 국민 공회의 결정으로 체포되어 수감된 뒤, 1794년 다른 전직 세금 징수원들과 함께 혁명 재판에서 유죄 판결과 사형을 선고받았다. 근대 화학의 아버지는 단두대에서 생을 마감했고, 시신은 장례 없이 공동묘지에 버려지는 비극적 최후를 맞았다.

"이 머리를 베어 버리기에는 일순간으로 충분하지만, 프랑스에서 같은 두뇌를 만들려면 100년도 넘게 걸릴 것이다."

수학자 조제프루이 라그랑주는 라부아지에의 죽음을 안타까워하며 이처럼 탄식했다고 전해진다.

• 오늘날로 이어지는 메시지

익숙한 설명과 오래된 기준을 의심하기보다 정답으로 받아들이는 데 더 익숙한 환경에 놓여 있다. 하지만 과학은 언제나 '당연함'을 흔드는 질문에서 발전해 왔다. 라부아지에는 연금술적 사고가 지배하던 시대에 정확한 측정과 실험을 통해 물질의 변화를 다시 정의했다. 그는 '사라지는 것은 없고, 형태만 바뀔 뿐'이라는 통찰로 근대 화학의 언어와 기준을 새롭게 세웠다.

오늘날 학생에게 라부아지에의 삶은 이렇게 말해준다.

지식은 암기되는 것이 아니라, 기준을 다시 세우는 질문에서 탄생한다는 사실이다.

▶ 나는 배운 개념을 그대로 받아들이고 있지는 않은가?

▶ 수치와 증거로 다시 확인해 보고 싶은 개념은 무엇인가?

이 질문은 화학·과학 탐구뿐 아니라 논리적 사고 중심의 세특 탐구주제로 확장될 수 있다.

• 주요 업적

1) 질량 보존 법칙(Law of Conservation of Mass)

플로지스톤설의 가장 큰 맹점은 '질량'을 설명하지 못한다는 것이다. 라부아지에는 정밀한 천칭을 사용하여 정량적인 실험을 수행하여 이 문제를 정면으로 돌파했다. 그는 밀폐된 용기에서 금속을 태웠고, 반응 전 물질의 총 질량과 반응 후 생성된 물질의 총 질량이 같음을 증명했다. 이를 통해 물질은 사라지거나 새로 생겨나지 않으며, 형태만 바뀔 뿐 그 총량은 보존된다는 질량 보존의 법칙을 확립했다. 이는 모든 화학 반응을 설명하는 가장 기본이 되는 대원칙이 되었다.

2) 연소 이론(Theory of Combustion)

그는 '연소'가 물질이 타면서 플로지스톤이라는 성분이 빠져나가는 현상이 아니라, 물질이 산소와 결합하는 화학 반응임을 밝혀냈다. 그는 수은을 가열하면 산화 수은이 되고, 이를 다시 가열하면 산소가 발생하며 수은으로 되돌아가는 실험을 통해 이를 증명했다. 이 실험은 연소가 산소와의 반응이라는 사실을 과학적으로 입증한 결정적인 사례였다. 라부아지에의 연구로 플로지스톤설은 완전히 무너지고, 근대 화학의 문이 열렸으며, 그의 이론은 오늘날 화학 반응을 이해하는 기초가 되었다.

3) 물의 조성(Composition of Water)

그는 쇠로 만든 긴 관을 화로 위에 설치하고, 쇠가 벌겋게 달아오를 때까지 가열한 후 물을 증기의 형태로 천천히 통과시켰다. 고열의 쇠는 물과 만나자마자 격렬하게 반응하여 쇠는 녹슬고, 관의 반대편 출구로 빠져나온 기체는 '퍽' 소리를 내며 탔다. 그는 이를 통해 물은 더 이상 '원소'가 아니라 수소와 산소로 이루어진 '화합물'임을 증명했다. 이 실험은 몇 천 년간 진실로 받아들였던 아리스토텔레스의 4원소설을 타파하며, 화학의 사고방식을 완전히 바꾼 혁명적 발견이었다.

4) 화학 명명법(Method of Chemical Nomenclature)

그는 혼란스럽던 당시의 화학 용어를 체계적으로 정리하여 현대 화학의 언어인 '화학 명명법'을 만들었다. 그는 물질의 성질이나 구성 원소에 따라 이름을 붙이는 규칙을 제시해, 누구나 동일한 의미로 화학식을 이해할 수 있게 했다. 예를 들어, 산소가 들어 있는 물질을 '산화물'로, 황이 들어 있는 물질을 '황화물'로 불렀다. 이러한 명명법은 화학을 추상적인 연금술에서, 정확하고 과학적인 학문으로 변화시키는 데 큰 역할을 했다. 덕분에 화학은 오늘날처럼 국제적인 과학 언어를 갖게 되었다.

● 과학적 성과와 영향

라부아지에는 실험과 정량적 분석을 통해 화학을 근대 과학으로 발전시킨 인물이다. 그는 물질이 연소할 때 공기 중의 산소와 결합한다는 사실을 밝혀 플로지스톤설을 부정하고, 연소와 산화의 원리를 과학적으로 설명하였다. 또한 수소와 산소를 반응시켜 물이 생성됨을 증명함으로써, 물이 기본 원소가 아니라 두 원소의 화합물임을 밝혀냈다. 이 연구는 아리스토텔레스의 4원소설을 무너뜨리고, 물질이 원소의 결합으로 이루어진다는 근대 화학의 기본 개념을 확립하는 계기가 되었다.

그는 질량 보존의 법칙을 세워 화학 반응에서 질량이 변하지 않음을 입증하였다. 또한 혼란스러웠던 화학 물질의 명칭을 체계화하여 화학 명명법을 정립하여 현대 화학 지식의 확산과 교육에도 큰 영향을 주었다. 이러한 성과들은 화학을 정성적 관찰 중심의 학문에서 정량적이고 실험적인 과학으로 변화시키는 데 결정적인 역할을 하였으며, 오늘날까지 이어지는 화학 연구의 기초를 마련했다. 이러한 공헌으로 인해 라부아지에는 '근대 화학의 아버지'로 불린다.

● 과학 이론 연계 탐구 주제

질량 보존 법칙	▶ 질량 보존 법칙을 증명할 수 있는 닫힌계의 실험 고안 ▶ 물리 변화와 화학 변화에서 질량 보존 법칙 성립 여부 비교 탐구 ▶ 기체 발생 반응에서 계의 밀폐 정도가 질량 보존의 정밀도에 미치는 영향
연소 이론	▶ 산소 농도가 연소의 반응 속도 및 생성물 조성에 미치는 영향 분석 ▶ 연소 반응의 열역학적 분석을 통한 라부아지에 연소 이론의 현대적 검증 ▶ 라부아지에의 생리학적 산화 개념을 바탕으로 한 연소와 호흡의 유사성 분석
물의 조성	▶ 물의 전기분해와 수소 연소 반응에서의 엔탈피 변화 비교 ▶ 물의 분해 반응과 합성 반응을 비교한 화학 변화의 가역성 탐구 ▶ 물의 전기분해 조건이 수소와 산소 발생 비율과 반응 효율에 미치는 영향 분석
화학 명명법	▶ 화학 명명 체계의 변화가 화학 개념 학습에 미치는 인지적 영향 분석 ▶ 근대 명명법과 IUPAC 명명법의 비교를 통한 과학 언어 체계의 진화 분석 ▶ 언어학적 관점에서 본 라부아지에 명명법에서의 규칙성과 정보 압축 효율 분석

주제	물의 전기분해와 수소 연소 반응에서의 엔탈피 변화 비교
탐구 목표	물의 전기분해와 수소의 연소 반응에서 나타나는 엔탈피 변화를 비교하여, 화학 결합의 형성과 분해 과정에서의 에너지 변환 특성을 분석한다.
선정 이유	라부아지에는 연소에서 질량뿐만 아니라 열량을 측정하고자 했다. 물의 전기분해와 수소 연소는 서로 역반응으로, 결합의 끊어지는 과정에서의 흡수하는 열량과 결합이 형성되는 과정에서 방출되는 열량이 같은지 확인할 수 있다. 이 탐구는 엔탈피 개념을 이해하고, 에너지 보존의 관점에서 화학 반응을 정량적으로 해석할 수 있게 한다.
서론	연소는 산소와의 결합 과정이고, 이러한 결합에 수반되는 엔탈피 변화를 정량적으로 측정할 수 있다. 물의 전기분해는 화학 결합을 끊는 흡열 과정이고, 수소의 연소는 결합을 만들어 방출하는 발열 과정이다. 이 두 반응을 동일한 물질량을 기준으로 비교하면 결합을 형성하고 분해하는 데 출입하는 에너지를 직접 확인할 수 있다.
본론	▶ 물의 전기분해에서 화학 결합이 끊어질 때 필요한 에너지와 흡열 특성 분석 ▶ 전기분해 과정에서 생성된 수소의 몰수와 소비된 전기 에너지로 엔탈피 변화 산출 ▶ 수소 연소 실험에서 물의 온도 변화를 측정하여 몰당 방출 엔탈피 계산 ▶ 전기분해와 연소 반응의 엔탈피 값을 비교하여 두 반응의 역반응 관계 확인 ▶ 실험값과 이론값의 차이를 분석하여 열 손실, 측정 오차 등 오차 원인 고찰
결론	전기분해는 흡열 반응으로 외부 에너지를 필요로 하고, 수소 연소는 동일한 크기의 에너지를 방출하는 발열 반응임을 확인할 수 있다. 두 반응은 서로 역반응이며, 라부아지에가 제시한 '연소는 산소와의 결합'이라는 개념이 엔탈피 변화로 정량적으로 설명된다. 분해와 결합의 현상에서 에너지 보존의 원리를 실험적으로 검증할 수 있다.
심화 탐구 주제	▶ 수소 연료전지와 수소 연소의 에너지 전환 효율 비교 ▶ 전기분해의 과전압이 전기 에너지 효율에 미치는 영향 분석 ▶ 전극 재질, 전류 세기, 전해질 농도에 따른 전기분해의 효율 연구
토론 주제	▶ 연소 반응은 모두 산화 반응으로 정의할 수 있는가? ▶ 전기분해로 얻은 수소를 연료로 사용하는 것이 화석 연료보다 효율적인가? ▶ 라부아지에의 연소 이론은 현대의 에너지 변환 이론에서도 여전히 유효한가?
교내 후속 활동	▶ 물질과 에너지: 열량계를 활용한 발열량과 흡열량을 측정하는 실험 활동 ▶ 기술·가정: 수소 연료전지 모형을 제작하는 프로젝트 활동 ▶ 동아리활동: 실험 오차 개선을 위한 열손실을 최소화하는 장치를 제작하는 활동

약투안 로랑 드 라부아지에
(Antoine-Laurent de Lavoisier, 1743~1794)

2. 교과 연계 탐구활동 (통합과학2, 세계사, 정치)

● 통합과학2

성취기준	[10통과2-01-03] 자연과 인류의 역사에 큰 변화를 가져온 광합성, 화석 연료 사용, 철의 제련 등에서 공통점을 찾아 산화와 환원을 이해하고, 생활 주변의 다양한 변화를 산화와 환원의 특징과 규칙성으로 분석할 수 있다.
주요내용	라부아지에의 연소 이론은 '산화와 환원의 이해'에 핵심적인 과학사적 배경을 제공한다. 그는 연소 현상을 물질이 산소와 결합하는 산화 반응임을 실험적으로 규명하였다. 이를 통해 연소, 금속의 산화, 생물의 호흡 등 다양한 현상이 본질적으로 동일한 산화 과정임을 밝혀냈다. 또한 그의 연구는 산화·환원 반응의 규칙성을 정립함으로써, 화학적 변화가 일정한 법칙에 따라 이루어진다는 근대 화학의 기초를 세웠다.
교과연계 탐구주제	▶ 생활 속 산화·환원 반응의 공통 원리 탐구 ▶ 금속의 산화 반응과 산화 금속의 환원 반응을 통한 질량 보존 법칙 검증 ▶ 산화·환원 반응의 에너지 변화를 통한 화석 연료와 대체에너지의 효율 비교

● 세계사

성취기준	[12세사03-02] 미국 혁명, 프랑스 혁명을 시민 사회 형성과 관련지어 파악한다.
주요내용	과학 혁명과 계몽주의가 근대 사회 형성에 어떤 역할을 했는지 탐구한다. 또한 라부아지에의 과학 활동을 프랑스 혁명이라는 역사적 맥락 속에서 분석한다. 당시 라부아지에가 맡았던 '세금 징수원' 역할이 혁명군에게 구체제의 상징으로 지목된 사회·경제적 맥락을 조사한다. 또한 남편의 조력자를 넘어 학문적 동반자로서 번역과 삽화 제작을 주도한 아내의 역할을 통해 근대 여성의 지성사를 조명한다.
교과연계 탐구주제	▶ 계몽사상이 라부아지에의 정량적 실험 방법론에 미친 영향 분석 ▶ 프랑스 혁명기 자코뱅파의 공포 정치가 과학자에 가한 탄압 사례 조사 ▶ 화학자이자 동료로서 라부아지에의 아내가 수행한 과학적 기여와 역사적 재평가

● 정치

성취기준	[12정치03-01] 정치권력의 의미와 특징을 이해하고, 근대 이후 국가 권력이 형성되는 원리를 이해한다.
주요내용	프랑스 혁명 재판소가 라부아지에에게 사형을 선고 판결을 중심으로, 법적 절차의 정당성과 국가 권력의 남용 문제를 비판적으로 고찰한다. 혁명이라는 특수한 상황에서 공공의 적을 처단한다는 명분이 적법 절차를 무시했을 때 발생하는 인권 유린을 분석한다. 이를 통해 다수의 지지나 정치적 이념이 개인의 생명권과 학문의 자유보다 우선시될 때 나타나는 '중우정치'의 위험성을 법치주의 관점에서 논증한다.
교과연계 탐구주제	▶ 혁명 재판소의 사법적 절차 하자 및 법치주의 위반 사례 ▶ 징세 청부인으로서 라부아지에 행위의 당시 실정법상 위법성 여부 분석 ▶ '공화국은 과학자를 필요로 하지 않는다'는 판결에 내재된 포퓰리즘의 위험성 토론

3. 독서 연계 탐구활동

● 추천 도서 목록

추천 도서 목록
▶ 알케미아(최정모, 바다출판사, 2025)　▶ 화학 혁명(사이토 가쓰히로(김정환 역), 그린북, 2024) ▶ 세상을 바꾼 화학(원정현, 리베르스쿨, 2021)　▶ 화학의 역사(윌리엄 H. 브록(김병민 역), 교유서가, 2023) ▶ 화학의 발자취를 찾아서(오진곤, 전파과학사, 2021)　▶ 세계사를 바꾼 화학 이야기(오미야 오사무(김정환 역), 사람과나무사이, 2022)

● 독서 연계 탐구 활동

독서 연계 탐구 활동	
도서명	세상을 바꾼 화학(원정현, 리베르스쿨, 2021)
	이 책은 고대의 4원소설부터 라부아지에의 산소 발견, 멘델레예프의 주기율표, 현대 핵과학까지 화학의 발전 과정을 이야기로 풀어낸다. 연금술에서 근대 화학으로 발전한 과정을 통해 과학적 사고와 실험 정신의 의미를 깨닫게 한다. 특히 라부아지에의 실험과 명명법 개혁 등은 과학 언어와 사고의 변화를 보여주는 핵심 사례로 다룬다. 화학 개념을 사람과 사회가 만든 생각의 역사로 이해하게 한다.
핵심 키워드	연금술, 화학, 물질, 원소, 라부아지에
탐구 주제	▶ 플로지스톤설과 산소 이론의 비교를 통한 과학 패러다임 전환 분석 ▶ 라부아지에의 연소 이론을 통해 본 질량 보존 법칙의 검증 실험 설계 ▶ **연금술에서 근대 화학으로의 전환이 현대 과학적 사고에 미친 영향 연구** ▶ 멘델레예프의 주기율표 완성 과정에서 드러난 과학적 창의성의 본질 탐구 ▶ 핵에너지의 발견과 이용을 통해 본 과학의 진보와 윤리적 책임의 관계 분석
토론 쟁점	▶ 과학의 언어인 화학 명명법은 사고방식을 결정짓는가? ▶ 과학적 발견은 개인의 천재성보다 사회적 환경의 산물인가? ▶ 연금술은 미신이 아닌, 과학 발전의 출발점으로 봐야 하는가?
후속 활동	▶ 통합과학: 라부아지에의 연소 실험 재현으로 질량 보존 법칙을 확인하는 활동 ▶ 과학의 역사와 문화: 과학 혁명의 구조를 탐구하는 에세이를 작성하는 활동 ▶ 독서 토론과 글쓰기: 잘못된 통념이나 가짜 뉴스를 바로잡는 글쓰기 활동 ▶ 진로활동: 과학과 역사의 관계를 탐구하는 발표형 융합 탐구 활동

● 독서 연계 탐구활동 예시

탐구 주제	연금술에서 근대 화학으로의 전환이 현대 과학적 사고에 미친 영향 연구
탐구 자료	▶ 과학사 교과서 및 과학적 사고의 특성 학습 자료 ▶ 프랜시스 베이컨의 경험론, 데카르트의 합리론 등 과학 혁명 관련 자료 ▶ 연금술이 근대 화학에 기여한 점을 조사하기 위한 중세의 연금술 관련 논문

탐구 개요	서론	연금술은 물질을 금으로 바꾸려는 신비적 탐구였으나, 그 과정에서 실험적 기법과 물질 분석의 기초를 마련함. 근대 화학은 이러한 연금술적 전통을 계승하되, 실험과 증거 중심의 과학적 사고로 전환함으로써 새로운 패러다임을 엶. 본 탐구에서는 연금술에서 근대 화학으로의 전환이 오늘날 과학적 사고 형성에 어떤 영향을 미쳤는지 분석하고자 함.
	본론	▶ 연금술의 사상적 배경과 실험적 한계 분석하기 ▶ 라부아지에, 보일 등 근대 화학자들의 실험과 이론적인 혁신 탐구하기 ▶ 정확한 측정과 재현가능한 실험이라는 근대 과학의 핵심 원리 도출하기 ▶ 직관적인 연금술적 사고와 합리적인 과학적 사고의 차이점 비교하기 ▶ 현대의 과학적 탐구 방법에 미친 영향 고찰하기
	결론	연금술에서 근대 화학으로의 전환은 신비적 탐구에서 합리적 사고로의 진화를 의미함. 이는 오늘날 과학적 사고의 근본인 비판적 사고, 실험의 객관성, 논리적 검증의 출발점이 됨. 따라서 근대 화학의 성립은 단순한 학문적 발전을 넘어, 현대 사회가 문제를 탐구하고 진리를 검증하는 태도의 기초를 마련한 전환점이라 할 수 있음.
후속 활동		▶ 과학탐구실험: 물 분해 실험 재현 및 질량 보존 법칙 검증 실험 수행 활동 ▶ 공통국어: '과학적 사고란 무엇인가'라는 주제의 논설문 작성 및 토론 활동 ▶ 세계사: 근대의 과학 혁명과 계몽주의 사상 비교 분석 활동 ▶ 현대생활과 윤리: 과학의 책임성과 진실 추구 윤리 토론 활동 ▶ 동아리활동: 과학 기술의 발전이 사회 구조와 가치관 변화에 미친 영향 탐구 활동

4. NIE 연계 활동

● 신문 읽기 & 연결 사유 찾기

산소의 발견자는 라부아지에?(동아사이언스, 2024.04.27.)

이 기사는 '산소의 발견'이라는 과학사의 유명한 사건을 통해 과학 발전의 진정한 의미를 돌아보게 한다. 산소는 셸레가 먼저 발견했지만, 라부아지에가 이를 체계화하였다. 또한 프리스틀리는 같은 시가에 산소를 분리했지만 '탈플로지스톤 공기'로 설명하며 라부아지에와 이론적으로 대립했다. 이 기사를 통해 과학이 한 사람의 천재가 아닌, 여러 사람의 노력과 실패, 그리고 협력 속에서 진화한다는 사실을 알려준다.

정치 개입한 과학 미래는 '디스토피아'(서울신문, 2025.11.07.)

이 기사는 일본의 노벨 과학상 성과와 대비해 한국의 기초과학 투자 부족 문제를 짚는다. 또한 최근 정부의 연구개발 예산 축소가 과학기술 발전의 기반을 훼손할 수 있음을 경고한다. 세계 사례를 통해 기초과학이 혁신 기술의 출발점임을 강조하며 꾸준한 지원의 필요성을 제시한다. 결국 단기 성과보다 장기적 관점에서 과학을 바라보아야 인류의 미래를 준비할 수 있음을 말한다.

혁명의 기수, 혁명의 제물이 되다(동아사이언스, 2020.04.02.)

이 기사는 '근대 화학의 아버지'로 불리지만, 프랑스 대혁명의 소용돌이 속에서 비극으로 끝난 라부아지에의 삶을 다룬다. 그는 플로지스톤설을 극복하고 산소의 정체를 규명하며 연소의 원리를 새롭게 정의했다. <화학원론>을 펴내 화학의 체계를 확립하고, 질량보존의 법칙과 화학 명명법을 제시해 과학 혁명을 완성했다. 그러나 세금 징수조합에 투자한 경력이 혁명기에 민중의 적으로 몰려 단두대에서 생을 마감했다.

• 시사 이슈

▶ 왜 기존의 이론을 의심하고 스스로 실험을 통해 검증하는 비판적 사고가 필요한가?

▶ 과학자는 연구만 잘하면 되는가, 아니면 사회적 책임과 윤리의식도 함께 가져야 하는가?

▶ 과학의 발전이 인간의 존엄이나 가치보다 앞설 때, 우리는 어떤 결과를 맞이하게 되는가?

• 관점의 분석과 비교

정치 개입한 과학 미래는 '디스토피아'(서울신문, 2025.11.07.)
- 정치의 과학 개입에 대한 입장 토론 -

찬성	반대
과학 연구는 막대한 사회적 자원을 사용하므로 그 결과는 공공의 이익과 윤리에 부합해야 한다. 정치는 사회 전체에 큰 영향을 미치는 연구에 개입하여 사회적 합의에 기반한 명확한 방향과 윤리적 가이드 라인을 제시해야 한다.	과학의 목적은 이념이나 정권의 입맛이 아닌, 오직 객관적 사실과 증거에 기반한 진리 탐구에 있다. 정치가 과학의 자율성을 억압할 때 학문의 발전은 지체되고 진실은 왜곡된다. 과학 연구는 장기적이고 안정적인 안목으로 보호받아야 한다.

산소의 발견자는 라부아지에?(동아사이언스, 2024.04.27.)
- 산소의 최초 발견 공로는 누구의 것인지에 대한 논의 -

≫ 프리스틀리	≫ 라부아지에
1774년 프리스틀리는 산화 수은을 가열하는 실험을 통해 촛불이 더 밝게 타오르고 생쥐가 오래 사는 새로운 기체를 최초로 발견했다. 그는 이 기체를 '탈플로지스톤 공기'라고 불렀으며, 후에 이것이 산소임이 밝혀졌다.	프리스틀리는 새로운 공기를 발견했지만, 그것이 무엇인지 과학적으로 해석하지 못했다. 반면 라부아지에는 그 기체가 연소를 일으키는 본질적인 성분임을 규명하고 '산소'라는 이름을 붙였다. 산소의 의미를 밝힌 인물은 라부아지에이다.

• 사고의 확장

▶ 과학자가 정치나 사회 문제에 개입하는 것은 바람직한가?

▶ 과학사에서 최초의 '발견자'와 그것의 '의미를 밝힌 해석자' 중 누구의 공로가 더 큰가?

▶ 과학자를 평가할 때, 그의 '위대한 과학적 업적'과 '사회적 비판' 중 무엇을 더 중요한가?

▶ 라부아지에가 밝혀낸 '산소'라는 지식의 공로는 그의 연구를 지원한 프랑스 사회 전체의 것인가?

▶ '산소'가 폭탄이나 무기 개발에 악용될 수 있다는 것을 미리 알았다면, 대중에게 알려야 하는가?

5. 세특 예시

라부아지에의 정량 분석에서 착안하여, '물의 전기분해와 수소 연소 반응에서의 엔탈피 변화 비교'라는 심화된 실험을 고안함. 물 분해 및 합성에서 엔탈피를 측정하고, 에너지 보존의 관점에서 연소 이론을 현대적 관점에서 재해석함. 기사를 바탕으로 '산소 발견의 공로' 논쟁에서 '최초 발견'과 '의미 해석'의 과학사적 의의를 비판적으로 고찰함. '정치의 과학 개입'이라는 토론에서 세금 징수 이력과 비극적 죽음을 연결 지어 과학자의 사회적, 윤리적 책임에 대한 깊이 있는 통찰을 보여줌.

27 에드워드 제너
(Edward Jenner, 1749~1823)

1. "질병을 두려움에서 과학으로 바꾸다" 면역학의 문을 연 예방접종의 창시자

● 자연 속에서 성장한 관찰자

1749년 영국 글로스터셔 버클리에서 태어난 에드워드 제너는 어린 시절 대부분을 자연을 관찰하며 보냈다. 그는 숲 속의 작은 변화에도 이유를 찾으려 했고, 동물의 습성, 식물의 계절 변화, 날씨의 흐름을 기록하는 데 흥미를 느꼈다. 당시 마을 주민들은 "제너는 조용하지만 세상을 유심히 들여다보는 아이"라고 회상했다.

어린 제너가 들었던 농부들의 말은 훗날 그의 연구를 이끄는 중요한 실마리가 된다.

"우두에 걸린 사람은 천연두에 잘 걸리지 않는다더라."

● '관찰'과 '기록'의 습관을 배우다

13세에 제너는 외과의사의 견습생이 되어 실전 의학을 경험했다. 당시 의학은 체계적인 이론보다 경험과 관행에 의존하는 경우가 많았지만, 그는 환자의 증상과 회복 과정을 하나하나 비교하며 꼼꼼하게 기록하는 데 집중했다. 제너에게 치료란 단순한 처치가 아니라, 변화를 끝까지 지켜보는 과정이었다.

그는 "기록은 진실을 쫓는 가장 확실한 방법"이라고 믿었고, 하루도 빠짐없이 사례를 노트에 정리했다. 증상의 미세한 차이, 회복 속도의 변화, 환자마다 다른 반응까지 모두 기록하며 그는 질문을 쌓아 갔다. 이 습관은 훗날 우두와 천연두의 관계를 장기간 추적하고 검증할 수 있었던 결정적인 기반이 되었다.

● 존 헌터와 만난 런던에서의 수련

정규 의과 교육을 받지 않았음에도 제너는 런던에서 저명한 해부학자 존 헌터의 제자가 된다. 헌터는 제너에게 과학자로서의 태도를 확립시켜 준 인물로, 그에게 자주 이렇게 말했다.

"추측하지 말고 관찰하라. 자연은 스스로 말한다." 제너는 이 가르침을 평생의 연구 철학으로 삼았고, 의학적 문제를 해결할 때마다 직접 사례를 수집하고 증거를 탐구하는 습관을 붙였다. 런던에서의 수련은 그의 실험적 사고와 임상적 감각을 완성시킨 시기였다.

● 질천연두 공포 속 발견한 단서, 우두와 면역의 연관성 탐색

18세기 유럽은 치명적인 질병인 천연두가 유행하던 시대였다. 수많은 사람이 흉터를 남기거나 목숨을 잃었고, 사람들은 이를 '인류 최대의 공포'라고 불렀다. 이때 제너는 어린 시절 들었던 '우두에 걸리면 천연두에 걸리지 않는다'는 말을 떠올리고, 실제 그 사례를 수년간 추적 조사했다.

우두 감염 경험이 있는 농부들, 유난히 천연두에 강한 면역을 보인 낙농업 종사자들. 이들의 사례는 제너에게 한 가지 가능성을 보여주었다.

"혹시 자연이 이미 우리에게 천연두를 이기는 방법을 알려준 것은 아닐까?" 그는 우두와 천연두의 연관성을 과학적으로 밝혀내기 위해 체계적인 기록과 사례 분석을 시작했다.

● 실험으로 세상을 바꾸다 – 우두법의 탄생

1796년 제너는 역사적인 결단을 내린다. 우두 병변에서 고름을 채취해 소년 제임스 핍스에게 접종한 것이다. 당시로서는 매우 위험하고 파격적인 시도였지만, 제너는 '관찰한 현상은 실험으로 검증해야 한다'는 신념을 따랐다. 소년은 미열과 발진 후 회복되었고, 이후 천연두 환자와 접촉했음에도 발병하지 않았다. 제너는 이 과정을 수차례 반복 실험해 증거를 축적했고, 1798년 <우두 접종의 효과에 관한 연구>를 발표하여 예방접종의 시대를 열었다.

그의 연구는 즉시 인정받지 못했지만, 시간이 지나며 우두법은 세계 여러 지역에서 천연두 사망률을 획기적으로 낮추는 혁신적 의학기술로 자리 잡았다.

● 오늘날로 이어지는 메시지

불확실한 위험 앞에서 우리는 종종 두려움 때문에 아무것도 하지 않기를 선택한다. 새로운 시도는 비난과 실패의 가능성을 동반하기 때문이다. 제너는 당시로서는 위험하고 비상식적으로 보이던 방법으로 예방 접종을 시도했다. 그는 관찰과 경험을 토대로 과감한 실험을 선택했고, 그 결과 인류는 치명적인 전염병으로부터 벗어날 수 있는 길을 얻게 되었다.

오늘날 학생에게 제너의 삶은 이렇게 말해준다.

과학은 안전한 선택이 아니라, 책임 있는 용기를 통해 사회를 보호하는 학문이라는 사실이다.

▶ 나는 불확실한 문제 앞에서 어떤 선택을 하는가?
▶ 나의 탐구가 공동체에 기여할 수 있는 방식은 무엇일까?

이 질문은 생명윤리·의학사·사회적 책임을 포함한 세특 탐구주제로 확장될 수 있다.

● 주요 업적

1) 우두법 확립 (Vaccination)

제너는 젖소에 생기는 우두(cowpox)를 이용해 치명적 감염병인 천연두(smallpox)를 예방할 수 있음을 반복 실험으로 증명하며 인류 최초의 예방접종 기법인 우두법(vaccination)을 확립했다. 이는 인체가 항원에 노출되면 방어 능력이 강화된다는 사실을 실증적으로 드러낸 첫 사례였고, 감염과 면역 사이의 관계를 과학적 언어로 설명할 수 있게 했다. 그의 발견은 이후 다양한 백신 연구가 체계적으로 전개될 수 있는 기초를 마련하며 공중보건의 혁신을 이끈 역사적 성취였다.

2) 백신 개념 정립 (Vaccine Concept)

제너는 우두(Variola vaccinae)에서 유래한 'vaccine'이라는 용어를 도입해 감염병을 예방하는 의학적 접근을 독립된 과학 개념으로 정립했다. 이는 기존 치료 위주의 의학을 '사전 예방' 중심으로 재편하는 패러다임 전환이었으며, 병원체의 종류와 특성에 따라 다양한 백신이 구분, 설계될 수 있는 개념적 틀을 제공했다. 이러한 정립 과정은 면역학의 기본 언어와 구조 형성에 결정적 영향을 미쳤고, 현대 백신 플랫폼 기술 발전의 방향성까지 제시한 중요한 전환점이었다.

3) 후천면역 (adaptive immunity)

제너는 우두 감염 후 천연두에 저항성을 보이는 현상을 장기간 추적하며 면역(immunity)의 존재를 과학적으로 확립했고, 항원 노출 후 기억세포(memory cell)가 형성되어 재감염 시 더 빠르고 강하게 반응한다는 후천면역(adaptive immunity)의 핵심 원리를 여는 기반을 마련했다. 그의 연구는 면역반응을 관찰, 기록, 검증의 절차로 설명한 최초의 체계적 모델이었으며, 이후 백혈구 분화, 항체 생성, 면역 기억 연구가 가능해지는 이론적 출발점이 되었다.

4) 집단면역 (herd immunity)

제너의 우두법은 개인에게만 면역을 제공하는 수준을 넘어, 지역사회 전체의 감염률을 낮추는 집단면역(herd immunity)의 효과를 최초로 실증적으로 입증한 사례였다. 대규모 접종이 시행되자 천연두 확산 속도가 눈에 띄게 감소했고, 이는 국가가 예방접종 제도를 제도화해야 한다는 사회적 합의를 형성했다. 그의 성취는 감염병 통제를 과학적 근거에 기반해 운영할 수 있게 만들었으며, 오늘날 백신 접종률 관리, 유행 예측 모델, 공중보건 정책 체계의 기초를 형성한 전환점이었다.

● 과학적 성과와 영향

제너는 우두법(vaccination)을 실험으로 정립하며 인체가 항원 노출 후 면역을 획득한다는 원리를 처음으로 실증한 인물이다. 그는 백신(vaccine)의 개념을 도입해 감염병 예방을 독립된 의학 영역으로 확립했고, 기억세포 형성, 항체 반응 등 후천면역(adaptive immunity)의 기초를 열었다. 또한 우두 접종 데이터를 통해 감염률 감소가 집단면역(herd immunity) 효과로 이어진다는 사실을 제시해 공중보건 정책이 과학적 근거 위에서 운영될 수 있도록 방향을 제시했다.

제너의 연구는 면역학을 경험적 치료 중심에서 예방 중심의 실험 과학으로 전환시키는 계기가 되었고, 이후 백신 기술과 국가 예방접종 제도, 감염병 예측 모델 등 현대 공중보건 체계의 기반이 되었다. 우두법에서 시작된 원리는 불활화, 약독화, 단백질·mRNA 백신으로 이어지며 코로나19 등 감염병 대응을 가능하게 했다. 그의 성과는 면역, 미생물학, 역학, 의학적 진단을 관통하는 토대로 남아 있으며, 오늘날 정밀의학과 글로벌 보건 전략의 출발점으로 평가된다.

● 과학 이론 연계 탐구 주제

우두법 확립	▶ 우두 바이러스와 천연두 바이러스의 유전적 유사성 분석 ▶ 백신 접종 후 항체 농도 증가 과정을 시계열로 분석하기 ▶ 우두법의 전파 속도와 천연두 감소율의 상관관계 모델 구축(SIR 모델 기반)
백신	▶ 접종 간격 변화가 면역 기억 형성에 미치는 영향 시뮬레이션 ▶ 다양한 백신 플랫폼(mRNA, 단백질, 불활화)의 원리 비교 분석 ▶ **면역 지속 기간이 다른 질병들에서 부스터 필요성을 결정하는 기준 탐구**
후천면역	▶ 유전자 재조합이 항체 다양성 생성에 미치는 영향 분석 ▶ 기억세포 형성 과정에서 B세포와 T세포 역할 비교 연구 ▶ HIV 백신 개발이 어려운 이유에 대한 면역학적·분자생물학적 탐구
집단면역	▶ 학교 내 예방접종률과 감염병 발생률의 상관관계 조사 ▶ 감염병 전파 속도에 영향을 주는 사회적 연결망 구조 탐구 ▶ 백신 접종률 변화에 따른 감염병 확산 시뮬레이션(SIR 모델)

주제	면역 지속 기간이 다른 질병들에서 부스터 필요성을 결정하는 기준 탐구
탐구 목표	질병별 면역 지속 기간 차이를 비교하고, 항체 감소 속도와 면역 기억 형성 정도가 부스터(추가 접종) 필요성 결정에 미치는 과학적 기준을 탐구한다.
선정 이유	최근 감염병 대응에서 부스터 접종이 중요한 정책 요소로 자리 잡았지만, 질병마다 부스터 필요성이 다른 이유에 대한 과학적 설명은 충분히 알려져 있지 않다. 특히 항체 지속 기간, 변이율, 면역 기억 강도는 백신 효과 유지에 중요한 요소인데 이를 비교해보면 백신 정책이 어떤 과학적 근거로 설계되는지 분명하게 이해할 수 있다.
서론	백신은 항원을 인체에 제시해 면역 기억을 하는 방식으로 감염병을 예방하지만, 면역 지속 기간은 질병 특성과 백신의 플랫폼에 따라 큰 차이를 보인다. 일부 질병은 평생 면역이 유지되지만, 독감처럼 변이가 빠른 질환은 정기적인 부스터 접종이 필요하다. 이 탐구를 통해 부스터 필요성이 과학적으로 결정되는 원리를 파악하고자 한다.
본론	▶ 질병별 백신 접종 후 항체 지속 기간 관련 문헌 및 공공 데이터 수집·정리함 ▶ 독감, 파상풍, B형 간염 등 면역 지속 기간이 상이한 질병 선정 및 항체 역가 변화 그래프 비교 분석함 ▶ 항체 감소 속도를 지수함수로 근사하여 질병별 면역 유지 기간 모델링함 ▶ 국가별 부스터 접종 지침 조사 및 면역 지속성과의 연관성 검토함 ▶ 변이율, 항원성 변화, 백신 플랫폼 차이가 부스터 필요성 판단에 미치는 영향 종합 분석함 ▶ 병 특성에 따른 부스터 결정 기준 체계 도출함
결론	이번 탐구를 통해 질병별 면역 지속 기간의 차이가 부스터 접종 필요성을 결정하는 핵심 기준임을 확인하였다. 항체 감소 속도, 변이율, 백신 플랫폼의 특성이 결합해 접종 시점이 달라지며, 국가별 지침 역시 이러한 과학적 근거를 기반으로 더욱 정교하게 설계됨을 파악하였다.
심화 탐구 주제	▶ 동일 백신의 연령대별 항체 형성 능력 비교 연구 ▶ 자연감염 후 면역 지속 기간과 백신 면역력 비교 연구 ▶ 변이 바이러스 출현 속도와 백신 효과 저하 예측 모델링
토론 주제	▶ 변이 바이러스 출현 시 부스터 시점을 앞당기는 것이 타당한가? ▶ 집단면역 유지 목적의 부스터 정책이 과학적으로 정당화되는가? ▶ 항체 감소 속도만으로 부스터 시점을 결정하는 것이 충분한가?
교내 후속 활동	▶ 법과 사회: 백신 의무 접종 관련 법적 근거와 판례 검토 활동 ▶ 기하: 항원-항체 결합 구조의 공간적 배열 시각화 모형 제작 활동 ▶ 동아리활동: 면역 시뮬레이션 프로그램 개발을 통한 데이터 분석 활동

에드워드 제너(Edward Jenner, 1749~1823)

2. 교과 연계 탐구활동(확률과 통계, 통합과학1, 생명과학)

● 확률과 통계

성취기준	[12확통02-04] 조건부확률을 이해하고, 이를 실생활과 연결하여 문제를 해결할 수 있다.
주요내용	제너의 우두법은 우두 감염 경험이 있을 때 천연두 발병 확률이 감소하는 조건부확률의 대표적 사례를 제공한다. 항체 지속 기간과 부스터 효과, 집단면역 형성 과정 또한 특정 조건에서 감염 확률이 어떻게 변하는지 정량적으로 비교·예측하게 하며, 학생들은 조건부확률이 실제 감염병 예방 전략과 면역 의사결정 과정 전반에 직접 활용됨을 더욱 명확히 이해하게 된다.
교과연계 탐구주제	▶ 학교 내 접종률 변화에 따른 감염 확산 확률 예측 모델링 ▶ 변이 바이러스 등장 시 감염 확률 증가폭 조건부 비교 연구 ▶ 부스터 접종 여부에 따른 항체 유지 확률 비교 분석

● 통합과학1

성취기준	[10통과1-01-04] 자연에서 일어나는 다양한 변화를 측정·분석하여 정보를 산출함을 알고, 이러한 정보를 디지털로 변환하는 기술을 정보 통신에 활용하여 현대 문명에 미친 영향을 인식한다.
주요내용	제너는 우두 감염 사례와 천연두 발병률 변화를 관찰해 패턴을 정리하며 질병 확산을 수치화하는 초기 데이터 분석 방식을 사용했다. 오늘날에는 이러한 정보가 스마트 기기와 디지털 플랫폼을 통해 실시간 수집·가공되어 접종률, 항체 지속 기간 등 감염 예측에 활용된다. 이 성취기준은 제너의 관찰 연구가 현대 감염병 정보 처리 기술과 연결된 과정을 이해하게 한다.
교과연계 탐구주제	▶ 스마트 기기 앱을 활용한 일상 접촉 패턴 감염 위험도 측정 활동 ▶ 접종률, 발병률 공개 데이터를 활용한 집단면역 임계치 도출 활동 ▶ 감염병 통계 API를 활용한 실시간 지역 감염 위험 지수 산출 활동

● 생명과학

성취기준	[12생과02-07] 백신의 종류와 작용 원리를 조사하고 질병의 예방 측면에서 백신의 필요성을 인식하여 협력적으로 소통할 수 있다.
주요내용	제너는 우두법을 통해 백신의 기본 작용 원리인 항원 제시와 면역 기억 형성을 최초로 실험적으로 증명했다. 그의 연구는 불활화·약독화·단백질·mRNA 등 다양한 백신 기술이 발전하는 기반이 되었으며, 질병 예방에서 백신이 필수적임을 보여주는 대표적 사례가 되었다. 학생들은 백신 종류별 작용 경로를 비교하고, 집단면역 형성 과정이 사회 전체의 건강을 지키는 데 어떤 의미를 갖는지 협력적으로 논의할 수 있다.
교과연계 탐구주제	▶ 면역계가 항원을 인식하지 못하는 '면역 회피 전략' 분류 연구 ▶ 백신 효과 예측에 사용되는 바이오마커 후보군 탐색 분석 활동 ▶ 자가면역 환자의 T세포 기능 저하가 백신 면역 기억 형성에 미치는 영향 탐구

3. 독서 연계 탐구활동

● 추천 도서 목록

추천 도서 목록

▶ 백신, 10대는 무엇을 알아야 할까?(태라 하엘, 오유아이, 2021)
▶ 면역 당신의 생명을 지켜 주는 경이로운 작은 우주(필리프 데트머, 사이언스북스, 2022)
▶ 백신의 배신(로버트 F. 케네디 주니어, MID 엠아이디, 2024)

▶ 몸, 내 안의 우주(남궁인, 문학동네, 2025)
▶ 팬데믹 시대를 살아갈 10대, 어떻게 할까(코니 골드스미스, 오유아이, 2020)
▶ 암 치료의 혁신, 면역항암제가 온다(찰스 그레이버, 김영사, 2019)

● 독서 연계 탐구 활동

독서 연계 탐구 활동

도서명	암 치료의 혁신, 면역항암제가 온다(찰스 그레이버, 김영사, 2019)
	이 책은 면역계가 암을 어떻게 인식하고 공격하도록 만들 수 있는지에 대한 100년에 걸친 과학적 여정을 생생하게 보여준다. 한때 사이비로 치부되던 면역요법이 노벨상을 통해 새로운 치료 패러다임으로 자리 잡기까지의 분투와 혁신, 성공과 실패의 역사를 밀도 있게 담아내며, 면역관문억제제, CAR-T 등 최신 면역항암제의 원리와 한계, 그리고 앞으로의 과제를 흥미롭게 제시한다.
핵심 키워드	암세포, CAR-T 세포, 암백신, 면역관문 억제제, 자가면역
탐구 주제	▶ 암세포의 다양한 면역 회피 전략을 사례 정리 ▶ CTLA-4, PD-1 면역관문 억제제 작용 기전 도식화 탐구 ▶ 면역관문 억제에 따른 자가면역 부작용 발생 원리 탐구 ▶ CAR-T 세포 요법과 면역관문 억제제의 공통점과 차이 분석 ▶ 감염병 백신과 암 백신의 항원 선정 방식의 공통점과 차이점 비교 분석
토론 쟁점	▶ 면역항암제가 기적의 치료로 불리기 적절한가? ▶ 실패 사례가 많은 치료를 혁신으로 인정할 수 있는가? ▶ 면역관문 억제제가 모든 암 치료의 해답이 될 수 있는가?
후속 활동	▶ 화학반응의 세계: 약물 분자구조와 작용 특성의 구조 비교 ▶ 확률과 통계: 면역항암제 임상 성공률 자료 기반 예측 모델 제작 ▶ 세포와 물질대사: 면역반응 과활성으로 발생하는 부작용의 세포 기전 탐구 활동 ▶ 진로활동: 종양면역학자 인터뷰 자료를 활용한 진로 탐색 보고서 작성

● 독서 연계 탐구활동 예시

탐구 주제	감염병 백신과 암 백신의 항원 선정 방식의 공통점과 차이점 비교
탐구 자료	▶ 감염병 백신 항원 구조와 면역반응 메커니즘 정리 문헌 자료 ▶ 암세포 신항원(neoantigen) 발굴 과정 및 특성 분석 논문 자료 ▶ 백신 항원 선정 기준 비교를 위한 WHO, FDA 등의 기술 보고서 자료

탐구 개요	서론	감염병 백신과 암 백신은 모두 면역계를 활성화하기 위해 항원을 선택하지만, 감염병은 병원체 항원을, 암 백신은 변이, 신항원을 기반으로 설계되는 점에서 서로 다른 기준을 지님. 두 백신의 항원 선택 과정과 면역 기전을 비교해 항원 선정 전략의 공통 원리와 차이를 더욱 정밀하게 파악하는 데 목적을 둠.
	본론	▶ 감염병 백신 항원 구조와 면역반응 기전 문헌을 정리함 ▶ 암세포 신항원 발굴 과정과 특성을 조사해 자료화함 ▶ WHO, FDA 백신 항원 선정 기준을 비교해 지표화함 ▶ 두 백신 항원 선정 기준의 공통점과 차이를 도식화함 ▶ 원 선택이 면역반응 결과에 미치는 영향 비교함
	결론	감염병 백신과 암 백신의 항원 선정 방식은 모두 면역 활성 극대화를 목표로 하나, 감염병 백신은 병원체 보존 항원을, 암 백신은 개인별 돌연변이 기반 신항원을 중심으로 한다는 점을 확인할 수 있음. 항원 특성, 발현 환경, 면역 경로 분석을 통해 두 백신 설계가 상이한 분자적 조건과 면역학적 전략에 의해 구축됨을 종합적으로 도출할 수 있음.
후속 활동		▶ 생물의 유전: 개인 유전체 차이가 암 백신 반응률에 미치는 영향 ▶ 융합과학 탐구: 백신 설계 과정에 적용되는 컴퓨터 예측 기술 분석 ▶ 세포와 물질대사: 병원체 항원과 암 신항원의 대사 환경 차이를 비교 ▶ 영어 독해와 작문: 백신 기술을 주제로 한 영어 과학 기사 비교 분석 활동 ▶ 진로활동: 면역항암제 개발 과정을 재구성한 가상 R&D 시뮬레이션 활동

4. NIE 연계 활동

● 신문 읽기 & 연결 사유 찾기

백신 접종 득과 실, 현직 의사가 생각해봤습니다(SBS PICK, 2021.06.10.)

이 기사는 내과 의사가 코로나19 백신 접종 과정에서 환자들이 겪는 불안과 실제 부작용 사례들을 소개하며, 자신 또한 접종 후 불안한 경험을 했음을 솔직하게 밝힌다. 그러나 감염 위험과 중증 가능성을 고려하면 백신 접종의 득이 여전히 훨씬 크다고 강조하며, 과도한 공포를 경계하고 접종을 통해 공동체와 개인의 일상을 더욱 안전하게 회복해야 한다는 점을 분명하게 전한다.

당뇨병 치료제가 자가면역질환 위험 낮춰(브레인미디어, 2025.10.27.)

이 기사는 성균관대 신주영 교수 연구팀이 국내 보건의료 빅데이터를 활용해 SGLT-2 억제제가 제2형 당뇨병 환자에서 자가면역질환 발생 위험을 약 11% 낮춘다는 사실을 대규모 분석으로 규명했으며, 이 약물이 혈당 조절을 넘어 면역질환 예방에도 기여할 가능성을 제시했다는 점을 강조한다. 또한 다양한 하위군에서 결과가 일관되게 나타나 향후 임상적 활용과 후속 연구의 중요성이 더욱 부각됨을 보도한 내용이다.

백신 없어 재감염 가능성 높아(대전일보, 2025.11.13.)

이 기사는 감염력이 매우 강한 노로바이러스감염증이 분변-구강 경로로 전파되며, 면역 지속 기간이 짧고 백신이 없어 재감염 위험이 높다는 점을 설명한다. 최근 국내 신고 건수가 매년 증가하고 2025년에는 이미 전년도 발생을 넘어선 상황을 전하며, 특히 영유아에서 많이 발생해 손 씻기, 식품 위생, 염소계 소독제 사용 등 예방수칙 준수가 최선의 방역책임을 강조한다.

● 시사 이슈

▶ 백신 부작용 위험이 존재해도 사회적 이득을 위해 접종을 권고할 수 있는가?

▶ 기존 약물의 확장 활용과 신약 개발 투자 중 무엇이 더 가치 있는 선택인가?

▶ 노로바이러스 예방. 개인 위생 책임 강화와 공공 방역 조치 확대 중 어느 쪽이 더 실효적인가?

● 관점의 분석과 비교

백신 접종 득과 실, 현직 의사가 생각해봤습니다(SBS PICK, 2021.06.10.)
- 백신 접종 의무에 관한 토론 -

찬성	반대
백신 부작용 위험은 존재하지만 감염병으로 인한 중증 사망 위험이 훨씬 크기 때문에 사회 전체의 피해를 줄이려면 접종 권고가 타당함. 집단면역 형성은 개인을 넘어 취약계층을 보호하는 공공 이익을 가져옴.	사회적 이득이 크더라도 개인에게 심각한 부작용 가능성이 있다면 일괄적인 접종 권고는 부당할 수 있음. 개별 건강 상태, 위험 요인을 고려해야 하고, 안전성 정보를 충분히 제공받지 못하면 자기결정권이 침해됨.

당뇨병 치료제가 자가면역질환 위험 낮춰(브레인미디어, 2025.10.27.)
- 신약 개발 투자 가치에 대한 판단 -

≫ 기존 약물 확장 활용	≫ 신약 개발 투자
기존 약물은 안전성과 부작용 정보가 이미 확보되어 있어 새로운 적응증을 찾는 데 시간과 비용이 훨씬 적게 듦. 환자에게 빠르게 혜택을 제공할 수 있고 의료비 부담도 낮아 효율적이라는 점에서 확장 활용이 더 실용적임.	기존 약물은 한계가 명확해 혁신적 치료를 만들기 어려우며, 새로운 질환 기전을 기반으로 한 신약 개발만이 장기적으로 의료 수준을 끌어올릴 수 있음. 미충족 의료 수요를 해결하고 미래 질환 대비까지 가능하다는 점에서 투자 가치가 큼.

● 사고의 확장

▶ 빅데이터 분석은 임상시험의 대안을 부분적으로라도 대체할 수 있는가?

▶ 기존 약물이 예상치 못한 효과를 가지는 사례는 왜 반복적으로 나타나는가?

▶ 기후 변화가 노로바이러스와 같은 계절성 감염병의 패턴을 변화시키고 있는가?

▶ 언론의 보도 방식이 백신 수용성과 공중보건정책에 얼마나 큰 영향을 미치는가?

▶ 백신이 없는 감염병에 대해 사회가 선택할 수 있는 최선의 방역 조치란 무엇인가?

5. 세특 예시

질병에 따른 면역 지속 기간과 부스터 기준을 분석하는 탐구 설계 과정에서 항체 감소 데이터를 정량적으로 해석하며 탁월한 자료 분석 능력을 보여줌. 이어 면역항암제 독서 탐구에서 감염병 백신, 암 백신의 항원 선정 원리를 비교하며 면역 기전의 차이를 논리적으로 구조화하여 설명함. 또한 백신 접종 의무화 관련 NIE 토론에서 집단면역 형성과 공공성의 중요성을 과학적 근거로 제시하며 개념 통합력과 사회적 분석 능력을 심화함.

28 유클리드
(Euclid, BC 300경)

1. 직선 하나로 세상을 설명하려 했던, 기하학의 창시자

● 세상을 선과 면으로 바라본 한 사람의 시선

유클리드는 우리가 '기하학'이라고 부르는 세계를 하나의 언어처럼 정리한 인물이었다. 그가 활동한 고대 알렉산드리아는 새로운 지식이 모여들던 학문의 중심지였고, 그는 이곳에서 도형을 단순한 그림이 아니라 논리적 구조로 설명되는 대상으로 바라보는 관점을 세웠다. 사람들에게 익숙했던 직선, 원, 평행 같은 요소를 다시 꺼내어, 눈으로 보이는 모습이 아니라 그 안에 숨겨진 규칙과 관계를 탐구하려 했다. 점·선·면 같은 기본 요소에 명확한 의미를 부여하고, 차근차근 쌓아 올려 복잡한 도형의 성질에 도달하는 과정은 마치 한 편의 증명으로 이어지는 이야기와도 같았다.

● 기하학을 다시 세운 원리의 발견

유클리드는 고대 수학에서 당연하게 받아들여지던 기하학을 처음부터 다시 설명하고자 했다. 그는 도형의 성질을 단순히 나열하는 기존 방식으로는 기하학 전체를 이해할 수 없다고 보았다. 그래서 점·선·면처럼 가장 기본적인 요소들을 '공리'라는 출발점에 놓고, 모든 도형의 성질이 이 공리들에 의해 어떻게 필연적으로 도출되는지를 명제로 조직해 제시하였다. 이 체계는 직관에 기대었던 기하학을 벗어나, 증명으로 세계를 설명하는 논리적 학문이라는 새로운 관점을 열었다.

"기하학은 몇 개의 명확한 원리로부터 세계의 구조를 설명하는 사유 방식이다."

이 관점은 기하학에 머무르지 않고, 이후 과학적 사고 전반에서 '원리 → 논증 → 결론'으로 이어지는 합리적 탐구 방식을 확립하는 데 결정적 역할을 하였다.

● 공리로 세계를 정리한 학자, '원론' 이라는 거대한 체계

'원론'은 점·선·면의 정의에서 출발하여 평행선, 삼각형, 원, 비례론, 수론 등 방대한 내용을 13권으로 정리한 고대 수학의 결정체였다. 당시 학자들은 도형의 성질을 경험적 관찰이나 직관에 기대어 설명하는 데 머물렀지만, 유클리드는 이러한 방식으로는 기하학 전체를 일관되게 이해할 수 없다고 보았다. 그는 수학의 기초가 되는 공리들을 하나의 체계로 묶고, 모든 명제가 그 공리들로부터 어떻게 도출되는지를 단계적 증명으로 제시하였다.

"문제는 증명으로 다시 태어난다."

도형의 성질을 설명하는 일련의 과정이 학문 전체의 사고법을 바꾼다는 사실을 보여주었다.

● 질문하는 학자이자 가르침에 능했던 교육자

알렉산드리아 학당에서 그는 단순히 지식을 전달하는 교사가 아니라, 학생들에게 증명하는 사고를 길러주고자 한 교육자였다. 알려진 일화에 따르면, 한 제자가 기하학을 배우면 어떤 이득이 있느냐고 묻자, 유클리드는 그에게 약간의 동전 몇 닢을 던지며 "이득이 필요하면 이것이나 가져가라"고 말했다고 한다. 이는 사유의 방식 자체를 가르치는 학문임을 강조하는 교육적인 메시지이다.

유클리드는 답을 바로 주기보다, 왜 그런 결론에 이르는지를 스스로 설명하게 했다. 학생들은 도형을 외우는 대신, 질문을 통해 원리를 추적하는 법을 배웠고, 증명 과정 속에서 사고의 질서를 체득했다.

● 삶보다 원리를 우선했던 묵직한 태도

그의 삶에 관한 기록은 많지 않지만, 전해지는 일화들은 한결같이 학문에 몰두한 조용한 연구자의 모습을 그린다. 정치나 전쟁의 소용돌이와는 멀리 떨어져, 그는 매일같이 원리와 구조를 정리하는 일에 집중했다. 주변의 변화보다 증명의 흐름을 더 신중히 다루며, 완성되지 않은 명제를 매만지는 시간을 무엇보다 중요하게 여긴 그는 평생을 기하학의 체계를 세우는 데 바쳤다.

"참된 지식은 일상의 소란 속에서도 흐트러지지 않는다."

그는 이름을 앞세우지 않았지만, 그가 정리한 원리들은 시대를 넘어 고요하게 빛났다.

● 오늘날로 이어지는 메시지

지금 우리는 빠른 답과 즉각적인 결과를 요구받는 학습 환경 속에 놓여 있다. 공식은 외우지만, 그 원리가 왜 성립하는지는 충분히 묻지 않는 경우도 많다. 유클리드는 수학을 결과의 모음이 아니라, 전제와 정의, 증명이 차곡차곡 쌓여 완성되는 사고의 체계로 정리했다. 그는 하나의 결론보다, 그 결론에 이르는 논리의 과정을 더 중요하게 여겼다.

오늘날 학생에게 유클리드의 삶은 이렇게 말해준다.

깊이 있는 이해는 빠른 정답보다, 스스로 설명할 수 있는 논리에서 시작된다는 사실이다.

▶ 나는 이 개념을 처음부터 끝까지 설명할 수 있는가?

▶ 내가 세운 전제는 충분히 타당한가?

이 질문은 수학·논리적 사고뿐 아니라 모든 학문 탐구와 세특 탐구주제 설계의 기초가 될 수 있다.

● 주요 업적

1) 공리적 기하학 체계 확립(Axiomatic Foundation of Geometry)

유클리드의 가장 큰 업적은 흩어져 있던 기하학 지식을 '공리→정의→명제→증명'의 구조로 재구성한 것이다. 당시 학문은 직관이나 관찰에 의존하는 경우가 많았지만, 그는 최소한의 원리만으로 모든 도형의 성질을 설명할 수 있어야 한다고 보았다. 이에 따라 다섯 개의 공리와 기본 정의들을 세우고, 이를 바탕으로 복잡한 정리를 단계적으로 증명하였다. 이 체계는 기하학을 경험 중심의 기술이 아닌 논증 중심 학문으로 바꿔 놓았다.

2) 〈원론〉 편찬(Compilation of Elements)

고대 그리스 수학을 집대성한 『원론』을 13권으로 정리하여 기하학·수론·비례론을 하나의 체계 속에 담았다. 이 책은 단순한 참고서가 아니라, "문제를 해체하고 다시 조립하는 사고 방식"을 정식화한 지적 설계도였다. 점·선·면의 정의에서 출발해 평행선 공리, 삼각형 합동, 원의 성질, 비례론, 피타고라스 정리까지 모든 내용을 공리적 순서로 배열하였다. <원론>은 2천 년 넘게 교과서의 표준 역할을 하며 근대 과학과 수학의 구조를 세운 핵심 자료가 되었다.

3) 수론의 기반 정립(Foundations of Number Theory)

유클리드는 기하학자이면서도 정수의 성질을 다루는 수론에서 중요한 공헌을 남겼다. <원론> 제7~9권에서 그는 최대공약수를 구하는 유클리드 호제법(Euclidean Algorithm), 소수의 무한성 증명, 수의 비례 개념 등을 정교하게 체계화했다. 특히 유클리드 호제법은 오늘날 컴퓨터 알고리즘 교육에서도 첫 예제로 다뤄질 만큼 구조가 뛰어나다. 그의 수론 정리는 단순한 계산 기술을 넘어, 수의 관계를 논리적으로 다루는 방식의 출발점이 되었다.

4) 구와 원의 관계 정립(Measurement of the Circle & Sphere Geometry)

유클리드는 원과 구의 성질을 분석하며 둘 사이의 관계를 논리적으로 설명하는 토대를 마련했다. 그는 원의 둘레와 넓이가 특정 비례 관계로 연결된다는 점을 명확하게 제시했고, 구의 부피 및 표면적을 구하는 데 필요한 기본 정리들을 기하학적 방법으로 다듬었다. 이 접근은 고대 학자들이 직관적으로만 다루던 곡선·곡면의 구조를 논증으로 설명하는 데 큰 역할을 했다. 이 개념들은 적분적 사고의 전단계가 되었고, 곡선 기하학을 이해하는 핵심 기반이 되었다.

● 수학적 성과와 영향

점, 선, 면과 같은 기초 요소의 성질을 명확히 규정하고, 이를 논리적으로 결합하여 복잡한 도형의 성질을 이끌어내며 고대 수학이 다루던 기하학의 범위를 크게 확장하였다. 그는 평행선, 삼각형, 원, 입체 등 다양한 기하 개념을 한 체계 속에서 다루고, 증명을 통해 도형 사이의 관계를 단계적으로 정리함으로써 기하학이 단순한 측정 기술이 아니라 논증의 구조를 가진 학문임을 보여주었다. 이러한 접근은 이후 수학이 공리체계로 발전하는 데 중요한 기초를 마련하였다.

수론에서 최대공약수를 구하는 알고리즘과 소수의 성질을 정리하며, 기하와 수의 관계를 연결하는 고유한 탐구 방식을 제시하였다. <원론>에 담긴 엄밀한 증명 절차와 단계적 논리 전개 방식은 근대 과학의 표준 방법론으로 이어졌고, '정의–공리–논증'으로 이어지는 구조적 사고의 기초 틀을 마련하였다. 유클리드의 이러한 시도는 수학이 실제 세계의 구조를 설명하는 가장 강력한 언어임을 보여주며, 오늘날 다양한 분야에서 여전히 영향력을 발휘하고 있다.

● 수학 이론 연계 탐구 주제

공리적 기하학 체계	▶ 특정 명제를 공리들을 최소화해 재증명하며 논리 구조 비교 분석 ▶ 삼각형, 평행선, 각의 성질 중 하나를 선택해 직접 미니 원론 구성하기 ▶ 유클리드 공리 5개를 일상 사물에 적용해 실제로 성립하는지 관찰 탐구
평행선 공리와 기하 구조	▶ 평행선 공리를 제거하거나 약화했을 때 나타나는 도형 성질 변화 분석 ▶ 종이, 볼록 접시 등을 이용해 '평행선'이 어떻게 달라지는지 실험적 비교 ▶ 삼각형 내각합을 평면·구면에서 직접 측정, 값의 차이가 생기는 이유 분석
비례론과 측정 개념	▶ 비례 성립 조건을 변형하여 도형 넓이·길이 비교에서 생기는 오류 분석 ▶ 스마트폰 앱을 활용해 도형의 변 길이·각 비율을 측정, 비례 정의와 비교 ▶ 연속, 비연속량의 비율을 정하는 고대 방식과 현대 함수 분석법의 차이 탐구
수론과 유클리드 호제법	▶ 호제법과 일반 나눗셈의 원리 및 효율 비교 ▶ 호제법을 활용한 암호 알고리즘(예: RSA) 구조 이해 및 간단한 모형 구현 ▶ 표본을 만들어 소수·합성수 분포를 조사, 소수의 무한성 개념과 연결해 해석

주제	평행선 공리를 제거하거나 약화했을 때 나타나는 도형 성질 변화 분석
탐구 목표	평행선 공리를 제거하거나 약화한 모형(평면, 공, 반구 접시)에서 삼각형과 사각형의 내각합·선분 교차 여부의 변화 경향과 오차 범위만 비교·분석한다.
선정 이유	유클리드 기하학은 직선과 평행의 관계를 명확하고 견고한 가정으로 세워 도형의 논리 전개를 가능하게 한 체계다. 특히 도형의 성질이 공간의 전제 조건에 따라 달라질 수도 있다는 사실을, 간단한 기하 모형으로 비교하고 해석할 수 있어 탐구 설계가 구체적이고 실행 가능하기에 본 주제를 선정했다.
서론	현대의 기하는 공장에서 전동기가 장치를 움직이듯, 몇 개의 기본 가정만으로 전체 구조가 결정되는 세계다. 본 탐구에서는 평행 공리의 조건을 바꾼 모형(종이, 공, 반구 접시)에서 내각합과 교차 관계 같은 성질이 어떻게 달라지는지를 직접 비교하고 그 원인과 파급 효과까지 해석해 보고자 한다.
본론	▶ 평행선 공리의 핵심 내용과 성립 조건 조사 ▶ 평면(종이), 구면(공), 반구 접시에서 평행 관계 판정 사례 수집 및 분류 ▶ 삼각형·사각형 내각합을 공리 조건별로 실측 비교 및 오차 기록 ▶ 도로·건물·트랙 사진 속 선분 30~40개를 이용해 평행선 판단 충돌 빈도 분석 ▶ 탐구 자료 종합 후 공리의 적용 범위와 현대 기하 관점 확장 방향 진술
결론	평행선 공리는 단순한 선의 관계 정의를 넘어 도형 성질의 범위와 판정 결과를 미리 허용하는 핵심 전제 조건임을 확인할 수 있었다. 공리의 강도가 유지되는 평면에서는 내각합과 교차 판단이 안정적으로 나타나지만, 곡면 모형에서는 선의 관계가 확장되며 사물의 공간 성질에 따라 다른 결론이 발생함을 관찰하였다.
심화 탐구 주제	▶ 평면과 공 위에 삼각형 12개를 그려 내각합 실측 차이 경향 비교 ▶ 다각형(정삼각형·정사각형) 6~20개 변 개수 늘려 평행 판단 오차 변화 관찰 ▶ 학교 건물 사진에서 선을 뽑아 평행선처럼 보이지만 실제 교차하는 비율 조사
토론 주제	▶ 수학의 공리가 현실과 충돌할 때, 틀린 것인가 넓게 봐야 하는가? ▶ '평행선은 안 만난다'는 말은 모든 공간에서 사실이라고 할 수 있는가? ▶ 공간이 휘어 있을 때, 직선을 직선이라 부르는 기준은 어떻게 달라지는가?
교내 후속 활동	▶ 독서 토론과 글쓰기: 탐구 과정과 결과를 과학적 근거 기반 논증 글쓰기로 재구성 ▶ 기술·가정: 막대·실·종이를 이용한 직선·평행 모형 제작 및 구조 차이 관찰 활동 ▶ 동아리활동: 종이, 막대, 실을 활용한 평행−교점 판단 모형 제작 및 전시

유클리드(Euclid, BC 300경)

2. 교과 연계 탐구활동(과학탐구실험1, 세계사, 미술과 매체)

● 과학탐구실험1

성취기준	[10과탐1-02-03] 탐구 수행에서 얻은 정성적 혹은 정량적 데이터를 분석하고 그 결과를 다양하게 표상하고 소통할 수 있다.
주요내용	직선과 삼각형, 평행선의 관계는 평면과 곡면에서 서로 다른 기하 구조를 보이며, 평행선 공리는 이러한 공간을 해석하는 출발 가정으로 작용한다. 종이·지구본과 같은 모형 위에 도형을 만들고 내각합과 선분의 교차 여부를 반복 측정하여, 공간 조건에 따른 차이를 정량적으로 분석하며 실험과 데이터 해석을 통해 어떻게 검증되고 한계가 드러나는지를 이해한다.
교과연계 탐구주제	▶ 사진 속 평행선 40개 수집 후 시각 판단과 실제 위치의 차이 분석 ▶ 종이 평면과 공 모형에서 선분의 교차 여부 변화 실험 및 빈도 기록 ▶ 반구 접시 위에서 작도한 삼각형의 내각합 오차 비교 측정 및 경향 해석

● 세계사

성취기준	[12세사01-03] 서아시아, 지중해, 유럽 세계의 형성과 문화적 특징을 종교의 확산과 관련지어 분석한다.
주요내용	유클리드의 공리 체계는 지중해 학문 문화와 종교 확산의 흐름 속에서 사고와 서술의 기준을 견고하게 표준화하며 널리 전파된 구조적 산물이었다. 도형의 법칙 그 자체를 나열하는 것을 넘어서, 몇 개의 출발 가정에서 시작해 명제들이 서로 연결되고 층층이 쌓이며 하나의 체계로 확장되는 방식이, 기독교를 비롯한 종교적 세계관의 확산과 함께 유럽 지식의 사고 표준으로 자리 잡게 된다.
교과연계 탐구주제	▶ 평행선 공리가 형성된 지중해–유럽 세계관의 확산 배경 조사 ▶ 원론의 공리 체계가 기독교 지식 전파망에서 수용된 과정 비교 ▶ 고대 학문 확산 흐름 속에서 평행 개념의 해석 변화 원인 분석

● 미술과 매체

성취기준	[12미매02-03] 작품의 정교한 표현과 보존 방법을 이해하고 다양한 매체로 표현한 작품을 전시할 수 있다.
주요내용	평행선 공리의 조건을 달리한 모형(종이 평면, 공, 반구 접시)을 직접 제작하고, 그 위에 작도한 선의 관계를 구도, 방향, 교점의 시각적 판단 차이로 관찰하며 기록해 본다. 이러한 구성 실험은 기하학의 규칙이 아니라 그림이 놓인 매체와 공간의 전제가 먼저 해석 기준을 흔들거나 확장시켰다는 점을 비교·해석하고, 완성된 시각 결과물을 보존·전시 배치로 공유하는 탐구로 이어진다.
교과연계 탐구주제	▶ 매체 변인에 따른 평행선 판단 차이 시각 전시 설계 ▶ 사진 표본을 활용한 평행-교점 충돌 장면 시각 포스터 구성 ▶ 평행 공리 조건이 달라진 직선 구도 비교 드로잉 제작 및 배치 분석

3. 독서 연계 탐구활동

● 추천 도서 목록

추천 도서 목록
▶ 수학의 이유(이언 스튜어트(김성한 역), 반니, 2022) ▶ 유클리드기하학, 문제해결의 기술(박종하, 김영사, 2023) ▶ 10대를 위한 기하 수학의 세계(박병하, 행성B, 2025) ▶ 수학과 문화 그리고 예술(차이텐신(정유희 역), 오아시스, 2019) ▶ 유클리드 원론1,2(유클리드(박병하 역), 아카넷, 2022) ▶ 유클리드의 창:기하학 이야기(레오나르드 믈로디노프(전대호 역), 까치, 2020)

● 독서 연계 탐구 활동

<table>
<tr><td colspan="2" align="center">독서 연계 탐구 활동</td></tr>
<tr><td>도서명</td><td>수학의 이유(이언 스튜어트(김성한 역), 반니, 2022)</td></tr>
<tr><td>수학의 이유</td><td>이 책은 고대 유클리드가 기하를 공리에 의해 편찬했듯, 몇 개의 가정이 사고의 구조를 결정하는 수학의 본질을 이야기로 풀어낸다. 직선, 평행, 비례, 공간의 전제가 해석의 기준을 형성하고 정리가 그 위에서 구성되는 논리의 흐름이라는 관점을 제공하며 탐구 확장에 영감을 준다. 공리 1개의 변경이 시각 해석, 판단 구조, 지식 체계의 재편으로 이어지는 사고 실험의 배경을 이해하게 한다.</td></tr>
<tr><td>핵심 키워드</td><td>공리, 직선, 평행, 공간 전제, 판단 프레임</td></tr>
<tr><td>탐구 주제</td><td>▶ 평행선이 '같아 보이지만 다른 이유' 사례 30개 비교 분석
▶ 영화 장면 속 평행 구도 연출 의도와 실제 선의 관계 차이 비교 탐구
▶ 학교 지도 스케치에서 평행 판단이 흔들리는 지점 3가지 추출 및 원인 비교
▶ 건축 사진에서 평행·비평행 느낌이 생기는 시각 규칙 4가지 정리 및 비교 탐구
▶ 종이 접기 작도로 만든 선의 방향 변화 패턴 관찰 후 같은 법칙인지 비교 분석</td></tr>
<tr><td>토론 쟁점</td><td>▶ 기하의 공리 체계는 현실을 설명하는 지도인가, 인간이 만든 약속의 틀인가?
▶ 직선을 기준으로 세계를 구성하면 더 정확히 보는가, 더 단순히 믿게 되는가?
▶ 평행선 개념의 차이는 공간의 실제 곡률 때문인가, 해석 방식의 차이 때문인가?</td></tr>
<tr><td>후속 활동</td><td>▶ 통합사회: 평행 기준선이 행정구역 지도 설계에 끼치는 영향 사례 비교
▶ 통합과학: 산맥 능선 라인 데이터에서 '평행 느낌'이 생기는 조건 관찰 보고
▶ 음악: 반복 리듬 구조와 수학 공리 구조의 층위 유사성 탐구 발표
▶ 자율·자치활동: '수학 공리가 만드는 세상 해석의 틀' 칼럼 작성 및 편집 제작</td></tr>
</table>

● 독서 연계 탐구활동 예시

탐구 주제	건축 사진에서 평행·비평행 느낌이 생기는 시각 규칙 4가지 정리 및 비교 탐구
탐구 자료	▶ 건물 정면 사진 30장(복도 벽, 창문 프레임, 난간 라인 등) ▶ 각도 비교 도해 시트(선 방향, 높낮이, 그림자 위치만 기록) ▶ 스마트폰 촬영 30컷(Wide, 기본, 2×Zoom 비교) 방향 라인 세트

탐구 개요	서론	현대의 기하는 건물의 벽선이 도시를 이루듯, 몇 개의 기본 가정이 구조의 출발을 정하는 세계임. 건축 사진을 보면 '평행' 역시 당연히 존재하는 법칙이 아니라, 보는 기준과 조건에 따라 다르게 느껴지는 개념임을 확인할 수 있음. 직접 실험과 관찰을 통해 이 차이를 세부적으로 기록하고, 그 이유가 어디에서 갈라지는지 비교·해석해 보고자 함.
	본론	▶ 사진 30장 속 평행 느낌을 만드는 규칙 4가지 추려 정리 ▶ 같은 건물 선을 서로 다른 촬영 거리·각도에서 비교 ▶ 평행으로 느꼈지만 실제는 만나거나 벌어진 장면 10개 분류 ▶ 표로 공통점·차이점(숫자 오차 계산 X, 조건 묶기 O)만 비교 ▶ 판정이 흔들리는 핵심 지점 3개 추출 및 원인 분해
	결론	평행선은 공간의 절대 규칙이 아니라 해석의 출발 기준에서 먼저 정해지는 개념임을 알 수 있음. 기준을 조금만 바꾸어도 판정 결과는 달라졌고, 이는 선 자체의 충돌 문제가 아니라 바라보는 틀과 기준 가정의 차이에서 생긴 인식의 갈림이었음. 이번 탐구로 생각의 기준이 개념보다 앞에 존재할 수 있음을 받아들이는 태도가 학문의 시작점임을 확인하는 계기가 됨.
후속 활동		▶ 체육: 사진 속 방향선을 운동 장면의 흐름선과 묶어 비교 발표 ▶ 통합과학: 빛·그림자의 방향 가림 효과만 비교 분석 칼럼 ▶ 사회와 문화: '같아 보임'이 생기는 문화 설계 원리 비교 토론 발표 ▶ 미술 창작: 같은 건축 선 구도를 선 굵기·레이아웃 변인으로 재구성 전시 ▶ 진로활동: 학교 건물 사진을 이용해 '평행 구도' 홍보 배너를 직접 기획·제작

4. NIE 연계 활동

● 신문 읽기 & 연결 사유 찾기

기하학에서 '재다'의 의미는(동아사이언스, 2023.05.20.)

 이 기사는 기하학이 단순히 길이와 넓이를 숫자로 재는 기술이 아니라, 기준을 먼저 세우고 관계를 풀어 설명하는 구조적 사고의 학문이었음을 강조한다. 측정(Measure)이라는 말이 고대 수학에서 어떤 의미를 가졌는지를 지중해 학문 문화의 흐름 속에서 차분히 풀어낸다. 이 글은 우리가 탐구하려는 평행선의 기준이 먼저 세워지고 해석에 영향을 주는 과정, 그리고 관찰보다 앞서는 출발 가정의 힘을 이해할 수 있게 한다.

기하학의 꿈, 3차원 기하 위상 수(고등과학원 HORIZON, 2020.03.06.)

이 기사는 유클리드의 평면기하가 절대적 토대라는 믿음에서 출발했던 시대를 짚으며, 곡률이 0이 아닌 공간, 비유클리드 기하, 위상수학으로 기하학의 질문과 해석 틀이 넓게 확장되어 온 흐름을 조망한다. 유클리드의 공리 체계가 세상을 단순하게 정렬한 방식과 대비하여, 현대 기하학과 물리학이 공간을 다시 가정하고 재설계하는 과정에서 어떻게 다른 논리로 전개되는지를 묶어 보여준다.

기하학적 성질을 논리적 구조로 만든 최초 수학체계(한국경제, 2024.12.09.)

 이 기사는 유클리드가 체계화한 Elements(원론)이 단순한 도형 묶음이 아니라 최소한의 가정에서 출발해, 정의→공리→명제로 쌓아 올린 논리적 사고의 설계 구조였음을 차분히 설명한다. 특히 5개의 공준 중 평행 공준이 평면 기하의 생각 기준을 잡아 준 핵심 출발점이었음을 짚으며, 평행 공리의 의미와 해석 기준이 어떻게 서로 다를 수 있는지를 비교하는 탐구 프레임의 바탕이 된다는 점을 보여 준다.

● 시사 이슈

▶ 사진이나 화면에서 평행 판단이 사람마다 다르게 느껴지는 이유는 무엇 때문일까?

▶ 우리 눈에 평행으로 보이는 건 정말 공간 규칙일까, 아니면 우리가 정한 기준일까?

▶ 학교 지도에서 평행이라고 가정한 선이 사실은 만날 수도 있을까? 왜 생기는 일일까?

● 관점의 분석과 비교

기하학에서 '재다'의 의미는(동아사이언스, 2023.05.20.)
- 기하학은 '발견된 자연의 규칙'인가, 아니면 '인간이 정한 약속과 기준'인가 -

찬성	반대
자연 속에는 이미 직선, 원, 각도, 비례, 대칭과 같은 수학적 구조가 존재하며, 기하학은 실제 현실을 측정, 관리, 발견하고 기록한 것이다. 기하학은 단지 인간 편의를 위한 규칙이 아니라, 인간이 찾아낸 자연의 진리라고 할 수 있다.	고대인들이 도구 없이 손가락이나 막대기로 재는 방식을 사용했기 때문에, 사람마다 단위가 달랐고, 절대적인 수치 개념은 존재하지 않았다. 따라서 기하학은 발견된 진리라기보다, 공동체 간의 약속으로 조직된 언어 체계이다.

기하학적 성질을 논리적 구조로 만든 최초 수학체계(한국경제, 2024.12.09.)
- 수학은 단순한 규칙을 따라가며 만드는 체계인가, 끊임없이 질문을 던지는 과정인가 -

≫ 규칙 관점	≫ 질문 관점
유클리드가 간단한 출발 규칙(공리)으로 수학 체계를 쌓아 올린 사례로 같은 규칙을 끝까지 지키며 논리를 쌓는 방식이 사고를 더 튼튼히 만든다. 복잡하게 흔들기보다, 적은 규칙을 깊게 따라가 보는 과정이 수학을 단단하게 만든다.	수학의 힘이 규칙을 따라 반복한 결과에서 나온 것이 아니라, 처음 '기준'을 정의하고 질문하는 사고 방식에서 태어났다. 핵심 질문을 던지고, 서로 다른 조건을 비교하며 생각의 틀을 다시 점검하는 과정이 수학 탐구의 본질이다.

● 사고의 확장

▶ 유클리드의 5개 공준이면 현실 세계의 모든 구조를 설명할 수 있을까?

▶ 공 위에 그린 선도 '직선'이라 부를 수 있을까, 아니면 우리의 약속일까?

▶ 평행을 판단할 때, 도형의 성질이 아니라 기준과 경험이 먼저인 이유는 무엇일까?

▶ 평행선 공리는 실제 우리가 그리는 공간에서도 언제든 만날 가능성이 있는 전제일까?

▶ 매체(사진·종이·화면)가 바뀌면 평행 개념도 달라지는가, 아니면 우리가 달리 해석하는가?

5. 세특 예시

유클리드가 제시한 평행선 공리를 건축 사진 표본 속에서 직접 그려 비교하며, '평행'이 절대 규칙이 아니라 기준에서 먼저 정의되는 약속임을 정리함. 추가 탐구로 '기하학의 꿈, 3차원 기하 위상 수' 기사를 읽고, 최소 가정으로 체계를 쌓은 고전 지식의 전파 방식과 현대 매체가 기하 개념 인식에 미친 해석 차이를 비판적으로 해석하는 글을 작성하였으며 자신의 탐구 과정의 논리성을 확인하기 위해 '유클리드 원론(유클리드)'을 읽고 정리하는 모습이 인상적이었음.

29 자크 알렉상드르 세자르 샤를

(Jacques Alexandre César Charles, 1746~1823)

1. 하늘을 향한 열정, 보이지 않는 기체를 지배하다

● 시골 소년, 호기심을 품다

1746년 프랑스 보장시에서 태어난 샤를은 어린 시절부터 사물의 원리를 파헤치길 좋아하는 호기심 많은 소년이었다. 정규 과학 교육은 충분하지 않았지만 독학으로 전기, 기체, 실험 도구에 대한 지식을 흡수했다. 그는 '궁금한 것이 있다면 손으로 만지고, 스스로 확인해야 한다'라고 말할 정도로 실험을 즐겼다고 한다. 이 초기 경험은 훗날 기체 연구와 비행 기술에 뛰어들게 하는 원동력이 되었다.

● 세계 최초 수소 풍선을 띄우다

열기구의 시대가 열리던 18세기 프랑스, 샤를은 몽골피에 형제처럼 단순히 뜨거운 공기를 쓰는 것에 만족하지 않았다. 그는 보일의 연구와 캐번디시의 발견을 공부한 끝에, 공기보다 훨씬 가벼운 '수소'야말로 진정한 비행의 열쇠임을 깨달았다. 그는 로버트 형제와 함께 고무를 녹여 수소가 새지 않는비단 풍선을 만들었고, 마침내 샹 드 마르스에서 세계 최초의 수소 풍선을 띄우는 데 성공했다.

"인간이 하늘을 이해하려면, 먼저 하늘에 닿아야 한다!"

그러나 풍선이 착륙한 고네스 마을에서는 난생 처음 본 비행체를 공포에 질려 공격하는 해프닝도 벌어졌다. 그럼에도 이 실험은 수소 비행 시대의 서막을 올린 기념비적 사건이었다.

● 최초의 유인 수소 비행—하늘을 직접 마주하다

1783년 12월 1일, 수십만 명의 파리 시민이 지켜보는 가운데 샤를과 로버트는 직접 수소 풍선을 타고 550m 상공까지 올라 2시간 넘게 비행하는 데 성공했다. 수백 미터 상공에서 내려다본 파리는 그의 과학적 야망을 더욱 확고하게 만들었다. 착륙 후 샤를은 혼자 다시 상승해 약 3,000m까지 올라 다시 떠오른 태양을 목격했다.

"내 발아래 세상이 사라지고, 오직 나와 태양만이 존재하는 고요함... 이것이 진정한 자유로구나." 하루에 두 번의 일몰을 본 인류 최초의 경험이었다.

● 샤를 법칙의 발견

1795년 과학 아카데미 회원, 그리고 예술·공예학교 물리학 교수가 된 샤를은 기체 연구를 더욱 체계화했다. 1787년 그는 여러 기체를 같은 부피로 채우고 온도를 변화시키는 실험을 반복하며 기체의 팽창 규칙성을 확인했다. 이 미발표 연구는 훗날 게이뤼삭에 의해 '샤를의 법칙'으로 공식화되며 기체역학의 핵심 원리가 된다. 그는 다음과 같이 실험의 본질을 정리했다.

"간단한 규칙일수록 자연의 깊은 질서가 숨어 있다." 이 법칙은 단순한 실험 결과를 넘어, 보이지 않는 기체 역시 일정한 자연 법칙에 따라 행동한다는 사실을 보여주었다. 샤를의 발견은 기체를 정성적으로 이해하던 기존 연구에서 벗어나, 수치와 관계식으로 설명 가능한 대상으로 전환시키는 계기가 되었다.

• 차가운 이성의 과학자, 뜨거운 사랑의 시인이 되다

샤를의 삶은 과학으로만 채워지지 않았다. 그는 당대 최고의 시인 라마르틴의 뮤즈였던 37살 연하의 줄리와 열렬한 사랑에 빠져 결혼했다. 아내 줄리를 잃은 슬픔은 라마르틴의 명시 '호수'의 모티브가 되었고, 샤를 역시 그녀를 평생 그리워했다.

"기체의 부피는 온도로 팽창하지만, 내 마음은 그대라는 존재만으로도 한없이 부풀어 오르는구려." 발명가이자 교수, 그리고 로맨티시스트였던 그는 세상을 떠날 때까지 끊임없이 연구하고 사랑하며 치열한 삶을 살았다.

• 오늘날로 이어지는 메시지

우리는 보이지 않는 현상을 수치와 그래프로 설명하는 시대를 살고 있다. 하지만 숫자가 의미를 가지기 위해서는, 그 이면의 원리를 이해하려는 시도가 필요하다. 샤를은 기체의 팽창이라는 일상적 현상 속에서 온도와 부피 사이의 일정한 관계를 발견했다. 그의 관심은 화려한 이론보다, 반복되는 실험 속에 숨어 있는 질서에 있었다.

오늘날 학생에게 샤를의 연구는 이렇게 전해진다.

사소해 보이는 현상도 끝까지 관찰하면, 과학적 법칙으로 이어질 수 있다는 사실이다.

▶ 나는 일상의 어떤 현상을 과학적 질문으로 바꿀 수 있을까?
▶ 반복되는 결과 속에서 놓치고 있는 규칙은 무엇일까?

이 질문은 물리·화학 탐구뿐 아니라 실험 설계 중심의 세특 활동으로 자연스럽게 확장된다.

• 주요 업적

1) 수소 풍선 개발(Hydrogen Balloon Development)

샤를은 보일과 캐번디시 등의 연구를 바탕으로 수소가 비행에 가장 적합한 기체라고 판단해 세계 최초의 수소 풍선을 개발했다. 로버트 형제와 협력해 고무 용액을 실크에 코팅하는 기술을 적용함으로써 가볍고 기밀성 높은 풍선 제작 문제를 해결했다. 1783년 파리 샹 드 마르스에서 최초의 수소 풍선을 성공적으로 발사하여 약 21km 비행에 성공했다. 이 기술은 이후 모든 수소 기구 개발의 기반이 되었고, 현대 열기구 및 비행선 연구의 출발점이 되었다.

2) 최초의 유인 수소 비행(First Manned Hydrogen Flight)

샤를의 가장 혁신적인 업적 중 하나는 로버트와 함께 성공한 최초의 유인 수소 비행이다. 대형 풍선에 수소를 주입하고 밸러스트와 방출 밸브를 장착하여 고도를 조절할 수 있도록 설계했다. 이들은 약 550m까지 상승해 2시간 이상, 총 36km를 비행하며 인류 최초의 안정적 수소 비행을 완수했다. 착륙 후 샤를은 혼자 다시 상승해 약 3,000m 고도까지 올라가 기압과 온도 변화를 관찰했다. 이 비행은 과학적 비행 연구의 가능성을 열어 이후 비행 기술 발전에 크게 기여했다.

3) 샤를 법칙(Charles' Law)

샤를은 기체의 부피가 온도에 따라 일정한 패턴으로 변화한다는 사실을 발견하고 반복 실험을 통해 그 경향을 확인했다. 비록 그가 생전에 이를 공식적으로 발표하지는 않았지만, 그의 실험 기록은 1802년 게이뤼삭이 정식으로 체계화하며 '샤를 법칙'으로 명명되었다. 이 법칙은 일정한 압력에서 기체의 부피가 절대온도에 비례한다는 기체 역학의 핵심 원리이다. 샤를의 발견은 이상기체 법칙의 확립과 열역학 발전에 결정적 기여를 한 중요한 과학적 업적이다.

4) 실험 장치 개발(Scientific Instrumentation Development)

샤를은 실험 장치 개발에도 뛰어난 능력을 보였다. 그는 풍선의 수소를 안전하게 조절하는 가스 방출 밸브를 고안해 비행 안정성을 향상시켰다. 또한 비중계, 반사각도계 같은 정밀 측정 장치와 프랭클린의 전기 실험을 개선한 전기 장비 등을 개발하며 과학 실험의 정확성을 높였다. 이러한 기구들은 당시 연구자들이 기체의 부피 변화, 압력, 각도 등을 정량적으로 분석하는 데 중요한 역할을 했다. 샤를의 능력은 실험 기반의 자연철학이 정밀 과학으로 전환되는 과정에 큰 영향을 주었다.

● 과학적 성과와 영향

샤를은 세계 최초의 수소 가스 풍선을 개발하고 최초의 유인 수소 비행을 성공시키며 기체 비행 기술의 기초를 확립했다. 또한 기체를 가열하면 일정한 비율로 부피가 증가한다는 사실을 반복 실험으로 확인하며 훗날 '샤를의 법칙'으로 명명되는 핵심 원리를 마련했다. 그는 풍선 밸브, 비중계, 반사각도계 등 정밀 실험 도구도 개발해 기체·전기 연구의 신뢰성을 높였다. 이러한 성과들은 비행 공학, 기체 역학, 열역학 연구 발전에 결정적 기반을 제공했다.

샤를의 업적은 현대 과학과 기술 전반에 지속적인 영향을 남겼다. 그의 수소 풍선 개발은 고고도 기구, 비행선, 기상 관측용 풍선 등 다양한 기술의 출발점이 되었고, 기체 팽창 법칙은 열역학과 기체 방정식의 핵심 요소로 자리 잡았다. 또한 그가 강조한 관찰 및 실험 중심의 과학 태도는 오늘날 STEM 교육에서 중요하게 다뤄지는 탐구 기반 학습의 기반이 되었다. 결국 샤를의 연구는 단순한 비행 실험을 넘어 과학적 사고방식과 공학적 설계의 방향을 바꿔놓은 역사적 전환점이 되었다.

● 과학 이론 연계 탐구 주제

수소 풍선 개발	▶ 대기압 변화가 수소 풍선의 부력과 비행 안정성에 미치는 영향 ▶ 샤를의 고무 코팅 비단과 현대의 고분자 필름의 기체 투과성 비교 ▶ 기체의 밀도 차이에 따른 양력 계산과 적정 풍선 크기 산출을 통한 비행선 설계
최초의 유인 수소 비행	▶ 샤를의 비행 기록을 토대로 한 대류권의 연직 구조 모델링 연구 ▶ 풍선의 체적 증가와 고도 상승 관계를 이용한 비행 경로 모델링 연구 ▶ 급격한 고도 상승이 인체의 저산소증과 기압성 중이염에 미치는 영향 탐구
샤를 법칙	▶ 샤를 법칙과 보일 법칙의 통합적 해석을 통한 이상기체 방정식 도출 연구 ▶ **MBL 센서를 활용한 기체 부피 팽창 실험 및 절대영도의 외삽법 추정 연구** ▶ 온도 상승에 따른 분자 충돌 횟수와 부피 변화의 상관관계 시뮬레이션 구현
실험 장치 개발	▶ 샤를의 메가스코프와 현대 프로젝터의 광학 구조 및 원리 비교 ▶ 반사 각도계의 원리와 결정 구조 분석을 통한 정밀 측정 기술의 이해 ▶ 전기학과 기체 역학의 융합이 18세기 계몽주의 과학에 미친 영향력 분석

주제	MBL 센서를 활용한 기체 부피 팽창 실험 및 절대영도의 외삽법 추정 연구
탐구 목표	MBL 온도 및 부피 센서를 활용하여 온도가 변할 때 기체의 부피가 어떻게 변하는지 정량적으로 측정하여 샤를의 법칙을 검증하는 데 목표가 있다.
선정 이유	기존의 샤를 법칙 실험은 기구의 눈금 오차와 짧은 반응 시간 때문에 정밀한 데이터 수집에 한계가 있다. MBL 센서는 시간별 온도·부피 데이터를 자동으로 수집하여 보다 신뢰도 높은 분석이 가능하다. 또한 절대영도 추정은 단순 법칙 검증을 넘어 분자 운동과 열역학까지 확장하는 데 도움이 된다고 판단해 본 주제를 선정했다.
서론	샤를의 법칙에 따르면 일정한 압력에서 기체의 부피는 절대온도에 비례한다. 이를 섭씨온도 그래프로 나타내면 일차함수 꼴이 되며, 부피가 0이 되는 x절편이 곧 절대영도이다. 본 탐구에서는 MBL을 통해 수집한 데이터를 바탕으로 공기의 열팽창 경향성을 분석하고, 실제 기체의 특성을 고려하여 절대영도를 추정하고자 한다.
본론	▶ 건조한 공기를 채운 플라스크에 센서 및 측정 장치 연결 ▶ 가열을 통한 항온수조의 온도 변화에 따른 기체의 부피 측정 ▶ 산점도 도식화 및 최소자승법을 이용한 일차 추세선 수식 도출 ▶ 도출된 일차 방정식에서 x절편을 계산 및 실험적 절대영도 계산 ▶ 실제 기체의 특성을 고려하여 이론값과의 오차 원인 분석
결론	탐구 결과, 온도가 상승함에 따라 기체의 부피가 선형적으로 증가하는 강한 양의 상관관계를 확인하여 샤를의 법칙이 성립함을 입증했다. 외삽법을 통해 추정한 절대영도는 이론값과 근사하게 나타났으나 오차가 발생했다. 이는 공기가 실제 기체로써 분자가 부피를 가지며, 기구의 마찰과 열팽창이 복합적으로 작용한 결과로 해석된다.
심화 탐구 주제	▶ 열기관의 작동 원리에서 샤를의 법칙이 적용되는 등적 및 등압 과정 분석 ▶ 기체의 종류에 따른 절대영도 추정 편차 비교 및 반데르발스 상수와의 관계 탐구 ▶ 파이썬을 이용한 데이터를 시각화 및 머신러닝의 선형 회귀 모델로 절대영도 예측
토론 주제	▶ 온도에 따른 상태 변화를 무시한 절대영도를 정의는 과학적으로 타당한가? ▶ 상온의 데이터만으로 극저온의 상태를 예측하는 외삽법은 과학적으로 타당한가? ▶ 절대영도에서는 기체의 부피가 0이 된다는 이론은 물질이 사라짐을 의미하는가?
교내 후속 활동	▶ 확률과 통계: 실험 데이터의 상관계수 계산 및 최소자승법의 수학적 원리 탐구 ▶ 정보: 파이썬을 이용한 실험 데이터 기반의 회귀·오차 모델 구축 ▶ 동아리활동: 기체 분자 운동론 및 열역학 법칙과 연계한 심화 보고서 작성

자크 알렉상드르 세자르 샤를
(Jacques Alexandre Cesar Charles, 1746~1823)

2. 교과 연계 탐구활동(역학과 에너지, 공통수학2, 기술·가정)

● 역학과 에너지

성취기준	[12역학02-03] 계에 가해진 열이 계의 내부 에너지를 변화시키거나 외부에 일을 할 수 있음을 이해하고, 일상생활 속의 예를 찾음으로써 흥미를 느낄 수 있다.
주요내용	기체에 열을 가했을 때 내부 에너지가 증가하고, 기체의 부피가 팽창하면서 외부로 일을 하는 과정을 샤를 법칙을 통해 분석한다. 특히 MBL을 활용하여 온도 변화에 따른 기체의 부피 증가를 정량적으로 측정한다. 또한 부피 팽창으로 발생하는 일을 계산한다. 이를 통해 단순히 부피가 커지는 현상을 넘어, 열에너지가 어떻게 역학적 에너지 또는 일로 전환되는지 열기관의 기초 원리를 탐구한다.
교과연계 탐구주제	▶ 기체 종류에 따른 열에너지에서 일로의 전환 효율 차이 탐구 ▶ 단원자 분자 이상 기체 시 등압 팽창 과정에서의 에너지 분배 비율 분석 ▶ 열에 의한 기체 팽창이 하는 일의 정량 계산과 내부 에너지 변화 비교 분석

● 공통수학2

성취기준	[10공수2-03-01] 함수의 개념을 설명하고, 그 그래프를 이해한다.
주요내용	샤를 법칙에서 온도를 x값, 부피를 y값으로 두어 선형 함수의 관점에서 해석한다. 다양한 온도에서 기체의 부피 데이터를 수집하고, 이를 좌표평면에 나타내어 산점도와 함수 그래프를 비교 분석한다. 온도에 따른 기체의 부피 관계가 1차 함수 그래프에서 기울기와 절편 등을 통해 기체 상수 및 절대온도 개념과 연결한다. 이를 통해 실험 데이터가 함수 개념을 어떻게 구체화하고 실제 현상 설명에 사용되는지 이해한다.
교과연계 탐구주제	▶ 추세선의 x절편을 이용한 절대영도의 추정 및 오차의 분석 ▶ 비이상기체 구간에서 함수 그래프가 선형성을 잃는 원인 탐구 ▶ 기체의 종류나 외부 압력에 따른 함수의 계수가 갖는 물리적 의미 고찰

● 기술·가정

성취기준	[12기가04-02] 공학의 개념을 정의하고 공학의 설계 과정을 이해하며, 공학의 혁신 사례를 조사하여 공학의 가치를 인식한다.
주요내용	샤를 법칙이 수소 풍선과 비행 장치의 설계에 어떻게 적용되었는지 분석하며 공학적 문제 해결 과정의 구조를 이해한다. 풍선 재료 선정, 가스 충전 방식, 부피 팽창에 따른 안정성 확보 등 설계 요소를 기술 및 공학의 관점에서 재구성한다. 샤를이 수행한 실험을 현대 공학 설계 과정과 비교하여 기술 혁신의 특징을 탐구한다. 이를 통해 과학 원리가 공학적 설계로 전환되어 기술을 발전시킨 사회적 가치를 인식한다.
교과연계 탐구주제	▶ 성층권 관측 기구의 고도 제어 시스템의 공학적 설계 ▶ 온도 변화가 비행체 안정성 및 부력 제어 시스템에 미치는 영향 분석 ▶ 계절별 외기 온도에 따른 타이어 공기압 모니터링 시스템 알고리즘 분석

3. 독서 연계 탐구활동

● 추천 도서 목록

추천 도서 목록

▶ 화학의 역사(윌리엄 H. 브록(김병민 역), 교유서가, 2023)
▶ 꼭 알아야 할 인물로 보는 화학이야기(이길상, 전파과학사, 2025)
▶ 비행기 대백과사전(필립 화이트먼(이민아, 정병선 역), 사이언스북스, 2021)

▶ 화학의 기본 6가지 법칙: 기초, 실험, 응용(다케우치 요시토(박택규 역), 전파과학사, 2024)
▶ 세상을 바꾼 위대한 과학실험 100(존 그리빈, 메리 그리빈(오수원 역), 예문아카이브, 2017)
▶ 청소년을 위한 교양 화학: 화학 열역학(루미너리북스 교육출판 에디팅 팀, 루미너리북스, 2025)

● 독서 연계 탐구 활동

독서 연계 탐구 활동

도서명	화학의 기본 6가지 법칙: 기초, 실험, 응용(다케우치 요시토(박택규 역), 전파과학사, 2024)
	이 책은 화학의 기본 법칙이 치열한 실험과 역사적 도전 속에서 탄생했음을 보여준다. 기체 법칙의 발견자 샤를에 대해 시대를 앞서간 기구 제작자이자 모험가로 재조명하며 과학적 발견의 실용적 기원을 강조한다. 수소 기구 제작을 위한 방수천 개발부터 기체 분자 운동론까지 설명한다. 또한 이상 기체와 실제 기체의 차이 등 심화 개념까지 다루어, 독자들이 화학을 입체적으로 이해할 수 있도록 이끈다.
핵심 키워드	샤를의 법칙, 수소 기구, 기체 분자 운동론, 이상 기체와 실제 기체, 절대온도
탐구 주제	▶ 몽골피에의 열기구와 샤를의 수소 기구의 양력 발생 원리 비교 ▶ 기체분자운동론 기반으로 본 샤를 법칙의 미시적 해석과 실험 검증 ▶ 샤를의 기구 조종술에 적용된 기체 방출에 따른 운동량 보존 원리 해석 ▶ 수소와 헬륨의 반데르발스 상수 비교를 통한 실제 기체 상태 방정식의 이해 ▶ 샤를의 방수천 기술과 현대 고분자 코팅 기술 비교를 통한 기체 투과성 연구
토론 쟁점	▶ 과학사에서 세상을 바꾼 것은 이론가인가, 아니면 공학자인가? ▶ 과학적 성취를 위한 연구자의 목숨을 건 위험 감수는 정당화될 수 있는가? ▶ 기체 법칙은 이상적인 모델임에도 불구하고 실제 현상을 설명하는 데 충분한가?
후속 활동	▶ 화학: 이상기체 상태방정식과 실제기체 보정항 비교 분석하는 활동 ▶ 물리학: 기체분자운동론 기반 샤를 법칙이 성립하는 미시적 원리 해석 활동 ▶ 공통수학: 선형 회귀 및 외삽법을 활용한 절대온도를 추정하는 활동 ▶ 동아리활동: 샤를이 개발한 기구 조종 장치를 재해석한 모형을 제작하는 활동

● 독서 연계 탐구활동 예시

탐구 주제	수소와 헬륨의 반데르발스 상수 비교를 통한 실제 기체 상태 방정식의 이해
탐구 자료	▶ 온도, 압력, 부피 관계 그래프 시각화 소프트웨어 자료 ▶ 상태 방정식의 해를 구하고 데이터를 처리하기 위한 도구 자료 ▶ 수소와 헬륨의 반데르발스 상수 및 임계점 데이터가 포함된 화학 편람 자료

탐구 개요	서론	이상 기체 상태 방정식은 분자의 부피와 인력을 무시하므로 고압·저온의 실제 기체 거동을 정확히 설명하지 못함. 이에 실제 기체의 특성을 보정한 반데르발스 식을 중심으로, 가장 가벼운 수소와 헬륨의 상수를 비교 분석하고자 함. 이를 통해 분자 간 인력과 분자 자체의 부피가 기체의 압력과 부피에 미치는 영향을 정량적으로 이해하고, 물리적 의미를 고찰함.
	본론	▶ 수소와 헬륨의 반데르발스 상수의 상대적 크기 차이 분석하기 ▶ 동일한 온도 및 압력에서 두 기체의 압축 인자 계산하여 편차 비교하기 ▶ 두 기체의 압력-부피 등온 곡선을 이상 기체 방정식 그래프와 비교하기 ▶ 수소의 상수 값이 헬륨과 다른 이유 분석하기 ▶ 상수 값을 반데르발스 식에 대입하여 특정 부피에서의 압력 예측하기
	결론	이원자 분자인 수소가 단원자 분자인 헬륨보다 반데르발스 상수 값이 모두 크게 나타남. 이는 수소의 분산력이 더 크고 차지하는 부피가 넓기 때문임. 이로 인해 동일한 고압 조건에서 수소가 헬륨보다 이상 기체 거동에서 더 큰 편차를 확인함. 반데르발스 방정식은 분자의 미시적 특성을 거시적 상태 변수를 반영하며, 기체의 종류에 따라 보정항의 영향력이 다름을 규명함.
후속 활동		▶ 역학과 에너지: 기체 내부 에너지와 엔탈피 변화에 미치는 영향을 분석하는 활동 ▶ 융합과학 탐구: 수소의 액화 가능 조건에서 압력-온도 상평형 시뮬레이션 활동 ▶ 미적분II: 반데르발스 방정식의 3차 곡선 그래프에서 변곡점을 구하는 활동 ▶ 정보: 파이썬을 이용한 3차원 압력-온도-부피 상태 곡면 시뮬레이션 코딩 활동 ▶ 진로활동: 수소 저장 탱크 설계 시 고려해야 할 안전 수칙 포스터 제작 활동

4. NIE 연계 활동

● 신문 읽기 & 연결 사유 찾기

열기구 성화... 인류는 사실 프랑스 덕에 하늘을 날기 시작했다(조선일보, 2024.08.14.)

 이 기사는 파리 올림픽의 열기구 성화가 단순한 볼거리가 아니라, 인류 최초의 유인 비행을 성공시킨 프랑스 과학의 역사와 권력을 상징한다고 설명한다. 루이 14세부터 이어진 국가 주도의 과학 육성 정책과 몽골피에 형제 및 샤를의 열기구 경쟁이 오늘날 프랑스 과학 자부심의 원천임을 강조한다. 결론적으로 프랑스가 오랫동안 과학을 국가의 중심 가치로 두어왔으며, 올림픽을 통해 그 저력을 드러냈음을 시사한다.

'진짜' 액체수소로 탱크 안전밸브 성능 검사(동아사이언스, 2024.10.31.)

이 기사는 국내 연구진이 실제 액체수소를 직접 생산하고, 이를 이용해 액체수소 탱크의 안전밸브 성능까지 한 번에 평가할 수 있는 세계 최초의 장치를 개발했다고 전한다. 또한 액체수소 부족으로 대체 사용해야 했던 문제를 해결해 수소 안전성과 산업 경쟁력을 높일 수 있다고 설명한다. 이 기술이 이동형으로 제작돼 기업 현장에서 바로 활용 가능하며, 향후 고압·대용량 평가 시스템으로 확장될 예정임을 강조한다.

로켓 아닌 열기구 타고 우주여행 간다?(사이언스타임즈, 2021.07.16.)

 이 기사는 로켓 대신 거대한 수소 열기구를 이용해 성층권까지 올라가는 새로운 형태의 우주여행 서비스가 개발되고 있음을 소개한다. 또한 이 방식은 로켓 탑승 시 발생하는 극심한 중력 훈련 부담 없이 누구나 편안하게 우주 경관을 관찰할 수 있다는 장점을 강조한다. 마지막으로 '스페이스퍼스펙티브'의 열기구 캡슐이 상용화되면 고비용 로켓 우주여행의 대안으로 자리 잡을 가능성을 전망한다.

• 시사 이슈

▶ 국가 주도의 과학 기술 육성은 여전히 국가 권력과 위상을 결정짓는 핵심 요소인가?

▶ 샤를의 기구 탑승은 성층권 열기구 우주여행의 윤리성 및 안전성 논쟁에 어떤 교훈을 주는가?

▶ 현재의 액체수소 관련 기술은 수소 에너지의 저장 효율성과 안전성 문제를 완벽히 해결하는가?

• 관점의 분석과 비교

열기구 성화... 인류는 사실 프랑스 덕에 하늘을 날기 시작했다(조선일보, 2024.08.14.)
- 국제 행사에서 특정 국가의 과학사적 우월성을 강조하는 것은 바람직한가? -

찬성	반대
올림픽은 주최국의 정체성을 세계에 알리는 무대이므로, 인류 발전에 기여한 자국의 과학적 성취를 활용해 국민적 자부심을 높이는 것은 정당하다. 이러한 긍지는 몽골피에와 샤를의 사례처럼 과학 기술 발전의 강력한 동기가 된다.	과학적 발견은 인류 공동의 자산이므로 화합의 장인 올림픽에서 자국의 우월성만을 지나치게 강조하는 것은 과학 국수주의로 흐를 위험이 있다. 과거 과도한 국가 경쟁이 과학을 전쟁의 도구로 변질시켰던 역사를 교훈 삼아 경계해야 한다.

로켓 아닌 열기구 타고 우주여행 간다?(사이언스타임즈, 2021.07.16.)
- 성층권 비행을 진정한 '우주여행'으로 볼 수 있는가? -

≫ 실질적 경험 중시	≫ 과학적 기준 중시
고도 30km에서도 지구의 둥근 곡선과 우주 배경을 관측할 수 있어, 여행객이 체감하는 시각적 감동은 실제 우주여행과 다르지 않다. 일반인에게 우주적 관점을 선사한다는 점에서 이는 넓은 의미의 우주 관광으로 인정할 수 있다.	성층권은 대기권 내부로 무중력을 경험할 수 없으므로 우주여행이라 칭하는 것은 과학적 기준에 어긋난 과장 광고이다. 로켓 추진 없이 부력만으로 비행하는 방식은 본질적으로 고도 비행에 불과하여 진정한 우주 탐사 기술과 구별된다.

• 사고의 확장

▶ 과학에서 더 중요한 것은 개인의 발견인가, 아니면 사회적 공유인가?

▶ 대중의 이목을 끄는 과학 쇼는 연구의 동력이 되는가, 아니면 본질을 왜곡하는가?

▶ 관측 불가능한 절대영도의 증명 과정은 과학적 진리가 추론만으로도 성립함을 보여주는가?

▶ 수소를 선택한 샤를의 결단은 혁신을 위해 안전보다 위험 감수가 우선시되어야 함을 의미하는가?

▶ 과거의 비행 수단이던 수소가 현대의 에너지원으로 바뀐 것은 기술 가치의 가변성을 증명하는가?

5. 세특 예시

컴퓨터 기반 측정 장치를 활용해 기체의 온도-부피 데이터를 수집하고, 수학적 외삽법으로 분석하여 절대영도를 정밀하게 추정하는 등 탁월한 데이터 분석 능력을 발휘함. 나아가 수소와 헬륨의 반데르발스 상수를 비교하며 이상 기체와 실제 기체의 거동 편차를 입자적 관점에서 심도 있게 해석함. 성층권 비행의 정의와 과학 국수주의를 주제로 한 토론에서 과학적 기준과 사회적 가치를 통합적으로 고찰하는 비판적 사고력을 보여주며, 자연과학과 인문 사회를 아우르는 융합적 소양을 입증함.

30 제임스 와트
(James Watt, 1736~1819)

1. 증기기관으로 산업혁명의 불을 지핀 남자

● 바닷가에서 자란 호기심 많은 소년

1736년, 스코틀랜드의 그린록 항구 마을에서 태어난제임스 와트는 배를 만들던 선박 기술자의 아들이었다. 어린 시절부터 그는 장난감보다 도구를 더 좋아했고, 아버지의 작업장을 놀이터처럼 드나들었다. 그는 바람개비의 회전, 끓는 주전자에서 나오는 수증기, 톱니바퀴의 움직임을 신기하게 바라보며 원리를 궁금해했다.

"왜 수증기는 위로만 올라갈까?" 그의 질문은 단순한 호기심이었지만, 훗날 세상을 바꾸는 실마리가 되었다.

● 실패에서 시작된 발명가의 길

와트는 젊은 시절 수학과 기계 기술을 배우기 위해 글래스고로 향했다. 그는 처음부터 성공한 발명가가 아니었다. 기계 수리점에서 일하며 돈을 모으던 중, 고장이 잦은뉴커먼 증기기관을 고치는 일을 맡게 되었다. 하지만 그는 단순히 수리하는 데 그치지 않았다.

"이 기계의 문제는 열이 새어나가는 것이다." 와트는 기존의 기관이 낭비하는 열과 에너지를 개선할 방법을 고민했다. 그의 실험실은 작은 방이었지만, 그 안에서 산업혁명의 첫 불씨가 타오르고 있었다.

● 세상을 바꾼 한 번의 깨달음

1765년, 그는 혁신적인 아이디어를 떠올렸다. '증기를 식히는 과정을 분리하면 효율이 높아진다!'그는 증기를 냉각시키는 장치를 따로 두는 새로운 구조를 고안했다. 이 단순하지만 획기적인 발명은 연료 낭비를 크게 줄이고, 기관의 힘을 훨씬 더 강력하고 지속적으로 만들어 주었다.

그는 친구에게 이렇게 말했다. "나는 드디어 세상을 움직일 힘을 발견했네." 그의 증기기관은 이전의 어떤 기계보다 효율적이었고, 이 발명으로 그는 과학사에 길이 남을 이름이 되었다.

● 산업혁명의 엔진이 되다

와트는 발명가이자 사업가 매슈 볼턴과 손잡고 본격적인 증기기관 제작에 나섰다. 그들의 기관은 처음에는 광산에서 물을 퍼 올리는 데 사용되었지만, 곧 방적기와 공장 기계, 증기기관차로 확산되며 산업 전반을 뒤흔들었다. 연기와 증기가 솟는 공장, 끓임없이 돌아가는 바퀴는 모두 와트의 발명에서 비롯된 변화였다.

증기기관은 인간과 동물의 힘에 의존하던 생산 방식을 기계 중심의 산업 체제로 전환시켰고, 이는 도시의 성장과 노동 구조의 변화를 불러왔다. 산업은 더 이상 자연 조건에 묶이지 않고, 연속적이고 대량적인 생산이 가능한 단계로 들어섰다. 그의 이름이 오늘날 에너지의 단위인 '와트(Watt)'로 남은 것은, 그가 인류 문명의 동력을 근본적으로 바꾸어 놓았음을 상징적으로 보여준다.

● 겸손한 발명가, 끝없는 개선의 길

성공 이후에도 와트는 자만하지 않았다. 그는 끊임없이 증기기관을 개량하며, 회전 운동 장치와 조속기(속도 조절 장치) 등을 추가해 성능을 높였다. 그는 "완벽한 기계란 존재하지 않는다. 다만 더 나은 기계만이 있을 뿐이다."라고 말했다. 와트는 명예나 부보다는 실용과 발전을 중시했고, 그의 공장은 언제나 새로운 실험으로 가득 차 있었다. 그의 이런 끊임없는 탐구정신은 후대 과학자들에게도 귀감이 되었다.

● 오늘날로 이어지는 메시지

기술은 끊임없이 발전하지만, 진정한 혁신은 불편함을 외면하지 않는 태도에서 시작된다. 이미 존재하는 기술을 더 낫게 만들려는 집요함은 생각보다 드물다. 와트는 증기기관의 비효율을 그냥 받아들이지 않았다. 그는 작은 손실과 낭비에 주목하며 구조를 개선했고, 그 결과는 산업 전반의 흐름을 바꾸는 결정적 전환점이 되었다.

오늘날 학생에게 와트의 삶은 이렇게 말해준다.

새로운 발명은 무에서 시작되지 않고, 기존의 문제를 끝까지 파고드는 과정에서 탄생한다.

▶ 지금 사용 중인 기술의 불편한 점은 무엇인가?

▶ 나는 그 문제를 어떻게 개선할 수 있을까?

이 질문은 공학·기술 탐구는 물론 문제 해결 중심의 세특 주제의 출발점이 될 수 있다.

● 주요 업적

1) 증기기관 효율 혁신 (Improved Steam Engine)

제임스 와트는 기존 뉴커먼 기관이 연료를 많이 쓰고 효율이 낮다는 문제를 발견했다. 그는 실험과 관찰을 통해 열 손실이 큰 구조를 개선하고 증기의 힘을 더 효율적으로 사용하는 새로운 증기기관을 설계했다. 와트의 기관은 같은 연료로 더 강한 힘을 낼 수 있었고, 작동 속도도 더 빠르고 안정적이었다. 이 발명은 공장, 광산, 교통 등 다양한 분야에서 기계화를 가능하게 하여 산업혁명의 핵심 동력이 되었다. 사람의 노동을 대체하며 생산성을 크게 높인 것은 와트의 중요한 공헌이다.

2) 분리 응축기 발명 (Separate Condenser)

와트가 가장 먼저 떠올린 해결책은 '응축기 분리'였다. 기존 증기기관은 실린더 내부에서 증기를 식히고 다시 데우는 과정을 반복해 엄청난 에너지가 낭비되었다. 와트는 응축기를 실린더 밖에 따로 설치해 실린더는 항상 뜨겁게 유지하고, 증기만 외부 응축기에서 식히도록 설계했다. 이 구조는 열 손실을 크게 줄여 연료 소비를 절반 가까이 줄이는 효과를 가져왔다. 분리 응축기는 와트의 기관 효율을 획기적으로 높인 핵심 요소로, 이후 모든 증기기관의 기본 구조가 되었다.

3) 회전 운동 장치 개발 (Rotative Motion Mechanism)

초기 증기기관은 위아래로 움직이는 단순 왕복 운동만 가능했기 때문에 활용 범위가 제한적이었다. 와트는 기계가 바퀴를 돌릴 수 있어야 공장 설비, 방적기, 펌프 등 다양한 산업 기계를 움직일 수 있다고 보았다. 그는 왕복 운동을 회전 운동으로 바꾸는 장치를 개발해 기관이 기계를 직접 돌릴 수 있도록 설계했다. 이 회전 운동 장치는 증기기관을 '만능 기계'로 바꾸어 산업 현장 전반에서 기계를 자동화할 수 있게 했다. 이는 공장 시스템 발전의 중요한 전환점이 되었다.

4) 마력 (horsepower) 개념 제시 (Horsepower Concept)

와트는 자신의 증기기관이 얼마나 강력한지를 사람들이 쉽게 이해할 수 있도록 '마력(horsepower)'이라는 단위를 만들었다. 그는 한 마리 말이 일정 시간 동안 할 수 있는 일을 기준으로 삼아 기계의 힘을 수치로 표현했다. 이 개념은 기계 성능을 비교하고 설명하는 데 큰 도움이 되었고, 산업 현장에서 기계 구매 기준이 되었다. 오늘날 자동차·엔진·전동기 등 많은 기계가 마력 또는 비슷한 개념의 출력 단위를 사용하는 이유도 와트의 정량화 방식 덕분이다.

　제임스 와트는 증기기관의 작동 원리를 과학적으로 분석하고 효율을 극적으로 높인 과학자이자 기술자였다. 그는 기존 증기기관이 열을 반복적으로 낭비하는 구조임을 발견하고, 이를 해결하기 위해 '분리 응축기'를 고안했다. 이를 통해 연료 소모를 크게 줄이고 출력은 높이는 혁신을 이뤄냈다. 또한 왕복 운동을 회전 운동으로 전환하는 장치를 도입해 증기기관이 다양한 기계를 움직일 수 있도록 만들었다. 와트는 기계의 힘을 측정하는 '마력'이라는 단위도 도입했다.

　와트의 연구는 산업혁명의 흐름을 결정적으로 바꾸었다. 그의 증기기관은 공장 자동화, 광산 채굴, 철도와 증기선 운행 등 거의 모든 산업 분야에서 핵심 동력으로 사용되었다. 기계가 인간 노동을 대체하면서 생산량은 폭발적으로 증가했고, 경제와 사회 구조도 크게 변화했다. 또한 기계 성능을 정량화한 마력 개념은 이후 공학과 산업 기술 발전의 기준이 되었다. 와트의 과학적 성과는 에너지 기술의 출발점이 되었으며, 오늘날의 공학 설계 방식에도 큰 영향을 남겼다.

● 과학 이론 연계 탐구 주제

증기기관 효율 혁신	▶ 뉴커먼 기관과 와트 기관의 에너지 사용 효율 차이 비교 ▶ 증기기관 열손실 감소 기술이 현대 기관 설계에 준 의미 고찰 ▶ 증기기관 효율 분석을 통해 에너지 절약 개념을 이해하는 탐구
분리 응축기 발명	▶ 와트의 응축 기술이 산업 생산성 향상에 기여한 요인 조사 ▶ 분리 응축기의 원리가 현대 열공학 기술에 남긴 의미 고찰 ▶ 분리 응축기 구조를 조사하고 기존 증기기관과 차이를 분석
회전 운동 장치 개발	▶ 회전 운동 변환 기술이 공장 자동화에 준 영향 조사 ▶ 와트 장치와 현대 기계식 회전 장치 구조를 비교 분석 ▶ 회전 운동 기술 발달이 기계 산업 확장에 남긴 의미 고찰
마력 개념 제시	▶ 마력 개념 도입이 산업 생산 장비 표준화에 준 영향 조사 ▶ 마력과 전력(W) 단위 차이를 비교하며 의미를 이해하는 탐구 ▶ 와트의 마력 아이디어가 오늘날 기계 성능 평가에 준 의미 고찰

주제	증기기관 열손실 감소 기술이 현대 기관 설계에 준 의미 고찰
탐구 목표	증기기관의 열손실 감소 기술이 어떤 원리로 효율을 높였는지 이해하고, 현대 기관 설계와 에너지 절약 기술에 어떤 영향을 주었는지 분석하는 것을 목표로 한다.
선정 이유	증기기관은 산업혁명의 핵심 기술이었지만, 초기 모델은 열손실이 커 효율이 낮았다. 와트는 분리 응축기 등 다양한 열손실 감소 기술을 통해 기관 성능을 크게 향상시켰다. 열손실을 줄이는 원리는 오늘날 자동차 엔진, 보일러 등에 적용된다. 역사적 기술과 현대 공학의 연관성을 이해할 수 있다는 점에서 본 탐구를 선정했다.
서론	열손실은 모든 열기관에서 필연적으로 발생하며, 이를 줄이는 기술은 기관 효율을 결정짓는 핵심 요소다. 제임스 와트는 기존 증기기관의 열손실 문제에 주목해 새로운 응축 기술을 개발했고, 효율의 향상으로 이어졌다. 와트의 열손실 감소 기술을 분석하고, 이러한 개념이 현대 기관 설계에 어떻게 적용되는지 살펴보고자 한다.
본론	▶ 초기 증기기관 구조와 열손실 발생 원인 조사 ▶ 와트의 분리 응축기 원리와 효율 개선 방식 분석 ▶ 자동차 엔진·터빈 등 현대 기관의 열손실 감소 기술 사례 조사 ▶ 두 시대의 기술 원리를 비교하며 공통점·차이점 정리 ▶ 자료 종합 후 열손실 감소 기술의 현대적 의미 고찰
결론	와트의 열손실 감소 기술은 증기기관 효율을 크게 향상시키며 산업혁명의 핵심 요인이었음을 확인했다. 이 기술적 사고는 현대의 내연기관, 가스터빈, 보일러 등에서도 이어져 열손실을 최소화하는 설계 기준으로 활용되고 있다. 과거의 기술 혁신이 오늘날 에너지 절약과 효율성 향상에 중요한 기반이 된다는 점을 이해할 수 있었다.
심화 탐구 주제	▶ 증기기관 효율 개선 원리가 발전 터빈 설계에 적용된 사례 고찰 ▶ 친환경 기관 개발에서 열손실 제어 기술이 갖는 핵심 역할 탐구 ▶ 현대 자동차 엔진의 열손실 감소 기술이 연비 향상에 준 영향 분석
토론 주제	▶ 효율보다 친환경성이 더 중요한 시대가 올 수 있을까? ▶ 열손실 감소 기술이 에너지 문제 해결의 핵심이 될 수 있을까? ▶ 역사적 기관 기술이 현대 공학 발전에 여전히 영향력이 있을까?
교내 후속 활동	▶ 통합과학: 열손실 실험(단열재 비교)으로 에너지 보존 원리 이해 ▶ 기술·가정: 간단한 기관 모형 제작 후 열손실 구조 분석 ▶ 자율활동: 에너지 절약 캠페인 및 고효율 설계 아이디어 발표

제임스 와트 (James Watt, 1736~1819)

2. 교과 연계 탐구활동(역학과 에너지, 전자기와 양자, 창의 공학 설계)

● 역학과 에너지

성취기준	[12역학02-03] 계에 가해진 열이 계의 내부 에너지를 변화시키거나 외부에 일을 할 수 있음을 이해 하고, 일상생활 속의 예를 찾음으로써 흥미를 느낄 수 있다.
주요내용	와트는 증기기관 효율을 높이기 위해 열에너지→기계적 일 전환 과정을 정밀하게 분석했다. 물이 가열돼 증기로 팽창하면 내부에너지가 증가하고, 이 에너지가 피스톤을 밀어 일을 한다는 원리를 활용해 분리응축기와 회전 장치를 개발했다. 이는 열이 내부에너지를 변화시키고 일을 만들어낸다는 사실을 실용 기술로 확장한 사례다. 이 성취기준은 와트의 연구가 열기관 원리를 이해하는 핵심 토대임을 보여준다.
교과연계 탐구주제	▶ 와트 분리응축기의 열손실 감소 효과를 내부에너지 관점에서 분석 ▶ 열 공급 조건 변화가 증기기관 출력과 효율에 주는 영향 비교 연구 ▶ 증기 압력과 팽창이 기계적 일로 전환되는 과정을 열역학적으로 고찰

● 전자기와 양자

성취기준	[12전자01-05] 자기선속 변화로 전자기 유도를 이해하고 변압기·인덕터 활용 기술을 설명할 수 있다.
주요내용	와트는 증기기관을 통해 안정적이고 지속적인 기계적 회전운동을 구현했으며, 이러한 회전운동 구조는 이후 전자기 유도 발전기의 기술적 토대가 된다. 기계적 회전이 자기선속을 변화시키면 전류가 발생한다는 패러데이의 법칙은 와트가 구축한 회전운동 장치 덕분에 산업 현장에서 실제 기술로 구현될 수 있었다. 이 성취기준은 와트의 회전계 기술이 전자기 유도 기반 전력기술 발전에 기여했음을 이해하게 한다.
교과연계 탐구주제	▶ 와트 회전장치가 전자기 유도 발전기 설계에 준 기반 고찰 ▶ 기계 회전 속도 변화가 자기선속 변화량에 미치는 영향 탐구 ▶ 증기기관→발전기 연결에서 전자기 유도 원리 적용 과정 분석

● 창의 공학 설계

성취기준	[12창공01-04] 공학에서의 창의성 개념을 이해하고, 창의적 사고 기법과 창의 공학 설계 사례를 탐구하여 창의 공학 설계에 대한 흥미와 관심을 가진다.
주요내용	제임스 와트는 기존 증기기관의 구조를 창의적 공학 설계로 개선한다. 실린더의 반복적인 냉각·가열로 인한 효율 저하 문제를 분리 응축기로 해결한다. 또한, 왕복운동을 회전운동으로 변환하는 장치를 개발해 산업기계에 안정적인 동력을 공급하며, 마력 개념을 제시하여 기계 성능을 정량화한다. 이 성취기준은 그의 발명이 문제 발견-아이디어 도출-설계-개선의 창의 공학 설계 절차를 따른다는 점을 보여준다.
교과연계 탐구주제	▶ 마력 개념 정립이 기계 설계 표준화에 기여한 창의성 고찰 ▶ 증기기관 효율 개선 아이디어 도출 과정의 공학적 의미 연구 ▶ 왕복→회전 변환 장치 개발이 보여주는 창의 공학 설계 원리 탐구

3. 독서 연계 탐구활동

● 추천 도서 목록

추천 도서 목록

▶ 세상을 바꾸는 공학기술(이상엽, 김영사, 2025)
▶ 산업혁명으로 세계사를 읽다(김명자, 까치, 2019)
▶ 창의 공학 설계 입문(박승규, 자유아카데미, 2025)

▶ 제임스 와트(엔드류 카네기(이은종 역), 주영사, 2017)
▶ 일상을 바꾼 과학 기술 이야기(박재용, 영수책방, 2024)
▶ 공장: 수차 공장에서 증기 기관 공장까지(데이비드 매콜리(윤영 역), 다산어린이, 2025)

● 독서 연계 탐구 활동

독서 연계 탐구 활동

도서명	산업혁명으로 세계사를 읽다(김명자, 까치, 2019)
	이 책은 산업혁명이 어떻게 시작되었고, 과학·기술 발전이 세계사를 어떻게 바꾸었는지를 설명한 책이다. 증기기관의 개선, 공장의 등장, 철도·운송 혁신 등이 사회 구조를 완전히 바꾼 과정을 쉽고 흥미롭게 다룬다. 특히 제임스 와트가 기존 증기기관의 열 손실 문제를 해결하고 분리 응축기와 회전운동 장치를 개발해 산업 생산을 크게 높였다는 점을 강조한다.
핵심 키워드	증기기관혁신, 분리응축기, 회전운동장치, 산업혁명, 기술변화
탐구 주제	▶ 와트의 분리 응축기가 증기기관 효율 향상에 미친 영향 탐구 ▶ 와트의 기술 혁신이 철도·운송·제조업에 남긴 세계사적 의미 탐구 ▶ 회전운동 장치 개발이 공장 기계화와 생산성 변화에 준 효과 분석 ▶ 와트 이전·이후 증기기관 구조 차이를 중심으로 한 기능적 특징 비교 ▶ 증기기관 발전이 산업 도시 형성과 노동 구조 변화에 미친 영향 고찰
토론 쟁점	▶ 와트의 증기기관 개선이 산업혁명의 결정적 전환점이었는가? ▶ 기술 혁신이 사회 변화를 앞당긴다는 주장에 동의할 수 있는가? ▶ 증기기관 중심 산업화가 환경 문제를 심화시킨 원인 중 하나인가? ▶ 와트의 발명이 없다면 인류 기술 발전 속도는 크게 달라졌을까?
후속 활동	▶ 통합과학: 열에너지 변환 실험을 통해 증기기관 작동 원리를 체험하는 활동 ▶ 기술·가정: 와트 증기기관 구조를 그래프로 정리해 개선 요소 분석하는 활동 ▶ 통합사회: 산업혁명이 노동·도시·경제에 미친 변화를 자료로 정리하는 활동 ▶ 동아리활동: 증기기관 이전·이후 산업 기술 변화 발표 자료 제작하는 활동

● 독서 연계 탐구활동 예시

탐구 주제	와트의 기술 혁신이 철도·운송·제조업에 남긴 세계사적 의미 탐구
탐구 자료	▶ 산업혁명 시기 제조업 변화 통계를 정리한 역사 참고 자료 ▶ 19세기 철도·증기선 발달 과정을 설명한 영상·다큐멘터리 자료 ▶ 와트 증기기관 구조와 작동 원리를 소개한 과학·기술 교과서 자료

탐구 개요	서론	제임스 와트의 증기기관 개선은 단순한 발명이 아니라 철도·운송·제조업을 바꾼 큰 전환점이었음. 와트의 분리 응축기와 회전운동 장치는 효율을 높여 공장 기계화와 대량생산을 가능하게 했고, 철도와 증기선 발전으로 사람과 물자의 이동 속도도 혁신적으로 빨라졌음. 본 탐구는 그의 기술 혁신이 산업 구조와 세계사의 흐름을 어떻게 변화시켰는지를 분석하고자 함.
	본론	▶ 와트 증기기관의 핵심 개선 요소를 정리해 기존 기술과 차이를 이해 ▶ 증기기관이 철도·증기선 속도 향상과 운송망 확대에 준 영향 조사 ▶ 기계화된 공장 시스템이 제조업 생산량과 노동 방식에 미친 변화 분석 ▶ 철도·운송 혁신이 세계 교역 구조와 도시 성장에 미친 효과 파악 ▶ 정리한 자료를 토대로 세계사 변화의 공통 흐름을 그래프·도식으로 구성
	결론	탐구 결과, 와트의 기술 혁신은 철도·운송·제조업 모두에서 큰 변화를 만들었음을 확인함. 증기기관의 효율 향상은 기계 생산 확대를 가능하게 했고, 철도와 증기선의 발전은 사람과 물자의 이동 속도를 높여 세계 시장을 빠르게 연결함. 이로 인해 도시화가 가속되고 국제 교역 규모가 폭발적으로 증가함. 결국 와트의 기술은 산업혁명의 중심 동력이 됨.
후속 활동		▶ 통합과학: 증기기관 모형을 제작해 열에너지 변환 원리를 실험하는 활동 ▶ 기술·가정: 철도·운송 기술 변화가 산업 구조에 준 영향을 정리하는 활동 ▶ 통합사회: 산업혁명 이후 도시화·교역 확대 사례를 지도에 표시하는 활동 ▶ 정보: 기술 혁신이 사회 시스템 변화에 미친 영향을 데이터로 분석하는 활동 ▶ 진로활동: 와트 기술을 기반으로 한 산업 변화 영상 자료를 제작하는 활동

4. NIE 연계 활동

● 신문 읽기 & 연결 사유 찾기

제임스 와트 증기기관, 영국 산업혁명 시동걸다(아틀라스, 2019.12.07.)

이 기사는 제임스 와트가 분리 응축기와 회전운동 장치 개발을 통해 기존 증기기관의 효율을 크게 향상시키며 영국 산업혁명의 핵심 동력을 마련했다는 내용을 다루고 있다. 와트의 기술은 공장 기계화와 대량생산 체제를 가능하게 했고, 철강·운송·제조업 전반의 급격한 성장으로 이어졌다. 기사는 그의 발명이 산업 구조와 사회 전반에 걸쳐 근본적 변화를 촉발한 결정적 전환점이었다는 점을 더욱 강조하고 있다.

산업혁명의 기관차 철도, 시간을 통일하다(인천 투데이, 2025.12.20.)

이 기사는 철도의 등장으로 이동 속도와 물류 체계가 비약적으로 빨라지며 사회의 시간 개념까지 변화한 과정을 설명한다. 지역마다 달랐던 시각 체계는 철도 운행의 표준화를 위해 통일되었고, 이는 산업화 시대의 규율과 생활 패턴을 바꾸는 중요한 전환점이 되었다. 또한 기사는 철도가 단순한 기술 혁신을 넘어 사회·문화적 질서 재편에도 깊은 영향을 미친 대표적 사례임을 강조한다.

증기기관 산업화 과정과 오늘날의 교훈(헬로디디, 2020.01.07.)

이 기사는 증기기관이 산업혁명 초기 생산 혁신을 이끌었지만, 그 과정에서 환경 오염과 노동착취, 도시 과밀화 문제가 심화되었다는 점을 조명한다. 기술 발전이 반드시 사회적 진보를 보장하지 않는다는 사실을 지적하며, 오늘날 신기술 도입에서도 지속가능성·노동권·환경 기준을 종합적으로 고려해야 한다는 교훈을 강조한다. 과거의 실패를 반면교사로 삼아 더욱 책임 있는 미래 산업을 설계해야 함을 제시한다.

• 시사 이슈

▶ 기술 혁신이 산업 전환을 이끌 때 정부와 사회는 어떤 조정 역할을 해야 할까?

▶ 증기기관 산업화 과정의 환경 파괴가 현대 기술 개발에서 어떤 윤리적 기준을 요구하는가?

▶ 표준시 도입처럼 교통 혁신이 사회 문화적 규범까지 변화시키는 현상은 어떻게 이해해야 할까?

● 관점의 분석과 비교

산업혁명의 기관차 철도, 시간을 통일하다(인천 투데이, 2025.12.20.)
- 철도가 만든 표준시 도입이 시민 삶의 규율 강화를 정당화할 수 있는가? -

찬성	반대
표준시는 철도 운행의 안전성과 정시성을 확보하며 산업 사회 전반의 효율을 크게 높였다. 시간 체계의 통일은 사회 운영의 혼란을 줄이고 시민 생활의 편의를 강화한 제도이므로 일정한 규율 강화는 정당화될 수 있다.	표준시 도입은 지역 고유의 시간 감각을 약화시키고 시민의 일상 리듬을 산업 논리에 맞추도록 강요했다. 효율성 중심의 시간 규율은 개인의 자율성을 제한할 수 있어, 사회적 편익만으로 규율 강화를 정당화하기 어렵다.

제임스 와트 증기기관, 영국 산업혁명 시동걸다 (아틀라스, 2019.12.07.)
- 증기기관 혁신이 사회 발전을 견인한 원동력이었는가, 불평등을 심화한 요인이었는가 -

≫ 사회발전 원동력	≫ 불평등 심화
증기기관 혁신은 생산성을 비약적으로 높여 산업 구조를 변화시키고 운송·제조·철강 등 여러 분야의 성장을 촉진했다. 이는 도시화와 경제 확장을 이루는 기반이 되었으며, 근대 사회 형성과 기술 발전의 핵심 동력으로 작용했다.	증기기관은 자본가 중심의 대규모 공장 체제를 강화해 노동자에게 장시간 노동과 저임금을 강요했다. 기술 혜택이 고르게 분배되지 않아 계층 간 격차가 커졌고, 산업화 과정에서 사회적 불평등이 더욱 고착되는 결과를 낳았다.

• 사고의 확장

▶ 교통 인프라 혁신이 사회 규칙과 문화적 규범을 재편하는 것은 정당한가?

▶ 이동 속도 향상이 사회의 생활리듬과 가치관을 바꾼 과정이 긍정적 변화였는가?

▶ 산업혁명 당시 환경 파괴 경험이 신기술 도입 시 어떤 윤리 기준을 마련하게 하는가?

▶ 와트의 발명이 노동시장 구조를 바꾸며 새로운 직업 계층 형성에 어떤 역할을 했는가?

▶ 과거 산업화의 실책을 참고할 때 지속가능한 기술 개발은 어떤 방향을 지향해야 할까?

5. 세특 예시

'산업혁명으로 세계사를 읽다'를 읽고 와트의 기술 혁신이 철도 운송과 제조업에 남긴 세계사적 의미를 탐구함. 산업혁명 시기 제조업 변화 통계 자료와 영상 다큐멘터리, 증기기관 구조·작동 원리 자료를 활용하여 기계 생산 확대와 이동 속도 향상이 사회 전반에 미친 변화를 분석함. 특히 와트 증기기관이 철도 운송 효율을 높여 도시화와 국제 교역 규모 확대를 촉진하며 산업혁명의 핵심 동력으로 작용함을 밝힘. 독서를 기반으로 기술 혁신 과정을 역사적 관점에서 해석하는 능력을 보임.

31 제임스 클러크 맥스웰
(James Clerk Maxwell, 1831~1879)

1. 보이지 않는 전자기파를 수식으로 그려낸 과학자

● 시골 소년의 호기심에서 시작되다

1831년, 스코틀랜드의 에든버러 근교에서 태어난 제임스 클러크 맥스웰은 유복한 가정에서 자랐다. 어릴 때부터 그는 '왜'라는 질문을 멈추지 않았다. 하늘의 무지개를 보고는 색의 순서가 왜 일정한지 궁금해했고, 거울에 비친 자신의 얼굴이 어떻게 생겨나는지 실험으로 알아보려 했다. 아버지는 이런 아들의 호기심을 격려하며 실험 도구를 직접 만들어 주었다.

그의 첫 발명은 단순한 나무 바퀴였지만, 그 안에는 '움직임의 법칙'을 찾아내려는 열정이 담겨 있었다.

"세상은 이유 없이 움직이지 않는다."

이 믿음이 그의 과학 여정의 출발점이 되었다.

● 빛과 색의 비밀을 탐구하다

맥스웰은 열여섯 살에 이미 논문을 발표할 만큼 뛰어난 학생이었다. 그는 빛과 색의 관계에 깊은 관심을 가지며, 다양한 색을 혼합해 새로운 색을 만들어내는 실험을 진행했다. 빨강, 초록, 파랑 세 가지 색의 조합으로 모든 색을 표현할 수 있음을 증명해, 오늘날 'RGB 색상 이론'의 기초를 세웠다.

그는 빛이 단순히 눈으로 보는 현상이 아니라, 파동과 에너지가 섞여 이루어진 물리적 현상임을 직감했다.

"색은 자연이 보여주는 가장 아름다운 수학이다."

그의 실험은 훗날 컬러 사진과 디지털 영상 기술의 바탕이 되었다.

● 보이지 않는 힘을 수학으로 그리다

맥스웰은 케임브리지 대학교에 진학해 본격적으로 물리학과 수학 연구를 이어갔다. 그는 전자기 현상을 연구하던 중, 패러데이의 '힘의 선' 개념을 수학적으로 표현할 방법을 고민했다. 수년간의 계산 끝에, 그는 전기와 자기의 관계를 네 개의 방정식으로 정리했다. 이것이 바로 '맥스웰 방정식'이다. 그는 이를 통해 전기와 자기, 빛이 모두 하나의 '전자기파'라는 사실을 밝혀냈다.

"자연의 모든 현상은 하나의 언어로 표현될 수 있다. 그 언어는 수학이다."

이 방정식은 현대 물리학의 근본이 되었고, 아인슈타인조차 "맥스웰은 나의 스승이다."라고 말했다.

● 전자기파의 존재를 예언하다

맥스웰은 실험에서 전자기파가 존재할 수 있음을 수학적으로 예측했다. 그는 빛이 전자기파의 한 형태이며, 이와 비슷한 파동이 공기 중을 지나 전기 신호를 전달할 수 있다고 보았다. 그는 이를 '보이지 않는 파동의 세계'라 불렀다.

당시 사람들은 그의 주장을 이해하지 못했지만, 수십 년 뒤 독일의 헤르츠가 실제로 전자기파를 발견하면서 맥스웰의 예언은 현실이 되었다. 그가 상상으로 그려낸 전자기파는 오늘날 라디오, TV, Wi-Fi, 스마트폰 통신의 근본 원리가 되었다.

맥스웰의 위대함은 직접 관측할 수 없는 현상을 수학적 논리만으로 먼저 그려냈다는 데 있었다. 그는 실험이 도달하기 전, 이론이 자연의 길을 먼저 밝혀줄 수 있음을 증명했다.

• 학문과 인간미를 겸비한 과학자

맥스웰은 단지 수학자나 물리학자에 머무르지 않았다. 그는 시를 짓고 음악을 즐겼으며, 제자들에게 늘 따뜻한 미소를 보냈다. 그는 실험보다 학생들의 사고력을 자극하는 질문을 더 중요하게 여겼다.

"진정한 과학은 암기가 아니라 이해에서 시작된다."

그의 강의는 어렵지만 흥미로웠고, 그는 평생 학문과 인간의 조화를 꿈꾼 '따뜻한 천재'로 기억된다. 그는 48세라는 짧은 생을 마쳤지만, 그가 남긴 이론은 오늘날까지도 변함없이 과학의 중심에 서 있다.

• 오늘날로 이어지는 메시지

우리는 보이는 결과와 빠른 성과에 집중하는 학습 환경 속에 있다. 하지만 세상을 움직이는 원리는 언제나 눈에 보이지 않는 구조와 관계에서 시작된다. 맥스웰은 빛과 전기, 자기를 서로 다른 현상이 아닌 하나의 질서로 바라보았다. 그는 보이지 않는 힘을 수식으로 연결하며, 자연의 복잡함 뒤에 숨은 공통 언어를 찾아냈다.

오늘날 학생에게 맥스웰의 삶은 이렇게 말해준다.

눈앞의 현상에 머무르지 않고, 그 이면의 구조를 이해하려는 사고가 진짜 실력이다.

▶ 나는 결과가 아닌 원리를 이해하려 노력하고 있는가?

▶ 서로 다른 개념을 하나로 연결해 본 경험이 있는가?

이 질문은 물리·수학·융합 탐구 중심의 세특 주제로 자연스럽게 확장될 수 있다.

• 주요 업적

1) 전자기장 이론 통합(Maxwell's Electromagnetic Theory)

맥스웰은 전기와 자기의 관계를 각각 따로 연구하던 당시 과학계에 큰 변화를 가져왔다. 그는 패러데이의 "힘의 선(Field)" 개념을 수학적으로 정리해, 전기장과 자기장이 서로 연결된 하나의 통합된 현상이라는 이론을 제시했다. 이 통합 이론은 전자기학을 독립된 새로운 분야로 발전시키는 출발점이 되었고, 전자기파·전기회로·통신 기술의 기초 개념을 제공했다. 맥스웰의 통찰은 자연의 보이지 않는 힘을 하나의 원리로 설명한 혁신적 업적이었으며 후대 연구에도 깊은 영향을 남겼다.

2) 맥스웰 방정식(Maxwell's Equations)

맥스웰은 전기와 자기의 변화를 네 개의 기본 방정식으로 정리해 오늘날 "맥스웰 방정식"으로 알려진 수학적 체계를 만들었다. 이 방정식은 전하가 전기장을 만들고, 변화하는 전기장은 자기장을 만들며, 이 둘이 서로 영향을 주면서 파동을 만든다는 과정을 정확히 설명한다. 맥스웰 방정식은 모든 전자기 현상을 수학적으로 예측할 수 있게 만들었고, 현대 물리학에서 가장 중요한 공식 중 하나로 남아 있다. 이 방정식은 통신, 전력, 전자 기기 등의 핵심 원리를 규정한다.

3) 빛의 전자기파 성질 규명(Electromagnetic Nature of Light)

맥스웰은 자신의 방정식을 분석하다가 놀라운 결론에 도달했다. 바로 빛도 전자기파의 한 종류라는 사실이다. 그는 빛의 속도와 계산된 전자기파의 속도가 거의 같다는 점을 통해 빛이 전기장과 자기장이 번갈아 진동하며 이동하는 파동임을 밝혔다. 이 발견은 빛을 단순한 시각적 현상이 아닌 물리적 파동으로 설명했으며, 무선 통신과 레이더 기술의 중요한 이론적 기반을 제공했다. 맥스웰의 결론은 후에 헤르츠의 실험으로 명확히 증명되었고, 현대 물리학의 전개에도 결정적 영향을 주었다.

4) 색채 이론 연구(Color Theory & Three-Color Model)

맥스웰은 빛 연구를 확장하여 색채의 원리에도 도전했다. 그는 '빨강·초록·파랑' 세 가지 기본 색을 조합하면 대부분의 색을 만들 수 있다는 삼원색 이론을 과학적으로 설명했다. 이를 증명하기 위해 최초의 컬러 사진 실험도 성공시켰다. 맥스웰의 연구는 인간 시각 시스템을 이해하는 중요한 기초가 되었으며, 오늘날 TV, 모니터, 카메라의 RGB 색 표현 방식의 출발점이 되었다. 그는 색의 물리적, 심리적 작용을 연결한 선구적 연구자로 널리 높은 평가를 받는다.

● 과학적 성과와 영향

맥스웰은 전기와 자기의 관계를 하나의 수학적 체계로 정리해 현대 물리학의 새로운 시대를 연 과학자이다. 그는 맥스웰 방정식을 통해 전하, 전류, 전기장, 자기장이 어떻게 상호작용하는지를 명확히 설명했고, 이를 통해 전기와 자기가 단일한 '전자기력'임을 증명했다. 또한 그의 방정식은 두 장이 서로를 만들며 퍼져나가는 전자기파가 존재함을 예측했고, 이 파동의 속도가 빛과 같다는 사실을 밝혀 빛의 본질을 규명하는 데 큰 기여를 했으며, 이후 물리학 발전에도 깊은 영향을 주었다.

맥스웰의 성과는 현대 기술과 과학 전반에 깊은 영향을 미쳤다. 그의 전자기 이론은 무선 통신, 레이더, 전파 방송, 광통신 등 현대 정보기술의 기초가 되었으며, 전자기파의 예측은 헤르츠와 마르코니의 무선 기술 발전을 이끄는 출발점이 되었다. 또한 RGB 색 모델은 디스플레이, 카메라, 조명 등 다양한 산업에서 표준이 되었고, 그의 이론은 아인슈타인의 상대성이론에도 중요한 영감을 주었다. 맥스웰의 업적은 현대 물리학의 근간을 만든 혁신적 성과로 평가된다.

● 과학 이론 연계 탐구 주제

전자기장 이론 통합	▶ 전자기장 개념이 현대 전자기기 설계에 준 영향 고찰 ▶ **패러데이 개념과 맥스웰 통합 이론의 차이를 비교 조사** ▶ 전기와 자기 통합 이론이 과학 패러다임에 준 변화 분석
맥스웰 방정식	▶ 맥스웰 방정식이 전기·자기 변화 예측에 준 영향 조사 ▶ 맥스웰 방정식 도입이 통신·전파 기술 발전에 준 의미 고찰 ▶ 패러데이 법칙과 맥스웰 개정 항의 연결성을 중심으로 분석
빛의 전자기파 성질 규명	▶ 빛의 속도 예측이 전자기파 연구에 준 영향 조사 ▶ 프리즘 실험을 통해 빛과 파동 특성의 기본 원리 분석 ▶ 전자기파 성질 규명이 통신·센서 기술에 준 발전 영향 분석
색채 이론 연구	▶ 뉴턴 색 분해 연구와 맥스웰 색혼합 이론을 비교 고찰 ▶ 색채 이론이 디스플레이·영상 기술 발전에 준 영향 조사 ▶ 색 지각 연구가 현대 시각 정보처리 기술에 준 의미 분석

주제	패러데이 개념과 맥스웰 통합 이론의 차이를 비교 조사
탐구 목표	패러데이의 실험 중심 전기·자기 개념과 맥스웰의 수학적 통합 이론을 비교하여 두 이론의 차이와 전자기학 발전 과정에서의 의미를 이해하는 것을 목표로 한다.
선정 이유	패러데이는 실험을 통해 전자기 현상의 기본 원리를 발견했으며, 맥스웰은 이를 수학적 방정식으로 통합하여 현대 전자기학의 기초를 만들었다. 두 과학자의 접근 방식은 서로 다르지만 상호 보완적이다. 이를 비교하면 과학 발전이 실험과 이론의 결합으로 이루어진다는 점을 배울 수 있어 본 탐구 주제를 선택했다.
서론	전자기학은 현대 과학과 공학의 핵심 분야이며, 그 출발점에는 패러데이와 맥스웰의 중요한 발견이 있다. 패러데이는 실험을 통해 전자기 유도와 전기·자기 상호작용을 밝혔고, 맥스웰은 이를 수학적으로 체계화하여 통합된 전자기장 이론을 제시했다. 두 접근 방식의 차이 비교와, 전자기학 형성에 어떤 역할을 했는지 분석하고자 한다.
본론	▶ 패러데이의 전자기 유도·힘의 선 개념·장 개념을 조사 ▶ 맥스웰 방정식의 네 가지 요소와 수학적 의미를 정리 ▶ 패러데이 실험 개념과 맥스웰 이론적 표현 방식의 차이를 비교 ▶ 전자기장 개념이 두 이론에서 어떻게 발전했는지 흐름을 분석 ▶ 자료를 종합해 전자기학 발전에서 두 과학자의 기여 차이를 해석
결론	탐구 결과, 패러데이는 실험을 통해 전기와 자기의 관계를 직관적으로 이해하고 설명했으며, 맥스웰은 이를 정량화하여 수학적 이론으로 완성했다. 패러데이는 '발견의 기초'를, 맥스웰은 '이론의 체계'를 마련한 셈이다. 두 이론은 대비되지만 서로 보완적이며, 전자기학이 실험과 수학의 결합 속에서 발전했음을 확인할 수 있었다.
심화 탐구 주제	▶ 맥스웰 방정식이 전자파·통신 기술 발전에 준 기여 고찰 ▶ 패러데이 장 개념이 현대 전자기장 해석 기술에 남긴 영향 분석 ▶ 실험 중심 연구와 이론 중심 연구가 과학 발전에 미친 영향 비교
토론 주제	▶ 맥스웰 방정식 없이 현대 통신 기술이 가능했을까? ▶ 과학 발전에서 실험이론 중 어느 요소가 더 핵심적일까? ▶ 패러데이 발견이 없었다면 전자기학 발전은 어떻게 달라졌을까?
교내 후속 활동	▶ 공통수학: 맥스웰 방정식의 기초 형태를 이용해 전기장 변화 해석 ▶ 통합과학: 코일, 자석 실험으로 전자기 유도 원리를 직접 확인 활동 ▶ 동아리활동: 과학 동아리에서 전자기파 실험 및 간단한 안테나 제작

제임스 클러크 맥스웰
(James Clerk Maxwell, 1831~1879)

2. 교과 연계 탐구활동 (물리학, 기하, 정보)

● 물리학

성취기준	[12물리03-06] 모든 관성계에서 빛의 속력이 동일하다는 원리로부터 시간 팽창, 길이 수축 현상이 나타남을 알고, 이러한 지식이 사회에 미친 영향을 조사할 수 있다.
주요내용	아인슈타인의 광속 불변 원리는 맥스웰 전자기학의 수식적 증명을 이론적 토대로 삼아 탄생했다. 맥스웰의 전자기파 속도 공식은 오직 물리 상수로만 결정되어, 빛의 속도가 관측자의 운동과 무관함을 수학적으로 암시했다. 이 성취기준은 맥스웰의 광속 일정성을 해결하며 특수 상대성 이론이 정립된 과정을 다룬다. 이를 통해 아인슈타인에게 결정적 영감을 준 맥스웰이 상대성 이론의 '숨겨진 아버지'임을 재조명한다.
교과연계 탐구주제	▶ 맥스웰 방정식이 기계론적 우주관에 미친 영향 ▶ 갈릴레이 변환의 모순과 특수 상대성 이론의 탄생 배경 탐구 ▶ 유전율과 투자율 상수를 이용한 전자기파 속도 유도와 광속 불변의 의미 고찰

● 기하

성취기준	[12기하03-01] 벡터의 뜻을 알고, 벡터의 덧셈, 뺄셈, 실수배를 할 수 있다.
주요내용	맥스웰 이전까지 전자기 현상은 '힘'이나 '작용'으로 모호하게 기술되었으나, 맥스웰은 이를 공간상의 모든 점마다 크기와 방향을 갖는 '벡터장(Vector Field)' 개념으로 정식화했다. 이 성취기준은 보이지 않는 힘의 흐름을 x, y, z 좌표계상의 3차원 벡터로 시각화하고, 공간도형과 벡터의 내적, 외적 개념을 활용하여 전자기파의 진행 원리를 구조적으로 이해하는 능력을 기르는 데 활용된다.
교과연계 탐구주제	▶ 벡터장의 발산과 회전 개념을 활용한 패러데이 법칙의 기하학적 해석 ▶ 스칼라장과 벡터장의 차이 비교: 중력장과 전자기장의 기하학적 특성 분석 ▶ 3차원 좌표공간에서 전기장과 자기장, 진행방향의 벡터 관계 시각화 및 모형 제작

● 정보

성취기준	[12정02-01] 디지털 데이터 압축의 개념과 필요성을 이해하고, 압축의 효율성을 분석하여 평가한다.
주요내용	맥스웰은 "분자의 속도를 식별해 문을 여닫는 상상의 존재(맥스웰의 도깨비)"를 제안하며 열역학 제2법칙(엔트로피 증가)에 의문을 제기했다. 이 역설은 훗날 '정보'를 획득하고 지우는 과정이 물리적 에너지 소모와 직결된다는 '란다우어의 원리'로 해결되며 현대 정보 이론의 기초가 되었다. 해당 성취기준은 정보 엔트로피 개념을 통해 데이터 압축과 효율을 물리적 관점에서 해석하게 한다.
교과연계 탐구주제	▶ 란다우어 원리 탐구: 데이터를 삭제할 때 열이 발생하는 물리적 이유 ▶ '맥스웰의 도깨비' 역설 해결 과정으로 본 정보와 엔트로피의 상관관계 탐구 ▶ 차세대 컴퓨팅의 한계와 도전: 정보 처리 과정의 최소 에너지 비용에 대한 고찰

3. 독서 연계 탐구활동

● 추천 도서 목록

추천 도서 목록

▶ 인포메이션(제임스 글릭(박래선, 김태훈 역), 동아시아, 2017)

▶ 신사와 그의 악마(브라이언 클레그(배지은 역), 세로북스, 2024)

▶ 빛의 물리학(EBS 다큐프라임 <빛의 물리학> 제작팀, 해나무, 2014)

▶ 패러데이&맥스웰: 공간에 펼쳐진 힘의 무대(정동욱, 김영사, 2010)

▶ 일렉트릭 유니버스(데이비드 보더니스(김명난 역), 글램북스, 2014)

▶ 패러데이와 맥스웰(낸시 포브스, 배질 마혼(박찬, 박술 역), 반니, 2015)

● 독서 연계 탐구 활동

독서 연계 탐구 활동

도서명	패러데이와 맥스웰(낸시 포브스, 배질 마혼(박찬, 박술 역), 반니, 2015)
	이 책은 수학을 몰랐던 실험가 패러데이와 그의 직관을 수식으로 증명한 맥스웰이 전자기학을 완성해 가는 지적 여정을 그린다. 패러데이의 투박한 '자기력선'이 맥스웰의 정교한 수식을 만나 현대 물리학의 핵심인 '장(Field)' 이론으로 진화하는 과정을 담았다. 상반된 재능을 가진 두 거장의 진리를 향한 순수한 열정과 상호 존중의 태도는 미래 과학자가 갖춰야 할 인성의 훌륭한 본보기가 된다.
핵심 키워드	전자기유도, 자기력선, 벡터장, 수학과 직관의 협업, 과학적 상상력
탐구 주제	▶ 패러데이와 맥스웰의 관계를 통해 본 이상적인 연구 파트너십 분석 ▶ 맥스웰의 예언이 헤르츠의 검증 실험으로 입증되기까지의 과정 추적 ▶ **패러데이의 스케치를 맥스웰의 '벡터장'으로 번역되는 수학적 과정 분석** ▶ 수학적 연역이 이끌어낸 빛의 정체: 전자기파 속도 공식 유도와 그 함의 탐구 ▶ '원격 작용'에서 '장(Field)'으로: 물리학의 세계관 전환에 대한 과학철학적 고찰
토론 쟁점	▶ 과학 발전의 핵심 동력은 '천재적 직관'인가, '엄밀한 수학'인가? ▶ 전자기학의 역사에서 더 결정적인 공로를 세운 사람은 누구인가? ▶ 순수 기초 이론 연구에 막대한 국가 예산을 투입하는 것은 정당한가?
후속 활동	▶ 정보: 코딩 프로그램으로 전자기파 진행 시뮬레이션을 만드는 활동 ▶ 공통수학: 수학 프로그램을 이용한 벡터장을 시각적으로 구현하는 활동 ▶ 공통영어: 맥스웰이 패러데이에게 보낸 서신을 번역하고 비평하는 활동 ▶ 물리학: 패러데이의 호모폴라 전동기를 제작해보고 원리를 분석하는 활동

제임스 클러크 맥스웰 (James Clerk Maxwell, 1831~1879)

● 독서 연계 탐구활동 예시

탐구 주제	패러데이의 스케치를 맥스웰의 '벡터장'으로 번역되는 수학적 과정 분석
탐구 자료	▶ 3D 그래픽 도구를 활용해 구현한 전자기장 벡터 시각화 자료 ▶ 자기력선 스케치와 벡터 미분방정식의 구조를 대조하여 정리한 비교 분석 자료 ▶ 패러데이의 '자기력선'과 맥스웰의 '장(Field)' 개념 차이를 다룬 과학 도서 및 자료

탐구 개요	서론	패러데이는 '자기력선'이라는 직관적 모델로 전자기 현상을 설명했으나 당대에는 과학적 근거가 부족하다는 비판을 받았고, 맥스웰은 이를 공간의 모든 점에 크기와 방향을 부여한 '벡터장'으로 재정립함. 본 탐구에서는 직관적인 스케치가 정교한 미분방정식으로 번역되는 수학적 논리 과정을 분석하여 수리적 모델링의 본질을 이해하고자 함.
	본론	▶ 점전하의 전기장 벡터 함수를 코딩하고 시각적으로 구현하기 ▶ 패러데이의 '자기력선'과 맥스웰의 '벡터' 정의를 비교하여 정리하기 ▶ 스케치와 그래프의 일치성을 검증해 수식의 기하학적 의미 도출하기 ▶ 선의 밀도와 접선 방향이 벡터로 변환되는 수학적 알고리즘 분석하기 ▶ 발산과 회전 연산자가 자기력선 형태를 어떻게 수식화하는지 조사하기
	결론	패러데이의 자기력선은 단순한 그림이 아니라 벡터장의 기하학적 표현임을 확인함. 맥스웰은 '선이 뿜어져 나오는 모양'을 발산으로, '소용돌이치는 모양'을 회전으로 번역하여 수학적 엄밀성을 더함. 이를 통해 수학(미분방정식)은 자연의 현상을 기술하는 가장 정교한 언어이며, 위대한 과학적 발견은 직관적 상상력과 논리적 검증의 결합으로 완성됨을 이해하게 됨.
후속 활동		▶ 물리학: 패러데이와 맥스웰 연결 구조를 체험하는 활동 ▶ 공통수학: 맥스웰 방정식 중 파동 방정식을 유도하는 활동 ▶ 기하: 전자기 유도 법칙의 기하학적 의미를 탐구하는 활동 ▶ 정보: 파이썬을 이용해 변화하는 전기력선 시뮬레이션을 구현하는 활동 ▶ 미술: 철가루 실험 사진과 벡터장 그래프를 중첩하여 인포그래픽을 제작하는 활동

4. NIE 연계 활동

● 신문 읽기 & 연결 사유 찾기

맥스웰, 고전 전자기학을 완성한 물리학자(동아사이언스, 2011.03.21.)

이 기사는 전기와 자기 현상을 하나의 이론으로 통합해 고전 전자기학의 기초를 세운 맥스웰의 업적을 다루고 있다. 패러데이의 발견을 수식으로 정리해 완성한 '맥스웰 방정식'이 전자기 현상의 보편 법칙이 되었음을 설명한다. 또한 이 방정식이 빛이 전자기파임을 밝히고 특수상대성이론의 기반이 되었다는 점을 소개한다. 기사에서는 맥스웰이 현대 물리학의 출발점을 마련한 핵심 인물로 평가받는 이유를 조명하고 있다.

아인슈타인 "물리학은 맥스웰 이전과 이후로 나뉜다"(채널예스, 2013.11.05.)

이 기사는 "물리학은 맥스웰 이전과 이후로 나뉜다"는 아인슈타인의 찬사를 인용하며, 뉴턴에 버금가는 맥스웰의 위상을 조명한다. 전기와 자기를 통합한 방정식을 통해 빛이 전자기파임을 증명하고 현대 물리학의 기틀을 닦은 과정을 상세히 다룬다. 특히 그의 전자기장 이론이 아인슈타인의 상대성 이론 탄생에 결정적 실마리가 되었음을 강조하며 두 이론의 연결고리를 설명한다.

1888년 9월, 맥스웰주의자들이 승리를 선언한 날(HORIZON, 2020.11.23.)

이 칼럼은 난해했던 맥스웰 이론이 사후 '맥스웰주의자'들의 집단 지성으로 완성되고 검증되는 과정을 조명한다. 헤비사이드가 수식을 벡터로 정리하고 후학들이 검출 토대를 닦아, 1888년 헤르츠의 실험적 입증을 이끌어낸 역사를 다룬다. 이는 과학적 진보가 연구자들의 치열한 수정과 보완을 통해 완성됨을 보여준다. 결국 위대한 발견 뒤에는 수많은 과학자의 보이지 않는 협력과 헌신이 있었음을 시사한다.

▶ 기존의 패러다임을 뒤엎고 새로운 세계관을 제시할 때 과학자는 어떤 태도를 지녀야 하는가?

▶ 천재의 독창적 발견과 후대 연구자들의 보완 중 과학 혁명을 완성하는 결정적 요인은 무엇인가?

▶ 무용해 보이던 이론이 훗날 문명을 바꾼 사례는 기초 과학 투자의 당위성을 어떻게 설명하는가?

● 관점의 분석과 비교

맥스웰, 고전 전자기학을 완성한 물리학자(동아사이언스, 2011.03.21.)
- 당장의 경제적 효용이 보이지 않는 기초 과학에 막대한 국가 예산을 투입하는 것은 정당한가? -

찬성	반대
맥스웰 방정식처럼, 기초 과학의 파급력은 예측 불가능하며 시차를 두고 문명 전체를 바꾼다. 당장의 쓸모만 따지면 인류는 영원히 촛불만 개량했을 것이지, 전구를 발명하지 못했을 것이다. 국가가 나서서 실패를 용인하는 투자를 해야 한다.	국가의 예산은 한정되어 있다. 기후 위기, 질병 등 당장 해결해야 할 시급한 문제들이 산적해 있다. 성공 확률이 희박하고 언제 상용화될지 모르는 이론 연구보다는, 현재 인류의 삶을 개선할 수 있는 응용 기술에 우선순위를 두어야 한다.

1888년 9월, 맥스웰주의자들이 승리를 선언한 날(HORIZON, 2020.11.23.)
- 과학적 발견의 진정한 공로는 '최초의 제안자'와 '이론 완성자' 중 누구의 몫인가? -

≫ 최초 제안자	≫ 최종 완성자
가장 어려운 것은 '무'에서 아이디어를 떠올리는 것이다. 현상의 본질을 꿰뚫어 본 최초의 통찰력이 과학의 핵심이다. 후속 작업은 기술적인 보완일 뿐, 원천 아이디어의 가치를 넘을 수 없기에 최초 제안자에게 더 큰 공로가 돌아가야 한다.	과학은 보편적인 언어(수학)로 정리되어 누구나 활용할 수 있을 때 비로소 가치를 지닌다. 패러데이의 그림을 수학으로 번역한 맥스웰, 맥스웰의 난해함을 정리한 헤비사이드처럼 '완결성'을 부여한 사람에게 더 큰 공로가 돌아가야 한다.

● 사고의 확장

▶ 난해한 이론이 교육과 언론에서 단순화될 때, 이는 지식 전달인가 왜곡인가?

▶ 맥스웰이 없었다면 전자기파 발견과 통신 기술 발전은 얼마나 지연되었을까?

▶ 실험으로 확인되지 않은 이론에 국가가 기초 과학 투자를 지속하는 것은 타당한가?

▶ 자연 현상의 본질을 규정하는 권한은 실험가와 이론가 중 누구에게 더 있다고 볼 수 있는가?

▶ 과학 혁명을 완성하는 데 더 결정적인 역할은 천재적 이론가인가, 이를 검증한 집단 지성인가?

5. 세특 예시

    도서 '패러데이와 맥스웰'을 정독하며 패러데이의 직관적 모델인 '자기력선'이 맥스웰에 의해 정교한 '벡터장'으로 재정립되는 수학적 메커니즘에 흥미를 느껴 심화 탐구를 수행함. 자기력선의 밀도와 접선 방향이 각각 벡터의 크기와 성분으로 변환되는 과정을 분석하고, 이를 발산과 회전 연산자의 개념과 연결하여 논리적으로 설명함. 나아가 지오지브라 공학 도구를 활용해 3차원 전기장 벡터 함수를 직접 코딩하고 시각화함으로써, 추상적인 수식과 기하학적 형상이 정확히 일치함을 검증함.

32 존 돌턴
(John Dalton, 1766~1844)

1. 세상을 다르게 보았던 눈으로, 보이지 않는 '원자'의 지도를 그리다

● 색을 잃은 눈으로 빛을 탐구하다

가난한 직조공의 아들로 태어나 12세부터 교단에 섰던 소년 돌턴은 자신의 눈이 남들과 다르다는 사실을 깨달았다. 그는 붉은 색과 녹색을 구별하지 못하는 자신의 증상을 숨기지 않고, 스스로 피실험자가 되어 최초로 색각 이상을 과학적으로 분석했다. 오늘날 적록색맹을 뜻하는 '돌터니즘(Daltonism)'이라는 용어는 자신의 약점마저 연구 대상으로 삼았던 그의 열정에서 탄생했다.

"어째서 저 붉은 장미가 내 눈에는 칙칙한 진흙 색깔로 보이는 걸까? 나의 눈은 남들과 다른 프리즘을 가진 것 같아. 내 눈을 해부해서라도 이 비밀을 밝혀내겠어."

● 날씨 덕후, 공기의 비밀을 풀다

평생 20만 번이 넘는 기상 관측을 수행할 만큼 날씨에 진심이었던 그는 대기를 연구하다가 기체의 성질에 눈을 뜬다. 그는 혼합 기체 속에서 각 기체가 서로 방해하지 않고 독립적으로 각자의 압력을 행사한다는 '분압 법칙'을 발견했다.

"공기는 단순한 덩어리가 아니야. 마치 무도회장의 댄서들처럼, 산소와 질소 알갱이들이 서로 부딪히지 않고 각자의 힘으로 벽을 밀고 있단 말이지."

이는 공기가 단일 물질이 아니라 서로 다른 입자들의 혼합물이라는 사실을 입증하는 중요한 계기가 되었다.

● 현대 화학의 아버지, 원자를 정의하다

'물질을 계속 쪼개면 더 이상 쪼개지지 않는 입자가 나온다!' 1803년, 돌턴은 만물이 단단한 공 같은 '원자'로 이루어져 있다는 혁명적인 가설을 세웠다. 질량 보존의 법칙과 일정 성분비의 법칙을 모순 없이 설명하기 위해 도입된 이 이론은 연금술의 시대를 끝내고 물질을 정량적으로 분석하는 현대 화학의 진정한 출발점이 되었다.

"이 세상 모든 것은 '원자'라는 블록으로 조립된 것과 같네. 쪼갤 수도, 없앨 수도 없는 이 작은 알갱이가 바로 우주의 본질이야."

돌턴의 원자설은 물질을 감각이나 성질이 아닌 입자와 수의 관계로 설명하려는 첫 시도였다. 이를 통해 화학 반응은 신비로운 변화가 아니라, 원자들이 일정한 규칙에 따라 재배열되는 과정임이 드러났다. 그의 정의는 이후 화학식을 쓰고 반응을 계산할 수 있게 만든, 근대 화학 사고의 기준점이 되었다.

● 원자들의 수학적 규칙을 찾아내다

그는 탄소와 산소가 만나 일산화 탄소나 이산화 탄소가 될 때, 결합하는 질량 사이에 간단한 정수비가 성립한다는 '배수 비례의 법칙'을 발표했다. 또한 동그라미 안에 알파벳이나 그림을 그려 넣은 자신만의 원소 기호를 고안하여 보이지 않는 원자의 세계를 시각화했다. 이는 원자설이 단순한 추측이 아니라 수학적 질서를 가진 과학임을 증명하는 결정적 증거였다.

그의 이름은 화학의 근대화를 이끈 핵심 인물로 자리 잡았고, 1826년 로열 메달 수상으로 연구의 가치를 공식적으로 인정받았다. 그는 생의 마지막까지 실험과 기록을 멈추지 않았다.

"내 연구는 완전치 않지만 다음 사람이 더 멀리 갈 수 있도록 길을 닦는 것, 그것이면 충분하다."

● 위대한 고집과 학문적 대립

위대한 과학자였지만 고집도 황소 같았던 돌턴은 게이뤼삭의 '기체 반응 법칙'을 끝까지 인정하지 않았다. '같은 부피에 같은 수의 원자가 들어있다'고 가정하면 원자가 반으로 쪼개져야 하는 모순이 생겼기 때문이다. 그는 물을 H_2O가 아닌 HO라고 믿으며, 자신의 '쪼개지지 않는 원자' 이론을 지키기 위해 당대의 새로운 발견들을 거부하기도 했다.

● 오늘날로 이어지는 메시지

남들과 다른 점은 종종 약점이나 결핍으로 여겨지며, 비교 속에서 스스로를 숨기게 되기도 한다. 돌턴은 색을 다르게 인식하는 자신의 시각적 한계를 부정하거나 감추지 않았다. 오히려 그는 그 차이를 연구의 출발점으로 삼아, 스스로를 실험 대상이자 관찰자로 세우며 과학적 질문으로 확장했다. 또한 보이지 않는 '원자'라는 개념을 통해 혼란스러운 물질 세계 속에 질서와 규칙이 존재함을 끝까지 믿었다.

오늘날 학생에게 돌턴의 삶은 이렇게 말해준다.

자신의 한계나 다름은 극복의 대상이 아니라, 새로운 질문과 탐구로 이어질 수 있는 출발점이다.

▶ 나는 지금 나의 약점이나 불편함을 어떻게 대하고 있는가?

▶ 나만의 관점은 어떤 탐구 주제로 확장될 수 있을까?

이 질문은 화학·과학 탐구뿐 아니라 자기 이해, 문제 발견 중심의 세특 주제로 이어질 수 있다.

● 주요 업적

1) 원자설(Atomic Theory)

돌턴은 1803년, 일정 성분비의 법칙과 질량 보존의 법칙을 설명하기 위해 모든 물질은 더 이상 쪼개지지 않는 입자인 '원자'로 구성되어 있다는 근대 원자설을 발표하여 현대 화학의 기초를 다졌다. 그는 같은 원소의 원자는 크기와 질량이 동일하며, 화학 반응은 원자의 재배열일 뿐 새로 생성되거나 소멸하지 않는다고 주장했다. 비록 원자가 쪼개진다는 사실이 훗날 밝혀졌지만, 물질을 정량적인 입자 단위로 해석한 그의 통찰은 연금술을 과학으로 도약시킨 결정적 계기가 되었다.

2) 배수 비례의 법칙(Law of Multiple Proportions)

돌턴은 두 원소가 결합하여 두 가지 이상의 화합물을 만들 때, 한 원소의 일정량과 결합하는 다른 원소의 질량 사이에는 간단한 정수비가 성립함을 발견했다. 예를 들어 탄소와 산소가 반응해 일산화 탄소와 이산화 탄소를 만들 때 같은 개수의 탄소와 결합하는 산소의 질량비가 1:2가 되는 것을 통해, 물질이 연속적인 덩어리가 아닌 낱개 단위로 결합한다는 사실을 증명했다. 이는 화합물의 조성 규칙성을 명확하게 제시하는 동시에, 원자설을 뒷받침하는 가장 강력한 실험적 증거가 되었다.

3) 분압 법칙(Law of Partial Pressures)

기상학에 깊은 관심을 가졌던 돌턴은 서로 반응하지 않는 혼합 기체의 전체 압력은 각 성분 기체가 단독으로 차지할 때 나타내는 부분 압력(분압)의 합과 같다는 법칙을 정립했다. 이는 기체 분자들이 서로 영향을 주지 않고 독립적으로 운동한다는 사실을 시사하며, 대기의 성질을 이해하는 데 단초를 제공했다. 오늘날 이 법칙은 화학 공정과 기상 예측 등 다양한 분야에서 기체 혼합물의 거동을 해석하는 핵심 원리로 쓰인다. 돌턴의 분석은 관찰과 수학적 사고 결합의 모범 사례로 평가된다.

4) 색각 이상 연구(Research on Color Blindness)

돌턴은 자신이 붉은색과 녹색을 구별하지 못한다는 사실을 인지하고, 이를 단순한 개인적 결함이 아닌 과학적 연구 대상으로 삼아 최초로 학계에 보고했다. 그는 자신의 눈을 해부해서라도 원인을 밝히고자 했으며, 이러한 그의 헌신적인 연구 덕분에 색각 이상이 유전적 형질임이 널리 알려지게 되었다. 오늘날 적록색맹을 지칭하는 용어인 '돌터니즘(Daltonism)'은 이 분야를 개척한 그의 이름에서 유래했다. 돌턴의 연구는 과학자가 자신의 한계를 탐구 대상으로 전환할 수 있음을 보여준다.

돌턴은 근대 원자설을 제창하며 물질의 기본 단위가 더 이상 쪼개지지 않는 입자, 즉 원자라는 혁신적인 개념을 확립했다. 그는 일정 성분비의 법칙과 질량 보존의 법칙을 모순 없이 설명하기 위해, 같은 원소의 원자는 동일한 질량과 크기를 가지며 화학 반응은 원자의 재배열일 뿐이라는 이론을 체계화했다. 또한 배수 비례의 법칙을 통해 두 원소가 결합하여 여러 화합물을 만들 때 질량비가 간단한 정수비를 이룬다는 사실을 밝히며, 원자설을 실험적으로 입증하는 결정적인 증거를 제시했다.

돌턴의 연구는 연금술적 사고에서 벗어나 물질을 정량적인 입자 단위로 해석하는 현대 화학의 기초를 다지는 계기가 되었다. 비록 원자가 쪼개진다는 사실이 훗날 밝혀졌지만, 물질의 불연속적인 본질을 통찰한 그의 이론은 화학 반응의 규칙성을 명확히 설명하는 틀을 제공했다. 또한 그가 정립한 분압 법칙은 기체 혼합물의 거동을 이해하는 핵심 원리가 되었으며, 색각 이상에 대한 선구적인 연구는 유전학적 관점에서 인간의 한계를 탐구하는 새로운 지평을 열었다.

● **과학 이론 연계 탐구 주제**

원자설	▶ 돌턴의 가정이 수정된 과정을 통해 과학적 반증 가능성 논의 ▶ 돌턴의 원자 모형에서 현대의 오비탈 모형까지 원자 모형의 변천 과정 탐구 ▶ 연금술이 돌턴의 원자설에 의해 어떻게 반박되었는지 역사적 패러다임 전환 연구
배수 비례 법칙	▶ 비료 및 합금 등 실제 산업에 배수 비례 법칙의 적용 탐구 ▶ 질소 산화물의 질량 구성 데이터를 분석하여 산소 원자의 질량비 분석 ▶ 탄화 수소에서 탄소와 수소의 비율 변화에 따른 연소열과 에너지 효율 차이 비교
분압 법칙	▶ 잠수·항공·의학 등의 분야에서 분압 개념이 활용되는지 사례 연구 ▶ **질소의 부분 압력과 용해도 상관관계를 통한 잠수병 발생의 원리 분석** ▶ 분압 관점에서 고도에 따른 대기압 변화가 등반가의 호흡에 미치는 영향 분석
색각 이상 연구	▶ 돌턴의 자기 관찰 연구가 현대 생리학적 진단 기술에 주는 시사점 고찰 ▶ 멘델의 유전 법칙과 연계한 색각 이상 유형별 유전적 발현 메커니즘 연구 ▶ 망막 원추세포의 종류와 기능 이상이 색 인지에 미치는 생물학적 메커니즘 탐구

주제	질소의 부분 압력과 용해도 상관관계를 통한 잠수병 발생의 원리 분석
탐구 목표	수심에 따른 압력 변화가 체내 질소 기체의 부분 압력과 용해도에 미치는 영향을 돌턴의 법칙과 헨리의 법칙으로 해석하고, 급격한 감압 시 기포 형성 원리를 규명한다.
선정 이유	기체 법칙들이 실제 극한 환경에서 인체에 어떤 치명적인 영향을 미치는지 호기심이 생겨 이 주제를 선정했다. 특히 보이지 않는 기체 분자의 거동이 압력 변화에 따라 혈액 속에서 어떻게 변하는지 이론적으로 계산하여, 잠수병의 원인을 돌턴의 부분 압력 법칙과 헨리의 용해도 법칙을 결합하여 과학적으로 명확히 설명하고자 한다.
서론	질소는 대기압 상태에서는 체내에서 생리적으로 불활성 상태를 유지한다. 하지만 수심이 깊어지면 기체의 부분 압력이 상승하고, 이에 따라 혈액에 녹아드는 질소의 양도 급격히 증가한다. 본 탐구에서는 잠수 후 상승 과정에서 압력이 낮아질 때, 과포화된 질소가 다시 기체로 변하며 혈관을 막는 잠수병의 메커니즘을 밝히고자 한다.
본론	▶ 돌턴의 부분 압력 법칙 및 헨리의 법칙이 기체 용해도에 미치는 영향 조사 ▶ 깊이에 따른 절대 압력과 호흡 기체 내 질소의 부분 압력 산출 ▶ 헨리 상수를 이용하여 수심별 혈액 1L당 용해되는 질소 기체의 질량 및 부피 계산 ▶ 급격한 상승 시 혈액 속에서 석출되어 나오는 질소 기포의 형성 과정 설명 ▶ 감압 정지를 수행했을 때와 하지 않았을 때의 질소 배출 속도 차이 비교 분석
결론	탐구 결과, 수심이 깊어질수록 질소의 부분 압력이 높아져 헨리의 법칙에 따라 혈액 내 질소 용해도가 비례하여 증가함을 확인했다. 반면 급격한 상승은 외부 압력을 빠르게 낮추어 용해도를 급감시키므로, 잠수병을 예방하기 위해서는 상승 속도를 조절하여 질소가 서서히 배출되도록 단계적으로 감압해야 함을 일깨우는 계기가 되었다.
심화 탐구 주제	▶ 나이트록스나 트라이믹스 기체를 사용할 때의 잠수병 예방 효과 비교 ▶ 고압 산소 치료 챔버의 열역학적 원리와 기체 분자의 재용해 과정 탐구 ▶ 인체의 조직별 용해도와 확산 속도 차이에 따른 체내 잔류 질소 배출 시간 분석
토론 주제	▶ 레저 다이버에게 감압 컴퓨터 사용 의무화를 도입해야 하는가? ▶ 심해 탐사 시 잠수병 위험이 있는 유인 잠수를 고집해야 하는가? ▶ 감압 데이터를 얻기 위해 동물 실험을 하는 것은 윤리적으로 정당한가?
교내 후속 활동	▶ 화학: 다양한 기체의 헨리 상수를 비교 분석 활동 ▶ 기술·가정: 감압병 예방을 위한 다이빙 장비의 첨단 기술 활용 사례 분석 ▶ 동아리활동: '다이버를 위한 기체 법칙 안전 가이드북' 제작 활동

존 돌턴(John Dalton, 1766~1844)

2. 교과 연계 탐구활동 (물질과 에너지, 창의 공학 설계, 논리와 사고)

● 물질과 에너지

성취기준	[12물에01-02] 혼합 기체의 부분 압력과 몰 분율의 관계를 알고, 일상생활에서 유용하게 사용되는 혼합 기체에 호기심을 가질 수 있다.
주요내용	혼합 기체에서 각 성분 기체가 전체 압력에 기여하는 정도를 이해하기 위해 부분 압력과 몰 분율의 관계를 분석한다. 일상생활에서 사용되는 혼합 기체에서 성분 변화가 분압에 미치는 영향을 해석한다. 분압 법칙을 사용하여 혼합 기체 내 성분별 기여도를 계산하고 기체의 물리적 특성을 정량적으로 설명한다. 이를 바탕으로 혼합 기체가 다양한 산업·생활 환경에서 활용되는 이유에 대해 과학적 호기심을 확장한다.
교과연계 탐구주제	▶ 실내 공기 조성 변화가 연소 과정 및 에너지 효율에 미치는 영향 탐구 ▶ 고도 변화에 따른 공기 중 산소 분압 감소가 인체 생리 기능에 미치는 영향 분석 ▶ 이산화 탄소 분압 상승이 기후·해양 산성화와 같은 환경 변화에 미치는 영향 분석

● 창의 공학 설계

성취기준	[12창공01-06] 창의 공학 설계를 통한 다양한 산출물을 비교, 분석하여 올바른 제품의 개발 방법에 대해 탐구한다.
주요내용	돌턴의 분압 법칙과 색각 이상 연구를 공학 설계 관점에서 활용하여 제품 개발 과정에 적용되는 과학 원리를 분석한다. 기체 분압 조절 기술이나 색각 보정 기술이 적용된 실제 제품을 비교하여 설계 요소의 타당성과 성능 차이를 파악한다. 사용자 안전, 인체 친화성, 설계 효율 등의 기준을 바탕으로 돌턴 이론이 제품 개발 의사 결정에 미치는 영향을 평가하여 올바른 제품 개발 방법을 탐구한다.
교과연계 탐구주제	▶ 색각 이상 사용자를 고려한 교통 신호 및 계기판 색채 설계 개선 연구 ▶ 분압 법칙 기반 혼합 기체 조절 장치의 설계 요소 비교 및 안전성 분석 ▶ 돌턴의 원자 기호 체계와 현대 화학 표기법을 참고한 정보 전달용 아이콘 설계

● 논리와 사고

성취기준	[12논리04-03] 증거를 중시하는 관점에서 과학적 추론에 사용되는 확률과 통계의 역할을 이해한다.
주요내용	돌턴의 원자설과 기체 법칙이 어떻게 실험 증거를 통해 정립되었는지를 분석하여 과학적 추론 과정의 특징을 이해한다. 분압 측정값, 질량비 데이터, 색각 이상 사례 등 돌턴이 사용한 경험적 자료를 확률·통계적 관점에서 해석한다. 실험 결과의 일관성, 오차 범위, 반복 가능성 등을 고려하여 과학적 이론이 정당화되는 과정을 비판적으로 검토한다. 이를 통해 증거 기반 추론의 중요성을 탐구한다.
교과연계 탐구주제	▶ 배수 비례 법칙의 실험 데이터에 '정수비'의 통계적 일관성 분석 ▶ 적록 색각 이상의 가계도에서의 유전 확률 재해석 및 통계적 타당성 검증 ▶ 미시 세계 설명을 위한 거시 세계의 데이터 기반 원자설 도출 과정의 귀추법 탐구

3. 독서 연계 탐구활동

● 추천 도서 목록

추천 도서 목록

▶ 알케미아(최정모, 바다출판사, 2025)

▶ 세상을 바꾼 화학(원정현, 리베르스쿨, 2021)

▶ 화학 혁명(사이토 가쓰히로(김정환 역), 그린북, 2024)

▶ 인류의 운명을 바꾼 화학(하상수, 경희대학교출판문화원, 2022)

▶ 꼭 알아야 할 인물로 보는 화학이야기(이길상, 전파과학사, 2025)

▶ 세상에서 가장 쉬운 과학 수업: 원자모형(정완상, 성림원북스, 2023)

● 독서 연계 탐구 활동

독서 연계 탐구 활동

도서명	세상에서 가장 쉬운 과학 수업: 원자모형(정완상, 성림원북스, 2023)
	이 책은 연금술부터 보어의 양자 역학까지 원자 모형이 발전해 온 역사를 노벨상 수상자들의 논문을 통해 탐구한다. 눈에 보이지 않는 미시 세계를 설명하기 위해 과학자들이 고안한 모형의 변천사와 그 속에 담긴 치열한 고민을 풀어냈다. 돌턴의 원자설을 시작으로 실험 데이터와 이론이 어떻게 상호작용하며 과학적 진실에 다가가는지 보여주며, 학생들은 원자 구조의 본질을 이해하는 데 도움을 준다.
핵심 키워드	원자 모형, 돌턴의 원자설, 연금술, 과학적 모델링, 실험적 증거
탐구 주제	▶ 연금술의 물질관이 돌턴의 원자설 확립에 미친 역사적 영향 분석 ▶ **원자 모형 변화가 LED·레이저·반도체 등 현대 기술에 남긴 영향 분석** ▶ 화학자의 논문에 나타난 실험 데이터 해석 방식과 모형 수정 과정 비교 ▶ 보어 모형의 양자 도약 개념이 고전 물리학을 넘어설 수 있었던 원인 분석 ▶ 원자 내부 구조 사례를 중심으로 한 관찰 불가능한 대상의 연구 방법론 탐구
토론 쟁점	▶ 고대의 연금술은 현대 화학을 탄생시키기 위한 필연적인 과정이었는가? ▶ 오류로 밝혀진 돌턴의 원자 개념을 과학 교육에서 다루는 것은 타당한가? ▶ 과학적 진리는 당대의 현상을 설명하기 위한 가장 합리적인 모형일 뿐인가?
후속 활동	▶ 물리학: 수소 선 스펙트럼을 분석 후 양자화 개념을 도출하는 활동 ▶ 과학의 역사와 문화: 원자 모형의 변천사를 인포그래픽으로 제작하는 활동 ▶ 미적분II: 보어 모형에 사용된 함수·비례·궤도식을 수학적으로 재해석하는 활동 ▶ 동아리활동: 원자모형 변천사 영상을 제작 및 이론의 한계에 대한 토론 활동

● 독서 연계 탐구활동 예시

탐구 주제	원자 모형 변화가 LED·레이저·반도체 등 현대 기술에 남긴 영향 분석
탐구 자료	▶ 원자 모형 변천을 설명한 과학사 및 물리학 교과 자료 ▶ 반도체와 LED의 발광 원리를 에너지 띠 이론으로 설명한 물리학 전공 자료 ▶ 원자 모형의 변천이 현대 정밀 산업에 미친 영향을 분석한 기술 공학 보고서 자료

탐구 개요	서론	돌턴은 물질이 더 이상 쪼개지지 않는 입자인 원자로 구성되어 있다는 가설을 세워 현대 물질관의 기틀을 마련함. 본 탐구는 돌턴의 입자설이 현대의 오비탈 모형으로 발전하며 어떻게 반도체, LED, 레이저 등 기술의 원동력이 되었는지 분석하고자 함. 이를 통해 기초 과학 이론의 수정과 발전이 현대 첨단 공학 기술에 미친 본질적 영향을 규명하고자 함.
	본론	▶ 원자 모형의 시대별 주요 특징과 변화 이유를 표로 정리하여 비교하기 ▶ 보어의 에너지 준위 구조가 LED 발광 원리와의 연결 과정을 분석하기 ▶ 전자 전이 개념이 레이저의 단색성과 증폭 원리에 미친 역할을 해석하기 ▶ 반도체 밴드 구조가 전자 이동과 전기적 특성 형성 기여 과정을 정리하기 ▶ 원자 모형의 발전이 전자소자 설계 기술에 기여한 의미를 분석하기
	결론	돌턴의 원자설은 전자를 설명하지 못해 전기적 성질을 규명하는 데 한계가 있었으나 물질을 입자로 보는 패러다임을 제시했음. 현대의 첨단 기술은 돌턴이 세운 기초 위에 원자 모형을 정교하게 수정해 나가는 과정에서 축적된 산물임을 깨달음. 과거의 기초 과학 이론이 현대의 공학적 성취와 단절된 것이 아니라 인과적으로 깊이 연결되어 있음을 설명함.
후속 활동		▶ 통합과학: 불순물 반도체의 구조에 따른 전기적 성질을 분석하는 활동 ▶ 전자기와 양자: 반도체 소자를 활용하는 전자회로를 분석하는 활동 ▶ 공통수학: 전자 전이 에너지와 빛의 파장 관계를 함수로 모델링하는 활동 ▶ 정보: 반도체 소자의 논리 구조를 기반으로 회로 시뮬레이션을 구성하는 활동 ▶ 진로활동: 반도체 공학자나 양자 물리학자가 되기 위해 필요한 역량 조사 활동

4. NIE 연계 활동

● 신문 읽기 & 연결 사유 찾기

푸딩 같기도, 태양계 같기도...원자모형의 진화(동아사이언스, 2021.09.18.)

 이 기사는 고대 그리스의 원자론부터 시작하여 돌턴의 더 이상 쪼개지지 않는 원자설, 톰슨의 푸딩 모형, 그리고 러더퍼드의 태양계 모형으로 이어지는 원자 모형의 변천사를 다루고 있다. 특히 과학적 추론과 수학적 개념을 통해 상세히 설명한다. 이를 통해 과학 이론이 실험 데이터와 모순될 때 어떻게 수정되고 발전하는지를 보여주며, 고전 역학의 한계를 넘어 양자 역학으로 나아가는 과학사의 결정적 순간을 조명한다.

시시각각 변하는 나노입자의 3차원 원자구조 본다(동아사이언스, 2025.02.25.)

이 기사는 국내 연구팀이 나노입자의 3차원 원자 구조 변화를 시간에 따라 직접 관찰할 수 있는 시분해 브라운 토모그래피 기술을 개발한 내용을 소개한다. 또한 기존 관찰 방식의 한계를 넘어 용액 속에서 자유롭게 움직이는 나노입자의 원자 배열 변화까지 포착한 연구 성과를 다룬다. 이 기사는 이러한 기술이 미래 촉매·전지·에너지 소재 개발 등 다양한 산업 분야에 큰 기여를 할 것으로 전망하고 있다.

'과학적'이라고 모두 '진리'는 아니다(동아사이언스, 2023.07.25.)

 이 기사는 과학이 절대적인 불변의 진리는 아니라, 단지 당대의 지식과 기술 수준에서 도출된 가장 합리적인 답일 뿐임을 역설한다. 과거에는 진리라 여겨졌던 돌턴의 '원자설'이나 라부아지에의 '질량 보존 법칙'이 현대 과학에 의해 수정되거나 한계가 드러난 사례들을 통해 과학 지식의 잠정성을 설명한다. 맹목적인 믿음보다는 끊임없는 비판적 사고와 의심이야말로 진정한 과학 발전의 원동력임을 강조한다.

• 시사 이슈

▶ 현대 과학에서 데이터와 수학적 모델링은 실험적 관찰보다 우위에 있는가?

▶ 양자 역학이 '양자 컴퓨터'나 '양자 암호 통신' 기술 패권 경쟁에 어떤 영향을 미치는가?

▶ 나노입자 관측 기술이 수소연료전지와 이차전지의 효율을 획기적으로 높일 수 있을까?

• 관점의 분석과 비교

푸딩 같기도, 태양계 같기도...원자모형의 진화(동아사이언스, 2021.09.18.)
- 한때 진리였으나 현재 오류로 판명된 과학 이론도 수업에서 다루어야 하는가? -

찬성	반대
오류로 판명된 과거 이론도 과학이 증거를 통해 발전해 온 과정을 보여주므로 교육적으로 큰 의미가 있다. 푸딩 모형처럼 불완전한 이론이 새로운 발견의 출발점이 된 사례는 비판적 사고와 과학적 탐구 태도를 기르는 데 도움이 된다.	이미 틀린 이론을 수업에 포함하면 학습 내용을 복잡하게 만들고 학생들에게 불필요한 혼란을 줄 수 있다. 학습 시간은 제한적이므로, 지금 기준에서 타당성이 있는 내용에 집중해 과학적 원리 습득을 우선시하는 것이 더 효과적이다.

시시각각 변하는 나노입자의 3차원 원자구조 본다(동아사이언스, 2025.02.25.)
- 나노입자 원자 구조 관측 시대에, 과학은 모형 중심이어야 할까 관측 중심이어야 하는가? -

≫ 모형 중심	≫ 관측 중심
나노입자 구조가 관측 가능해지더라도 관찰된 현상을 해석하고 예측하게 하는 것은 이론적 모형이므로 모형 중심 접근이 필요하다. 관측 데이터만으로는 의미를 일반화하기 어렵기 때문에, 과학적 설명 체계를 구축하는 과정이 필수적이다.	첨단 기술로 원자 구조를 관찰할 수 있게 된 지금, 과학은 모형보다 실제 데이터를 기반으로 개념을 재구조화하는 것이 더 중요하다. 관측 결과가 과거 모형의 한계를 드러내고 새로운 이론을 유도하므로 관측 중심 접근이 우선되어야 한다.

• 사고의 확장

▶ 실시간 3차원 구조 관찰 기술이 양자역학적 재료 설계 방식에 어떤 영향을 미치는가?

▶ 토마스 쿤의 '과학 혁명'의 관점에서 돌턴의 원자설은 어떤 역할을 수행했다고 볼 수 있는가?

▶ 나노 크기에서 물질의 성질이 급격히 변하는 이유를 원자 구조 관점에서 어떻게 설명하는가?

▶ 만약 러더퍼드 실험에서 금 대신 가벼운 금속을 사용했다면, 실험 결과는 어떻게 달라지는가?

▶ 러더퍼드가 톰슨의 모형으로는 대각도 후방 산란을 설명할 수 없다고 판단한 근거는 무엇인가?

5. 세특 예시

돌턴의 부분 압력 법칙을 적용해 잠수병의 원인을 질소 용해도와 연관 지어 정밀하게 해석하고, 초기 원자 모형의 변천사가 반도체 및 발광 다이오드 등 현대 기술 발전에 미친 본질적 영향을 분석하며 이론과 실제를 연결하는 탁월한 탐구력을 발휘함. 특히 폐기된 과학 이론의 교육적 가치와 관측 데이터의 중요성을 다룬 심화 토론에서, 과학은 고정된 진리가 아니라 끊임없이 수정되며 발전하는 역동적인 과정임을 논리적으로 설파하는 비판적 사고와 깊이 있는 통찰력을 보여줌.

33 찰스 로버트 다윈
(Charles Robert Darwin, 1809~1882)

1. "우리는 모두 변화의 후손이다" 자연선택으로 생명의 역사를 다시 쓴 다윈

● 의사가 아니라 자연을 택한 청년 시절

다윈은 1809년 영국 슈루즈베리에서 태어났다. 부유한 의사 집안에서 자랐지만, 의학 공부는 그의 성향에 맞지 않았다. 에딘버러 의과대학 시절, 수술을 보는 순간 그는 강한 공포를 느꼈고 잠재적 관심사였던 자연 연구에 더욱 마음이 이끌렸다. 케임브리지에 진학한 뒤 그는 곤충 채집과 지질 탐사를 즐기는 학생으로 변모했다.

"나는 자연을 관찰할 때 비로소 살아 있음을 느꼈다." 그의 진로는 안정된 직업이 아닌, 불확실하지만 매혹적인 자연 탐구의 길로 향하고 있었다.

● 비글호 항해가 세계관을 바꾸다

1831년, 스물두 살이 된 다윈은 비글호의 탐험 항해에 합류하며 인생을 뒤흔들 여정을 시작했다. 남아메리카 해안, 갈라파고스 제도, 태평양 섬들을 거치며 그는 동식물의 다양성과 지질의 변화에 큰 충격을 받았다. 갈라파고스 핀치의 부리 모양 차이는 특히 그의 사고를 바꾼 계기였다.

"가장 강한 종이 아니라 가장 잘 적응한 종이 살아남는다." 비글호에서 보낸 5년은 다윈의 과학적 토대와 관찰자의 감각을 완성한 시기였고, 훗날 자연선택을 떠올리게 한 가장 큰 실마리가 되었다.

● 오랜 사색 끝에 자연선택을 발견하다

영국으로 돌아온 뒤 다윈은 즉시 이론을 발표하지 않았다. 수십 년 동안 방대한 표본을 분류하고, 가축 및 식물 품종 개량 사례를 조사하며 '종이 고정되어 있지 않다'는 확신을 키웠다. 변이, 경쟁, 환경이 종의 생존을 좌우한다는 결론은 오랜 숙고 끝에 다가왔다.

"나는 진리를 서두르지 않았다. 관찰이 축적될 때까지 말하지 않았다." 1844년 자연선택의 핵심 개념을 정리했지만, 종교적 반발을 우려해 공개하지 않았고 계속해서 증거를 모았다. 그의 이론은 한순간의 발견이 아니라, 압도적 데이터와 치열한 사유의 산물이었다.

● 월리스와의 만남, '종의 기원'의 탄생으로 이어지다

1858년, 젊은 탐험가 알프레드 러셀 월리스가 말레이 제도에서 보낸 논문은 다윈의 사고와 놀라울 만큼 유사했다. 다윈은 충격과 동시에 결단을 내렸다. 자신이 오랫동안 간직해 온 연구를 더 이상 미룰 수 없음을 깨달은 것이다. 스승과 지인들의 조정으로 두 사람은 자연선택 이론의 공동 발표자로 이름을 올렸고, 그 이듬해 다윈은 <종의 기원>을 출간했다.

1859년 세상에 나온 이 책은 단순한 생물학 서적이 아니었다. 생명은 고정된 창조물이 아니라, 시간과 환경 속에서 변화해 온 존재라는 관점을 처음으로 체계화한 선언이었다.<종의 기원>은 생물학뿐 아니라 철학, 종교, 사회 사상 전반에 깊은 충격을 주며, 인간이 자연을 바라보는 방식을 근본적으로 바꾸는 전환점이 되었다.

● 생애 후반, 종합 생물학자로서의 확장

다윈의 연구는 자연선택에서 멈추지 않았다. 그는 인간의 감정 표현, 꽃가루 수분, 지렁이의 토양 활동 등 다양한 분야를 다루며 생명 현상을 통합적으로 이해하려 했다. 특히 '인간의 유래'에서 인간 또한 진화의 산물임을 주장하며 과학의 지평을 넓혔다.

"인간의 위대함은 도덕성이 아니라, 변화할 수 있는 능력에 있다."

생애 마지막 순간까지 그는 자연을 탐구하는 조용한 연구자로 살았으며, 1882년 세상을 떠났다. 그의 업적은 '생명은 고정된 형상'이라는 관념을 무너뜨리고 생명과학의 새 시대를 열었다.

● 오늘날로 이어지는 메시지

충분한 시간이 필요한 고민과 관찰은 비효율로 오해받기 쉽고, 확신 없는 질문은 주저함으로 평가되기도 한다. 다윈은 누구보다 오래 망설였고, 누구보다 천천히 결론에 다가간 인물이었다. 비글호 항해 이후 그는 수십 년 동안 관찰과 기록을 반복하며, 변화와 적응이라는 생명의 원리를 성급히 말하지 않기 위해 스스로를 멈춰 세웠다.

오늘날 학생에게 다윈의 삶은 이렇게 말해준다. 깊이 있는 생각은 속도가 아니라, 축적된 관찰에서 탄생한다는 사실이다.

▶ 나는 어떤 질문을 충분히 오래 붙잡아 본 적이 있는가?

▶ 결과보다 과정을 끝까지 기록한 경험이 있는가?

이 질문은 생명과학 탐구는 물론, 장기적 탐구 설계형 세특 활동으로 확장될 수 있다.

● 주요 업적

1) 자연선택(Natural Selection)

다윈은 생명체가 무작위 변이를 지니고 태어나며, 그중 환경에 더 잘 적응한 개체가 생존, 번식을 통해 변이를 축적한다는 자연선택 개념을 확립했다. 그는 갈라파고스 생물과 육종 자료를 체계적으로 분석하며 종이 고정된 존재가 아니라 환경 속에서 변화하는 존재임을 증명했다. 자연선택은 생명의 변화를 설명하는 최초의 통합 이론으로, 이후 유전학, 생태학, 의학 등 다양한 학문의 근간이 되었다. 다윈의 이론은 진화를 과학적 법칙으로 자리 잡게 한 결정적 전환점이었다.

2) 공통조상 이론(Common Descent)과 인간·동물 연속성 연구

다윈은 모든 생명체가 하나의 기원을 공유한다는 공통조상 개념을 제시하며 생명의 연결 구조를 과학적으로 설명했다. 해부학, 발생학, 행동학 자료를 바탕으로 인간 역시 진화의 연속선상에 있는 존재임을 밝히며 기존의 인간 중심적 사고를 흔들었다. 특히 '감정 표현의 진화'에서 인간의 표정과 감정이 동물의 행동과 공통된 진화적 기원을 가진다는 사실을 입증해 공통조상 이론의 심리학·생물학적 근거를 강화했다. 그의 연구는 인간을 자연 속 존재로 재정의한 혁신적 성취로 평가된다.

3) 인위선택(Artificial Selection)

다윈은 가축 및 작물의 품종 개량 과정에서 변이의 누적이 실제로 어떤 방식으로 새로운 형질을 만들어내는지 관찰하며 자연선택의 작동 원리를 검증했다. 그는 비둘기 품종을 직접 사육하며 인위선택이 변이-경쟁-형질 분화의 과정을 명확히 보여주는 자연선택의 축소 모델임을 밝혀냈다. 이러한 사례들은 진화가 단순한 가설이 아니라 인간 사회의 일상 속에서도 반복 관찰되는 실제적 과정임을 증명했다. 그의 연구는 진화론을 경험적·정량적 근거 위에 올려놓은 중요한 데이터 기반 성취였다.

4) 생물지리학적 증거 정립(Biogeographical Evidence)

다윈은 비글호 항해 동안 다양한 지역의 생물 분포를 조사하며 지리적 고립이 종 분화의 핵심 요인임을 규명했다. 갈라파고스 핀치처럼 유사한 조상을 가진 생물이 각 섬의 환경에 맞춰 다른 형태로 적응한다는 사실은 자연선택의 직접적 증거가 되었다. 그는 생물 분포가 지질사, 기후, 섬의 고립성에 따라 체계적으로 달라진다는 점을 밝히며 생물지리학을 진화 연구의 핵심 영역으로 발전시켰다. 이 업적은 오늘날 종 분화, 섬 생물학, 보전생물학의 이론적 기반이 되고 있다.

● 과학적 성과와 영향

다윈은 자연선택, 공통조상, 인위선택, 생물지리학을 통해 '생명이 변화한다'는 사실을 처음으로 과학적으로 입증했다. 그는 방대한 표본 분석과 비교 연구를 바탕으로 종이 고정된 존재가 아니라 환경의 선택 압력 속에서 변이의 축적을 통해 변화한다는 통합적 진화 체계를 정립했다. 비글호 항해에서 관찰한 지리적 분화, 인위선택 실험에서 확인한 변이의 축적 원리, 그리고 인간·동물 감정 표현의 연속성 연구는 생명체가 하나의 공통 기원을 공유한다는 생명의 연결성을 강력히 뒷받침했다.

다윈의 업적은 생물학을 기술적 분류학에서 원리 중심 과학으로 전환시키며 현대 생명과학의 기초를 세웠다. 자연선택은 유전학, 생태학, 의학, 행동과학 등 다양한 분야의 작동 원리를 설명하는 핵심 틀이 되었고, 생물지리학은 종 분화와 생태계 이해의 토대를 제공했다. 인간이 자연 속 존재임을 밝힌 그의 연구는 철학, 윤리, 사회 사상에 파장을 일으켰고 인간과 환경 관계를 새롭게 바라보게 했다. 다윈의 성과는 생명의 역사를 설명하는 과학적 패러다임의 전환점으로 평가된다.

● 과학 이론 연계 탐구 주제

자연선택	▶ 자원 제한 환경에서 자연선택이 작동하는 방식 탐구 ▶ 환경 조건(먹이, 온도 등)에 따른 생물의 형질 변화 탐구 ▶ 포식자 제거, 추가 실험 사례를 기반으로 개체군의 형질 변화 분석.
공통조상 및 감정표현 진화	▶ 인간과 포유류 얼굴근 구조의 진화적 연속성 분석 ▶ 유전자 서열 유사성이 계통 분류에 기여하는 요인 분석 ▶ 동물의 위협, 복종, 사회적 신호 행동의 생존 의의를 분석.
인위선택	▶ 인위선택과 자연선택이 선택압 방식에 주는 차이 분석 ▶ 작물 육종 프로그램이 적응도와 수확량에 주는 영향 분석 ▶ **선택 기준 변화가 유전 다양성 감소에 미치는 영향 수학적 모델링**
생물지리학	▶ 기후 변화가 같은 조상 종의 지역별 적응에 주는 차이 탐구 ▶ 생물 분포 지도와 계통수 비교를 통한 확산 경로 추론 고찰 ▶ 지리적 고립(섬·산악 지형)이 개체군 유전 분화에 미치는 영향 분석

주제	선택 기준 변화가 유전 다양성 감소에 미치는 영향 수학적 모델링
탐구 목표	선택 기준과 선택 강도의 변화가 개체군의 유전 다양성 감소 속도에 어떤 정량적 차이를 만드는지 수학적 모델링을 통해 분석한다.
선정 이유	다윈의 자연선택은 환경과 선택압이 개체군의 유전적 구성을 변화시키는 과정을 설명한다. 특히 선택 기준의 차이는 유전 다양성 유지 여부를 결정짓는 핵심 요인이다. 이를 직접 실험하기는 어렵지만, 수학적 모델링을 활용하면 세대별 유전형 비율 변화를 정량적으로 분석할 수 있어 진화 과정의 원리를 체계적으로 탐구하기에 적합하다.
서론	자연선택은 생존과 번식에 유리한 형질이 축적되는 과정이며, 유전 다양성은 선택압의 강도와 방식에 따라 달라진다. 실제 생물 집단에서는 이를 정밀하게 관찰하기 어렵지만, 모델링을 활용하면 선택 기준 변화가 유전형 비율과 다양성 감소 속도에 어떤 차이를 만드는지 분석할 수 있다.
본론	▶ 개체군 크기, 대립유전자 빈도·선택 계수 등 핵심 변수 규정 ▶ 하디-바인베르크 기반의 기본 유전비율 계산 모델 구성 ▶ 강·약 선택, 단일 형질 선택 등 적합도 함수 차등화 ▶ 세대 반복을 통한 대립유전자 빈도 변동 시뮬레이션 ▶ 선택 강도, 기준 폭 변화에 다양성 감소 속도 비교 ▶ 다양성 손실이 급격해지는 선택 강도 임계점 도출 ▶ 현실 개체군 적용 시 고려할 변수와 모델 한계 분석
결론	모델링 결과, 선택 기준과 선택 강도의 변화는 유전 다양성 감소 속도에 뚜렷한 차이를 만들었다. 특히 강한 선택압은 특정 대립유전자의 빠른 고정을 일으켜 다양성을 단기간에 줄였고, 선택 기준이 좁을수록 유전형 비율이 급격히 한쪽으로 치우쳤다. 이는 자연선택이 개체군 유전 구조를 어떻게 재편하는지 정량적으로 이해하게 해준다.
심화 탐구 주제	▶ 돌연변이율 변화가 형질 다양성에 주는 영향 탐구 ▶ 기후 변화가 종의 적응 경로 분화에 미치는 영향 탐구 ▶ 인위적 환경(예:도시화)이 동물 행동 및 형질 변화에 주는 영향 탐구
토론 주제	▶ 인위선택이 자연선택보다 빠른 종 분화를 일으킬까? ▶ 유전체 편집이 인위적으로 미래 진화를 일으키고 있을까? ▶ 인간의 SNS 사용 습관도 '문화적 진화'의 한 형태로 볼 수 있을까?
교내 후속 활동	▶ 세포와 물질대사: 환경 스트레스가 대사 경로에 미치는 영향 분석 활동 ▶ 독서와 작문: 다윈, 현대 진화생물학자의 주장에 대해 비평문 쓰기 활동 ▶ 동아리활동: 지역 생태 자료를 활용한 개체군 형질 분포 분석 활동

찰스 로버트 다윈
(Charles Robert Darwin, 1809~1882)

2. 교과 연계 탐구활동 (독서와 작문, 생명과학, 기후 변화와 환경 생태)

● 독서와 작문

성취기준	[12독작01-09] 과학·기술의 원리나 지식을 다룬 과학·기술 분야의 글을 읽고 과학·기술의 개념이나 현상을 설명하는 글을 쓴다.
주요내용	다윈의 자연선택과 공통조상 이론은 생물의 변이, 적응, 분화 과정을 이해하는 핵심 틀로 활용되며, 학생은 다양한 자료(계통수, 생물 분포 지도, 실험 결과, 과학 기사)에서 가치 있는 정보를 추출해 논리적으로 조직해야 한다. 이를 통해 과학 개념을 구조화해 전달하는 글쓰기 역량을 강화하고, 과학적 사고를 체계적으로 표현하는 능력을 기르게 된다.
교과연계 탐구주제	▶ 과학 기사(NIE)를 활용해 진화 개념을 설명하는 탐구형 글쓰기 ▶ 환경 변화가 종 다양성 유지에 미치는 영향을 분석하는 글쓰기 ▶ 생물지리학적 분포 자료를 재구성해 적응 과정을 제시하는 글쓰기

● 생명과학

성취기준	[12생과01-05] 물질대사 관련 질병 조사를 위한 방법을 고안하여 수행하고 대사성 질환을 예방하기 위한 올바른 생활 습관에 대해 토의하며 협력적으로 소통할 수 있다.
주요내용	다윈의 진화 관점은 대사 기능과 질병의 연관성을 해석하는 확장된 과학적 시각을 제공한다. 예를 들어, 인슐린 저항성, 비만, 유당 분해능, 피부색, 면역 질환 등은 환경 변화와 생존 전략 속에서 형성된 유전적 특성과 깊이 연관된다. 지리, 계통, 유전, 생활환경 자료를 통합적으로 분석하여 질병 메커니즘을 해석하고, 이를 바탕으로 과학적 근거를 갖춘 예방,관리 방안을 협력적으로 제시하는 활동을 수행한다.
교과연계 탐구주제	▶ 제1형 당뇨의 지리적 분포를 진화적 선택압으로 해석하는 탐구 ▶ 비만, 대사증후군 발생을 생태·진화적 불일치 가설로 해석하는 탐구 ▶ 고지방, 고탄수화물 식단에 대한 유전적 민감도 차이 분석과 예방 전략 도출

● 기후 변화와 환경 생태

성취기준	[12기환02-04] 기후변화 시나리오에 따른 미래 생태계 변화 예측 보고서를 찾아보고, 미래의 기후와 생태계의 변화 양상을 추론할 수 있다.
주요내용	온난화, 폭염, 한파, 가뭄, 산불 등 기후 요인의 변화를 사례 기반으로 분석하여 생물의 분포 이동, 서식지 붕괴, 먹이망 변형, 개체군 감소·증가와 같은 생태계 교란 양상을 설명하게 된다. 또한 생태계 구성원들이 환경 변화에 대응해 나타내는 행동, 형질분포 변화 등을 탐구하며, 기후위기 시대에 필요한 생태 보전 전략을 비판적으로 고찰하는 활동을 수행할 수 있도록 한다.
교과연계 탐구주제	▶ 온난화로 인한 개체군 생존 전략 변화의 진화적 해석 ▶ 해양 온난화가 연안 생태계 먹이망 구조에 준 영향 고찰 ▶ 도시 열섬 효과가 도시 생물종의 적응과 분화에 미친 영향 탐구

3. 독서 연계 탐구활동

● 추천 도서 목록

추천 도서 목록

▶ 생물의 왕국(이정모, 책과삶, 2025)
▶ 생명의 물리학(찰스 S. 코켈, 열린책들, 2021)
▶ 이기적 유전자(리처드 도킨스, 을유문화사, 2018)

▶ 불멸의 유전자(리처드 도킨스, 을유문화사, 2025)
▶ 종의 기원(찰스 로버트 다윈, 사이언스북스, 2019)
▶ 판다의 엄지(스티븐 제이 굴드, ,사이언스북스, 2016)

● 독서 연계 탐구 활동

독서 연계 탐구 활동

도서명	불멸의 유전자(리처드 도킨스, 을유문화사, 2025)
	이 책은 위장, 의태, 수렴 진화 같은 흥미로운 사례를 통해 생물의 기묘한 형질이 조상 환경의 기록을 담은 유전자와 진화의 누적된 결과임을 설명한다. 사막뿔도마뱀처럼 유전 정보가 미래 환경을 예측해 개체의 특성을 설계하는 과정은 유전자를 하나의 문서처럼 읽게 하며, 다양한 생물의 특징과 변화를 통해 진화가 어떻게 작동하는지 도킨스 특유의 명료한 통찰로 보여준다.
핵심 키워드	죽음, 발생학, 환경, 변이, 생존
탐구 주제	▶ 유전자의 '불멸성' 개념과 개체의 사멸 관계 분석 ▶ **죽음이 유전자의 생존 전략에 미치는 진화적 의미 탐구** ▶ '가능한 변화'와 '불가능한 변화'를 세포 및 발생학 자료로 분석. ▶ 환경 변화가 유전자 기록 방식(메틸화·발현) 변화에 미치는 영향 탐구 ▶ 특정 유전자군의 변이 누적 속도 및 보존 영역 비교로 기록의 층위를 분석.
토론 쟁점	▶ SF 영화 속 생명체 디자인의 실제 진화 가능성이 있는가? ▶ 수렴 진화의 반복된 패턴은 진화가 '예측 가능한 과정'임을 의미하는가? ▶ 내가 키우는 반려동물의 털색, 귀 형태, 행동 특성 어떤 진화 과정을 거쳤나?
후속 활동	▶ 체육: 부상 회복, 근육 발달의 진화적 적응 연구 활동 ▶ 소프트웨어와 생활: 수렴 진화 패턴 데이터 분석 활동 ▶ 인문학과 윤리: 유전자 중심주의의 윤리적 한계(자유의지, 행동 책임성 등)비판 ▶ 동아리활동: 학교 주변 서식 생물 조사를 바탕으로 한 진화적 특징 분석 활동

● 독서 연계 탐구활동 예시

탐구 주제	**죽음이 유전자의 생존 전략에 미치는 진화적 의미 탐구**
탐구 자료	▶ 개체 수준의 죽음과 유전자 수준 생존 개념 정리 자료 ▶ 유전적 프로그램된 세포 사멸(Apoptosis) 및 개체 노화 관련 생명과학 논문 ▶ 종별 수명, 번식 전략(r/K 선택), 사망률 곡선 데이터 자료

탐구 개요	서론	생명체의 죽음은 단순한 소멸이 아니라 유전자가 자신의 생존과 전달을 극대화하기 위해 선택한 전략이라는 관점에서 해석될 수 있음. 종별 수명, 번식, 노화의 차이는 유전자의 적응도 최적화를 위한 결과로 나타난다고 해석할 수 있음. 이 탐구를 통해 유전자 중심 진화관을 통해 죽음의 의미를 재해석하고 그 진화적 기능을 분석하고자 함.
	본론	▶ 유전자 중심 진화이론과 죽음의 기능에 관한 핵심 개념 체계적 정리함. ▶ 종별 수명, 번식 전략, 생존곡선 자료 등으로 유전자 적응도 영향 분석함. ▶ 개체의 죽음이 후손 생존 확률, 자원 분배 효율을 높이는 조건의 모델화. ▶ 세포 노화, 세포사멸 기작이 유전자 생존 전략으로 선택된 배경의 고찰함. ▶ 실제 생물 사례 비교를 통해 죽음이 진화적 이득을 제공하는 양상 도출.
	결론	유전자 중심 진화관을 바탕으로 자료를 분석한 결과, 죽음은 개체 소멸이 아니라 후손의 생존 확률을 높이고 자원 배분 효율을 증대시켜 유전자의 장기적 적응도를 극대화하는 기능으로 해석됨. 세포사멸과 노화의 기작 또한 개체 수준의 손실을 통해 유전자 생존을 유지하려는 전략으로 이해되며, 다양한 생물 사례에서 죽음이 진화적 이득을 제공한다는 것을 확인함.
후속 활동		▶ 생명과학: 과일파리 수명과 온도 변화의 관계 탐구 활동 ▶ 영어: 세포사멸·노화 관련 해외 논문 핵심 개념 영어 요약 활동 ▶ 물리학: 동물 크기 변화가 수명, 대사량에 주는 영향 그래프 분석 활동 ▶ 독서 토론과 글쓰기: 유전자 중심 진화관의 철학적 한계에 대한 토론 운영 활동 ▶ 동아리활동: 세포사멸 기술의 의학적 적용 가능성 분석 보고 활동

4. NIE 연계 활동

● 신문 읽기 & 연결 사유 찾기

스티븐 제이 굴드 (1941~2002년) (매일경제, 2018.05.04.)

이 기사는 다윈의 진화론을 '적자생존=승자독식'으로 오해하는 관점을 비판하며, 진화는 우열 경쟁이 아니라 다양성의 확장이라는 스티븐 제이 굴드의 해석을 강조한다. 사진, 영화처럼 서로 다른 체계가 공존하듯, 생명도 환경 속에서 다양한 방식으로 적응하며 발전한다는 점을 설명하고, 인간을 진화의 정점으로 보는 사고와 우월주의적 해석이 잘못된 진화 이해에서 비롯된 것임을 지적한다.

"인종차별 만큼 반려견에도 '순종? 잡종?' 큰 무례다"(지피코리아, 2019.07.03.)

이 기사는 인종 차별과 우월주의적 사고가 개인 경험과 반려동물 문화 속에 깊게 스며 있음을 지적한다. 해외에서 겪는 모욕적 시선, '단일민족' 같은 표현의 숨은 우월 의식, 그리고 순종 반려견을 더 가치 있게 보는 태도가 모두 같은 편견에서 비롯된다고 비판한다. 또한 순종은 자연적 우월성이 아니라 인간이 만든 인위적 선택의 산물로, 동일 혈통 교배는 유전적 취약성과 질병을 심화시킨다는 점을 강조한다.

호주에 발 디딘 인간...그 후 초식 유대류가 사라져갔다(경향신문, 2024.10.02.)

이 기사는 오스트레일리아 메가파우나가 약 4만 년 전 사라진 이유를 인간의 사냥인지 기후변화인지 비교하며 분석한다. 초기에는 인간 책임이 강조됐지만, 최근 연구는 가뭄, 식생 변화 등 환경 스트레스에 인간의 불 사용과 사냥, 질병 도입 등이 더해진 복합적 요인이 멸종을 가속했을 가능성을 제시한다. 결국 인류의 작은 변화도 생태계에 큰 영향을 줄 수 있음을 강조한다.

▶ 진화를 진보로 보는 관점은 왜 과학적으로 문제가 되는가?
▶ 메가파우나 멸종에 인간과 기후 중 무엇이 더 결정적이었는가?
▶ 진도개의 혈통 유지를 위해 근친교배를 하는 것은 옳은 일인가?

● 관점의 분석과 비교

"인종차별 만큼 반려견에도 '순종? 잡종?' 큰 무례다"(지피코리아, 2019.07.03.)
- 혈통 유지를 위한 순종 교배에 대한 입장 토론 -

찬성	반대
진도개는 국가가 보호하는 고유 품종으로, 혈통 관리 자체는 문화·생물자원 보존의 의미가 있다. 근친교배가 아니라 유전적 감시를 병행한 제한적 혈통 유지라면 품종 특성을 지키면서 부작용을 최소화할 수 있다고 본다.	근친교배는 유전 질환과 건강 문제를 증가시켜 동물의 복지를 해치므로 혈통 유지 이유로 정당화되기 어렵다. '순종 보존'은 인간 중심 가치일 뿐이며, 품종의 지속 가능성도 유전적 다양성 확보에서 높아진다는 점에서 반대한다.

호주에 발 디딘 인간...그 후 초식 유대류가 사라져갔다(경향신문, 2024.10.02.)
- 메가파우나 멸종의 원인에 대한 대한 논의 -

≫ 인간	≫ 기후
인간 도착 후 사냥, 불 사용, 서식지 교란이 이미 기후 스트레스로 약화 된 메가파우나 개체군에 추가 압력을 주며 멸종의 속도가 빨라졌다는 점에서 인간의 활동이 더 결정적이라는 입장이 설득력을 가진다.	플라이스토세 건조화와 식생 붕괴가 인간 등장 전부터 메가파우나 개체군을 급격히 축소시켰다는 증거가 많아, 광범위한 환경 악화가 멸종의 핵심 원인이며 결정적 요인은 기후 변화라는 해석이 유력하다.

● 사고의 확장

▶ 순종 혈통 선호는 왜 인간의 우월주의와 닮았는가?
▶ 품종 보존과 동물 복지 중 무엇을 우선해야 하는가?
▶ 적자생존 오해는 어떻게 사회적 차별을 강화했는가?
▶ 제거된 메가파우나는 당시 생태계 구조에 어떤 연쇄적 영향을 남겼을까?
▶ 인간이 만든 '제6의 대멸종' 논의를 메가파우나 사례와 연결하면 어떤 시사점이 있을까?

찰스 로버트 다윈
(Charles Robert Darwin, 1809~1882)

5. 세특 예시

다윈 이론 기반의 '선택 기준 변화와 유전 다양성 모델링' 탐구를 수행하며 선택압에 따른 유전형 비율 변화를 정량적으로 시뮬레이션하고 결과를 해석하는 분석력을 보여줌. 이어 '불멸의 유전자'를 읽고 '죽음의 진화적 기능'을 탐구하여 유전자 중심 진화관을 바탕으로 생물 사례를 구조화해 설명하는 능력을 심화함. 또한 NIE 토론에서 진돗개 순종 유지를 위한 근친 교배에 대한 반대 입장을 논리적으로 제시하며 생명윤리와 진화 개념을 연결해 비판적으로 사고하는 역량을 드러냄.

34 찰스 베비지
(Charles Babbage, 1791~1871)

1. 세상을 계산으로 바꾼 '컴퓨터의 아버지'

● 숫자에 매료된 소년

1791년, 영국 런던에서 태어난 찰스 베비지는 어린 시절부터 숫자에 특별한 호기심을 보였다. 그는 장난감보다 시계나 톱니바퀴, 계산기를 더 좋아했고, 복잡한 기계의 원리를 스스로 분석하며 즐거움을 느꼈다. 학교에서 친구들이 산수를 어려워할 때, 베비지는 계산이 왜 이렇게 흥미로운지 이해하지 못했다.

그에게 숫자는 단순한 답이 아니라, 세상의 질서를 설명하는 언어였다.

"세상은 혼돈처럼 보이지만, 그 안엔 수학이 숨겨져 있다." 그는 이렇게 믿었다.

● 대학에서 피어난 계산의 꿈

케임브리지 대학교에 진학한 베비지는 당시의 계산 방식이 얼마나 비효율적인지를 깨달았다. 그는 천문학 표를 계산하던 중 사람이 직접 계산할 때마다 생기는 오차에 답답함을 느꼈다.

"기계가 사람보다 더 정확하게 계산할 수 있다면 어떨까?" 이 생각은 곧 그의 평생 목표가 되었다.

그는 학생 동아리에서 '분석 학회'를 만들어 수학과 기계 원리를 함께 연구했다. 당시 동료들 중에는 나중에 유명한 과학자가 된 조지 피콕, 존 허셜 등도 있었다. 베비지는 이미 젊은 시절부터 '사람 대신 계산하는 기계'를 구상하고 있었다.

● 계산 실수를 없애라: 차분기관의 탄생

1820년대, 그는 '차분기관(Difference Engine)'이라는 기계를 설계했다. 이 기계는 수학 공식을 자동으로 계산하고, 결과를 인쇄까지 할 수 있는 혁신적인 발상이었다. 지금으로 치면 세계 최초의 '기계식 계산 컴퓨터'였다. 그는 영국 정부의 지원을 받아 제작을 시작했지만, 당시 기술로는 정밀한 부품을 만드는 것이 매우 어려웠다.

수천 개의 톱니바퀴와 기어가 완벽히 맞물려야 했기에 실패와 수정이 반복되었다.

"나는 인간의 손이 저지를 실수를, 기계의 힘으로 바로잡고 싶었다." 이 말은 그의 도전 정신을 상징하는 문장이 되었다.

● 더 완벽한 계산기: 분석기관의 구상

차분기관 제작이 어려움에 부딪히자, 베비지는 거기서 멈추지 않았다. 그는 더 진보된 '분석기관(Analytical Engine)'을 구상했다. 이 기계는 단순 계산을 넘어 조건에 따라 명령을 수행하고, 결과를 저장할 수 있도록 설계되었다.

즉, 오늘날의 컴퓨터 구조(중앙처리장치와 메모리, 프로그램) 개념을 이미 19세기에 상상한 것이다. 그는 천재 수학자이자 동료인 에이다 러브레이스와 함께 작업했으며, 에이다는 그 기계에 입력할 '프로그램'을 설계했다. 비록 완성되지는 못했지만, 이 설계는 훗날 현대 컴퓨터의 기초가 되었다.

● 시대를 앞서간 외로운 천재

베비지의 아이디어는 너무 앞서 있었다. 정밀 기계 기술이 아직 부족했고, 정부와 동료들은 그를 이해하지 못했다. 그는 연구 자금을 잃고, 많은 사람들로부터 "불가능한 일을 꿈꾸는 괴짜"라는 평가를 받았다.하지만 그는 끝까지 포기하지 않았다.

"오늘의 실패가 내일의 계산을 완성할 것이다."

그는 평생을 기계와 씨름하며 보냈고, 결국 1871년 세상을 떠났다. 그가 남긴 설계도와 기록은 후대 과학자들에게 소중한 영감의 원천이 되었다.

● 오늘날로 이어지는 메시지

계산은 늘 인간의 실수를 동반했다. 베비지는 계산 실수가 반복되는 현실을 단순한 개인의 실수로 보지 않았다. 그는 문제의 원인을 인간의 능력 한계에서 찾고, 이를 구조적으로 해결할 방법을 고민했다. 사람이 반복적으로 해야 했던 일을 기계에 맡기겠다는 그의 발상은, 효율이 아니라 정확성과 책임을 위한 선택이었다.

오늘날 학생에게 베비지의 삶은 이렇게 말해준다. 문제를 개인이 아니라 구조로 바라볼 때, 혁신은 시작된다는 사실이다.

▶ 지금 내가 불편하다고 느끼는 구조는 무엇인가?

▶ 이것을 바꿀 다른 방식은 없을까?

이 질문은 정보·컴퓨터·공학적 사고 중심의 세특 탐구주제로 이어질 수 있다.

● 주요 업적

1) 차분기관(Difference Engine)

베비지는 반복적인 수학 계산을 사람이 손으로 하다 보면 실수가 생긴다는 문제를 해결하고자 '차분기관'을 설계했다. 이 기계는 톱니바퀴와 축을 이용해 여러 자리 수의 계산을 자동으로 수행하도록 만들어졌다. 특히 다항식을 기반으로 계산 오류 없이 표를 만들 수 있도록 설계되어 당시로서는 혁신적인 개념이었다. 비록 완성되지는 못했지만, 차분기관은 "기계가 계산을 대신할 수 있다"는 가능성을 증명했고, 이후 계산기와 컴퓨터 발전의 중요한 발판이 되었다.

2) 해석기관(Analytical Engine)

베비지가 설계한 해석기관은 오늘날 컴퓨터와 가장 유사한 개념을 가진 기계였다. 그는 이 장치가 '기억장치', '연산장치', '입력·출력 장치'를 갖추어 복잡한 계산을 처리할 수 있다고 보았다. 또한 구멍이 뚫린 천공 카드를 이용해 기계가 여러 명령을 순서대로 실행하도록 설계했다. 해석기관은 실제로 완성되지는 못했지만, 프로그램·메모리·연산이라는 핵심 구조를 모두 포함한 최초의 컴퓨터 개념이었다. 이 설계는 정보처리 기술 발전에 매우 큰 영향을 남겼다.

3) 알고리즘 사고 확립(Algorithmic Thinking)

베비지는 기계가 단순 계산을 넘어 '여러 단계의 명령을 순서대로 수행할 수 있다'는 개념을 제시했다. 그는 계산 과정 자체를 하나의 절차, 즉 알고리즘으로 보고, 그 절차를 기계에 입력하면 자동으로 처리될 수 있다고 보았다. 이는 컴퓨터 프로그래밍의 기본 원리와 같은 사고방식이다. 이후 에이다 러브레이스가 해석기관을 위한 프로그램을 작성하면서 알고리즘 개념은 더욱 발전했다. 베비지의 아이디어는 논리적 절차를 기계에 적용할 수 있음을 보여준 중요한 전환점이었다.

4) 기계 자동화 연구(Mechanical Automation)

베비지는 계산 장치뿐 아니라 산업용 기계의 자동화에도 깊은 관심을 가졌다. 그는 공장에서 사람이 반복하는 작업을 기계가 대신 수행하면 생산성이 높아지고 오류가 줄어든다고 보았다. 이를 위해 정밀 기계 설계와 자동화 원리를 연구하며 산업혁명기의 공장 시스템 발전에 기여했다. 베비지의 자동화 연구는 오늘날의 자동 생산 라인, 로봇 공학, 기계 제어 기술 등의 기반이 된다. 그의 연구는 '기계가 인간의 반복 작업을 대신한다'는 현대 산업의 핵심 개념을 일찍이 제시한 것이다.

● 과학적 성과와 영향

찰스 베비지는 기계식 계산 장치를 체계적으로 설계하며 현대 컴퓨터 과학의 기초를 마련한 인물이다. 그는 복잡한 수학 계산을 자동 처리할 수 있는 차분기관을 설계해 계산 오류를 줄이고 계산 과정의 기계화 가능성을 제시했다. 이어 개발한 해석기관은 기억장치, 연산장치, 입력·출력 장치 등 오늘날 컴퓨터 구조를 거의 그대로 갖추고 있었다. 비록 당시 기술 부족으로 완성되지는 못했지만, 베비지는 '기계가 스스로 명령을 따라 계산한다'는 개념을 과학적으로 정립했다.

베비지의 연구는 후대의 과학과 기술에 매우 큰 영향을 주었다. 그의 해석기관 개념은 프로그래밍, 알고리즘, 메모리 구조 등 컴퓨터과학 핵심 개념을 탄생시키는 기반이 되었다. 에이다 러브레이스가 최초의 컴퓨터 프로그램을 작성할 수 있었던 것도 베비지의 설계를 바탕으로 했기 때문이다. 또한 그의 자동화 연구는 산업 생산 방식 변화에도 기여해 현대 공장 시스템과 로봇 기술 발전의 출발점이 되었다. 베비지의 업적은 '컴퓨터 시대'를 연 선구적 시도로 오늘날 더욱 높게 평가된다.

● 과학 이론 연계 탐구 주제

차분기관	▶ 수동 계산 방식과 차분기관 계산 과정의 구조 비교 ▶ 초기 기계식 계산 기술이 현대 컴퓨터에 준 의미 고찰 ▶ 차분기관 원리를 단순 모형으로 재구성해 작동 방식을 분석
해석기관	▶ 해석기관 고안이 정보처리 방식 변화에 준 의미 고찰 ▶ 메모리·연산장치 개념을 중심으로 두 기관의 구조 비교 ▶ 해석기관이 프로그래밍 개념 탄생에 기여한 요인 조사
알고리즘 개념 발전	▶ 알고리즘 사고가 디지털 기술 발전에 준 영향 고찰 ▶ 일상 문제 해결에 알고리즘 적용해 두 방식의 차이를 비교 ▶ **에이다 러브레이스 알고리즘과 베비지 아이디어의 관계 분석** ▶ 초기 프로그래밍 사고가 현대 소프트웨어 구조에 준 의미 조사
기계 자동화 연구	▶ 베비지 기계 자동화 연구가 산업 자동화에 준 영향 조사 ▶ 자동화 발전이 산업 효율 향상에 가져온 변화 요인 분석 ▶ 기계 자동화 원리와 현대 로봇·기계 설비 구조 비교 분석

주제	에이다 러브레이스 알고리즘과 베비지 아이디어의 관계 분석
탐구 목표	에이다 러브레이스의 알고리즘 개념이 베비지의 해석기관 아이디어와 어떻게 연결되는지를 분석하여 초기 컴퓨터 구조와 프로그래밍 사고의 기원을 이해한다.
선정 이유	베비지는 기계식 계산 장치의 구조를 설계했지만, 이를 활용해 실제 '프로그램'을 구상한 사람은 에이다 러브레이스였다. 두 사람의 아이디어는 현대 컴퓨터와 알고리즘의 기초가 되었다. 이를 분석하면 컴퓨터 과학의 발전 과정을 역사적 맥락에서 이해할 수 있어 학습 가치가 높다고 판단해 본 주제를 선택했다.
서론	컴퓨터의 탄생은 기계와 논리의 결합에서 출발했다. 베비지의 해석기관은 오늘날 컴퓨터 구성 요소와 유사한 구조를 갖추고 있었고, 에이다 러브레이스는 이 기계가 계산을 넘어서 다양한 작업을 수행할 수 있다고 보았다. 그녀의 알고리즘 개념은 프로그래밍 사고의 시작이었다. 본 탐구는 두 사람의 아이디어가 어떻게 연결되었는지 살펴보는 것을 목표로 한다.
본론	▶ 베비지 해석기관의 구조와 연산·기억 장치 역할 조사 ▶ 에이다 러브레이스 알고리즘 개념과 계산 절차 표현 방식 분석 ▶ 두 아이디어가 연결되는 과정(입력·처리·출력 구조) 비교 ▶ 해석기관을 통한 최초 알고리즘 사례(베르누이 수 계산) 조사 ▶ 자료를 종합해 컴퓨터 개념 형성에 두 인물이 준 기여 정리
결론	베비지는 계산을 수행하는 기계의 구조를 제시했고, 에이다 러브레이스는 이 기계가 명령을 따라 다양한 작업을 수행할 수 있다는 개념을 완성했다. 두 사람의 아이디어는 현대 컴퓨터의 연산 구조와 프로그래밍 논리의 기반이 되었다. 이로써 기계적 설계와 알고리즘 사고가 결합해 오늘날 컴퓨터 과학이 시작되었음을 확인하였다.
심화 탐구 주제	▶ 기계 계산 사상의 발전이 디지털 혁명에 남긴 의미 고찰 ▶ 해석기관 구조와 현대 CPU 연산 과정의 유사성 비교 탐구 ▶ 에이다 알고리즘이 초기 프로그래밍 언어 설계에 준 영향 분석
토론 주제	▶ 에이다 러브레이스를 최초의 프로그래머라 볼 수 있을까? ▶ 기계 설계와 알고리즘 사고 중 컴퓨터 발전에 더 중요한가? ▶ 초기 기술 아이디어가 현대 기술 혁신에도 여전히 유효한가?
교내 후속 활동	▶ 정보: 간단한 알고리즘 설계 및 순서도 작성 실습 ▶ 공통수학: 베르누이 수 계산 알고리즘을 문제 해결에 적용 ▶ 동아리활동: 메이커·AI 동아리에서 기계 논리 기반 계산 모형 제작

찰스 베비지(Charles Babbage, 1791~1871)

2. 교과 연계 탐구활동(대수, 미적분Ⅰ, 정보)

● 대수

성취기준	[12대수01-08] 지수함수, 로그함수를 활용하여 문제를 해결할 수 있다
주요내용	찰스 베비지는 천문·항해 계산에서 반복 사용되던 로그표와 삼각함수표의 오류를 줄이기 위해 차분기관과 해석기관을 고안했다. 이 장치들은 로그·지수 계산과 사인·코사인 값의 연속 계산을 기계적으로 수행해 인간 계산 실수를 줄이려는 목적을 지녔다. 이러한 자동화 시도는 지수·로그 함수의 규칙성과 삼각함수의 반복성을 알고리즘으로 전환한 것으로 초기 컴퓨터 개념을 확립하는 데 큰 역할을 했음을 보여준다.
교과연계 탐구주제	▶ 해석기관이 지수함수 연산을 수행하도록 설계된 원리 분석 ▶ 지수·로그 연산 자동화가 초기 컴퓨터 구조에 준 영향 고찰 ▶ 지수·로그 함수 반복 계산의 알고리즘화를 베비지 방식으로 탐구

● 미적분Ⅰ

성취기준	[12미적Ⅰ-01-04] 연속함수의 성질을 활용하여 문제를 해결할 수 있다
주요내용	베비지는 차분기관·해석기관을 설계하며 함수 값을 절차적으로 계산하는 구조를 마련했다. 각 연산 단계는 이전 결과에 의존해 입력 변화가 출력으로 자연스럽게 이어지는 연속적 흐름을 요구했다. 차분기관은 다항함수를 차분으로 계산했고 해석기관은 복잡한 연산을 끊김 없이 처리하도록 설계됐다. 이는 베비지가 연속성 개념을 기계 알고리즘으로 구현해 계산의 안정성과 정확성을 높였음을 보여준다.
교과연계 탐구주제	▶ 연속함수 성질이 차분기관의 오류 감소에 준 영향 탐구 ▶ 해석기관 연산 절차를 연속적 함수 처리 알고리즘으로 모델링 ▶ 연속적 입력 변화가 베비지 기계 출력 안정성에 미친 영향 연구

● 정보

성취기준	[12정04-01] 지능 에이전트의 개념과 특성을 이해하고, 인간과 인공지능의 관계를 분석한다.
주요내용	찰스 베비지는 해석기관을 설계하며 조건 분기, 반복, 제어 장치, 메모리 구조를 포함한 최초의 기계식 '지능적 계산 시스템'을 구상하였다. 이는 정보를 저장·처리하며 목표를 수행하는 오늘날 지능 에이전트의 구조와 유사하다. 그의 자동 계산 개념은 인간의 계산 부담을 줄이고 기계에 초기 의사결정 기능을 부여한 시도로, 인공지능과 인간 협력의 출발점이라 할 수 있다.
교과연계 탐구주제	▶ 기계 연산 절차를 인간-AI 협력 관점에서 재구성하는 연구 ▶ 정보 저장·처리 기능을 지능 에이전트 구조로 재해석하는 탐구 ▶ 베비지 기계 자동화 개념이 초기 AI 사고 체계 형성에 준 영향

3. 독서 연계 탐구활동

● 추천 도서 목록

추천 도서 목록

▶ 톱니바퀴 컴퓨터(도런 스웨이드(이재범 역), 지식함지, 2016)
▶ 어디에나 있고 무엇인든 하는 알고리즘 이야기(문병로, 김영사, 2024)
▶ 컴퓨터 구조 및 설계(David A. Patterson(박명순 역), 한티에듀, 2021)

▶ 논리적 사고를 기르는 알고리즘 수업(롤랜드 백하우스(김준원 역), 인사이트, 2024)
▶ 한 권으로 읽는 컴퓨터 구조와 프로그래밍(조너선 스타인하트(오현석 역), 책만, 2021)
▶ 한 권으로 그리는 컴퓨터 과학 로드맵(블라드스톤 페헤이라 필루(박연오 역), 인사이트, 2018)

● 독서 연계 탐구 활동

독서 연계 탐구 활동

도서명	한 권으로 읽는 컴퓨터 구조와 프로그래밍(조너선 스타인하트(오현석 역), 책만, 2021)
	이 책은 컴퓨터가 어떻게 정보를 저장하고 계산하며 작동하는지 기본 구조를 쉽게 설명한 책이다. 비트와 논리회로, 메모리, 프로세서 구조, 프로그램이 실행되는 방식 등을 그림과 예시로 보여준다. 또한 기계식 계산기에서 현대 컴퓨터에 이르기까지 기술이 어떻게 발전했는지를 소개하며 컴퓨터 원리를 이해하는 데 도움을 준다. 이 과정에서 현대 컴퓨터 구조의 기초가 되었음을 자연스럽게 알 수 있다.
핵심 키워드	비트, 논리회로, 메모리구조, 계산장치, 프로그램실행
탐구 주제	▶ **배비지 해석기관 구조가 현대 컴퓨터 기본 구조에 준 영향 탐구** ▶ 초기 계산장치와 컴퓨터 메모리·연산 장치의 기능적 공통점 비교 ▶ 해석기관 개념이 정보 처리·산업 자동화에 남긴 세계사적 가치 탐구 ▶ 기계식 계산 방식과 전자식 계산 방식의 원리 차이를 중심으로 분석 ▶ 배비지 설계 사상이 프로그래밍 개념 확립에 미친 역사적 의미 고찰
토론 쟁점	▶ 설계만 존재한 기계가 '컴퓨터의 시작'으로 인정받을 수 있는가? ▶ 배비지의 해석기관이 실제 완성되었다면 컴퓨터 역사는 달라졌을까? ▶ 기계적 계산에서 전자적 계산으로의 전환이 기술 발전을 가속했는가?
후속 활동	▶ 정보: 논리회로 기본 연산을 실습해 배비지의 계산 개념을 이해하는 활동 ▶ 통합과학: 기계식 계산기 원리를 탐구해 초기 계산 구조를 시각화하는 활동 ▶ 기술·가정: 산업 자동화 기술과 컴퓨터 구조의 연결성을 조사하는 활동 ▶ 진로활동: 초기 컴퓨터의 발전사를 정리해 배비지 의미를 발표하는 활동

● 독서 연계 탐구활동 예시

탐구 주제	배비지 해석기관 구조가 현대 컴퓨터 기본 구조에 준 영향 탐구
탐구 자료	▶ 기계식 계산기와 초기 컴퓨터를 비교한 역사 다큐 자료 ▶ 현대 컴퓨터 구조(메모리·연산장치) 교과서 요약 자료 ▶ 기초 프로그래밍 개념과 연산 흐름을 보여주는 예시 자료

참소 배비지(Charles Babbage, 1791~1871)

탐구 개요	서론	찰스 배비지의 해석기관은 비록 완성되지는 않았지만 연산장치, 저장장치, 제어장치를 포함한 구조로 현대 컴퓨터 개념을 처음 제시한 기계였음. 그의 설계는 '입력-연산-저장-출력'이라는 기본 원리를 갖추고 있어 오늘날 컴퓨터 구조와 매우 유사함. 본 탐구는 해석기관의 구조를 분석해 현대 컴퓨터의 어떤 요소와 연결되는지 이해하고자 함.
	본론	▶ 해석기관의 연산장치·저장장치·제어장치 구조를 도식으로 정리하기 ▶ 현대 컴퓨터의 CPU와 메모리 구조를 교과서 자료로 조사해 비교하기 ▶ 해석기관의 연산 방식이 현대 CPU 연산 과정과 유사한 점 분석하기 ▶ 펀치카드 방식이 프로그램 실행 개념 형성에 준 영향 조사하기 ▶ 두 구조의 공통·차이점을 표와 그래프로 정리해 종합 결론 도출하기
	결론	배비지의 해석기관은 현대 컴퓨터의 핵심 구조를 놀라울 만큼 정확하게 예측한 설계였음을 확인함. 해석기관의 연산장치는 CPU와 유사한 역할을 하고, 저장장치는 메모리 기능과 연결되며, 펀치카드 방식은 프로그램 명령을 처리하는 초기 형태였음. 비록 당시 기술 부족으로 완성되지는 못했지만 그의 발상은 컴퓨터 구조의 출발점이 되었음.
후속 활동		▶ 정보: 논리회로 실습을 통해 해석기관의 연산 개념을 모형으로 표현하는 활동 ▶ 통합과학: 기계식 계산기의 구조를 분석해 초기 연산 방식 이해를 돕는 활동 ▶ 공통수학: 반복 계산·수열 알고리즘을 사용해 해석기관 계산 원리를 체험하는 활동 ▶ 기술·가정: 자동화 기술과 초기 컴퓨터 구조의 연관성을 조사하는 활동 ▶ 동아리활동: 해석기관과 현대 컴퓨터 구조를 비교한 발표 자료 제작 활동

4. NIE 연계 활동

● 신문 읽기 & 연결 사유 찾기

19세기에 컴퓨터와 프로그램을 만든 천재들(더 사이언스 타임즈, 2020.11.16.)

이 기사는 19세기 초 찰스 배비지와 에이다 러브레이스가 오늘날 컴퓨터 개념의 기반을 마련한 과정을 설명한다. 배비지는 연산을 자동으로 수행하는 기계식 계산장치 '차분기관'과 '해석기관'을 구상했고, 러브레이스는 이를 활용한 최초의 알고리즘을 작성해 프로그래밍 개념을 제시했다. 기사는 이들의 협력과 혁신이 현대 컴퓨터 과학의 출발점이 되었음을 강조한다.

"컴퓨터의 시작"(한국부동산신문, 2025.07.14.)

이 기사는 컴퓨터의 개념이 단순한 계산 기계를 넘어 정보 처리 장치로 자리 잡기까지의 발전 과정을 소개한다. 초기의 기계식 계산기에서 전자식 컴퓨터로 이어지는 변화를 설명하며, 저장방식·연산 속도·프로그램 구조 등 핵심 기술이 어떻게 발전했는지를 다룬다. 또한 컴퓨터가 산업, 금융, 행정 등 다양한 영역에서 필수 도구로 자리 잡으며 사회 구조까지 변화시킨 점을 강조한 기사다.

컴퓨터를 최초로 발명한 사람은 러브레이스?(동아사이언스, 2024.10.26.)

이 기사는 컴퓨터 발명의 공로를 둘러싼 논쟁을 소개하며, 에이다 러브레이스가 첫 알고리즘을 작성해 '세계 최초의 프로그래머'로 평가받는 이유를 설명한다. 반면 일부 연구자들은 실제 하드웨어를 설계한 배비지의 역할을 더 높게 보아 논쟁이 계속되고 있음을 다룬다. 기사는 컴퓨터 발명 과정이 한 사람의 업적이 아니라 다양한 아이디어와 협력의 결과였다는 점을 강조한다.

▶ 컴퓨터 기술 발전이 인간의 의사결정 권한을 얼마나 대체해야 하는가?

▶ 초기 컴퓨터 개념에서 여성 과학자의 기여가 충분히 인정받지 못한 이유는 무엇일까?

▶ 과학기술사에서 공동 기여자가 단일 인물보다 덜 주목받는 현상을 어떻게 개선해야 할까?

• 관점의 분석과 비교

컴퓨터를 최초로 발명한 사람은 러브레이스?(동아사이언스, 2024.10.26.)
- 컴퓨터 발명 공로 판단에서 '최초성'보다 '영향력'을 우선해야 하는가 -

찬성	반대
기술의 가치는 실제 사회에 미친 변화와 확산력에서 드러난다. 최초로 만들었더라도 영향이 미미하면 공로를 높게 평가하기 어렵다. 반면 널리 쓰이며 기술 발전의 방향을 바꾼 업적은 사회적 파급력이 크므로 영향력을 우선해야 한다.	최초성은 새로운 패러다임을 연 본질적 시작점이자 이후 기술 발전의 기반을 제공한 핵심 가치다. 영향력만 강조하면 원천 기술을 만든 사람의 기여가 희석될 위험이 있다. 기초 혁신을 장려하려면 최초성의 의미를 존중해야 한다.

19세기에 컴퓨터와 프로그램을 만든 천재들(더 사이언스 타임즈, 2020.11.16.)
- 초기 컴퓨터 개념 형성에 배비지와 러브레이스 중 누구의 기여가 더 본질적이었는가 -

≫ 베비지	≫ 러브레이스
배비지는 연산을 자동으로 수행하는 해석기관을 설계해 현대 컴퓨터 구조의 핵심인 저장 장치, 제어 장치, 연산 장치 개념을 처음 제시했다. 실제 하드웨어의 토대를 마련했기 때문에 초기 컴퓨터 개념 형성에서 그의 기여가 더 본질적이다.	러브레이스는 기계가 단순 계산을 넘어 다양한 연산을 수행할 수 있다는 통찰을 제시하고 해석기관을 위한 최초의 알고리즘을 작성했다. 이는 컴퓨터가 '생각하는 기계'로 확장되는 기반을 만든 본질적 기여이다.

• 사고의 확장

▶ 컴퓨터 의사결정이 확대되는 시대에 인간의 판단권은 어떻게 보존되어야 할까?

▶ 여성 과학자의 업적이 기술사에서 축소되는 문제를 어떻게 바로잡을 수 있을까?

▶ 컴퓨터 발명의 공로를 소프트웨어와 하드웨어 중 어느 쪽에 더 비중 두어야 할까?

▶ 초기 컴퓨터 아이디어가 오늘날 인공지능 알고리즘 발전에 어떤 철학적 기초를 제공할까?

▶ 배비지와 러브레이스의 협력이 현대 컴퓨터 구조와 프로그래밍 개념에 어떤 의미를 주는가?

5. 세특 예시

'에이다 러브레이스 알고리즘과 베비지 아이디어의 관계 분석'을 주제로 현대 컴퓨터 과학의 기원을 탐구함. 베비지 해석기관 설계 자료를 검토해 연산 장치와 기억 장치의 분리 구조를 조사함. 이어 러브레이스의 알고리즘 개념과 반복·분기 구조 등 프로그램 구상 특징을 정리하고, 기계 설계와 알고리즘 사고가 만나는 지점을 비교함. 이를 통해 베비지의 계산 구조와 러브레이스의 프로그래밍 개념이 결합해 현대 컴퓨터와 알고리즘의 기반이 형성되었음을 파악함.

35 크리스티안 하위헌스
(Christiaan Huygens, 1629~1695)

1. 파동의 눈으로 빛을 이해한 과학자

● 학자 가문에서 태어난 호기심 많은 소년

1629년, 네덜란드 헤이그에서 태어난크리스티안 하위헌스는 학문과 문화가 풍부한 집안에서 자랐다.그의 아버지는 시인이자 정치가였으며, 집에는 언제나 예술가와 과학자들이 드나들었다. 하위헌스는 어릴 때부터 수학과 천문학에 특별한 흥미를 보였다. 그는 장난감 대신 렌즈와 거울로 실험을 하며 시간을 보냈고, 밤하늘의 별을 관찰하며 '우주는 어떻게 움직이는가?'를 스스로 질문했다.

"별을 바라보면, 그 너머에 더 큰 세상이 있을 것 같다." 그의 호기심은 어린 나이에 이미 우주를 향하고 있었다.

● 렌즈와 망원경으로 세상을 보다

하위헌스는 라이덴 대학에서 수학과 물리학을 공부하며, 당시 유럽의 과학혁명 분위기 속에서 실험정신을 키워나갔다. 그는 직접 렌즈를 갈아 망원경을 만들었고, 그 망원경으로토성의 고리와 위성 '타이탄'을 발견했다.

그는 또한 행성의 자전과 궤도를 정밀하게 측정하며 "과학은 눈으로 보는 것이 아니라, 이해로 보는 것이다."라고 말했다. 그의 관찰력은 천문학의 새로운 시대를 열었다.

● 정확한 시간의 비밀: 진자시계의 발명

17세기 유럽은 항해와 무역의 시대였다. 하지만 배가 바다에서 자신의 위치를 정확히 알 수 없었던 이유는 '시간을 정확히 측정할 방법'이 없었기 때문이었다. 하위헌스는 물리학 원리를 이용해진자의 주기가 일정하다는 사실에 주목했다. 그는 이 원리를 이용해 세계 최초의진자시계를 발명했다.

그의 시계는 이전보다 훨씬 정밀했고, 항해와 과학 연구에 큰 도움이 되었다.

"시간은 눈에 보이지 않지만, 자연은 언제나 일정한 리듬으로 움직인다." 그는 시간을 '보이는 과학'으로 바꾼 인물이었다.

● 빛의 본질을 향한 도전: 파동설의 탄생

하위헌스는 빛이 무엇인지 끊임없이 고민했다. 그는 빛을 입자가 아니라파동으로 설명할 수 있다고 생각했다. 이후 <빛에 관한 논문>에서 빛이 매질을 따라 퍼지는파동의 성질을 수학적으로 증명했다. 이 주장은 훗날 '하위헌스의 원리'로 불리며, 빛의 반사, 굴절, 간섭 현상을 설명하는 중요한 근거가 되었다.

그는 "빛은 움직이는 물결처럼 공간을 채운다."라고 썼다.

비록 당시에는 뉴턴의 입자설이 더 인기를 끌었지만, 하위헌스의 이론은 세기를 넘어 빛의 본질을 밝히는 열쇠가 되었다.

하위헌스는 프랑스 파리로 초청받아 왕립 과학아카데미의 회원이 되었다. 그곳에서 그는 진자 운동, 원심력, 빛의 성질, 행성의 운동 등 다양한 연구를 이어갔다. 그러나 그는 뉴턴과의 의견 충돌로 많은 논쟁을 겪었다. 뉴턴은 중력을 중심으로 세상을 설명했고, 하위헌스는 기계적 운동과 파동의 조화로 우주를 이해하려 했다.

그는 권위에 굴하지 않고 자신의 이론을 끝까지 지켰다.

"진리는 힘 있는 사람의 것이 아니라, 증명하는 자의 것이다." 그의 과학적 태도는 오늘날 과학자들의 모범이 되었다.

● 오늘날로 이어지는 메시지

정확한 답을 빠르게 요구받는 오늘의 학습 환경에서는, 이미 정해진 공식을 얼마나 잘 적용하느냐가 성취의 기준처럼 여겨진다. 하위헌스는 뉴턴과 같은 거대한 이론이 등장하던 시대 속에서도, 빛·시간·운동을 전혀 다른 관점에서 바라보며 질문을 멈추지 않은 과학자였다. 그는 시계의 정확성을 개선하며 '시간을 측정하는 기준'을 바꾸었고, 빛을 입자의 흐름이 아닌 파동으로 설명하며 기존 통설에 도전했다.

오늘날 학생에게 하위헌스의 삶은 이렇게 말해준다.

정답을 빨리 찾는 능력보다 중요한 것은, 질문을 더 정확하게 다듬고 끝까지 밀고 가는 끈기다.

▶ 나는 이미 알려진 설명을 그대로 받아들이고 있지는 않은가?

▶ 교과서 속 개념을 다른 관점으로 다시 설명할 수 있다면 무엇이 달라질까?

이 질문은 물리·천문·과학사 탐구 세특으로 확장될 수 있다.

● 주요 업적

1) 파동설 제시(Wave Theory of Light)

하위헌스는 빛이 입자의 흐름이라는 기존 데카르트적 설명과 달리, 빛이 파동처럼 퍼져나간다고 주장했다. 그는 빛의 반사와 굴절이 파동의 성질로 설명될 수 있음을 분석했고, 특히 굴절 법칙을 파동의 속도로 설명해 기존 이론보다 더 정확한 이해를 제공했다. 그의 파동설은 이후 영, 프레넬이 간섭과 회절을 실험으로 증명하면서 빛의 본질 연구에 큰 전환점을 가져왔다. 하위헌스의 이론은 현대 광학과 파동물리학의 중요한 기초가 되었다.

2) 하위헌스 원리(Huygens' Principle)

하위헌스는 파동이 어떻게 퍼져나가는지를 설명하기 위해 '하위헌스 원리'를 제시했다. 이 원리에 따르면, 파동의 모든 점은 다시 작은 파동의 새로운 중심이 되어 사방으로 퍼져 나간다. 이 과정이 반복되면서 전체 파동의 모양이 형성된다. 이 원리는 빛의 굴절·반사·회절을 설명하는 데 큰 도움을 주었고, 훗날 수학적으로 정교화되어 현대 파동 방정식의 기본 원리로 자리 잡았다. 하위헌스 원리는 물리학뿐 아니라 음향학, 전자기파 연구에도 적용되는 중요한 개념이다.

3) 진자시계 발명(Pendulum Clock)

하위헌스는 진자의 규칙적인 흔들림을 이용해 매우 정확한 시계를 만드는 데 성공했다. 당시 시계는 오차가 커서 항해와 과학 연구에 큰 불편함을 주었지만, 진자시계는 하루 오차가 1분 미만일 정도로 정확도가 크게 향상되었다. 이 발명은 시간 측정의 정확성을 획기적으로 높여 천문 관측, 항해 지도 제작, 과학 실험에 큰 변화를 가져왔다. 하위헌스의 진자시계는 시간 측정 기술 발전의 출발점이 되었고, 이후 기계식 시계 설계의 표준이 되었다.

4) 천문 관측 및 토성 연구(Saturn Observation & Astronomy)

하위헌스는 자신이 직접 만든 정밀 망원경을 이용해 다양한 천문 관측을 수행했다. 그는 토성 주변의 독특한 형태를 면밀히 살펴본 끝에 '토성은 고리로 둘러싸여 있다'는 정확한 설명을 최초로 제시해 당시 학계에 큰 충격을 주었다. 또한 토성의 위성 타이탄을 발견해 행성과 위성의 구조 연구에 중요한 기여를 했으며, 태양계 형성과 진화에 대한 이해를 한층 넓혔다. 그의 세심한 관측은 망원경 기술 발전과 행성 구조 연구의 기반 제공과 천문학 발전에 지속적인 영감을 주었다.

● 과학적 성과와 영향

하위헌스는 빛과 파동의 성질을 체계적으로 설명한 과학자로, 파동설과 하위헌스 원리를 통해 광학의 새로운 방향을 열었다. 그는 빛의 굴절과 반사를 파동 속도의 차이로 설명하며 기존 입자설보다 훨씬 정교한 이론을 제시했다. 또한 진자시계를 발명해 당시로서는 매우 높은 정확도의 시간을 측정할 수 있도록 만들었고, 이를 통해 항해와 천문학 연구의 신뢰도를 크게 높였다. 그의 정밀 망원경 관측은 토성 고리와 위성 발견 등 천문 연구 발전에도 중요한 역할을 했다.

하위헌스의 연구는 현대 과학과 기술에 깊은 영향을 미쳤다. 그의 파동 이론은 이후 프레넬과 영의 실험으로 강화되어 전자기파 이론과 양자광학 발전의 토대가 되었다. 하위헌스 원리는 파동방정식, 음향학, 전자기학 등 다양한 분야에서 기본 원리로 사용된다. 진자시계는 정밀 시계 기술의 기반이 되어 항해 기술 발전을 촉진했고, 그의 천문 관측은 행성 구조와 우주 이해를 넓히는 데 기여했다. 하위헌스는 다양한 분야를 넘나들며 현대 과학의 기초를 다진 다재다능한 과학자로 평가된다.

● 과학 이론 연계 탐구 주제

파동설 제시	▶ 파동설이 현대 광학 기술 발전에 미친 영향 조사 ▶ 빛의 간섭·회절 현상을 관찰하며 파동 개념의 의미 분석 ▶ 빛 굴절·반사 설명에서 파동설이 갖는 장점을 사례로 고찰
하위헌스 원리	▶ 하위헌스 원리가 파동 시뮬레이션 기술에 준 영향 고찰 ▶ 하위헌스 원리를 간단한 파동 실험으로 재현하며 원리 분석 ▶ 하위헌스 원리와 스넬의 법칙이 연결되는 과정을 비교 조사
진자시계 발명	▶ 진자 주기 일정성이 시계 정확도 향상에 준 영향 조사 ▶ **진자시계와 석영시계 시간 측정 방식의 차이를 비교 분석** ▶ 진동 주기 변화 요인이 진자시계 성능에 미치는 영향 고찰
천문 관측 및 토성 연구	▶ 하위헌스의 토성 고리 관측이 천문학 발전에 준 영향 ▶ 하위헌스 망원경과 현대 망원경의 구조 차이를 비교 분석 ▶ 하위헌스 관측 방식이 오늘날 우주 탐사 기술에 준 영향 분석

주제	진자시계와 석영시계 시간 측정 방식의 차이를 비교 분석
탐구 목표	진자시계의 기계적 주기 측정 방식과 석영시계의 전자 진동 기반 시간 측정 방식을 비교하여 두 기술의 정확도 차이와 원리적 차이를 이해하는 것을 목표로 한다.
선정 이유	진자시계는 고전적인 시간 측정 장치로 과학 발전에 중요한 역할을 했고, 석영시계는 현대 시계 기술의 표준이 되었다. 두 시계는 전혀 다른 원리로 시간을 측정하기 때문에 차이를 분석하면 물리 개념을 깊이 이해하는 데 도움이 된다. 또한 기술의 변화가 어떻게 측정 정확도를 향상시켰는지도 배울 수 있어 본 탐구를 선택했다.
서론	시간 측정 기술은 과학과 일상에 큰 영향을 주어 왔다. 진자시계는 진자의 등시성을 이용해 일정한 주기로 시간을 측정하고, 석영시계는 석영 결정의 진동수를 기반으로 매우 정확한 시간을 만든다. 두 시계는 방식 차이로 인해 정확도, 안정성, 구조가 달라진다. 본 탐구는 이러한 차이를 비교해 시간 측정 기술의 발전을 이해하고자 한다.
본론	▶ 진자시계의 구조와 진자 길이·중력과의 관계를 조사 ▶ 석영시계의 전기적 진동 원리와 결정 진동수 개념을 정리 ▶ 두 시계의 시간 측정 방식(주기·진동수 기반)을 표로 비교 ▶ 정확도 차이를 실험하거나 자료 조사로 확인하고 원인을 분석 ▶ 분석 내용을 종합해 시간 측정 기술 발전의 의미를 해석
결론	탐구 결과, 진자시계는 중력과 진자 길이에 의해 주기가 결정되는 기계식 방식이고, 석영시계는 전기적으로 일정한 진동수를 만들어내는 전자식 방식임을 확인했다. 석영시계는 외부 환경 영향이 적어 더 높은 정확도를 제공한다. 이를 통해 시간 측정 기술은 더 안정적이고 정밀한 진동원을 찾는 방향으로 발전해 왔음을 이해하였다.
심화 탐구 주제	▶ 원자시계의 원리와 석영시계 기술의 한계 비교 고찰 ▶ 온도 변화가 석영 결정의 진동수 안정성에 미치는 영향 분석 ▶ 정확한 시간 측정이 GPS, 통신 기술에 주는 기술적 의미 조사
토론 주제	▶ 정밀한 시간 측정 기술이 현대 사회의 핵심 인프라일까? ▶ 기계식 시계가 전자식 시계를 완전히 대체할 수 있을까? ▶ 측정 기술 발전이 과학 연구 방식에 얼마나 큰 영향을 줄까?
교내 후속 활동	▶ 통합과학: 진자 길이 변화 실험으로 주기 변화 직접 확인 ▶ 기술·가정: 다양한 시계 구조를 조사하고 기능 비교 분석 ▶ 동아리활동: 동아리에서 간단한 석영 진동 회로 제작 실습

크리스티안 하위헌스
(Christiaan Huygens, 1629~1695)

2. 교과 연계 탐구활동 (물리학, 과학의 역사와 문화, 미적분 II)

● 물리학

성취기준	[12물리03-01] 빛의 중첩과 간섭을 통해 빛의 파동성을 알고, 이를 이용한 기술과 현상을 예를 들어 설명할 수 있다.
주요내용	하위헌스는 빛이 입자가 아니라 파동이라고 주장하며, "파면의 모든 점은 새로운 2차 구면파의 파원이 된다"는 '하위헌스의 원리'를 제안했다. 이 성취기준에서는 하위헌스의 원리를 적용하여 영의 이중슬릿 실험에서 나타나는 간섭무늬의 생성 원리를 이해하고, 비눗방울의 무지개색이나 렌즈의 코팅 기술 등 실생활 속 간섭 현상을 파동 광학의 관점에서 해석하는 데 중점을 둔다.
교과연계 탐구주제	▶ 파동의 중첩과 홀로그래피: 하위헌스가 꿈꾸던 3차원 빛의 기록 ▶ 빛의 파동성을 이용한 '상쇄 간섭' 기술 탐구: 무반사 코팅 렌즈의 원리 ▶ 하위헌스의 원리를 적용한 영의 이중슬릿 간섭무늬 생성 과정 작도 및 분석

● 과학의 역사와 문화

성취기준	[12과사02-02] 현대 과학의 등장 과정에서 나타난 과학자들의 논쟁이나 토론 사례를 조사하고, 과학적 의사소통에서 지켜야 할 규범과 태도를 이해할 수 있다.
주요내용	17세기 후반, 하위헌스는 빛이 에테르를 매질로 하는 파동임을 주장하며 반사와 굴절을 수학적으로 설명했다. 반면, 당대 최고의 권위자였던 뉴턴은 빛이 입자라고 주장했다. 논리적으로는 하위헌스의 설명이 더 타당했으나, 과학계는 뉴턴의 압도적인 권위에 짓눌려 입자설을 정설로 채택했다. 이 성취기준은 건전한 비판과 수용이라는 올바른 과학적 의사소통 태도를 성찰하는 데 중점을 둔다.
교과연계 탐구주제	▶ 푸코의 광속 측정 실험이 하위헌스-뉴턴 논쟁의 종결에 미친 결정적 영향 고찰 ▶ 하위헌스(파동)-영(간섭)-아이슈타인(이중성)으로 이어지는 빛의 역사 연표 제작 ▶ 매질에 따른 빛의 속도 변화 예측을 통한 파동설과 입자설의 논리적 타당성 비교

● 미적분 II

성취기준	[12미적II-02-06] 매개변수로 나타낸 함수를 미분할 수 있다.
주요내용	하위헌스는 단진자의 주기가 진폭에 따라 미세하게 변하는 오차를 해결하기 위해, 등시성을 갖는 궤도가 '사이클로이드'임을 발견했다. 이 곡선은 매개변수 회전각을 사용하여 나타낼 수 있고, 이를 매개변수 미분법으로 미분하면 궤도상의 임의의 점에서의 접선의 기울기와 진자의 운동 방향을 정확히 계산할 수 있다. 이를 통해 진자가 궤도의 어디에 있든 중심까지 도달하는 시간이 일정함을 증명했다.
교과연계 탐구주제	▶ 사이클로이드 궤도의 첨점에서의 미분 불가능성과 물리적 의미 탐구 ▶ 매개변수 미분법을 활용한 곡선의 접선 방정식 유도와 진자 운동 방향 분석 ▶ 원 궤도(단진자)와 사이클로이드 궤도(하위헌스 진자)의 접선 기울기 변화율 비교

3. 독서 연계 탐구활동

● 추천 도서 목록

추천 도서 목록
▶ 코스모스(칼 세이건, 사이언스북스, 2010)　　　　　　▶ 하위헌스가 들려주는 파동이야기(정완상, 자음과 모음, 2010) ▶ 측정의 세계(제임스 빈센트(장혜인 역), 까치, 2023)　　　▶ 과학혁명의 구조(토머스 S.쿤(김명자, 홍성욱 역), 까치, 2013) ▶ 미적분의 힘(스티븐 스트로가츠(홍승수 역), 해나무, 2021)　▶ 빛의 물리학(EBS 다큐프라임 <빛의 물리학> 제작팀, 해나무, 2014)

● 독서 연계 탐구 활동

독서 연계 탐구 활동

도서명	측정의 세계(제임스 빈센트(장혜인 역), 까치, 2023)
	이 책은 인류의 '측정 단위' 역사를 추적하며, 하위헌스가 진자시계로 시간을 정밀화해 세상을 통제하기 시작한 혁명적 순간을 조명한다. 자연 법칙을 표준으로 삼으려 했던 그의 노력은 근대 과학 실험과 대항해시대 항해술 발전의 결정적 토대가 되었다. 측정이 단순한 도구를 넘어 어떻게 사회적 기준과 권력이 되는지 통찰하며, 과학 기술의 사회적 의미를 깊이 있게 고찰한다.
핵심 키워드	진자시계, 표준(Standard), 초(second), 사이클로이드, 과학과 사회
탐구 주제	▶ 하위헌스의 측정 철학이 현대 미터법에 미친 영향 고찰 ▶ 등시성을 활용한 정밀 시계 제작 원리와 오차 보정 메커니즘 탐구 **▶ 감각적 시간을 물리적 표준으로 전환시킨 하위헌스 진자시계의 의의 분석** ▶ 정밀 시간 측정이 뉴턴 역학 검증과 항해술 발전에 기여한 상호작용 분석 ▶ 뉴턴의 권위에 가려진 하위헌스 파동설 사례로 본 과학 지식의 수용 과정 연구
토론 쟁점	▶ 과학 혁명의 본질은 '새로운 이론의 창안'인가, '정밀한 도구의 발명'인가? ▶ 시간을 기계적 수치로 표준화한 것은 인간의 해방인가, 자연에 대한 오만인가? ▶ 과학적 진리의 수용은 '객관적 증거'보다 '당대 학계의 권위'에 의해 결정되는가?
후속 활동	▶ 공통국어: 과학적 진리의 수용 과정을 다루는 에세이 작성 활동 ▶ 통합과학: 물결파 투영 장치로 하위헌스의 원리를 직접 관찰하는 실험 활동 ▶ 공통수학: 사이클로이드 매개변수 방정식으로 진자의 등시성을 증명하는 활동 ▶ 동아리활동: 파이썬을 활용한 하위헌스 원리 시뮬레이션을 구현하는 활동

크리스티안 하위헌스
(Christiaan Huygens,1629~1695)

● 독서 연계 탐구활동 예시

탐구 주제	감각적 시간을 물리적 표준으로 전환시킨 하위헌스 진자시계의 의의 분석
탐구 자료	▶ 진자의 등시성과 표준의 개념 학습 자료 ▶ 17세기 시계 기술 및 항해술 관련 역사 자료 ▶ 하위헌스의 측정 철학 및 수학적 원리 조사용

탐구 개요	서론	과거 인류에게 시간은 해의 위치나 통치자의 권위에 의존하는 감각적이고 주관적인 개념이었음. 하위헌스는 자연의 법칙인 '진자의 등시성'을 이용해 시간을 객관적인 물리량으로 전환하여 측정의 정확도를 혁명적으로 높임. 본 탐구에서는 하위헌스의 진자시계가 가져온 시간 개념의 변화와 그것이 근대 과학 및 사회적 표준 형성에 미친 의의를 분석하고자 함.
	본론	▶ 초기 기계식 시계의 한계와 당시의 감각적 시간관 분석하기 ▶ 갈릴레이가 발견한 진자의 등시성의 원리 탐구하기 ▶ 사이클로이드 궤도의 수학적 원리를 탐구하기 ▶ 정밀한 시간 측정이 뉴턴 역학의 검증에 미친 기술적 파급력을 조사하기 ▶ 경험적 시간과 기계로 측정된 물리적 시간의 차이점을 비교하기
	결론	하위헌스의 진자시계 발명은 흐르는 시간을 정밀한 눈금으로 가두어 자연을 수치화한 과학적 전환점임. 이는 주관적 경험에 머물던 시간을 보편적인 물리 법칙으로 통제하게 되었음을 의미하며, 현대의 표준화된 측정 시스템과 정밀 과학이 성립하는 토대가 됨. 따라서 그의 업적은 인류가 세상을 객관적으로 규정하고 탐구하는 방식을 바꾼 결정적 계기라 할 수 있음.
후속 활동		▶ 세계사: 시계 기술의 발전이 제국주의 확장에 미친 영향을 분석하는 활동 ▶ 공통수학: 사이클로이드 곡선의 매개변수 미분을 통해 등시성을 증명하는 활동 ▶ 로봇과 공학세계: 이스케이프먼트(탈진기) 장치의 원리 조사 및 모형 설계 활동 ▶ 물리학: 진자의 길이와 주기의 관계를 측정하여 중력가속도를 구하는 실험 활동 ▶ 현대사회와 윤리: 시간 통제가 현대 노동 환경에 미친 영향에 대한 토론하는 활동

4. NIE 연계 활동

● 신문 읽기 & 연결 사유 찾기

빛 "너는 입자냐, 파동이냐?고 묻지 말라."(인저리타임, 2017.07.23.)

이 칼럼은 뉴턴의 입자설과 하위헌스의 파동설로 시작된 빛의 본성에 대한 오랜 과학사적 논쟁과 그 발전 과정을 흥미롭게 추적한다. 토마스 영의 이중슬릿 실험으로 증명된 파동성과 아인슈타인이 밝혀낸 입자성이 충돌하고 융합하는 양자역학의 탄생 배경을 상세히 설명한다. 특히 단일 광자조차 간섭무늬를 만드는 현상을 통해, 미시 세계에서는 입자와 파동이 공존하는 '이중성'을 지님을 역설한다.

토성 고리에 관한 모든 것(강화뉴스, 2025.06.06.)

이 기사는 천문학자를 배출하는 '토성 대학'이라는 별명이 붙을 만큼 매혹적인 토성 고리의 발견 역사와 과학적 비밀을 상세히 소개한다. 갈릴레이가 '귀'로 착각했던 고리를 하위헌스가 50배율 망원경으로 명확히 밝혀낸 과정과, 맥스웰이 입자 구성을 증명한 과학사적 흐름을 다룬다. 잔재설과 충돌설 등 고리 생성 가설을 소개하며, 46억 년 태양계 역사를 간직한 토성 고리의 우주적 의미를 되새긴다.

4세기만에 풀린 호이겐스 미스터리(동아사이언스, 2002.02.22.)

이 기사는 하위헌스가 발견한 두 개의 진자시계가 결국 정반대 방향으로 박자를 맞추는 '동기화' 현상의 비밀이 풀렸음을 소개한다. 연구팀의 실험 결과 시계 몸통을 통한 미세한 진동 전달이 원인이며, 시스템이 에너지 소모를 최소화하는 방향으로 동조된 결과이다. 또한 추와 시계의 무게 비율이 특정 조건일 때만 이 현상이 일어난다는 사실을 통해, 하위헌스의 발견이 정교한 설계와 우연한 행운의 산물이었음을 조명한다.

- ▶ 과학적 진리는 '객관적 증거'와 '학계의 권위(뉴턴)' 중 무엇에 의해 더 크게 좌우되는가?
- ▶ 과학적 발견의 결정적 한계는 '연구자의 직관'인가, 아니면 '관측 도구의 기술적 정밀도'인가?
- ▶ 자연계가 스스로 질서를 찾아가는 동기화 현상은 우연인가, 아니면 에너지 효율을 위한 필연인가?

• 관점의 분석과 비교

빛 "너는 입자냐, 파동이냐?고 묻지 말라."(인저리타임, 2017.07.23.)
- 뉴턴의 권위를 맹신하여 하위헌스의 파동설을 배척한 것은 과학 공동체의 명백한 실패인가? -

찬성	반대
과학의 핵심은 '누가 말했느냐'가 아니라 '데이터가 무엇을 말하느냐'이다. 하위헌스는 굴절 시 빛의 속도 변화를 논리적으로 예측했으나, 과학계는 이를 묵살했다. 이는 비이성적인 맹신이 진리 탐구를 방해한 명백한 실패 사례다.	하위헌스의 파동설도 완벽하지는 않았다. 당시 기술로는 '회절'이나 '간섭'을 눈으로 확인할 만큼 정밀하게 관측하기 어려웠다. 압도적인 반증 데이터가 없는 상황에서, 기존의 강력한 이론을 따르는 것은 과학계의 자연스러운 방어 기제였다.

토성 고리에 관한 모든 것(강화뉴스, 2025.06.06.)
- 과학적 발견의 결정적 열쇠는 '천재적인 직관(이론)'인가, '정밀한 도구(기술)'인가? -

≫ 이론	≫ 기술
하위헌스가 고리를 발견할 수 있었던 건 단순히 망원경이 좋아서가 아니라, 행성 주변에 '떨어진 고리'가 존재할 수 있다는 기하학적 상상력과 이론적 모델링 능력이 있었기 때문이다. 도구는 거들 뿐, 본질을 꿰뚫는 것은 인간의 지성이다.	갈릴레이가 천재성이 부족해서 고리를 못 본 게 아니다. 렌즈의 수차를 해결한 하위헌스의 '기술력'이 없었다면, 아무리 뛰어난 이론가도 흐릿한 형상을 고리로 확신할 순 없었다. 과학의 한계를 돌파하는 것은 결국 엔지니어링의 정밀도다.

• 사고의 확장

- ▶ 하위헌스의 '자연 표준' 제안은 왜 현대 미터법의 철학적 기반이 되었을까?
- ▶ 파동설이 즉각 수용되었다면 현대 통신 기술은 얼마나 더 빨리 발전했을까?
- ▶ 하위헌스의 기술과 이론의 융합은 현대 '메이커 운동'에 어떤 시사점을 줄까?
- ▶ 오늘날에도 권위적인 이론이 새로운 과학적 발견을 방해하는 사례는 없을까?
- ▶ 시간 측정의 정밀도가 높아질수록 인간은 더 자유로워질까, 더 통제받게 될까?

5. 세특 예시

　도서 '미적분의 힘'과 기사를 연계해 감각적 시간을 물리적 표준으로 전환시킨 하위헌스 진자시계의 혁신성을 탐구함. 단진자의 오차를 극복하기 위해 도입된 사이클로이드 궤도의 등시성을 매개변수 미분으로 증명하고, 지오지브라로 단진자와의 주기 오차율을 시각적으로 비교 분석함. 나아가 자연 법칙을 표준으로 삼으려던 그의 철학이 현대 미터법 제정에 미친 영향을 고찰하며, 수학적 원리가 공학적 정밀도로 구현됨을 통찰하는 뛰어난 융합적 사고력을 보임.

크리스티안 하위헌스 (Christiaan Huygens,1629~1695)

36 토머스 헌트 모건
(Thomas Hunt Morgan, 1866~1945)

1. "유전의 지도를 처음으로 그린 과학자" 초파리로 생명의 규칙을 찾아낸 혁명가

● 호기심 많은 청년, 생물학의 미지의 세계에 끌리다

1866년 미국 켄터키에서 태어난 토머스 헌트 모건은 어린 시절부터 자연 속에 숨어 있는 '패턴'과 '질서'를 찾는 데 깊은 흥미가 있었다. 대학 시절 그는 동물 발생학을 집중적으로 공부하며 생명체가 어떻게 형태를 갖추는지 탐구했다. 무엇보다 그는 관찰과 기록을 중시한 과학자였다. 실험이 잘 풀리지 않는 날이면 노트에 이렇게 썼다.

"진리는 작은 차이를 끝까지 추적할 때 모습을 드러낸다."

● 발생학에서 유전 연구로의 전환

초기 연구에서 그는 바다성게, 개구리 등의 발생을 연구하며 생명체 구조와 분화 과정을 탐구했지만, 시간이 지날수록 그는 더 근본적 질문에 사로잡혔다.

"형질이 어떻게 다음 세대로 전해지는가" 20세기 초, 유전 연구는 아직 확립되지 않았고 당시 멘델의 법칙은 과학계에 널리 인정되지 않았다. 모건은 생명 현상의 설명을 위해서는 '눈에 보이지 않는 유전 단위'를 실험으로 증명해야 한다고 생각했고, 결국 발생학에서 유전학으로 자신의 학문적 방향을 과감히 바꾸게 된다.

● 실험 유전학의 시대를 열다: 초파리를 모델 생물로 정립

유전 연구로 전환한 모건에게 가장 먼저 필요한 것은 반복 가능한 실험이 가능한 생물 모델이었다. 여러 생물을 검토하던 그는 빠른 번식 속도와 풍부한 변이를 가진 초파리(Drosophila melanogaster) 가 지닌 잠재력을 발견했다. 모건은 초파리를 실험실 중심 모델로 정하고 1908년부터 본격적인 '초파리 유전학 연구'를 시작했다. 이후 그의 실험실은 "파리 방(The Fly Room)"이라 불리며 현대 유전학의 탄생지로 기록된다. 초파리를 모델생물로 정립한 모건의 결정은 단순한 선택이 아니라, 유전학을 관찰 중심에서 실험 과학으로 전환한 혁신적 변곡점이 되었다.

● 우연한 돌연변이로 열린 첫 문: 반성유전

초파리 연구가 본격화된 지 얼마 지나지 않아, 예상치 못한 사건이 찾아왔다. 사육 중인 초파리 집단에서 우연히 흰눈(white-eye) 수컷 돌연변이가 나타난 것이다. 모건은 이 미세한 변이가 교배 후 세대에서 성별에 따라 비정상적인 비율로 나타난다는 점을 발견했다. 멘델의 분리비로 설명되지 않는 패턴!

이 이상한 결과는 단순한 예외가 아니라, 유전자가 성염색체(X) 위에 존재한다는 결정적 증거였다.

"흰눈 유전자는 X 염색체 위에 있다." 이 발견은 세계 최초로 반성유전(sex-linked inheritance) 을 실험적으로 증명한 사례였으며, 유전자가 염색체 위에 존재한다는 주장에 처음으로 설득력 있는 증거를 제공한 역사적 순간이었다.

● 염색체설 확립 — 연관&교차

흰눈 돌연변이 연구 이후 모건은 다양한 돌연변이 초파리를 체계적으로 교배하며 유전형질을 다각도로 분석했다. 그 과정에서 그는 서로 다른 형질이 항상 함께 유전되는 경향, 즉 연관(linkage) 의 존재를 파악했다. 하지만 때때로 연관이 깨지고 새로운 조합이 나타나는 현상까지 발견하자, 그는 이를 설명하기 위해 염색체 교차(crossing-over) 개념을 제시한다.

1915년 모건은 제자들과 함께 'The Mechanism of Mendelian Heredity'를 출간하며 멘델의 법칙과 염색체의 행동을 통합한 "염색체설(chromosome theory of inheritance)" 을 공식적으로 확립한다. 모건은 이 업적으로 유전학을 구조, 위치, 거리를 갖춘 현대 생명과학의 한 분야로 만들어낸 장본인으로 평가받는다.

● 오늘날로 이어지는 메시지

짧은 시간 안에 성과를 증명해야 하고, 실패는 곧 무능으로 오해받기 쉽다. 하지만 진짜 탐구는 단번에 답을 얻는 일이 아니라, 수많은 시행착오를 견디는 과정에서 시작된다. 모건은 초파리라는 작은 생물을 집요하게 관찰하며, 유전 정보가 염색체에 담겨 있다는 사실을 밝혀냈다. 수천 번의 반복 실험과 실패 속에서도 그는 가설을 버리지 않았고, 눈에 보이지 않는 질서를 끝까지 추적했다.

오늘날 학생에게 모건의 삶은 이렇게 말해준다. 의미 있는 발견은 재능보다 끝까지 질문을 놓지 않는 태도에서 나온다는 것이다.

▶ 나는 지금 결과가 바로 나오지 않는 탐구를 얼마나 끝까지 붙잡고 있는가?

▶ 반복과 실패의 과정 속에서도 내 질문을 계속 발전시키고 있는가?

이 질문은 생명과학, 유전학 등 다양한 과학분야에서 '과정중심 탐구태도'를 드러내는 세특 주제로 확장될 수 있다.

● 주요 업적

1) 초파리를 실험 모델로 정립

모건은 유전 연구에 적합한 생물을 찾던 중 세대 주기가 짧고 돌연변이가 자주 나타나는 초파리(Drosophila melanogaster)의 장점을 확인하고 이를 실험 모델로 정립했다. 1908년 시작된 그의 초파리 연구는 대규모 개체를 빠르게 확보하며 유전 패턴을 정량적으로 분석할 수 있는 체계적 환경을 구축했다. 이 결정은 유전학을 관찰 중심에서 실험 기반의 정밀 과학으로 전환시킨 혁신적 전환점이 되어, 현대 모델 생물 연구의 출발점을 마련했다.

2) 반성유전(sex-linked inheritance)

1910년, 모건은 초파리 집단에서 우연히 관찰된 흰눈 수컷 돌연변이를 통해 형질이 성별에 따라 다르게 나타나는 독특한 유전 현상을 발견했다. 그는 이러한 비정상적 분리비가 멘델 법칙으로 설명되지 않음을 파악하고, 흰눈 유전자가 X 염색체에 존재함을 실험적으로 증명했다. 이 연구는 세계 최초로 반성유전을 규명한 사례로, 유전자가 염색체에 실재한다는 이론에 강력한 과학적 근거를 제공하며 유전학의 방향을 근본적으로 바꾸었다.

3) 유전자 연관(linkage)과 교차(crossing-over) 개념 제시

모건은 다양한 돌연변이 초파리를 체계적으로 교배하며 특정 형질들이 함께 유전되는 연관 현상을 확인했다. 그러나 때때로 연관이 깨지고 새로운 조합이 나타나는 사실을 설명하기 위해 염색체가 서로 일부를 교환하는 교차 개념을 제시했다. 이 두 원리는 유전자의 상대적 거리와 배열을 설명하는 핵심 이론이 되었으며, 이후 유전자 지도를 작성하는 데 필요한 정량적 기반을 제공하여 현대 유전체 연구의 토대를 구축하였다.

4) 염색체설(chromosome theory of inheritance)

반성유전과 연관, 교차 연구를 토대로 모건은 멘델의 법칙이 염색체의 실제 행동과 일치함을 실험적으로 증명하여 유전학의 핵심 이론을 체계화했다. 그는 1915년 제자들과 'The Mechanism of Mendelian Heredity'를 출간하며 유전자가 염색체 위에 존재하고 그 배열과 이동이 유전 양상을 결정한다는 염색체설을 확립했다. 이 업적은 유전학을 구조적, 정량적 과학으로 격상시키며 현대 생명과학 전체의 이론적 기반을 마련한 결정적 전환점이었다.

모건은 초파리를 모델생물로 정립하여 유전 현상을 대규모로 관찰하고 반복 실험할 수 있는 체계를 마련했다. 이를 토대로 흰 눈 돌연변이를 분석해 반성유전을 최초로 증명하며 눈 색 결정 유전자가 X 염색체에 존재함을 밝혀냈다. 이후 연관과 교차 개념을 제시해 유전자의 배열과 상호작용을 설명할 수 있는 이론적 구조를 마련했고, 멘델의 법칙을 염색체 행동과 통합한 염색체설을 확립하며 현대 유전학의 근본 원리를 완성했다.

모건의 연구는 유전학을 관찰 중심 학문에서 실험 기반 과학으로 전환시키며 생명과학 전반에 지대한 영향을 남겼다. 초파리 시스템은 이후 유전자 지도 작성, 돌연변이 분석, 발달 유전학, 질병 유전 연구 등 다양한 분야의 표준 실험 모델로 자리 잡았다. 또한 염색체설은 분자생물학과 유전체학, 의학적 진단, 진화 연구를 관통하는 핵심 토대가 되었고, 오늘날 정밀의학과 유전 정보 해석 기술 발전의 출발점으로 평가된다.

● 과학 이론 연계 탐구 주제

초파리 실험 모델	▶ 모델생물 선정 기준이 유전 연구 결과 신뢰도에 미치는 영향 분석 ▶ 초파리와 예쁜꼬마선충의 돌연변이 발생 특성 비교를 통한 모델생물 평가 ▶ 표본 크기 변화가 초파리 돌연변이 실험 통계 신뢰도에 미치는 영향 계산
반성유전	▶ X염색체 비활성화 과정을 도식 모델로 재구성하는 탐구 활동 ▶ **X염색체 연관 유전 비율을 직접 교배 실험으로 확인하는 연구** ▶ 다양한 생물의 성결정 방식(XY·XO·ZW)의 차이를 비교하는 문헌 연구
연관과 교차	▶ 교차 빈도 변화(재조합률)에 따른 유전자 거리 계산 ▶ 교차율 증가가 유전 다양성과 종 유지에 미치는 영향 ▶ 재조합률이 변할 때 표현형 비율이 어떻게 달라지는지 수학적 모델링
염색체설	▶ 실제 핵형 사진을 이용한 염색체 분류 및 이상 여부 판별 활동 ▶ 현대 질병 진단 기술(산전 검사, 핵형 검사, FISH등)의 원리 비교 ▶ 감수분열 과정에서 일어나는 염색체 배열 오류의 원인 및 영향 분석 연구

주제	X염색체 연관 유전 비율을 직접 교배 실험으로 확인하는 연구
탐구 목표	초파리의 흰눈, 적눈 돌연변이를 활용해 X염색체 연관 유전의 실제 분리 비율을 직접 교배 실험으로 확인하고, 반성유전의 특징을 정량적으로 분석한다.
선정 이유	반성유전은 모건의 대표 업적이자 현대 유전학의 기초 개념으로, 교과서에서도 중요하게 다뤄지지만 실제 실험으로 확인할 기회는 많지 않다. 초파리는 교배가 쉽고 돌연변이가 뚜렷하게 구분되어 유전 비율을 직접 관찰할 수 있다. 이 탐구는 교과 개념을 실제 데이터와 연결하며, 유전 원리의 이해도를 높일 수 있다.
서론	X염색체는 성결정과 다양한 형질의 발현에 관여하는 중요한 유전 단위로, 이 위에 위치한 유전자는 성별에 따라 다른 유전 경향을 보인다. 특히 초파리 흰눈 돌연변이는 X염색체 연관 유전의 대표 사례로, 수컷과 암컷의 표현형 비율이 명확히 구분되는 특징이 있다. 본 탐구에서는 이러한 반성유전의 패턴을 직접 교배 실험을 통해 확인함으로써, 유전자 위치와 유전 비율의 관계를 실험적으로 이해하고자 한다.

본론	▶ 이론적 배경 조사: 반성유전, X염색체, 흰눈 돌연변이, 감수분열
	▶ 핵심 개념 정리: 유전자형, 표현형 비율, Punnett 사각형, 분리비 실험 설계
	  1) P세대 흰눈 수컷과 적눈 암컷 선별 및 교배 준비
	  2) F_1세대 성별·눈색 표현형 관찰 및 개체수 기록
	  3) F_1 교배를 통한 F_2세대 확보 및 표현형 비율 측정
	  4) 예측 분리비와 실험값 비교 분석 수행
	▶ 결과 해석: 예상 분리비와 실제 결과의 차이를 확인하고 성별에 따른 표현형 비율 변화를 분석하는 과정에서 반성유전의 특성과 오차 원인을 해석하는 결론 도출

결론	이번 탐구에서는 초파리의 흰눈, 적눈 형질을 교배하여 X염색체 연관 유전의 분리비를 확인하였다. 성별에 따라 표현형 비율이 달라지는 반성유전의 특징을 관찰했으며, 예상치와의 차이를 통해 실험 조건과 개체 수의 중요성도 확인하였다. 이를 통해 유전자 위치가 유전 양상에 영향을 준다는 사실을 이해할 수 있었다.
심화 탐구 주제	▶ X염색체 연관 질환 사례를 활용한 가족력 기반 유전 패턴 예측 연구 ▶ 흰눈 유전자와 다른 돌연변이 조합에서 나타나는 표현형 분리비 분석 연구 ▶ X염색체 연관 형질을 활용한 가상의 가족 유전 퍼즐 문제 제작 연구
토론 주제	▶ 유전적 질병(예: 색맹)으로 인한 직업에서의 차별은 정당한가? ▶ '아들의 머리는 엄마를 닮는다'라는 속설에 대한 과학적 근거가 있는가? ▶ X염색체 유전 차이로 인해 성별 역할이 다르게 규정되는 것이 정당한가?
교내 후속 활동	▶ 확률과 통계: 초파리 분리비 데이터를 이용한 확률 모형 적합성 검정 활동 ▶ 주제 탐구 독서: 눈색 돌연변이 관찰 경험을 주제로 한 과학 독서기반 에세이 작성 ▶ 자율·자치활동: 학교 내 유전 인식 개선을 위한 학생 중심 캠페인 기획 활동

토마스 헌트 모건
(Thomas Hunt Morgan, 1866~1945)

2. 교과 연계 탐구활동(생물의 유전, 생명과학, 대수)

● 생물의 유전

성취기준	[12유전01-01] 유전 형질이 유전자를 통해 자손에게 유전됨을 이해하고, 상염색체 유전과 성염색체 유전 양상의 차이를 설명할 수 있다. [12유전01-04] 염색체와 유전자 이상에 대해 이해하고, 사람의 유전병을 발병 원인별 조사 계획을 세워 조사할 수 있다.
주요내용	상염색체 유전과 성염색체 유전은 유전자의 위치에 따라 형질 발현 양상이 달라지며, 이는 초파리 눈색 변이나 사람의 색맹, 혈우병처럼 성별에 따라 발병률이 달라지는 사례에서 확인된다. 유전자 이상은 단백질 기능 변화를, 염색체 이상은 구조적 불균형을 일으켜 다운증후군이나 터너증후군 같은 질환으로 이어진다. 이 성취기준은 유전 형질의 전달 원리와 질환 발병 구조를 실제 사례와 연계해 이해하도록 돕는다.
교과연계 탐구주제	▶ 남녀 발병률 차이가 큰 유전병 사례의 원인 비교 분석 탐구 ▶ 유전자 결함 유형별 단백질 기능 변화와 질환 발현 비교 탐구 ▶ 염색체 이상(다운·터너 등) 사례를 통한 발병 메커니즘 분석 탐구

● 생명과학

성취기준	[12생과03-02] 생식세포 형성과정을 체세포분열 과정과 비교하고, 생식세포 형성의 중요성을 생명의 연속성 및 다양성과 관련지어 추론할 수 있다.
주요내용	모건은 초파리 연구를 통해 감수분열에서 염색체가 분리·재조합되며 유전적 다양성이 형성된다는 사실을 실험적으로 입증했다. 특히 연관과 교차의 발견은 생식세포 형성 시 유전자 배열이 새롭게 조합된다는 근거가 되었고, 이는 체세포분열의 동일성 유지와 대비된다. 모건의 연구는 생식세포 형성이 생명의 연속성과 다양성을 가능하게 하는 핵심 기전임을 이해하도록 돕는다.
교과연계 탐구주제	▶ 감수분열 오류(비분리) 발생 시 초파리 표현형 변화 탐구 ▶ 연관·교차 데이터로 초파리 유전자 지도를 작성하는 정량 분석 탐구 ▶ 인간·초파리의 감수분열 차이를 유전 다양성·적응 측면에서 비교 탐구

● 대수

성취기준	[12대수03-07] 수학적 귀납법의 원리를 이해하고, 이를 이용하여 명제를 증명할 수 있다.
주요내용	모건의 초파리 연구는 여러 세대의 교배 결과를 반복해 관찰하며 일정한 분리비와 교차 패턴이 유지됨을 검증하는 과정에서 법칙성을 확립했다. 이는 기초 사례를 확인하고 다음 단계에서도 동일한 형식이 성립함을 보이는 수학적 귀납법의 사고 구조와 닮아 있다. 이 성취기준은 모건의 실험 축적이 반복 검증을 통해 일반성을 확보하는 귀납적 논증과 연결됨을 이해하도록 돕는다.
교과연계 탐구주제	▶ 유전자 지도 작성 과정의 귀납적 논리 구조 분석 및 검증 ▶ 분리비 유지 조건을 단계별 논증으로 확인하는 귀납 기반 탐구 ▶ 유전자 교차율 데이터를 귀납적 구조로 해석하는 통계 모델 탐구

3. 독서 연계 탐구활동

● 추천 도서 목록

추천 도서 목록

▶ 초파리(마틴 브룩스, 갈매나무, 2022)

▶ 인간은 왜 인간이고 초파리는 왜 초파리인가(이대한, 바다출판사, 2023)

▶ 선택된 자연, 생물학이 사랑한 모델생물 이야기(김우재, 김영사, 2020)

▶ 사람이 벌레라니 예쁜, 꼬마선충으로 보는 생명(이준호, 이음, 2025)

▶ 매우 작은 세계에서 발견한 뜻밖의 생물학(이준호, 21세기북스, 2023)

▶ 유전학 최초의 노벨상 수상자 모건(이언 샤인, 실비아 로벨, 전파과학사, 2025)

● 독서 연계 탐구 활동

독서 연계 탐구 활동

도서명	선택된 자연, 생물학이 사랑한 모델생물 이야기(김우재, 김영사, 2020)
	이 책은 초파리, 효모, 제브라피시, 집쥐 등 26종의 모델 생물이 생물학의 발견과 과학사의 흐름을 어떻게 뒤바꾸었는지 생생한 사례로 보여준다. 작은 생물들이 유전학, 면역학, 발생학의 혁신을 이끌고, 과학자의 선택과 사회, 정치가 연구 방향에 어떤 영향을 미치는지 통찰하게 한다. 이 책은 모델 생물이 자연을 이해하는 가장 강력한 도구임을 설득력 있게 제시한다.
핵심 키워드	모델 생물, 애기장대, 예쁜꼬마선충, 대장균, 생쥐
탐구 주제	▶ 대장균, 효모, 초파리 모델 생물의 공통 장점 비교 분석 ▶ **예쁜꼬마선충으로 규명된 노벨상 생명과학 업적 조사 탐구** ▶ 집쥐, 생쥐 모델이 의학 연구에서 차지하는 비중과 한계 탐구 ▶ 애기장대, 옥수수, 벼 모델이 농업생명과학에 기여한 사례 분석 ▶ 같은 종이 '반려동물'과 '실험동물'로 인식될 때의 차이를 비교 분석
토론 쟁점	▶ 실험동물 사용이 과학적 필요성을 이유로 정당화될 수 있는가? ▶ 인간 대상 연구를 위해 모델생물이 갖추어야 할 조건은 무엇인가? ▶ 양 복제와 인간 배아 유전자 편집의 윤리 쟁점은 어떻게 다른가?
후속 활동	▶ 법과 사회: 실험동물 보호법과 모델생물 활용 기준의 적정성 검토 활동 ▶ 데이터 과학: 모델생물 연구비 편중 현상을 데이터 시각화로 분석하는 활동 ▶ 과학사: 노벨상 연구에서 모델생물이 차지한 과학사적 의미 비교 분석 활동 ▶ 진로활동: 과학자 선택이 연구 패러다임에 미치는 영향 분석 활동

● 독서 연계 탐구활동 예시

탐구 주제	예쁜꼬마선충으로 규명된 노벨상 생명과학 업적 조사
탐구 자료	▶ 세포사멸, RNA간섭 등 선충 기반 노벨상 연구의 공식 논문 자료집 ▶ 예쁜꼬마선충 발생, 신경계, 세포계보 관련 생명과학 데이터베이스 자료 ▶ 선충 연구가 인간 생명현상에 적용되는 대표성 평가를 위한 비교생물 자료

탐구 개요	서론	예쁜꼬마선충은 세포계보가 완전히 밝혀지고 구조가 단순하면서도 인간과 유전적 상동성이 높아 핵심 생명현상 규명의 대표 모델로 활용되는 생물임. 본 탐구는 선충 기반 노벨상 연구들이 제시한 생명과학적 발견을 정리하고, 그 발견이 가능했던 선충 고유 특성을 분석하며, 이 모델생물이 인간 생명현상 설명에 어떤 대표성을 갖는지를 탐색하는 데 목적이 있는 탐구임.
	본론	▶ 선충 기반 노벨상 연구의 핵심 업적을 문헌과 논문 중심으로 정리함. ▶ 세포사멸, RNA간섭 등 각 발견의 실험적 배경과 절차를 분석함. ▶ 발견이 가능했던 선충의 세포계보, 투명성 등 특성 요인을 비교함. ▶ 선충 결과가 인간 생명현상에 적용 가능한 범위를 근거로 검토함. ▶ 모델생물 선택이 연구 성패와 확장성에 미친 영향을 학문적으로 정리함.
	결론	본 탐구를 통해 예쁜꼬마선충이 세포사멸과 RNA간섭 등 노벨상 발견의 핵심 실험 기반을 제공했음을 확인할 수 있음. 또한 선충의 투명성, 고정된 세포계보, 빠른 세대시간 등이 복잡한 생명현상 규명에 효과적으로 작용했음을 파악할 수 있음. 이를 통해 선충 연구가 인간 생명현상 해석에도 일정 수준의 대표성과 설명력을 제공한다는 결론을 도출할 수 있음.
후속 활동		▶ 영어 독해와 작문: 예쁜꼬마선충 관련 노벨상 영어 논문 초록 분석 ▶ 데이터 과학: 모델 생물 간 실험 데이터 차이를 비교 통계 처리하는 활동 ▶ 주제 탐구 독서: 모델생물 연구를 다룬 과학 에세이 독서를 통한 관점 확장 활동 ▶ 생물의 유전: 선충과 인간의 유전자 상동성 자료를 활용한 기능 비교 탐구 활동 ▶ 동아리활동: 모델생물 연구 변천사를 조사하여 생명과학 혁신 연표 제작 활동

4. NIE 연계 활동

● 신문 읽기 & 연결 사유 찾기

아들 지능, 정말 엄마로부터 100% 유전되나(위키트리, 2025.08.08.)

이 기사는 아들의 지능이 어머니에게서 100% 유전된다는 주장에 대해 최재천 교수가 과학적 근거 부족을 지적하며, 지능은 유전과 환경이 함께 작용해 형성된다고 설명한 내용을 다룬다. 그는 X염색체 영향은 일부 인정하되 과장을 경계하며, 임신 환경, 사회적 조건, 양육 등이 지능과 삶의 결과에 큰 영향을 미친다고 강조한다. 또 지능을 IQ로만 좁게 보는 관점을 비판하며 다양한 능력이 지능을 구성한다고 말한다.

"여자인데 염색체는 XY?"...의사들도 놀란 '희귀 질환' 정체(뉴시스, 2025.10.29.)

이 기사는 외형은 여성처럼 보이지만 염색체는 남성인 32세 베트남 환자가 '완전형 안드로겐 불감증후군(AIS)'으로 진단된 사례를 다룬다. 환자는 자궁이 없고 복부에 잠복 고환이 있었으며 남성 호르몬 수치도 높았지만, 호르몬 수용체가 작동하지 않아 여성으로 발달한 상태였다. 의료진은 고환 제거와 질 재건 수술을 시행했으며, 조기 진단과 심리적 지원의 필요성을 강조했다.

'주황 고양이'의 미스터리, 염색체 돌연변이가 색 결정한다(미디어파인, 2025.05.27.)

이 기사는 주황색 '치즈냥' 고양이 털색의 유전적 원인을 100여 년 만에 규명한 연구를 다룬다. 스탠퍼드대와 규슈대 연구진은 X 염색체의 미세 결실이 Arhgap36 발현을 비정상적으로 증가시켜 붉은 파이오멜라닌 생성이 늘어난다는 결론을 밝혔다. 이는 조절 부위 변화로 털색이 결정된 드문 사례로, 향후 유전질환, 행동 연구에도 새로운 단서를 제공하는 성과로 평가된다.

▶ 지능 형성에서 유전과 환경 중 어느 요인이 더 큰 비중을 차지하는가?

▶ 안드로겐 불감증 환자의 법적, 사회적 성별을 개인 선택에 맡겨야 하는가?

▶ 동물 털색이 유전적 조절 변화로 결정될 때 인위적 개입을 허용해도 되는가?

● 관점의 분석과 비교

"여자인데 염색체는 XY?"...의사들도 놀란 '희귀 질환' 정체(뉴시스, 2025.10.29.)
- 개인이 선택하는 안드로겐 불감증 환자의 법적, 사회적 성별에 대한 입장 토론 -

찬성	반대
안드로겐 불감증 환자는 외형, 정체성, 사회적 경험이 생물학적 성보다 삶에 더 직접적이다. 개인이 선택한 성별을 법적으로 인정하는 것이 심리적 안정과 사회 적응을 돕고 불필요한 차별을 줄인다는 점에서 타당하다.	법적 성별을 개인 선택만으로 정하면 의료, 스포츠, 보험 등 생물학적 기준이 필요한 영역에서 혼란이 생길 수 있다. 성별 변경 기준이 모호해지면 제도 악용 가능성도 있어 생물학적 근거와 사회적 기준을 함께 고려해야 한다.

아들 지능, 정말 엄마로부터 100% 유전되나(위키트리, 2025.08.08.)
- 지능 결정 영향에 대한 논의 -

≫ 유전	≫ 환경
지능은 여러 유전자의 조합으로 형성되며, 일란성 쌍둥이 연구에서 환경이 달라도 지능이 유사하게 나타나는 경향이 강하다. 부모로부터 받은 유전적 기반이 신경 발달과 정보 처리 능력의 한계를 결정하므로 유전적 영향이 더 크다고 본다.	지능은 교육, 사회경제적 수준, 영양, 정서적 안정 등 환경 조건에 크게 좌우된다. 동일한 유전자를 가진 쌍둥이도 다른 환경에서 전혀 다른 지능과 성취를 보인다. 인간은 학습과 경험의 폭이 넓어 환경 요인이 더 결정적이라고 본다.

● 사고의 확장

▶ 사람도 조절 부위 변화로 외모나 성향이 달라질 수 있을까?

▶ 동물 사회에서도 인간의 동성애 행동과 유사한 행동이 나타나는가?

▶ XY 염색체를 가진 환자를 여성으로 분류하는 것이 과학적으로 타당한가?

▶ X염색체 기반 지능 연구를 근거로 어머니 영향이 더 크다 주장해도 되는가?

▶ 성 발달 장애 치료 과정에서 의학적 개입과 개인의 자기결정권 중 무엇을 우선해야 하는가?

5. 세특 예시

초파리 흰눈·적눈 교배 실험을 통해 X염색체 연관 유전의 실제 분리비를 분석하며 반성유전 원리를 실증적으로 이해함. 또한 '선택된 자연' 독서를 기반으로 모델생물의 특성과 연구 목적의 적합성을 비교 탐색하며 실험탐구에서 필요한 근거 기반 판단 역량을 강화함. 더불어 지능 형성 논쟁에서 유전 요인 중심 입장을 논리적으로 전개하며 자료 해석과 비판적 사고 역량을 심화함. 이러한 연계 활동을 통해 과학적 탐구 역량과 논증 역량을 균형 있게 신장한 모습을 보임.

37 프랜시스 해리 콤프턴 크릭

(Francis Harry Compton Crick, 1916~2004)

1. "생명의 암호를 풀어라" DNA에 새 질서를 부여한 분자생물학의 해설자

● 생명의 암호 앞에 선 호기심 많은 젊은 물리학도

1916년 영국 노샘프턴에서 태어난 프랜시스 크릭은 원래 생물학이 아닌 물리학을 전공한 학자였다. 전쟁 시기에는 해군 무기 연구소에서 폭발물과 기뢰 기술을 다루며 자연 법칙의 정밀함을 체감했다. 전쟁이 끝난 뒤 그는 인생의 방향을 완전히 전환하며 이렇게 결심했다.

"세상에서 가장 근본적인 문제는 생명이 정보를 어떻게 저장하고 전달하는가이다." 이 한 문장은 크릭의 진로를 생명과학으로 이끌었고, 이후 그의 모든 발견의 출발점이 되었다.

● "문제의 본질을 파악하라": 사고를 중시한 과학자

케임브리지 대학 카벤트리 연구소에 들어온 크릭은 실험 도구보다는 칠판 앞 토론에 더 익숙한 학자였다. 그는 거침없는 가설과 문제 제기로 주변 동료들을 긴장시키곤 했다.

"가장 단순한 가설이 진실에 가깝다." 크릭이 늘 강조하던 이 신념은 생물학의 복잡한 현상을 물리학적 직관으로 단순화하고, 핵심을 재구조화하는 데 중요한 역할을 했다. 그의 사고방식은 이후 DNA 구조 연구에 결정적 영향을 준다.

● 왓슨과의 만남, 생명의 구조에 다가서는 전환점

1951년, 크릭은 미국에서 건너온 젊은 연구자 제임스 왓슨을 만난다. 두 사람은 세대도, 전공도, 성향도 달랐지만 'DNA가 유전자의 실체'라는 직감을 공유했고, 곧 서로의 연구 스타일을 강력하게 보완하는 동료가 되었다. 이 시기 DNA는 크게 주목받지 못한 분자였지만, 크릭은 단번에 그 안의 대칭성과 규칙성을 파악했다.

그는 동료들에게 "이 안에 생명의 해답이 숨어 있습니다."라고 설득했고, 이 말은 곧 현실이 된다.

● 이중나선 구조의 탄생: 생명의 언어를 하나의 형태로 묶다

1953년, 크릭과 왓슨은 로잘린드 프랭클린이 촬영한 X선 회절 패턴을 분석하며 DNA가 규칙적이고 반복적인 나선 구조를 가졌음을 확인했다. 당시 많은 연구자들은 여전히 단백질이 유전물질의 주인공이라고 믿고 있었지만, 크릭은 DNA의 대칭성과 간결한 수학적 규칙성에 주목했다. 그는 '이 분자는 복제될 수 있는 기하학적 구조를 가진다'는 확신을 가지고 모델 제작에 몰두했다. 수많은 잘못된 모형을 폐기한 끝에, 그들은 상보적 염기쌍과 이중나선 구조가 자연스럽게 결합하는 유일한 형태임을 밝혀냈다.

모델 발표 당시 크릭은 동료들에게 이렇게 말했다. "우리는 생명의 비밀을 찾아낸 듯합니다."

이중나선 모델은 단순한 모형이 아니라, 생명이 정보를 저장하고 전달하는 방식을 시각화한 혁명적 구조였으며 이후 모든 분자생물학 연구의 기초가 되었다.

● 중심원리와 유전암호 해독: 생명 정보의 흐름을 정리하다

DNA 구조를 밝힌 후에도 크릭의 질문은 멈추지 않았다. 그는 '구조를 알았다면 이제 정보가 어떻게 흘러가는지를 밝혀야 한다'고 생각했다. 이때 등장한 것이 바로 분자생물학의 중심원리(Central Dogma)였다. 크릭은 생명 정보가 'DNA → RNA → 단백질'이라는 일방적 흐름으로 전달된다는 개념을 제시하며 생명현상을 '정보 처리 과정'으로 재정의했다.

또한 그는 단백질이 세 염기 단위로 암호화된다는 트리플릿 코드를 가설로 제시했고, 이후 니런버그와 동료들의 실험을 통해 실제로 입증된다. 이 가설은 생명의 언어를 해독한 사건으로 평가된다. 크릭은 단순히 구조를 밝힌 과학자가 아니라, 생명체를 '정보와 규칙의 체계'로 바라보는 새로운 관점을 제시하며 현대 유전공학, 합성생물학, 의학 연구의 지적 틀을 마련했다.

● 오늘날로 이어지는 메시지

복잡한 문제 앞에서 우리는 종종 포기하거나 단순 암기에 의존한다. 그러나 진짜 해답은 구조를 이해하려는 질문에서 시작된다. 크릭은 생명을 물질이 아니라 정보의 흐름으로 바라보며 복잡한 현상을 단순한 원리로 재구성했다. 그는 질문의 방향 자체를 바꾼 과학자였다.

오늘날 학생에게 크릭의 삶은 이렇게 말해준다. 문제를 다시 정의하는 질문이 새로운 학문을 만든다는 사실이다.

▶ 나는 문제를 그대로 받아들이고 있는가, 다시 묻고 있는가?

▶ 핵심 구조는 무엇이라고 생각하는가?

이 질문은 생명과학, 분자생물학, 의학 분야에서 '문제 재정의 능력'을 보여주는 융합형 세특 주제로 이어질 수 있다.

● 주요 업적

1) DNA 이중나선 구조 규명

크릭은 DNA의 화학적 조성뿐 아니라 X선 회절의 기하학적 패턴을 토대로 구조적 제약을 분석해, DNA가 두 가닥의 사슬이 일정 간격을 유지하며 감겨 있는 '이중나선'임을 해석하는 데 핵심 역할을 했다. 그는 염기쌍이 정확히 맞물리는 상보적 구조라는 사실을 이론적으로 정리해 유전정보가 복제될 수 있는 논리를 처음으로 제시했다. 특히 염기쌍 규칙, 대칭성, 나선의 방향성 등 핵심 개념을 체계화하여, 생명체가 정보를 안정적으로 저장, 전달하는 방식의 근본 원리를 과학적으로 설명했다.

2) 분자생물학의 중심원리(Central Dogma) 제창

크릭은 DNA → RNA → 단백질로 이어지는 단방향 정보 흐름을 제시하며 생명현상을 '정보 전환 과정'으로 설명한 첫 과학자였다. 이 중심원리는 유전자 발현, 세포 기능, 질병 기전 연구를 통합하는 역할을 하며 현대 분자생물학의 근간이 되었다. 특히 그는 단백질이 역으로 유전정보로 환원되지 않는다는 개념을 제시해 정보 흐름의 조직 원리를 확립했다. 이 원리는 이후 전사·번역 연구, 바이러스 복제 이해, 유전자 공학 기술 발전의 토대가 되었다.

3) 트리플렛 코드 이론 제시

그는 단백질의 아미노산 서열이 삼염기 단위(코돈)로 읽힌다는 '트리플렛코드설'을 선도적으로 제안하며 유전암호 해독의 이론적 지도(Map)를 제공했다. 그는 암호가 겹치지 않고 순차적으로 읽히며, 중복성을 허용해 변이에 대한 안정성을 갖는다는 모델을 제시해 이후 니런버그와 코라나의 실험적 해독 연구를 이끄는 방향을 제시했다. 그의 이론은 생명의 언어를 정보학적 코드 체계로 이해하게 만든 결정적 기여였다.

4) 번역과정 연구의 기초 확립

그는 단백질 합성 과정에서 tRNA가 아미노산을 운반하며 염기서열을 단백질로 변환하는 핵심 매개체임을 최초로 이론적으로 예측했다. '적응자(adaptor)' 분자라는 개념을 제시하며 번역 과정의 분자적 구조와 기능을 정립하는 데 결정적 기여를 했다. 이후 tRNA 구조 발견과 리보솜 연구의 방향을 제시한 선구적 업적이다.

크릭은 DNA의 이중나선 구조를 규명하며 유전정보가 어떻게 저장되고 복제되는지를 처음으로 과학적 언어로 설명했다. 이어 DNA→RNA→단백질로 이어지는 정보 흐름을 '중심원리'로 정식화해 생명현상의 공통 규칙을 제시했다. 또한 유전암호가 삼염기 단위로 읽힌다는 트리플렛 코드 이론과, tRNA가 번역의 핵심 매개체라는 적응자 가설은 생명 정보를 해석하는 분자적 기전을 명확히 하며 현대 분자생물학의 구조를 완성했다.

그의 연구는 유전자 발현과 단백질 합성 과정의 논리를 재정의하며 생물학을 '정보과학'으로 전환시켰다. 트리플렛 코드와 tRNA 모델은 이후 유전암호 해독, 리보솜 구조 규명, 분자 진화 연구를 이끄는 지적 기반이 되었고, 중심원리는 유전자 치료, 생명공학·질병 기전 연구의 핵심 이론으로 자리 잡았다. 크릭이 마련한 개념적 틀은 오늘날 유전체학, 합성생물학, 정밀의학까지 확장되며 생명과학의 패러다임을 근본적으로 바꾸어 놓았다.

● 과학 이론 연계 탐구 주제

DNA 이중나선 구조	▶ DNA 구조와 돌연변이 발생 기작의 상관성 탐구 ▶ 이중나선 구조의 안정성을 결정하는 화학 결합 요인 분석 ▶ 염기쌍 상보성이 유전정보 복제 정확성에 주는 기여 탐구
중심원리 (Central Dogma)	▶ 역전사 예외 사례가 중심원리에 주는 의미 분석 ▶ **DNA→RNA→단백질 정보 흐름의 단계별 오류 탐색** ▶ 전사, 번역 조절 요소가 정보 흐름에 미치는 영향 탐구
트리플렛 코드	▶ 염기 조합 수와 아미노산 종류 대응 규칙 분석 ▶ 삼염기 코드의 보편성이 진화에 주는 의미 분석 ▶ 트리플렛 코드의 오류 허용성이 생명체 진화 안정성에 미친 영향 분석
번역과정 연구 기초 확립	▶ 번역 오류가 세포 기능 이상으로 이어지는 과정 분석 ▶ tRNA의 구조적 특성이 아미노산 전달 정확성에 주는 영향 분석 ▶ 아미노산의 성질이 단백질 1차 구조 형성 방식에 미치는 영향 분석

주제	DNA→RNA→단백질 정보 흐름의 단계별 오류 탐색
탐구 목표	DNA에서 RNA, 단백질로 이어지는 정보 흐름 과정에서 발생할 수 있는 단계별 오류를 분석하고, 그 생물학적 의미를 이해하는 것을 목표로 한다.
선정 이유	DNA→RNA→단백질로 이어지는 정보 흐름은 생명체의 기능 유지에 핵심적인 과정이지만, 각 단계에서 발생하는 오류는 질병이나 세포 기능 이상으로 이어질 수 있다. 특히 전사, 번역 단계의 오류는 단백질 구조와 기능 변화를 통해 표현형에 직접적인 영향을 줄 수 있기에 질병 및 돌연변이 원인을 이해하는데 적합한 주제이다.
서론	DNA에서 RNA, 단백질로 이어지는 정보 흐름은 생명 기능의 기반이며, 과정의 정밀성이 매우 중요하다. 그러나 전사나 번역 단계에서 오류가 발생하면 단백질 서열과 기능이 달라져 세포 이상으로 이어질 수 있다. 본 탐구에서는 이러한 단계별 오류의 원인과 결과를 구조적 관점에서 분석하고자 한다.
본론	▶ 전사 과정에서의 염기 선택 오류 사례 정리함 ▶ mRNA가공(스플라이싱) 과정 이상이 암호 해독에 미치는 영향 분석함 ▶ mRNA 서열 변화가 번역 효율 및 정확성에 주는 영향 검토함 ▶ 번역 과정 중 코돈–안티코돈 결합 오류 사례 분석함 ▶ 단백질 1차 구조 변화가 기능 이상으로 이어지는 경로 정리함 ▶ 정보 흐름 오류와 질병 발생 사례의 연관성 도출함
결론	DNA에서 RNA, 단백질로 이어지는 정보 흐름은 각 단계의 정밀성이 생명 기능 유지의 핵심이다. 본 탐구를 통해 전사, 스플라이싱, 번역 오류가 단백질 구조와 세포 기능에 연속적으로 영향을 미친다는 점을 확인했다. 이는 정보 흐름의 오류를 구조·기능 관점에서 통합적으로 분석해야 함을 보여준다.
심화 탐구 주제	▶ 중심원리 예외 사례가 생명정보 체계의 진화에 주는 의미 탐구 ▶ 아미노산 성질 변화가 단백질 접힘 실패로 이어지는 메커니즘 조사 ▶ 전사 오류 빈도가 유전자 길이와 염기 조성에 따라 달라지는 원인 분석
토론 주제	▶ 유전 정보 오류는 '질병의 원인'일까, '진화의 동력'일까? ▶ 단백질 합성 오류를 '질병'이 아닌 다양성으로 볼 수 있을까? ▶ 인간이 유전정보 흐름을 조작하는 기술, 어디까지 허용해야 할까?
교내 후속 활동	▶ 과학사: 중심원리 정립 과정에서 과학자들의 이론 경쟁과 협력 양상 비교 ▶ 미적분: 전사·번역 오류 빈도를 확률 모델로 설정하여 변화율, 함수 그래프 분석 ▶ 동아리활동: 유전정보 활용의 위험성과 보호 방안에 대한 윤리 토론

프랜시스 해리 콤프턴 크릭
(Francis Harry Compton Crick, 1916~2004)

2. 교과 연계 탐구활동 (통합과학2, 과학탐구실험1, 수학과제 탐구)

● 통합과학2

성취기준	[10통과2-01-02] 변이의 발생과 자연선택 과정을 통해 생물의 진화가 일어나고, 진화의 과정을 통해 생물 다양성이 형성되었음을 추론할 수 있다.
주요내용	크릭의 중심원리와 트리플렛 코드 개념은 변이가 단백질 구조와 기능을 어떻게 바꾸며, 이러한 변화가 개체의 적응도와 생존에 어떤 차이를 만드는지 설명하는 핵심 틀을 제공한다. 염기서열 변이, 코돈 사용 빈도, RNA 편집과 같은 분자 수준의 변화들은 모두 진화적 다양성을 확대하는 요소이며, 이를 통해 자연선택이 분자적 변이 위에서 어떻게 작동하는지 추론할 수 있다.
교과연계 탐구주제	▶ 중립적 변이가 생물 다양성 증가에 기여하는 방식 탐구 ▶ 염기서열 변이가 단백질 기능 변화와 적응에 미치는 영향 분석 ▶ 코돈 사용 빈도 차이가 진화적 선택 압력과 연결되는 과정 분석

● 과학탐구실험1

성취기준	[10과탐1-01-01] 과학사에서 패러다임의 전환을 가져온 결정적 실험을 따라 해보고, 과학의 발전 과정에 관해 설명할 수 있다. [10과탐1-01-02] 과학사의 다양한 사례들로부터 과학의 본성을 추론할 수 있다.
주요내용	크릭과 동료들의 DNA 구조 규명 과정은 과학사의 결정적 실험이 어떻게 새로운 패러다임을 형성하며 전환을 이끄는지 잘 보여준다. 프랭클린의 X선 회절 분석과 형질전환 바이러스 연구는 기존 유전 개념을 뒤집는 핵심 근거가 되었고, 이러한 사례는 과학이 통찰과 기술 발전, 협력과 경쟁 속에서 진화하며 지식이 지속적 검증과 수정으로 형성된다는 과학의 본성을 드러낸다.
교과연계 탐구주제	▶ DNA 구조 발견 과정에서 나타난 과학적 협력과 경쟁의 양면성 분석 ▶ 프랭클린 데이터 활용을 둘러싼 과학 윤리 쟁점과 과학의 사회성 탐구 ▶ 왓슨과 크릭의 DNA 모델 구성 과정이 과학 패러다임 전환에 미친 영향 분석

● 수학과제 탐구

성취기준	[12수과03-01] 여러 가지 현상에서 수학 탐구 주제를 선정하고 탐구 계획을 수립할 수 있다. [12수과03-02] 적절한 탐구 방법과 절차에 따라 탐구를 수행할 수 있다. [12수과03-03] 탐구 결과를 정리하여 산출물을 만들고 발표할 수 있다.
주요내용	크릭의 연구가 분자 수준의 '정보 흐름'을 해석한 것처럼, 학생은 염기서열 패턴 분석, 코돈 사용 빈도, 돌연변이 확률, 오류 누적 모델링 등 생명과학 현상을 수학적 관점에서 탐구할 수 있다. 이를 통해 생물학적 데이터를 정량적으로 해석하는 능력, 탐구 계획 수립 능력, 결과를 구조화해 표현하는 역량을 길러 수학의 실제 적용 가치를 깊이 이해할 수 있다.
교과연계 탐구주제	▶ 염기서열 패턴의 통계적 규칙성 분석 및 모델 구축 ▶ 중심원리 단계별 오류 누적 가능성의 확률 모델 수립 ▶ 코돈 사용 빈도 분포의 수학적 특징 탐구(확률·엔트로피 기반)

3. 독서 연계 탐구활동

● 추천 도서 목록

추천 도서 목록

▶ 내 몸 안의 거울(이영일, 리스컴, 2024)

▶ 이중나선(제임스 왓슨, 궁리, 2019)

▶ 유전자 쫌 아는 10대(전방욱, 풀빛, 2023)

▶ 코드 브레이커(월터 아이작슨, 웅진지식하우스, 2022년)

▶ DNA : 유전자혁명 이야기(제임스 왓슨, 앤드루 베리, 까치(까치글방), 2017)

▶ 생명과학, 신에게 도전하다(김응빈, 김종우, 방연상, 송기원, 이삼열, 동아시아, 2017년)

● 독서 연계 탐구 활동

독서 연계 탐구 활동

도서명	내 몸 안의 거울(이영일, 리스컴, 2024)
	이 책은 유전자의 구조와 기능부터 최신 생명공학 기술까지 한눈에 이해하도록 구성된 입문서로, 유전자 해독·편집·조절 기술이 의학·농업·환경 분야에서 어떤 혁신을 이끌고 있는지 사례 중심으로 설명한다. 치매·난치병 치료, GM 작물, mRNA 백신 등 실제 적용 사례를 통해 유전 기술의 가능성과 한계를 균형 있게 제시하며, 미래 사회의 핵심 기술로서 생명공학이 지닌 의미를 쉽고 흥미롭게 전달한다.
핵심 키워드	텔로미어, 정크 DNA, 크리스퍼 유전자 가위, 유전공학, 유전자
탐구 주제	▶ 텔로미어 길이가 노화 속도에 미치는 영향 분석 ▶ 정크 DNA의 기능 재조명과 유전자 조절 기작 탐구 ▶ FOXP2 유전자가 인간 언어 능력에 주는 기여 탐구 ▶ **크리스퍼 유전자 가위의 정확성과 오작동 위험 분석** ▶ GM 작물 개발이 식량 안정성 확보에 미치는 영향 분석
토론 쟁점	▶ 치매 유전자 검사 의무화는 사회적으로 정당한가? ▶ 반려동물 복제는 생명 윤리 측면에서 허용 가능한가? ▶ 인간 복제 기술을 연구 자체부터 금지해야 할까?
후속 활동	▶ 생활과학 탐구: 후성유전 요인과 생활습관 변화의 상관성 탐구 활동 ▶ 심화 영어 독해와 작문: 최신 유전자 기술 관련 영문 기사 분석 활동 ▶ 법과 사회: 복제생명체 관련 국내외 규제 체계 검토 활동 ▶ 동아리활동: 최신 유전자 편집 기술 동향 조사 발표 활동

● 독서 연계 탐구활동 예시

탐구 주제	크리스퍼 유전자 가위의 정확성과 오작동 위험 분석
탐구 자료	▶ 유전자 교정 정확성 향상 기술 비교 분석 자료 ▶ 오프타깃 발생 메커니즘 및 위험 요인 정리 논문 ▶ 크리스퍼-Cas9 작동 원리와 표적 절단 기작 분석 자료

탐구 개요	서론	크리스퍼 기술은 특정 DNA 서열을 정밀하게 절단하는 혁신적 유전자 편집 도구로 활용되며, 의학, 농업, 환경 분야에서 폭넓은 응용 가능성을 제시하는 기술임. 그러나 표적 외 부위까지 절단하는 오프타깃 현상이 보고되며 안전성과 정확성에 대한 우려가 제기되고 있어, 기술적 효율성과 잠재적 위험을 균형 있게 이해하는 탐구의 필요성 제기됨.
	본론	▶ Cas9이 gRNA와 결합해 표적 DNA를 인식·절단하는 단계 구조 정리함. ▶ 유사 서열 결합으로 발생하는 오프타깃 사례와 위험 요인 상세 정리함. ▶ 절단 효율·특이성 평가 실험과 정확성 판별 기준 체계 정리함. ▶ Cas9의 정확성 향상 기술 특징 비교 분석함. ▶ 오작동 발생 요인 분석을 통한 기술 개선 가능성 및 한계 도출
	결론	크리스퍼의 정확성은 표적 서열 인식 능력과 Cas9의 절단 특이성에 크게 좌우되며, 이는 치료 안전성과 직결되는 핵심 요소임. 오프타깃 위험은 여전히 완전히 제거되지 않았으나 고정밀 Cas9 변형체와 서열 검증 기술의 발전으로 개선 가능성이 확대되고 있음. 이러한 분석을 통해 유전자 편집 기술의 활용 시 과학적 근거와 윤리적 판단의 균형 필요성 강조됨.
후속 활동		▶ 윤리문제 탐구: 인간 배아 유전자 편집 허용 범위 검토 활동 ▶ 세포와 물질대사: 세포 주기 단계별 유전자 편집 효율 비교 활동 ▶ 인공지능 기초: 유전체 데이터 처리 방식의 기계학습 모델 탐색 활동 ▶ 독서 토론과 글쓰기: 유전자 편집 기술의 윤리적 한계 논증 글쓰기 활동 ▶ 동아리 활동: 질병 모델 기반 유전자 치료 적용 사례 연구 활동

4. NIE 연계 활동

● 신문 읽기 & 연결 사유 찾기

美 희귀병 아기 살려낸 '맞춤형 유전자 치료' 국내 지원 체계 절실(국민일보, 2025.11.18.)

 이 기사는 유전·세포치료가 소아 희귀난치 질환의 사실상 유일한 치료 수단임에도, 국내에서는 법·행정 규제와 고비용 문제로 임상조차 어려운 현실을 다룬다. 미국의 '베이비 KJ' 사례처럼 맞춤형 유전자 치료가 빠르게 개발·투여된 해외와 달리, 한국은 생체 내 방식 치료 제한, 공공 R&D 부족, 환자 수요 기반 지원 미비로 기회를 놓치고 있다. 기사에서는 법 개정, 임상 지원, 민관 협력 플랫폼 구축의 시급성을 강조한다.

루브르 절도범 신속 검거…'유전자 DB' 위력 돋보였다(뉴시스, 2025.11.03.)

이 기사는 파리 루브르 박물관 보석 절도 사건의 범인들이 DNA 데이터베이스를 통해 신속히 검거된 과정을 다룬다. 범인들이 남긴 장갑, 사다리, 스쿠터 등에서 채취된 150여 개의 DNA 샘플이 기존 데이터베이스와 일치해 범인의 신원이 빠르게 특정되었다. 프랑스는 440만 건 이상의 DNA 프로필을 보유하고 있으며, 폭넓은 수집, 국제공조 체계를 통해 주요 범죄 해결에 큰 역할을 하고 있음을 강조한다.

"무한 분열하는 소 세포 발견…소고기 배양 산업화 가능성"(연합뉴스, 2025.11.13.)

 이 기사는 소 세포가 유전자 조작 없이도 자연적으로 '불멸화'되어 무한 분열할 수 있음이 처음 실험으로 확인된 연구 결과를 다룬다. 이 현상은 텔로머레이스와 PGC1α가 텔로미어 유지와 에너지 대사를 회복시키는 작용 덕분으로 밝혀졌다. 연구는 배양 소고기 생산의 큰 장벽이던 유전자 조작 안전성 문제를 해소할 가능성을 제시하며, 지속가능한 배양육 상업화에 중요한 전환점이 될 수 있음을 강조한다.

▶ 자연적 세포 불멸화 이용이 동물복지 향상으로 이어질 수 있을까?
▶ 희귀질환 맞춤형 치료 개발에서 공공 연구비 지원은 어디까지 필요할까?
▶ DNA 정보 수집 강제는 개인의 프라이버시 침해와 공익 중 무엇을 더 우선적으로 생각해야 할까?

● 관점의 분석과 비교

"무한 분열하는 소 세포 발견...소고기 배양 산업화 가능성"(연합뉴스, 2025.11.13.)
- 자연적 세포 불멸화 배양육이 동물복지 향상에 기여함에 대한 찬반 -

찬성	반대
자연적 세포 불멸화는 동물에서 지속적으로 조직을 채취할 필요를 줄여 배양육 생산 과정의 동물 희생을 최소화한다. 유전자 조작보다 안전성 논란도 적어 산업적 활용이 확대되면 장기적으로 동물 사육과 도축을 줄여 동물복지 향상에 기여할 수 있다.	세포 불멸화 기술이 곧바로 동물복지 향상으로 이어진다고 보긴 어렵다. 상용화 비용, 생산 인프라 구축, 소비자 수용성 같은 현실적 장벽이 커 축산 의존도가 크게 줄지 않아 효과가 제한될 가능성이 높다.

루브르 절도범 신속 검거...'유전자 DB' 위력 돋보였다(뉴시스, 2025.11.03.)
- DNA 정보 수집에 대한 고찰 -

≫ 개인의 프라이버시	≫ 공익
DNA는 개인을 고유하게 식별할 뿐 아니라 질병 위험, 가족 관계 등 민감한 정보까지 담고 있어 오남용 시 피해가 심각하다. 공익 명분이 있더라도 과도한 수집과 저장은 개인의 통제권을 침해하므로 프라이버시 보호가 우선되어야 한다.	DNA 정보는 범죄 수사, 실종자 확인, 재난 피해자 식별 등 사회 안전을 강화하는 핵심 수단이다. 적절한 법적 규제와 엄격한 접근 통제가 전제된다면 제한적 DNA 수집은 공익 증진 효과가 크므로 사회 전체의 이익을 우선해야 한다.

● 사고의 확장

▶ 희귀질환 맞춤형 치료를 위해 규제 완화와 안전성 중 무엇을 우선해야 할까?
▶ DNA 수집 확대가 범죄 예방 효과보다 인권 침해 위험을 더 키우는 것은 아닐까?
▶ 국가 간 DNA 공유가 국제 공조를 강화하면서도 개인정보 주권을 지킬 수 있을까?
▶ DNA 기반 수사가 과학기술 의존을 심화시켜 오판 가능성을 높이는 선택은 아닐까?
▶ 세포 불멸화 기반 배양육이 실제 축산업 고용 구조에 어떤 사회적 변화를 가져올까?

5. 세특 예시

DNA 정보 흐름 오류 분석 탐구를 직접 설계, 수행하며 전사, 번역 과정의 분자적 원리를 구조적으로 해석하는 능력을 보여줌. 이후 '내 몸 안의 거울'을 독서 후 크리스퍼에 관심을 갖고 크리스퍼 정확성과 오작동 위험을 비교 분석하는 독서연계 탐구를 이어가 기술적 한계와 윤리적 변수까지 통합적으로 고찰함. 더불어 자연적 세포 불멸화 기반 배양육 기술의 타당성을 다각도로 검토하는 NIE 토론에 참여해 생명공학 기술의 사회·윤리적 영향까지 균형 있게 평가하는 사고력을 보여줌.

38 프레데릭 생어
(Frederick Sanger, 1918~2013)

1. "서두르지 말되 멈추지도 말 것" 생명의 언어, 단백질과 DNA를 해독한 조용한 혁명가

● 호기심 많은 시골 소년, 자연의 규칙과 질서에 마음이 향하다

1918년, 영국의 작은 마을 렌트워스에서 태어난 프레더릭 생어는 어린 시절 대부분을 자연 속에서 보냈다. 부모는 모두 교육자였고, 아버지는 외과의사였다. 생어는 어릴 때부터 의학 교과서를 넘겨보며 생명 현상의 복잡함을 느꼈고, '보이지 않지만 분명 존재하는 질서'에 강한 호기심을 느꼈다.

그는 식물과 곤충을 관찰하며, 겉으로는 무질서해 보이는 자연 속에도 반복되는 규칙이 숨어 있음을 어렴풋이 깨닫기 시작했다. 생어에게 자연은 외워야 할 대상이 아니라, 차분히 들여다보며 이해해야 할 구조였다.

● 실험실보다 사색을 좋아한 조용한 학생

케임브리지 대학에 입학한 생어는 화려한 발표나 강렬한 존재감과는 거리가 멀었다. 그는 남들보다 말수가 적었지만, 실험대를 마주하면 누구보다 끈질겼다. 실험 결과가 잘 나오지 않는 날에도, 그는 조용히 노트를 넘기며 한 줄씩 해답을 찾았다. 그는 이때 일관되게 자신에게 이렇게 되뇌었다.

"서두르지 말 것, 그러나 멈추지도 말 것."

이 성실한 태도는 이후 그의 모든 발견을 관통하는 핵심이 된다.

● 단백질의 언어를 읽어낸 첫 번째 인간

생어는 케임브리지에서 인슐린의 구조를 밝히는 데 도전했다. 당시에는 단백질이 정확히 어떤 순서로 아미노산이 이어져 있는지 밝혀내는 기술조차 없던 시대였다. 누구도 엄두를 내지 않았지만, 그는 한 조각씩, 한 단계씩 인슐린을 잘라 분석하며 전체 구조를 재구성했다. 이 연구는 단순한 단백질 분석이 아니었다. 생명체가 어떻게 정보를 전달하고 기능하는지 이해하는 데 결정적 단서를 제공한 작업이었다. 생어는 인슐린 구조를 완전히 밝혀낸 뒤 조용히 말했다.

"모든 생명은 순서와 구조를 가진다. 그것을 읽어내는 것이 과학자의 일이다."

● 두 번째 노벨상을 가져온 DNA 염기서열 해독 혁명

단백질 연구로 이미 세계적 인물이 되었지만, 생어는 멈추지 않았다. 그는 1960년대 후반 DNA의 염기를 직접 읽어내는 새로운 방법이 필요하다고 판단했다. 당시 과학계는 "불가능한 도전"이라 여겼지만, 그는 또다시 조용히 실험탁 앞에서 답을 찾아갔다.

그 결과 탄생한 것이 오늘날까지도 생명과학의 기본이 되는 '생어 염기서열 분석법(Sanger sequencing)'이다. 이 방법은 최초로 DNA 염기서열을 체계적으로 정확하게 읽을 수 있게 했고, 인류는 비로소 유전 정보의 문장을 해독하는 시대를 맞이했다. 그는 이 업적으로 역사상 두 번째로 생화학 분야 노벨상을 받았다.

그는 이 발견에 대해 이렇게 말했다. "놀라운 것은 내가 한 일이 아니라, 자연이 이미 완벽하게 짜놓은 코드를 드러낸 것뿐이라는 사실이다."

노벨상 두 번이라는 위업에도 생어는 명성을 원하지 않았다. 항상 실험실의 한 모퉁이를 지키며, 학생들과 같은 흰 가운을 입고 조용히 실험했다.

수많은 과학자와 기자들이 그를 인터뷰하려 했지만, 생어는 늘 연구실을 택했다.

"나는 빛나는 무대보다 조용한 실험대가 좋다." 그는 자신의 인생을 화려한 수상보다 '차분한 실험과 배움의 과정'으로 정의했다.

● 오늘날로 이어지는 메시지

정확한 분석은 반복에서 완성된다. 생어는 단백질과 DNA의 구조를 하나씩 분석하며 생명 정보를 읽는 방법을 확립했다. 그는 빠른 결과보다 정확한 과정을 선택했다. 수많은 실험과 검증 끝에 그의 연구는 생명과학의 기준이 되었다. 생어의 태도는 과학이 성실한 반복 위에 세워진 학문임을 보여준다.

오늘날 학생에게 생어의 삶은 이렇게 말해준다. 꾸준함과 정확성이야말로 가장 강력한 실력이라는 사실이다.

▶ 나는 결과보다 과정을 얼마나 신뢰하고 있는가?

▶ 나의 학습 기록은 얼마나 정직한가?

이 질문은 생명과학·데이터 분석 중심 세특으로 확장될 수 있다.

● 주요 업적

1) 인슐린 1차 구조 규명

분해-표지-분석-재조합이라는 혁신적인 방법을 고안하여 세계 최초로 단백질의 아미노산 배열을 밝혀냈다. 인슐린이 특정한 순서의 아미노산으로 이루어진 '정확한 구조를 가진 분자'라는 사실을 증명했고, 이 성과는 단백질이 임의의 덩어리가 아니라, 정확한 정보 구조를 가진 생체 분자임을 처음으로 보여준 결정적 사건으로 이후 효소, 호르몬, 항체 등 모든 단백질 연구의 기초를 마련했다. 이 업적으로 생어는 1958년 노벨 화학상을 받으며, 단백질화학의 새로운 시대를 여는 인물이 되었다.

2) DNA 염기서열 분석법 (Sanger Sequencing)

그가 고안한 디데옥시(dideoxy) 기반 DNA 염기서열 분석법은 작은 조각의 DNA를 정확하게 읽어낼 수 있는 세계 최초의 실용적 염기서열 해독법이었다. 이 기술은 실험 절차가 간단하고, 정확도가 높으며, 반복 분석이 가능하다는 점에서 이전의 어떤 방식도 따라올 수 없는 혁신이었다. 이 공로로 생어는 1980년 두 번째 노벨 화학상을 받았고, '생명의 언어를 해독하는 기술'을 인류에게 처음으로 제공한 과학자가 되었다.

3) 오버랩 서열 조립(Overlap Assembly) 기법

그는 조각난 분자 정보를 하나의 전체 구조로 복원하는 '오버랩 전략'을 확립했다. 단백질을 여러 조각으로 나누어 분석한 뒤, 겹쳐지는 부분(오버랩)을 이용해 전체 서열을 재구성하는 방식으로, 오늘날의 모든 '시퀀싱 데이터 조립 알고리즘(assembly algorithm)'의 기초가 되었다. 단백질 분석뿐 아니라 DNA 분석에서도 이 원리가 그대로 활용되며, 유전체를 읽기 어려운 수많은 조각으로 나눈 뒤 조립하는 현대의 생명정보학 기술은 생어의 오버랩 전략을 기반으로 한다.

4) 방사성 동위원소 이용 분자 추적 및 정량 분석 기술의 확립

과거 생화학 연구는 분자가 어디로 이동했는지, 어떤 경로를 거쳐 변화하는지 세밀하게 파악할 방법이 거의 없었지만, 생어는 방사성 표지를 분자에 결합시키는 방식을 통해 이 한계를 넘어섰다. 이 기술을 통해 미량의 단백질, DNA 조각도 정확하게 검출할 수 있고, 반응 진행 상황을 실시간에 가깝게 분석할 수 있으며, 분해-결합 패턴을 정량적으로 비교할 수 있게 되었다. 이 분석법은 핵산 합성, 효소 반응 연구, 유전자 발현 실험까지 현대 분자생물학의 실험 체계를 근본적으로 바꿔놓았다.

● 과학적 성과와 영향

프레더릭 생어는 단백질과 DNA를 해독하는 기술을 확립하며 분자생물학의 연구 방식을 근본적으로 바꾸었다. 그는 인슐린의 1차 구조를 규명해 단백질이 명확한 정보 분자임을 처음으로 증명했고, 디데옥시 기반 DNA 염기서열 분석법을 개발해 유전정보를 정밀하게 읽는 시대를 열었다. 여기에 오버랩 조립 전략과 방사성 표지 기반 추적 기술을 확립해, 복잡한 분자의 구조와 변화를 체계적으로 분석할 수 있는 기술적 기반을 마련했다.

생어가 정립한 기술들은 이후 생명과학의 거의 모든 분야에서 핵심 도구가 되었다. 단백질 분석 방법은 효소, 항체 연구의 표준이 되었고, 그의 DNA 해독법은 인간게놈프로젝트와 유전체 연구의 출발점이 되었다. 오버랩 조립 전략은 현대의 차세대 염기서열 분석과 게놈 어셈블리 알고리즘으로 이어졌으며, 방사성 표지 기법은 유전자 발현, 단백질 상호작용 등 다양한 실험에 활용되고 있다. 생어는 생명과학의 해석 방식을 다시 그린 과학자로 평가된다.

● 과학 이론 연계 탐구 주제

인슐린 구조 규명	▶ 아미노산 서열 변화가 단백질의 안정성 및 활성에 미치는 영향 탐구 ▶ 화학적 분해 및 표지 기법이 현대 단백질 분석 기술에 미친 영향 비교 ▶ **단백질 구조 규명 기술의 발전(생어 → X선 결정학 → 단백질 예측 AI) 탐구**
DNA 염기서열 분석법	▶ ddNTP/dNTP 농도 비율이 서열 결과에 미치는 영향 ▶ 전기영동(겔 전기영동)의 물리·화학적 원리 탐구 ▶ 생어 방식과 차세대 염기서열 분석(NGS) 기술의 차이점 정리
오버랩 서열 조립 기법	▶ '부분 정보로 전체를 재구성하는' 과학적 추론 모델 탐구 ▶ 조각난 DNA 읽기 조각(read)을 조립하는 알고리즘 원리 분석 ▶ 오버랩 전략과 현대 게놈 어셈블리 알고리즘(De Bruijn graph)의 구조 비교
방사성 표지 분석	▶ 생화학 실험에서 정량 분석의 중요성 탐구 ▶ 방사선 종류(α·β·γ)의 특성과 실험 활용 비교 ▶ 방사성 표지법과 형광 표지법의 안전성·정밀도 비교

● 탐구 설계 예시

주제	단백질 구조 규명 기술의 발전(생어 → X선 결정학 → 단백질 예측 AI) 탐구
탐구 목표	생어의 단백질 서열 분석법에서 X선 결정학, AI 기반 구조 예측까지 단백질 구조 규명 기술의 발전 과정을 비교·분석한다.
선정 이유	단백질 구조 규명 기술은 생어의 1차 구조 해독에서 시작해 X선 결정학을 거쳐 AI 기반 구조 예측으로 급격히 발전해 왔다. 이 변화는 생명과학에서 단백질을 이해하고 활용하는 방식 자체를 바꾼 흐름이다. 이러한 기술적 전환을 살펴보는 것은 생명과학의 핵심 원리를 깊이 있게 이해하는 데 의미가 있다.
서론	단백질 구조는 생명 현상을 이해하는 핵심 정보지만, 이를 밝히는 기술은 시대에 따라 큰 변화를 겪어 왔다. 생어의 단백질 서열 해독은 구조 분석의 출발점이 되었고, X선 결정학은 공간적 구조 규명을 가능하게 했다. 최근에는 AI 예측 기술이 등장하며 단백질 연구의 방식이 다시 새롭게 전환되고 있다.
본론	▶ 본론 구성 1) 생어의 단백질 1차 구조 해독 원리와 초기 단백질 분석 한계 정리 2) X선 결정학을 통한 단백질 3차원 구조 규명 과정과 구조적 정보의 확장 분석 3) AI 기반 단백질 구조 예측(AlphaFold 등)의 작동 원리와 기술적 혁신 비교 4) 세 기술의 정확도, 필요 데이터, 활용 분야를 중심으로 발전 흐름 도식화 ▶ 기대효과 1) 단백질 구조 규명 기술의 역사적 변화와 과학적 전환점 이해 2) 현대 생명과학에서 구조 분석 기술이 가지는 가치와 활용 가능성 파악
결론	단백질 구조 규명 기술은 생어의 서열 해독에서 시작해 X선 결정학과 AI 기반 예측 기술로 발전하며 단백질을 이해하는 방식을 혁신적으로 넓혀 왔다. 앞으로는 AI의 정밀도가 더욱 높아져 복잡한 단백질의 기능까지 예측할 수 있을 것으로 기대되며, 이는 신약 개발과 질병 연구에 중요한 변화와 속도를 가져올 것이다.
심화 탐구 주제	▶ 단백질 3차원 구조와 기능의 상관관계 분석 ▶ 신약 개발에서 단백질 구조 정보가 활용되는 과정 분석 ▶ AI 기반 단백질 구조 예측의 한계 요인과 개선 방향 분석
토론 주제	▶ AI가 예측한 단백질 구조를 실험적 검증 없이 신뢰해도 되는가? ▶ 단백질 구조 정보 공개는 인류 전체의 이익인가, 기업의 자산인가? ▶ AI 기반 단백질 구조 예측 기술은 생명과학자의 역할을 축소시킬 것인가?
교내 후속 활동	▶ 전자기와 양자: X선 결정학의 물리 원리(브래그 법칙) 탐구 ▶ 생물의 유전: 단백질 접힘(folding) 이상과 유전병의 관계 탐구 ▶ 동아리활동: 대학 생명과학 연구실 탐방 또는 온라인 랩 투어 분석

프레더릭 생어
(Frederick Sanger, 1918~2013)

2. 교과 연계 탐구활동(인공지능수학, 화학, 생물의 유전)

● 인공지능수학

성취기준	[12인수04-02] 공학 도구를 사용하여 데이터의 경향성을 추세선으로 나타내고 이를 예측에 이용할 수 있다.
주요내용	단백질 구조 규명 기술의 발전은 데이터의 경향성을 분석하는 과정과 깊이 연관된다. 생어의 서열 해독에서 X선 결정학, AI 구조 예측으로 이어지며 정확도와 처리 속도가 꾸준히 향상되었고, 이를 그래프로 나타내면 발전 흐름을 명확히 파악할 수 있다. 구조 예측 정확도나 PDB 데이터 증가량을 추세선으로 분석하면 기술의 미래 변화도 예측할 수 있다.
교과연계 탐구주제	▶ X선 결정학의 해상도 향상 경향 분석 및 미래 예측 ▶ AI 구조 예측 데이터(PDB 수 증가)의 누적 변화 추세 분석 ▶ 단백질 분석 기술 도입 후 신약 승인 건수의 증가 경향 예측

● 화학

성취기준	[12화학01-01] 화학이 현대 과학·기술·사회의 발전에 기여한 사례를 조사·발표하며 화학에 흥미와 호기심을 가질 수 있다.
주요내용	단백질 구조 규명 기술은 화학이 현대 과학 발전에 기여한 대표적 사례다. 생어의 단백질 서열 분석법은 화학적 분해와 표지 반응을 기반으로 단백질의 구조 정보를 해독하도록 했고, 이후 X선 결정학은 분자의 전자 밀도와 결합 특성을 분석해 3차원 구조를 규명했다. 최근의 AI 예측 기술 역시 이러한 화학적 구조 데이터가 축적된 결과로, 화학이 생명과학과 기술 발전에 어떤 기반을 제공해 왔는지 보여준다.
교과연계 탐구주제	▶ 분자 구조 정보가 신약 개발에 미친 화학적·사회적 영향 분석 ▶ X선 결정학에서 분자 구조를 밝히는 화학적·물리적 원리 조사 ▶ 단백질이 왜 '구조'에 따라 기능이 달라지는가? (화학 결합 관점에서 분석)

● 생물의 유전

성취기준	[12유전03-03] 생명공학기술 관련 학문 분야를 이해하고 우리 생활과 산업에 활용 사례를 조사하여 창의적으로 설명 자료를 제작할 수 있다.
주요내용	생어가 확립한 단백질 서열 해독과 DNA 염기서열 분석 기술은 현대 생명공학의 핵심 기반이 되었다. 그의 시퀀싱 방식은 유전자 진단, 맞춤 의학, 신약 개발, 유전체 분석 산업 등 다양한 분야에서 활용되며 바이오 기술의 발전을 이끌었다. 이러한 생명공학기술의 적용 사례를 조사하고 시각 자료로 정리하면 기술의 실제적 가치와 사회적 영향을 창의적으로 설명할 수 있다.
교과연계 탐구주제	▶ 단백질 서열 정보가 신약 개발 과정에 미치는 영향 조사 ▶ DNA 염기서열 분석 기술이 정밀의학에 활용되는 과정 탐구 ▶ 시퀀싱 기술이 유전자 검사 서비스 등의 생활 속 서비스로 확장된 이유 분석

3. 독서 연계 탐구활동

● 추천 도서 목록

추천 도서 목록

▶ 단백질 혁명(김성훈, 웅진지식하우스, 2025)

▶ 크리스퍼가 온다(제니퍼 다우드나, 새뮤얼 스턴버그, 프시케의숲, 2018)

▶ 인류의 미래를 바꿀 유전자 이야기(김경철, 세종서적, 2020)

▶ DNA의 거의 모든 과학(전방욱, 이상북스, 2023)

▶ 단백질이 없으면 생명도 없다(다케무라 마사하루, 전나무숲, 2018)

▶ 게놈 익스프레스(조진호, 위즈덤하우스, 2016)

● 독서 연계 탐구 활동

독서 연계 탐구 활동

도서명	단백질이 없으면 생명도 없다(다케무라 마사하루, 전나무숲, 2018)
	이 책은 단백질이 인체에서 생성·분해·합성되는 과정을 생화학적 관점에서 설명하며, 구조, 성질, 유전 정보가 단백질 기능에 어떻게 반영되는지 구체적으로 다룬다. 음식으로 섭취된 단백질이 아미노산으로 분해되어 다시 새로운 단백질로 재조립되는 흐름, 단백질 이상이 질병으로 이어지는 원리 등을 체계적으로 정리해 단백질이 생명 유지에 필수적임을 보여준다.
핵심 키워드	단백질 구조, PCR 효소, 단백질 변성, 암세포, 인플루엔자
탐구 주제	▶ **PCR 효소(Taq polymerase)와 내열성 원리 분석** ▶ 인플루엔자 변이 메커니즘과 단백질 구조 변화 연결 ▶ 단백질 이상과 암세포의 증식 조절 사이의 관계 분석 ▶ 가역적 단백질 변성과 비가역적 단백질 변성 비교 분석 ▶ 단백질 1차 구조 변화(돌연변이)가 질병으로 이어지는 과정 분석
토론 쟁점	▶ 암 단백질의 비정상적 작동은 생명의 실패일까, 진화의 또 다른 형태일까? ▶ 고기를 먹는 것이 단백질 섭취 측면에서 꼭 필요한 선택일까? ▶ 영양으로 섭취한 단백질과 유전 정보로 합성된 단백질은 '같은 단백질'일까?
후속 활동	▶ 화학반응의 세계: 단백질 변성의 화학적 메커니즘 실험 정리 ▶ 확률과 통계: 특정 암 단백질 변이 빈도 분석 및 확률 모델링하는 활동 ▶ 융합과학 탐구: 바이러스 단백질 변이가 감염력에 미치는 영향 시스템 분석 ▶ 자율·자치활동: '단백질과 질병' 학급 미니 포럼 기획

● 독서 연계 탐구활동 예시

탐구 주제	PCR 효소(Taq polymerase)와 내열성 원리 분석
탐구 자료	▶ PCR 원리와 온도 사이클 구조를 정리 ▶ 태퀴폴리머라아제(Taq polymerase) 기능 및 구조 관련 자료 리뷰 ▶ Taq polymerase와 일반 DNA polymerase의 온도 안정성 비교 실험 확인

프레데릭 생어
(Frederick Sanger, 1918~2013)

	서론	PCR은 DNA를 빠르게 증폭하는 핵심 기술이며, 그 중심에는 고온에서도 활성을 잃지 않는 Taq polymerase가 있다. 일반 효소는 고온에서 쉽게 변성되지만, Taq은 독특한 구조 덕분에 반복되는 온도 변화 속에서도 기능을 유지한다. 이 탐구는 Taq의 내열성 원리가 무엇인지, PCR 과정에서 어떻게 활용되는지 분석하는 데 목적이 있다.
탐구 개요	본론	▶ PCR 온도 사이클(변성·결합·연장) 구조 정리함. ▶ Taq polymerase 구조 및 기능 핵심 요소 분석함. ▶ Taq polymerase와 일반 DNA polymerase 내열성 비교 자료 검토함. ▶ 온도 변화에 따른 두 효소 활성도 곡선 비교 분석함. ▶ 위 자료를 바탕으로 내열성 구조가 PCR 효율에 미치는 영향 도출함.
	결론	Taq polymerase의 내열성이 반복적인 온도 변화 속에서도 안정적인 DNA 합성을 가능하게 한다는 점을 확인함. 일반 중합효소와의 활성도 차이를 비교한 결과, 열안정 구조가 효소 기능의 지속성과 PCR 증폭 효율을 결정하는 핵심 요인임을 이해하게 됨. 이를 통해 단백질 구조와 생명공학 기술의 직접적 연관성에 대한 통찰을 얻게 됨.
후속 활동		▶ 미적분: PCR 사이클별 DNA 양의 지수적 증가 모델 만들기 활동 ▶ 주제 탐구 독서: 생명공학 기술 관련 논문과 교양서 비교 독서 보고서 작성 활동 ▶ 생물의 유전: PCR을 활용한 유전자 진단 및 변이 탐색 등 활용 분야 조사 활동 ▶ 과학의 역사와 문화: 열수성 생물 발견이 과학 패러다임에 미친 변화 분석 활동 ▶ 동아리활동: PCR 시뮬레이션 실습 및 온도 프로파일 설계 활동

4. NIE 연계 활동

● 신문 읽기 & 연결 사유 찾기

유전자 분석 서비스 4 : 무엇이 가능하고 무엇이 불가능한가 (딴지일보, 2017.08.09.)

 이 기사는 유전자 분석은 시퀀싱, 생명정보학, 빅데이터가 결합된 기술로, 생어 방식에서 시작해 NGS 등장으로 폭발적 데이터 생산이 가능해졌다. 그러나 유전자는 표현형과 1:1 대응이 되지 않고 후성유전, 환경 요인이 복잡하게 작용해 해석에 많은 한계가 있다. 현재 소비자용 유전자 검사는 일부 유용한 정보만 제공할 뿐 결과를 절대적으로 믿는 것은 위험하며, 생활 관리 참고 수준으로 활용해야 한다고 강조한다.

비만수술의 또다른 효과 '체내단백질 변화' (메디칼트리뷴 2025.11.20.)

이 기사는 비만대사수술이 체중 감량뿐 아니라 혈중 세포외 소포 단백질 구성을 변화시켜 대사 환경을 재편한다는 연구 결과를 다룬다. 연구팀은 비만 환자와 대조군을 비교해 당뇨병 동반 여부에 따라 단백질 발현 차이가 뚜렷함을 확인했으며, 이는 염증 감소, 인슐린 감수성 개선, 산화 스트레스 완화 등 회복 과정이 단백질 수준에서 나타난다는 점을 보여준다.

200년 넘게 사는 북극고래 장수 비결은 '단백질'에 있었다 (조선일보, 2025.10.30.)

 이 기사는 북극고래가 200년 이상 장수하는 비결이 DNA 손상을 스스로 복구하는 '냉각 유도 단백질 (CIRPB)'의 강한 발현에 있다는 연구를 소개한다. 북극고래의 세포는 암 발생 가능성이 낮지 않지만, 뛰어난 DNA 복구 능력 덕분에 암과 노화를 억제한다. 사람·초파리 실험에서도 CIRPB 과발현이 수명 연장과 방사선 저항성을 보여 인간 노화 연구에도 응용 가능성을 시사한다.

• 시사 이슈

▶ 비만은 생활습관의 결과일까, 유전적 요인의 영향일까?

▶ 게놈 빅데이터 시대에 개인 유전 정보는 어떻게 보호해야 할까?

▶ DNA 복구 능력이 수명 연장의 핵심이라면, 인간의 노화도 '조절 가능한 현상'일까?

• 관점의 분석과 비교

200년 넘게 사는 북극고래 장수 비결은 '단백질'에 있었다(조선일보, 2025.10.30.)
- 인간의 노화도 조절가능한 현상 -

찬성	반대
DNA 복구 능력이 수명과 직접 연결된다면, 손상 축적을 늦추거나 복구 효율을 높이는 기술을 통해 인간의 노화 속도 역시 일정 부분 조절 가능하다고 볼 수 있다. 후성유전 조절, 세포 재생 촉진 연구도 이를 뒷받침한다.	DNA 복구는 노화 원인의 일부일 뿐이며, 면역 약화, 호르몬 변화, 대사 손실 등 복합적 요소가 동시에 얽혀 있어 단일 기작만으로 노화를 조절하기 어렵다. 생명 연장은 가능해도 노화를 완전히 통제하는 것은 과학적으로 한계가 있다.

비만수술의 또다른 효과 '체내단백질 변화'(메디칼트리뷴 2025.11.20.)
- 비만 원인에 대한 토론 -

≫ 생활습관	≫ 유전적요인
비만은 에너지 섭취와 소비의 불균형에서 발생하며, 이는 식습관, 운동, 수면, 스트레스 같은 생활습관에 크게 좌우된다. 같은 유전적 조건에서도 환경과 행동 변화만으로 체중이 크게 달라지는 경우가 많다.	FTO·MC4R 등 유전자 변이는 식욕 및 대사 조절에 영향을 주어 동일한 생활습관에서도 체중 증가 경향을 다르게 만든다. 일란성 쌍둥이의 유사한 비만도 연구는 유전적 영향이 크다는 대표적 근거이다.

• 사고의 확장

▶ 유전 정보 기반 보험료 차등 부과는 정당한가?

▶ 노화를 늦추는 기술은 인간의 수명 불평등을 심화시킬까?

▶ 비만 예방 정책은 개인 책임보다 사회 환경을 바꿔야 할까?

▶ 장수 기술은 과학 발전일까, 자연의 균형을 흔드는 개입일까?

▶ 유전 정보 기반 맞춤의학은 의료 형평성을 해칠 위험이 있을까?

5. 세특 예시

학생은 Taq polymerase 내열성 원리 분석 탐구에서 PCR 온도 사이클과 효소 구조의 상관성을 스스로 설정하고 자료 비교를 통해 내열성 확보 메커니즘을 도출하는 분석 역량을 보임. 이어 단백질 구조 및 기능 연관성을 다룬 독서 기반 탐구를 통해 분자 수준의 이해를 확장함. 또한 NIE 토론에서 비만의 원인을 생활 습관, 유전 요인으로 구분해 과학적 근거를 제시하며 다양한 변인을 고려한 균형적 사고를 드러냄. 탐구 결과를 통합해 개념을 재구성하는 융합적 사고력이 돋보임.

39 프리츠 야코프 하버
(Fritz Jakob Haber, 1868~1934)

1. 공기로 빵을 빚고, 그 공기로 독을 푼 야누스

• 유대인이라는 꼬리표를 떼고 싶었던 독일인

부유한 유대인 상인 집안에서 태어난 하버는 아버지의 가업을 잇는 대신 화학자의 길을 선택했고, 출세의 걸림돌이던 유대교를 버리고 기독교로 개종할 만큼 성공에 대한 야망이 컸다. 그는 자신을 유대인이 아닌 '자랑스러운 독일인'으로 정의하며, 학문적 성취를 통해 조국 독일 제국에서 인정받기 위해 치열하게 연구에 매진했다.

"나는 유대인이기 전에, 뼈속까지 자랑스러운 독일인이다."

그의 뿌리 깊은 애국심은 훗날 영광과 비극을 동시에 불러오는 불씨가 되었다.

• 인류를 기아의 공포에서 구원하다

19세기 말, 맬서스의 인구론처럼 인구 폭증으로 인한 식량 부족이 예견되던 시기, 하버는 공기 중의 질소를 수소와 반응시켜 암모니아를 합성하는 기적 같은 방법을 발명했다. 이 '하버-보슈법' 덕분에 인류는 질소 비료를 대량 생산하여 농업 생산성을 비약적으로 높일 수 있었고, 수십억 명의 생명을 굶주림에서 구했다. 이 공로로 그는 1918년 노벨 화학상을 수상하며 과학의 영웅으로 등극한다.

"그는 공기로 빵을 만들어 낸 과학의 마법사였다."

• 조국을 위해 악마와 손을 잡다

제1차 세계대전이 발발하자 하버의 맹목적인 애국심은 과학을 살상 무기로 바꾸는 데 주저함이 없게 만들었다. 그는 '전쟁을 빨리 끝내는 것이 오히려 인명을 구하는 길'이라 믿으며 염소 가스를 개발했고, 벨기에 이프르 전투를 직접 지휘하여 수만 명의 연합군을 고통 속에 죽게 했다.

"과학자는 평시에는 세계에 속하지만, 전시에는 국가에 속한다."

인류의 구원자였던 그는 순식간에 '화학전의 아버지'이자 '독가스의 괴물'이라는 오명을 쓰게 된다.

• 가장 가까운 사람의 비극적 경고

하버의 아내이자 독일 최초의 여성 화학 박사였던 클라라 이머바르는 남편이 과학을 살상 도구로 쓰는 것을 강력히 비판하며 괴로워했다.

"과학을 살상 도구로 변질시키는 것은 지성을 배반하는 범죄이자 야만입니다."

하버가 독가스 공격 성공을 자축하던 파티가 열린 날 밤, 그녀는 남편의 권총으로 스스로 목숨을 끊으며 무언의 항의를 남겼다. 그러나 하버는 아내의 죽음 앞에서도 슬퍼할 겨를 없이 다음 날 아침 바로 동부 전선으로 독가스 살포를 위해 떠나는 비정함을 보였다.

● 조국에게 버림받은 쓸쓸한 최후

전쟁 패배 후에도 독일 재건을 위해 해수에서 금을 추출하려 노력했던 하버였지만, 나치가 집권하자 그는 그저 '축출해야 할 유대인'일 뿐이었다.

"나는 한평생 독일을 위해 내 모든 것을 바쳤지만, 결국 조국은 나를 헌신짝처럼 버렸다."

평생을 바친 조국에서 쫓겨난 그는 영국과 스위스를 떠돌며 망명 생활을 하다 심장마비로 객사했고, 아이러니하게도 그가 개발한 살충제는 훗날 나치 수용소에서 자신의 친척들을 학살하는 데 사용되었다.

● 오늘날로 이어지는 메시지

과학은 사회를 크게 바꾼다. 하버의 연구는 인류의 식량 문제를 해결하는 데 기여했지만, 동시에 전쟁에 사용되기도 했다. 그의 삶은 과학의 영향력이 얼마나 큰지를 보여준다. 하버는 자신의 연구 결과가 어떤 방향으로 쓰일지 끝까지 고민하지 못했다. 이 점은 오늘날 과학자와 학생 모두에게 중요한 질문을 남긴다.

오늘날 학생에게 하버의 삶은 이렇게 말해준다. 능력의 크기만큼, 그것을 사용하는 윤리도 함께 고민해야 한다는 사실이다.

▶ 내가 배우는 지식은 어디에 쓰일 수 있을까?

▶ 나는 그 결과까지 책임질 준비가 되어 있는가?

이 질문은 과학윤리·사회적 책임 중심의 세특 탐구주제로 확장될 수 있다.

● 주요 업적

1) 암모니아 합성법 (Haber-Bosch Process)

하버는 공기 중의 질소와 수소를 고온·고압 상태에서 반응시켜 암모니아를 대량으로 합성하는 획기적인 방법을 개발했다. 그는 오스뮴과 같은 촉매를 사용하여 반응 속도와 수율을 높임으로써 질소 비료의 공업적 생산을 가능하게 만들었다.. '공기로 빵을 만든 과학자'라는 찬사를 받을 만큼 인류의 기아 해방에 결정적인 기여를 했으나, 동시에 전시에는 폭약의 원료인 질산 염을 공급하는 수단이 되기도 했다. 하버의 합성은 현대 화학 공업의 시초이자 농업 혁명의 핵심 기술로 평가받는다.

2) 본-하버 사이클 (Born-Haber Cycle)

하버는 물리학자 막스 보른과 협력하여 이온 결합성 고체 물질의 격자 에너지를 열역학적으로 계산하는 순환 과정을 고안했다. 이는 직접 측정하기 어려운 결정의 격자 에너지를 이온화 에너지, 전자 친화도, 승화열 등 측정 가능한 다른 값들을 이용해 수학적으로 도출하는 방법이다. 이 이론은 이온 결합 화합물의 안정성과 생성 원리를 정량적으로 규명하는 데 핵심적인 역할을 했다. 오늘날 물리화학 및 무기화학 분야에서 물질의 결합을 이해하는 필수적인 이론적 도구로 사용되고 있다.

3) 화학 무기 개발과 독성학 (Chemical Warfare & Toxicology)

제1차 세계 대전 당시 하버는 염소 가스를 무기화하고 이프르 전투 등 실전 투입을 지휘하여 '화학전의 아버지'라는 비극적인 별명을 얻었다. 그는 독가스의 치사율을 연구하며 가스의 농도와 노출 시간의 곱이 일정하다는 '하버의 규칙'을 정립하여 현대 독성학의 기초를 마련했다. 또한 아군을 보호하기 위한 방독면 개발에도 기여했으나, 과학 지식을 대량 살상에 이용했다는 점에서 윤리적 비판의 대상이 되었다. 이는 과학자의 애국심과 인류애 사이의 딜레마를 보여주는 대표적 사례다.

4) 살충제 및 전기화학 연구 (Pesticides & Electrochemistry)

하버는 사이안화 수소를 이용한 훈증 살충제인 '치클론 A'를 개발하여 곡물 저장소의 해충을 박멸하는 농업 기술 발전에 기여했다. 또한 패러데이 법칙이 결정질 염에도 적용됨을 증명하고 나이트로벤젠의 환원 반응을 규명하는 등 전기화학 분야에서도 탁월한 성과를 남겼다. 전후 배상금 마련을 위해 해수에서 금을 추출하려는 연구도 진행했는데, 비록 경제성 부족으로 실패했지만 이 과정에서 미량 원소 정밀 분석 기술을 획기적으로 발전시켜 후대 응용 화학 기술의 중요한 토대가 되었다.

● 과학적 성과와 영향

하버의 과학적 성과는 공기 중 질소를 암모니아로 전환하는 질소 고정 기술을 확립한 데서 가장 분명하게 드러난다. 그는 고온·고압 조건과 촉매를 이용해 안정한 질소 분자를 반응시키는 방법을 찾아내며, 화학 평형 이론을 실제 공정에 적용했다. 이 성과는 하버-보슈 공정으로 발전해 비료의 대량생산을 가능하게 했다. 그 결과 농업 생산성이 비약적으로 향상되었고, 급격한 인구 증가 속에서도 인류가 식량 부족의 위기를 넘길 수 있는 기반이 마련되었다.

한편 이러한 성과는 사회 전반에 복합적인 영향을 남겼다. 질소 고정 기술은 비료뿐 아니라 폭약 제조에도 활용되어 전쟁 수행 능력을 강화하는 데 기여했다. 이는 과학기술이 인류의 삶을 개선하는 동시에 파괴의 도구가 될 수 있음을 보여준다. 또한 본-하버 사이클을 통해 이온 결합과 에너지 개념을 정교화하며 현대 무기화학과 재료화학의 기초를 다졌다. 하버의 업적은 과학자의 책임과 기술의 윤리적 사용을 오늘날까지 고민하게 만드는 중요한 사례로 남아 있다.

● 과학 이론 연계 탐구 주제

암모니아 합성법	▶ 촉매 종류에 따른 암모니아 합성 반응 속도 변화 모의 분석 ▶ 르샤틀리에 원리를 이용한 암모니아 합성 조건 최적화 분석 ▶ 인공적 질소 고정이 자연계의 질소 순환과 생태계 부영양화에 미친 영향 고찰
본-하버 사이클	▶ 본-하버 사이클을 활용한 알칼리 금속 할로젠화물 안정성 비교 ▶ **수화 에너지와 격자 에너지의 비교를 통한 이온 결합 물질의 용해성 예측** ▶ 이온의 전하량과 반지름 차이가 격자 에너지와 녹는점에 미치는 상관관계 탐구
화학 무기 개발과 독성학	▶ 염소 기체의 화학적 성질과 인체 독성 메커니즘 분석 ▶ 독성 물질의 농도-노출 시간 관계(하버 규칙)의 과학적 의미 탐구 ▶ 화학 무기 방어를 위한 활성탄의 흡착 원리와 현대 방독면 정화 통의 구조 비교
살충제 및 전기화학 연구	▶ 사이안화 수소 계열 물질의 화학적 특성과 살충 효과 분석 ▶ 나이트로벤젠의 환원 반응 경로를 활용한 유기 전기화학의 기초 원리 조사 ▶ 네른스트 식을 활용한 유리 전극의 전위차 발생 원리와 pH 측정 원리 탐구

주제	수화 에너지와 격자 에너지의 비교를 통한 이온 결합 물질의 용해성 예측
탐구 목표	격자 에너지 개념과 물분자의 수화 에너지를 비교하여 용해 반응의 엔탈피 변화를 계산하여 이온 결합 물질이 물에 녹을 때의 열출입과 특정 염의 용해 여부를 예측한다.
선정 이유	이온 화합물의 용해성은 일상생활과 산업 전반에서 중요한 화학적 성질이다. 그러나 용해 현상이 단순한 성질 비교가 아닌 에너지 변화의 결과임을 간과하기 쉽다. 수화 에너지와 격자 에너지의 관계를 본-하버 사이클과 연계하여 분석함으로써, 화학 이론이 물질의 거시적 성질을 설명하는 과정을 이해하고자 본 주제를 선정하였다.
서론	일부 이온 결합 물질은 물에 잘 녹는 반면, 유사한 구조를 가진 물질은 거의 녹지 않는다. 이러한 차이는 이온 간 결합을 끊는 데 필요한 에너지와 물 분자와의 상호작용 에너지의 균형에서 발생한다. 본 탐구에서는 수화 에너지와 격자 에너지를 비교·분석하여 이온 결합 물질의 용해성 차이가 나타나는 원리를 설명하고자 한다.
본론	▶ 이온 결합 물질의 결정 구조와 격자 에너지의 개념 정리 ▶ 이온이 물에 둘러싸일 때 방출되는 수화 에너지의 정의 ▶ 용해 과정에서의 전체 에너지 변화(엔탈피 변화) 분석 ▶ 수화 에너지와 격자 에너지의 상대적 크기에 따른 용해성 비교 ▶ 대표적 염류 사례를 통한 이론의 적용 및 검증
결론	탐구 결과, 이온 결합 물질의 용해성은 수화 에너지가 격자 에너지보다 클 때 증가함을 확인하였다. 따라서 용해 여부는 단순한 물질의 종류가 아니라 에너지 변화의 결과임을 알 수 있다. 본 탐구를 통해 물질의 성질을 열역학적 관점에서 분석하고 설명하는 과학적 사고 역량을 한층 더 강화할 수 있었다.
심화 탐구 주제	▶ 깁스-헬름홀츠 방정식을 이용한 재결정 원리 탐구 ▶ 쿨롱 법칙과 수화 에너지 관점에서 용매에 따른 염의 용해도 비교 분석 ▶ 알칼리 토금속의 황산염이 원자 번호가 커질수록 용해도가 감소하는 원인 분석
토론 주제	▶ 이온 결합 물질의 용해성은 실험보다 이론적 예측이 더 타당한가? ▶ 특정 물질의 용해 기술은 환경 오염과 정화 중 어디에 더 큰 영향을 미치는가? ▶ 화학적 성질 설명에서 에너지 관점은 구조 중심 설명보다 우선되어야 하는가?
교내 후속 활동	▶ 물질과 에너지: 수용성 염의 생성 엔탈피와 용해 엔탈피 사이의 관계 도식화 활동 ▶ 사회와 문화: 화학 물질의 용해성이 산업·환경 문제에 미친 사회적 영향 분석 활동 ▶ 진로활동: 난용성 약물의 수화 에너지를 높이기 위한 제약 공학 기술 조사 활동

프리츠 야코프 하버
(Fritz Jakob Haber, 1868~1934)

2. 교과 연계 탐구활동 (화학, 세계사, 현대사회와 윤리)

● 화학

성취기준	[12화학03-04] 농도, 압력, 온도 변화에 따른 화학 평형의 이동을 이해하고, 이를 일상생활 속 현상을 설명하는 데 적용하여 화학의 유용함을 느낄 수 있다.
주요내용	하버-보슈법의 암모니아 합성 반응에 르 샤틀리에 원리를 적용하여 농도, 압력, 온도 조건이 평형 이동과 수득률에 미치는 영향을 분석하고, 발열 반응임에도 반응 속도를 높이기 위해 고온을 유지해야 하는 공정상의 딜레마와 최적의 타협점을 고찰한다. 이 성취기준은 하버의 연구가 이론적 평형 개념을 산업 공정으로 구현하여 식량 문제를 해결한 화학의 실질적 가치를 이해하는 데 도움을 준다.
교과연계 탐구주제	▶ 남은 반응물을 재순환시키는 공정 설계가 수득률에 미치는 효과 조사 ▶ 촉매의 종류에 따른 반응의 활성화 에너지와 메커니즘에 미치는 영향 탐구 ▶ 암모니아 합성 반응에서 부분 압력의 변화가 평형 이동을 유도하는 원리 분석

● 세계사

성취기준	[12세사04-01] 제1·2차 세계 대전을 인권, 과학 기술 문제와 관련지어 파악한다.
주요내용	하버의 암모니아 합성법이 식량난을 해결한 공로와 폭약 제조를 통해 제1차 세계 대전을 장기화시킨 과오를 동시에 분석하고, 독가스 개발로 인한 비인도적 살상과 훗날 나치의 유대인 학살에 악용된 비극적 역사를 고찰한다. 또한 과학자의 애국심과 윤리적 책임 사이의 딜레마를 심도 있게 토론한다. 이 성취기준은 과학 기술의 발전이 전쟁과 인권에 미친 양면적인 영향을 역사적 맥락에서 통찰하는 데 도움을 준다.
교과연계 탐구주제	▶ 하버법이 제1차 세계 대전의 장기화에 미친 역사적 영향 분석 ▶ 과학자의 연구 참여가 전시 국가 권력에 의해 동원된 사례 연구 ▶ 독가스 살포가 헤이그 협약 위반 여부와 현대 국제 인도법에 미친 시사점 탐구

● 현대사회와 윤리

성취기준	[12현윤03-01] 과학기술 연구에 대한 다양한 관점을 조사하여 비교·설명할 수 있으며 이를 과학기술의 사회적 책임 문제에 적용하여 비판 또는 정당화할 수 있다.
주요내용	하버의 암모니아 합성이 인류를 기아에서 구한 공로와 독가스 개발이 가져온 대량 살상의 비극을 대조하여 과학 기술의 양면성을 분석하고, '과학자는 전시에 국가에 속한다'는 하버의 주장을 야스퍼스나 요나스의 책임 윤리 관점에서 비판적으로 검토한다. 이 성취기준은 과학 기술이 거대 권력이 된 현대 사회에서 연구자가 지녀야 할 올바른 직업 윤리와 도덕적 책무를 정립하는 데 도움을 준다.
교과연계 탐구주제	▶ 한스 요나스의 책임 윤리를 적용하여 하버가 간과한 예견적 책임 분석 ▶ 애국심과 인류애의 가치 충돌 시 우선순위에 대한 롤스와 노직의 정의론적 고찰 ▶ 하버와 현대 AI 무기 개발을 연결하여 이중 용도 기술 연구자의 사회적 책임 논의

3. 독서 연계 탐구활동

● 추천 도서 목록

추천 도서 목록
▶ 공기의 연금술(토머스 헤이거(홍경탁 역), 반니, 2015)　　▶ 세계사를 바꾼 화학 이야기 2(오미야 오사무(김정환 역), 사람과나무사이, 2023)
▶ 과학기술과 사회를 만든 사람들(송성수, 자유아카데미, 2024)　　▶ 화학자를 위한 결정학(Phillip E. Fanwick(윤우진, 윤호섭 역), 사이플러스, 2022)
▶ 화려한 화학의 시대(프랭크 A. 폰 히펠(이덕환 역), 까치, 2021)　　▶ 루이스는 왜 노벨상을 못 받았을까?(Patrick Coffey(김창민 역), 자유아카데미, 2025)

● 독서 연계 탐구 활동

독서 연계 탐구 활동

도서명	과학기술과 사회를 만든 사람들(송성수, 자유아카데미, 2024)
	이 책은 과학기술과 사회의 상호작용을 주도한 인물들의 삶을 조명하며, 특히 7장에서는 프리츠 하버의 생애를 통해 과학의 양면성을 깊이 있게 다루고 있다. 인류를 기아에서 구한 비료의 발명가이자 전쟁의 비극을 초래한 독가스 개발자라는 하버의 모순적인 삶을 통해 과학자의 윤리적 책임과 기술의 사회적 파급력을 성찰하게 한다. 이를 통해 현대 사회에서 과학기술이 나아가야 할 방향을 고민하게 된다.
핵심 키워드	하버-보슈법, 질소 비료, 독가스, 과학의 윤리, 과학기술의 양면성
탐구 주제	▶ 과학 기술의 '이중 용도(Dual-use)' 관점에서 본 암모니아의 활용성 비교 ▶ 질소 비료의 개발이 맬서스 트랩 극복과 세계 인구 증가에 기여한 성과 탐구 ▶ **인공적 질소 고정이 자연계 질소 순환 균형과 수질 오염에 미친 환경 영향 평가** ▶ 유대인 과학자로서 정체성 혼란과 나치 집권 후 독일 과학계 내 위상 변화 조사 ▶ 하버-보슈법의 화학적 원리와 촉매의 역할이 비료의 대량생산에 미친 영향 분석
토론 쟁점	▶ 프리츠 하버는 '인류의 구원자'인가, '죽음의 상인'인가? ▶ 국가 안보를 위해 무기 개발에 참여한 과학자에게 책임을 물을 수 있는가? ▶ 과학자는 자신의 연구가 악용될 가능성이 있을 때 연구를 중단해야 하는가?
후속 활동	▶ 화학: 암모니아 합성의 최적 조건을 도출하고 그래프로 분석하는 활동 ▶ 세계사: 참호전에서 화학전으로 양상을 바꾼 과학 기술의 영향을 조사하는 활동 ▶ 현대사회와 윤리: 과학 기술의 가치 중립성 논쟁을 주제로 토론하는 활동 ▶ 진로활동: 현대 과학자가 갖추어야 할 '연구 윤리 강령'을 제작하는 활동

● 독서 연계 탐구활동 예시

탐구 주제	인공적 질소 고정이 자연계 질소 순환 균형과 수질 오염에 미친 환경 영향 평가
탐구 자료	▶ 비료가 하천 유입 시 부영양화 및 해양 데드존 형성에 미치는 영향 분석 자료 ▶ 질소 순환 메커니즘과 인위적 간섭에 따른 생태계 교란을 다룬 환경 논문 자료 ▶ 하버-보슈 공정 상용화 전후의 지구의 질소 고정량 변화 추이를 비교한 통계 자료

프리츠 야코프 하버
(Fritz Jakob Haber, 1868~1934)

탐구 개요	서론	암모니아 합성법은 식량 생산을 획기적으로 늘려 인류를 기아에서 구원했으나, 자연이 처리할 수 있는 용량을 초과하는 과도한 질소 비료의 사용은 생태계의 질소 순환 균형을 심각하게 무너뜨림. 본 탐구는 하버-보슈 공정이 가져온 풍요의 이면에 감춰진 환경적 비용을 정량적으로 평가하고 지속 가능한 질소 관리의 필요성을 제기하고자 함.
	본론	▶ 인공 및 자연 질소 고정 비율을 비교하여 질소 과잉의 원인 분석하기 ▶ 농경지에서 유출된 질소의 이동 경로와 지하수 오염 메커니즘 추적하기 ▶ 하천에 유입된 질소 화합물에 의한 부영양화와 DO 변화 규명하기 ▶ 토양에서 배출되는 질소 산화물이 기후 변화에 미치는 영향 조사하기 ▶ 현재의 질소 사용량이 생태계 회복력을 초과하는 수준 평가하기
	결론	하버의 발명 이후 인위적 질소 유입량이 급증하여 자연적인 탈질산화 과정을 압도함으로써 전 지구적인 수질 오염과 생태계 불균형을 야기하고 있음을 확인함. 정밀 농업이나 생물학적 비료 도입 등 대안이 시급함을 깨달음. 결국 과학 기술의 적용은 인간의 편익뿐만 아니라 생태계 전체의 순환 고리를 고려하는 통합적 관점에서 이루어져야 함을 결론지음.
후속 활동		▶ 화학 반응의 세계: 하수 처리장의 질소 제거 공정을 탐구하는 활동 ▶ 생명과학: 뿌리혹박테리아의 공생 관계를 통한 질소 고정 및 순환 분석 활동 ▶ 기후변화와 환경생태: 학교 급식의 '질소 발자국'을 계산하는 활동 ▶ 세계시민과 지리: 주요 농업 지대와 해양 데드존의 상관관계 분석 활동 ▶ 동아리활동: 질소와 인을 흡착·제거하는 여과 장치 고안 및 모형 제작 활동

4. NIE 연계 활동

• 신문 읽기 & 연결 사유 찾기

빵 만들 지도자를 기다리며(매일경제, 2024.12.26.)

 이 기사는 프리츠 하버가 비료를 발명해 인류를 구원한 동시에 독가스로 살상을 초래한 양면성을 언급하며, 이를 국가 지도자가 가진 권력의 속성에 비유하고 있다. 특히 미국의 자국 우선주의와 국내의 정치적 혼란 속에서 경제를 살릴 리더십이 부재한 현실을 하버의 사례에 빗대어 비판적으로 진단하고 있다. 국민들에게 경제적 풍요라는 '빵'을 만들어 줄 수 있는 유능하고 책임감 있는 지도자가 등장하기를 염원하고 있다.

질소 비료 만든 손으로 독가스 개발... 연구소의 두 얼굴(조선일보, 2025.11.15.)

이 기사는 과학 연구가 순수한 호기심의 영역에서 국가 주도의 국력 증강 수단으로 변모하는 과정과, 하버로 대표되는 과학의 양면성을 조명하며 전쟁 도구로 전락했던 독일 연구소들의 역사를 다룬다. 독일이 막스 플랑크 협회를 통해 연구의 완전한 자율성 보장으로 기초과학 강국이 된 사례를 소개하며, 국가의 지원은 필수적이지만, 과학의 진정한 발전은 연구자의 자율성이 보장될 때 꽃피울 수 있음을 강조한다.

첨단산업 육성 위한 기술사업화 생태계(전자신문, 2025.03.27.)

 이 기사는 하버의 암모니아 합성 성공 사례를 현대의 기술사업화 관점에서 재해석하여, 연구 성과가 실제 제품으로 상용화되기 위해 필요한 자금, 협력, 기존 기술 활용이 중요하다 강조한다. 첨단산업 육성을 위해서 정부의 정책 금융 지원과 산학연 협력 생태계 조성이 필수적임을 역설한다. 기술 경쟁은 곧 사업화 속도 경쟁이며, 이를 위해 규제 개선과 표준 선점 등 정부의 적극적인 환경 조성이 필요함을 제언한다.

▶ 첨단 과학기술이 군사·이념적 목적에 동원될 때 이를 견제할 제도는 충분한가?
▶ 정부 주도의 연구개발 체제는 기초과학의 창의성과 자율성을 보장할 수 있는가?
▶ 국가 안보와 경제 발전을 이유로 과학 연구의 방향을 통제하는 것은 어디까지 정당한가?

● 관점의 분석과 비교

첨단산업 육성 위한 기술사업화 생태계(전자신문, 2025.03.27.)
- 국책 연구소에 대해 '지원하되 간섭하지 않는다'는 하르나크 원칙을 적용하는 것이 타당한가? -

찬성	반대
국책 연구소에 하르나크 원칙을 적용하면 연구자의 자율성과 창의성이 보장되어 장기적이고 혁신적인 연구 성과를 낼 수 있다. 정치적 이해관계나 단기 성과 압박에서 벗어난 연구 환경은 기초과학과 원천기술 축적에 유리하다.	국책 연구소는 공적 재원을 사용하는 만큼 연구 방향과 성과에 대한 일정 수준의 국가적 관리와 책임성이 필요하다. 간섭을 최소화할 경우 국가 전략과의 괴리가 발생하거나 연구 효율성과 공공성 확보가 어려워질 수 있다.

질소 비료 만든 손으로 독가스 개발... 연구소의 두 얼굴(조선일보, 2025.11.15.)
- 역사적 인물을 평가할 때 공리주의적 관점과 의무론적 관점 중 어느 잣대를 우선시해야 하는가? -

≫ 공리주의적 관점	≫ 의무론적 관점
역사적 인물은 개인의 도덕성보다 그가 남긴 업적이 인류의 생존과 번영에 얼마나 기여했는지의 결과론적 관점에서 평가받아야 한다. 개인의 도덕적 흠결이 있더라도 인류의 삶에 장기적으로 큰 이익을 주었다면 긍정적으로 평가할 수 있다.	역사적 평가는 결과의 유용성이 아닌, 인간으로서 마땅히 지켜야 할 윤리적 책무와 과정의 정당성을 최우선 기준으로 삼아야 한다. 비도덕적인 행위가 있었다면 그 결과가 긍정적이더라도 윤리적 비판에서 자유로울 수 없다.

● 사고의 확장

▶ 기술사업화에서 기업 투자와 정부 지원의 균형은 어떻게 설정되어야 하는가?
▶ 하버의 암모니아 합성 성공은 '개인의 천재성'과 '산학협력' 중 무엇의 결과였는가?
▶ 과학적 지식이 정치적 권력과 결탁했을 때 발생했던 역사적 사례에는 무엇이 있는가?
▶ 미국의 맨해튼 프로젝트와 독일의 카이저빌헬름 협회는 어떤 공통점과 차이를 지니는가?
▶ 과거 하버-보슈 공정과 오늘날 반도체·이차전지 산업의 사업화 과정은 어떤 공통점을 가지는가?

5. 세특 예시

본-하버 사이클을 응용하여 수화 및 격자 에너지 차이에 따른 이온 결합 물질의 용해 원리를 정량적으로 규명하고, 독서를 통해 인공 질소 고정이 초래한 생태계 불균형 문제를 심도 있게 분석하며 과학적 탐구를 환경 분야로 확장함. 나아가 하르나크 원칙과 역사적 인물 평가 기준에 대한 토론에서 공리주의와 의무론을 비교하며 과학기술과 사회·윤리의 관계를 종합적으로 사고하는 역량을 드러냄으로써 과학적 지식과 인문학적 윤리 의식을 겸비한 융합형 인재로서의 탁월한 역량을 입증함.

프리츠 야코프 하버
(Fritz Jakob Haber, 1868~1934)

40 피에르 드 페르마
(Pierre de Fermat, 1607~1665)

1. 일상의 호기심에서 출발해 수학의 지평을 넓힌, '취미 수학자'의 전설

● 누구보다 일찍, 그리고 깊게 '문제를 사랑한' 사람

페르마는 직업으로는 법률가였지만, 여가 시간에 수학을 탐구해 누구보다 깊은 통찰을 남긴 인물이었다. 그가 남긴 문제와 정리들은 당시의 수학자들에게는 난제였고, 오늘날에도 여전히 해결의 실마리를 찾기 위해 연구가 이어지고 있다. 특히 그는 일상의 호기심에서 출발한 작은 관찰들을 엄밀한 수학적 사고로 확장해 나갔다. 페르마의 업적은 화려한 학문적 지위에서 나온 것이 아니라, 끊임없이 '왜 그러지?'라고 질문하는 태도에서 비롯되었고 이는 그가 전문 연구자보다도 더 넓은 수학적 시야를 갖게 한 원동력이 되었다.

● 편지 한 장에서 탄생한 수학의 새로운 흐름

페르마는 동시대 학자들과 편지를 주고받으며 자신의 생각을 정리하고 발전시키곤 했다. 그는 편지 속 여백에 짤막하게 적어둔 아이디어로도 깊은 문제를 제시했는데, 대표적으로 '페르마의 마지막 정리'는 책 여백에 남긴 단 한 줄의 기록에서 시작되었다.

"나는 이 정리가 참이라는 놀라운 증명을 발견했지만, 여백이 좁아 적지 못한다."

이 유명한 문장은 수 세기 동안 수학자들의 도전 의식을 자극했고, 결국 1994년 와일스가 이를 해결하면서 다시 한 번 '작은 메모의 힘'을 증명하게 되었다. 페르마는 일상 속 짧은 기록 하나도 학문적 씨앗이 될 수 있다는 사실을 보여준 셈이다.

● '수'의 본질을 끝까지 추적한 사람

그는 수론의 근본 구조를 이해하려는 데에 강한 집착을 보였다. 특히 소수의 성질, 정수해의 존재 여부, 최대공약수를 구하는 방식 같은 수학의 뼈대를 이루는 주제를 치밀하게 연구했다. 페르마가 확립한 여러 원리는 훗날 오일러와 가우스 같은 거장들에게도 깊은 영향을 주었고, 현대 암호학과 정보 보안 기술에서도 중요한 기반이 되고 있다. 단순한 계산 문제가 아닌 '수의 구조'를 밝히려는 그의 접근은 수학이 논리적 세계를 탐구하는 학문임을 다시 확인시켜 주었다.

● 증명 과정을 사랑한 사유의 탐구자

페르마에게 수학은 답을 맞히는 기술이 아니라, 생각이 어떻게 흘러가는지를 끝까지 따라가는 사유의 놀이였다. 그는 문제를 마주하면 곧바로 계산에 뛰어들지 않았다. 대신 '왜 이런 질문이 가능한가', '다른 길은 없는가'를 스스로에게 던지며 사고를 확장해 나갔다.

그는 하나의 정답보다 여러 개의 접근을 즐겼다. 같은 문제를 기하로 바라보기도 하고, 정수의 성질로 다시 해석하며, 기존 방식과 전혀 다른 논증을 만들어 냈다. 페르마의 수학은 빠른 해결이 아니라, 증명에 이르는 사고의 여정 자체가 목적이었다.

그래서 그의 메모는 종종 이렇게 끝난다.

"나는 이 명제를 증명했다. 다만 여백이 부족해 적지 않겠다."

● 화려한 명성보다 '증명'을 우선했던 고독한 사유의 태도

그가 남긴 편지와 단편적 메모들은 누구보다 끈질기게 문제를 붙들던 연구자의 모습을 보여준다. 직업적으로는 법률가였고 학계와도 거리를 두고 있었지만, 그는 틈이 생길 때마다 정수의 성질과 방정식의 구조를 깊이 파고들었다. 타인의 명성과 학술적 인정에는 큰 관심을 두지 않았고, 완벽한 증명을 찾기 위해 반복해서 가정을 뒤집고 논리를 다듬었다. 심지어 이름을 남기는 일조차 부차적이라 여긴 듯, 중요한 아이디어 대부분을 편지나 책의 여백에 간단히 적어 두곤 했다.

"진짜 발견은 조용한 사유의 틈에서 모습을 드러낸다."

페르마는 이러한 신념을 앞세우지 않았지만, 그의 탐구 방식은 세기를 넘어 오늘날까지 울림을 남겼다.

● 오늘날로 이어지는 메시지

수학의 진짜 힘은 속도가 아니라, 끝까지 납득 가능한 이유를 세우는 과정에서 나온다. 정답보다 '증명'이 먼저라는 태도는, 공부를 단단하게 만드는 가장 강력한 기준이다. 페르마는 증명되지 않은 한 문장을 남겼지만, 그 질문은 수백 년간 수학을 발전시키는 동력이 되었다.

오늘날 학생에게 페르마의 삶은 이렇게 말해준다. 지금 풀리지 않는 질문도, 미래의 학문을 여는 씨앗이 될 수 있다는 사실이다.

▶ 나는 풀리지 않는 문제를 어떻게 대하고 있는가?

▶ 과정 자체에서 무엇을 배우고 있는가?

이 질문은 수학 탐구·문제 해결 과정 중심의 세특으로 확장될 수 있다.

● 주요 업적

1) 정수론의 기초 확립(Foundation of Number Theory)

그는 소수의 규칙성, 정수해의 존재 여부, 합동 관계와 같은 문제를 일상적인 호기심에서 출발하여 깊이 있게 분석했다. 당시에는 체계적으로 연구되지 않았던 영역이었지만, 그는 여러 정리를 직관적으로 발견하고 논리적 구조를 세우려고 했다. 이러한 시도는 훗날 오일러와 가우스의 연구로 이어지며 현대 수학의 큰 줄기를 이루었고, 오늘날 암호학과 정보 보안 기술의 기반이 되는 중요한 원리로 자리 잡았으며 다양한 분야에서 폭넓게 활용되고 있다.

2) 페르마의 소정리 제시(Fermat's Little Theorem)

페르마는 정수와 소수가 어떤 관계를 이루는지 설명하는 핵심 정리를 남겼는데, 이 정리는 컴퓨터 암호 기술에서도 필수적으로 사용되는 중요한 원리이다. 그는 복잡한 계산을 합동식의 형식으로 단순하게 정리함으로써 정수론적 사고의 출발점을 제시했다. 증명은 남기지 않았지만, 그의 직관은 후대 수학자들에 의해 엄밀하게 증명되었고 수학적 패턴을 이해하는 데 매우 강력한 도구로 기능하게 되었으며 오늘날에도 계속 영향력을 유지하고 있다.

3) 무한강하법의 창안(Method of Infinite Descent)

그는 어떤 명제가 참이라고 가정하면, 그보다 더 작은 정수에서도 같은 명제가 성립해야 한다는 논리적 모순을 이용해 결론을 이끌어내는 독창적인 증명법을 고안했다. 이 방법은 기존의 귀류법보다 한 단계 더 발전된 방식으로, 정수론 문제를 해결하는 데 매우 강력한 무기로 사용되었다. 특히 방정식의 정수해를 찾는 문제에서 자주 활용되며, 고등학생 입장에서 수학적 논증의 구조를 이해할 때 '왜 모순이 증명이 되는가'를 배우는 중요한 사례가 된다.

4) 최소시간의 원리 제시(Principle of Least Time in Optics)

페르마는 빛이 두 지점을 지나갈 때 '가장 적은 시간'이 걸리는 경로를 선택한다는 원리를 제안했다. 이는 기하광학을 새로운 논리 체계로 설명하려는 시도로, 현대 물리학의 변분원리와 해밀턴 원리의 출발점이 되는 중요한 발상이었다. 그의 생각은 단순히 현상을 관찰하는 데서 그치지 않고, 자연이 어떤 규칙을 따라 움직이는지를 수학적으로 설명하려는 시도를 담고 있었다. 이 원리를 통해 수학과 물리학이 어떻게 연결되는지 자연스럽게 이해할 수 있다.

● 수학적 성과와 영향

정수와 소수의 성질을 탐구하여 수의 구조를 밝히는 데 결정적인 기여를 했다. 그는 정수해의 존재 여부를 판별하는 새로운 방식들을 제시했고, 합동식의 개념을 이용해 복잡한 계산을 논리적으로 단순화하는 방법을 확립하였다. 특히 무한강하법을 통해 정수론 문제를 해결하는 독창적 증명 절차를 제안함으로써 당시에는 드물었던 정수 중심의 수학적 사고를 촉진하였다. 이러한 연구는 단순 계산을 넘어 논증적 사고의 장이라는 중요한 메시지를 전달하였다.

페르마의 소정리는 오늘날 암호 알고리즘의 기반이 되었고, 정수의 패턴을 이용한 그의 통찰은 데이터 보안 기술 전반에 걸쳐 폭넓게 활용되고 있다. 최소시간의 원리는 물리 현상을 논리적으로 설명하려는 시도와 연결되면서 자연법칙을 수학적으로 이해하는 데 중요한 단서를 제공하였다. 그의 사유 방식은 정확한 논증과 구조적 사고를 중시하는 현대 수학의 표준에 큰 영향을 주었고, 정수론·암호학·컴퓨터과학·물리학 등 다양한 분야에서 그 가치가 재확인되고 있다.

● 수학 이론 연계 탐구 주제

정수론의 기초 구조	▶ 소수의 규칙성을 직접 탐색하고 패턴을 찾아, 정수의 성질 비교 분석 ▶ 정수 방정식을 설정하여 정수해가 존재하는 조건 실험적으로 찾아보기 ▶ 페르마가 사용한 합동식 개념을 이용해 일상 문제(달력 등)에 적용해보기
페르마의 소정리	▶ **소수 p에 대하여 $a^{p-1} \equiv 1 \pmod{p}$가 나타내는 패턴의 시각적 구조 분석** ▶ 소정리가 실제로 성립하는지 실험, 성립하지 않는 예는 왜 나타나는지 분석 ▶ RSA 모형을 단순화하여 소정리가 암호 구조에 어떤 기여를 하는지 탐구하기
무한강하법 (귀류적 정수 증명)	▶ 무한강하법과 귀류법의 차이를 비교하고, 사례 중심으로 분석하기 ▶ 정수 문제를 설정하고 '더 작은 정수로 내려가는 과정'을 직접 구성하기 ▶ 삼각수, 사각수 등 도형수 문제에 무한강하 아이디어를 적용해 정수해 탐구
최소시간의 원리 (빛의 경로)	▶ 반사각 규칙과 최소시간 원리의 관계를 기하, 물리 개념을 통합 탐구하기 ▶ '자연은 왜 최적의 경로를 선택하는가?'를 주제로 수학·물리적 원리를 연결 ▶ 빛이 두 점을 지날 때 경로를 바꿔 실험하고, 시간이 최소가 되는 경로 분석

주제	소수 p에 대하여 $a^{p-1} \equiv 1 \pmod{p}$가 나타내는 패턴의 시각적 구조 분석
탐구 목표	페르마의 소정리가 실제로 어떤 방식으로 성립하는지 다양한 정수 a, p를 선택했을 때 지수와 나머지가 만드는 패턴을 시각적으로 확인하여 비교·분석한다.
선정 이유	페르마의 소정리는 정수론뿐 아니라 현대 암호체계의 기반이 되는 중요한 원리이다. 소정리가 성립하는지 여부를 직접 계산해보면 정수의 나머지 구조, 주기성, 소수의 역할 등을 쉽게 이해할 수 있다. 간단한 계산·표·그래프만으로 실험이 가능하고, 정수의 규칙성을 탐구할 수 있어 본 주제를 선정했다.
서론	정수의 지수 연산은 단순히 값이 커지는 계산 과정처럼 보이지만, 모듈러 연산을 적용하면 일정한 주기와 패턴이 나타난다. 본 탐구에서는 정수 a와 소수 p에 여러 값을 대입해 실제로 정리가 성립하는지 실험하고, 나타나는 패턴을 표와 그래프로 정리하여 구조적 특성을 확인하고자 한다.
본론	▶ 여러 소수 p와 정수 a를 택해 a^{p-1}을 계산하고, 나머지를 표로 정리 ▶ 지수 변화(1~30 정도)에 따른 나머지 값의 주기성, 반복 패턴 분석 ▶ 패턴이 일정하게 나타나는 경우와 불규칙하게 보이는 경우 비교 ▶ 정리가 성립하지 않는 특별한 사례(예: a와 p가 서로소가 아닌 경우) 탐색 ▶ 그래프(막대·라인 차트)를 활용해 주기 구조 시각화 ▶ 소수와 합성수에서의 패턴 차이를 비교해 보고, 왜 차이가 발생하는지 해석
결론	페르마의 소정리는 단순한 계산 법칙이 아니라, 정수의 나머지 구조가 가진 근본적인 성질을 드러내는 중요한 원리임을 확인할 수 있다. 소수 p를 기준으로 나머지가 일정한 패턴을 이루는 이유는 정수 집합에서 곱셈이 만드는 순환 구조와 연관되어 있으며, 현대 암호체계에서도 소정리가 안정적인 원리로 활용된다.
심화 탐구 주제	▶ 서로 다른 소수 조합에서 주기의 길이가 달라지는 이유 탐색 ▶ $a^k \bmod p$의 순환군 구조를 그래프 이론 관점에서 해석해보기 ▶ 페르마의 소정리 기반 RSA 모형을 단순화하여 실제 암호화·복호화 과정 재현
토론 주제	▶ 정수론의 규칙성 탐구가 왜 암호학의 핵심 원리가 되었을까? ▶ 동일한 패턴이라도 소수에 따라 주기가 달라지는 이유는 무엇인가? ▶ 정리가 성립하지 않는 경우(예: a와 p의 관계)에 대해 어떤 조건이 필요한가?
교내 후속 활동	▶ 물리학: 물리학의 파동·빛의 최소시간의 원리와 스넬의 법칙과의 연관성 ▶ 정보: 알고리즘 단원과 연계, 나머지 연산을 활용한 해시(hash)생성 방식을 실습 ▶ 동아리활동: 페르마의 무한강하법을 주제로 문제 제작 및 추론 과정 발표

피에르 드 페르마 (Pierre de Fermat, 1607~1665)

2. 교과 연계 탐구활동(대수, 물리학, 경제)

● 대수

성취기준	[12대수01-03] 지수법칙을 이해하고, 이를 이용하여 식을 간단히 나타낼 수 있다.
주요내용	페르마의 소정리는 정수의 지수 연산과 나머지 구조 사이의 관계를 설명하는 핵심 원리로, 소수 p와 정수 a의 조합에서 일정한 주기와 패턴이 나타나는 이유를 분석하는 데 중요한 도구로 작용한다. 지수 함수의 증가와 모듈러 연산의 순환 구조는 서로 다른 특성을 지니지만, 계산 결과의 반복·불변 성질을 비교함으로써 수학적 구조를 탐구하는 과정을 체계적으로 이해한다.
교과연계 탐구주제	▶ 간단한 규칙 기반 알고리즘을 작성하여 자동으로 나머지 패턴을 생성 ▶ 여러 소수 p를 선택하여 동일한 정수 a를 대입했을 때 주기 변화 비교 ▶ 지수 값 증가에 따른 $a^n \bmod p$의 주기 길이를 직접 실험하고, 그래프로 표현

● 물리학

성취기준	[12물리03-02] 빛의 굴절을 이용하여 볼록렌즈에서 상이 맺히는 과정을 설명하고, 반도체와 디스플레이 제작 공정에서 중요하게 활용됨을 인식할 수 있다.
주요내용	페르마가 제시한 '최소시간의 원리'는 빛이 두 지점을 이동할 때 가장 적은 시간이 걸리는 경로를 선택한다는 물리적 사실을 수학적 논리로 설명한 중요한 개념이다. 스넬의 법칙을 확인 및 적용해 보고 실험 장치를 사용해 빛의 진행 경로를 실제로 정밀하게 측정하거나, 모의 실험 프로그램을 활용하여 경로 변화가 시간 최소화 원리와 어떻게 관련되는지를 더욱 자세하게 시각적으로 분석한다.
교과연계 탐구주제	▶ 서로 다른 매질에서 빛의 이동 시간을 실험하여 최소시간 경로 비교 ▶ 빛 경로를 시뮬레이션 소프트웨어로 분석하고, 수학적 의미로 정리하기 ▶ 스넬의 법칙을 최소시간 원리와 연결해 굴절각이 결정되는 이유를 설명하기

● 경제

성취기준	[12경제01-03] 인간은 경제적 유인에 반응함을 인식하고, 편익과 비용을 고려하여 합리적으로 선택하는 능력과 한계 분석을 이용한 의사 결정 능력을 계발한다.
주요내용	페르마가 제시한 사고 방식은 다양한 선택지 중 가장 합리적인 경로를 찾는 과정이라는 점에서 '최적의 선택' 원리와 자연스럽게 연결된다. 다양한 대안을 놓고 어느 선택이 가장 효과적인지 분석하거나, 자료를 활용해 선택 기준을 구체적으로 정리하며 의사결정 과정을 시각적으로 해석하고, 비용과 편익을 비교해 최적 결정을 도출하는 과정 전반을 깊이 있게 분석한다.
교과연계 탐구주제	▶ 페르마식 논증과 비용·편익 분석의 유사성을 사례로 탐구하기 ▶ '최소시간의 원리'가 경제적 최적 선택과의 구조적 유사성을 지니는지 분석 ▶ 시간·비용·효과를 비교하는 간단한 모델을 만들어 합리적 의사결정 관점 제시

3. 독서 연계 탐구활동

● 추천 도서 목록

추천 도서 목록
▶ 이토록 아름다운 수학이라면(최영기, 21세기북스, 2019)   ▶ 뉴턴의 우주에서 아인슈타인의 우주로(벤자민 해로우(권혁), 돌을새김, 2024) ▶ 청소년을 위한 중요 과학법칙 169(윤실, 전파과학사, 2023)   ▶ 정수론 첫걸음(Kuldeep Singh(한빛수학교재연구소 역), 한빛아카데미, 2022) ▶ 페르마의 마지막 정리(사이먼 싱(박병철 역), 영림카디널, 2022)   ▶ 수학은 어떻게 문명을 만들었는가(마이클 브룩스(고유경 역), 브론스테인, 2022)

● 독서 연계 탐구 활동

독서 연계 탐구 활동

도서명	페르마의 마지막 정리(사이먼 싱(박병철 역), 영림카디널, 2022)
FERMAT's LAST THEOREM	이 책은 350년 가까이 미해결로 남아 있던 '페르마의 마지막 정리'가 어떻게 수학자들의 집요한 탐구와 증명 시도로 이어졌는지를 흥미롭게 풀어낸다. 페르마가 남긴 직관적 단서, 오일러·가우스·리틀우드·와일즈 등 수학자들의 논리적 도전, 정수론의 흐름이 하나의 서사처럼 연결되며 수학적 사고가 발전하는 과정을 보여준다. 정수 구조, 대수적 관계, 논증 방식 등이 탐구 확장에 의미 있는 배경을 제공한다.
핵심 키워드	정수론, 소수, 합동식, 정리 추론 과정, 무한강하법
탐구 주제	▶ 유클리드/택시/체비쇼프 거리에서 최소 경로가 달라지는 이유 분석 ▶ 합동식을 이용해 생활 속 반복 패턴 예측 규칙 10개 정리 및 비교 탐구 ▶ 자연수에서 소수 느낌이 강한 학생 직관 조사 후 실제 분포와 비교 분석 ▶ 다각형 내부 점 개수(픽의 정리 활용)와 정수좌표 패턴의 연관성 비교 탐구 ▶ **격자점에서 나타나는 '보이는 점 vs 보이지 않는 점' 규칙 25개 수집·비교 분석**
토론 쟁점	▶ 증명 없는 직관이 과학, 수학적 진리에 영향을 줄 수 있는가? ▶ 현대 암호 기술이 정수론에 의존하는 것은 안정성인가 위험성인가? ▶ 난제 해결에 필요한 조건은 개인 능력인가, 수학 공동체의 축적된 지식인가?
후속 활동	▶ 통합사회: 수학적 사고가 사회 제도와 정책 결정에 미친 영향 사례 조사 ▶ 수학과제 탐구: 수학적 추론과 과학적 사고의 차이와 공통점 탐구 ▶ 음악: 수학적 구조와 대칭성이 음악 작곡이나 리듬에 미치는 영향 분석 ▶ 자율·자치활동: 수학적 아름다움'에 대한 나만의 생각을 글이나 영상으로 표현

● 독서 연계 탐구활동 예시

탐구 주제	격자점에서 나타나는 '보이는 점 vs 보이지 않는 점' 규칙 25개 수집·비교 분석
탐구 자료	▶ 점–점 연결선 시트(기울기, 정수좌표 기록용) ▶ GeoGebra 또는 Desmos 프로그램(확대 관찰용) ▶ 격자 종이(칸 수 30×30 이상), 반투명 격자 필름

탐구 개요	**서론**	격자점은 단순한 점 배열처럼 보이지만, 어떤 점은 기준점에서 보이는 점, 어떤 점은 가려지는 점으로 나타남. 이는 기울기의 비, 최대공약수 여부, 그리고 선분이 지나가는 중간점의 존재와 밀접하게 관련된 정수론적 성질임. 이번 탐구에서는 실제 격자를 이용해 보이는 점 규칙을 수집하고 분류한 뒤, 그 이유를 정량적 데이터 분석을 통해 해석해 보고자 함.
	본론	▶ 원점에서 보이는 점과 보이지 않는 점을 각각 수집하여 목록화 ▶ 점(a, b)를 향한 선분이 가려지는 $\gcd(a, b) \neq 1$ 중심으로 1차 분류 ▶ 격자 확대 모델에서 중간 격자점 통과 여부 확인 후 2차 분류 ▶ 기울기별 패턴 비교: 같은 기울기 계열에서의 반복 구조 10개 분석 ▶ 보이는 점 비율이 거리 증가에 따라 어떻게 변하는지 데이터 정리
	결론	격자에서 보이는 점은 단순한 시각 효과가 아니라 정수의 구조가 만든 규칙성이라는 점을 확인함. 특히 $\gcd(a, b)=1$인 점만이 보이며, 이는 두 정수의 공약수 여부가 공간적 패턴을 결정한다는 흥미로운 사실을 보여줌. 탐구를 통해 시각적 직관이 곧 수론적 성질과 연결됨을 알 수 있었으며, 작은 실험에서도 정수론의 핵심 개념이 자연스럽게 드러난다는 점을 확인함.
후속 활동		▶ 수학과제 탐구: 페르마의 무한강하법 구조를 간단 정수 문제에 적용 및 비교 ▶ 통합사회: 합리적 선택 사례를 모아 페르마식 최소 시간, 최적 경로 사고와 비교 ▶ 과학탐구실험: 나머지 연산 기반 간단 실험 데이터를 수집·그래프화하여 패턴 재현 ▶ 미술 창작: 소수·패턴·반복 구조를 모티프로 한 '정수 패턴 아트워크' 제작 및 전시 ▶ 진로활동: 페르마 정수론 기반 '데이터 보안 직업 탐색 리포트' 작성

4. NIE 연계 활동

● 신문 읽기 & 연결 사유 찾기

350년 난제 '페르마의 마지막 정리' 컴퓨터 증명 나선 수학자들(동아사이언스, 2024.04.02.)

이 기사는 앤드루 와일스가 증명한 '페르마의 마지막 정리'를 수학자들이 컴퓨터 언어로 다시 옮겨, 증명 전체를 정형화(포멀) 검증하려는 최신 연구를 소개한다. 페르마가 남긴 간결한 한 줄의 문제에서 출발해, 350년 동안 이어진 수많은 시도, 그리고 오늘날 '린(Lean)' 같은 증명 검증 소프트웨어로까지 이어지는 흐름을 한눈에 볼 수 있으며 타원곡선 이론이 현대 공개키 암호 체계와 연결된다는 점을 보여 준다.

모순 웅덩이(동아사이언스, 2022.02.19.)

이 기사는 '페르마의 마지막 정리'가 이미 증명되었음에도, 만약 반례가 발견된다면 수학 체계 전체가 모순에 빠질 수 있다는 가정을 통해 수학 기초론 문제를 흥미롭게 풀어낸다. 페르마의 마지막 정리를 소재로, 힐베르트 프로그램과 괴델의 불완전성 정리를 연결하며 "수학은 완벽하게 모순이 없을까?"라는 질문을 던진다. 하나의 모순이 생기면 어떤 명제도 증명 가능해지는 '폭발 원리'를 같이 설명한다.

양자컴에 비트코인 휘청이는 이유(서울경제, 2025.03.08.)

이 기사는 양자컴퓨터가 등장하면 RSA-129 같은 큰 수의 소인수분해가 쉬워지고, 비트코인·블록체인에 사용되는 공개키 암호 체계가 위협받을 수 있다는 내용을 다룬 칼럼이다. 실제 큰 수의 소인수분해 예시가 등장해, 정수론·소수 개념이 디지털 화폐·보안과 얼마나 밀접한지 보여 준다. 페르마 시대의 이론이 어떻게 현대의 금융·보안·양자컴퓨팅 논쟁과 연결되는지 확인할 수 있다.

▶ 양자컴퓨터가 발전하면 지금의 암호·보안 체계는 왜 위협을 받게 되는 것일까?

▶ 수학의 작은 아이디어가 어떻게 사회 전체의 기술과 경제 시스템에까지 영향을 줄 수 있을까?

▶ 350년 동안 누구도 풀지 못한 난제가 왜 현대의 컴퓨터와 알고리즘 기술로 해결 가능해졌을까?

● 관점의 분석과 비교

350년 난제 '페르마의 마지막 정리' 컴퓨터 증명 나선 수학자들(동아사이언스, 2024.04.02.)
- 고전 수학의 가설이 오늘날 계산·검증 시스템까지 확장될 수 있는가 -

찬성	반대
컴퓨터 검증은 인간이 놓칠 수 있는 누락과 오류를 최소화하여 증명의 신뢰도를 획기적으로 높일 수 있다. 페르마의 한 줄 가설에서 출발한 난제가 현대적 도구를 만나 재해석되는 과정은 수학은 영원히 확장 가능한 체계라는 사실을 보여준다.	컴퓨터 검증은 방대하고 복잡한 형식논리에 의존하기 때문에 인간이 이해하며 하는 증명이라는 수학의 본질을 희미하게 만들 수 있다. 또한 프로그램이나 시스템 오류에 대한 위험을 완전히 배제할 수 없어 우월하다고 말하기 어렵다.

모순 웅덩이(동아사이언스, 2022.02.19.)
- 수학은 완벽한 체계인가, 아니면 스스로 모순을 탐지하며 진화하는 학문인가 -

≫ 완전성 강조 관점	≫ 자기 검증 관점
페르마의 정리처럼 어려운 문제도 결국 체계적 공리를 통해 증명되었듯, 수학은 철저한 규칙과 논리로 구성된 엄밀하고 완전한 구조에 가깝다고 본다. 모순이 없다면 모든 명제가 증명될 수 있다는 사고가 이 관점을 뒷받침한다.	수학은 스스로의 틀에서 채워지지 않는 질문을 계속 만들어낸다. 페르마의 정리가 350년 동안 풀리지 않았던 사실 또한, 수학이 단순히 완벽한 체계가 아니라 끊임없이 검증, 의심, 확장을 거듭하는 열린 구조임을 드러낸다.

● 사고의 확장

▶ 보이는 현상 뒤에 숨은 규칙을 어떻게 찾고 검증해야 할까?

▶ 작은 오류나 반례가 거대한 지식 체계에 어떤 영향을 미칠 수 있을까?

▶ 한 줄의 수학 가정이 현실 시스템 전체를 바꿀 수 있는 이유는 무엇일까?

▶ 우리가 사용하는 암호·데이터 보안이 왜 특정 수학 규칙에 의존하는 구조일까?

▶ 최소 경로나 최적 선택 같은 원리가 다른 사회 문제에도 공통으로 적용되는 까닭은 무엇인가?

5. 세특 예시

페르마의 소정리와 최소시간의 원리를 토대로 정수론적 사고와 빛의 경로 선택 원리를 정리한 뒤, 실제 암호 시스템과 과학 기술에 어떤 영향을 주는지 의문을 설정하고 탐색함. 신문 기사 분석을 통해 수학적 가설이 현대 과학·기술·보안 구조 해석에 활용되는 방식을 검토하고, '페르마의 마지막 정리(사이먼 싱)'을 읽으며 고전 정리의 사고 흐름을 현대 관점에서 재해석함. 또한 합동식과 소수 패턴 탐구 활동을 수행하며 자신의 추론 과정을 논리적으로 점검하고 이를 정리하는 모습이 인상적임.

피에르 드 페르마
(Pierre de Fermat, 1607~1665)